序

任陽企業在地深耕 40 年，擁有專業研發設計、生產製造電動工具機經驗及外銷全球市場，從軟體、控制系統開發、驅動系統設計、到機器結構模組設計皆由台灣團隊開發設計、製造、組裝，具有絕對的生產專業與品質保證優勢，並擁有全台首創 mini CNC 創意小學堂 - 數位學習體驗館。結合實體與網路社群平台和國內與國外的使用者即時溝通回饋與服務，讓團隊服務支援全年不中斷以保障終端使用者的服務需求。從製造到服務行銷垂直整合讓 CNC 數控與生活的應用普及至各年齡層，無論是無專業背景的一般使用者或是專業使用者皆能輕鬆上手，在操作上搭配一個像遊戲搖桿的控制器增加機器操作有趣性及安全性，親民的操作介面鼓勵大、小孩子參與創意體驗、青年到樂齡銀髮族學習創新操作發展新職能，任陽企業以推動工具機學習創新為目標，運用人性化的機器，讓社會大眾接觸與認識數位工具機，瞭解 CNC 加工原理，激發跨領域結合的思考與動手操作的多元學習方式，培養台灣新世代的數位工具創造力。

任陽企業的 Bravoprodigy CNC 雕銑機整合了 CNC 雕刻模組、低功率雷射雕刻模組及振動筆金屬雕刻模組，應用不同的素材，讓數位工具機實現創意創新力與多元創業力。本書介紹 Bravoprodigy 軟體應用、瞭解 CNC 機器的操作及原理、軟體介面與機器介紹，並藉由各實習單元，帶領操作者瞭解多種雕刻浮雕、平面銑削與加工練習實作，讓每個人都能輕鬆上機，結合手作與自動化機械加工發揮所長，讓學員在未來的升學、就業及創客領域上都能奠定基礎。
本書以搭配隨機器出貨之 Vectric VCarve 軟體做解說說明，另可搭配其他軟體如：Fusion 360、Carveco（Artcam）、MeshCAM、RhinoCAM、SimplyCam、Mastercam、Ucancam、Kiri:Moto 及 Estlcam 等，應用於實作雕刻。

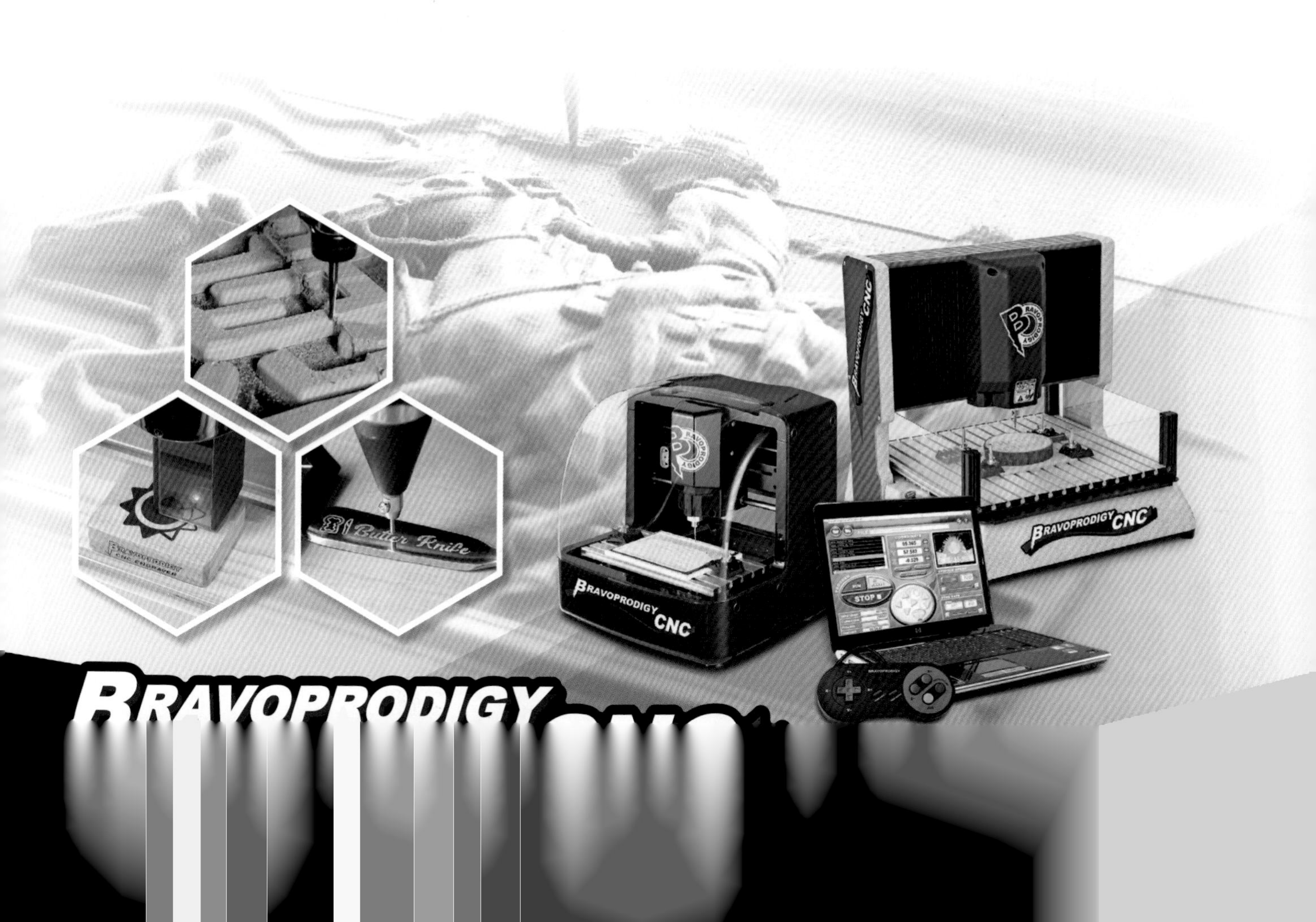

Contents
目錄

CNC 簡介與基本認識

BravoProdigy 軟體介紹

機台設備解說及操作

機台異況排除及清潔

VCarve Desktop 軟體

實習單元

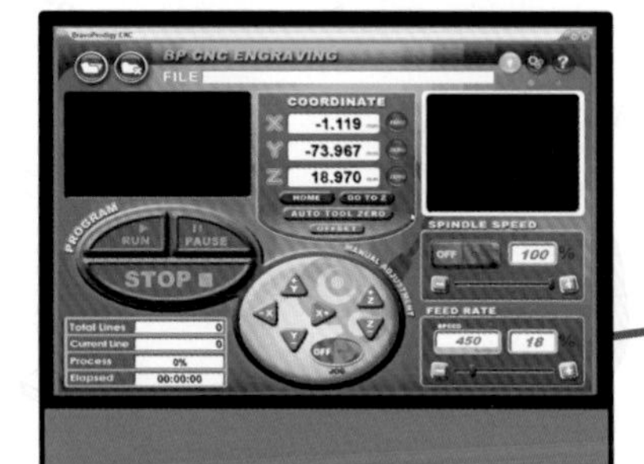

單元 1

CNC 簡介與基本認識

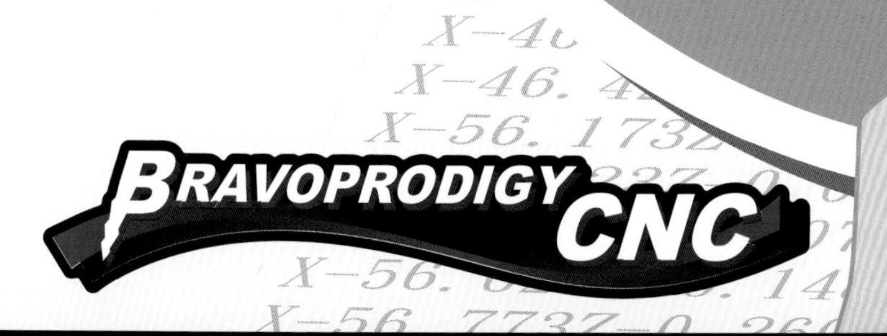

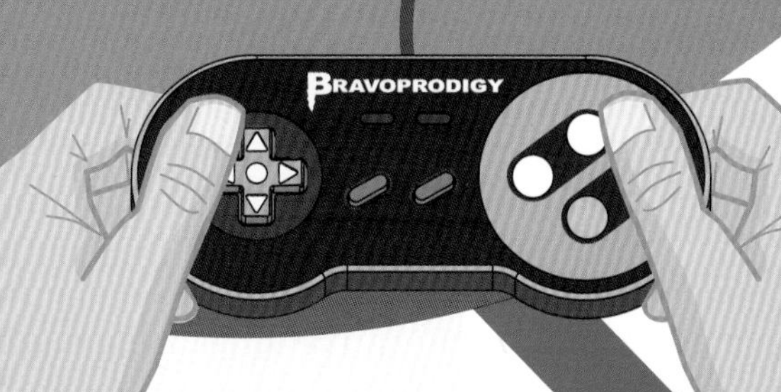

1-1 CNC 簡介

◆ CNC 認識

電腦數值控制亦指 CNC(Computer Numerical Control)，數值控制指令加上電腦進行整合與控制。在現代的電腦數值控制系統，市面上可看見大大小小許多各家廠牌的數控系統，基本上都是事先在電腦輔助製造（CAM）軟體裡，透過編輯與創建這些精確的加工（移動）指令，（這些指令包含整個加工過程中需使用到的機械指令），再透過後處理器儲存的方式，產生出所謂的 G 代碼又稱 G Code，最後，將 G Code 載入電腦數值控制系統進而驅動 CNC 機器來完成工件的加工。

◆ CNC 的發展

1. **傳統車床、銑床：**

   傳統機械需要人員用雙手進行全部的操控，意味著當需要進行生產、加工時，很難兼顧到品質的統一，也相當耗時，因為這攸關操作人員的熟練度、經驗、靈敏度等，進而發展出使用數值的方式進行控制。

2. **數控銑床：**

   透過數值的輸入，可以使機械在加工的過程中得到一樣的結果，雖然已解決了傳統機械在於操作人員所受的訓練差異不同，所產生不一致的結果，但還是對於人力上有相當的負擔，隨後又將電腦結合在數控銑床機械上，利用電腦可儲存資料的優勢，達到節省人力及全自動化的控制。

3. **電腦數控（三軸加工機）：**

   與電腦結合後的數值控制機械，初階會以三軸的加工用機械為佳，便於學習與利於操作，前端當電腦輔助製造軟體轉出 G 代碼 (G Code) 後，儲存在電腦端記憶與派送指令，完成自動化加工、小量、中量生產等工作，目前有可將 G 代碼 (G Code) 儲存於記憶卡 (USB) 中，再插入 CNC 機器中讀取這些加工指令，也有直接將電腦連線 CNC 機器的方式，傳送指令與加工同步進行。

4. **電腦數控（四軸、五軸、車銑複合加工（六軸控制）：**

   隨著應用的產業越來越多，行業越來越廣，三軸加工機已無法滿足更多的需求，更發展出四軸、五軸、六軸的機器，來因應更多面向的切削，除了 X、Y、Z 軸向之外，還有 A、B、C 軸向，X 軸之旋轉稱為 A 軸，Y 軸之旋轉稱為 B 軸，Z 軸之旋轉稱為 C 軸，雖然能省下換面工時與更多角度的加工，但在學習上與操作人員訓練上也比三軸機械操作更不易。

1-2 各類常用機器認識

◆ CNC 機器

說明：
透過數值控制指令並搭配刀具來進行不同的雕刻、切削與加工，坊間常用的 CNC 機器為「Bravoprodigy CNC」，材料運用非常廣泛，常用於創客、工作坊、學校與公司做打樣、教學等。
通常搭配 JPG、BMP、PNG、DXF、AI、STL 檔案來轉檔。

◆ 雷射切割機

說明：
雷射切割坊間常使用 CO2 雷射，可適用於木材、壓克力、PP 等材料上，利用機械運作的方式將 CO2 雷射光投射在材料表面上，來達到切割或雕刻的目的。
常使用 DXF、AI 檔來轉檔。

＊機器僅為示意圖。

◆ 3D 列印機

說明：
3D 列印機會將加熱噴頭安裝在移動桿上，透過加熱噴頭擠出材料，在列印範圍內層層堆疊，待其冷卻後最終完成 3D 模型
常使用 STL 檔來轉檔。

＊機器僅為示意圖。

1-3 CAD 、 CAM 認識與雕刻流程

CAD：Computer Aided Design 電腦輔助設計

一般是指從事機械設計或製圖，透過電腦軟體，將某一物品、零件，以二維(2D)或三維(3D)圖形來呈現，舉凡像製圖員/製圖工程師，就是把你腦中的設計圖利用電腦軟體把它數位化儲存於電腦中。隨著技術的不斷發展，電腦輔助設計不僅僅適用於工業，還被廣泛運用於其他領域上。

常見的 2D 繪圖軟體：
AutoCAD、CorelDRAW、Illustrator、PhotoShop、Inkscape、PhotoCap、GIMP 等。

常見的 3D 繪圖軟體：
PRO-E(Creo)、Solidworks、Autocad 3D、Fusion360 、Rhino、3DS Max、Maya、Blender、SketchUp、 TinkerCad、123D Design、Onshape 等。

CAM：Computer Aided Manufacture 電腦輔助製造

是指應用電腦於製造有關之各項作業上，如切削路徑模擬製程設計、機具控制、製造之規劃等，運用電腦將設計過程的資訊轉換為製造過程的資訊，這些包含了刀具的類型選擇、加工的工法與路徑，最終配合自動化機械進而生成產品。有些電腦輔助製造軟體會與電腦輔助設計整合，越強大的功能通常往往伴隨著更高的購入成本與學習困難程度，CAM 軟體本身也是一種學問，知識與技能都具有足夠經驗的使用人員來進行操作與設定會對於最後的成品，有更好的效率與結果。

常見的 CAM 軟體：
BravoProdigy EDIT、Vectric、Fusion 360、Carveco (Artcam)、 MeshCAM、RhinoCAM、SimplyCam、Mastercam、Ucancam、Kiri:Moto 及 Estlcam 等。

◆ 雕刻流程說明

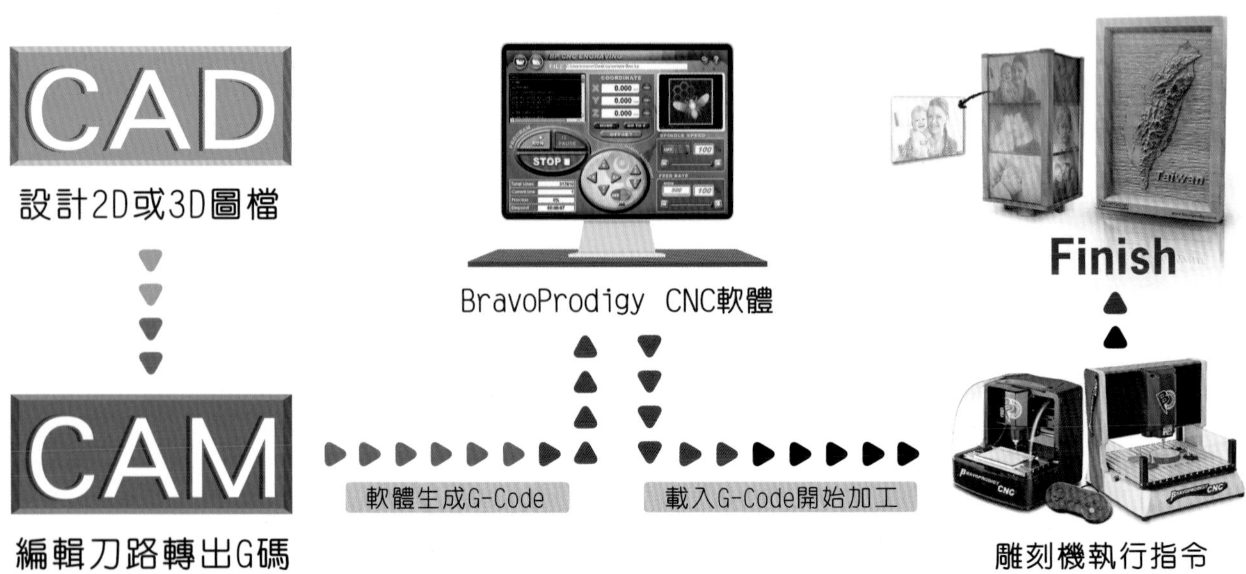

1-4 應用指令解說

在操作 Bravoprodigy CNC 機器之前，學員們需要先認識一些控制指令，雖然現在大多用 CAM 軟體自動計算出要加工的路徑與指令，站在學習的角度，我們也鼓勵操作人員在使用 CNC 機器的同時能同步熟記幾個常用的機械控制指令，以下將會介紹幾個常用且基本的指令，屬於 CNC 入門階段所學。

或許你會在其他大型 CNC 控制器說明書裡，或著其他 CNC 相關專業書籍裡看見上百個更詳細的機械控制指令，但這些會對於初學者來說將是龐大的負擔。在此章節裡，搭配 Bravoprodigy CNC 機器只需學習幾個控制指令，就可以應用在大部分的三軸機器的作品上。

◆ 基本機能指令

在英文符號數量不足以使用下，會使用英文 + 數字成為一個指令，代表某個意義或動作。
以下分為七大類：

- 準備機能：G 機能
- 輔助機能：M 機能
- 刀具機能：T 機能
- 主軸轉速機能：S 機能
- 進給率機能：F 機能
- 單節編號機能：N 機能
- 刀具補正機能：H/D 機能

在 Bravoprodigy CNC 機器上所操作選擇的是 XY 平面 (G17 平面)，所以學員在操作其他大型 CAM 軟體時，也必須注意有些是能夠設定選擇平面的。

類別	項目	功能名稱	機能說明
G 機能	G00	快速定位	在無切削的狀態下，進行直線移動的快速定位。
	G01	直線切削	依程式內的座標進行直線移動切削，通常會配合進給速度指令進行加工。
	G02	順時針圓弧切削	順時針進行圓弧的切削加工。
	G03	逆時針圓弧切削	逆時針進行圓弧的切削加工。
	G20	英制尺寸	英制單位輸入 inch。
	G21	公制尺寸	公制單位輸入 mm。
M 機能	M30	程式結束	程式到此結束，將程式回復到初始位置。
F 機能	F	進給速度	程式在運作中，能指定刀具的移動速度。
S 機能	S	主軸轉速	主軸轉速指定，能依機台的主軸轉速去調整。

◆ 三軸機器軸向說明

三維座標系裡的 X 軸、Y 軸與 Z 軸都必須互相垂直。
右手座標系是以右手系統當做準則，大拇指代表 X 軸，食指代表 Y 軸，中指代表 Z 軸。
如下圖所表示：

二軸向 (X、Y 軸) 座標系說明：

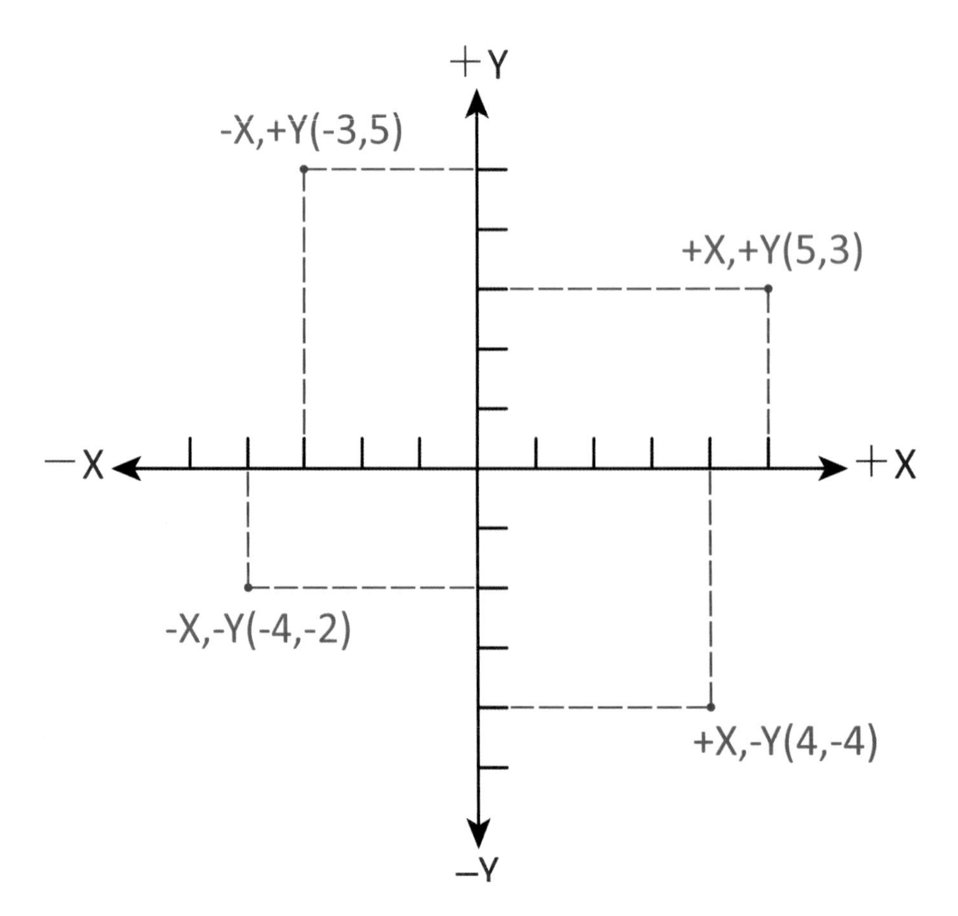

認識 X、Y 軸座標系後，我們來試著了解 G 碼到底在寫些什麼？又分別代表著什麼呢？
使用基本的 G 碼格式，舉二個簡單的例子：

範例一、 下圖範例為在一個 10mm ×10mm 的正方形做線上的切削：
後處理器格式為：「BravoProdigy CNC(mm).tap」。

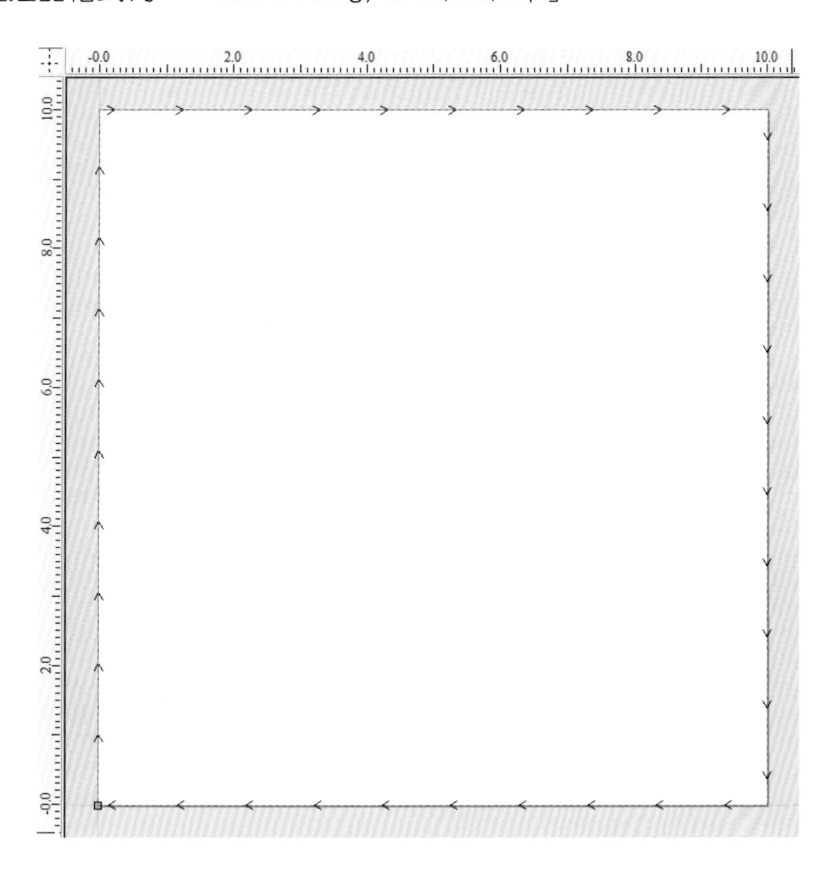

加工指令解說：

G21 → 表示公制單位mm

G0Z3.000 → Z軸快速移動正3mm

G0X0.000Y0.000S20000M3 → S主軸轉速為20000轉RPM

G1X0.000Y0.000Z-2.000F500.0 → Z軸下刀-2mm，搭配F500的速度

G1Y10.000F1500.0 → Y軸移動正10mm，搭配F1500的速度

X10.000

Y0.000

X0.000

G0Z3.000 → Z軸快速移動正3mm

G0X0.000Y0.000 → XY軸快速移動回原點

M30 → 程式結束

範例二、 下圖範例為在一個 10mm ×10mm 的正圓形做線上的切削：
後處理器格式為：「BravoProdigy CNC Arcs(mm).tap」。

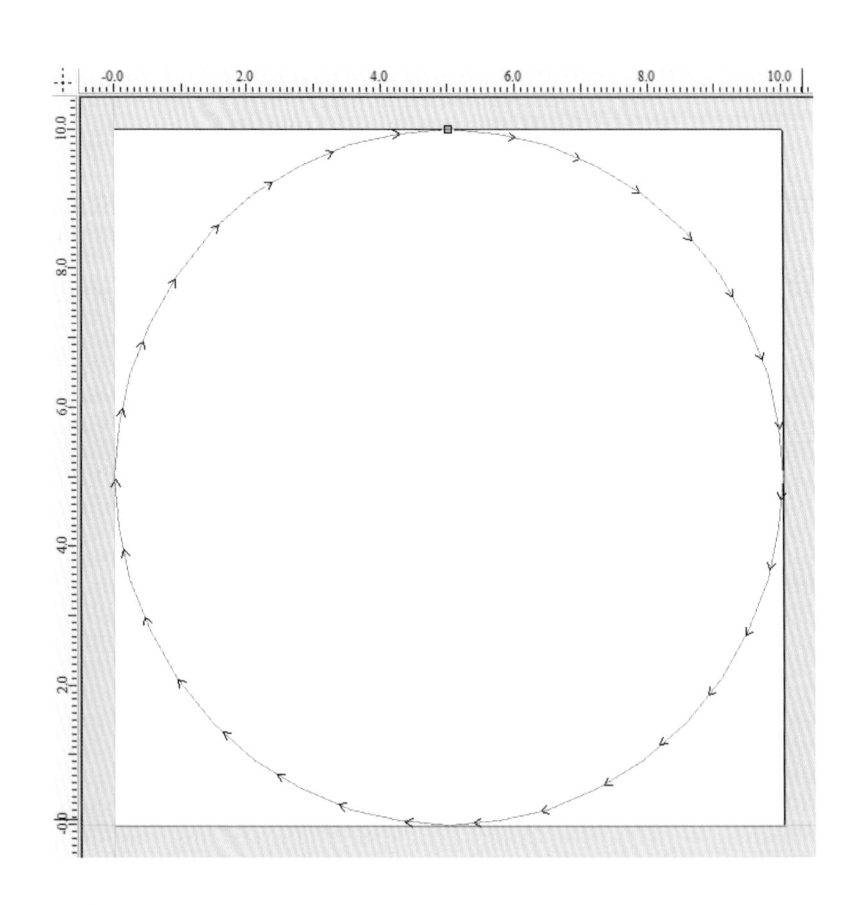

加工指令解說：

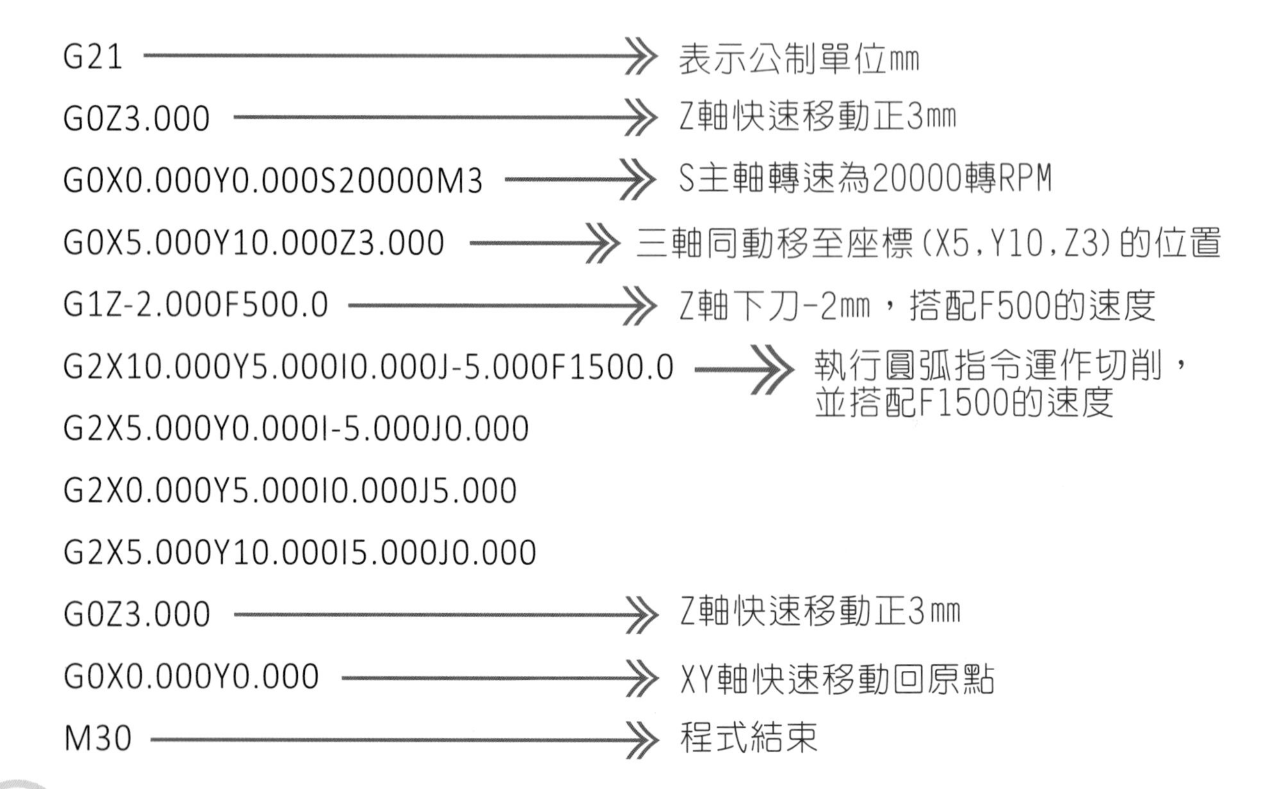

1-5 圖檔來源

在了解此章節前，先讓我們來認識一下幾種常見的檔案格式。

點陣圖檔

常見的有：「bmp、jpg、png、jpeg、gif、tif…等」。

BMP 是點陣圖 Bitmap 的縮寫，是 Windows 作業系統中的標準圖像檔案格式，因此在 Windows 環境中運行的圖形圖像軟體都支持 BMP 圖像格式。BMP 檔已有支援 24 位元全彩的能力，在多數的 Windows 軟體中使用，是很好的原始影像檔，不過解析度不夠高時，影像一放大就會出現馬賽克效果。一般的螢幕抓圖大多是儲存成 BMP 格式，此格式的缺點就是沒有壓縮功能導致檔案太大，和不支援透明色彩。

向量圖檔

常見的有：「dxf、dwg、eps、ai、pdf、svg…等」。

DXF 是 AutoCAD DXF（Drawing Interchange Format 或者 Drawing Exchange Format）的簡稱，是為圖檔的二進位或 ASCII 格式數據。
它是 Autodesk 公司開發的用於 AutoCAD 與其它軟體之間進行 CAD 數據交換的文件格式。DXF 檔是開源格式 (open source)，也是免費使用，任何想要撰寫軟體並讀取 DXF 格式的人都可以自由使用。

3D 圖檔

常見的有：「stl、obj、rlf、3ds、wrl、…等」。

STL 是指 STereoLithography。是由 3D Systems 軟體公司創立，是一種為快速原型製造技術服務的三維圖形文件格式。
STL 檔案僅描述三維物體的表面幾何形狀，沒有顏色、材質貼圖或其它常見三維模型的屬性，許多套裝軟體都支援這種格式，它被廣泛用於快速成型、3D 列印和電腦輔助製造 (CAM) 軟體上。

在了解上面所介紹在坊間常流通與使用的圖檔種類後，有些學員也許會問到，除了使用本書所附的範例練習圖檔，那麼還有其他的圖檔來源嗎？答案是有的，在以下章節做介紹。

◆ 常見 CAM 軟體使用檔案格式

關於常見 CAM 軟體所使用檔案格式，在前端設計的作業時，我們談到了幾個市面上共同使用且流通性高的副檔類型 (bmp、dxf、stl)，學員們能使用市面上一些常見的設計軟體。如下圖所示：

檔案格式	付費軟體	免費軟體
點陣圖檔 BMP、JPG	PhotoShop	GIMP PhotoCap
向量圖檔 DXF	AutoCAD CorelDRAW Illustrator	Inkscape
3D 模型檔 STL	3DS Max Fusion 360 creo(Pro/E) SolidWorks AutoCAD Maya Rhino	TinkerCad Blender 123D DESIGN Onshape SketchUp

上述是在業界與教育界常見的軟體，在台灣和各國家中，還有許多各種從 2D 設計到 3D 建模所用的軟體，皆可以拿來當學員設計的工具，將這些電子圖檔資料，透過 CNC 的機器進行雕刻與加工，轉化為實際產品，在教育的層面上，從概念發想→設計圖檔→轉 G 代碼→實際操作→得到成品。整個做一系列的課程，讓學員們融會貫通，學以致用。

另外，也能透過一些國外的網站上，例如：ebay 上面能購買到許多 stl 圖檔，這些資源也能應在用 Bravoprodigy CNC 的機器上所雕刻使用的。

BravoProdigy CNC 軟體相容性

對於 BravoProdigy CNC 軟體來說，是可相容其他 CAM 軟體的，因為市售的 CAM 軟體種類非常多，從 2 軸 3 軸到 4 軸 5 軸都有，價格從數千元到數十萬元不等，範圍相當的大，要如何從中選擇適合自己所用的呢？

首先，我們先要能確認自已的需求是什麼？若只需要單純做 2D 的銑削和切邊加工，及簡單的 2.5D 浮雕，那麼您可以選擇較初入門的 2D CAM 軟體，如：Cut 2D、VCarve Desktop 軟體。如果要做 3D 的浮雕，含 2D 的所有銑切加工，那麼您可以選擇中、高階的 CAM 軟體，例如：Aspire、Carveco (Artcam) 軟體，它們皆附有建模功能，讓使用者能從 2D 的平面圖，建立模型成 2.5D 的浮雕，進而從中設計出自己的模型，或者藉由外部載入的 Stl 檔案做出修改的功能，最終也都能轉換 G 代碼，進入 CNC 機器操作雕刻。

BravoProdigy CNC 軟體支援多種 CAM 軟體，如下圖所示：

PhotoVCarve、Cut 2D Desktop、Cut 2D Pro、Cut 3D、VCarve Desktop、VCarve Pro、Aspire

Carveco、Carveco Maker、Carveco Maker Plus

Artcam Express、Artcam Insignia、Artcam Pro

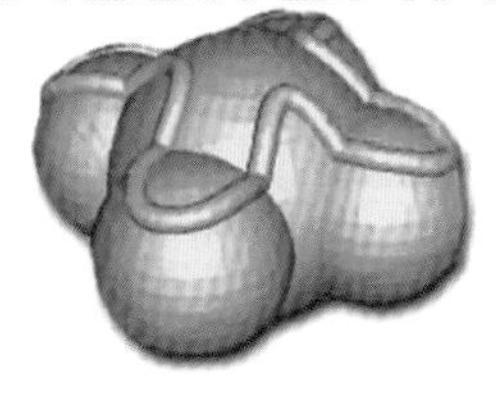

MeshCam

BravoProdigy CNC 系統使用的是基本的 G 碼格式，能與許多 CAM 軟體相容，您可以選擇下列其中一個後處理器轉出 G 碼，並搭配 BravoProdigy CNC 雕刻機來使用。

BravoProdigy CNC (mm)(*.tap)	G Code (mm)(*.tap)
BravoProdigy CNC (inch)(*.tap)	G Code (inch)(*.tap)
BravoProdigy CNC Arcs (mm)(*.tap)	G Code Arcs(mm)(*.tap)
BravoProdigy CNC Arcs (inch)(*.tap)	G Code Arcs(inch)(*.tap)

若您本身持有的 CAM 軟體轉出後處理器，找不到基本的 G 碼格式如「G Code mm.tap」或「G Code inch.tap」等，可運用以下幾種方式來轉 G 碼使用：

1. 有些 CAM 軟體，能夠開啟後處理器的格式設定，使用自定義的方式，將此後處理器去設置 G 碼的開頭與結尾指令，以及 G 指令的編排方式，都開放讓使用者進行調整，如此一來，只要將 CAM 軟體的後處理器格式設為 BravoProdigy CNC 驅動程式相容的指令，即可轉出 G 碼來做使用。
   例如：RhinoCam、CopperCam、Kiri:moto、Estlcam

2. 可以在 CAM 軟體裡找尋其他的後處理器（給三軸使用的），內容含有「單元 1-4 」所提到的應用指令，並將副檔名改成「*.tap」，同樣能載入 BravoProdigy CNC 做使用。甚至有些人已具備撰寫程式的能力，從程式中，直接修改程式碼，讓 CAM 軟體在計算完刀具路徑後，轉存的 G 碼就已經符合 BravoProdigy CNC 驅動程式相容的指令，也可轉出 G 碼來做使用。
   例如：MasterCam

3. 也有許多人是使用 AutoDesk 公司所開發的「Fusion 360」直接在雲端作業的 3D 建模軟體，內容包含了電腦輔助設計（CAD）、電腦輔助製造（CAM）和電腦輔助工程軟體（CAE），請參考下列步驟載入 BravoProdigy CNC 後處理器使用。

   先至「Fusion 360」的網站(https://cam.autodesk.com/hsmposts)，在搜尋引擎中輸入「Bravoprodigy」，就能夠找到「Bravoprodigy」的後處理器，如下圖：

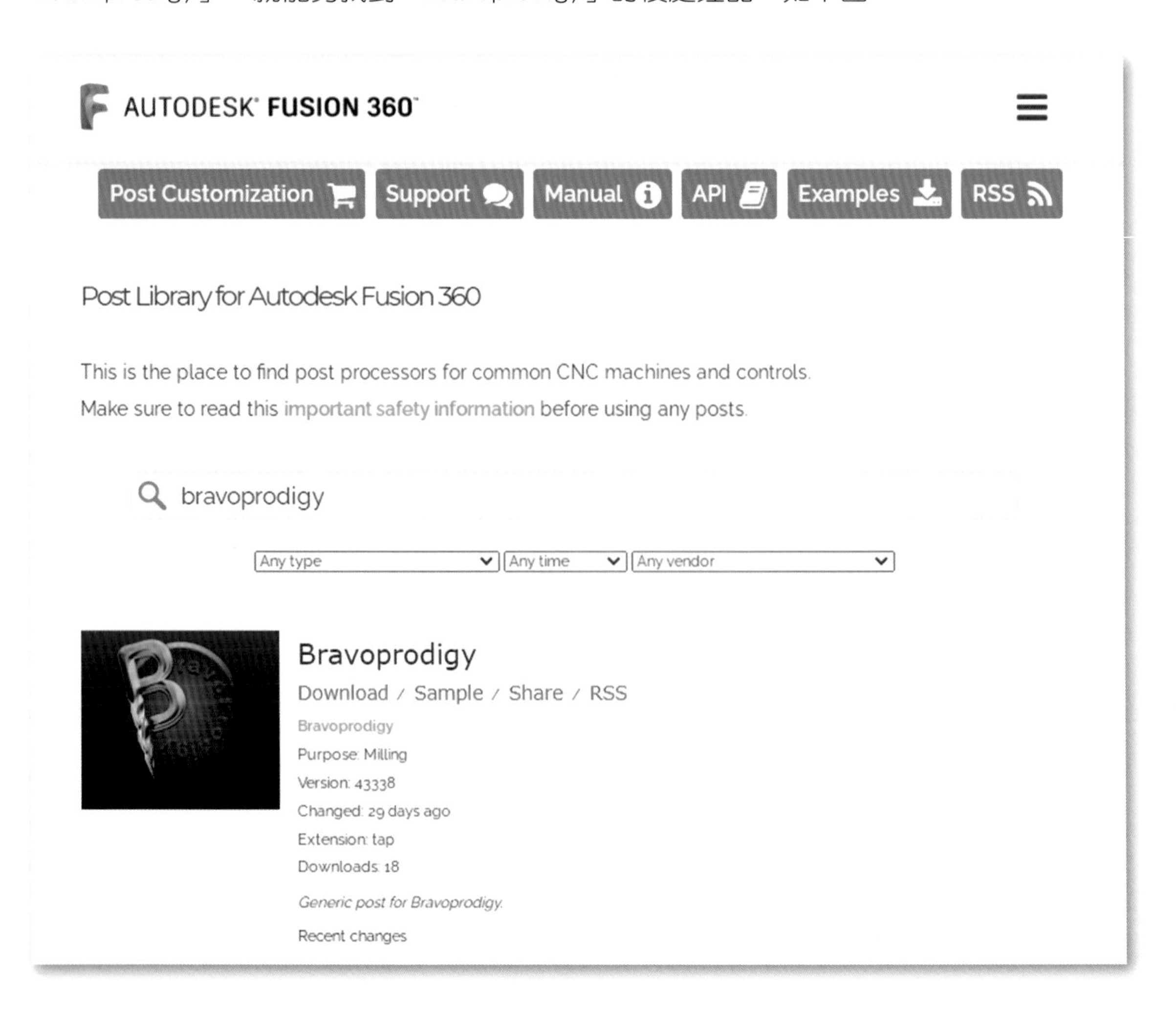

將「bravoprodigy.cps」的處理器下載到自己的電腦中，並放至自已的目錄下面，把路徑也導向「Bravoprodigy」記得也同時把副檔名修改成「.tap 」。在轉檔時，再去選擇「Bravoprodigy」即可轉出 G 碼來做使用，如下圖所示。

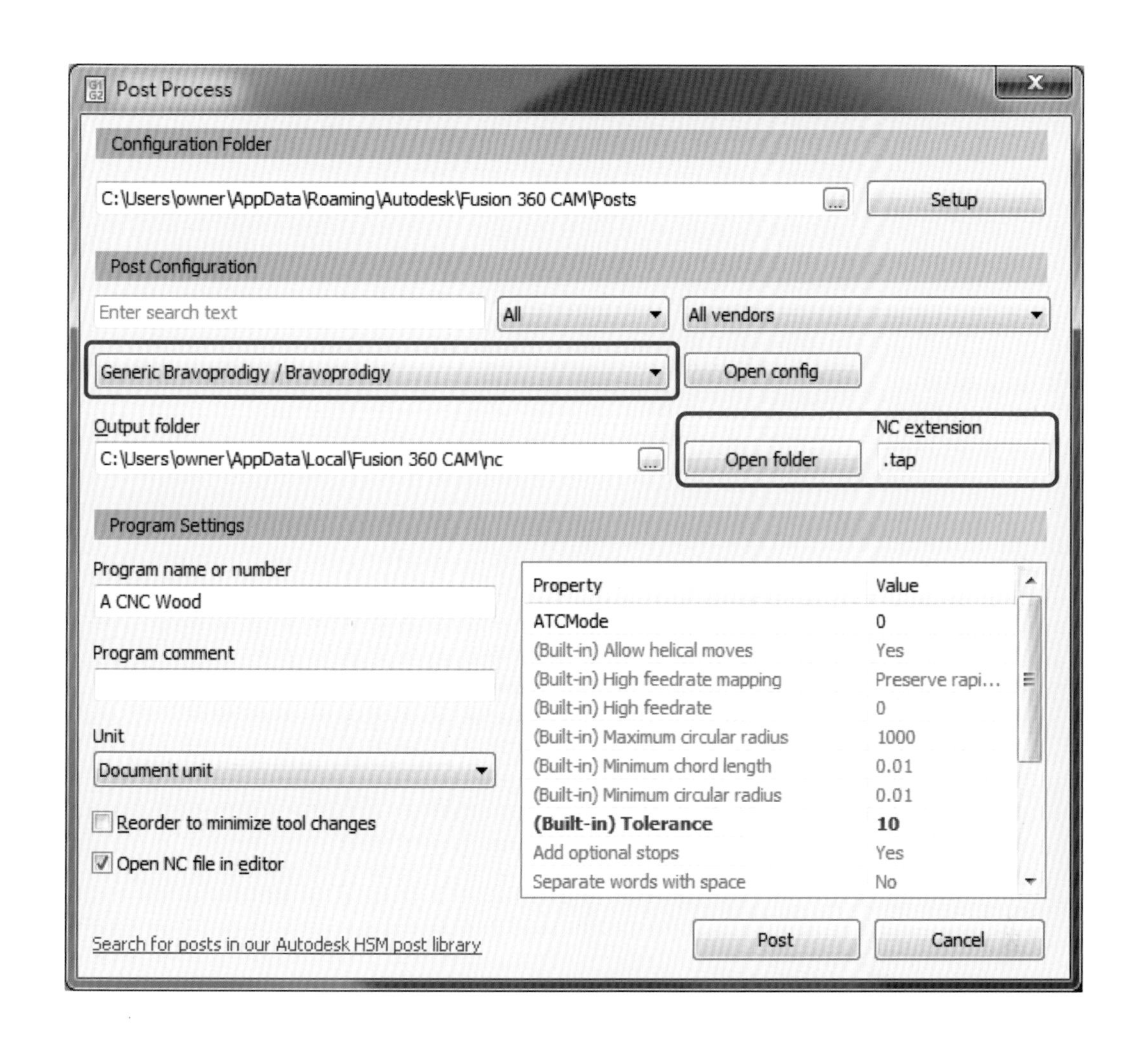

綜合此單元的所有介紹，相信對於各種圖檔的應用以及如何搭配 CNC 機器有更深的一層認識，到底需要什麼樣的 CAM 軟體？又或者應該使用哪個後處理器？藉由這麼多例子搭配「BravoProdigy CNC」機器，解答你心中對於轉檔的疑惑，接下來進入學習軟體的單元，好好的實際動手操作看看吧！

Note

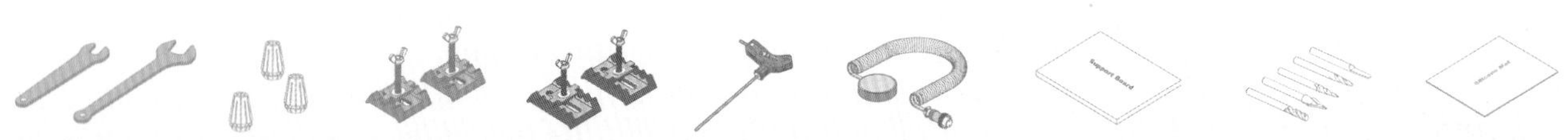

單元 2

BravoProdigy 軟體介紹

2-1 BravoProdigy EDIT 軟體環境認識

手機掃描

最親民的 CAM 誕生

2022
即將升級改版

已購買機器者可登入 Bravoprodigy 官網聯繫客服下載更新軟體

BravoProdigy EDIT 是一套初階且容易學習上手的 CAM 軟體，透過活潑簡單的操作介面，只需要幾個簡單的步驟即可輕鬆快速轉出 G 碼，讓入門者快速的建立 CAM 軟體的基本概念。

軟體是以灰階值來換算定義雕刻的深度，任何一張彩色圖像在載入軟體時，都會先被轉換成灰階圖像，此時這張圖像已成為黑與白中間依不同明暗度所構成的 256 灰階圖。對雕刻來說，灰階值越高 (也就是越接近白色) 則刻的越淺；反之，灰階值越低 (也就是越接近黑色) 則刻的越深。

BravoProdigy EDIT 僅支援 24 位元 (RGB 色彩) 模式之「bmp」、「jpg」、「png」格式。

詳細的功能與解說，將在接下來的內容做說明。

1. 工作區域介紹

介紹影片

下圖為 BravoProdigy EDIT 軟體全覽，我們將功能分割為五大區塊：

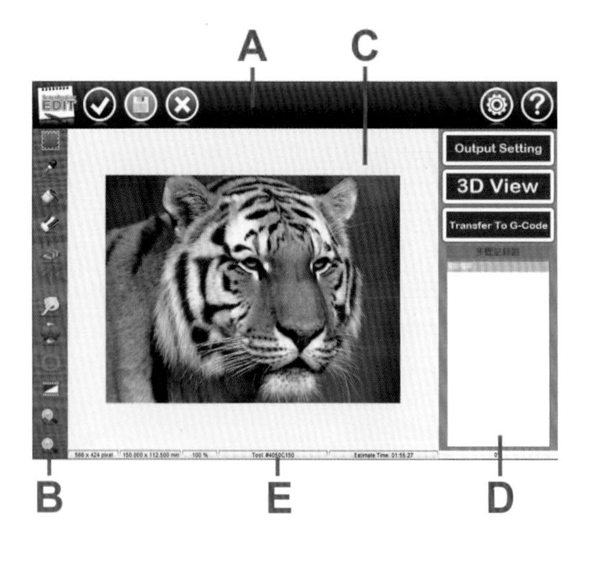

Ⓐ **選單列：**
開啟選單的項目，包括開啟檔案、另存新檔、關閉檔案、喜好設定、小幫手之選擇。

Ⓑ **工具列：**
編輯圖檔時，可選擇使用的各種工具。

Ⓒ **工作視窗：**
顯示您正在處理的檔案。

Ⓓ **輸出設定區：**
圖片決定後，在此設定輸出的雕刻數值，轉檔做成雕刻用的檔案 (G 碼)。

Ⓔ **文件資訊：**
視窗中正在編輯的圖檔像素、尺寸、選擇之刀具、預估雕刻時間等資訊。

2. BravoProdigy EDIT 選單列介紹

開啟檔案：
點選該功能，於對話框中選擇檔案類型與輸出尺寸大小就能開啟檔案。

喜好設定：
系統語言與單位設定。

另存新檔：
儲存已修改過後的圖檔。

小幫手：
連結至操作手冊 、關於 BravoProdigy EDIT 與連結至網站。

關閉檔案：
關閉正在使用中的檔案。

3. BravoProdigy EDIT 工具列介紹

遮罩選取範圍工具：
可以選取矩形的選取範圍。

吸色工具：
從圖檔中取樣顏色。

填色工具：
將框選出的範圍填入顏色進行標記。

橡皮擦工具：
可擦拭已被填色的遮罩範圍。

局部負片工具：
將填色工具所標記出的顏色範圍，做雕刻深度改變。

文字工具：
可新增文字與編輯文字。

平滑處理工具：
將整張圖片平滑化。

水平翻轉工具：
將圖片做水平翻轉的動作。

套用邊框工具：
選取軟體內建的邊框加入工作區的圖片中。

負片工具：
將圖檔色階做反轉動作。

放大工具：
放大圖檔的檢視。

縮小工具：
縮小圖檔的檢視。

4. BravoProdigy EDIT 輸出設定區介紹

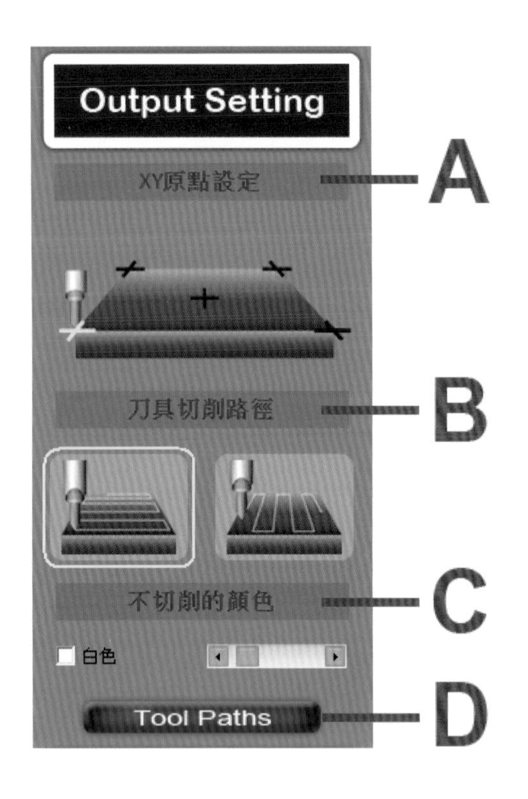

A 原點設定：

選擇左上、左下、右上、右下或是中間點為 X、Y 軸的雕刻起始點。

B 刀具切削路徑：

刀具切削路徑方向設定，可選 X 軸或 Y 軸方向進行切割。

C 不切削的顏色：

此刀路是為純黑白圖像而設計的刀路，作為減少切削路徑所使用。

D 刀具路徑：

按下 Tool Paths 會開啟刀具路徑視窗。

將圖檔使用 3D 預覽方式供操作者設定深度之參考。

Transfer To G-Code

轉換成機器所使用的檔案，即可載入 CNC 軟體進行雕刻。

5. BravoProdigy EDIT 刀具設定與切削參數

可以設定不同的刀具種類與切削條件，來因應不同的素材，適當的做出調整，會得到良好的雕刻品質與效果。

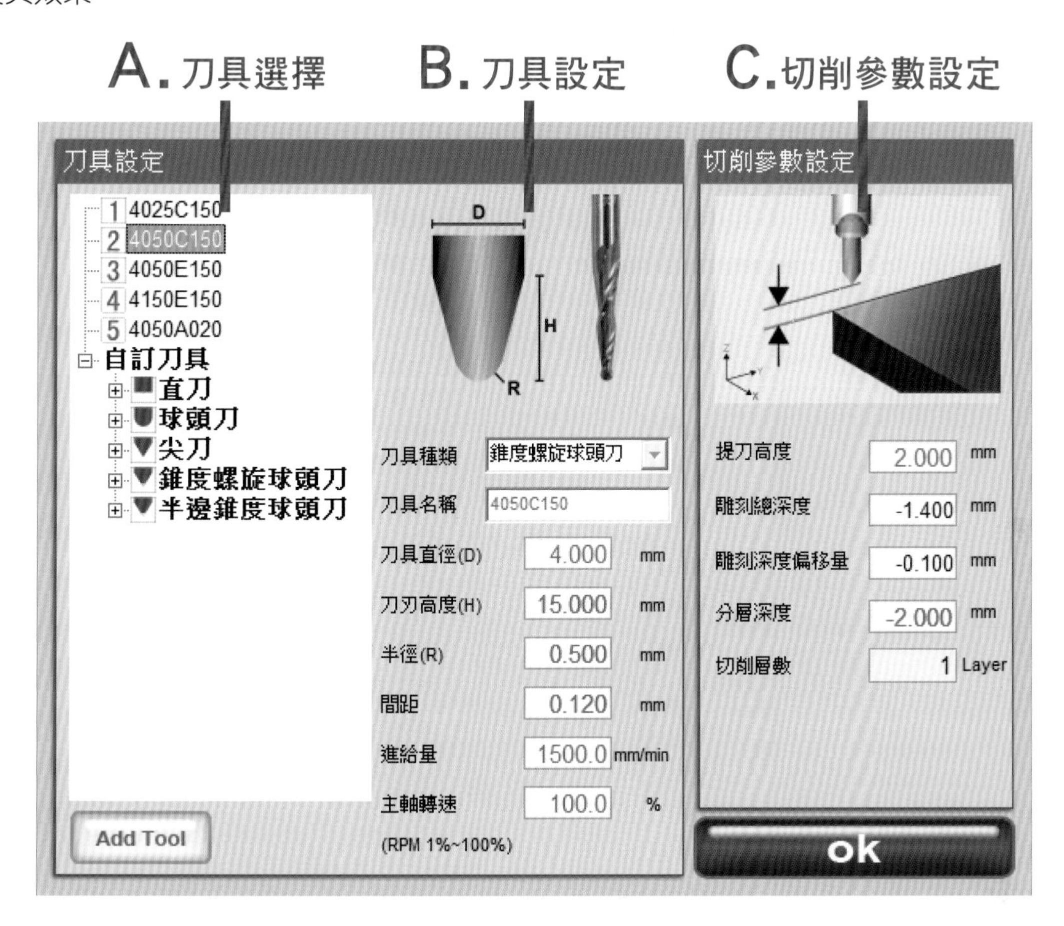

A. 刀具選擇

刀具選擇分兩大區塊：

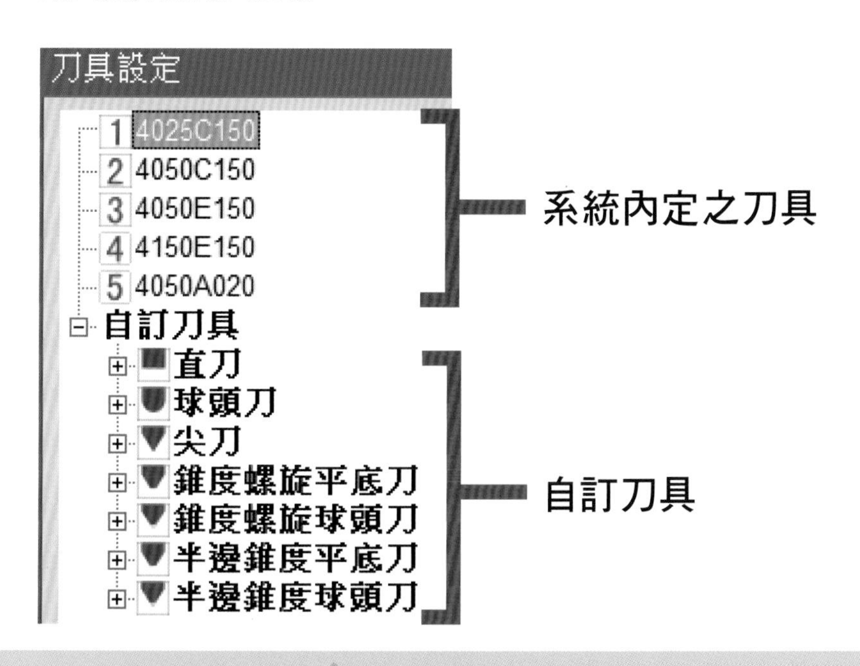

B. 刀具設定

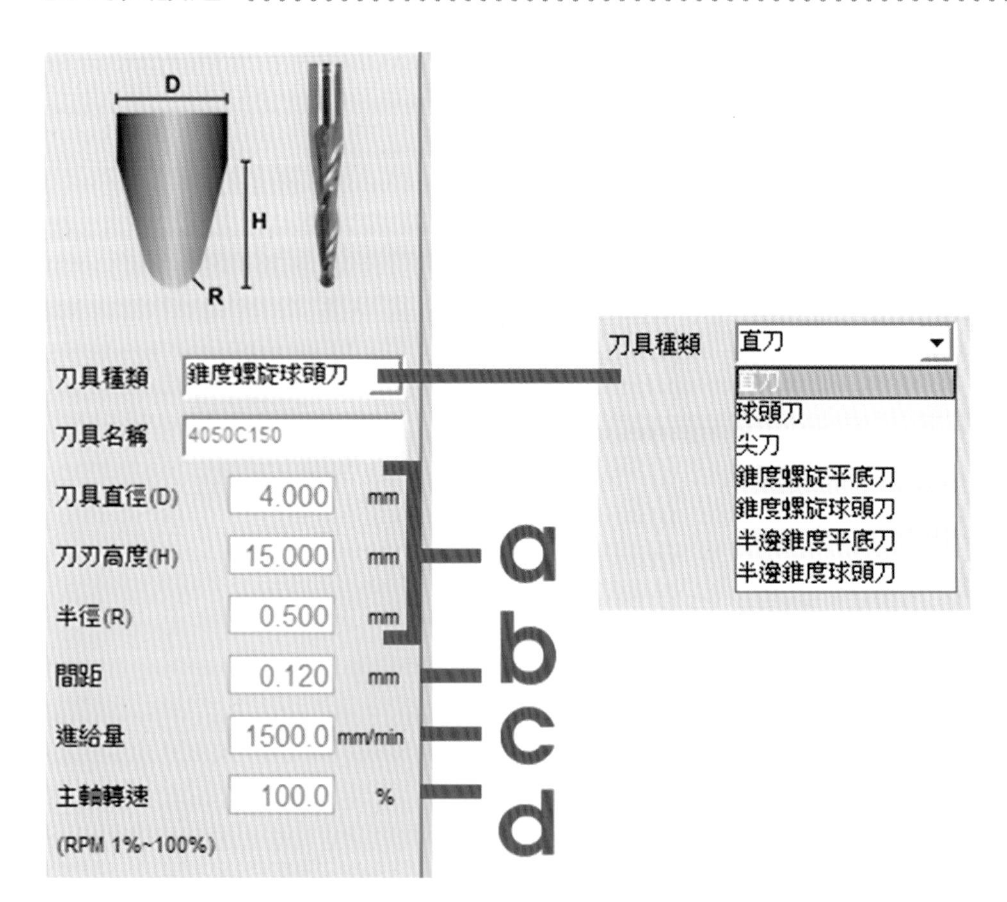

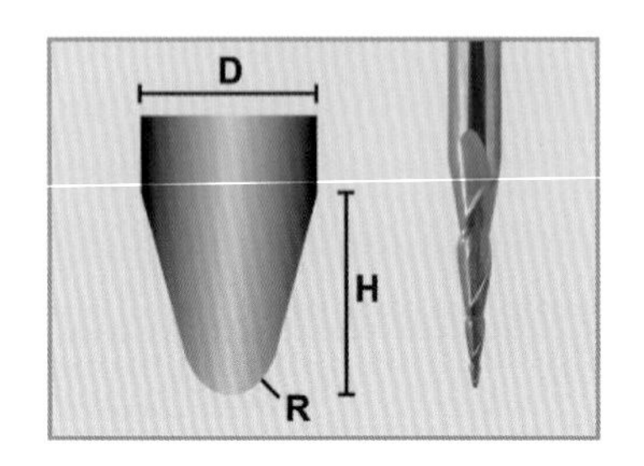

a. 刀具直徑 (D)、刀刃高度 (H)、刀具半徑 (R)：

因刀具種類較多，會隨著不同的刀具來設定各個參數值。

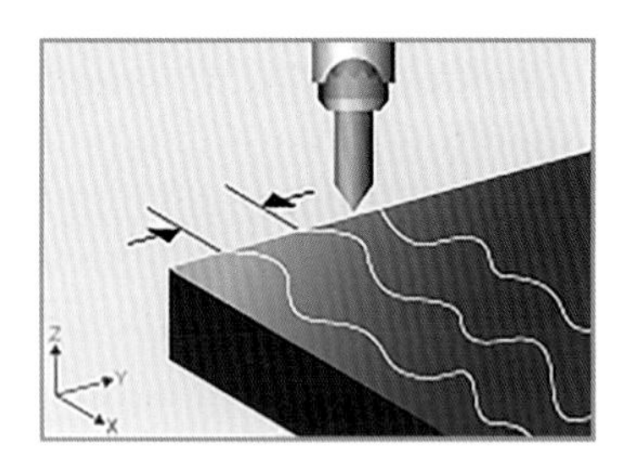

b. 間距：

設定刀具在換下一行時的距離。

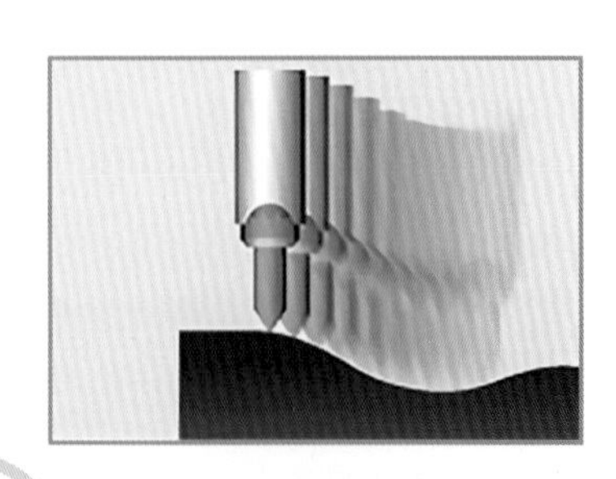

c. 進給量：

雕刻運行中三軸所移動的速度。

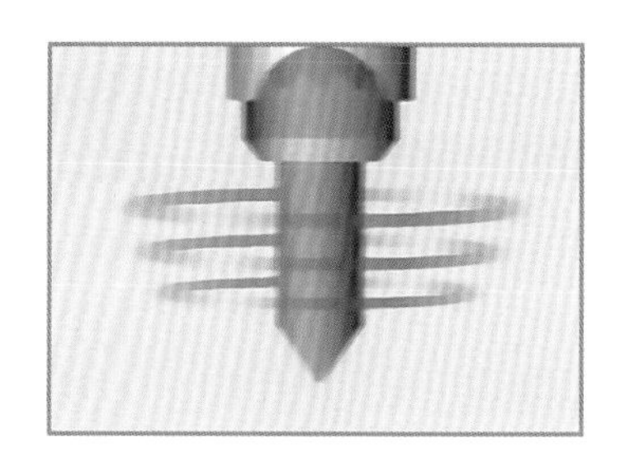

d. 主軸轉速：

設定主軸運轉速度的百分比。

C. 切削参數設定

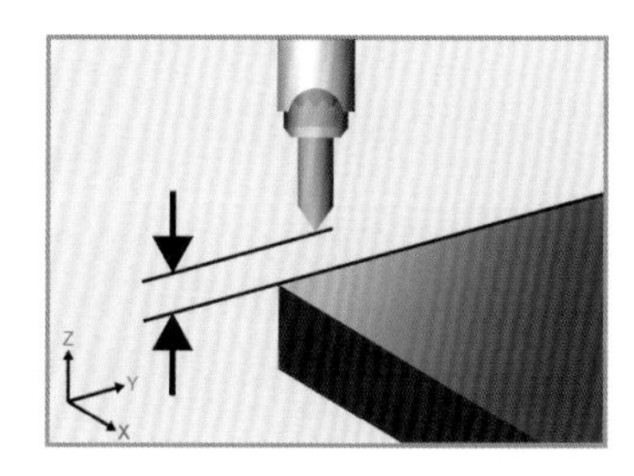

提刀高度設定：

刀具在移動時的安全距離。

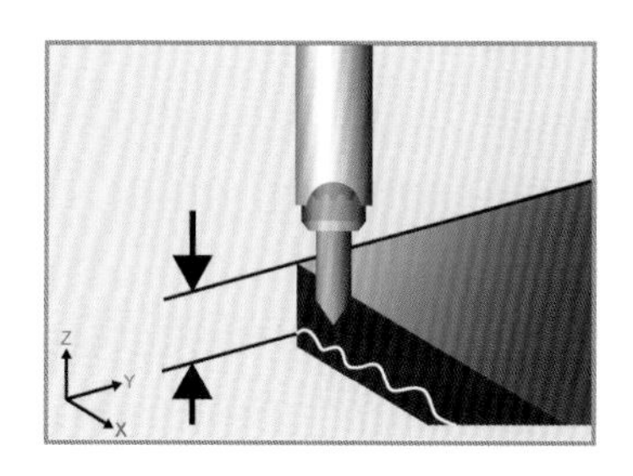

雕刻總深度設定：

設定要雕刻的總深度。

雕刻深度偏移量設定：

相加在 Z 軸總深度的數值，正值為 Z 軸總深度往上偏移，負值為 Z 軸總深度往下偏移。

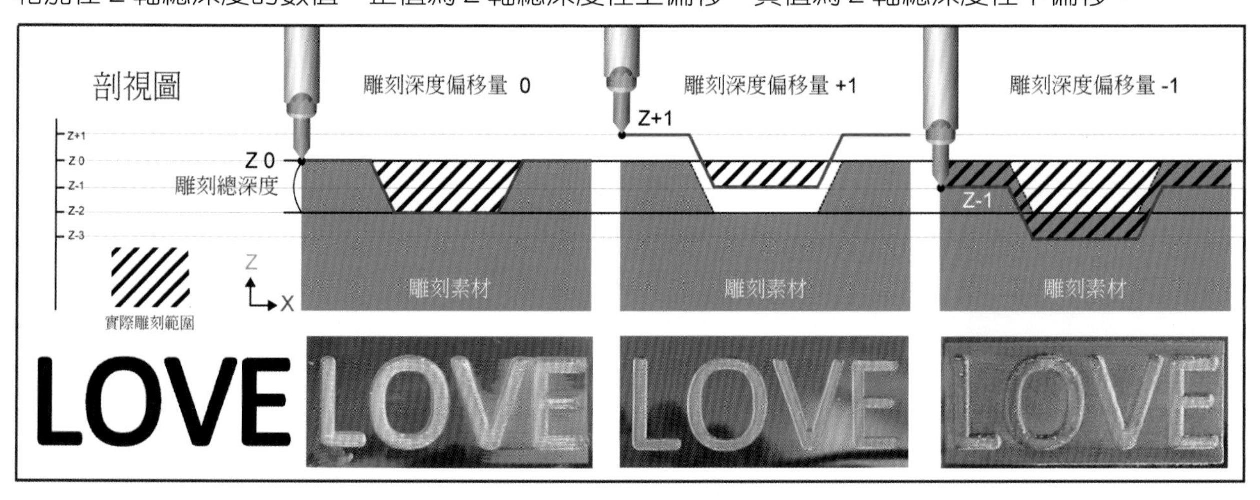

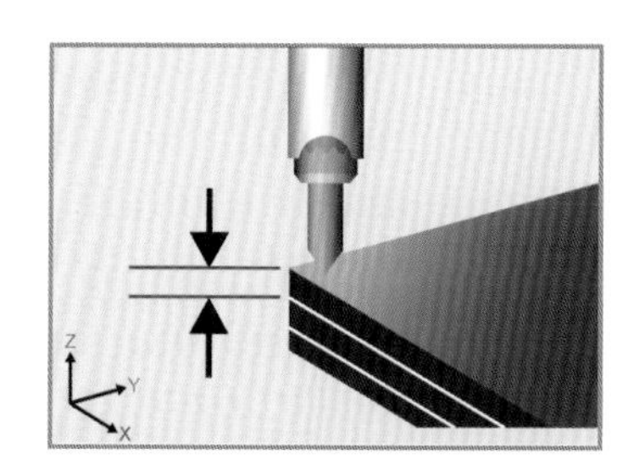

分層深度：

雕刻每一層最大的深度數值。

切削層數：

軟體會自動換算總共要切削的層數。

2-2 BravoProdigy CNC 軟體環境認識

BravoProdigy CNC 軟體將傳統 CNC 介面簡化。透過親民介面讓初學者輕易上手並可學習到 CNC 基礎原理以及了解數控 CNC 與生活應用，使其普及至各年齡層之一般使用者或專業使用者使用。透過 MINI CNC，從小開始培養創意發想，發揮所長激發出不同的創造力及提昇數位自造力。此機器的軟硬體維護成本低、安全性高，是入門與進階使用者接軌的最佳工具。

當 CNC 軟體進行連線時，會先跳出下圖視窗，告知操作者將選擇以那一種狀態下進行連線。

回機械原點

回到機械原點：
使機器回到機械原點後才進行連線。
條件說明：做回機械原點動作才能有效記憶最後參考點。

回前次參考點

回前次參考點：
使機台移動到最後一次三軸歸零的位置。
條件說明：前次連線必須做回機械原點功能，三軸所歸零的動作才會被記錄。

直接連線

直接連線：
不做任何動作直接進行連線。
條件說明：最後參考點未做記憶。

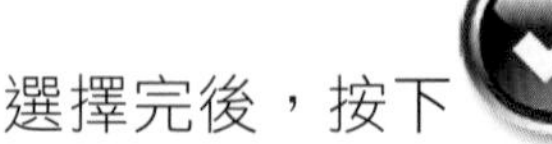

選擇完後，按下 ✔ 使機台進行動作與連線。

1. BravoProdigy CNC 選單列介紹

下圖為 CNC 軟體畫面全覽，我們將功能分割為九大區塊：

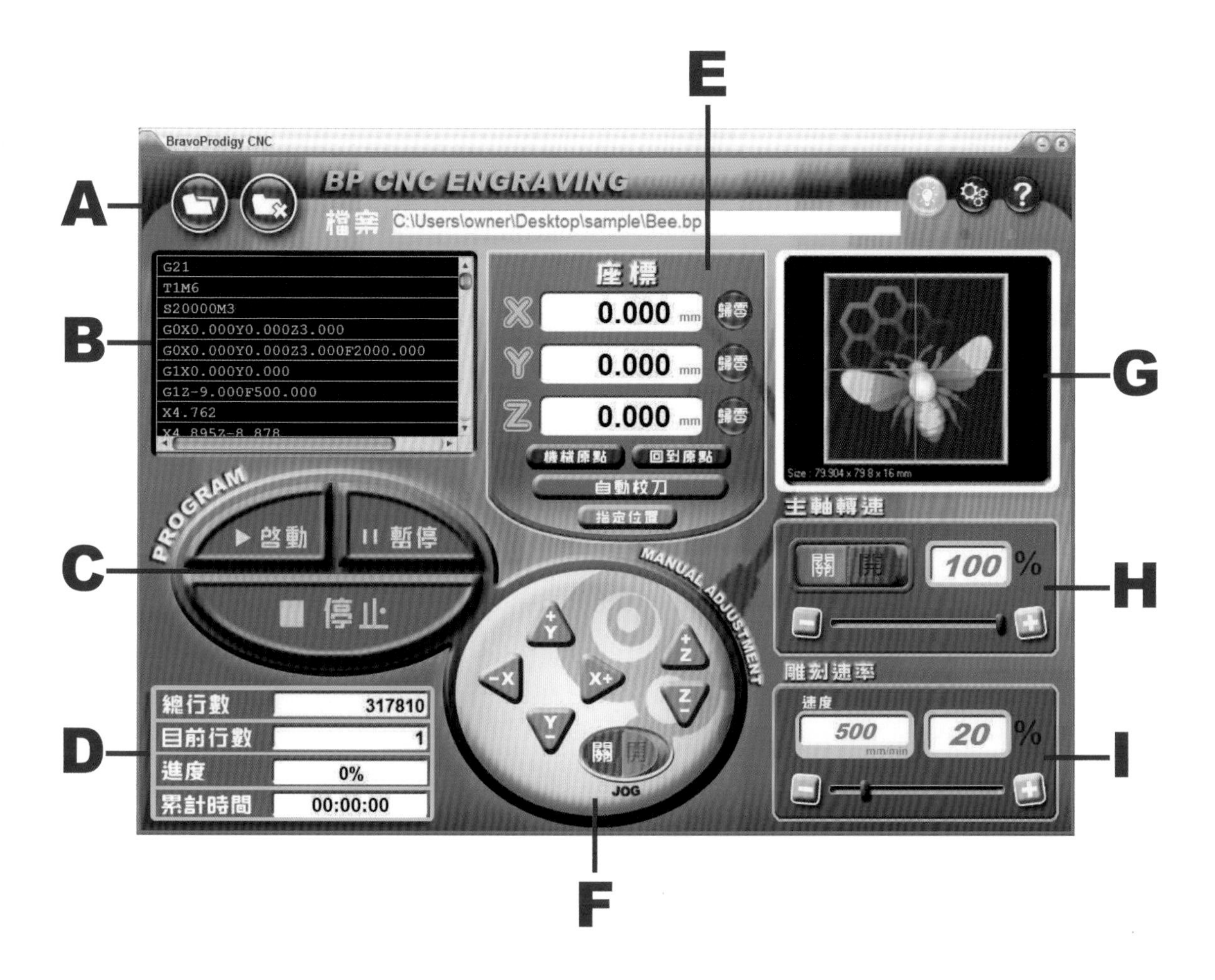

Ⓐ 選單列：
載入 G 碼；關閉 G 碼；顯示檔案來源位置；照明開關；喜好設定；小幫手功能。

Ⓑ 顯示 G 碼內容

Ⓒ 主功能區：
執行 G 碼；暫停；恢復：停止功能。

Ⓓ 資訊欄：
顯示 G 碼相關資訊與雕刻時間。

Ⓔ 座標系：
顯示 X、Y、Z 軸座標位置；座標歸零；機械原點；回到原點；自動校刀；指定位置。

Ⓕ 手動控制區：
移動 X、Y、Z 軸方向與開啟 / 關閉微步功能。

Ⓖ 預覽視窗：
顯示 G 碼預覽圖與尺寸以及主軸目前所在位置。

Ⓗ 主軸轉速：
控制主軸開始轉動與停止轉動；調整轉速。

Ⓘ 雕刻速率：
可調整雕刻中的速度與三軸移動的速度。

A. 選單列

 **照明開關** 開啟  **照明開關** 關閉

喜好設定

「SYSTEM」系統設定：

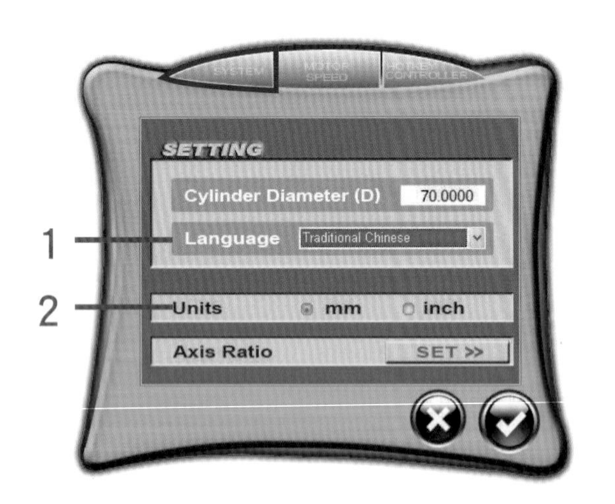

1. 設定軟體語系
2. 設定軟體單位

「HOTKEY CONTROLLER」
熱鍵與控制器：

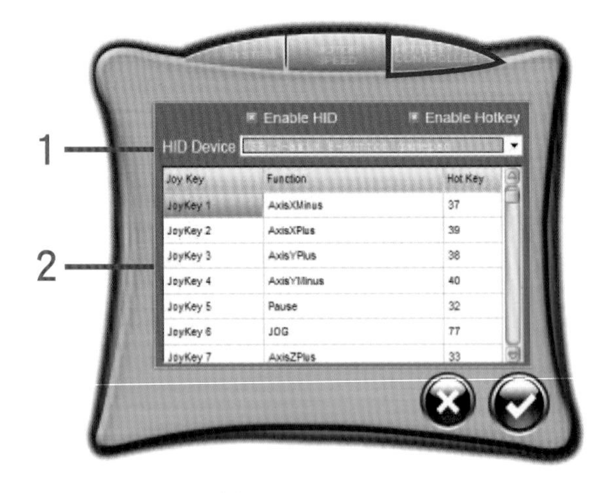

1. 顯示控制器驅動程式名稱。
2. 顯示熱鍵對應表

小幫手

B. 顯示 G 碼內容

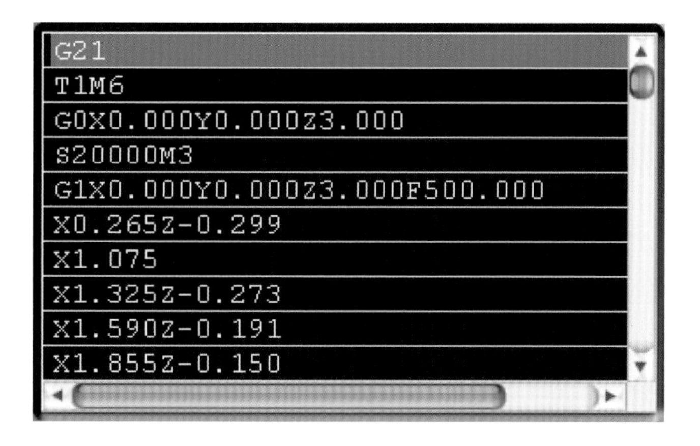

C. 主功能區

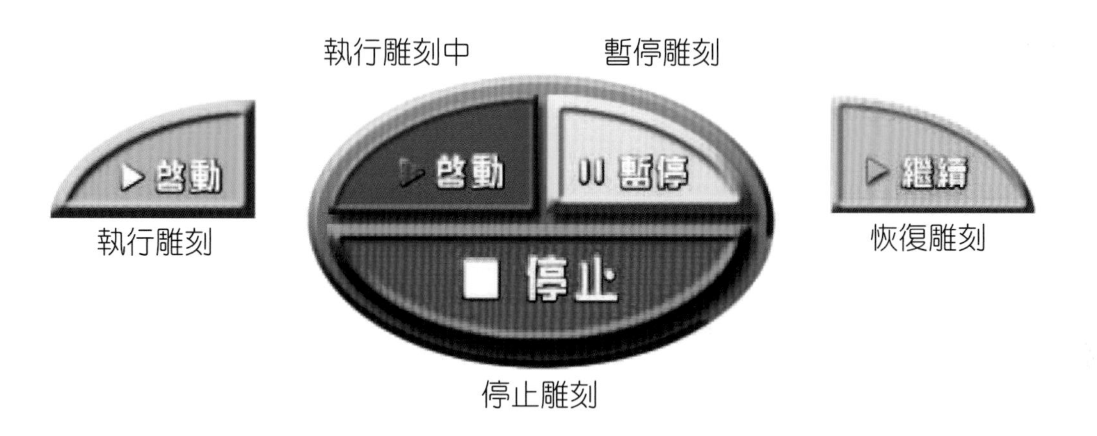

D. 資訊欄

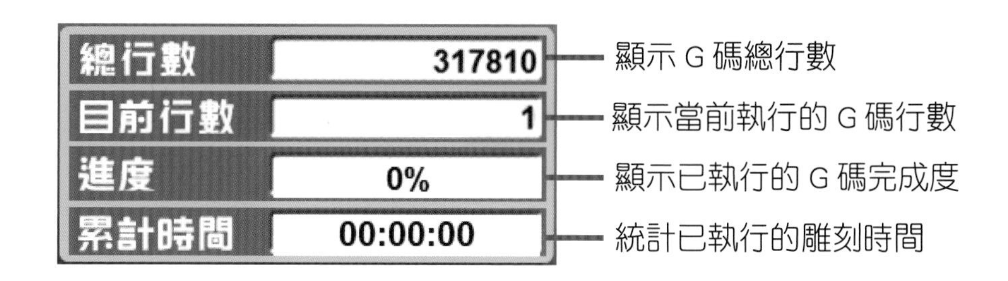

E. 座標系

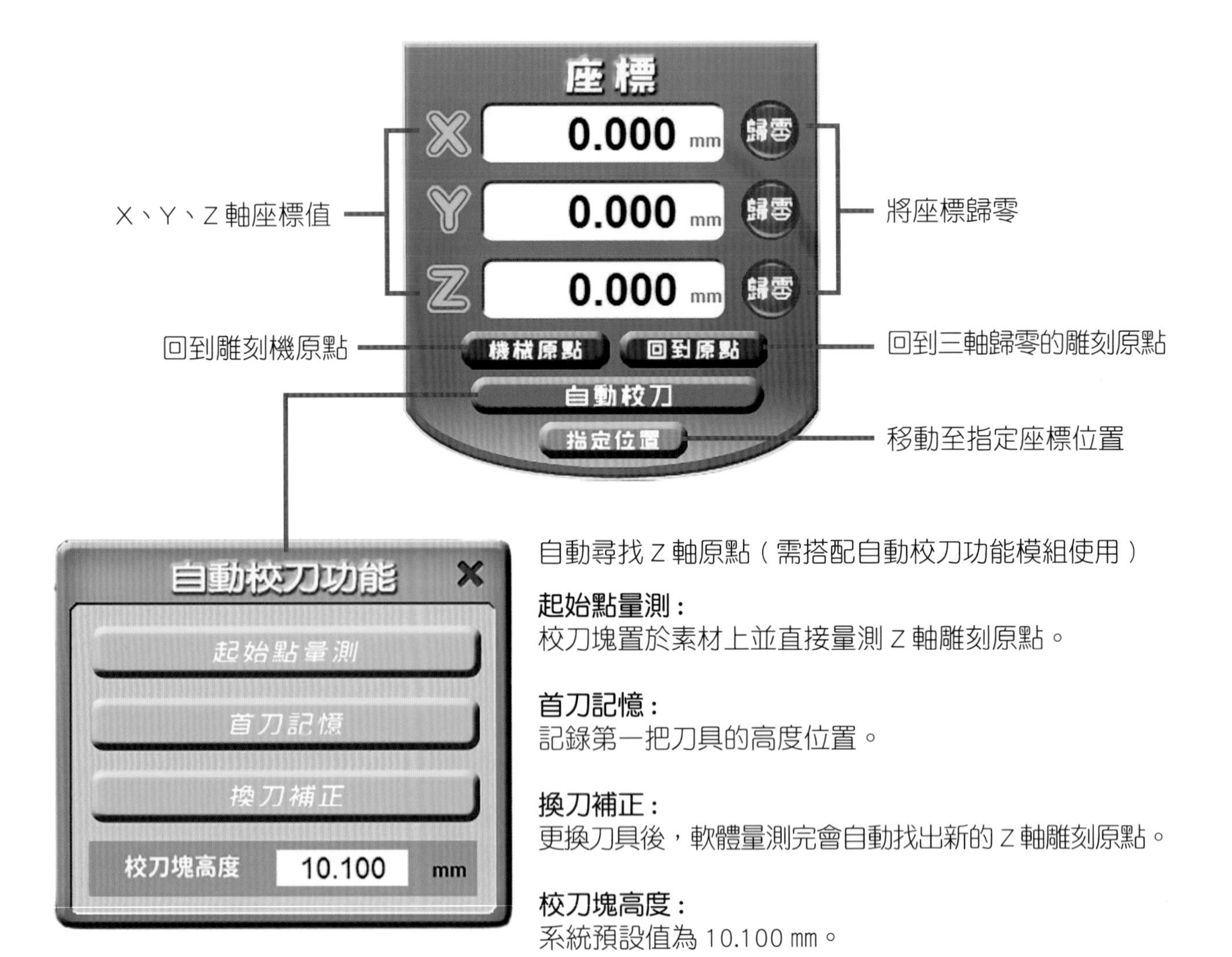

自動尋找 Z 軸原點（需搭配自動校刀功能模組使用）

起始點量測：
校刀塊置於素材上並直接量測 Z 軸雕刻原點。

首刀記憶：
記錄第一把刀具的高度位置。

換刀補正：
更換刀具後，軟體量測完會自動找出新的 Z 軸雕刻原點。

校刀塊高度：
系統預設值為 10.100 mm。

F. 手動控制區

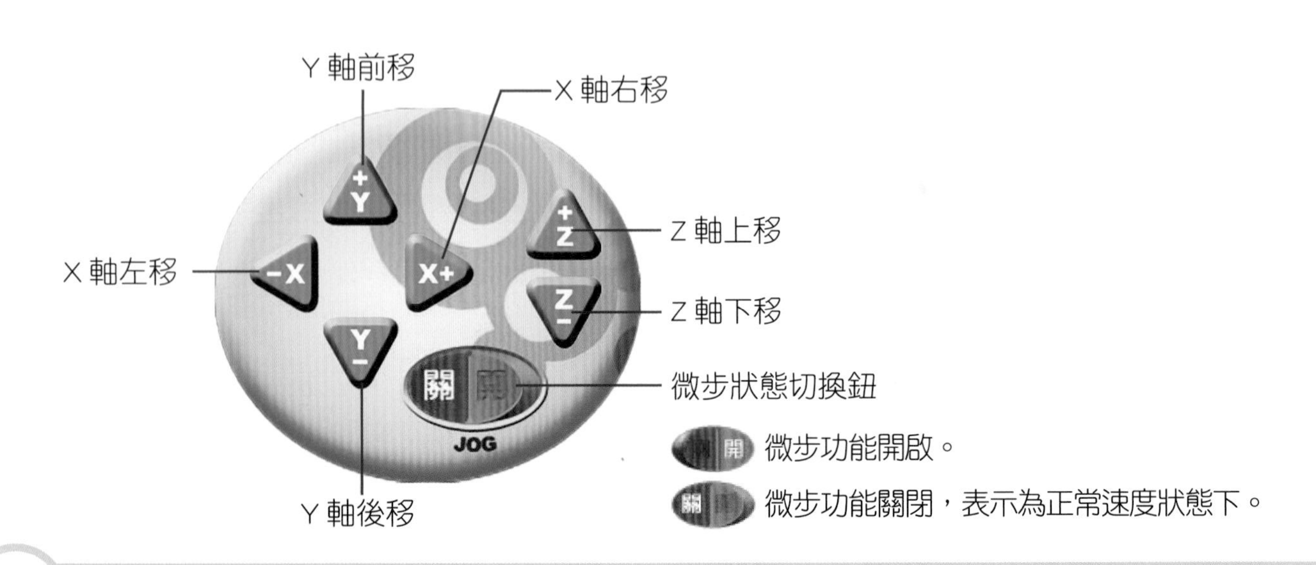

微步功能開啟。

微步功能關閉，表示為正常速度狀態下。

G. 預覽視窗

H. 主軸轉速

I. 雕刻速率

2. 控制器與鍵盤之應用

◆ 控制器功能

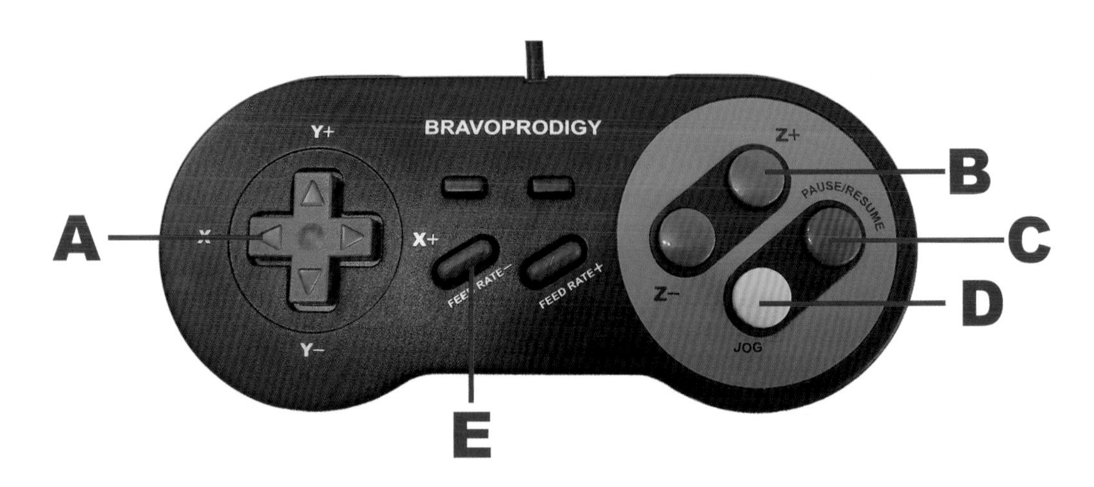

Ⓐ X＋： 控制 X 軸右移
X－： 控制 X 軸左移
Y＋： 控制 Y 軸前移
Y－： 控制 Y 軸後移

Ⓑ Z＋： 控制 Z 軸上移
Z－： 控制 Z 軸下移

Ⓒ 雕刻中的暫停 / 恢復

Ⓓ 微步功能開啟 / 關閉

Ⓔ FEED RATE ＋－：控制 FEED RATE 加減速調整

◆ 鍵盤快捷鍵

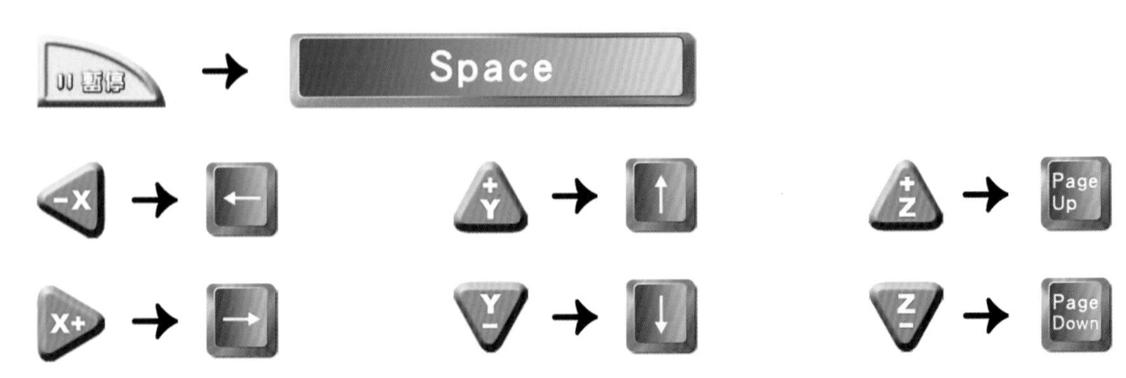

2-3 BravoProdigy 雷射軟體介面說明

BravoProdigy mini CNC 除了 CNC 雕刻模組為主軸，也結合低功率的雷射雕刻模組，學員們不需再重新學習新的雷射雕刻軟體，因雷射模組的操作幾乎與 BravoProdigy CNC 雕刻軟體相同，差別只在將「主軸轉速」改為 「雷射強度」，在機器上軟體能自行判斷當前機器主軸模組，系統在識別後會自動開啟相對應的模組軟體，降低了學習上的門檻。學員們可靈活應用 CNC 與雷射模組完成創作。

Bravoprodigy 雷射模組可以應用雕刻的材質如：木頭、軟木、竹、皮革、紙板、泡棉等。(金屬材質表面需有塗層漆。)

可切割或雕刻的材質有如：飛機木、軟木、紙、厚紙板、泡棉。多材質的應用、發想創意與巧思，融入在各種日常生活，讓數控 CNC 與生活應用做連結。

有二點是筆者務必要向學員們宣達的安全注意事項：

1. 使用時避免直視雷射光！操作者務必配戴防護眼鏡或裝上防護用雷射遮光座。
2. 雷射雕刻執行時，機器周遭避免堆疊物品並將物料清空，同時工作室 (教室) 或室內 (房間) 保持空氣的流通。

◆ 雷射介面說明

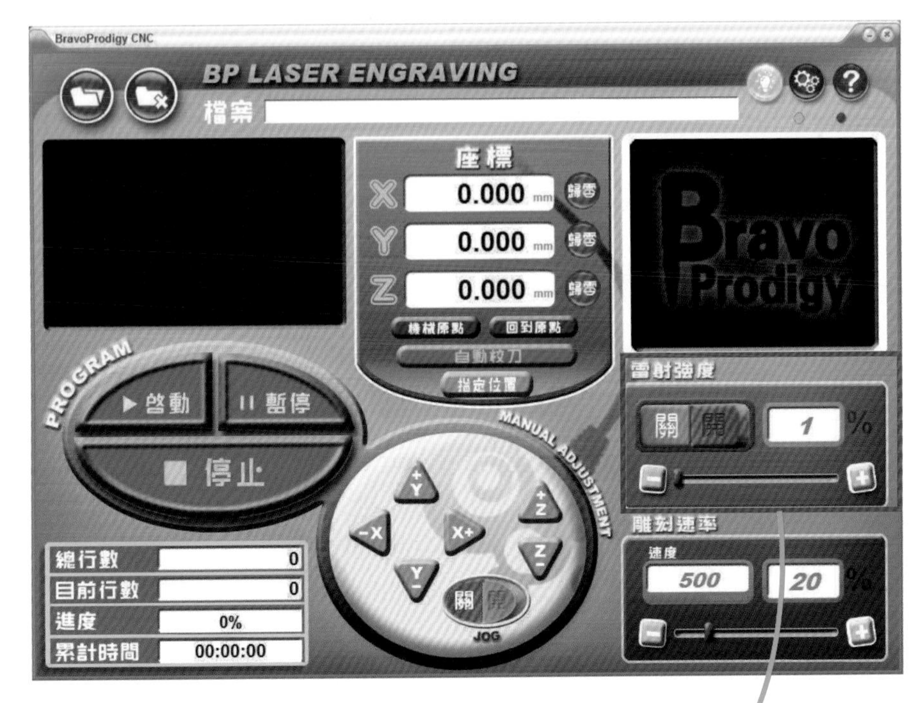

CNC 模式與雷射模式的軟體操作介面大致相同，故此處不再贅述，以上僅對相異之處說明。

相關功能介紹請參照 2-2 BravoProdigy CNC 軟體環境認識。

2-4 BravoProdigy 振動筆軟體介面說明

　　BravoProdigy mini CNC 除了 CNC 模組 & 雷射模組外，還有「振動筆金屬雕刻」模組，利用鎢鋼刀具高硬度與耐磨的特性，結合撞擊的技術，在金屬材質上打刻出想要的文字、圖案、標誌等，快速留下痕跡。

傳統的氣動打刻機維護成本高，Bravoprodigy 振動筆金屬雕刻模組適合運用在各行業與各類產品、五金手工具、鋁牌、鑄件及模具等，可方便做追蹤、管理及標示用，賦予產品新的價值。

軟體使用簡單方便，功能模組置換簡單、輕易操作及更換。
適合打刻的材質如：黃銅、紅銅、金、銀、鋼鐵、不銹鋼、鋁及各種塑料等。

振動筆介面說明

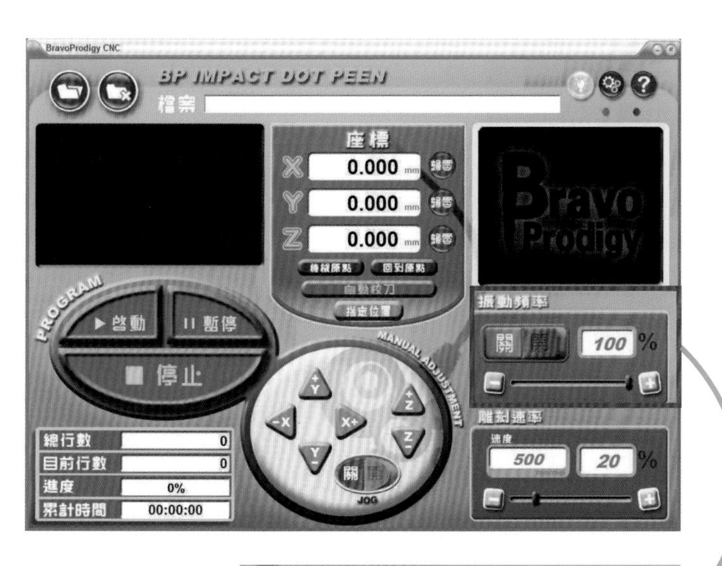

振動頻率百分比

可調整振動頻率

振動筆啟動開關

CNC 模式與振動筆模式的軟體操作介面大致相同，故此處不再贅述，以上僅對相異之處說明。

相關功能介紹請參照 2-2 BravoProdigy CNC 軟體環境認識。

Note

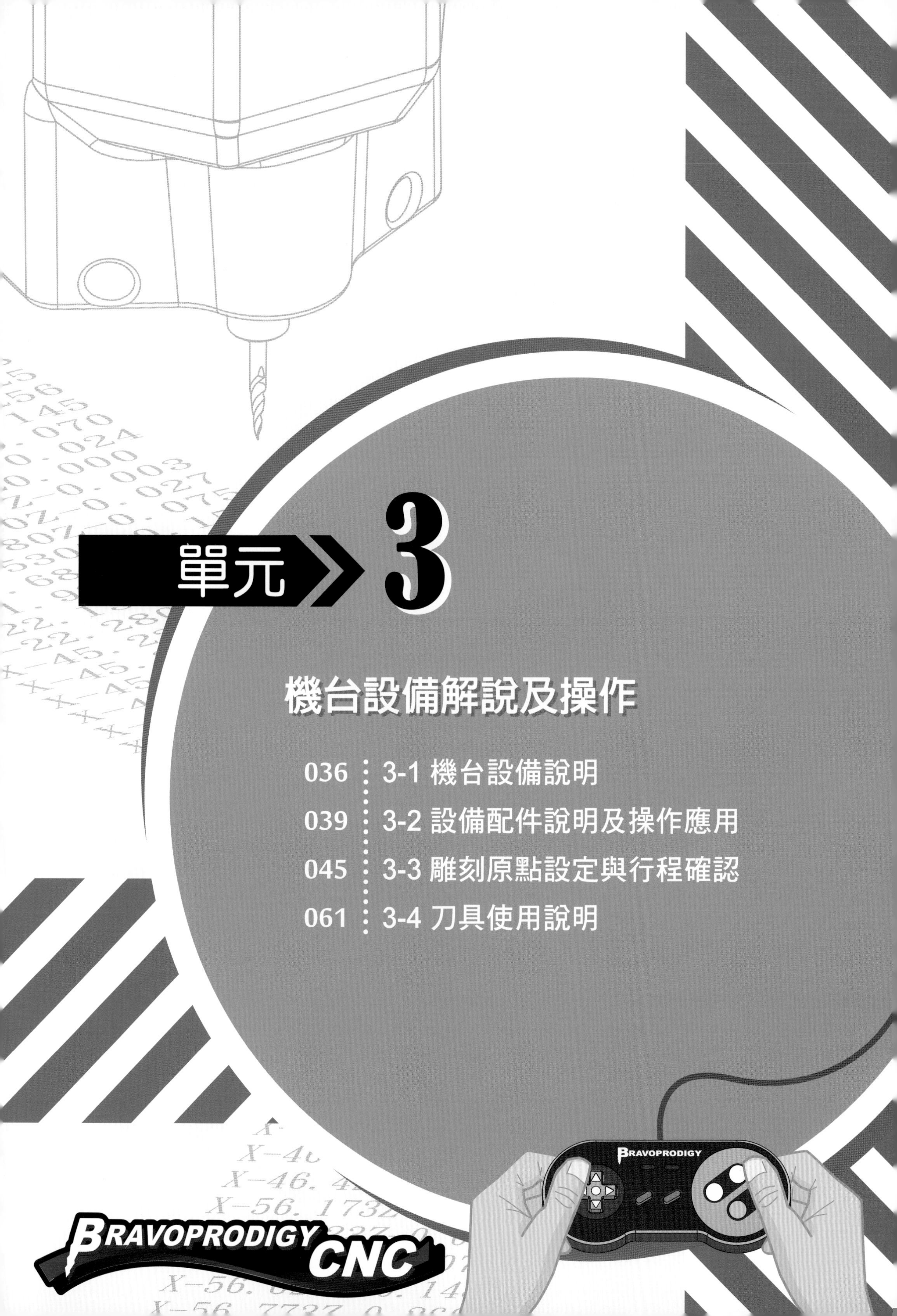

單元 3

機台設備解說及操作

3-1 機台設備說明

機器型號

BE2015

外觀介紹

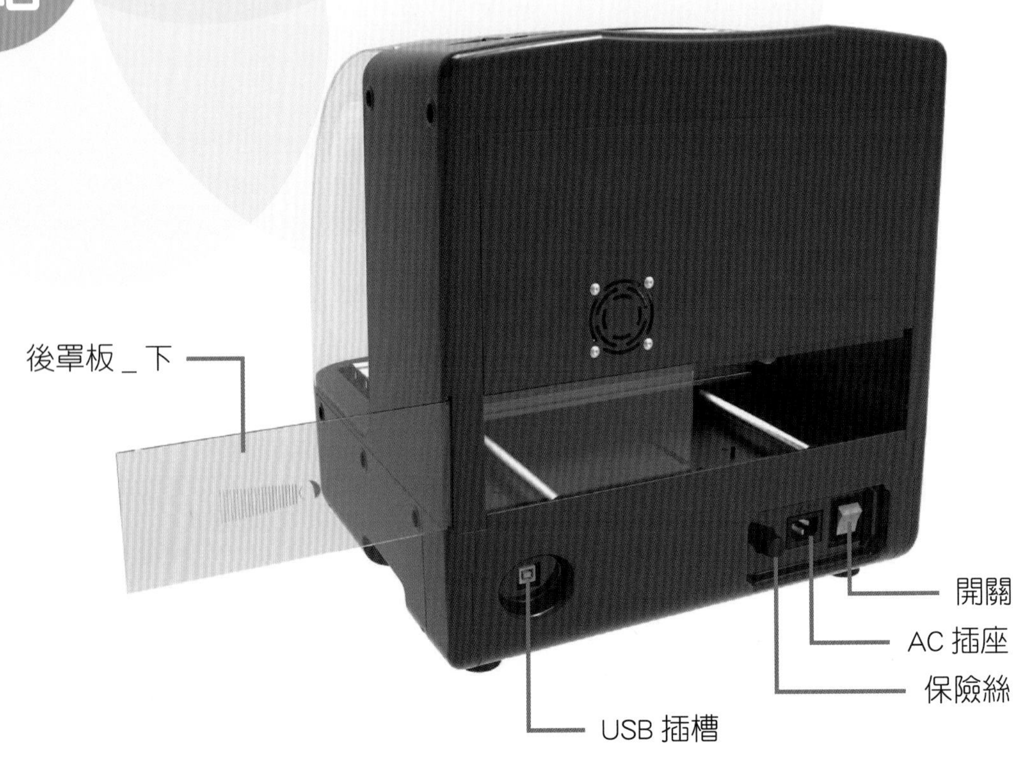

◆ 三軸說明

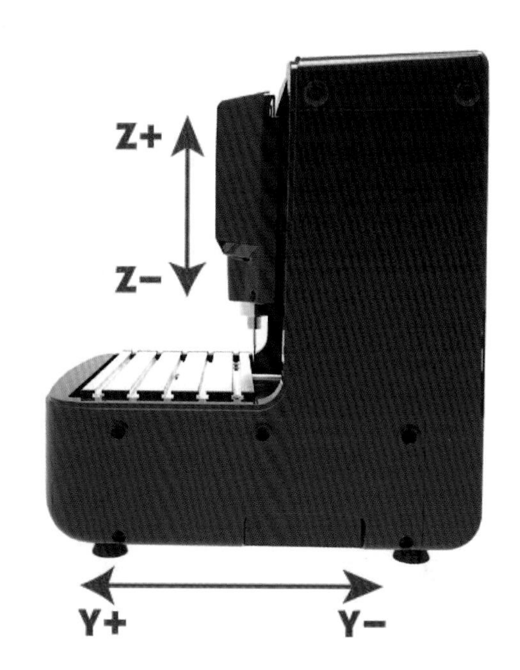

◆ 散熱孔位置

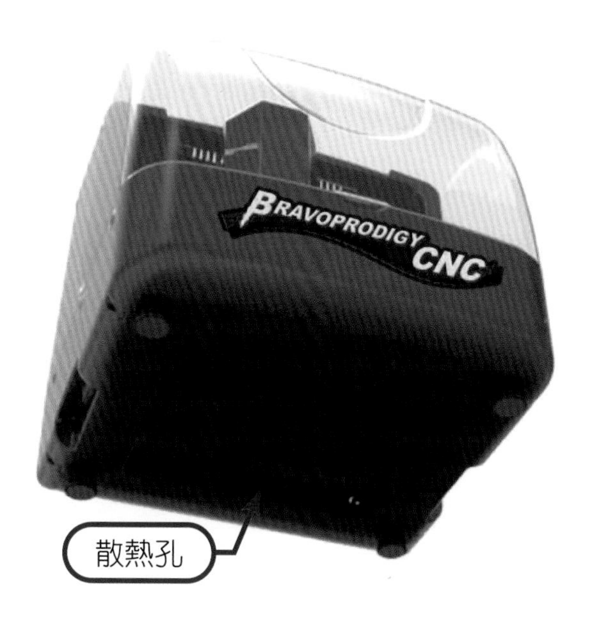

1. 工作區域請保持空氣流通。
2. 不要在散熱孔處蓋上布或紙，或在機台附近堆疊物品。

機器型號

BE3030

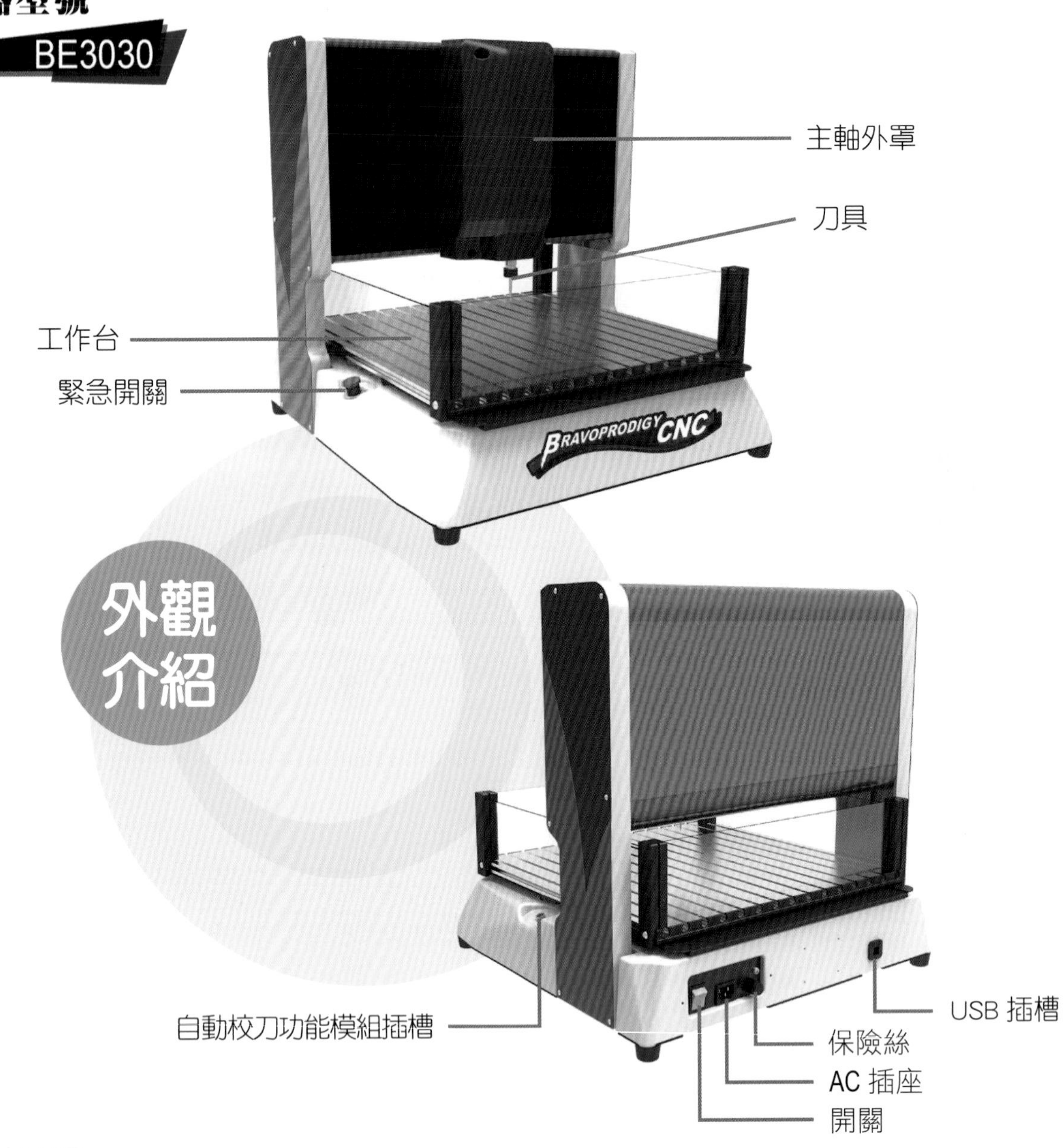

◆ 三軸說明

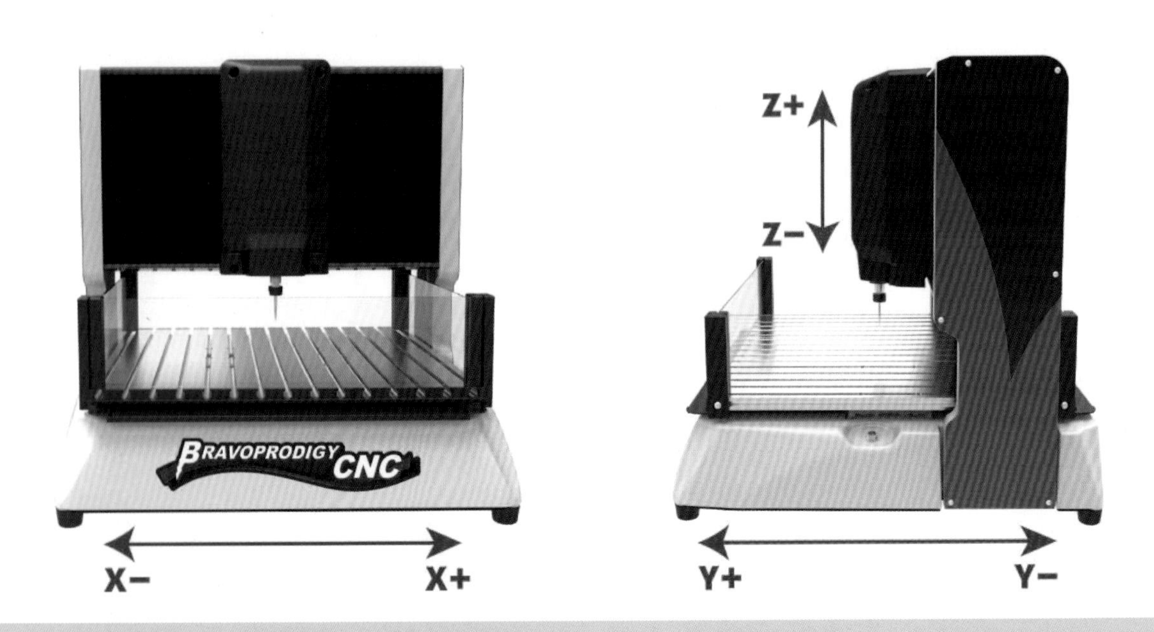

3-2 設備配件說明及操作應用

1. 矽膠墊的使用

1. 使用前，請確認矽膠墊是在乾燥的狀態下，表面需無水珠才可使用。
2. 使用齒型壓板時，請勿夾到矽膠墊，以避免縮短矽膠墊壽命。
3. 矽膠墊需保持乾淨，若沾染粉塵會降低矽膠黏性。
4. 矽膠在黏貼於墊板上時，必須避免矽膠墊與墊板之間有空氣與氣泡，如此會造成雕刻中矽膠脫落的情形。
5. 矽膠墊在存放時，務必平整的放置，避免變形的情形。
6. 矽膠墊的使用需搭配原廠提供之素材。並請勿切割或改造矽膠墊。
7. 矽膠墊使用過後，使用清水沖洗乾淨即可，晾乾後可重覆使用。

請照以下步驟，藉由矽膠墊與墊板將壓克力固定於工作台上。

取墊板。

將矽膠墊的透明保護膜撕下，放上矽膠墊，並攤平使用貼合於墊板上。

取壓克力並撕下其背面的紙張保護膜。

將壓克力的背面對齊放在矽膠墊上。

將雕刻素材緊密貼合於矽膠墊上。

STEP 06
完成後放置於工作台上，並參考單元 3-2 齒型壓板組的使用，將齒型壓板鎖緊。

完成。

2. 齒型壓板組的使用

鎖緊方式
請以順時鐘方向旋轉蝶帽。

說明

鬆開方式
請以逆時鐘方向旋轉蝶帽。

◆ 齒型壓板組正確的使用圖示

1. 請將螺絲頭置入工作台溝槽。
2. 使用齒型壓板前端依圖所示將素材固定夾緊。
3. 齒型壓板溝建議固定於前二溝。
4. 齒型壓板組尾端不可固定於溝槽內及不可夾持歪斜，以免雕刻中鬆弛。

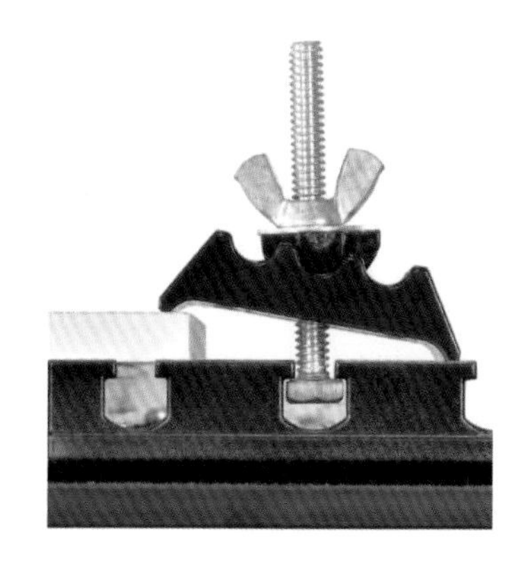

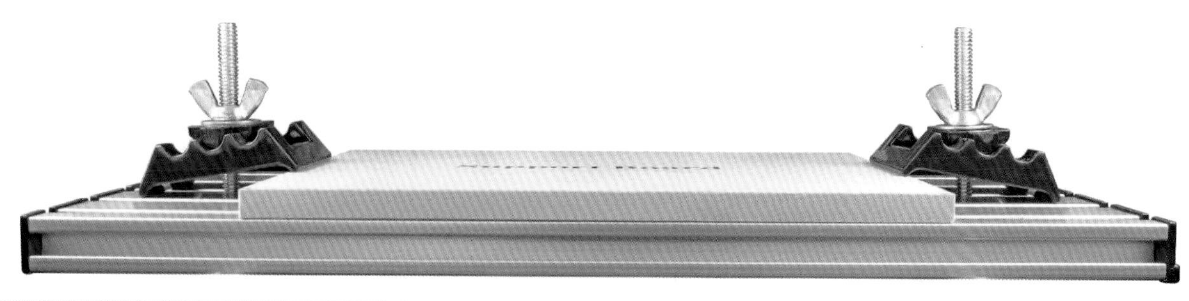

3. 刀具的使用

1. 因刀刃銳利，在拿取時請務必注意安全。
2. 在更換刀具前，請務必關閉機器電源並拔取電源插頭。

夾頭式主軸

STEP 01

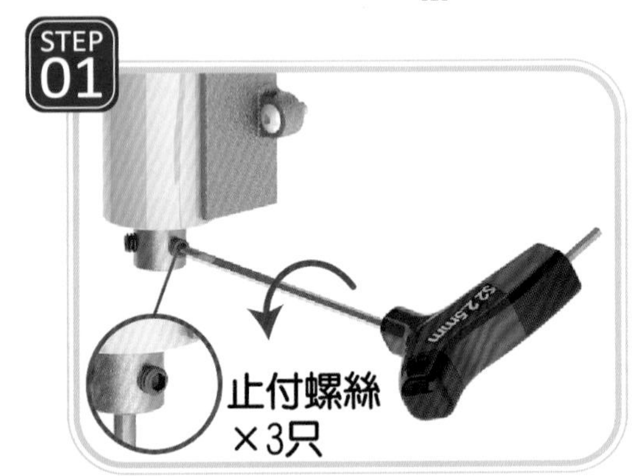

請利用六角扳手工具，將主軸上的 3 顆止付螺絲以逆時鐘方向先轉鬆。

備註： 2020 年 10 月以前機型版本為 2 顆止付螺絲。

STEP 02

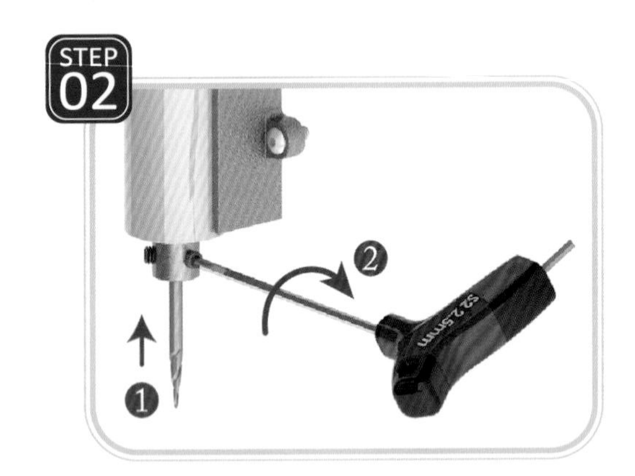

1. 刀具置入於主軸內。
2. 第一顆止付螺絲先以順時鐘方向將刀具【稍微鎖住】後，依序再將第二顆、第三顆止付螺絲也以順時鐘方向將刀具【稍微鎖緊】。

STEP 03

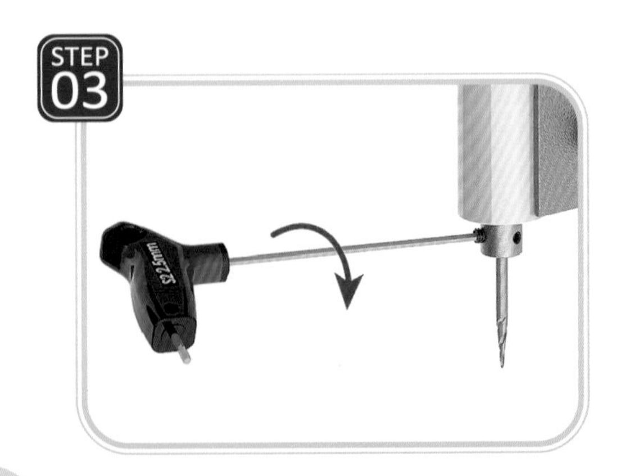

接下來在回到先前的【第一顆止付螺絲】將刀具鎖緊，確認主軸上的 3 顆螺絲都是在鎖緊的狀態下，並且不會鬆動。

套筒式主軸

◆ ER 筒夾與刀具組立

STEP 01

將 Z 軸向下至方便拆卸的位置，並順時針用手轉下 ER 螺帽。

STEP 02

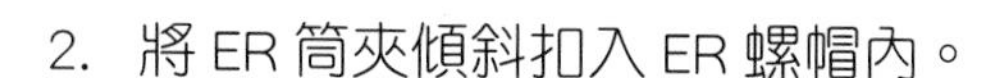

教學影片

1. 把 ER 筒夾放入 ER 螺帽內部。
2. 將 ER 筒夾傾斜扣入 ER 螺帽內。
3. 下壓平放使得 ER 筒夾能在 ER 螺帽內順暢旋轉。

STEP 03

將刀具放入後用手稍微旋緊 ER 螺帽。

1. 請握持在刀柄位置防止刀具掉落，並小心刀刃。
2. 鎖緊前需要注意 Z 軸最低極限時，刀具需與工作台距離至少 2 mm

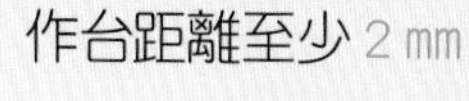

2mm

STEP 04

將板手插入相關位置。

STEP 05

逆時針旋轉螺帽板手鎖緊 ER 螺帽即可。

◆ ER 筒夾與刀具拆卸

STEP 01

順時針旋轉螺帽板手放鬆 ER 螺帽即可進行拆卸刀具動作。

STEP 02

用手順時針旋轉放鬆 ER 螺帽，並將刀具抽出即可完成拆卸刀具動作。

※ 請握持在刀柄位置並小心刀刃。

STEP 03

1. 把 ER 筒夾向任意方向扳動至傾斜狀態（❶❷）。
2. 保持往上拉的力量並將 ER 筒夾往回扳動即可完成拆卸（❸）。

3-3 雕刻原點設定與行程確認

1. 在雕刻前請先了解雕刻機的切削行程，以免執行雕刻過程中超出雕刻範圍。
2. 在模擬雕刻行程路徑時，移動速度 (FEED RATE) 不要過快。

1. 機器的行程

BE2015

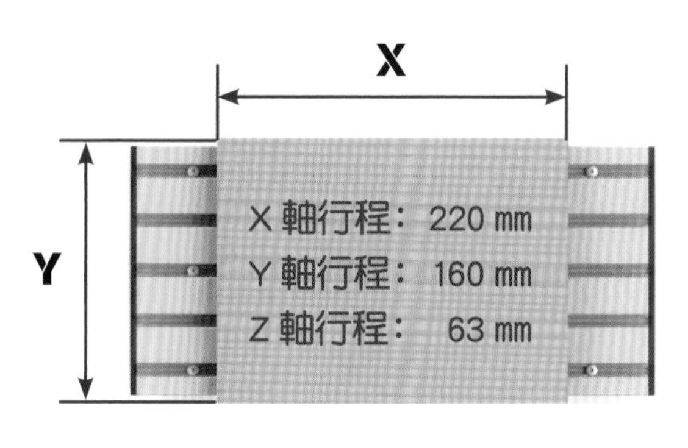

BE3030

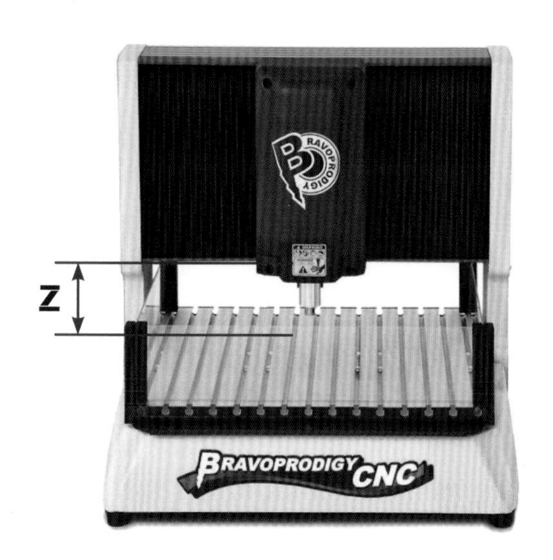

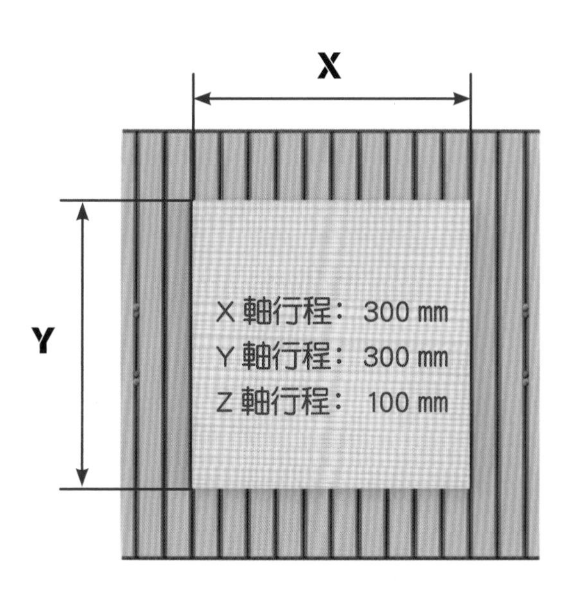

2. 原點設定

本章節將會介紹自動校刀功能模組及校正紙的原點設定方式。

自動校刀功能模組雕刻原點設定

◆ 自動校刀功能模組安裝

請參考下圖，將自動校刀功能模組與插槽連接。

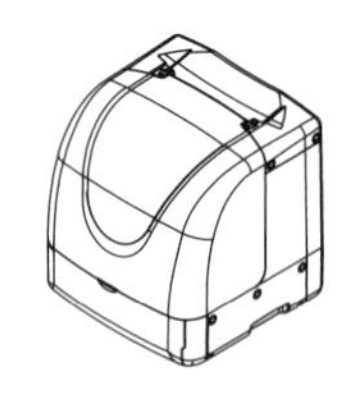

BE2015

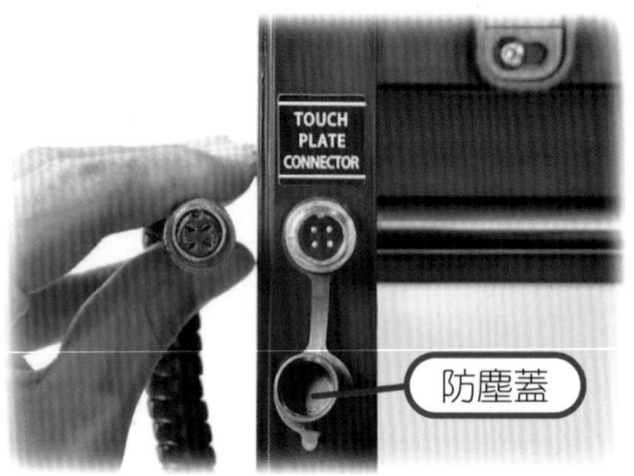

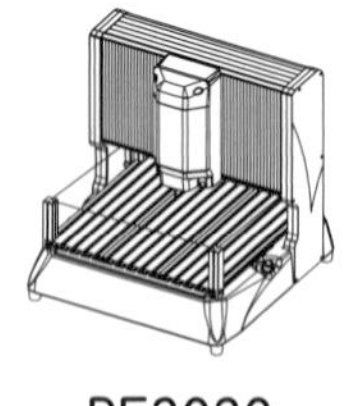

BE3030

1. 未使用自動校刀功能模組時，請務必將防塵蓋蓋上，避免雕刻的粉塵堵塞插座孔。
2. 校刀完畢，開始雕刻之前，務必將自動校刀功能模組從機器完全卸除，並放置在乾淨的保存場所，避免被雕刻所產生的粉塵沾染。

◆ 起始點量測功能設定

將校刀塊置於素材上執行「起始點量測」，系統會自動將刀移到素材平面上，取得 Z 軸雕刻原點。

當只有使用一把刀做雕刻時可單獨使用此功能即可。

STEP 01 確認素材上雕刻範圍及原點並做上記號。

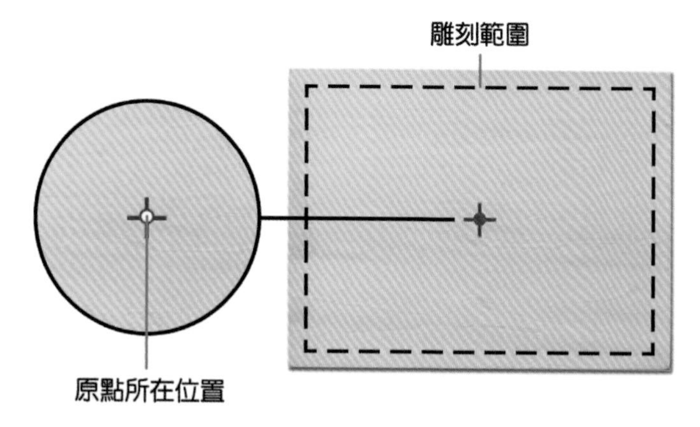

STEP 02 請參考本單元 3-2 設備配件說明及操作應用，將素材與刀具都設置完成。
使用控制器將刀具移動至方才所做的雕刻原點記號位置上方，並將 X、Y 軸原點歸零。

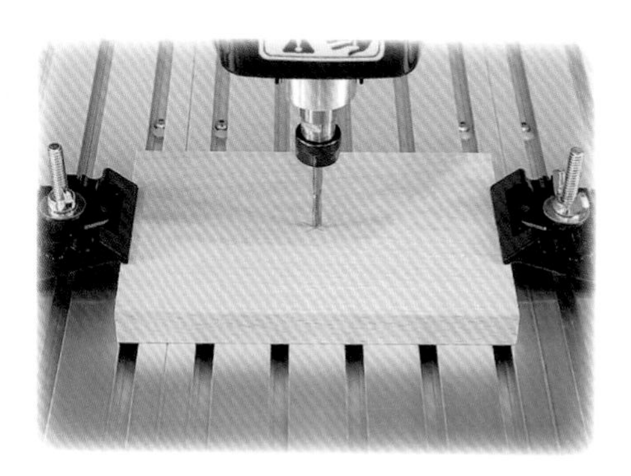

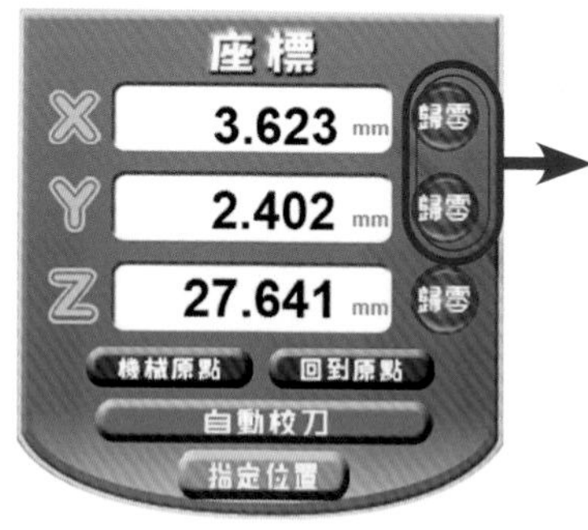

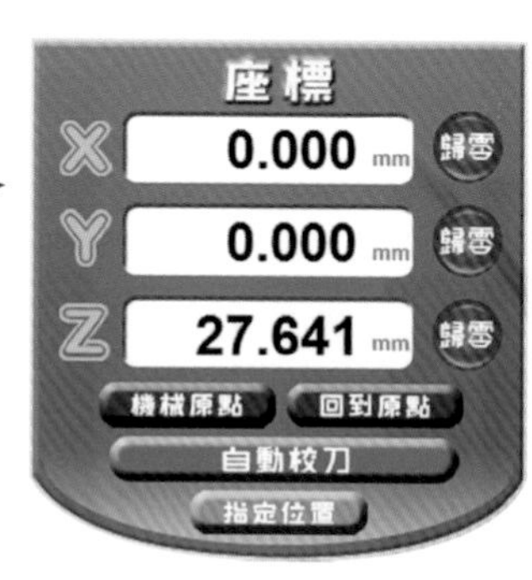

STEP 03 ❶ 將刀具提升至適當的安全距離後，❷ 在刀具正下方放置校刀塊。
注意：素材需為乾淨平整。

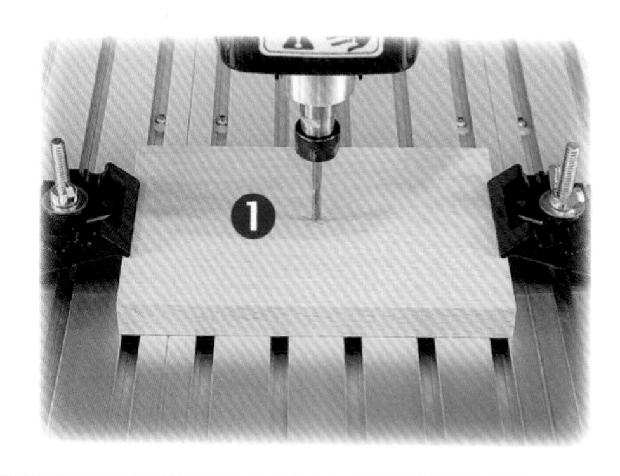

STEP 04 點選 ❶「自動校刀」開啟功能選單，選擇 ❷「起始點量測」，❸ 此時雕刻機會開始自動執行量測。(軟體顯示量測中…)

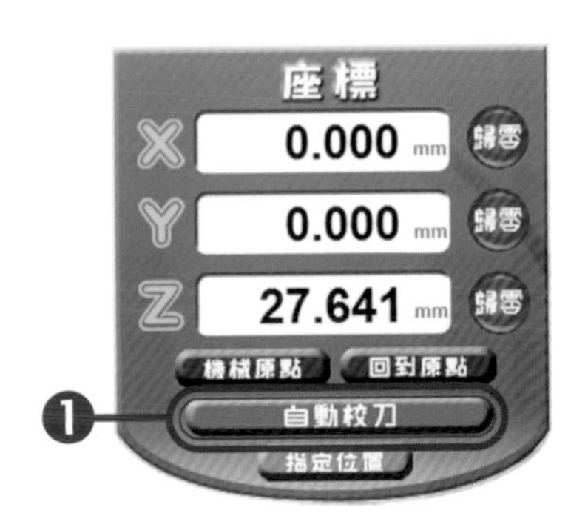

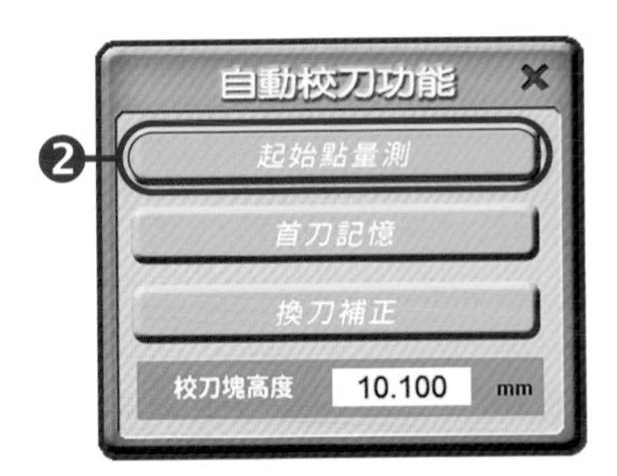

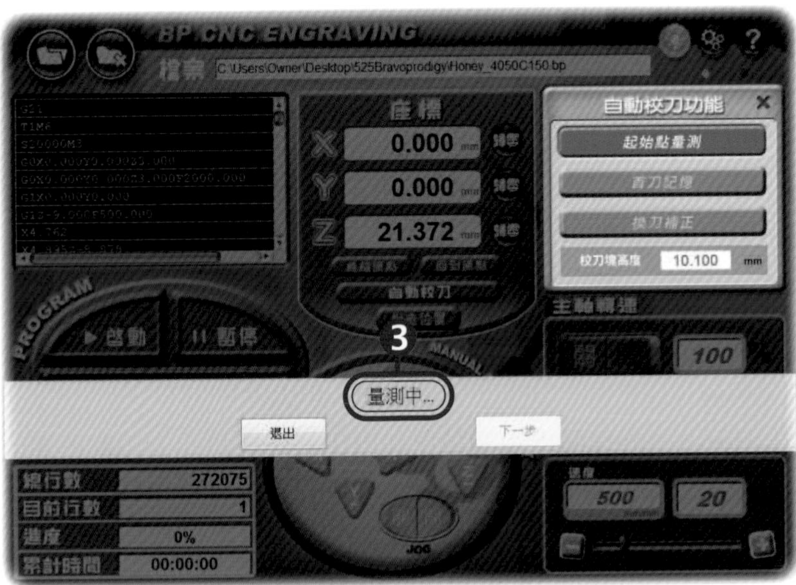

❹ 當刀具向下碰觸到校刀塊並停止動作時，表示量測已完成。

❶ 量測完成時軟體會顯示「請取出校刀塊」，請將校刀塊輕拉移出素材表面，並將校刀塊從機器完全卸除。

❷ 按下「下一步」，此時刀具會自動移到三軸原點。

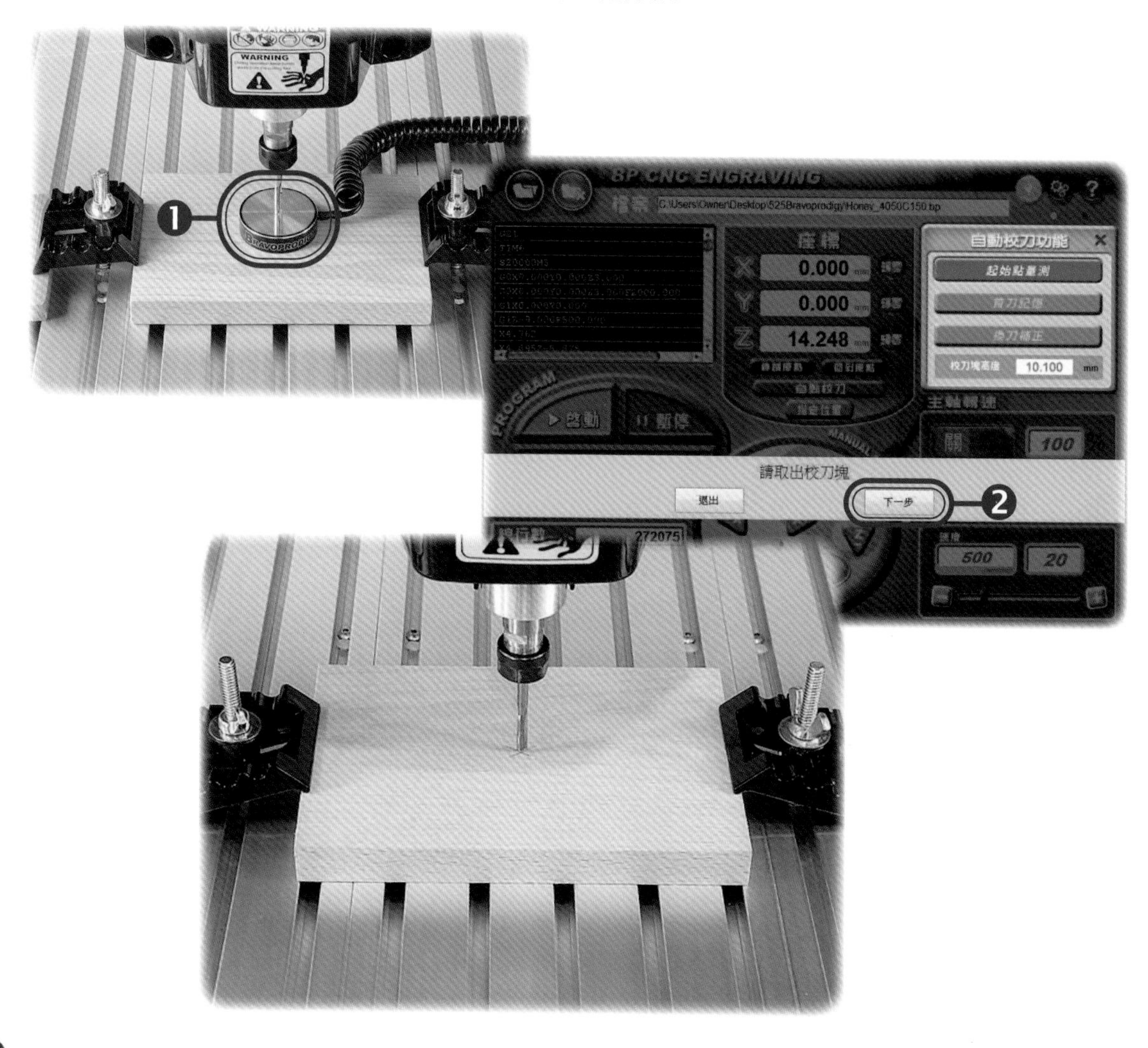

STEP 06 按下「完成」即可開始執行雕刻作業。

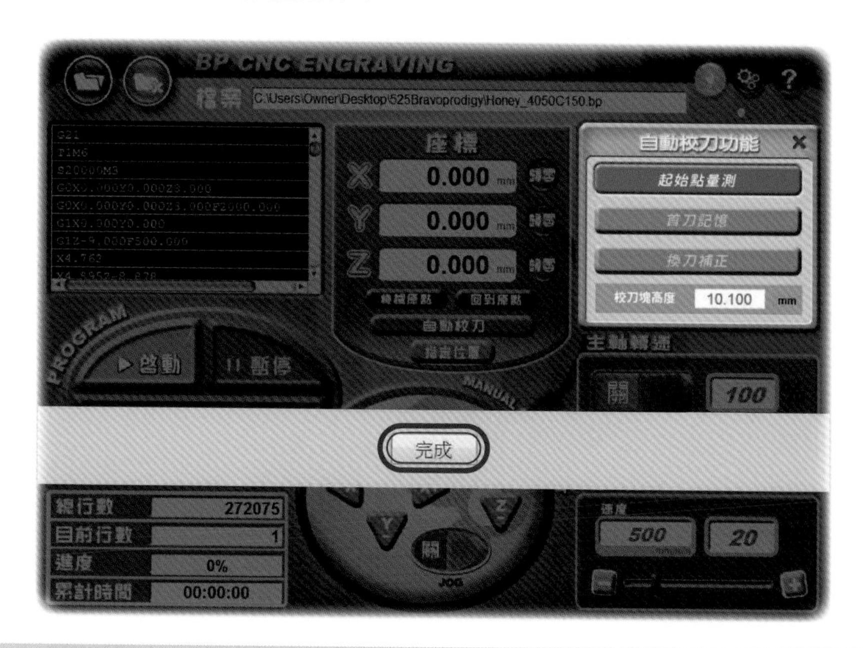

◆ 首刀記憶設定

紀錄第一把刀具的高度位置。

當需使用多把刀具進行雕刻時，此功能可將使用第一把刀具位置做記錄，便於後續換刀時定位使用。

完成「起始點量測」步驟的所有動作。

STEP 02

將校刀塊放置在工作台上。
注意：工作台需為乾淨平整。

STEP 03

移動刀具至校刀塊上方。

STEP 04 點選 ❶「自動校刀」開啟功能選單，選擇 ❷「首刀記憶」，❸ 此時雕刻機會開始自動執行量測。(軟體顯示量測中…)

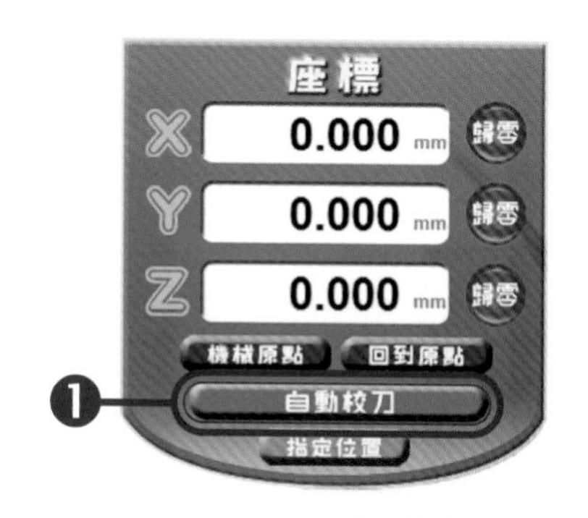

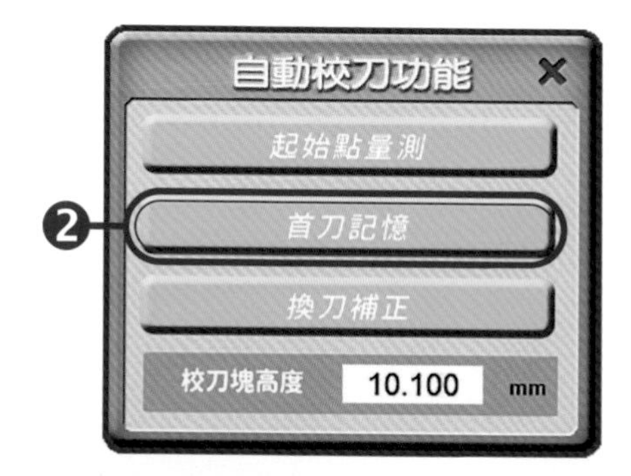

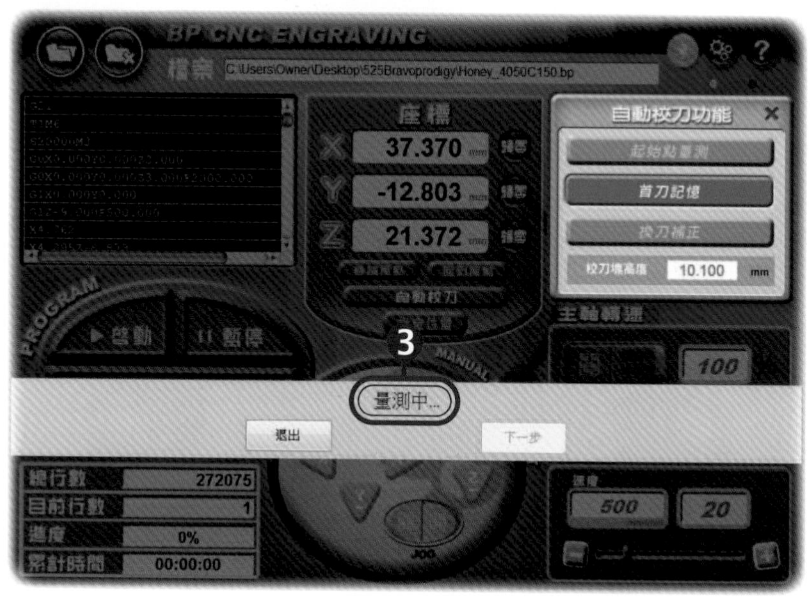

❹ 當刀具向下碰觸到校刀塊並停止動作時，表示量測已完成。

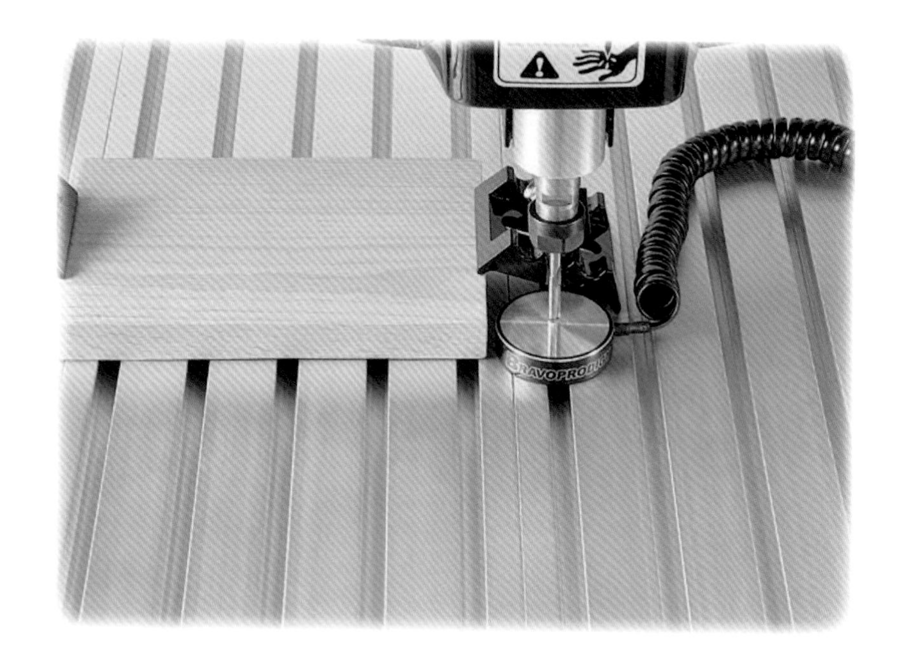

STEP 05 ❶ 量測完成時軟體會顯示「請取出校刀塊」，請將校刀塊輕拉移出工作台，並將自動校刀功能模組從機器完全卸除。

❷ 按下「下一步」，此時刀具會自動移到三軸原點。

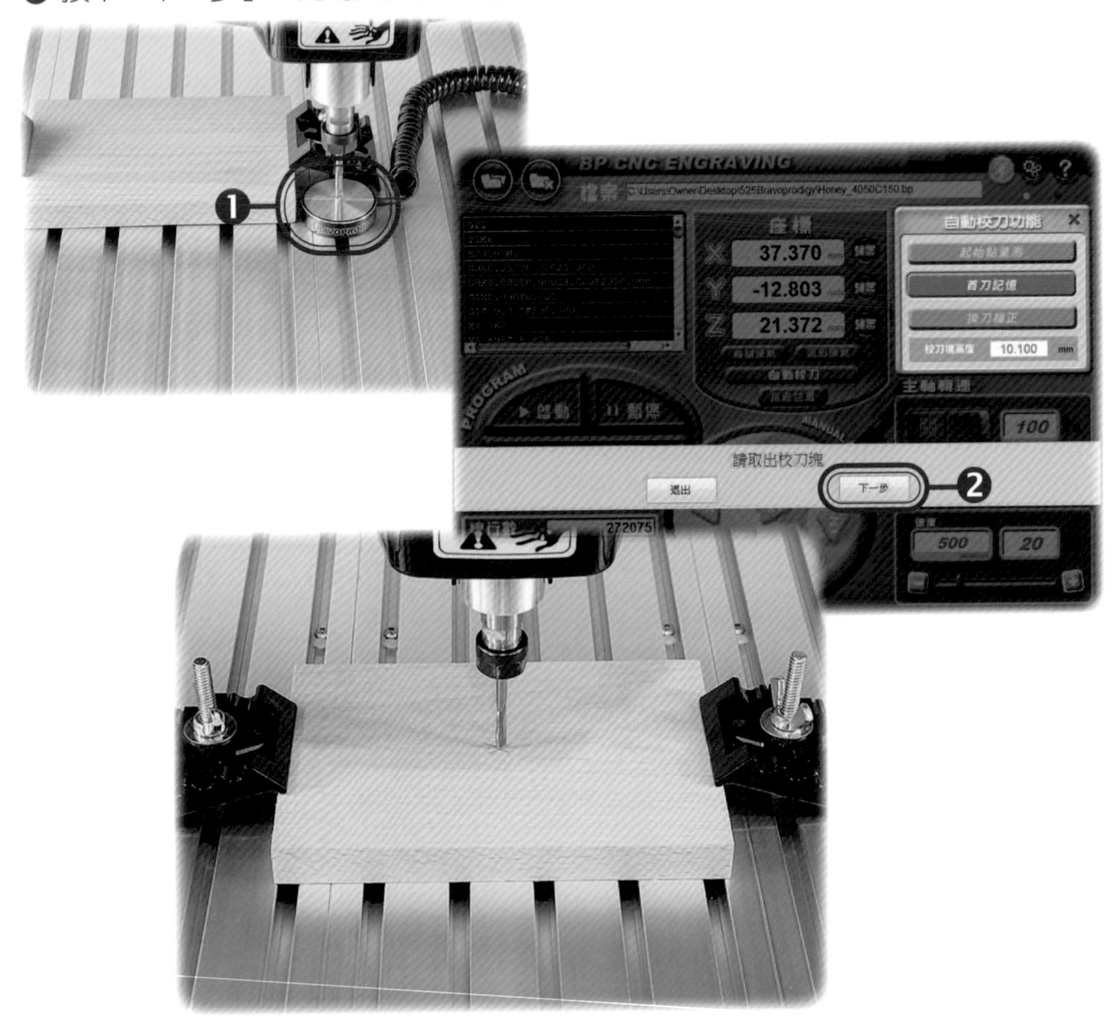

STEP 06 按下「完成」即結束首刀記憶流程，可以開始執行雕刻作業。

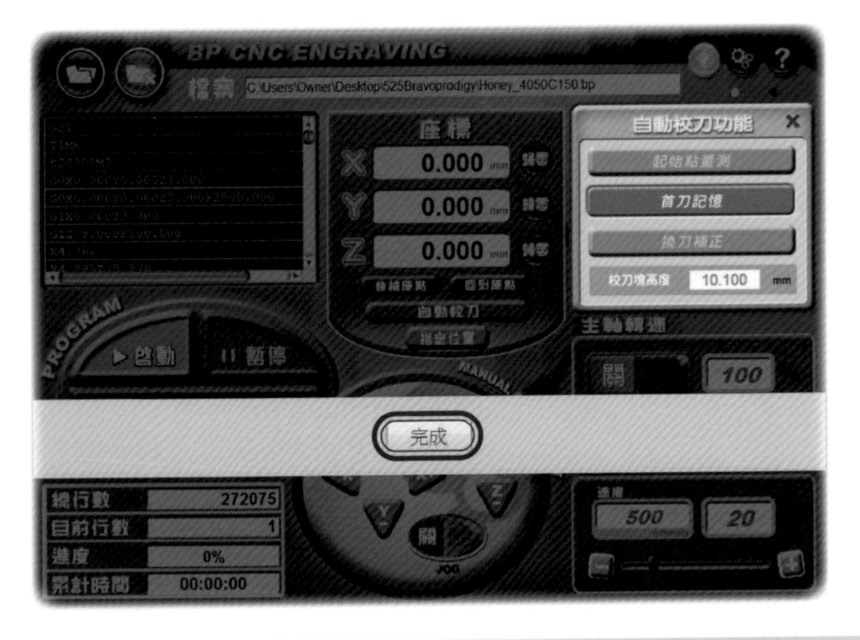

◆ 換刀補正設定

更換刀具後，軟體將會依首刀記憶的 Z 軸原點進行補正，自動換算完畢後同時也將新的 Z 軸雕刻原點再次歸零。

務必先完成第一把刀的「首刀記憶」動作才能得到換刀補正正確位置。

STEP 01 將主軸更換下一把要使用的刀具。

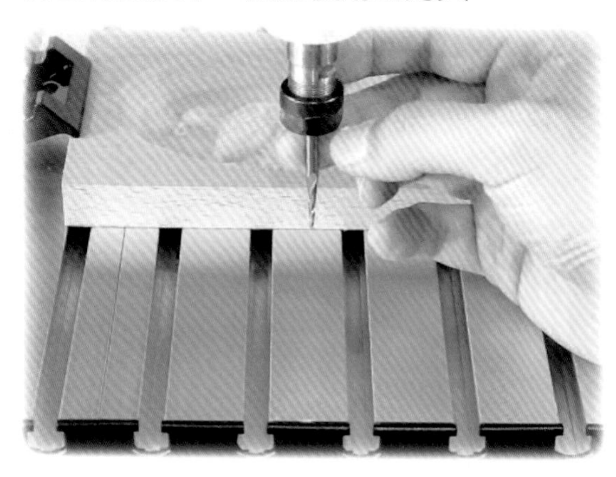

STEP 02 將校刀塊放置在工作台上。
注意：工作台需為乾淨平整。

STEP 03 移動刀具至校刀塊上方。

STEP 04 點選 ❶「自動校刀」開啟功能選單，選擇 ❷「換刀補正」，❸ 此時雕刻機會開始自動執行量測。(軟體顯示量測中⋯)

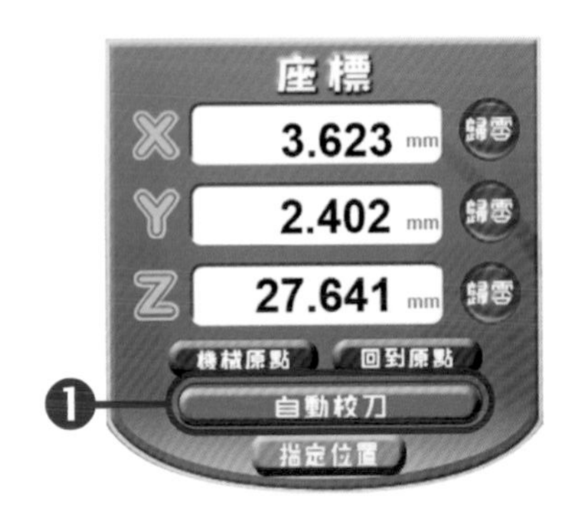

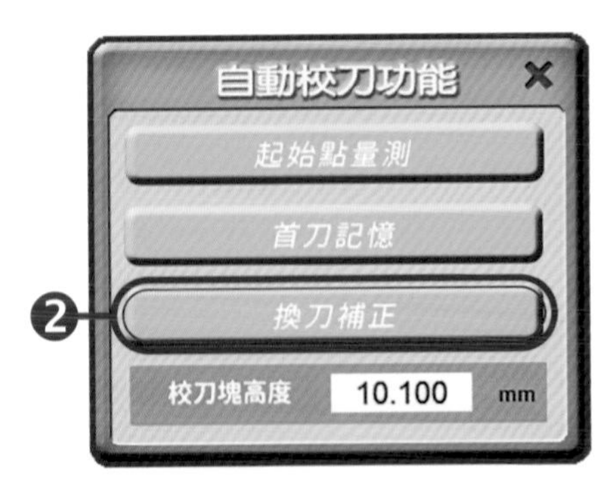

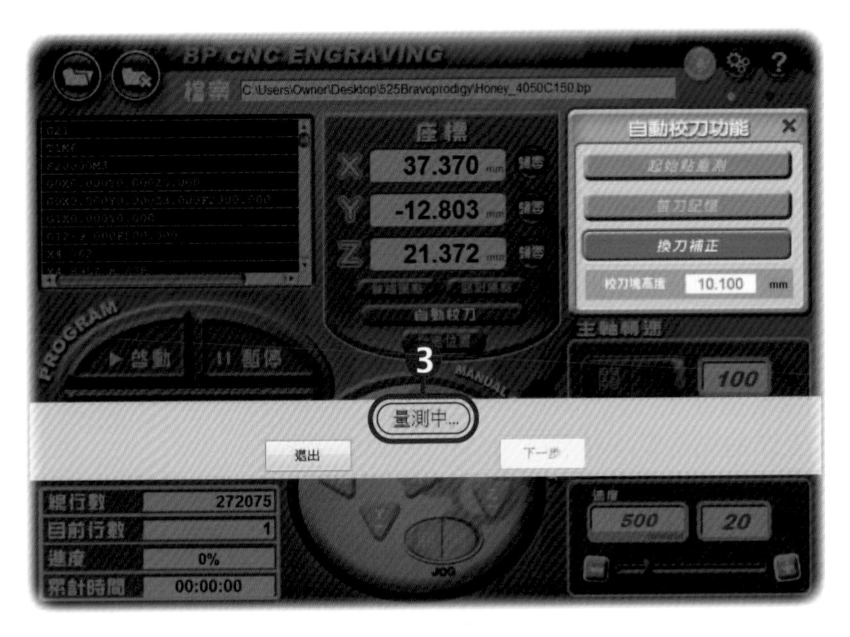

❹ 當刀具向下碰觸到校刀塊並停止動作時，表示量測已完成。

STEP 05

❶ 量測完成時軟體會顯示「請取出校刀塊」，請將校刀塊輕拉移出工作台，並將自動校刀功能模組從機器完全卸除。

❷ 按下「下一步」，此時刀具會自動移到三軸原點。

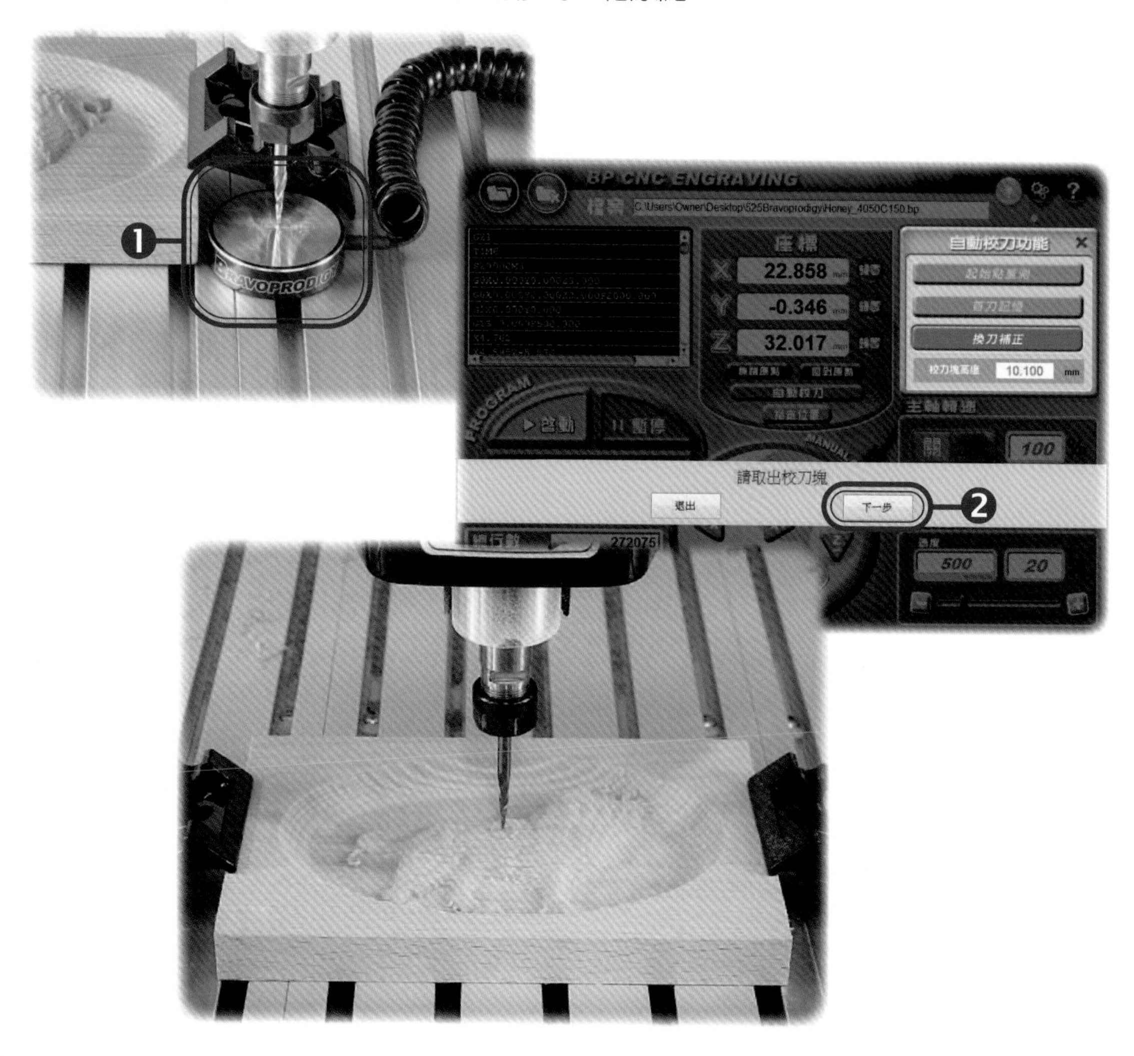

STEP 06

按下「完成」即結束換刀補正流程，可以開始執行雕刻作業。

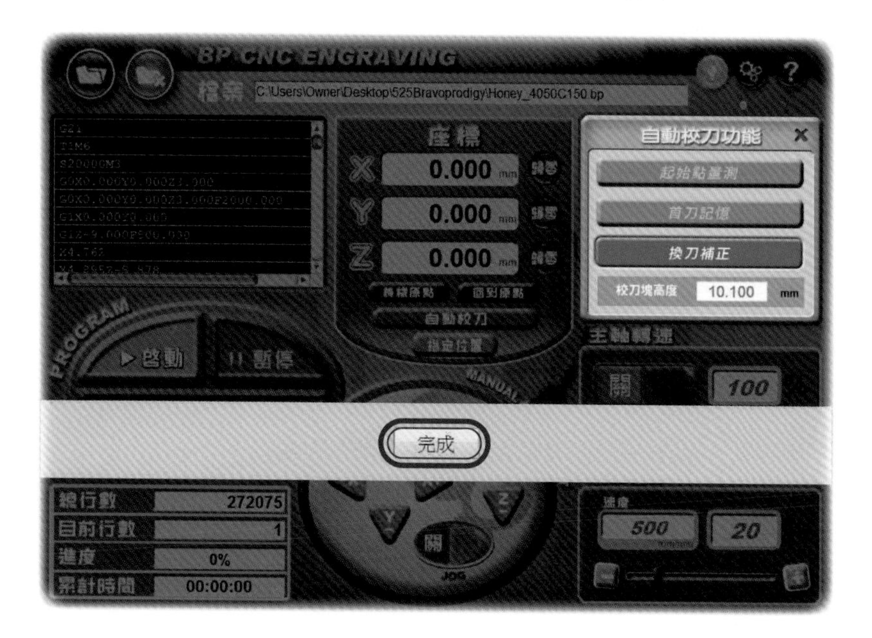

校正紙雕刻原點設定

確認素材上要雕刻的範圍及雕刻原點並做上記號。

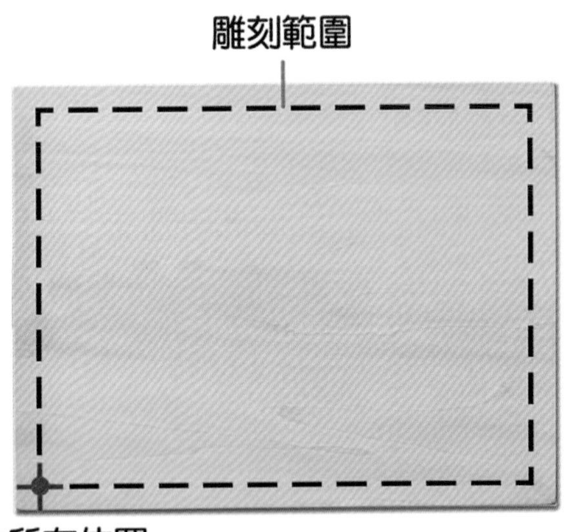

STEP 02

請參考本單元 3-2 設備配件說明及操作應用，將素材與刀具都設置完成。
使用控制器將刀具移動至方才所做的雕刻原點記號位置。

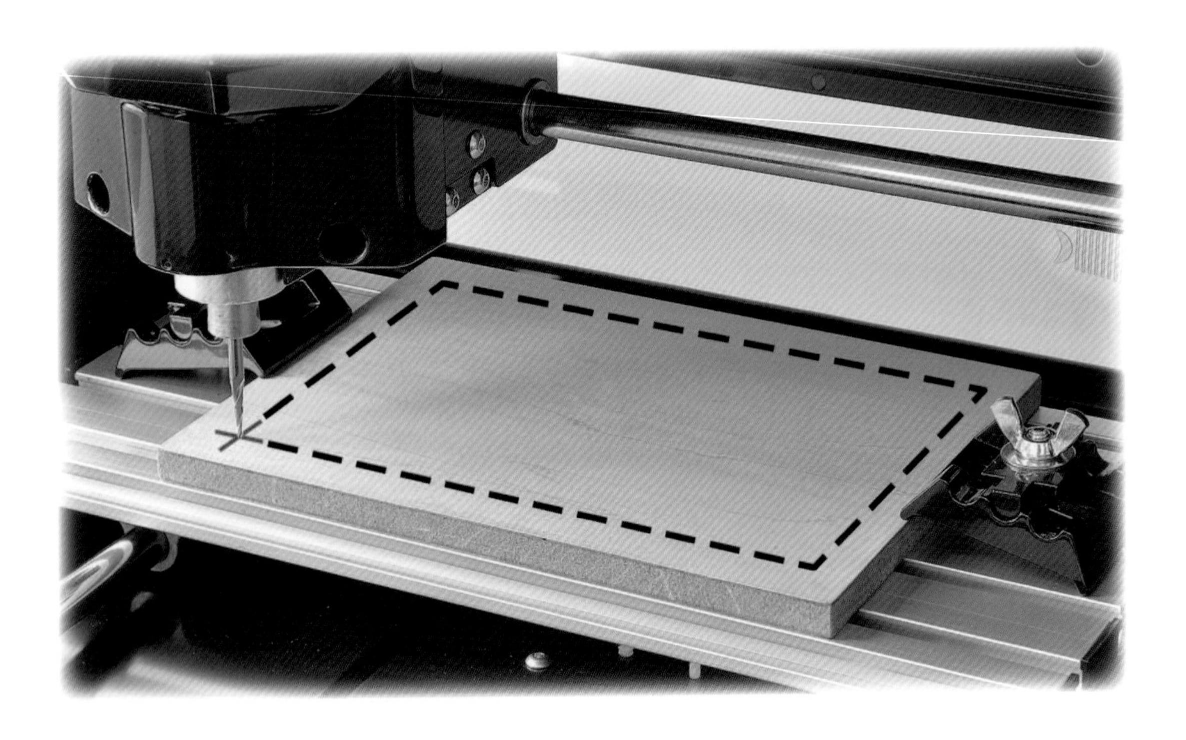

STEP 03 請使用內附的校正紙，放置在雕刻素材上，調整 Z 軸 緩慢往下移動，使刀具接近素材表面。當刀具越接近素材表面時，移動速度(FEED RATE)需調至慢速，最慢可設在 1% 或點選 開啟微步功能來做微調。

說明

當刀具已經稍微接觸到校正紙的表面，請輕輕拉動紙張並控制 Z 軸以微步模式下降，感覺到有阻力產生但仍可拉動紙張時，表示我們已經找到 Z 軸原點了。

STEP 04 接下來請至 BravoProdigy CNC 軟體介面上的座標系點選 ，將 X、Y、Z 軸的座標值歸零，即完成了雕刻工件原點的設定。

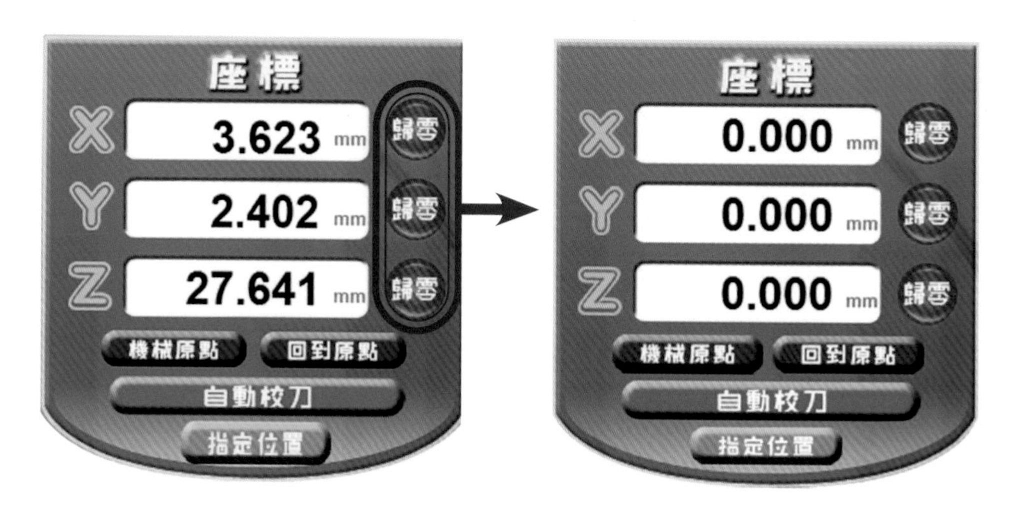

3. 雕刻行程確認

參照前面的章節完成了三軸雕刻工件原點的設定後，接下來我們要進行雕刻行程模擬，確保雕刻進行時不會有超出機器可雕刻範圍或撞到齒型壓板的狀況。

進行雕刻行程確認時請先設定好三軸的原點並開啟要雕刻的 G 碼，參考 BravoProdigy CNC 上的座標值及預覽視窗的綠色十字線來確認刀具的位置是否在雕刻範圍內。

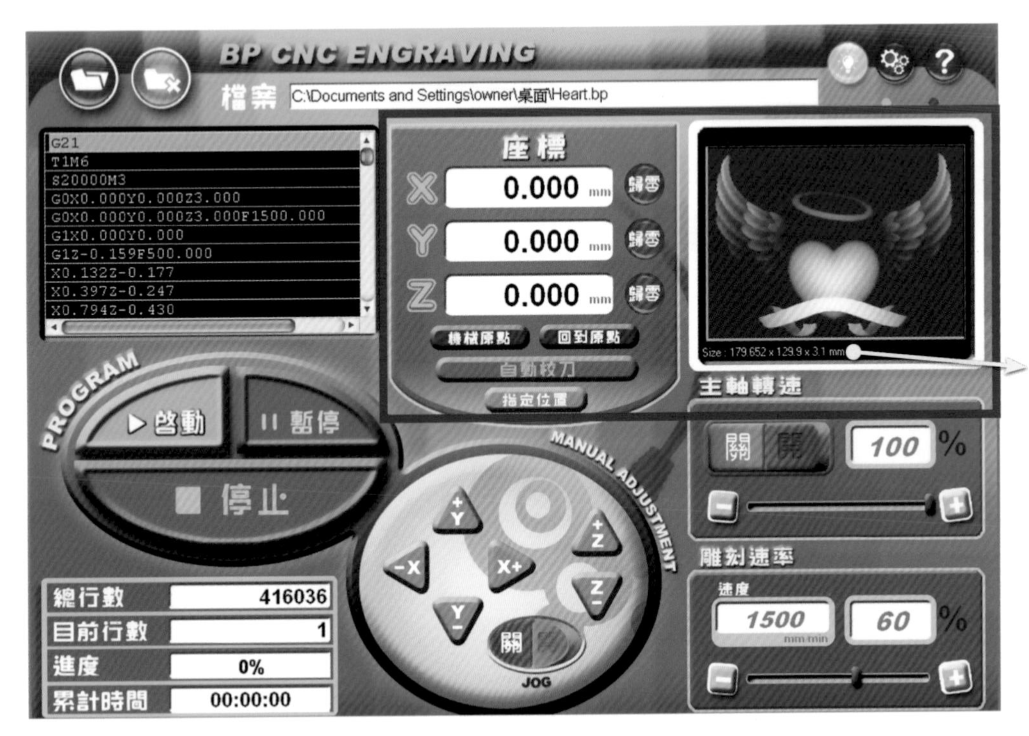

由預覽視窗可知此 G 碼的雕刻行程為 180x130x3.1 mm

模擬過程中接近齒型壓板時請小心，移動速度 (FEED RATE) 不要過快以免發生碰撞！

由三軸原點位置開始，請先將刀具往上提高約 5 mm。

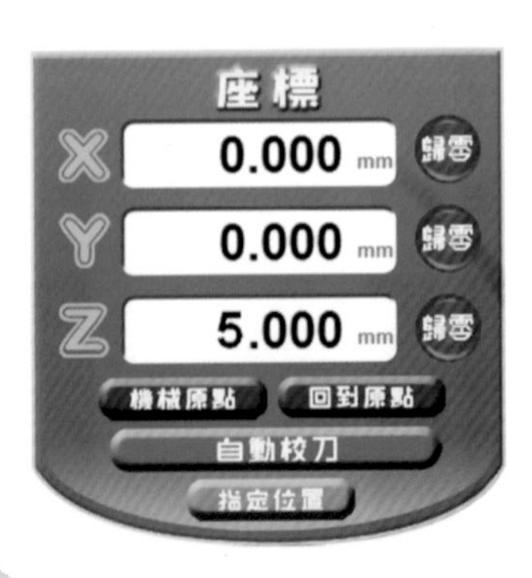

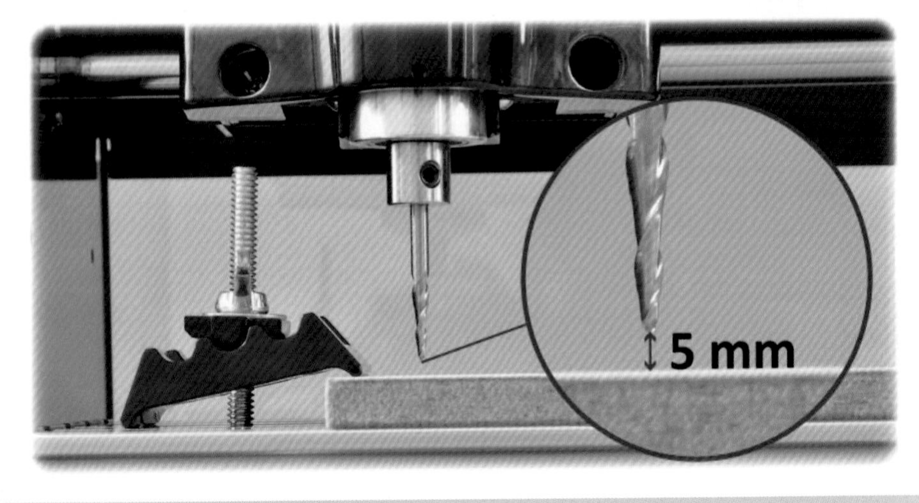

STEP 02 刀具提高後，移動 X 軸方向  ，模擬 X 軸行程是否有在機台行程範圍內，並且不會撞到齒型壓板。

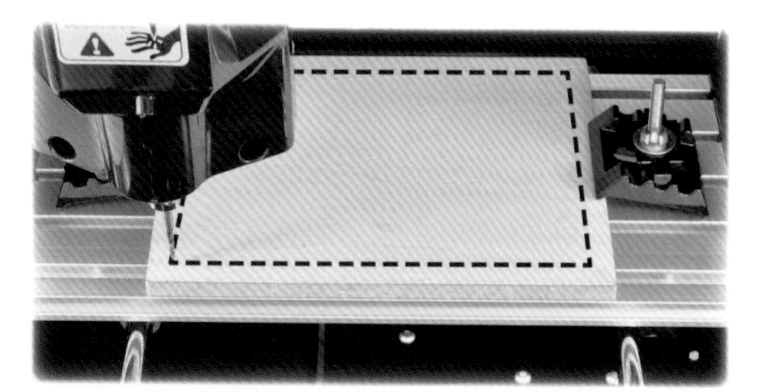

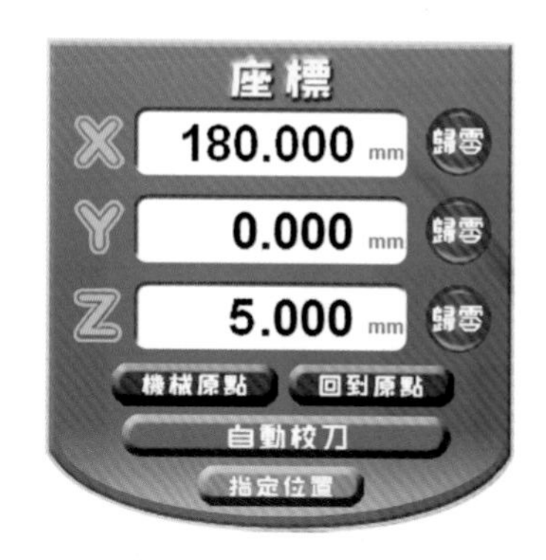

STEP 03 移動 Y 軸方向  ，模擬 Y 軸行程是否有在機台行程範圍內，並且不會撞到齒型壓板。

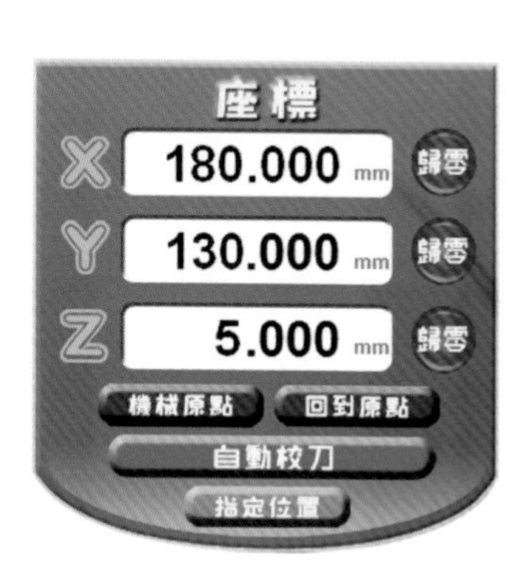

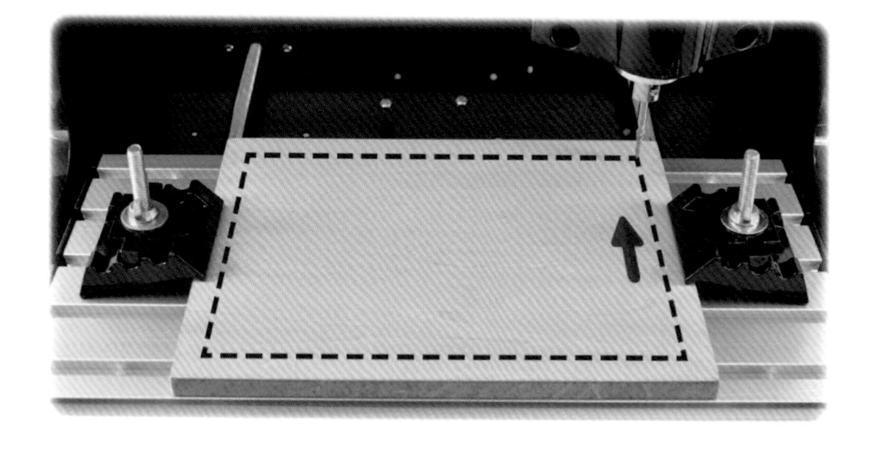

STEP 04 移動 X 軸方向  ，模擬 X 軸行程是否有在機台行程範圍內，並且不會撞到齒型壓板。

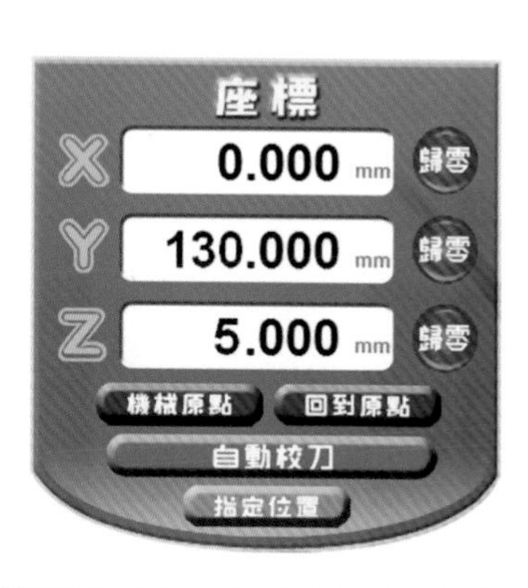

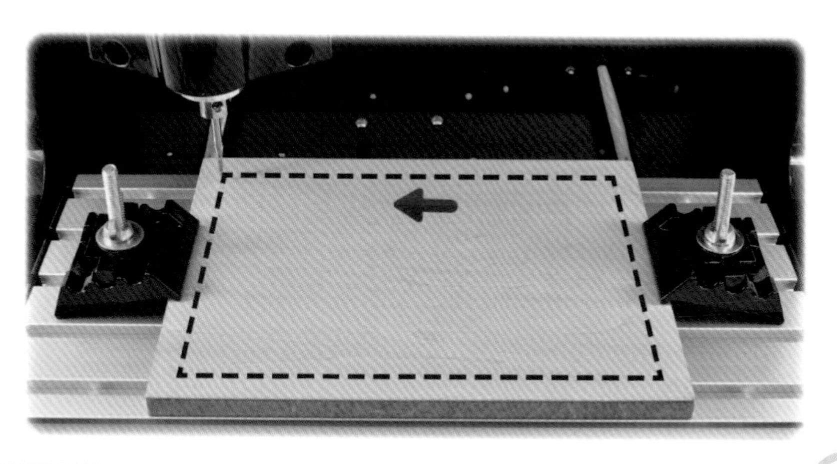

STEP 05 移動 Y 軸方向 ，模擬 Y 軸行程是否有在機台行程範圍內，並且不會撞到齒型壓板。

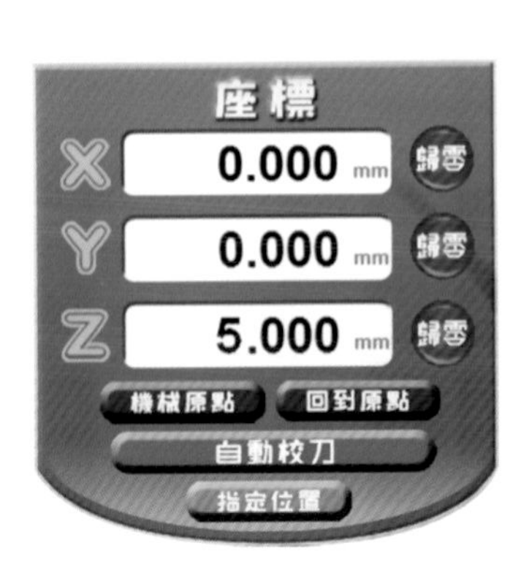

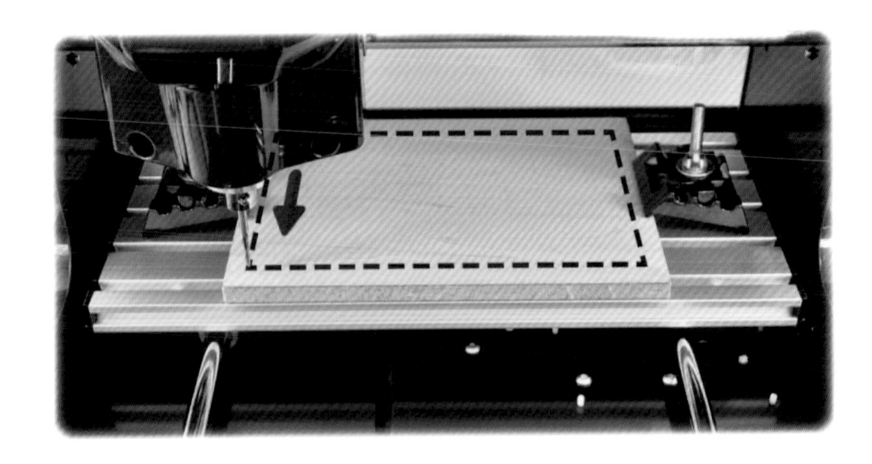

STEP 06 使用 移動 Z 軸往下，確認雕刻總深度是否有在機台行程範圍內，並且不會刻到工作台。

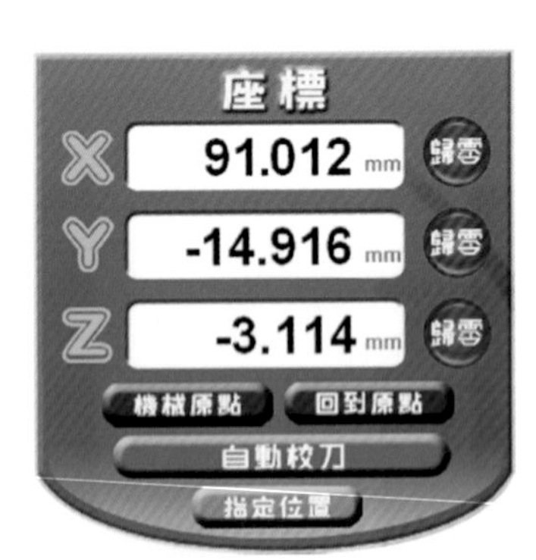

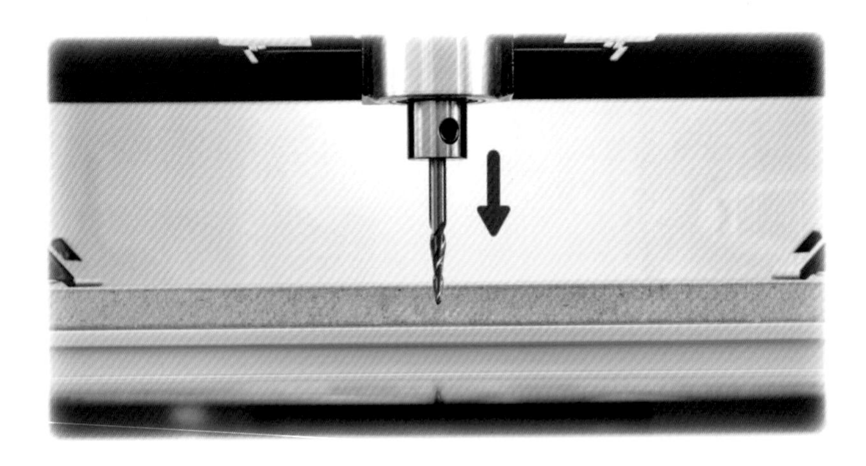

1. 最後在模擬 Z 軸深度時，請移動刀具離開素材上方後操作。
2. 小心移動速度 (FEED RATE) 不要太快，以免刀具斷裂或是插入工作台。

STEP 07 在三軸都摸擬完畢後，點選 回到原點 讓機器自動回歸到方才設置的三軸原點。

當主軸移動到機器的最大雕刻極限時，軟體會出現已達極限的警告視窗，並且該軸的方向按鈕會出現黃色的閃爍狀態，此時只需將主軸往反方向移動即可解除。在雕刻行程模擬途中若出現此狀況，代表您必須調整雕刻範圍或是將素材調整至機器行程可以到達的位置。
詳細解說請參閱第單元 4-1 BravoProdigy 軟體警語 Q3 及 Q4 的說明。

3-4 刀具使用說明

CNC 機器在操作使用上不可缺少的就是「刀具」，當然，你也能選擇市場上其他種類的刀具，而使用者就需要了解市購其他刀具的特性、參數及規格，並將這些資料輸入在 CAM 軟體中，好讓使用者能對應刀具來進行加工。「BravoProdigy CNC」也有自己的刀具庫與編號，很多時候，我們都會先從自己常雕刻的素材、常加工的作品上來認識刀具，這也能加速你對刀具的認識。

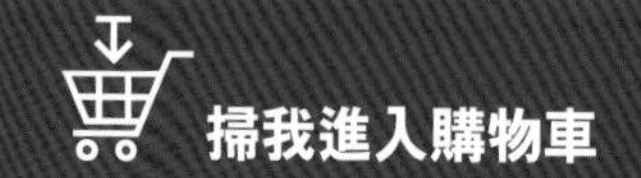

「BravoProdigy CNC」刀具庫分為幾類，用途與建議將在下列內容做教學：

1 可應用在清除大量非必要的餘料、銑面、外形切邊、鑽孔與粗銑刀路雕刻上。

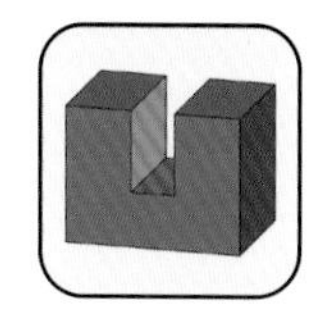
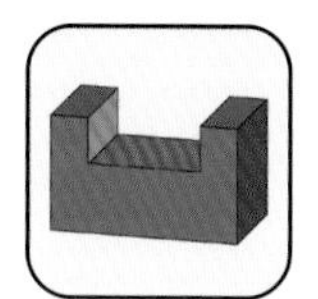
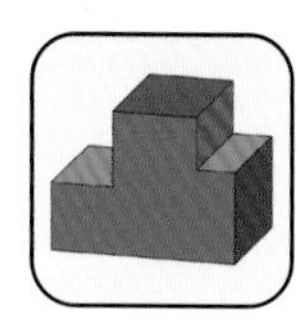
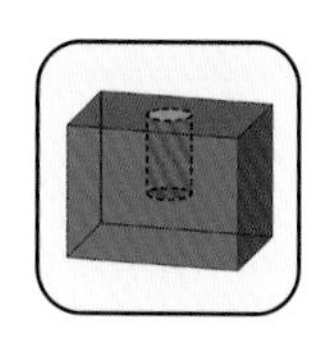
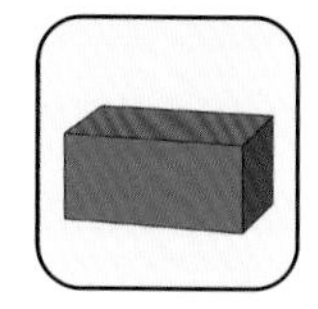

鎢鋼雙刃平銑刀　代號：B

適用於大部分的材料上，木材、塑膠、壓克力、人造石、軟性金屬、MDF、泡棉、模型臘、保利龍等等。

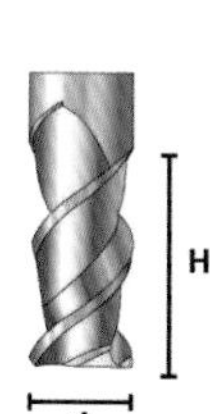

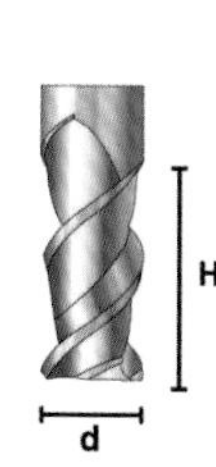

刀具編碼	4250B120	4400B150
刀柄直徑	4.00 mm	4.00 mm
刀刃直徑 (d)	2.50 mm	4.00 mm
刀刃長度 (H)	12.0 mm	15.0 mm
間距	1.00 mm	1.50 mm

鎢鋼木工雙刃平銑刀　代號：H

使用在木頭、MDF、泡棉等素材上能得到最合適的效果。

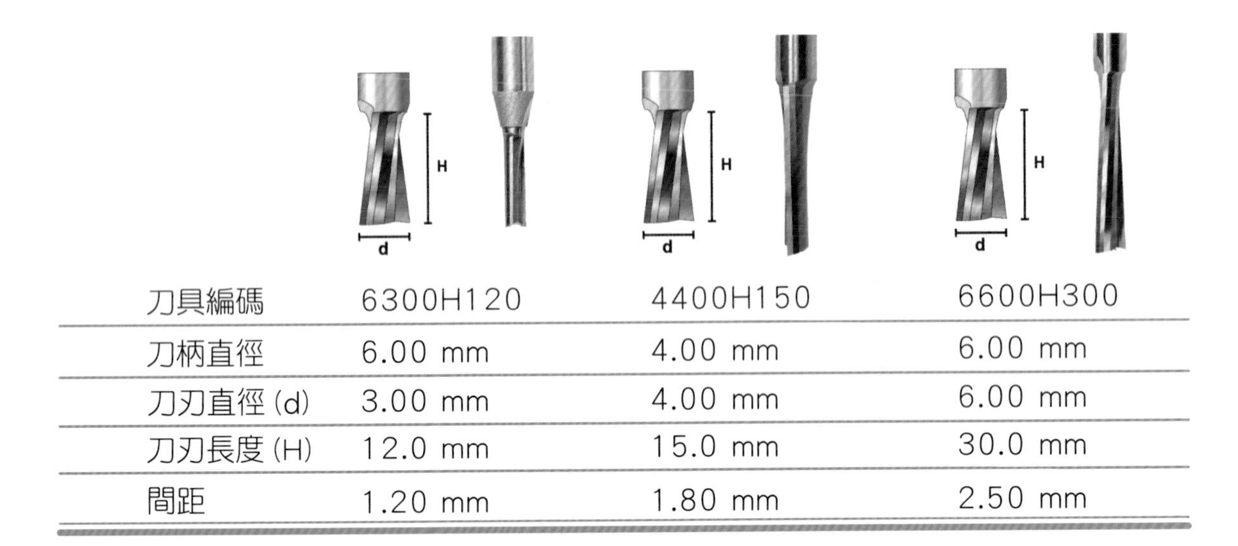

刀具編碼	6300H120	4400H150	6600H300
刀柄直徑	6.00 mm	4.00 mm	6.00 mm
刀刃直徑 (d)	3.00 mm	4.00 mm	6.00 mm
刀刃長度 (H)	12.0 mm	15.0 mm	30.0 mm
間距	1.20 mm	1.80 mm	2.50 mm

鎢鋼單刃平銑刀　代號：G

主要是用進行淺層的雕刻，或者搭配分層深度的功能來使用。
需避免單次雕刻過深的情形。

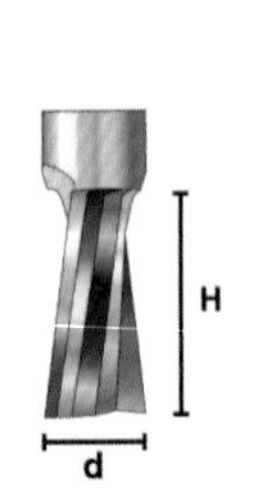

刀具編碼	4100G040
刀柄直徑	4.00 mm
刀刃直徑 (d)	1.00 mm
刀刃長度 (H)	4.00 mm
間距	0.35 mm

2 可應用在一般浮雕、木頭浮雕、文字浮雕、灰度圖與較細緻的雕刻上做精銑的刀路。

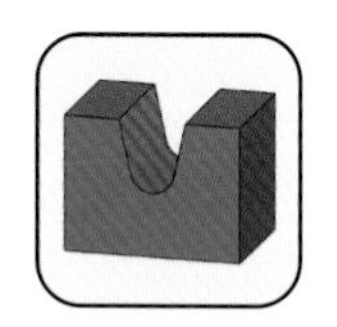
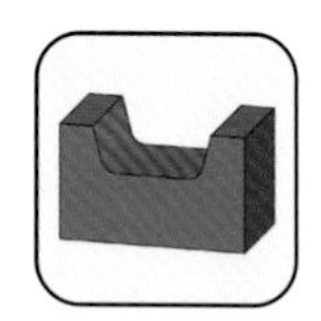
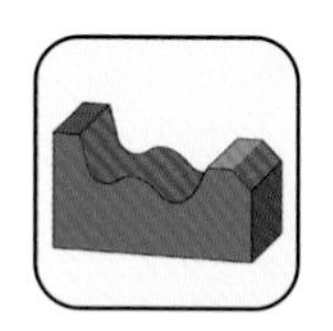
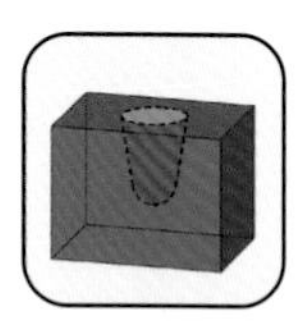

鎢鋼雙刃錐度球頭銑刀 代號：C

適用於大部分的材料上，木材、塑膠、壓克力、人造石等等。
因為此類型刀具的刀刃較長，適合雕刻較深、立體度較高的浮雕。

刀具編碼	4025C150	4050C150	4100C150
刀柄直徑 (D)	4.00 mm	4.00 mm	4.00 mm
角度 (A)	6.00 deg	5.50 deg	4.00 deg
球頭半徑 (R)	0.25 mm	0.50 mm	1.00 mm
間距	0.06 mm	0.15 mm	0.20 mm

刀具編碼	6025C300	6050C300	6075C300
刀柄直徑 (D)	6.00 mm	6.00 mm	6.00 mm
角度 (A)	5.19 deg	4.75 deg	4.30 deg
球頭半徑 (R)	0.25 mm	0.50 mm	0.75 mm
間距	0.06 mm	0.12 mm	0.15 mm

鎢鋼雙刃錐度球頭銑刀 代號：C

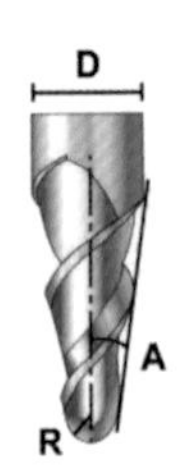

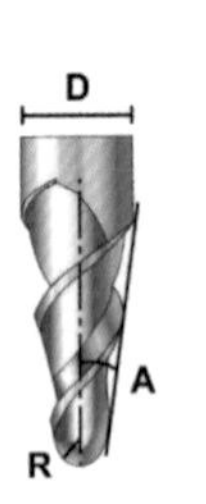

刀具編碼	6100C300	6150C300
刀柄直徑 (D)	6.00 mm	6.00 mm
角度 (A)	3.88 deg	2.85 deg
球頭半徑 (R)	1.00 mm	1.50 mm
間距	0.20 mm	0.50 mm

鎢鋼半邊錐度球頭銑刀 代號：E

主要是用在木頭素材上的刀具。

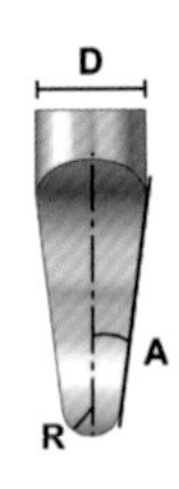

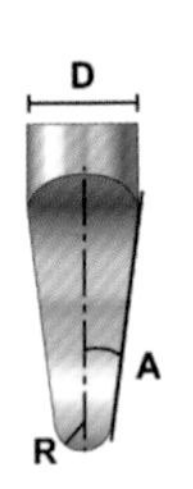

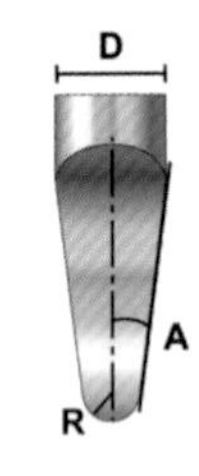

刀具編碼	4050E150	4100E150	4150E150
刀柄直徑 (D)	4.00 mm	4.00 mm	4.00 mm
角度 (A)	5.50 deg	4.00 deg	2.00 deg
球頭半徑 (R)	0.50 mm	1.00 mm	1.50 mm
間距	0.15 mm	0.20 mm	0.35 mm

3 可應用在雕刻壓克力照片、淺層的文字浮雕與較細緻的雕刻上。

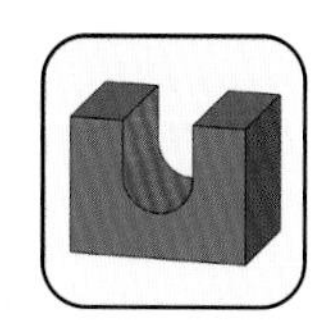
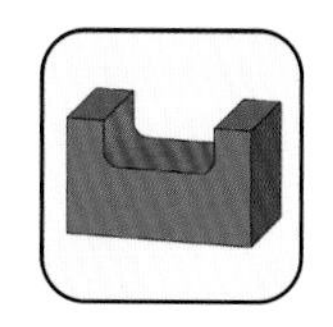
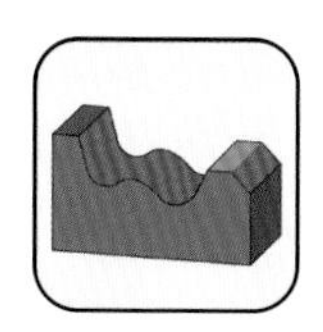
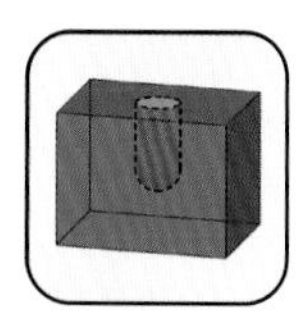

鎢鋼雙刃球頭銑刀 - 短刃　代號：A

主要是專門用在白色或棕色壓克力素材上，進行照片的淺層雕刻，因為此刀具的刀刃長度較短，不適合雕刻過深的設定。

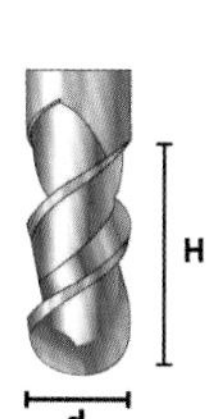

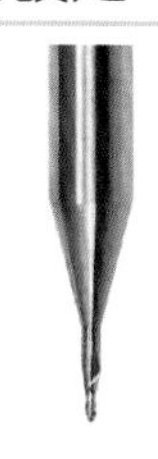
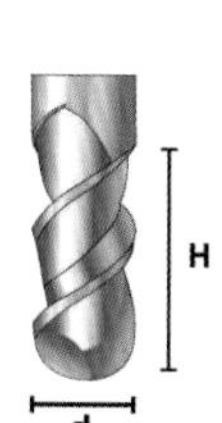

刀具編碼	4025A020	4050A020
刀柄直徑	4.00 mm	4.00 mm
刀刃直徑 (d)	0.50 mm	1.00 mm
刀刃長度 (H)	2.00 mm	2.00 mm
間距	0.06 mm	0.12 mm

4 可應用在 V 型的刀路上，能夠快速成型出文字、圖案、標誌等等。

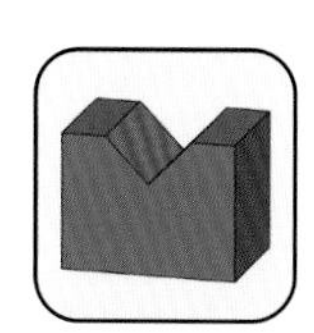

鎢鋼木工 V 型刀　代號：V

適用於大部分的材料上，木材、塑膠、壓克力、人造石等等。

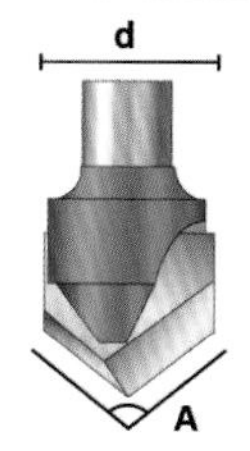

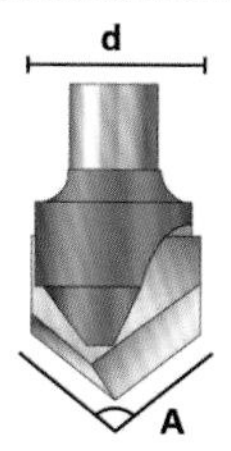

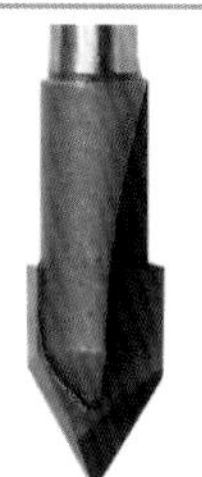
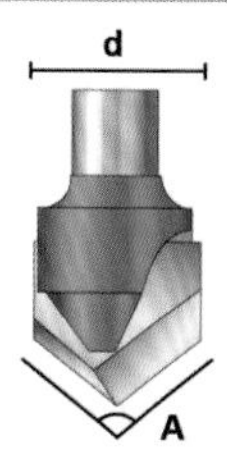

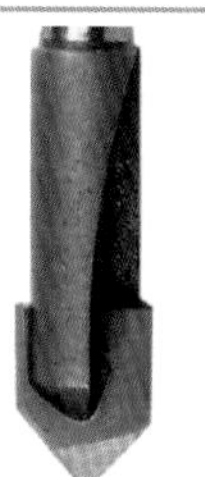

刀具編碼	4635V030	4635V060	4635V090
刀柄直徑	4.00 mm	4.00 mm	4.00 mm
刀刃直徑 (d)	6.35 mm	6.35 mm	6.35 mm
角度 (A)	30.0 deg	60.0 deg	90.0 deg
間距	0.10 mm	0.10 mm	0.10 mm

5 可應用在清除大面積銑面、外型切邊、鑽孔，與粗、中銑雕刻上。

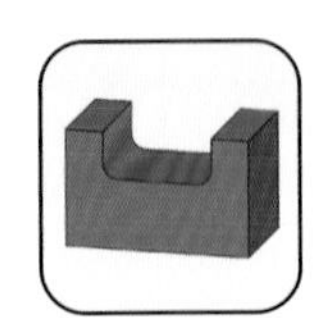
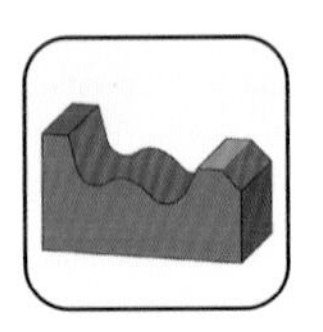

鎢鋼木工雙刃圓鼻銑刀 代號：R

適用於大部分的材料上，木材、塑膠、壓克力、人造石、 MDF、泡棉、保利龍、軟性金屬等等。

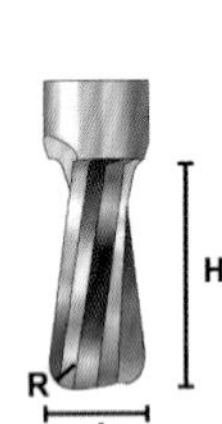

刀具編碼	6100R150
刀柄直徑 (D)	6.00 mm
刀刃直徑 (d)	6.00 mm
刀刃長度 (H)	15.0 mm
球頭半徑 (R)	1.00 mm
間距	2.50 mm

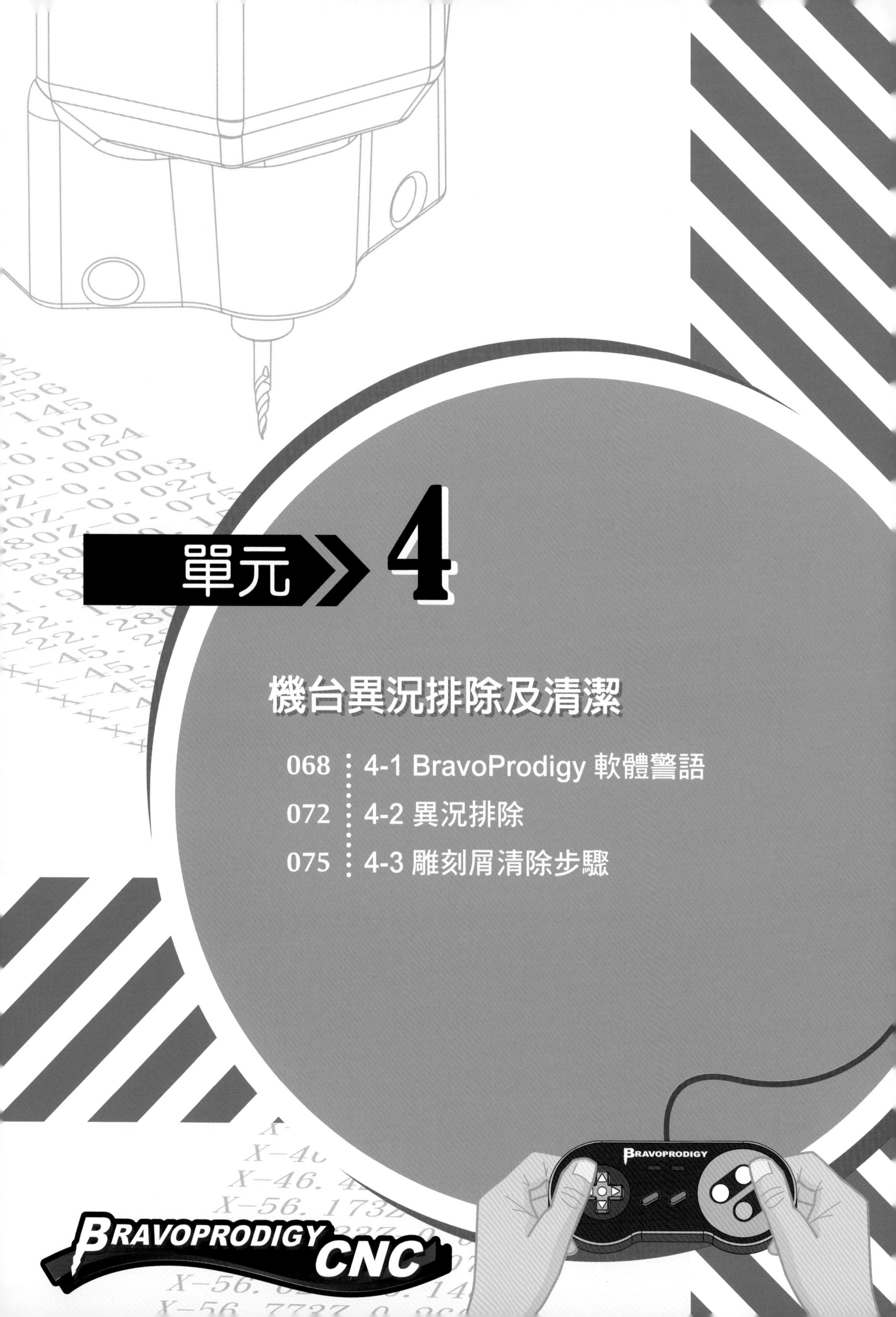

單元 4

機台異況排除及清潔

4-1 BravoProdigy 軟體警語

當出現如下圖警告視窗時，即表示雕刻機與電腦連線失敗。

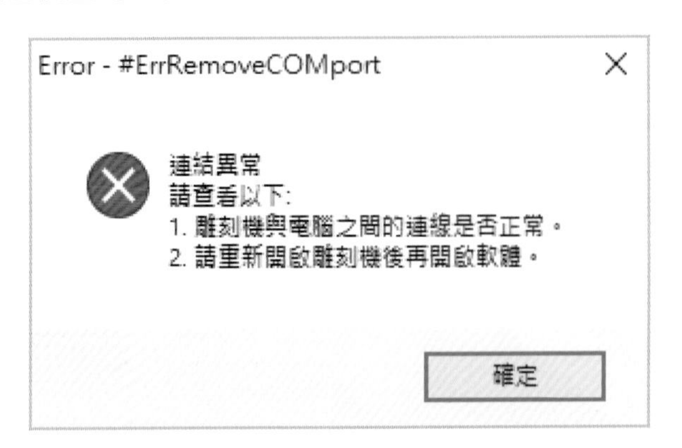

說明

請確認電源線與 USB 線是否正常連接，以及電源開關（緊急開關）是否正常運作，保險絲是否有燒毀情形。（如有燒毀，請更換新的保險絲。）

最後請按下警告視窗的「確定」鈕，離開此顯示畫面，再重新開啟雕刻機電源，並進行連線 BravoProdigy CNC 軟體。

當出現如下圖警告視窗時，即表示安全外罩是被打開的狀態。

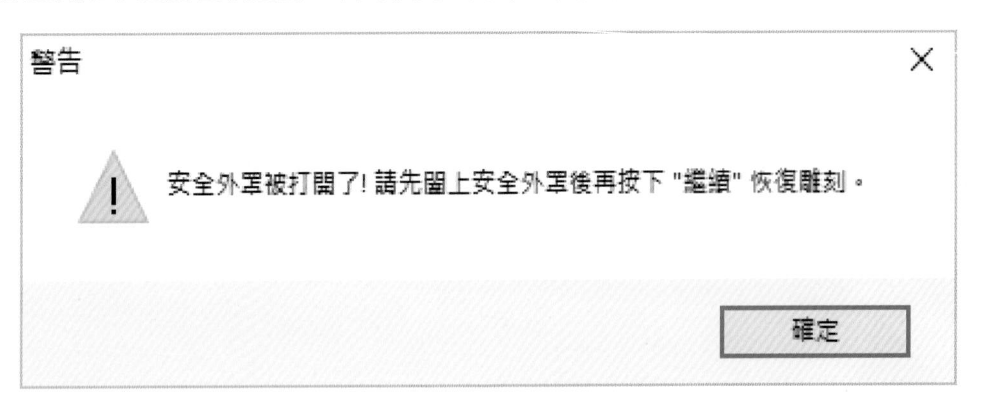

說明

請先將安全外罩蓋起來，再按下警告視窗上的「確定」鈕離開此顯示畫面。

再至 BravoProdigy CNC 軟體介面上執行 ▷繼續「繼續」，使程式繼續執行雕刻。

當出現如下圖紅圈處，方向按鈕呈現黃色並閃爍的情況時，代表移動中的軸向已到達機器的最大行程。

如上圖顯示為  鈕方向碰到極限，請執行  鍵，依相反方向解除極限狀態方可繼續使用。

當出現如下圖警告視窗時，表示在雕刻的過程中，雕刻已超出有效範圍且碰觸到極限開關後所產生的警語。

請按下警告視窗「確定」鈕離開此顯示畫面，接下來請重新調整雕刻物件所在位置，使雕刻範圍是在機器的行程內方可繼續使用。

當按下  鍵後出現如下的警告視窗時，表示 X、Y、Z 軸要先歸零後才可以執行 。

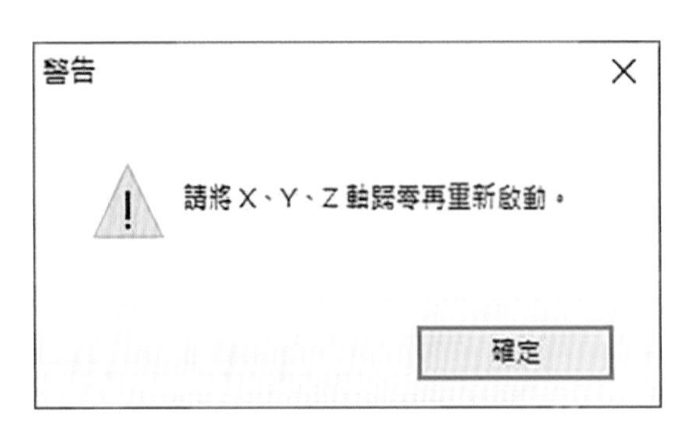

說明 請按下各軸的 歸零 鈕，使 X、Y、Z 軸做歸零的動作。

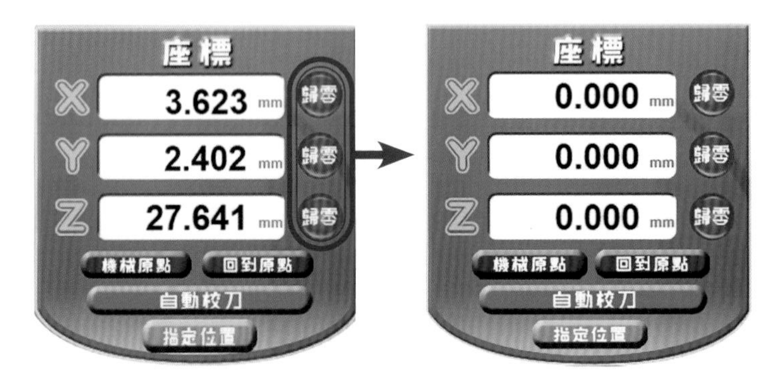

當出現下圖警告視窗時，表示 CNC 軟體需要選擇一種連線方式開始使用。

說明 請在開啟 CNC 軟體進行連線時，選擇一種狀態進行連線。

當出現下圖警告視窗時，表示 CNC 軟體在主軸運轉的過程中，偵測到有負載過重的情形，或者主軸有異常的狀況，以此來提醒使用者並進行保護機台的動作。

說明

此視窗是為機器的保護機制，請點選「OK」鈕，並等待倒數 30 秒結束，方可繼續使用機器。請確認刀具參數設定是否合適，固定的雕刻素材是否穩固，刀具是否足夠鋒利等等，並將障礙物排除。

4-2 異況排除

01. 當安裝 BravoProdigy CNC 軟體時，出現下圖警告視窗而使軟體無法正常安裝。

請參照下列說明方式以**系統管理員身份**進行安裝。
請打開安裝 USB 內的安裝資料夾【BP_MIN CNC → Installation】，點選【BPCNC_step.exe】，使用滑鼠右鍵點擊，【以系統管理員身分執行】即可照螢幕上的指示進行安裝。

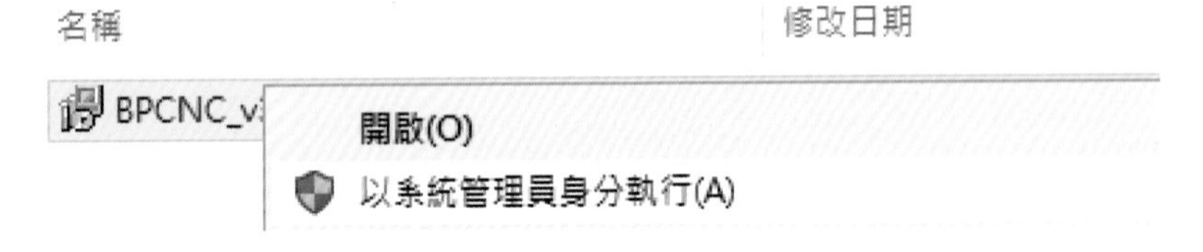

02. BravoProdigy CNC 軟體無法載入 G 碼。

請確認以下幾點：

1. 載入的檔案副檔名為 .tap。
2. 檔案名稱沒有特殊字元或系統不支援之文字。
3. 開啟檔案的路徑沒有特殊字元或系統不支援之文字。

03. 當機器無法和電腦正常進行連線。

請確認以下幾點：

1. 電源線與 USB 線是否正常連接。
2. 緊急開關是否為被開啟狀態。
3. 保險絲是否損壞。
4. 重新開啟 BravoProdigy CNC 軟體進行連線。

04. 當使用手持控制器時機器沒有反應。

請確認以下幾點：

1. 輸入法請切換至英文始可使用。
2. 更換 USB 插槽。
3. 重新開啟 BravoProdigy CNC 軟體。

05. 在雕刻作品上，發現雕刻物的表面有沒刻到的情形。

可能有以下情況產生：

1. 因素材本身的高低落差大，在設定 Z 軸雕刻原點時剛好落在較高的位置。
   排除方式：量測素材的四邊角落與中心點的厚度，以最低點設為 Z 軸原點。
2. 刀具在雕刻的過程中途斷裂，也會造成此種情況產生。
   排除方式：更換刀具再行雕刻。

06. 如何更換保險絲。

將保險絲蓋向前壓緊同時往左旋轉，取出保險絲蓋及保險絲後，更換與**原廠同規格**的新保險絲，再將保險絲蓋與保險絲插回保險絲座，並向前壓緊同時往右旋轉。

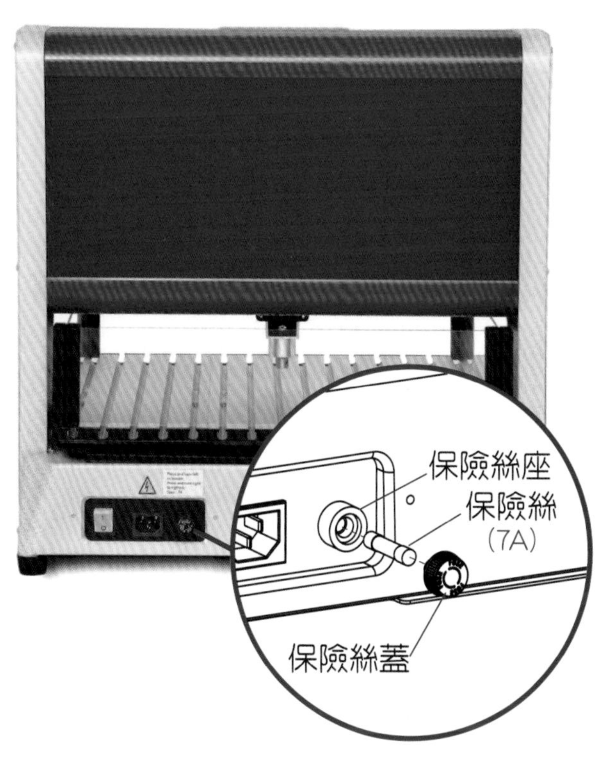

07. 在雕刻過程中，雕刻的物件有雕刻穿透的狀況。

可能有以下情況產生：

1. 設定雕刻參數時，「雕刻總深度」加上「雕刻偏移量」的值大於雕刻素材的厚度時，會導致雕刻穿透的狀況產生。
2. 在固定雕刻素材時沒有平放於工作盤上，使素材產生高低不平。

08. 在雕刻塑膠材質的過程中，有產生遇熱熔化的情形。

有些塑膠材質熔點較低，必須視實際情形去調整機器運行時的「主軸轉速」(SPINDLE SPEED) 或「雕刻速率」(FEED RATE) 來應對不同的材質。
若有發生此情形請立即停止雕刻，並依說明指示小心的將刀具拆卸下來將熔化的塑膠做清除。

1. 若刀具不夠鋒利，也有可能會產生熱融的情形，請更換刀具。
2. 若使用非原廠的雕刻素材，請先測試出適當的「主軸轉速」(SPINDLE SPEED) 與「雕刻速率」(FEED RATE) 數值搭配，再進行雕刻。

09. 為何雕刻的圖形產生移位的情形。

有可能在雕刻時 FEED RATE 速度設定過快，導致雕刻物件圖形會有移位情況。
排除方式：可依實際情形去調整「雕刻速率」(FEED RATE) 速度或分層設定

10. 在雕刻木頭材質過程中，刀具的刀頭處有產生一圈一圈的木屑絲包住刀具的情形。

在雕刻木頭材質時，若使用順著木紋的「切削方向」，會使木頭的纖維無法完全被切斷，建議使用與木紋垂直的「切削方向」可減少此情形發生。

11. 在雕刻過程中，齒型壓板有鬆脫的情形。

請依照單元 3-2 齒型壓板組安裝說明指示進行固定，來避免鬆脫情形。

12. 為何雕刻過的面上會有一條一條的痕跡呢。

可能有以下情況產生：

1. 在設定「刀具路徑」的「間距」項目時，數值超過目前選用的刀具所適用的建議值，請參考單元 3-4 刀具使用說明，重新設定適當的「間距」。
2. 「雕刻速率」(FEED RATE) 過快，導致刀具無法完全切削所致。
3. 隨著使用時間累積以及素材硬度等等因素的消耗，刀具的鋒利度已下降，請更換新的刀具。

4-3 雕刻屑清除步驟

完成雕刻後在清理物件前，請務必確認機台上的刀具是停止的，將刀具移至主軸外罩內，並將工作盤移至前端。

請移動刀具至無干涉處，關閉軟體及雕刻機電源後將刀具取下，方可做清理的動作。

在清理時可利用一般家用吸塵器，或是軟毛刷將雕刻所產生出來的粉屑清理乾淨。

清理完畢之後，再將機台上的齒型壓板鬆開取下雕刻件，即可看到雕刻完成的作品。

Note

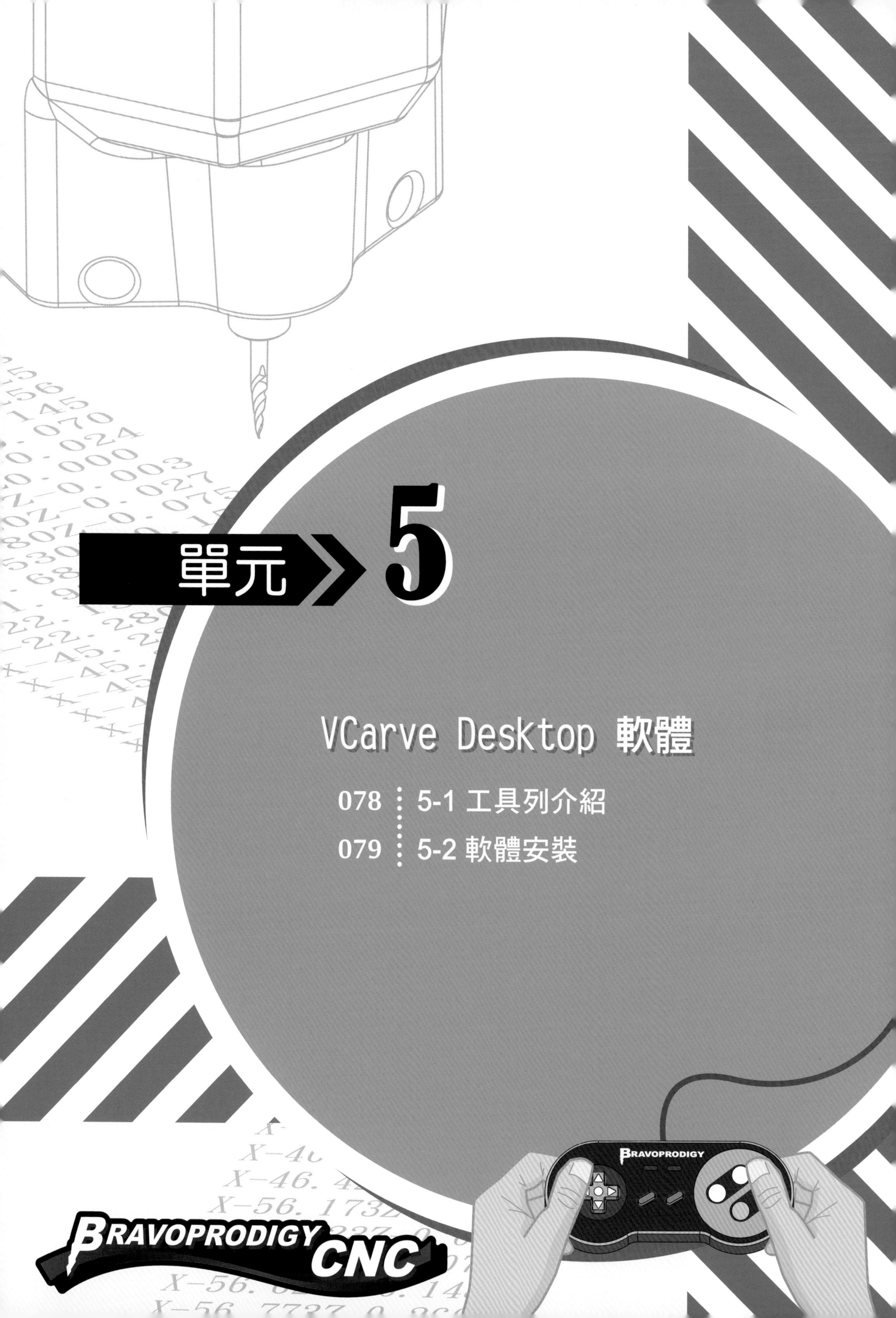

單元 5

VCarve Desktop 軟體

5-1 工具列介紹

本節將以「開啟新檔」為範例進行軟體簡介。

開啟新檔進行工件設定，包含工件尺寸、單位、原點設定等等。

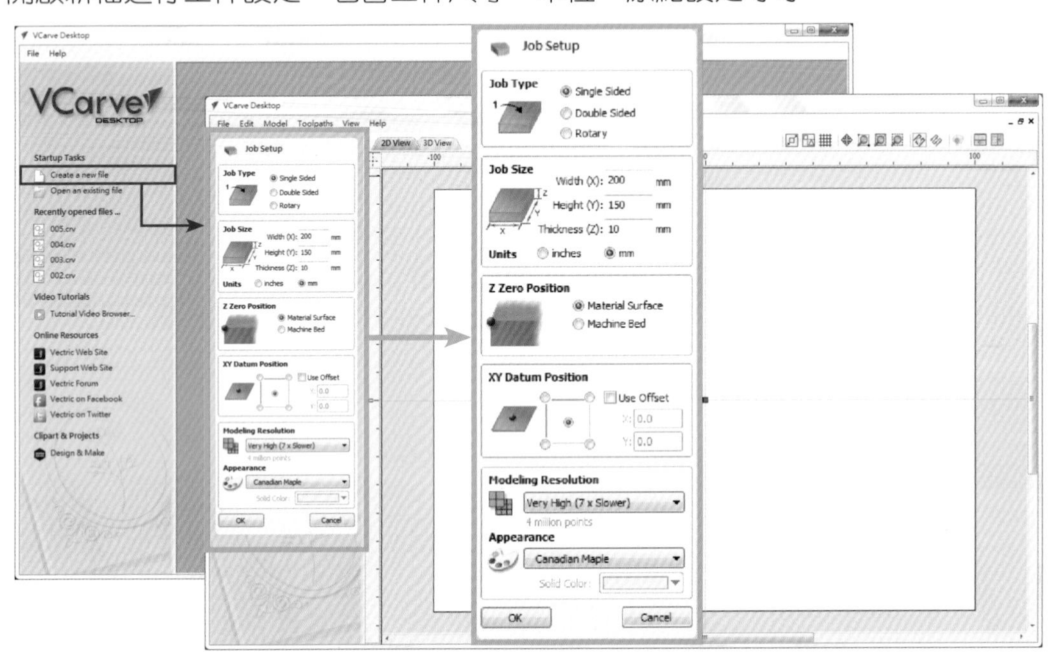

說明 介面外觀（關於工具列的使用將會在單元 6 的實習單元中介紹。）

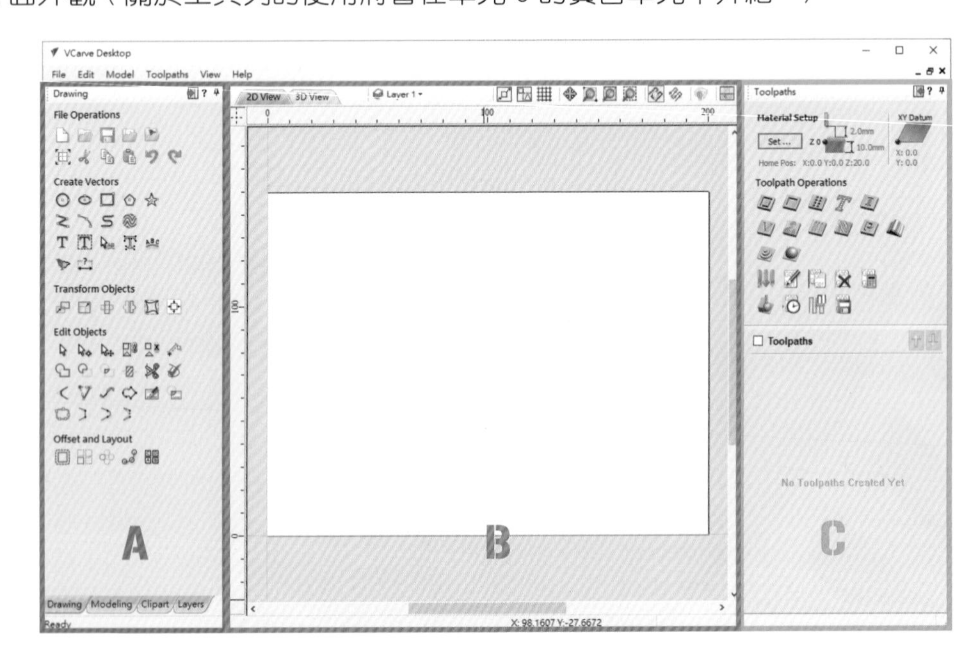

A. 左手邊為工具列，可執行開啟、儲存、匯出檔案；可以創建、編緝 2D & 3D 圖等工具、圖庫的應用等功能。

B. 中間為 2D 編輯繪圖工作區及 3D 預覽視窗。

C. 右手邊為刀具路徑工具列，主要提供多種加工方式刀路規劃及管理，及轉出 G-CODE 等功能。

5-2 軟體安裝

BravoProdigy CNC 軟體可相容其他 CAM 軟體，相關資料訊可參考以下網址。
https://www.bravoprodigy.com/engraving/

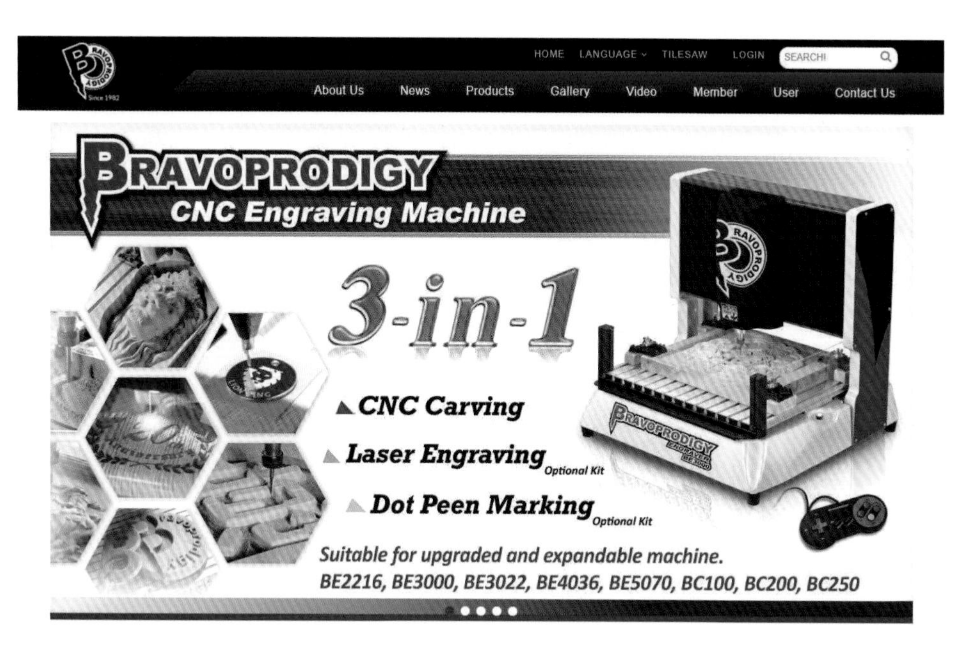

手機掃描

BravoProdigy
官方網站

本書所使用的 VCarve Desktop 軟體，詳細說明請參考 Vectric 官方網站。
免費試用版可於網站 Downloads 頁面下載。
https://www.vectric.com/free-trial/vcarve-desktop

Sylvia 典藏精品

mini CNC雕刻體驗館

按讚加入粉絲專頁
粉絲頁 cnc 活動不漏接

參加活動就有機會獲得實習材料包！

步驟 1. 加入粉絲專頁按讚追蹤。

步驟 2. 至本活動貼文下方進行留言，分享自己透過本書實習單元完成的作品。（可進行改編創作）

留言內容如下

◆ 上傳書中任一實習單元的【完成作品照】一張與【雕刻過程照】一張。
◆ 寫下 20~50 字關於作品的心得或介紹。
◆ tag 本書名稱 / 迷你 CNC / Bravoprodigy。

活動詳情請參考粉絲專頁活動貼文，記得完成後留意小編給您的訊息唷！

範例照片

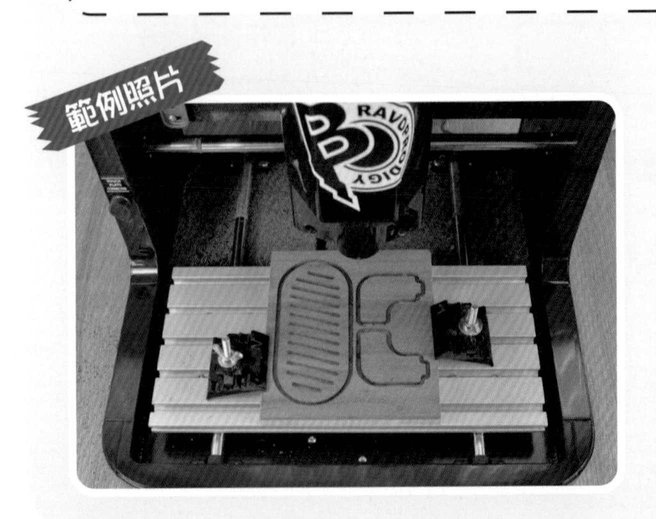

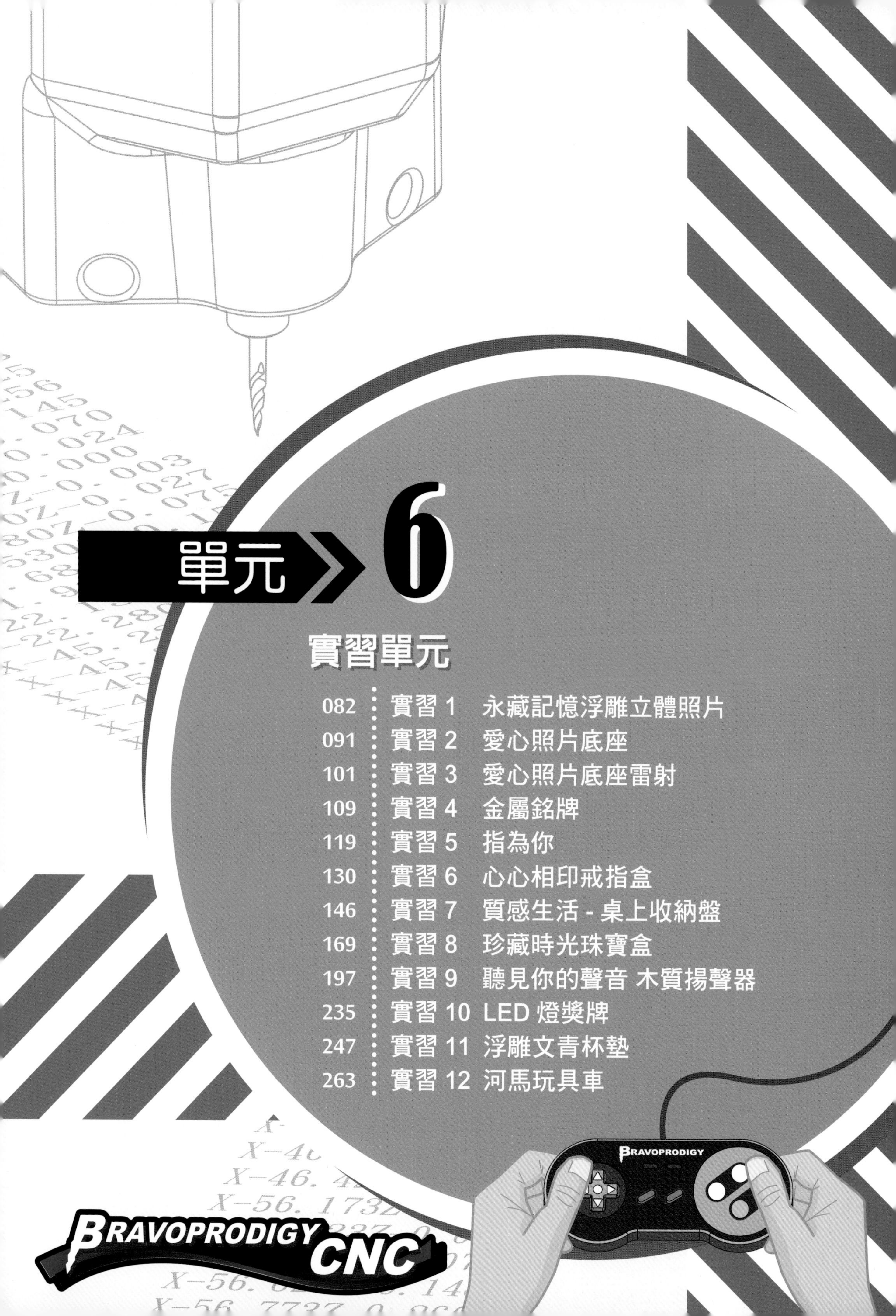

單元 6

實習單元

實習 1 永藏記憶浮雕立體照片

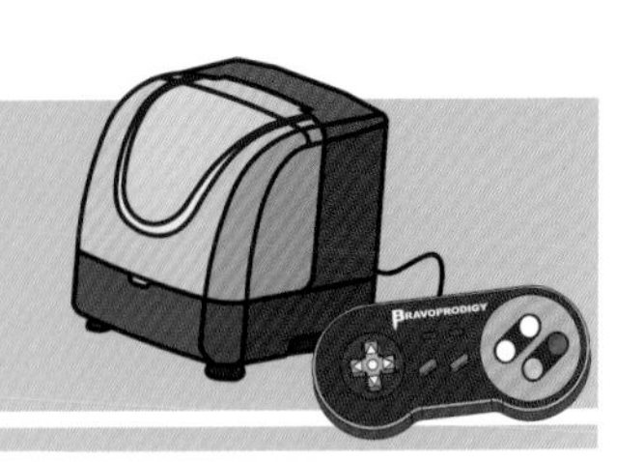

完成作品

延伸應用

學習重點

1. 使用 BravoProdigy EDIT 軟體，載入圖片。
2. 學習圖片雕刻刀路設定。
3. 轉出程式碼。

範例檔案資料夾

1. 提供完成 G 碼檔，可供直接雕刻製作。

動作說明

載入圖片檔案，製作立體浮雕照片。

使用材料與配件

刀具編號：4050A020

雕刻材料：棕色壓克力 113×87×2 mm 1 片

使用工具：矽膠墊（小）X1、小墊板 X1、齒型壓板組（小）X2

雕刻時間：約 49 分鐘，雕刻速度 F1800mm/min

掃我進入購物車

實習步驟

點選  進入 BravoProdigy EDIT 軟體，❶ 選擇 【開啟檔案】。

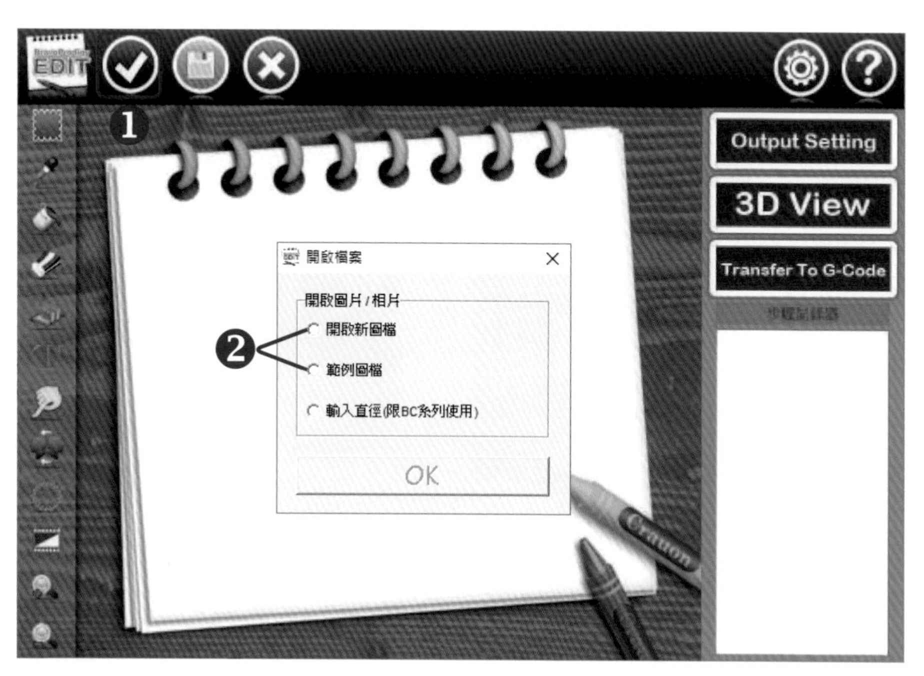

❷ 選擇【開啟新圖檔】使用您電腦裡既有的圖片，或是使用 BravoProdigy EDIT 內建【範例圖檔】➜【Quick Set-up Guide】➜【Acrylic】選擇圖檔載入。

以本範例雕刻尺寸寬 (W)：107 mm；高 (H)：81 mm
圖片建議尺寸：寬 (W) ≧ 404 像素；高 (H) ≧ 306 像素

如果圖片本身解析度不足，在設定尺寸時被放大而產生格放的現象，那麼雕刻出來的照片一樣會有格狀的紋路，對於人物照片的雕刻更加需要注意，建議務必選擇清晰明亮並有足夠解析度的圖片，請以符合建議數值的圖檔來進行本單元。

原圖尺寸

被設定為原本 3 倍大的尺寸後產生格放

STEP 02 使用【影像編輯】介面編輯雕刻範圍及設定尺寸。

影像編輯

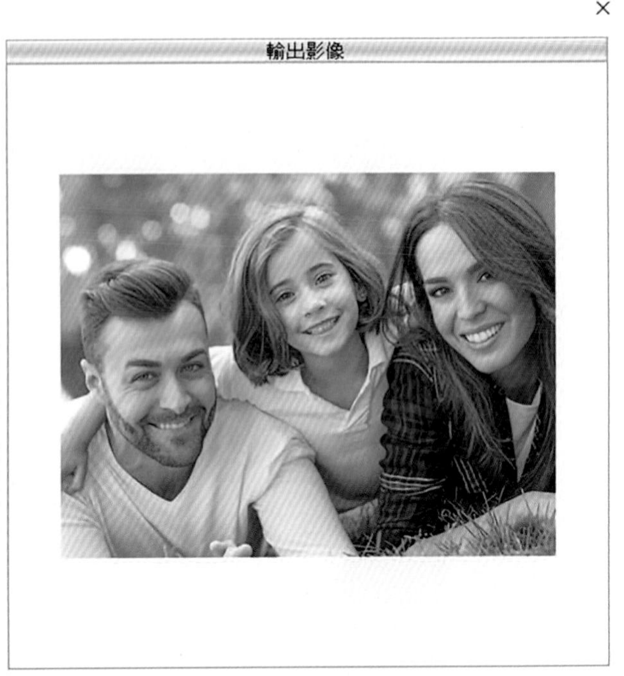

影像旋轉

- 0度
- +90度
- -90度

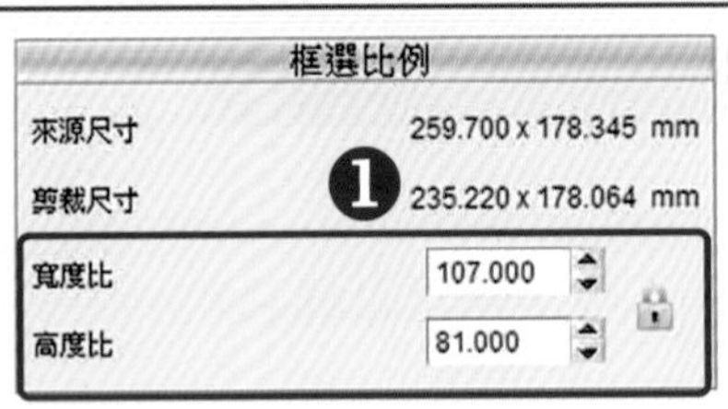

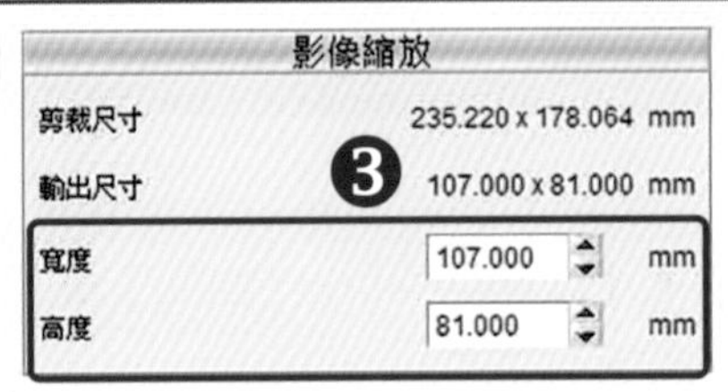

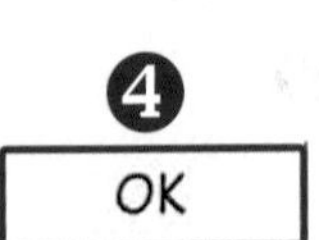

❶ 在【框選比例】欄位裡，【寬度比】輸入 107 mm，【高度比】輸入 81 mm，輸入數值後請按 Enter 鍵並將 🔒 鈕保持為鎖住的狀態。

❷ 藍框表示框選的範圍，將滑鼠移至藍框線上，此時滑鼠游標會出現如 ✥ ↕ ↔ ⤡ 等圖示，表示可拖曳滑鼠放大縮小及移動至要雕刻的範圍。

❸ 當藍框調整至適當範圍後，將【影像縮放】欄位內的【寬度】輸入 107 mm 後按 Enter 鍵，此時軟體會自動等比換算出【高度】數值 81 mm。

❹ 按下【OK】即載入圖片。

若無法在一開始選擇圖片時確認到解析度是否足夠，透過【影像縮放】欄位內的【裁剪尺寸】以及【輸出尺寸】可以協助確認，最後的【輸出尺寸】設定不得大於【裁剪尺寸】。

影像縮放	
剪裁尺寸	235.220 x 178.064 mm
輸出尺寸	107.000 x 81.000 mm
寬度	107.000 mm
高度	81.000 mm

STEP 03 使用【負片】 功能將圖檔做灰階反轉。

STEP 04 設定 XY 原點及切削方向。

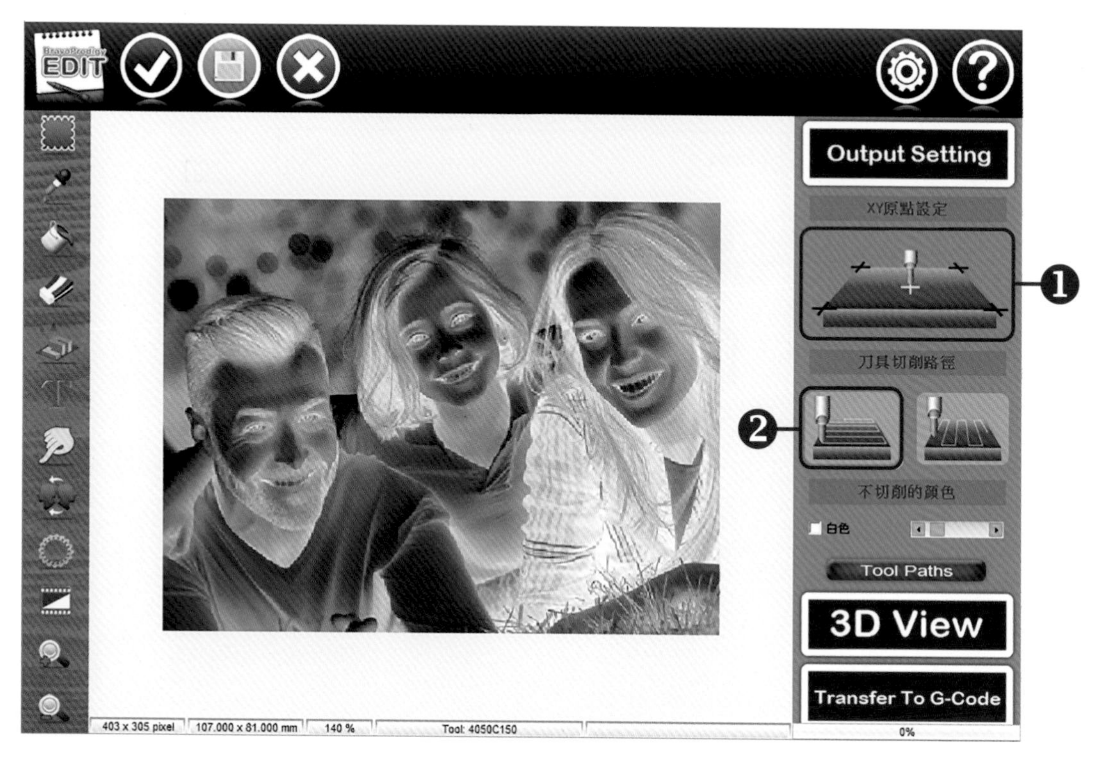

❶ 設定 XY 原點在【中心】。

❷ 選擇刀具切削路徑為【X 方向】。

STEP 05 開啟 Tool Paths 設定刀具及切削參數。

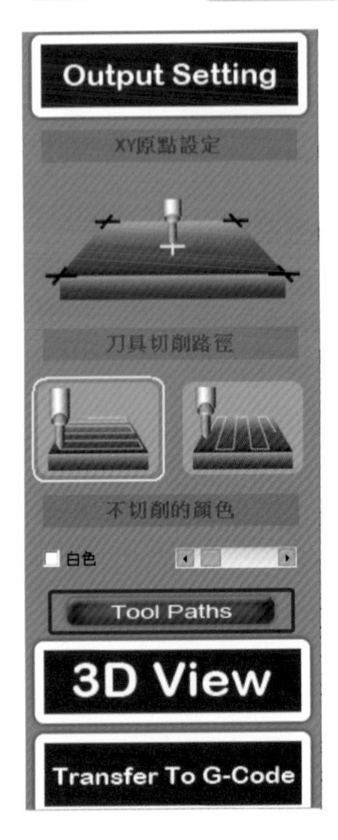

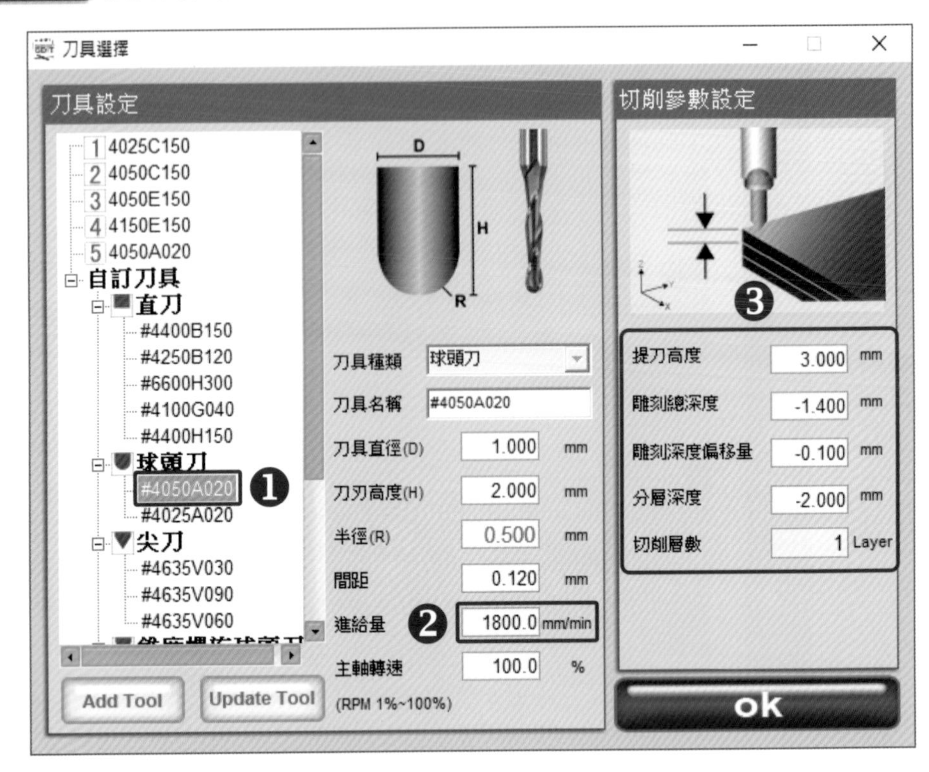

❶ 選擇【自訂刀具】→【球頭刀】→【#4050A020】。

❷ 在【進給量】欄位內輸入 "1800" 變更雕刻速度。

❸ 設定切削參數：提刀高度 3.0mm；雕刻總深度 -1.4mm；雕刻深度偏移量 -0.1mm；分層深度 -2.0mm，設定完成後按下【OK】。

❹ 此時會出現如下圖的詢問視窗，按下【Yes】確定儲存變更即可。

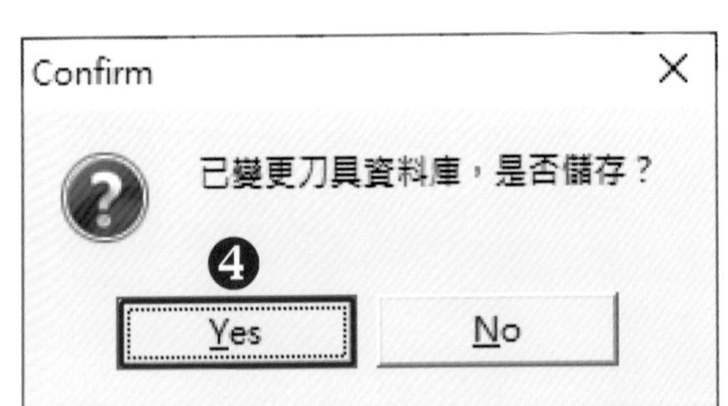

STEP 06 使用 Transfer To G-Code 將 G 碼存出，出現詢問視窗時按下【Yes】確定儲存即可。

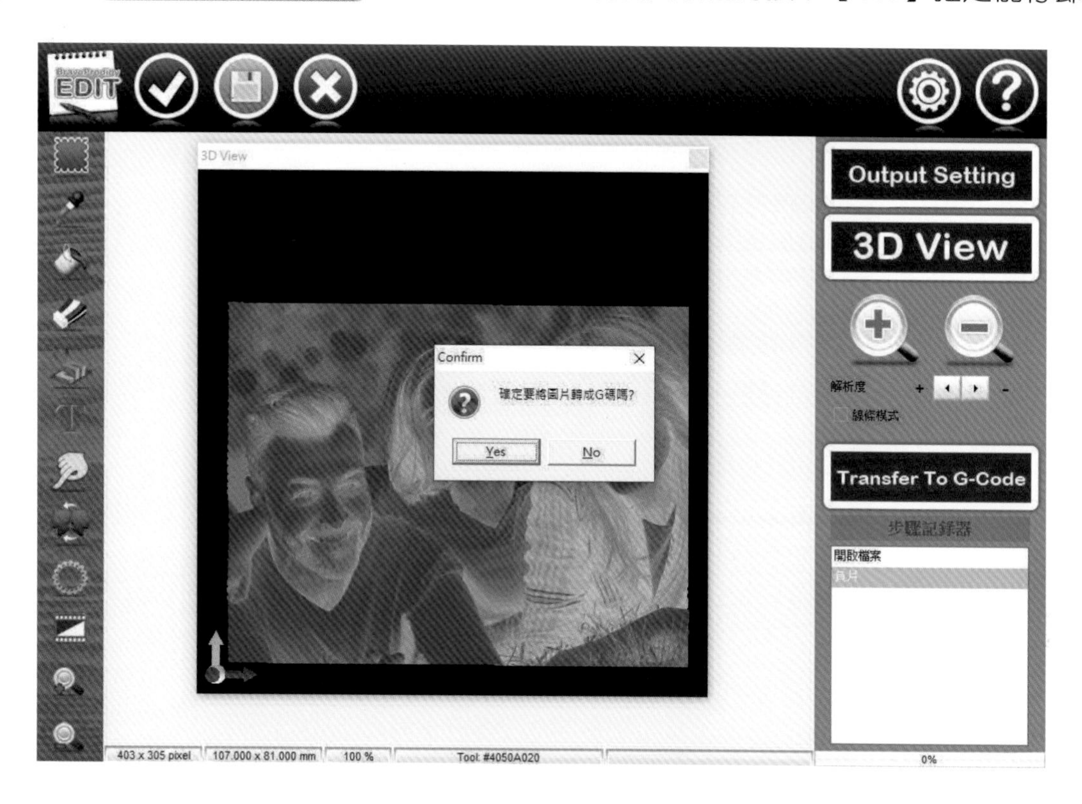

STEP 07 當出現如下圖【Waiting...】表示後處理器正在計算中，計算完成時請將 G 碼存檔命名為 - 雕刻照片。

教學影片

STEP 08

BravoProdigy CNC 執行雕刻。

❶ 選擇【直接連線】方式→❷ 按下  進入 BravoProdigy CNC 軟體。

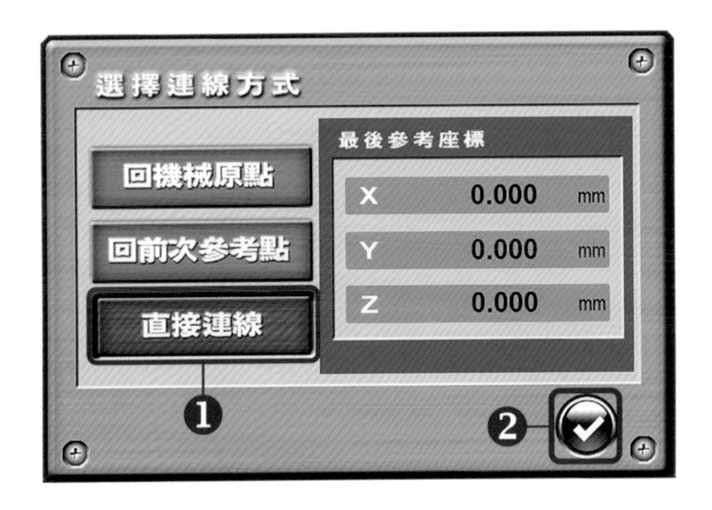

❸ 點選載入剛才由 BravoProdigy EDIT 存出的 - 雕刻照片 .bp 檔案。

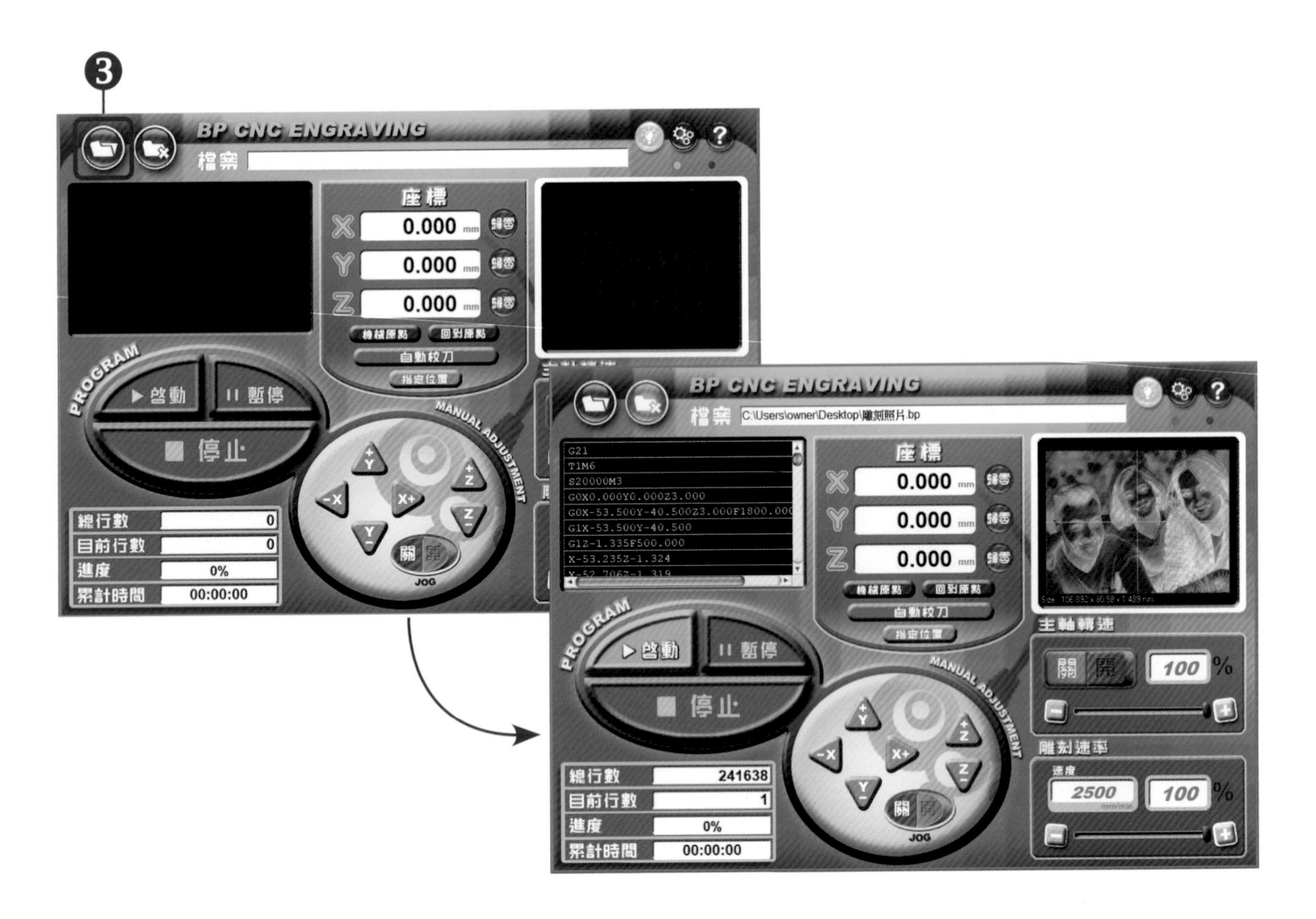

❹ 素材固定於工作盤並在主軸上鎖上刀具。
（詳細流程請參照單元 3-2 機台設備說明）

❺ 使用手持控制器將刀具移動至素材工件原點後，再將軟體上三軸的座標值歸零。
（詳細流程請參照單元 3-3 雕刻原點設定與行程確認）

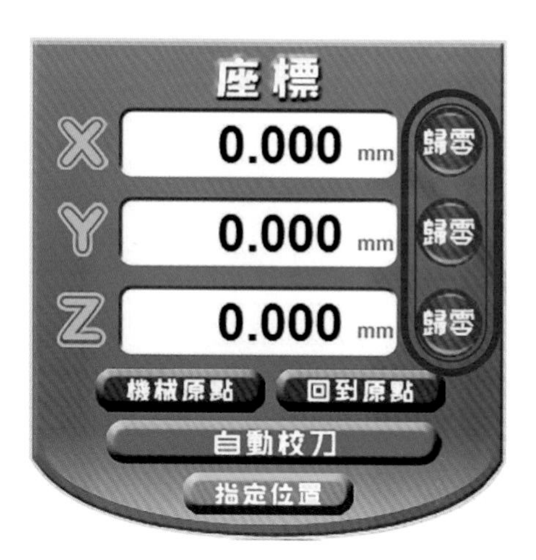

❻ 使用手持控制器移動刀具進行雕刻行程確認（注意：操作時請注意移動速度與安全距離），確認無誤後請點選【回到原點】，機器會自動回到先前設定之工件原點。
（詳細流程請參照單元 3-3 雕刻原點設定與行程確認）

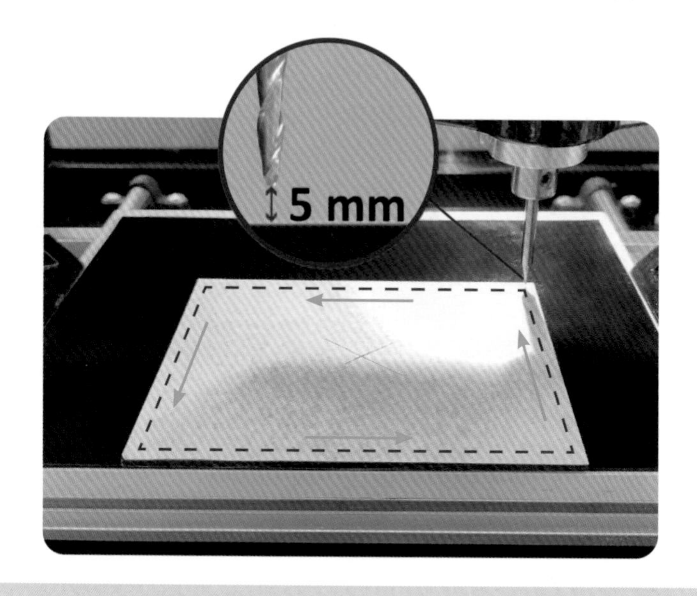

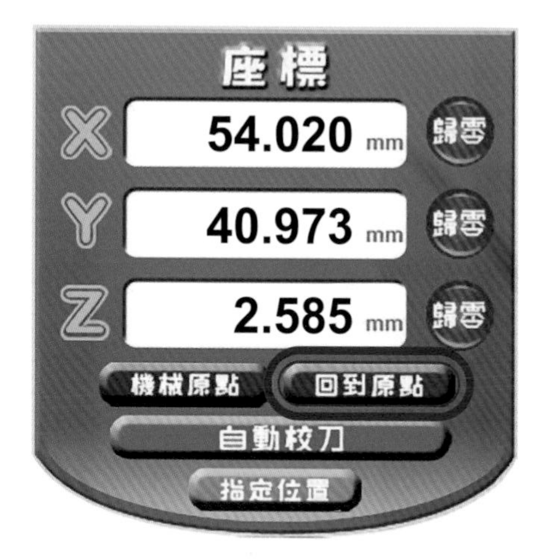

❼ 將素材上的保護紙撕下，蓋上雕刻機安全外罩。

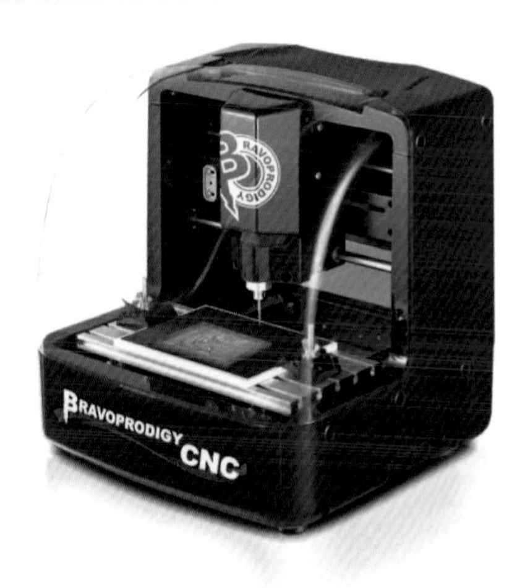

❽ 將【雕刻速率】調到 100%，接著按下 ❾【啟動】開始雕刻。

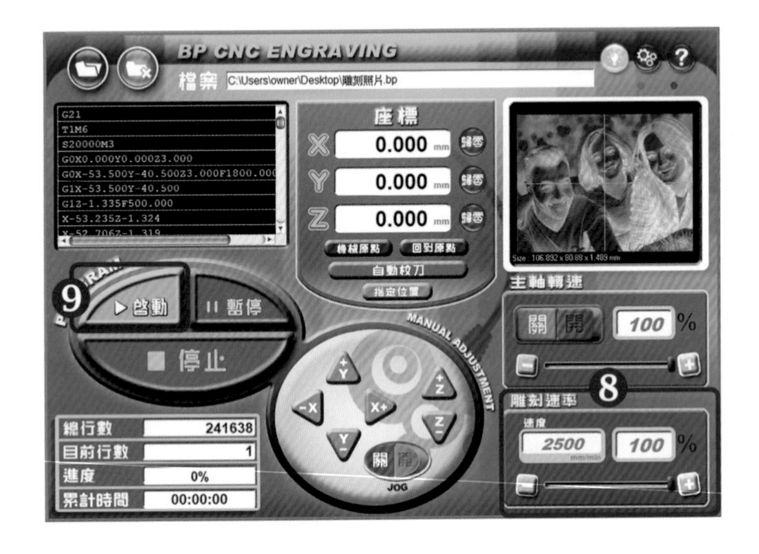

❿ 雕刻完畢後，請先清除粉塵再取下作品。
（詳細流程請參照單元 4-3 雕刻屑清除步驟）

素材夾持重點：

1. 素材與矽膠墊及墊板貼合時須互相平行對齊，與工作台固定時也需要注意與機器的垂直、水平。
2. 使用齒型壓板固定時不可推擠或夾到矽膠墊，避免產生氣泡造成素材在雕刻途中與矽膠墊分離。

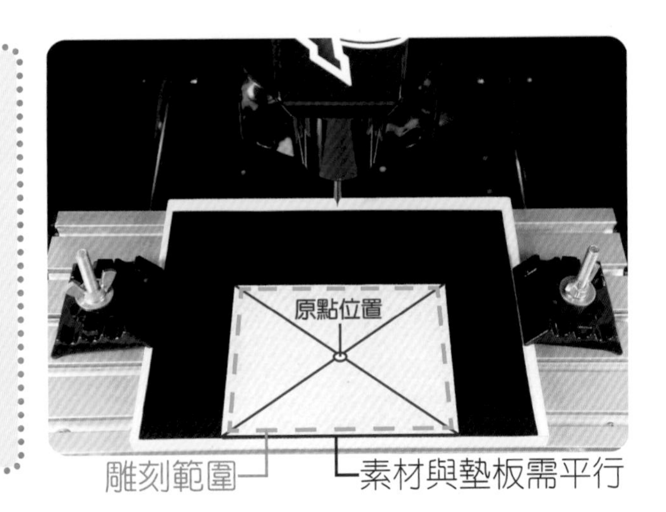

實習 2 愛心照片底座

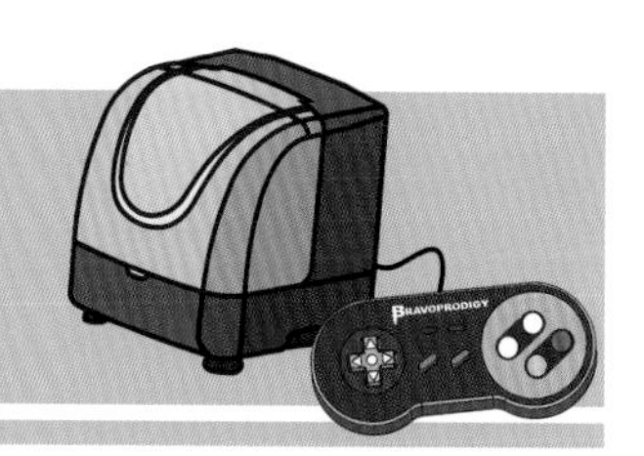

完成作品

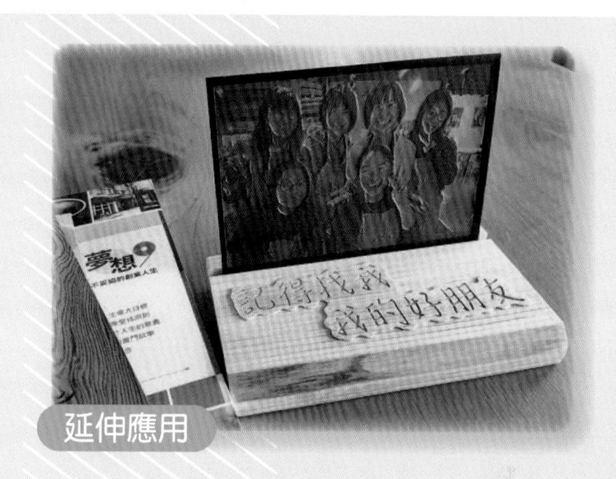

延伸應用

學習重點

1. 使用 Vcarve Desktop 軟體，載入 2D 向量。
2. 學習 CNC 模組刀具路徑設定，範圍內加工、線上加工、肋柱設定、切邊。
3. 轉出程式碼。

範例檔案資料夾

1. Dxf 圖檔，可供練習圖檔編輯及轉刀路。
2. 已完成的 Vcarve Desktop 專案檔，可供查看。
3. 提供完成 G 碼檔，可供直接雕刻製作。

動作說明

載入向量檔案編輯不同的刀具路徑，進行多個 G 碼的雕刻來製作愛心相片底座。

使用材料與配件

刀具編號：4400H150

雕刻材料：MDF 貼皮密集板 200 X 150 X 9 mm 1 片

使用工具：MDF 密集板（墊板）200 X 150 X 9 mm 1 片、齒型壓板組（小）2 個

雕刻時間：約 5 分鐘，雕刻速度 F1500mm/min

官網另有原木素材可挑選

實習步驟

開啟 VCarve Desktop 軟體，編輯工件設定。

❶ 點選【Create a new file】建立新檔案 ➔❷ 輸入工件的相關參數。

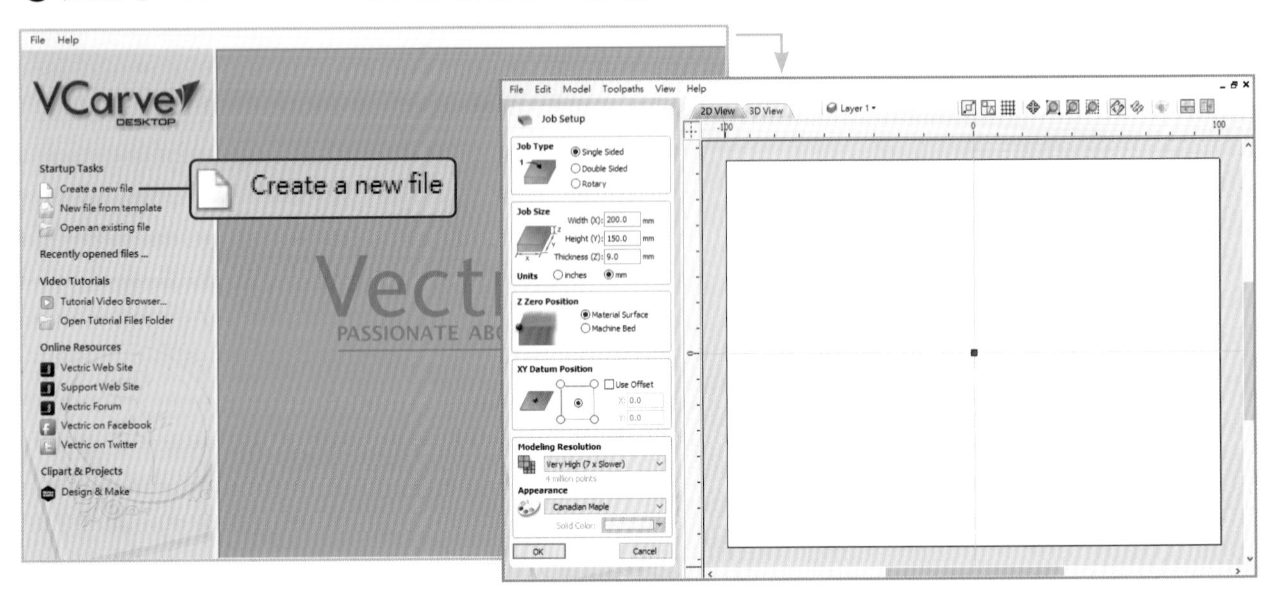

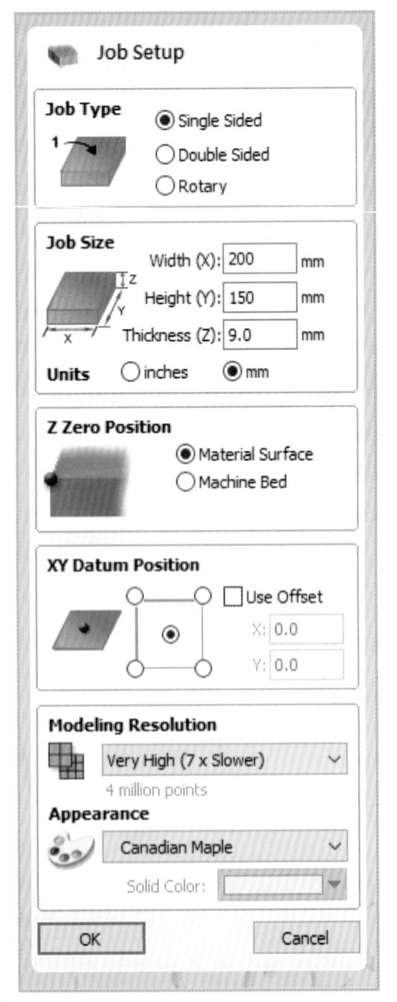

➔點選【Single Sided】單面加工

➔設定素材尺寸

Width (X)：200mm；Height (Y)：150mm；Thickness (Z)：9mm
Units：mm

➔點選【Material Surface】，將Z軸原點設在素材表面

➔選擇中心點為XY軸的基準點

➔點選【OK】完成設定

STEP 02 點選 【Import vectors from a file】載入本實習單元所使用的圖檔 - 實習 2_ 愛心照片底座。

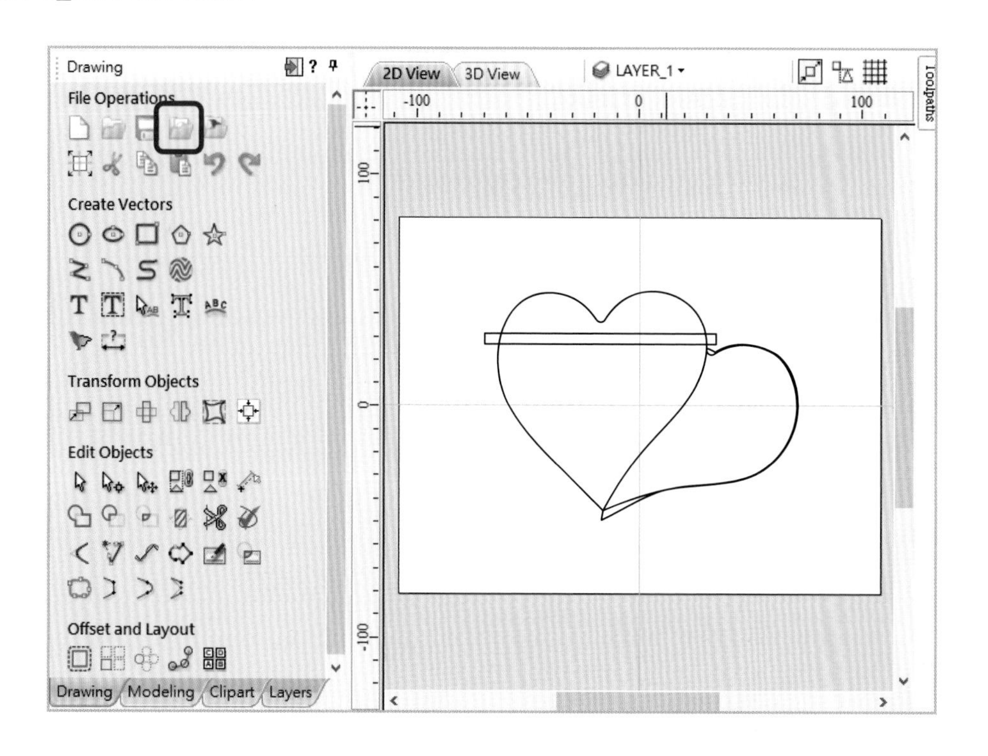

STEP 03 ❶ 開啟【Toolpaths】刀具路徑面板 ➜ ❷ 點選 Set ... 設定素材。

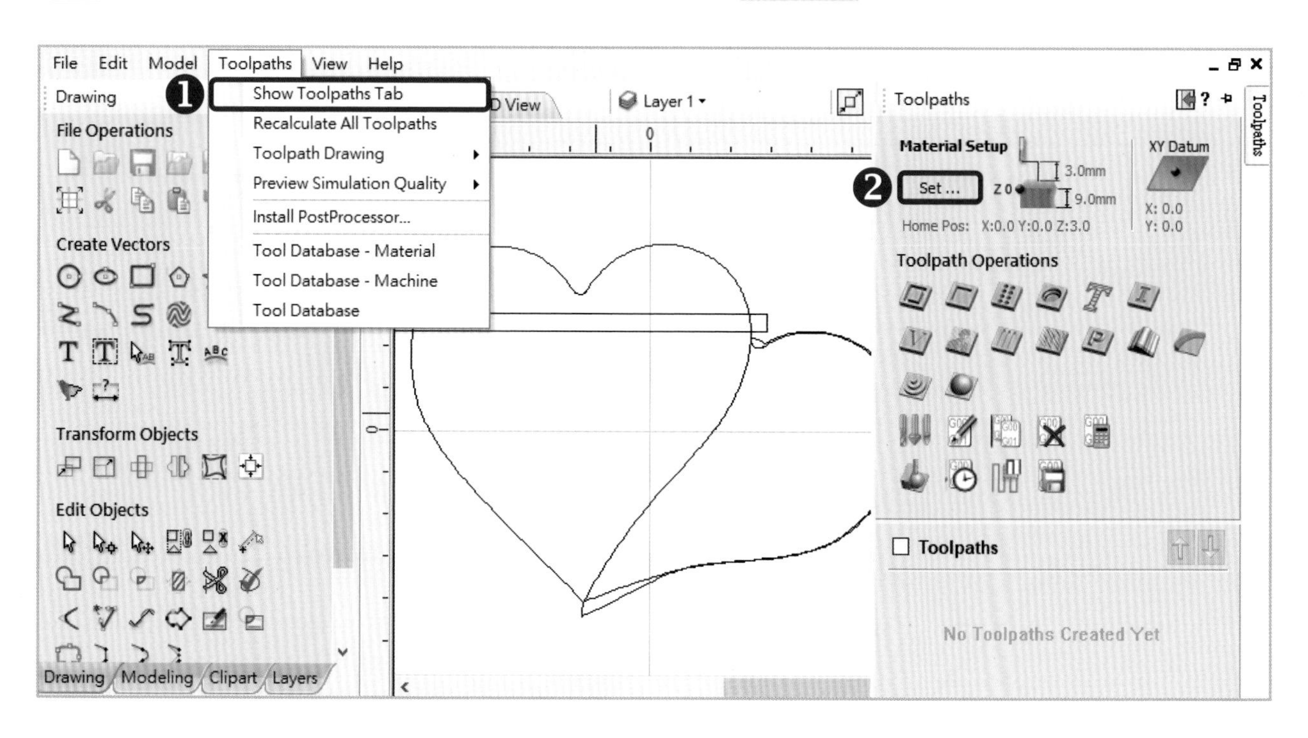

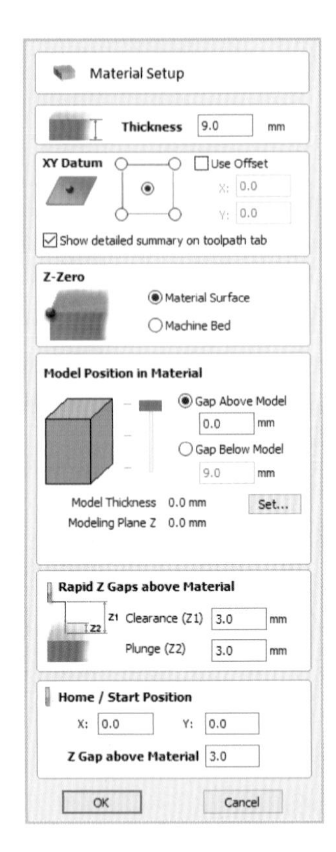

- Thickness：輸入素材厚度 9 mm
- XY Datum：點選中心點
- Z-Zero：原點設定在素材表面
- Model Position in Material：點選【Gap Above Model 0.0 mm】
- Clearance（Z1）：3 mm
  Plunge（Z2）：3 mm
- Home / Start Position：X：0.0 ； Y：0.0
  Z Gap above Material：3.0
- 點選 【OK 】即設定完成

STEP 04 使用刀具路徑【Toolpath Operations】提供的各種加工方式，對圖檔進行刀具路徑的安排。

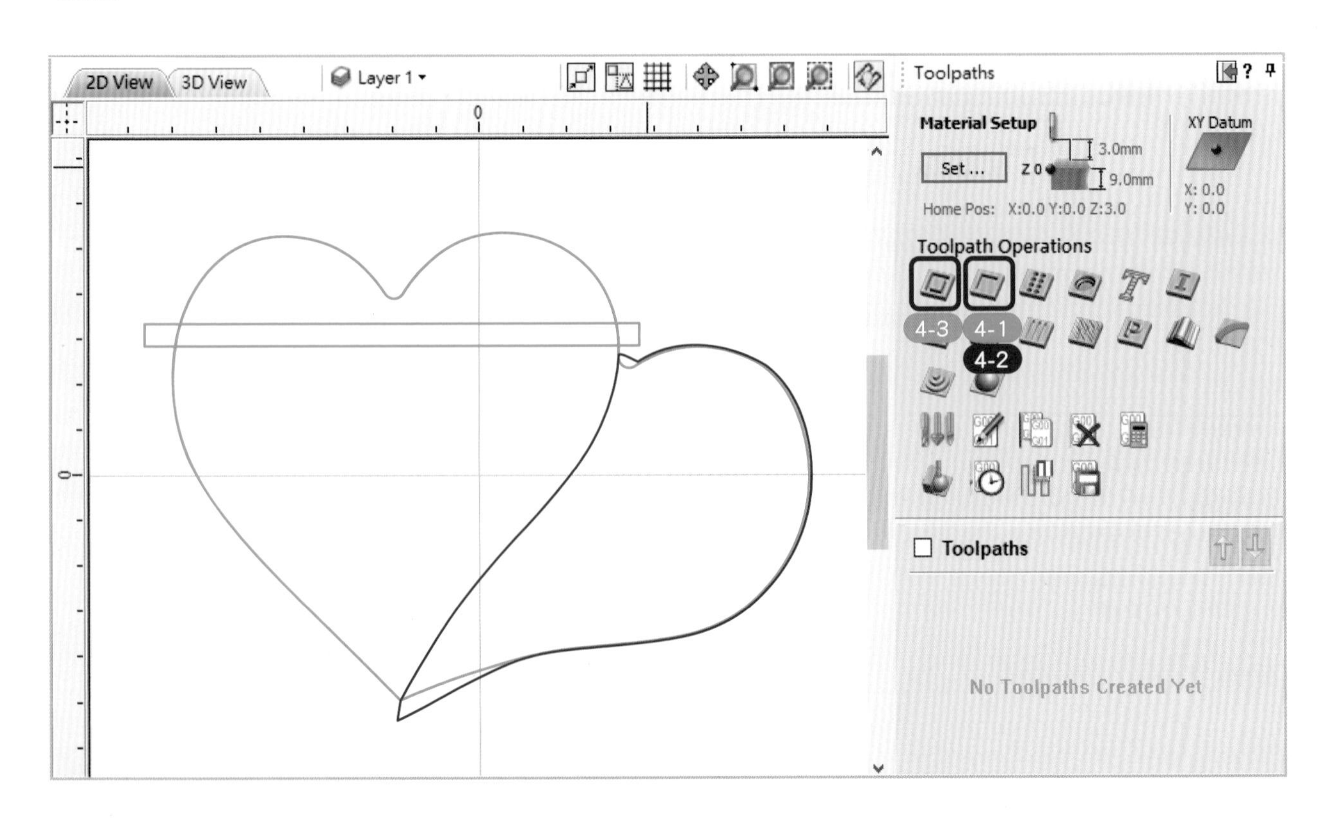

4-1 愛心照片底座 - 溝槽 - 範圍內加工

選取袋型刀具路徑 【Pocket Toolpath】開啟設定面板。
點選要加工的線條，使其呈粉紅色虛線的被選取狀態，請參考下圖。
請依序由上而下參照範例進行參數設定。

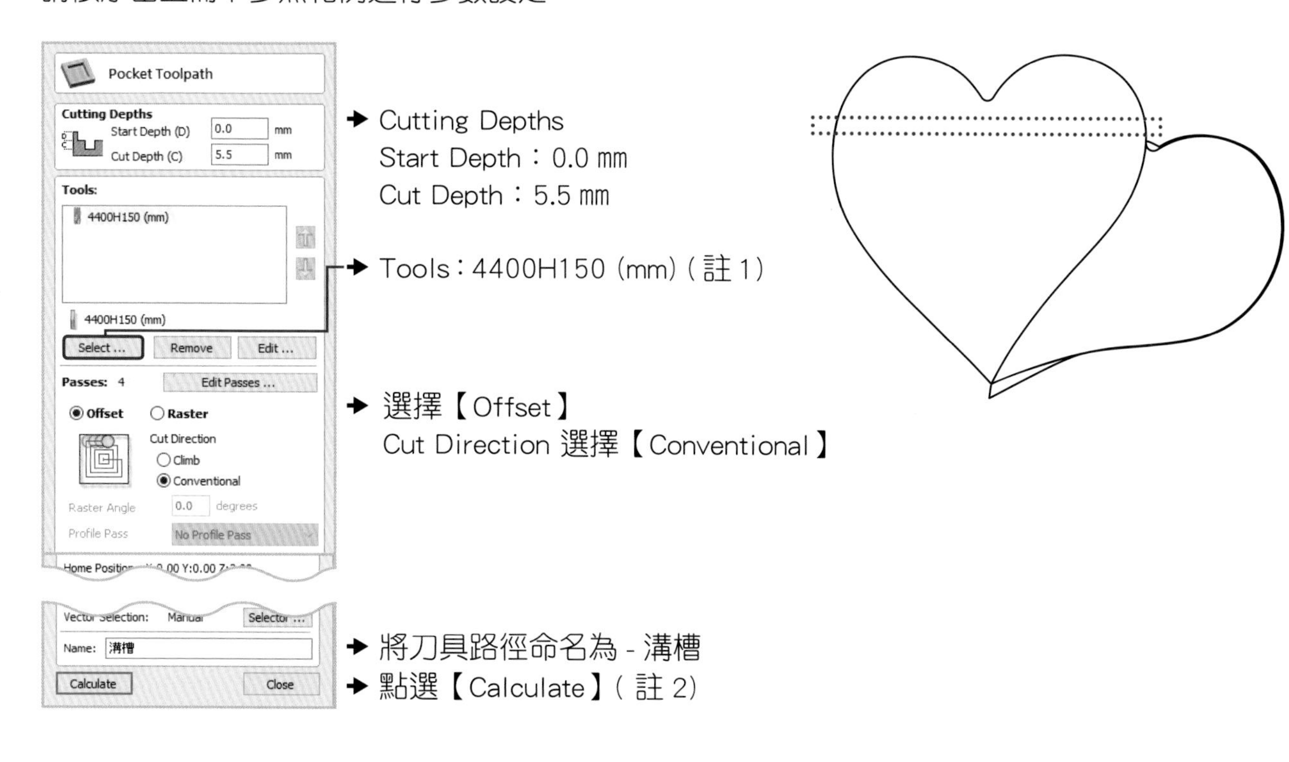

→ Cutting Depths
Start Depth：0.0 mm
Cut Depth：5.5 mm

→ Tools：4400H150 (mm)（註 1）

→ 選擇【Offset】
Cut Direction 選擇【Conventional】

→ 將刀具路徑命名為 - 溝槽
→ 點選【Calculate】（註 2）

註 1

請參照紅框內各項數值設定。

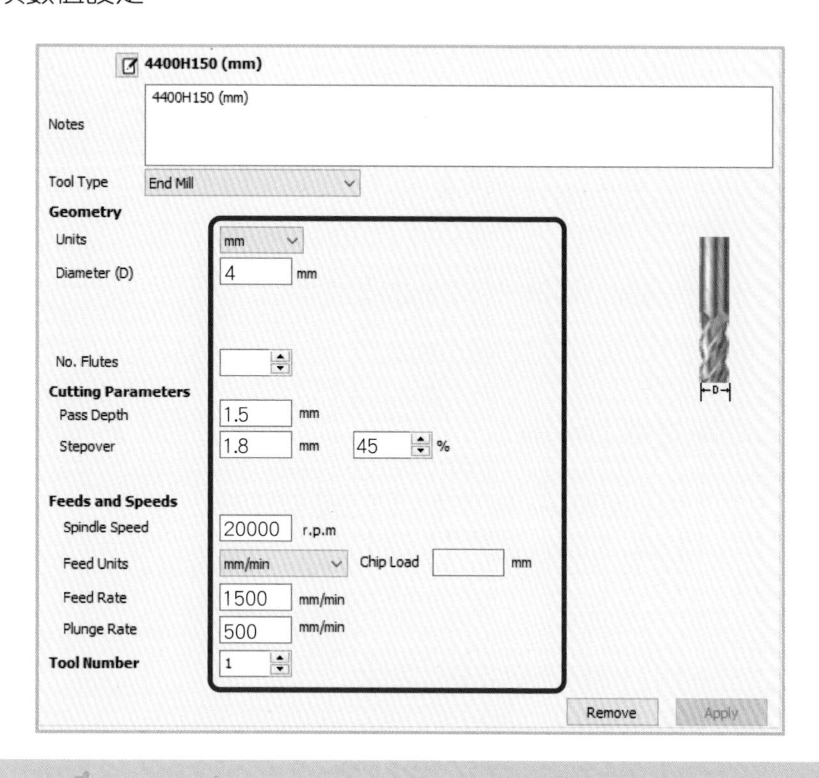

註 2

每次刀具路徑計算完成時都會自動切換到 3D 視窗並開啟刀具路徑預覽面板。

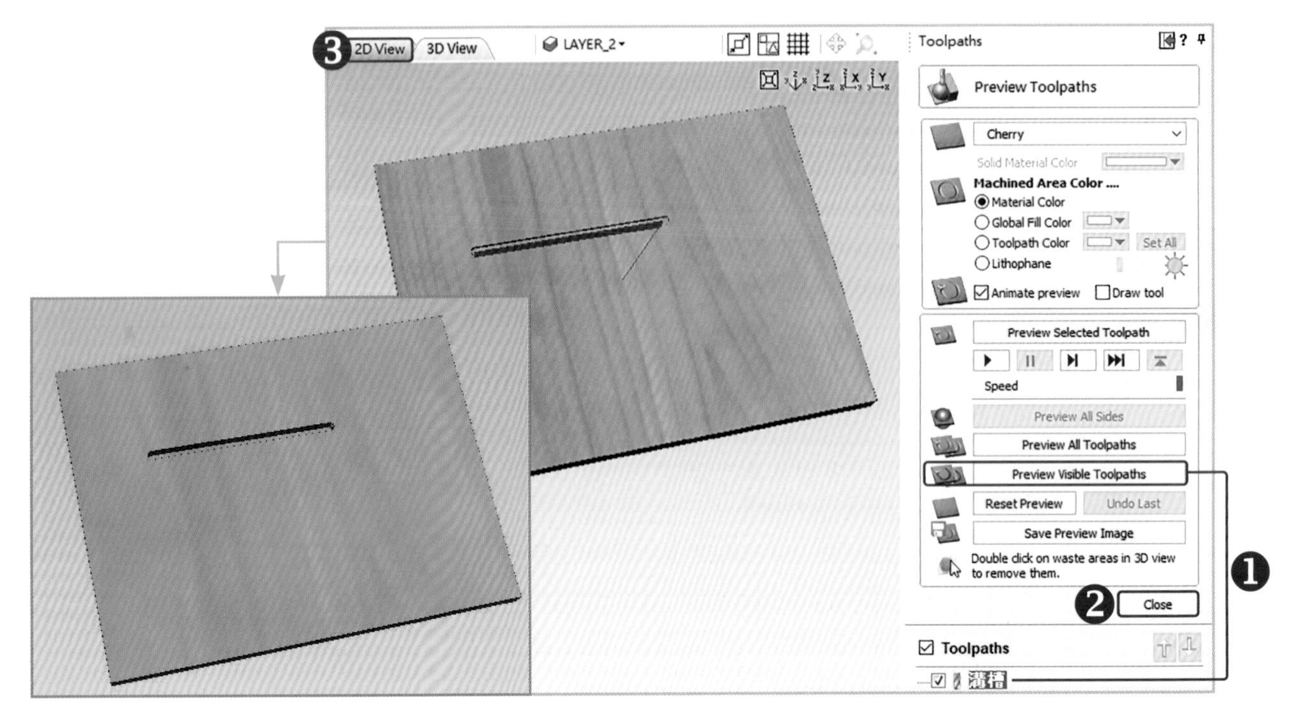

❶ 點選【Preview Visible Toolpaths】，即可出現所勾選刀具路徑預覽結果。

❷ 點選【Close】離開預覽功能。

❸ 點選【2D View】，回到 2D 工作視窗畫面。

4-2 愛心照片底座 - 降面 - 範圍內加工

開啟 【Pocket Toolpath】設定面板 ➜ 點選要加工的線條。

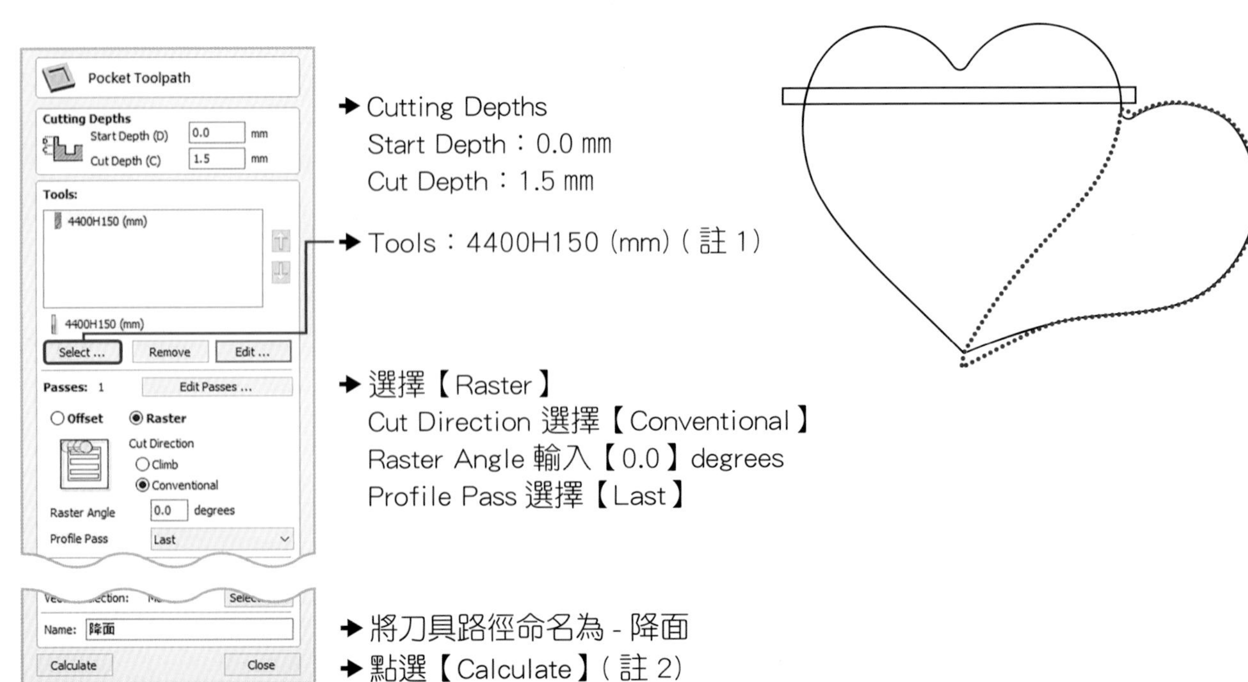

4-3 愛心照片底座 - 切邊 - 線外加工

開啟【2D Profile Toolpath】設定面板 ➜ 點選要加工的線條。

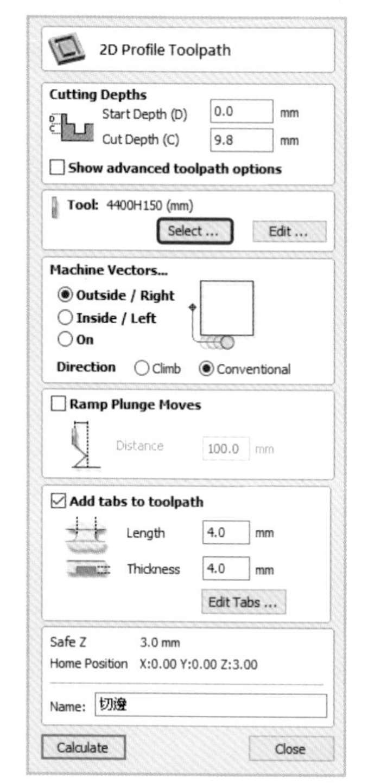

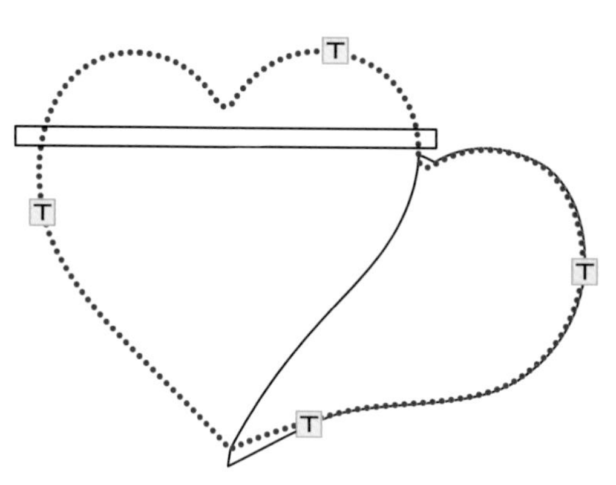

➜ Cutting Depths
Start Depth：0.0 mm
Cut Depth：9.8 mm

➜ Tools：4400H150 (mm)（註 1）

➜ Machine Vectors...
點選【Outside / Right】
Direction 點選【Conventional】

➜ 勾選【Add tabs to toolpath】增加肋柱
Length：4 mm ； Thickness：4 mm
點選【Edit tabs...】請參考上圖標示編輯肋柱（註 4）

➜ 將刀具路徑命名為-切邊

➜ 點選【Calculate】（註 2)(註 3)

註 3

在設定切穿刀路時，為了能切穿素材而會將雕刻深度設定超過素材厚度，故軟體會出現提醒視窗告知，此時點選【OK】確認即可。

如：此範例為素材厚度為 9 mm，雕刻深度為 9.8 mm。

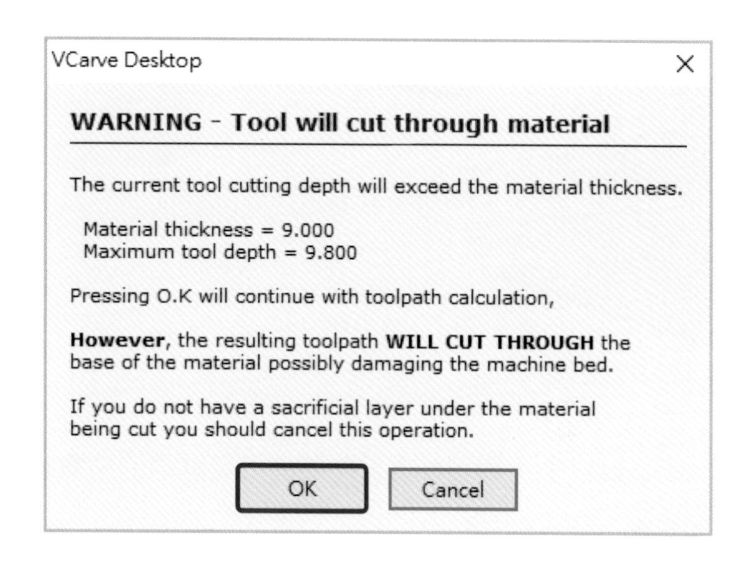

註 4

此處以手動方式設置肋柱。
使用滑鼠靠近線條，當出現 ，表示可以設置肋柱，點一下滑鼠左鍵會出現 T 圖示，請參考步驟 4-3 標示的位置將 4 個肋柱設置，完成後只要點選 Close 離開編輯介面即可。

補充說明

肋柱的作用在於當刀路會完全切穿材料時，肋柱能夠將成品接合在材料上避免脫落。

1. 新增肋柱：將游標移動至已選定線條上，點擊滑鼠左鍵增加肋柱。
2. 刪除肋柱：在肋柱點上點擊滑鼠左鍵即可刪除。
3. 移動肋柱：在肋柱點上按住滑鼠左鍵不放並拖曳至新的位置後，放開左鍵即可。

STEP 05 使用刀具路徑預覽 【Preview Toolpaths】模擬所有刀具路徑的雕刻結果。

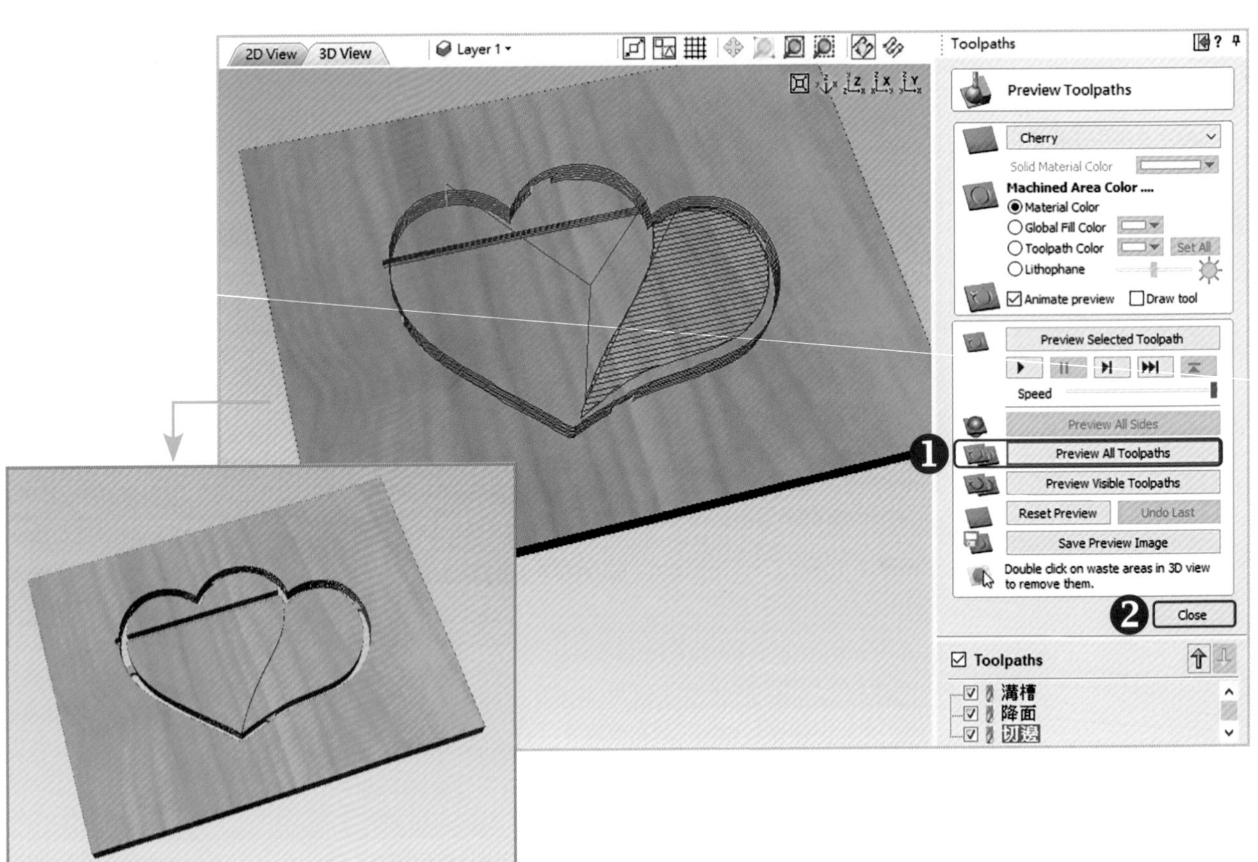

❶ 點選【Preview All Toolpaths】，即可模擬目前所有刀具路徑的預覽結果。

❷ 點選【Close】離開預覽功能。

使用儲存刀具路徑 【Save Toolpaths】將 G 碼存出。

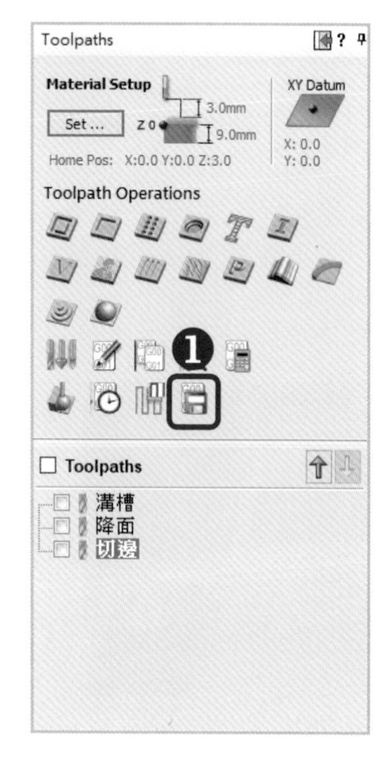

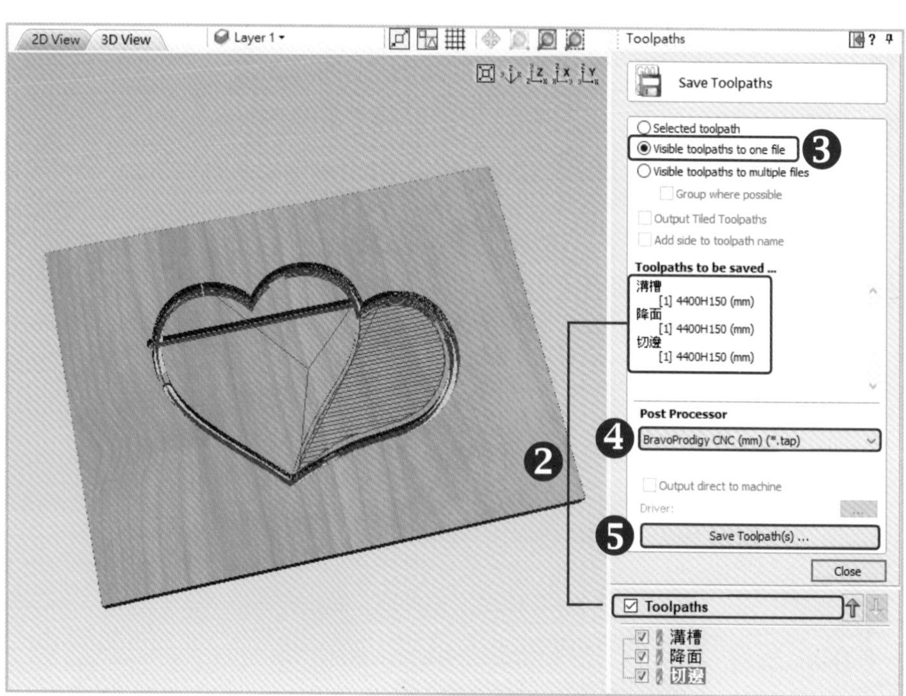

❶ 點選 開啟設定面板。

❷ 勾選【Toolpaths】選取所有刀具路徑。
請注意刀具路徑的排列順序需與範例相同。

❸ 勾選【Visible toolpaths to one file】。

❹ Post Processor(後處理器)選擇【BravoProdigy CNC (mm)(*.tap)】。
備註：若無上述說明之後處理器，也可另轉存【G Code (mm)(*.tap)】後處理器。

❺ 點選【Save Toolpath(s)...】存出 G 碼，命名為 - 愛心照片底座。

❻ 點選 【Save】儲存專案檔 - 愛心照片底座。

STEP 07 Bravoprodigy CNC 執行雕刻。
(CNC 操作請參考單元 6 實習 1 步驟 08 CNC 操作說明)

❶ 選擇【直接連線】方式進入 BravoProdigy CNC 軟體，載入【愛心照片底座】G 碼。

❷ 素材固定於工作台並在主軸上鎖上刀具【4400H150】。

素材夾持重點：
本範例的刀具路徑須將素材切穿，因此需要一片 MDF 板來作為墊板，在切穿時才不會雕刻到工作台表面。

備註：此素材為雙色密集板
可依想要的顏色朝上放刻。

9 mm 素材
9 mm 墊板

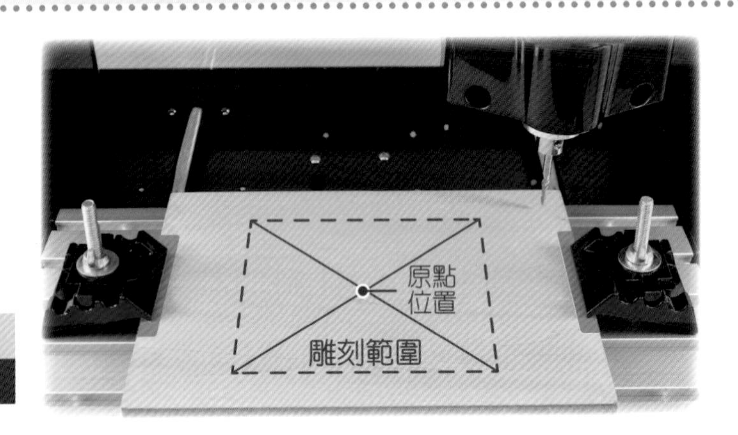

❸ 原點設定：
使用手持控制器將刀具移動至素材工件原點後，再將軟體上三軸的座標值歸零。

❹ 雕刻行程確認：
使用手持控制器移動刀具進行雕刻行程確認（注意：操作時請注意移動速度與安全距離），確認無誤後請點選【回到原點】，機器會自動回到先前設定之工件原點。

❺ 將【雕刻速率】調到 100%。

❻ 按下【啟動】開始雕刻。（若您使用的機器有安全外罩，請先將安全外罩蓋上）

❼ 雕刻完畢後，請先清除粉塵再取下作品。

★ 若您擁有 Bravoprodigy CNC 的雷射模組，建議接續下個單元繼續製作，待雷射一並完成後再將成品卸下。

實習 3 愛心照片底座雷射

完成作品

延伸應用

學習重點

1. 承實習 2，使用 Vcarve Desktop 軟體新增文字。
2. 學習雷射模組的刀具路徑設定以及雕刻。
3. 轉出程式碼。

範例檔案資料夾

1. Dxf 圖檔，可供練習圖檔編輯及轉刀路。
2. 已完成的 Vcarve Desktop 專案檔，可供查看。
3. 提供完成 G 碼檔，可供直接雕刻製作。

動作說明

承實習 2，使用 Vcarve Desktop 軟體編輯文字並轉出雷射模組使用的 G 碼，在上一單元所製作的愛心照片底座上加上雷射雕刻。

使用材料與配件

雷射模組

雕刻材料：MDF 貼皮密集板 200 X 150 X 9 mm 1 片

使用工具：齒型壓板組（小）2 個

雕刻時間：約 1 分鐘，雕刻速度 F1500mm/min

官網另有原木素材可挑選

實習步驟

STEP 01 開啟 VCarve Desktop 軟體，編輯工件設定。

❶ 點選【Create a new file】建立新檔案 ➔ ❷ 輸入工件的相關參數。

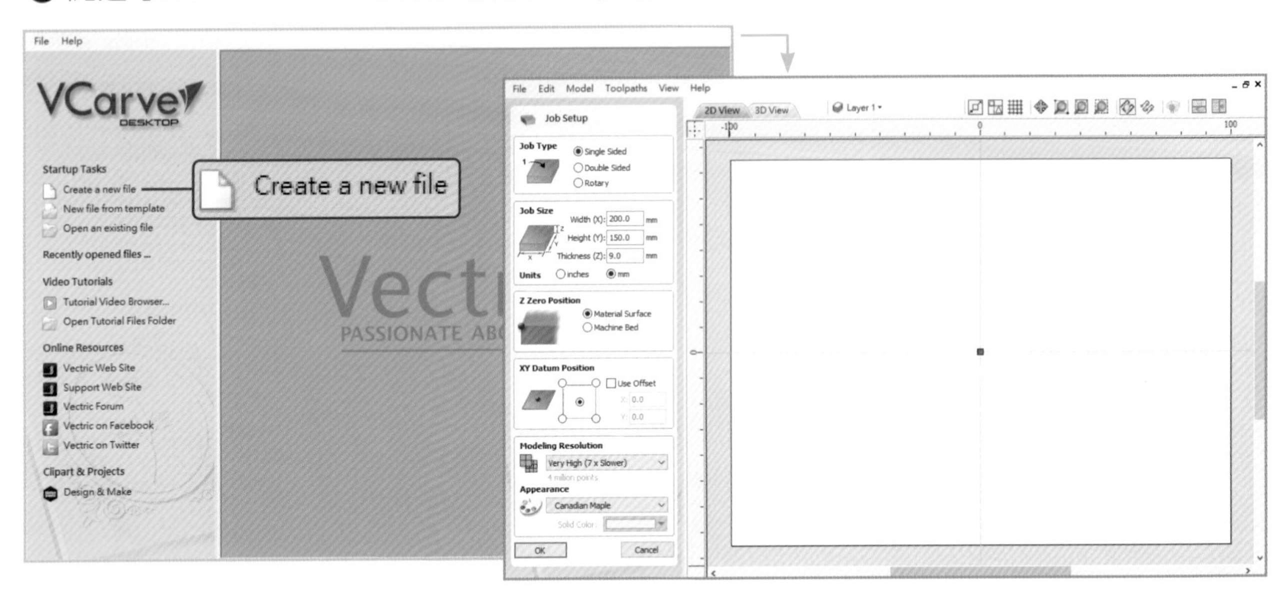

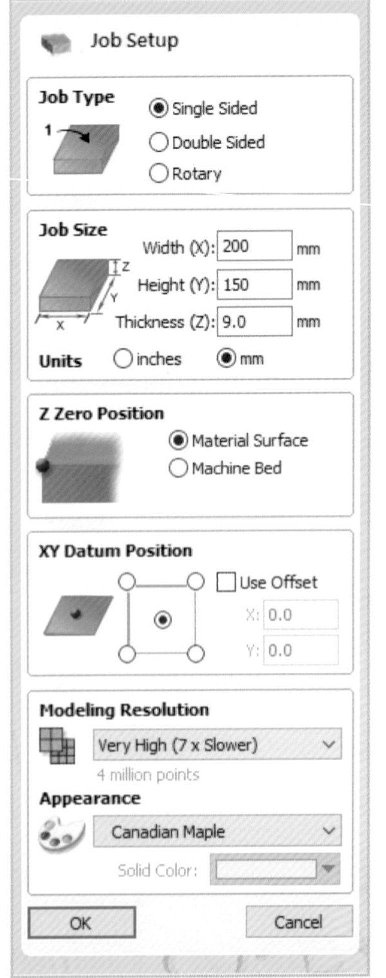

➔ 點選【Single Sided】單面加工

➔ 設定素材尺寸

Width (X)：200mm；Height (Y)：150mm；Thickness (Z)：9mm
Units：mm

➔ 點選【Material Surface】，將Z軸原點設在素材表面

➔ 選擇中心點為XY軸的基準點

➔ 點選【OK】完成設定

STEP 02 點選 【Import vectors from a file】載入本實習單元所使用的圖檔 - 實習 3_ 愛心照片底座雷射。

STEP 03 使用繪圖面板工具新增文字。

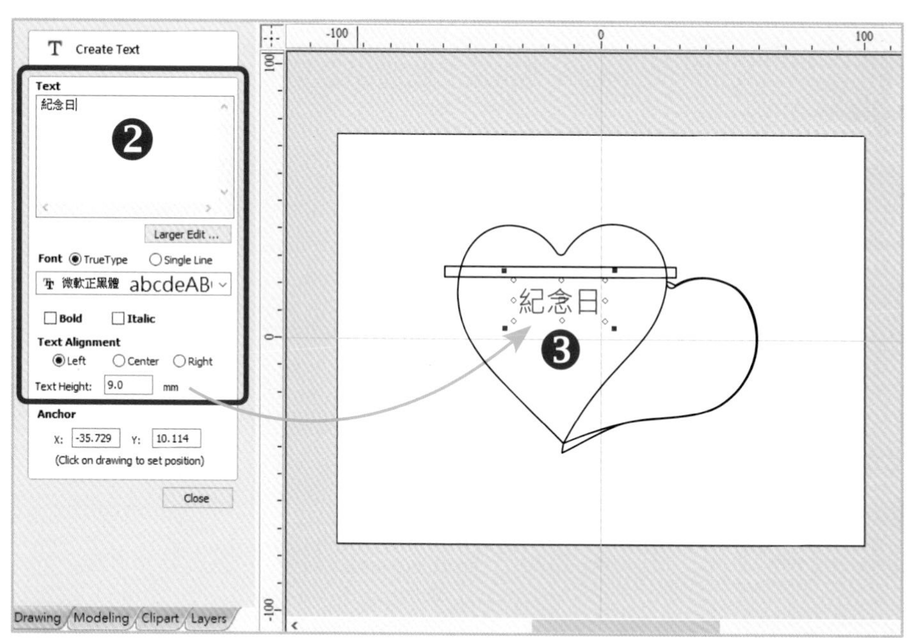

❶ 點選 T 開啟創建文字面板。

❷ 在 Text 欄位中輸入想要的文字，範例：【紀念日】。
Font 點選【TrueType】； 字型【微軟正黑體】；
Text Alignment 點選【Left】； Text Height 字型大小為【9.0】mm。

❸ 將文字移動到適當位置，完成後點選 Close 離開設定畫面。

STEP 04 ❶ 開啟【Toolpaths】刀具路徑面板 → ❷ 點選 Set ... 設定素材。

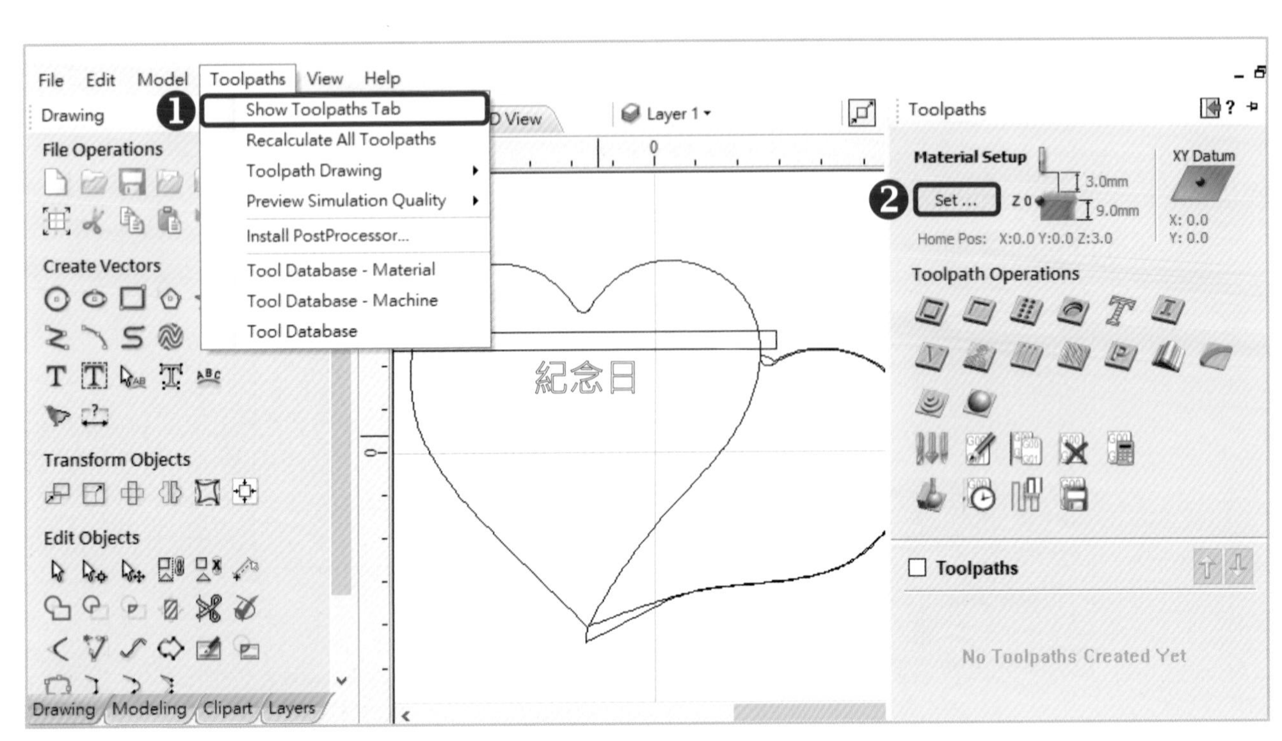

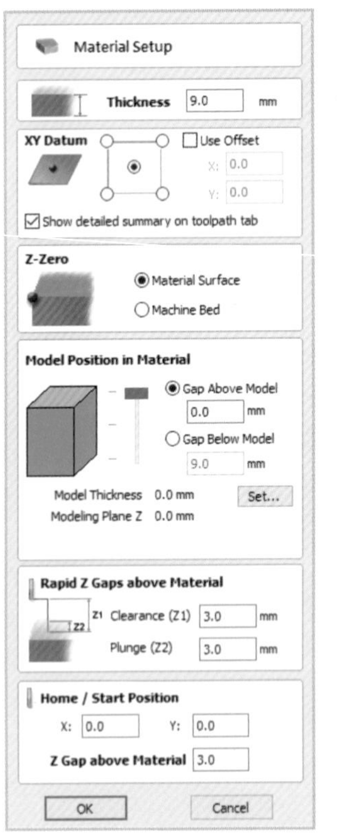

- ➔ Thickness：輸入素材厚度 9 mm
- ➔ XY Datum：點選中心點
- ➔ Z-Zero：原點設定在素材表面
- ➔ Model Position in Material：點選【Gap Above Model 0.0 mm】
- ➔ Clearance (Z1)：3 mm
  Plunge (Z2)：3 mm
- ➔ Home / Start Position：X：0.0 ； Y：0.0
  Z Gap above Material：3.0
- ➔ 點選 【OK】 即設定完成

STEP 05 對文字進行袋形刀具路徑的安排。

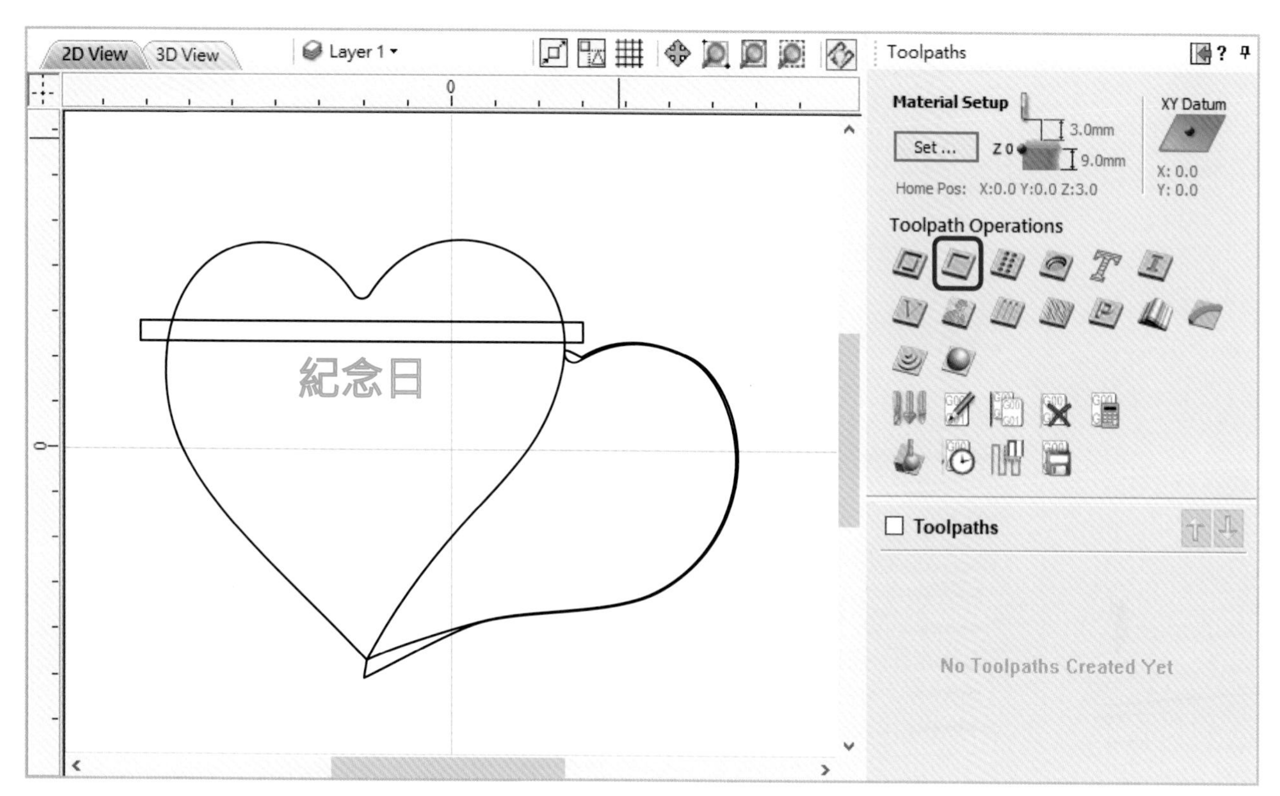

愛心照片底座 - 文字 - 雷射範圍內加工

開啟  【Pocket Toolpath】設定面板 ➔ 點選要加工的文字。

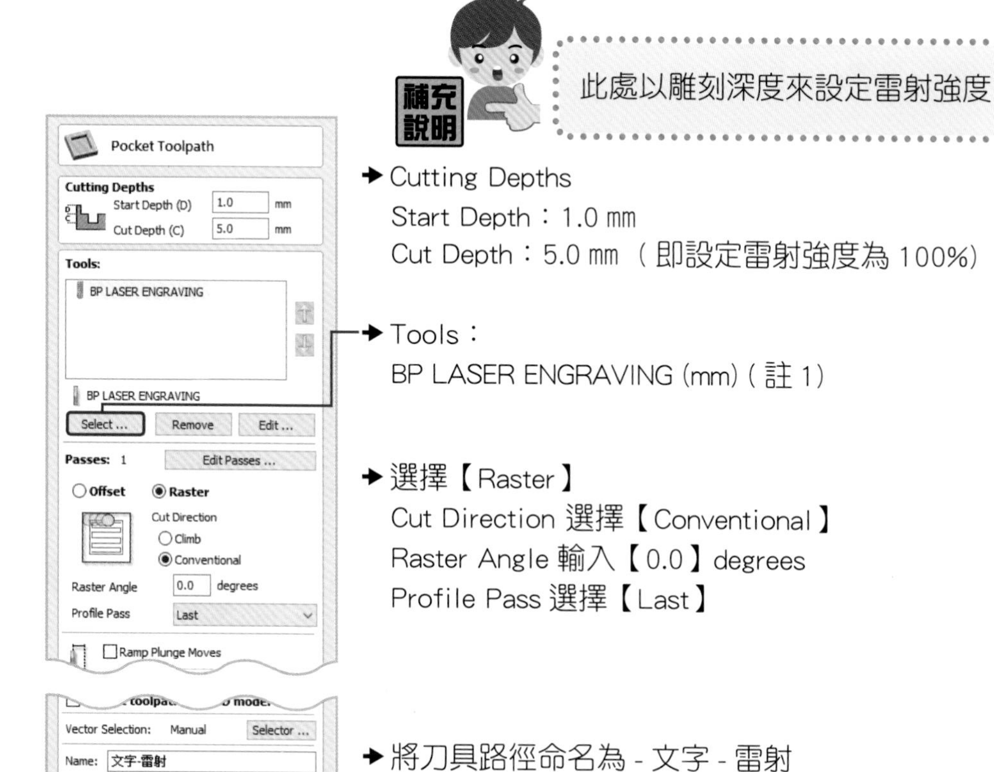

➔ Cutting Depths

Start Depth：1.0 mm

Cut Depth：5.0 mm （即設定雷射強度為 100%）

➔ Tools：

BP LASER ENGRAVING (mm)（註 1）

➔ 選擇【Raster】

Cut Direction 選擇【Conventional】

Raster Angle 輸入【0.0】degrees

Profile Pass 選擇【Last】

➔ 將刀具路徑命名為 - 文字 - 雷射

➔ 點選【Calculate】（註 2）

註1

請參照紅框內各項數值設定。

若刀具庫無此雷射參數，請自行新增或至 Bravoprodigy 官網會員專區下載刀具庫檔更新即可。

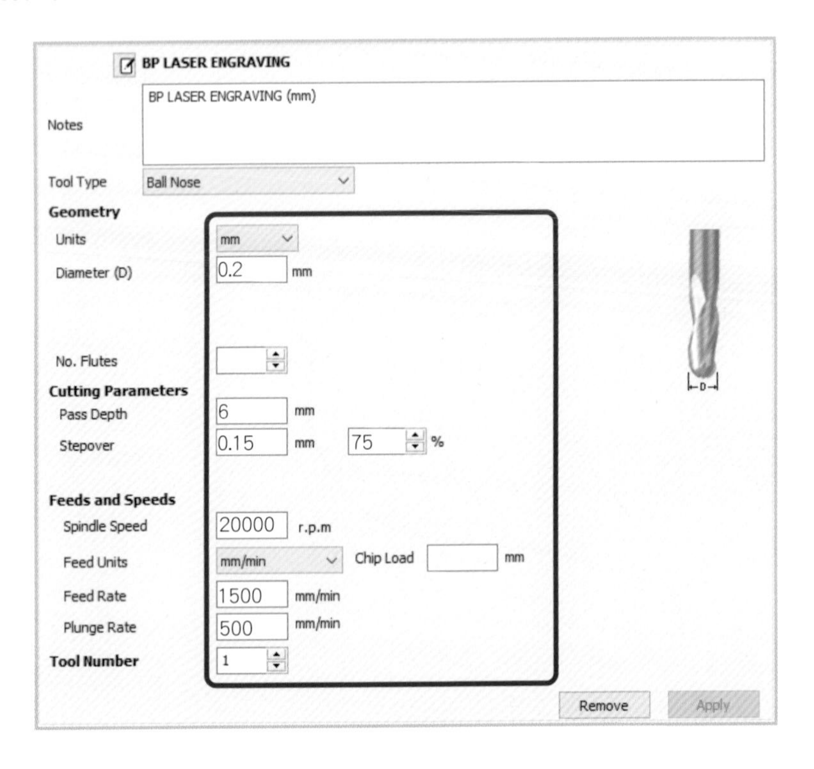

註2

每次刀具路徑計算完成時都會自動切換到 3D 視窗並開啟刀具路徑預覽面板。

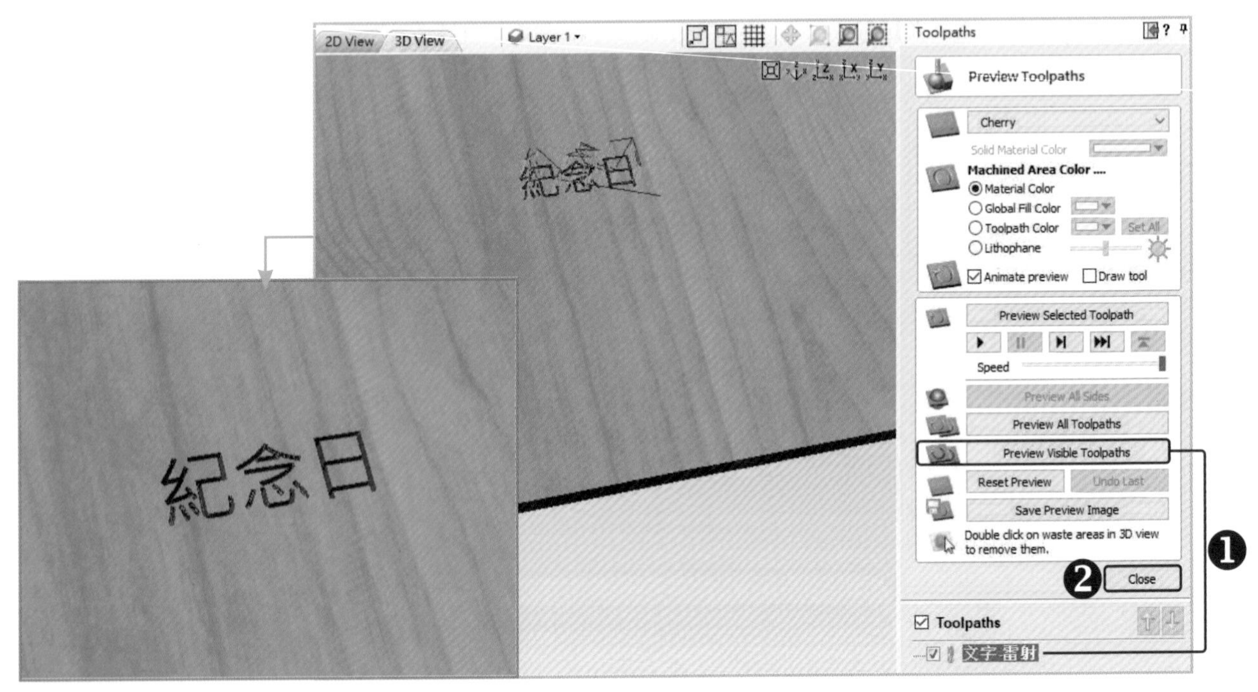

❶ 點選【Preview Visible Toolpaths】，即可出現所勾選刀具路徑預覽結果。

❷ 點選【Close】離開預覽功能。

STEP 06 使用儲存刀具路徑  【Save Toolpaths】將 G 碼存出。

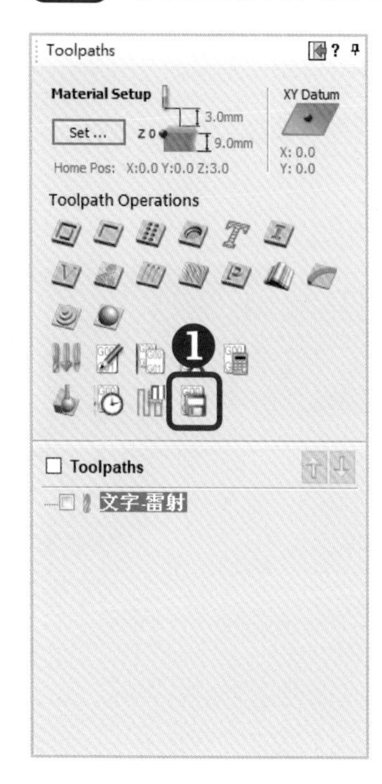

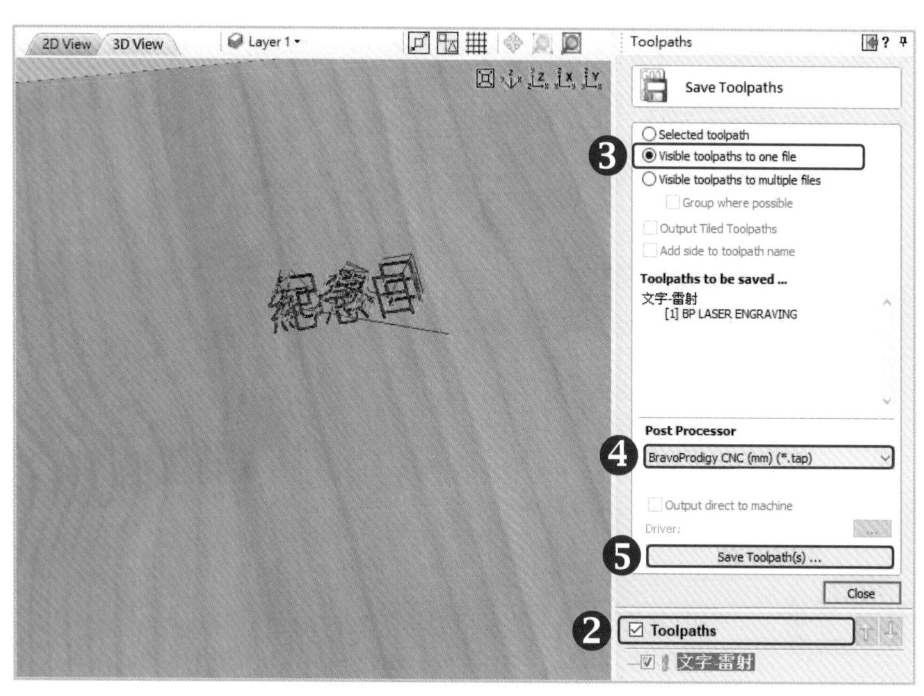

❶ 點選 開啟設定面板。

❷ 勾選【Toolpaths】選取刀具路徑。

❸ 勾選【Visible toolpaths to one file】。

❹ Post Processor(後處理器)選擇【BravoProdigy CNC (mm)(*.tap)】。
備註：若無上述說明之後處理器，也可另轉存【G Code (mm)(*.tap)】後處理器。

❺ 點選【Save Toolpath(s)...】存出 G 碼，命名為 - 愛心底座雷射。

❻ 點選 【Save】儲存專案檔 - 愛心底座雷射。

STEP 07 Bravoprodigy CNC 執行雕刻。

❶ 原主軸組需更換為雷射模組(請參考影片 1)。

❷ 選擇【直接連線】方式進入 BravoProdigy CNC 軟體,載入【愛心底座雷射】G -code。

❸ 素材固定於工作台。

素材夾持重點:
依圖示將已雕刻好之照片底座固定於工作台上。

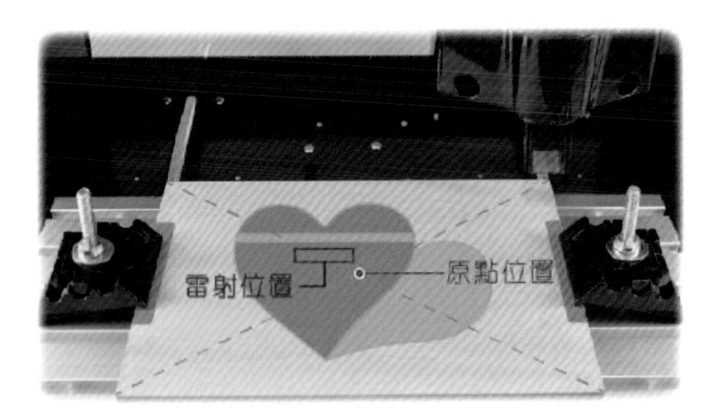

❹ 原點設定(雷射模組移動到工件原點後,將軟體上三軸的座標值歸零,請參考影片 2)。

❺ 雕刻行程確認:
使用手持控制器移動雷射模組進行雕刻行程確認(注意:操作時請注意移動速度與安全距離),確認無誤後請點選【回到原點】,機器會自動回到先前設定之工件原點。

❻ 將【雕刻速率】調到 100%。

❼ 按下【啟動】開始雕刻。(若您使用的機器有安全外罩,請先將安全外罩蓋上。)

❽ 雕刻完畢即可取下作品。

在執行雷射雕刻時請勿直視雷射光束。

實習 4 金屬銘牌

完成作品

延伸應用

學習重點

1. 使用 Vcarve Desktop 軟體載入向量圖檔並加入文字。
2. 學習振動筆模組的刀具路徑設定以及雕刻。
3. 轉出程式碼。

範例檔案資料夾

1. Dxf 圖檔，可供練習圖檔編輯及轉刀路。
2. 已完成的 Vcarve Desktop 專案檔，可供查看。
3. 提供完成 G 碼檔，可供直接雕刻製作。

動作說明

使用 Vcarve Desktop 軟體載入向量圖檔並加入文字，轉出振動筆模組使用的 G 碼來雕刻金屬銘牌。

使用材料與配件

振動筆模組

雕刻材料：鋁銘牌 100 X 60 X 0.5 mm 1 片

使用工具：矽膠墊（小）1 片、小墊板 1 片、齒型壓板組（小）2 個

雕刻時間：約 15 分鐘，雕刻速度 F1000mm/min

官網另有造形金屬吊牌可挑選

實習步驟

STEP 01 開啟 VCarve Desktop 軟體，編輯工件設定。

❶ 點選【Create a new file】建立新檔案 ➜ ❷ 輸入工件的相關參數。

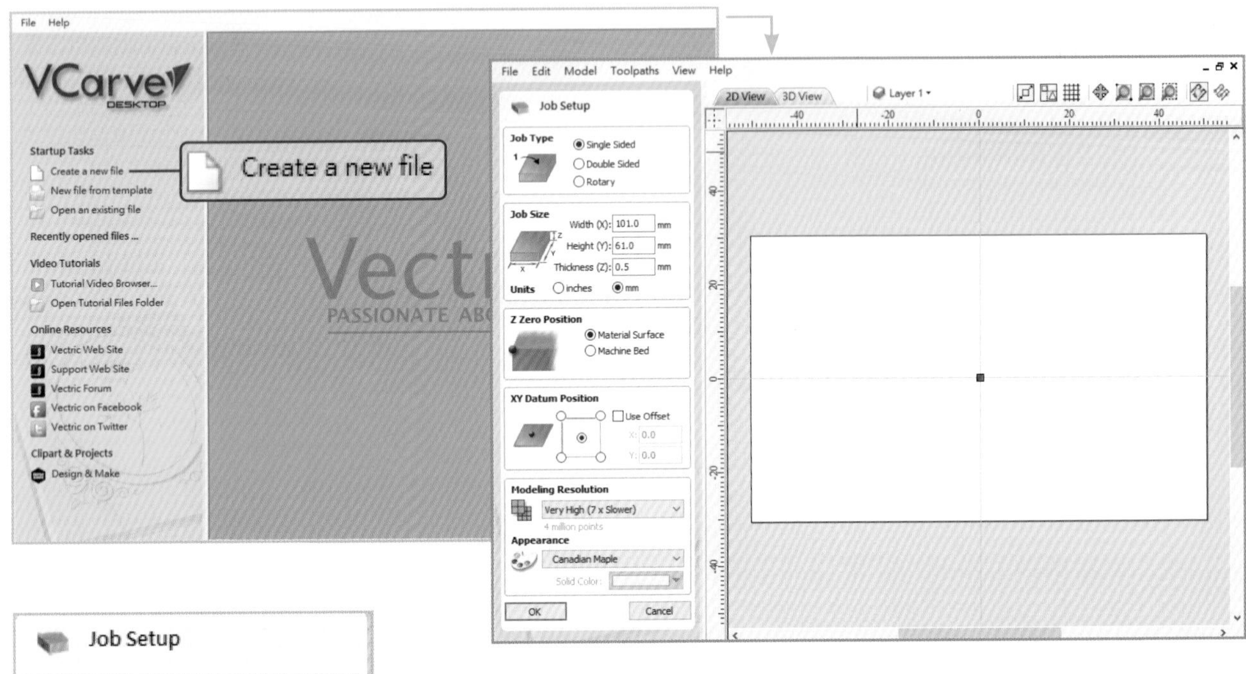

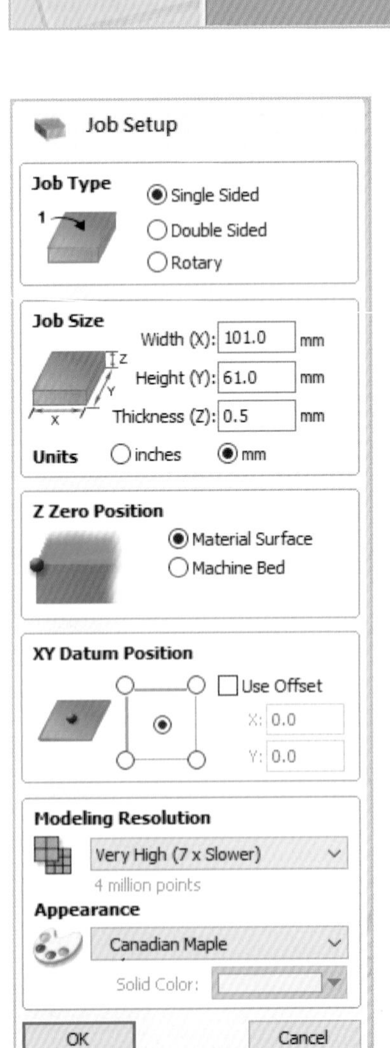

➜ 點選【Single Sided】單面加工

➜ 設定素材尺寸

Width (X)：101 mm；Height (Y)：61 mm；Thickness (Z)：0.5 mm
Units：mm

➜ 點選【Material Surface】，將Z軸原點設在素材表面

➜ 選擇中心點為XY軸的基準點

➜ 點選【OK】完成設定

STEP 02 點選【Import vectors from a file】載入本實習單元所使用的圖檔 - 實習 4_ 金屬銘牌。

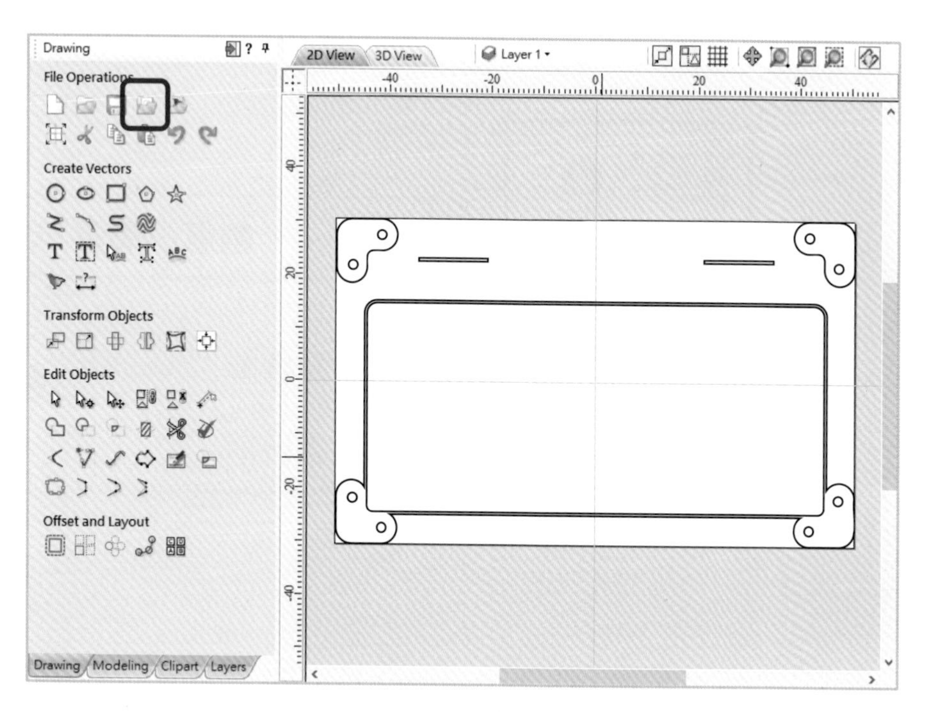

STEP 03 使用繪圖面板工具新增文字。

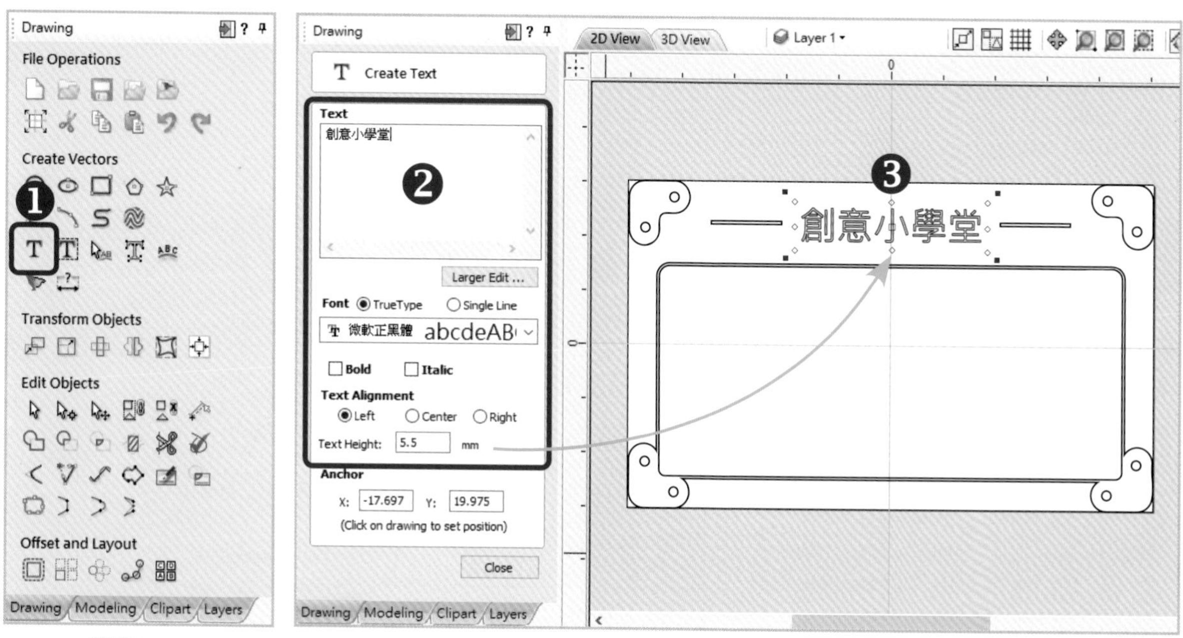

❶ 點選 **T** 開啟創建文字面板。

❷ 在 Text 欄位中輸入想要的文字，範例：【創意小學堂】。
Font 點選【TrueType】；字型【微軟正黑體】；Text Alignment 點選【Left】；
Text Height 字型大小為【5.5 】mm。

❸ 將文字移動到適當位置，完成後點選 Close 離開設定畫面。

STEP 04 使用繪圖面板工具新增文字。

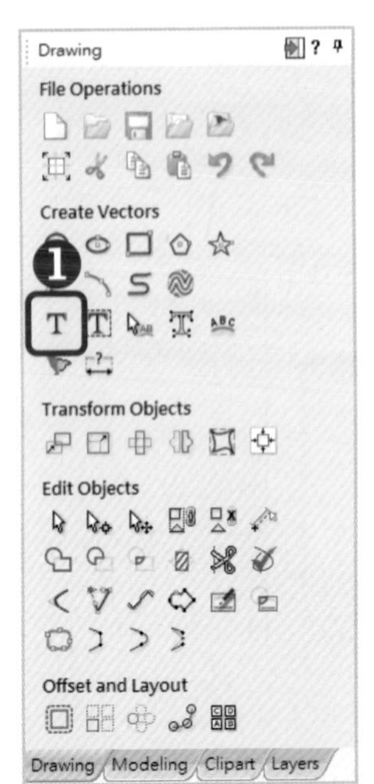

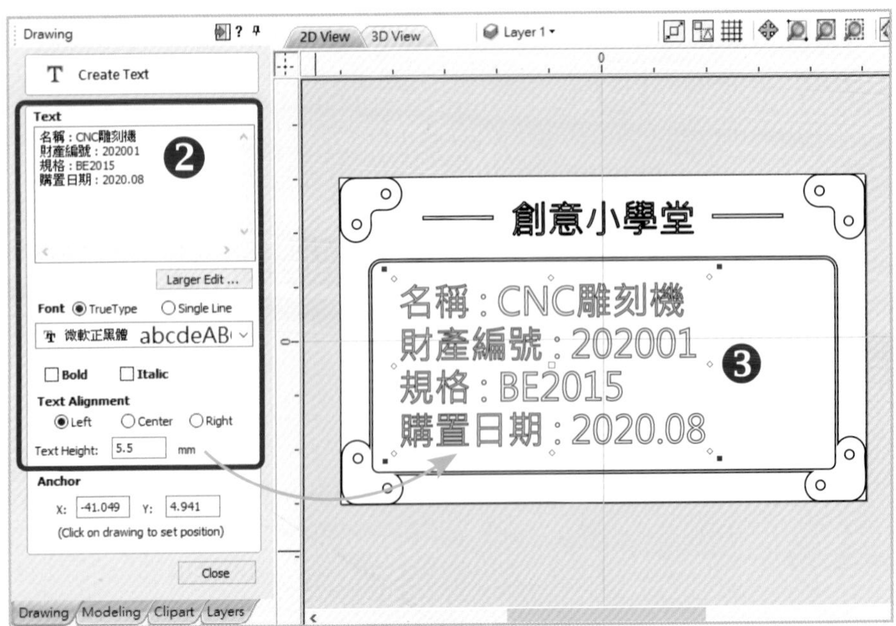

❶ 點選  開啟創建文字面板。

❷ 在 Text 欄位中輸入想要的文字，範例：【名稱：CNC 雕刻機；財產編號：202001；規格：BE2015；購置日期：2020.08】。
Font 點選【TrueType】；字型【微軟正黑體】；Text Alignment 點選【Left】；
Text Height 字型大小為【5.5 】mm。

❸ 將文字移動到適當位置，完成後點選 Close 離開設定畫面。

STEP 05 ❶ 開啟【Toolpaths】刀具路徑面板 → ❷ 點選 Set ... 設定素材。

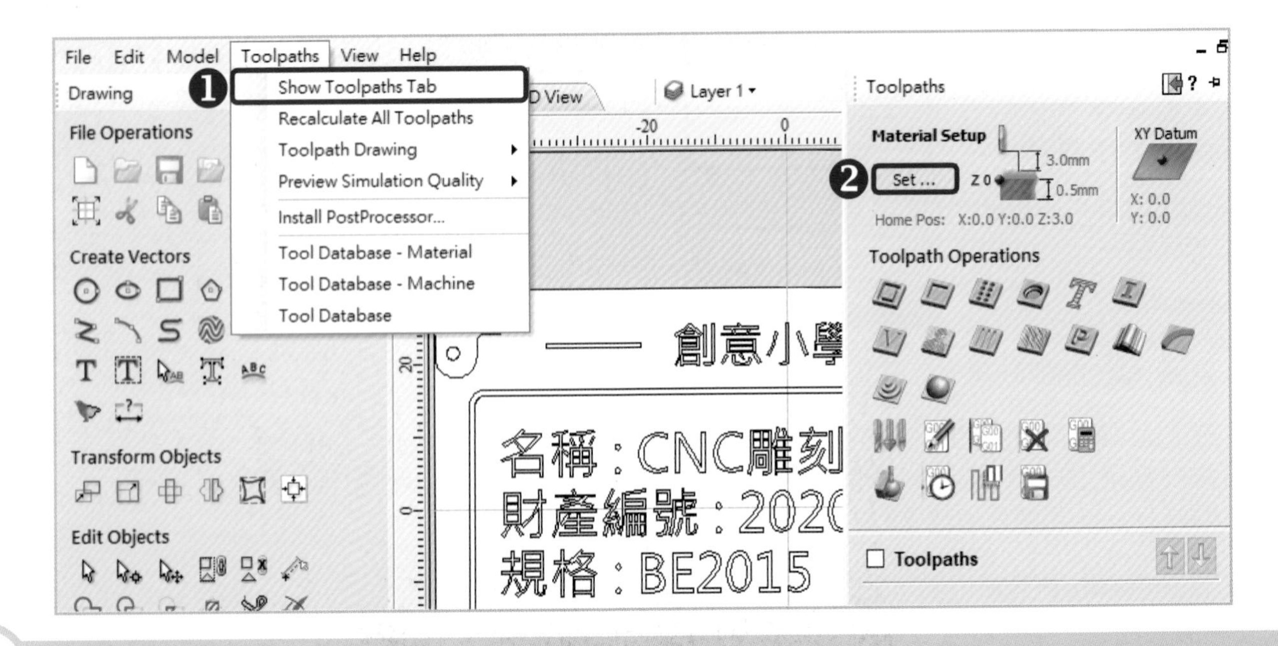

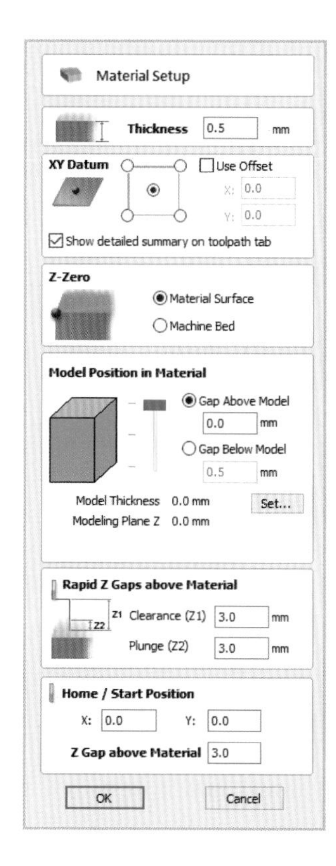

- Thickness：輸入素材厚度 0.5 mm
- XY Datum：點選中心點
- Z-Zero：原點設定在素材表面
- Model Position in Material：點選【Gap Above Model 0.0 mm】
- Clearance(Z1)：3 mm
  Plunge(Z2)：3 mm
- Home / Start Position：X：0.0 ； Y：0.0
  Z Gap above Material：3.0
- 點選 【OK】 即設定完成

STEP 06 將銘牌進行袋形刀具路徑的安排。

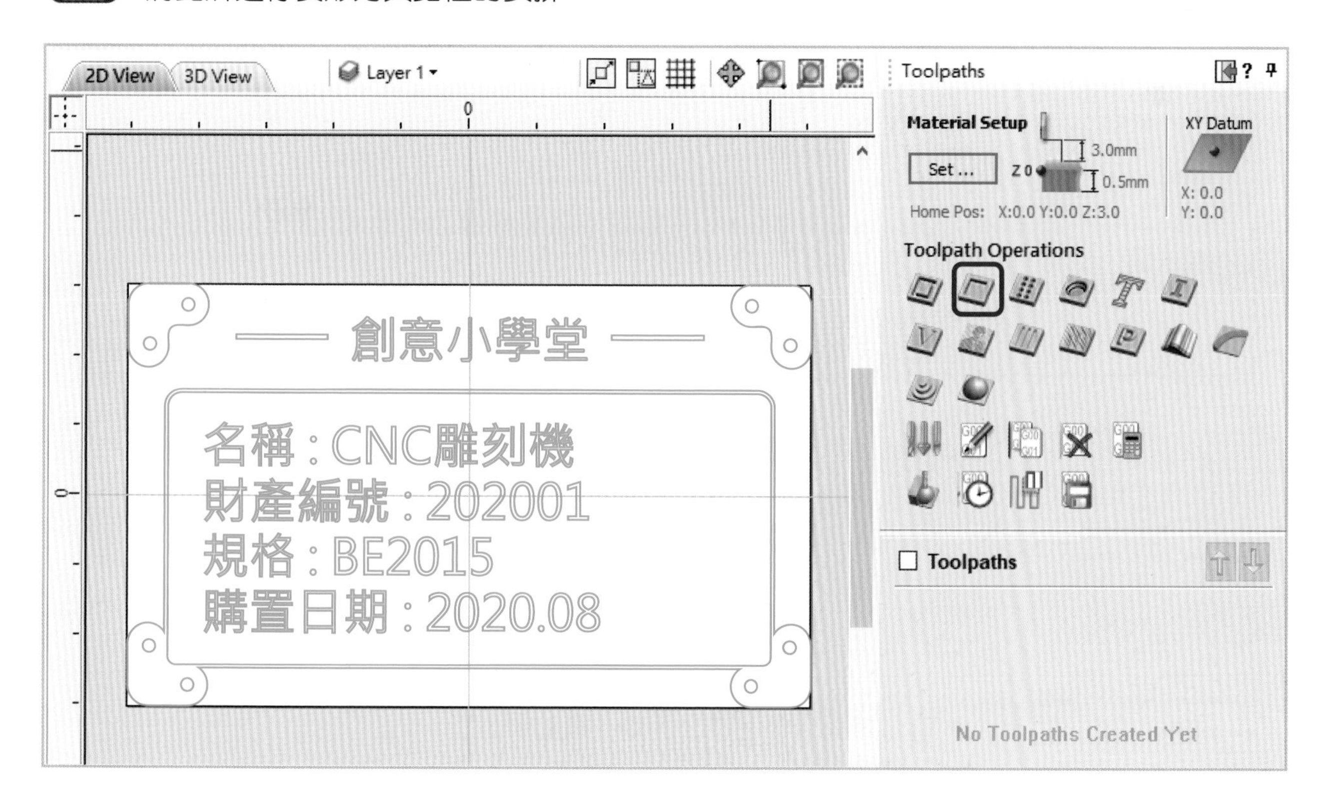

金屬銘牌 - 文字 - 振動筆範圍內加工

選取袋型刀具路徑 【 Pocket Toolpath】開啟設定面板。
框選所有的線條使其呈粉紅色虛線的被選取狀態，請參考下圖。
請依序由上而下參照範例進行參數設定。

此處以【雕刻深度】來設定振動筆的振動頻率。

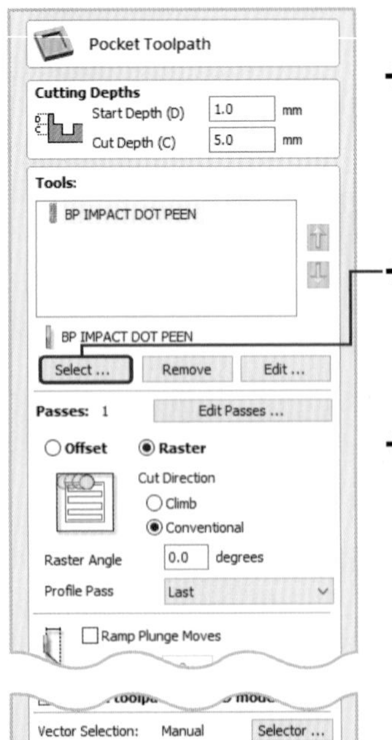

- Cutting Depths
  Start Depth：1.0 mm
  Cut Depth：5.0 mm （即設定振動頻率為 100%）
- Tools：
  BP IMPACT DOT PEEN (mm)（註 1）
- 選擇【Raster】
  Cut Direction 選擇【Conventional】
  Raster Angle 輸入【0.0】degrees
  Profile Pass 選擇【Last】

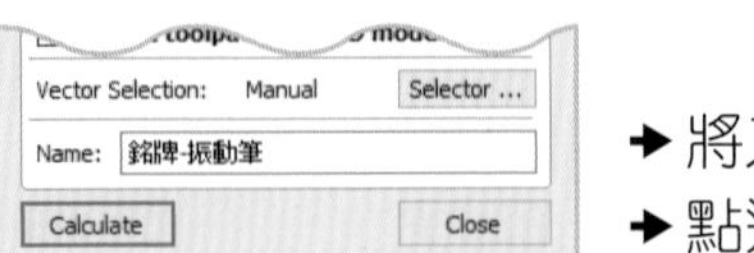

- 將刀具路徑命名為 - 銘牌 - 振動筆
- 點選【Calculate】（註 2)（註 3）

註 1

請參照紅框內各項數值設定。

若刀具庫無此振動筆參數，請自行新增或至 Bravoprodigy 官網會員專區下載刀具庫檔更新即可。

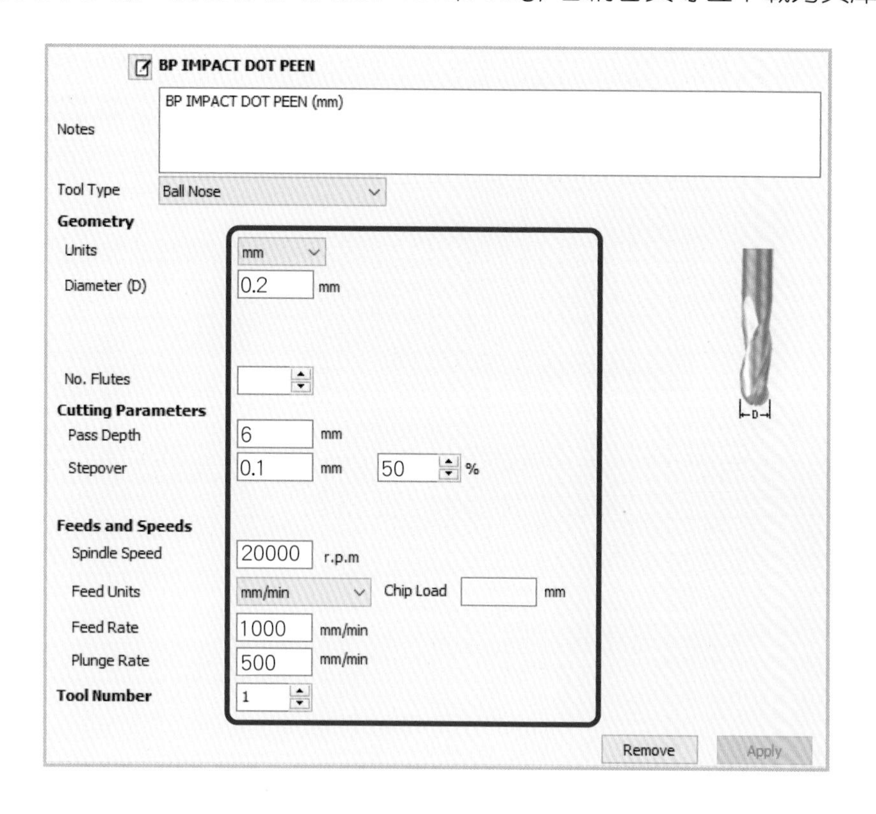

註 2

因此單元使用振動筆模組雕刻，以【Cutting Depths】切削深度的欄位來設定振動頻率，由於切削總深度 6 mm超過素材厚度 0.5 mm，故軟體會出現提醒視窗告知，此時點選【OK】確認即可。

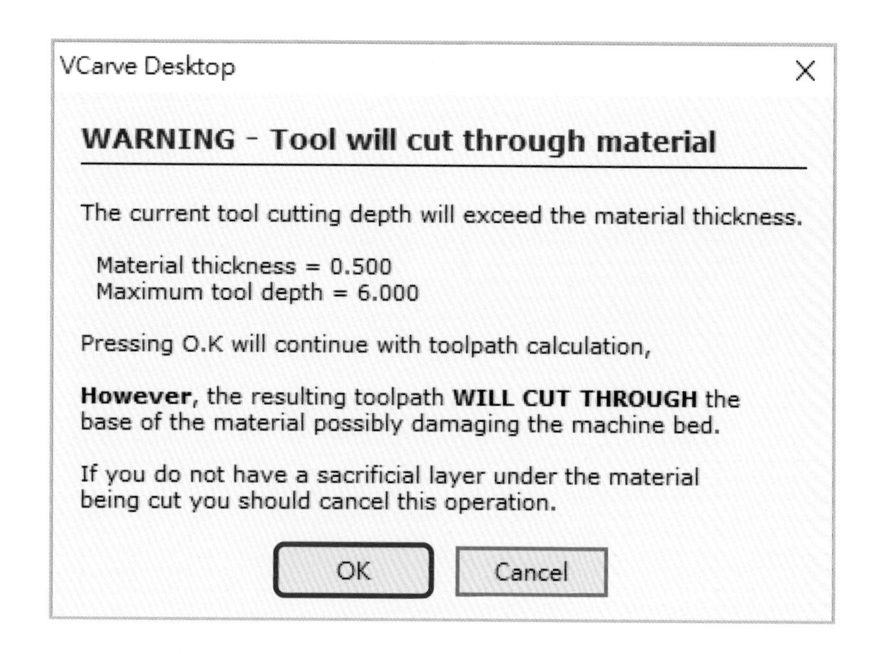

註3

每次刀具路徑計算完成時都會自動切換到 3D 視窗並開啟刀具路徑預覽面板。

❶ 點選【Preview Visible Toolpaths】，即可出現所勾選刀具路徑預覽結果。

❷ 點選【Close】離開預覽功能。

使用儲存刀具路徑  【Save Toolpaths】將 G 碼存出。

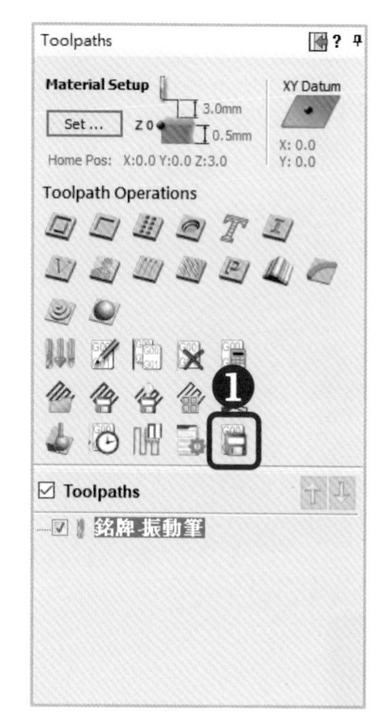

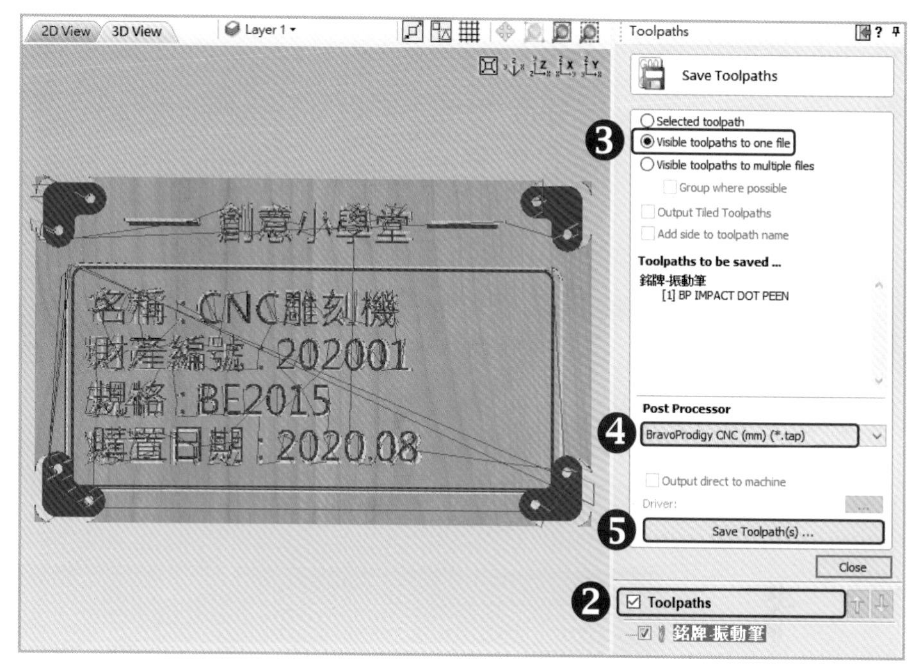

❶ 點選 開啟設定面板。

❷ 勾選【Toolpaths】選取刀具路徑。

❸ 勾選【Visible toolpaths to one file】。

❹ Post Processor(後處理器) 選擇【BravoProdigy CNC (mm)(*.tap)】。
備註：若無上述說明之後處理器，也可另轉存【G Code (mm)(*.tap)】後處理器。

❺ 點選【Save Toolpath(s)...】存出 G 碼，命名為 - 金屬銘牌。

❻ 點選 【Save】儲存專案檔 - 金屬銘牌。

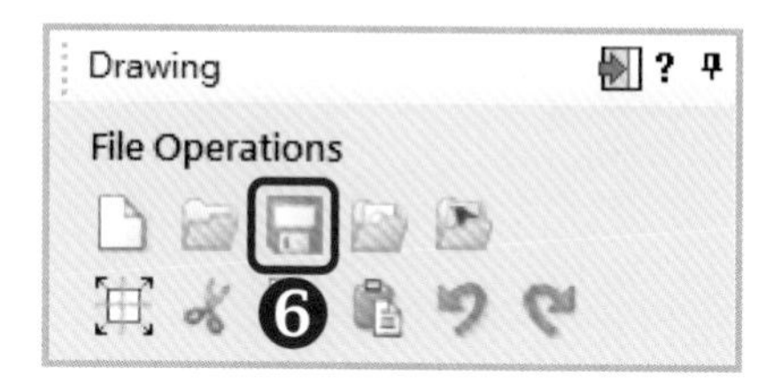

STEP 08 Bravoprodigy CNC 執行雕刻。

❶ 原主軸組需更換為振動筆模組(請參考影片 1)。

❷ 選擇【直接連線】方式進入 BravoProdigy CNC 軟體，載入【金屬銘牌】G -code。

❸ 素材固定於工作台。

補充說明

素材夾持重點：

1. 依圖示將銘牌使用墊板及矽膠墊固定於工作台上。
2. 素材與矽膠墊及墊板貼合時須互相平行對齊，與工作台固定時也需要注意與機器的垂直、水平。
3. 使用齒型壓板固定時不可推擠或夾到矽膠墊，避免產生氣泡造成素材在雕刻途中與矽膠墊分離。

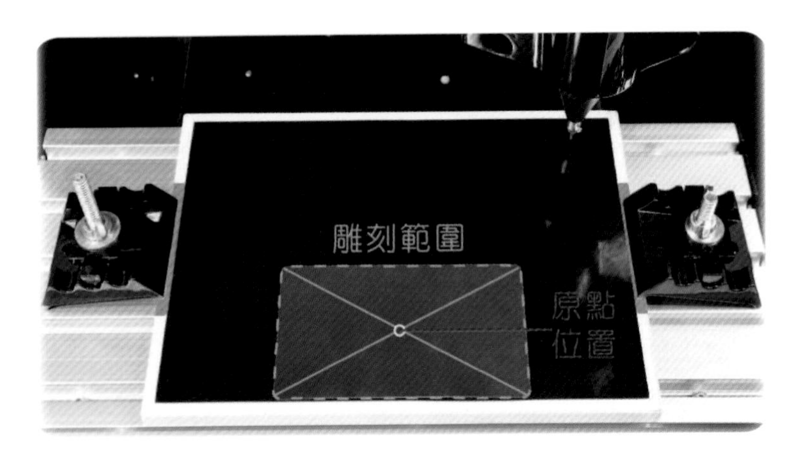

❹ 原點設定(振動筆模組移動到工件原點後將軟體上三軸的座標值歸零，請參考影片 2)。

❺ 雕刻行程確認：
使用手持控制器移動振動筆模組進行雕刻行程確認(注意：操作時請注意移動速度與安全距離)，確認無誤後請點選【回到原點】，機器會自動回到先前設定之工件原點。

❻ 將【雕刻速率】調到 100%。

❼ 按下【啟動】開始雕刻。(若您使用的機器有安全外罩，請先將安全外罩蓋上。)

❽ 雕刻完畢後，即可取下作品。

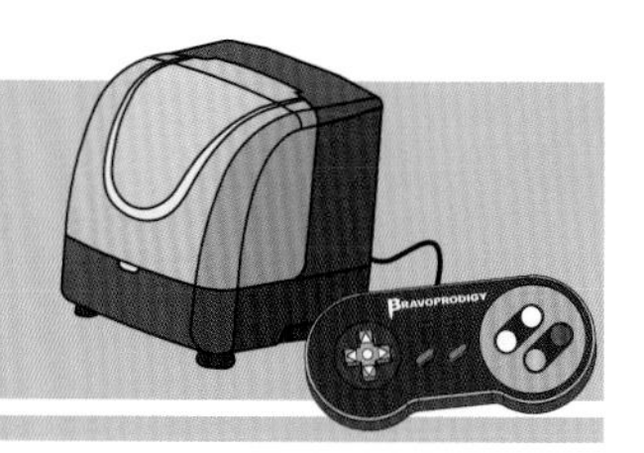

實習 5 指為你

完成作品

延伸應用

學習重點

1. 使用 VCarve Desktop 軟體，學習修改繪製指圍。
2. 設定工件並進行編排。
3. 學習 2D 刀具路徑編排，線內加工、範圍內銑削降面加工、外型切邊加工。
4. 肋柱設定。
5. 學習模擬切削及路徑轉出成 G 碼。
6. 素材架設及執行雕刻作業。

範例檔案資料夾

1. Dxf 圖檔，可供練習圖檔編輯及轉刀路。
2. 已完成的 Vcarve Desktop 專案檔，可供查看。
3. 提供完成 G 碼檔，可供直接雕刻製作。

動作說明

載入向量檔案編輯適當的指圍，合併多個不同的刀具路徑來加工木戒指。

使用材料與配件

刀具編號：4250B120

雕刻材料：原木板 - 山毛櫸 200 X 150 X 5 mm 1 片

使用工具：MDF 密集板 (墊板) 200 X 150 X 9 mm 1 片、齒型壓板組 (小) 2 個

雕刻時間：約 5 分鐘，雕刻速度 F1500 mm/min

官網另有原木素材可挑選

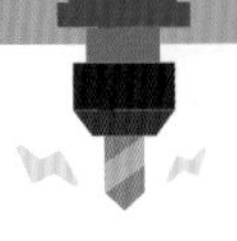

實習步驟

STEP 01 開啟 VCarve Desktop 軟體，編輯工件設定。

❶ 點選【Create a new file】建立新檔案 ➔ ❷ 輸入工件的相關參數。

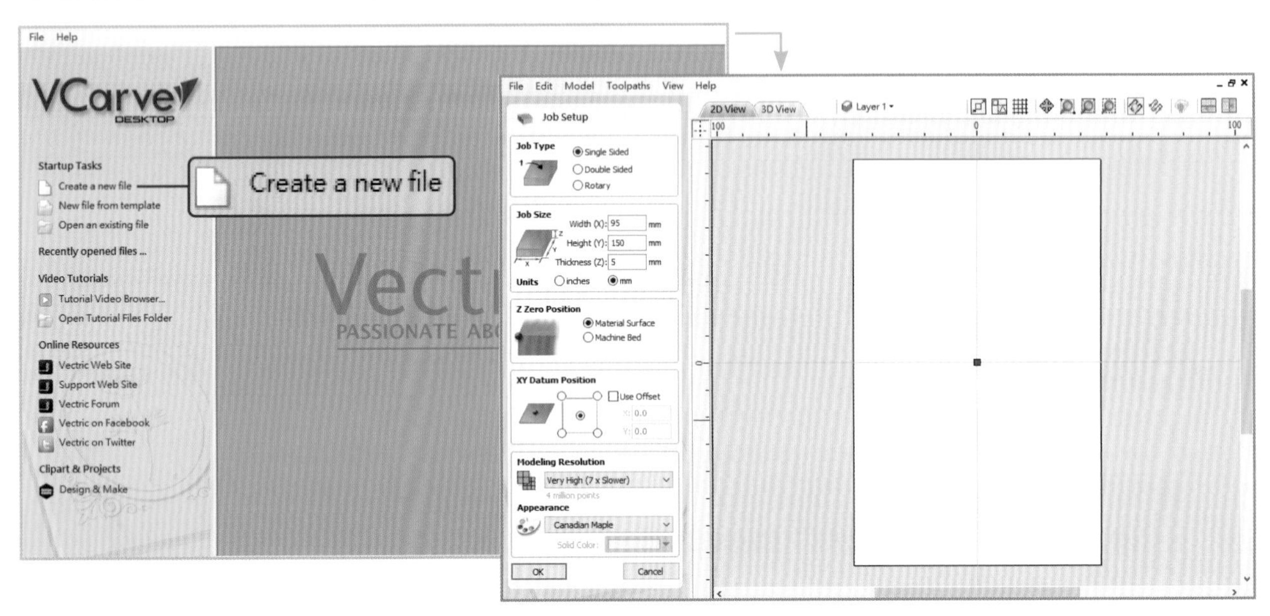

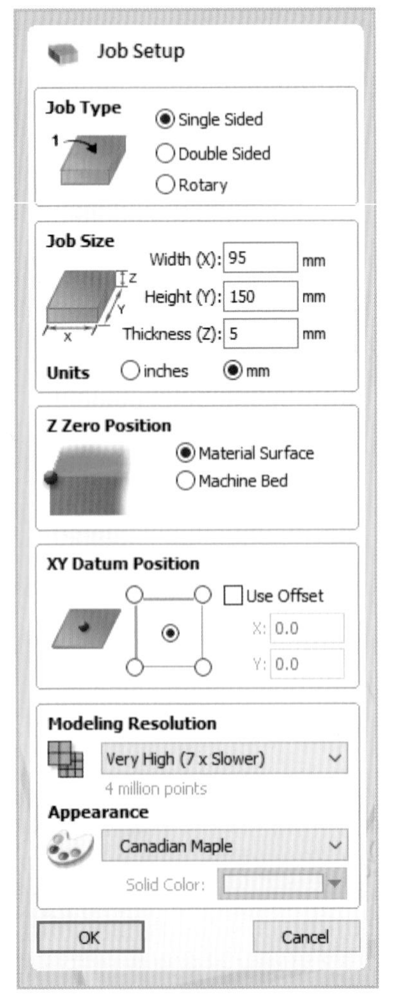

➔ 點選【Single Sided】單面加工

➔ 設定素材尺寸

Width (X)：95 mm；Height (Y)：150 mm；Thickness (Z)：5 mm
Units：mm

➔ 點選【Material Surface】，將Z軸原點設在素材表面

➔ 選擇中心點為XY軸的基準點

➔ 點選【OK】完成設定

STEP 02 點選 【Import vectors from a file】載入本實習單元所使用的圖檔 - 實習 5_ 指為你。

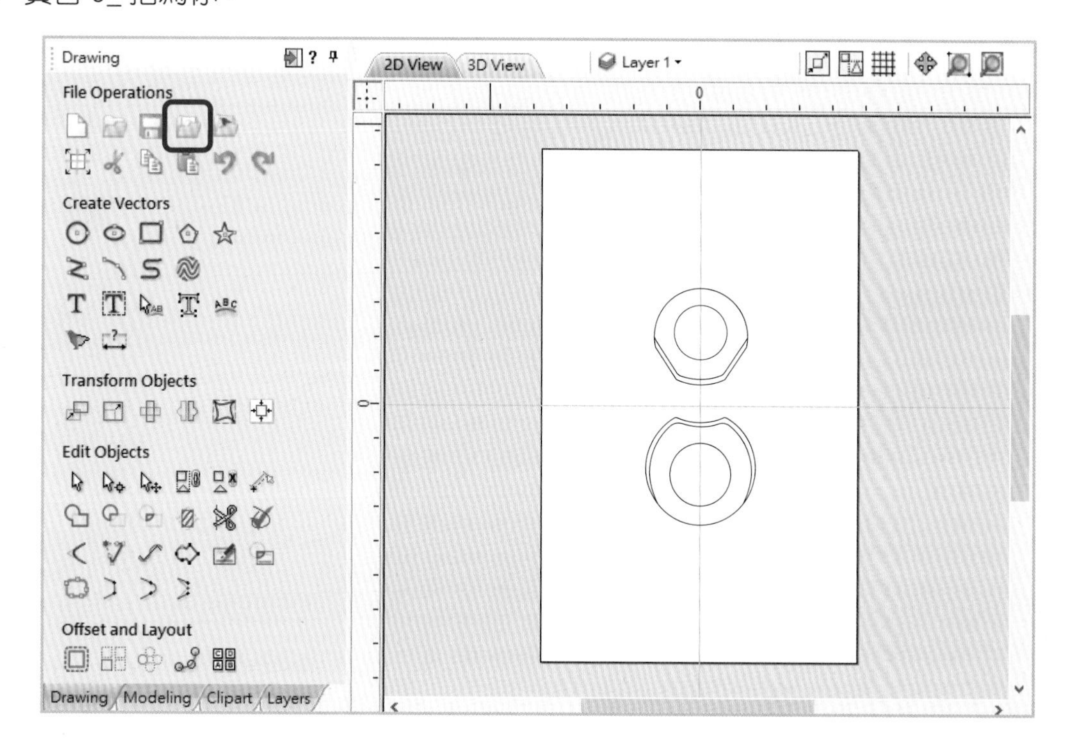

STEP 03 使用縮放工具 【Set Selected Objects Size】將指圍修改成需要的尺寸。

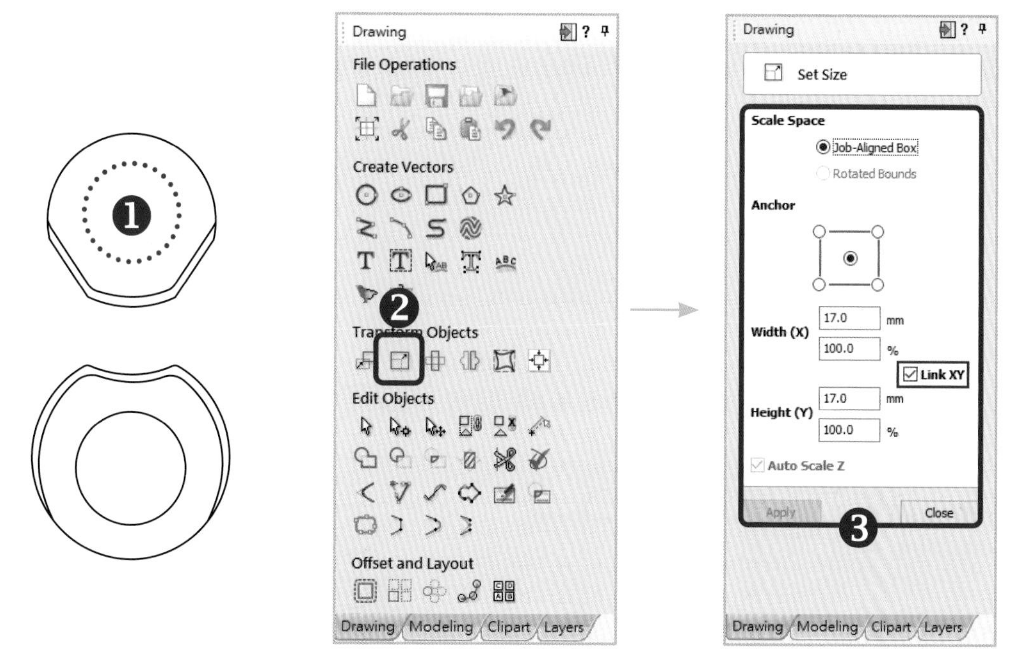

❶ 選取想要變更的物件，物件被選取時會呈粉紅色虛線的狀態。

❷ 點選 開啟設定面板。

❸ 設定以中心點為基準，並勾選【Link XY】讓物件在變形時保持長寬比，接著在尺寸欄位內輸入需要的數值，按下 Apply 完成修改。

★ 本範例建議值：上方女戒為 17 mm，下方男戒為 19 mm。

STEP 04 使用尺寸標註工具 【Dimension - add dimensions to the 2D drawing】來檢視修改後的指圍是否適當。

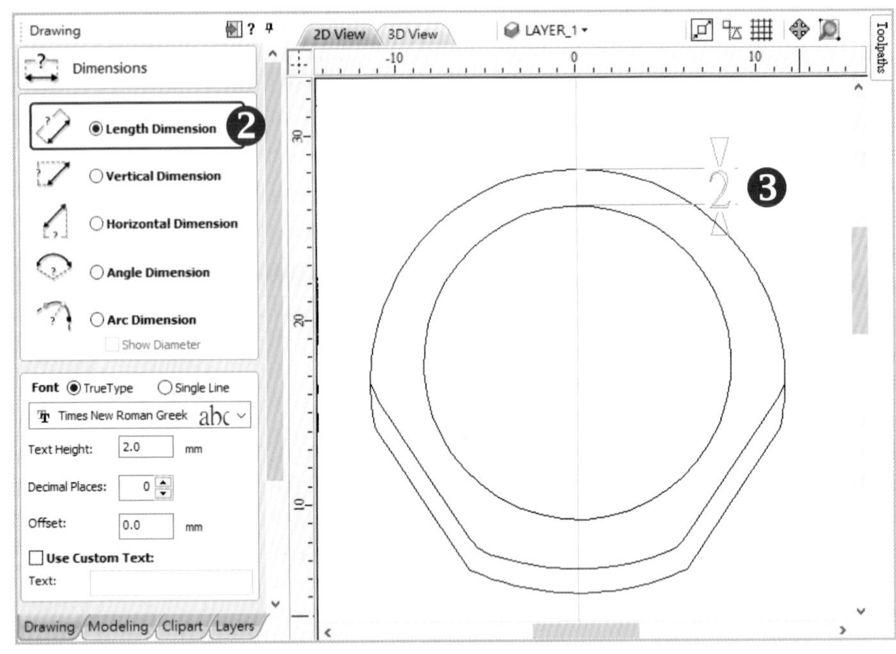

❶ 點選 開啟設定面板。

❷ 使用長度測量工具(關於字體、字高等等設定可依個人習慣設定即可)。

❸ 在要量測的位置以滑鼠點擊即可設置起點與終點，量測出的結果會成為向量物件顯示在畫面上，可以隱藏圖層或刪除。

1. 滾動滑鼠中間滾輪可縮放編輯視窗，按住可平移檢視。
2. 外型及指圍的尺寸可依個人的喜好調整，過程中可透過尺寸標註工具來檢視修改後的戒環是否太薄或太厚，建議最薄的區域(如上圖標示處)務必保持2 mm 的厚度。

STEP 05 ❶ 開啟【Toolpaths】刀具路徑面板 → ❷ 點選 Set ... 設定素材。

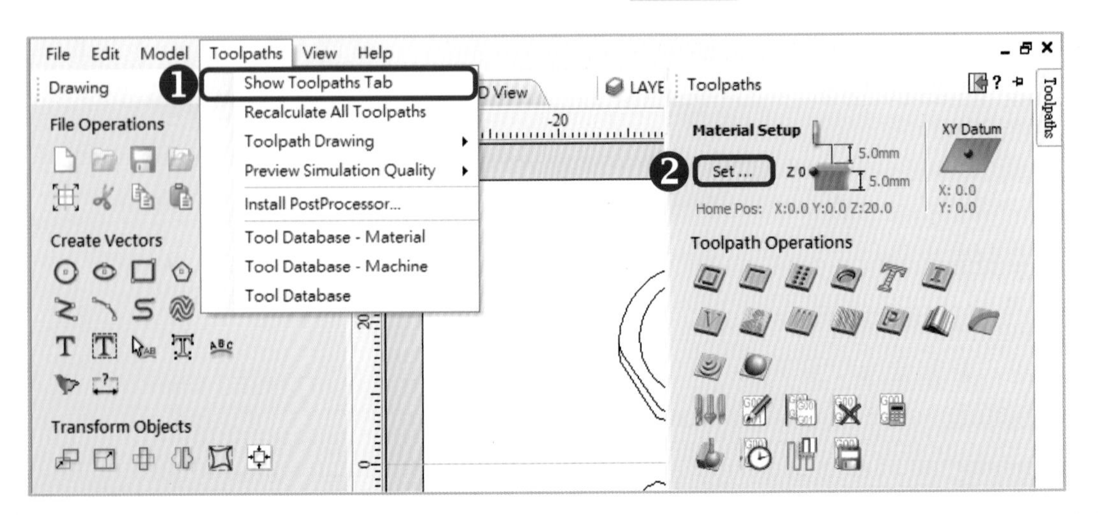

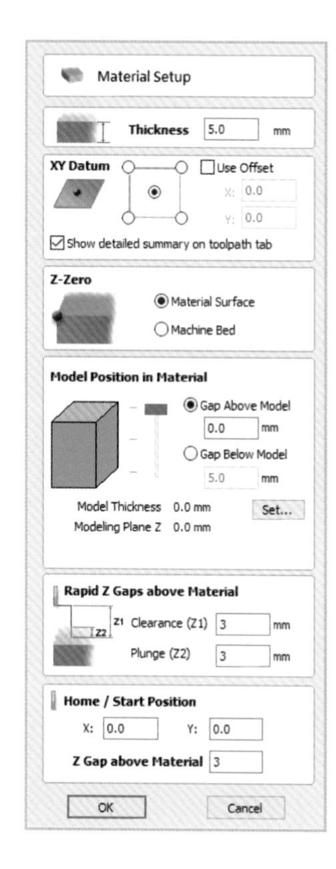

- ➔ Thickness：輸入素材厚度 5 mm
- ➔ XY Datum：點選中心點
- ➔ Z-Zero：原點設定在素材表面
- ➔ Model Position in Material：點選【Gap Above Model 0.0 mm】
- ➔ Clearance (Z1)：3 mm
  Plunge (Z2)：3 mm
- ➔ Home / Start Position：X：0.0 ； Y：0.0
  Z Gap above Material：3.0
- ➔ 點選 【OK】 即設定完成

STEP 06 使用刀具路徑【Toolpath Operations】提供的各種加工方式，對圖檔進行刀具路徑的安排。

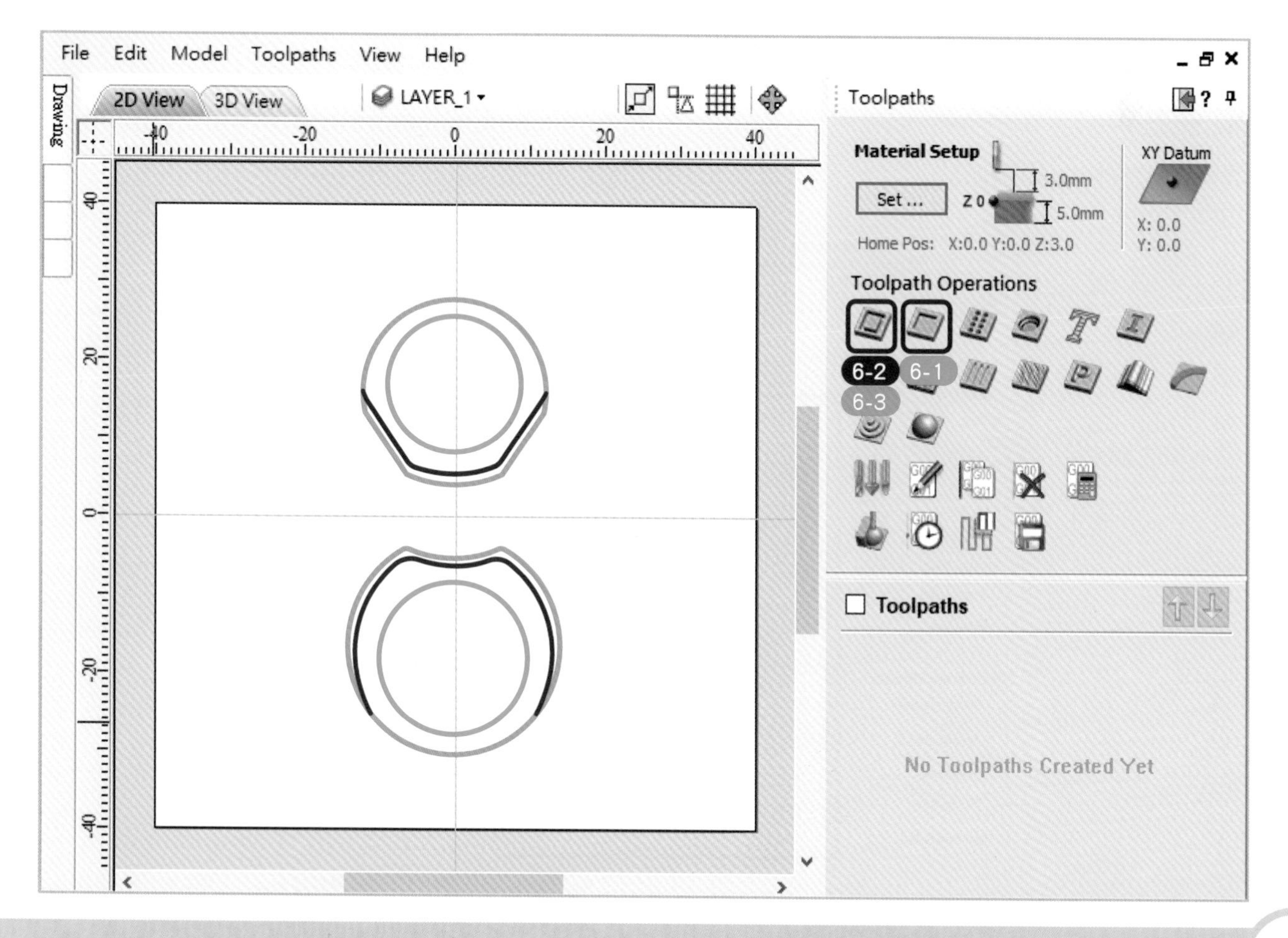

6-1 指圍內孔範圍內加工

選取袋型刀具路徑 【 Pocket Toolpath】開啟設定面板。
按住 Shift 鍵點選要加工的線條，使其呈粉紅色虛線的被選取狀態，請參考下圖。
請依序由上而下參照範例進行參數設定。

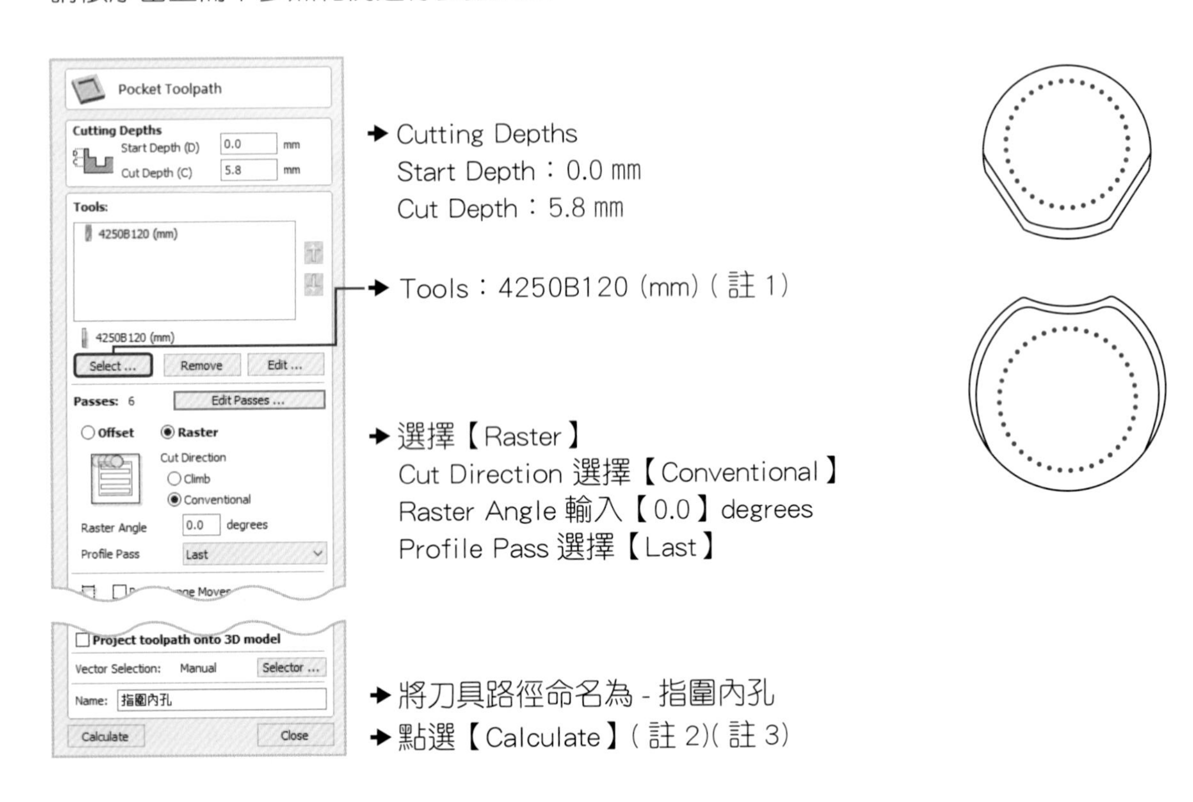

註 1

請參照紅框內各項數值設定。

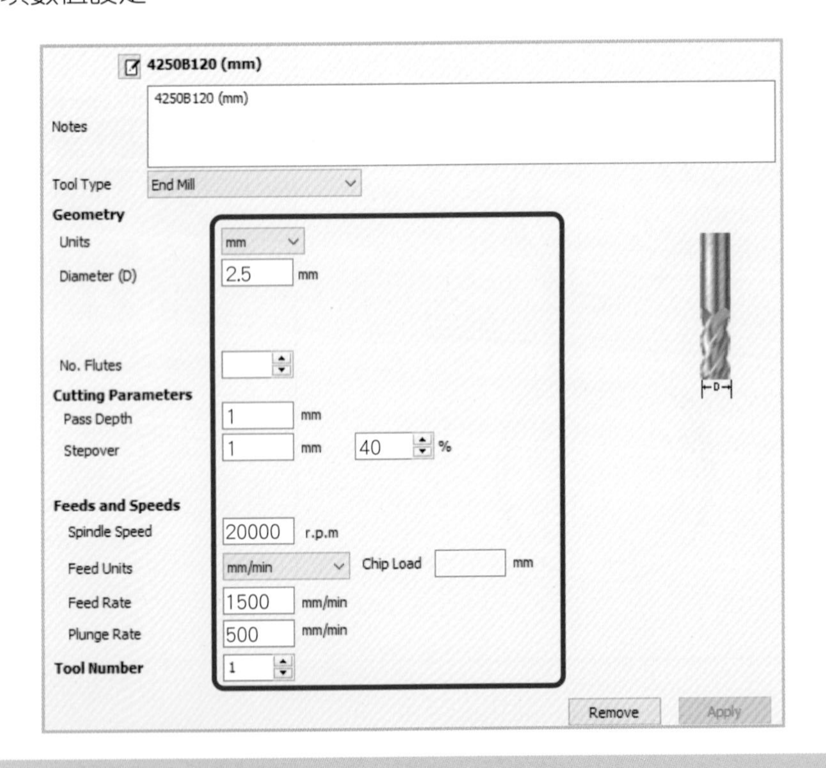

註 2

在設定切穿刀路時，為了能切穿素材而會將雕刻深度設定超過素材厚度，故軟體會出現提醒視窗告知，此時點選【OK】確認即可。

如：此範例為素材厚度為 5 mm，雕刻深度為 5.8 mm。

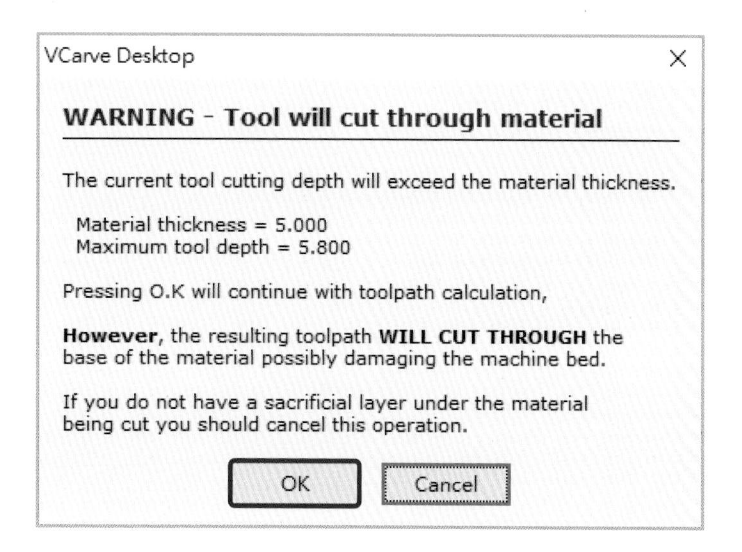

註 3

每次刀具路徑計算完成時都會自動切換到 3D 視窗並開啟刀具路徑預覽面板。

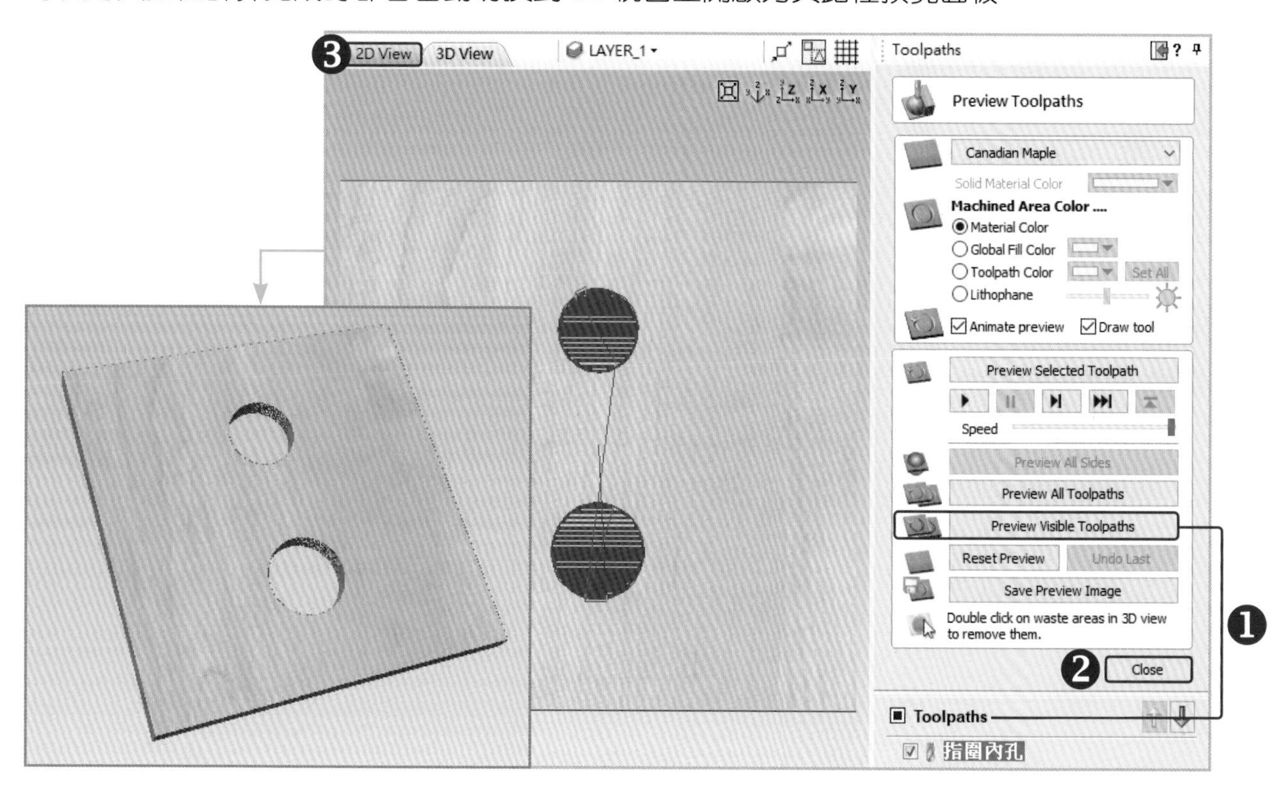

❶ 點選【Preview Visible Toolpaths】，即可出現所勾選刀具路徑預覽結果。

❷ 點選【Close】離開預覽功能。

❸ 點選【2D View】，回到 2D 工作視窗畫面。

6-2 造型銑面線外加工

開啟 【2D Profile Toolpath】設定面板 ➜ 按住 Shift 鍵點選要加工的線條。

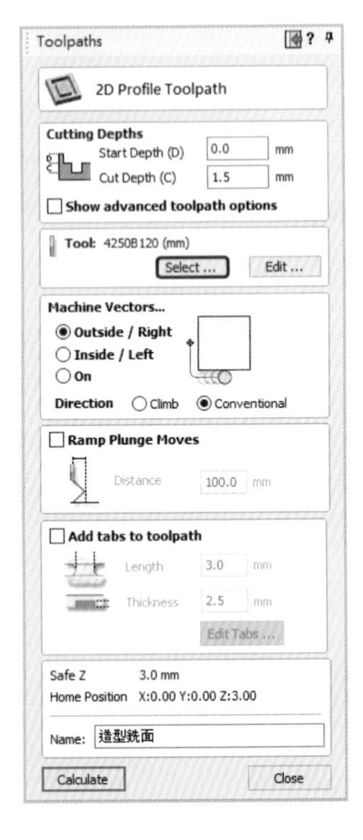

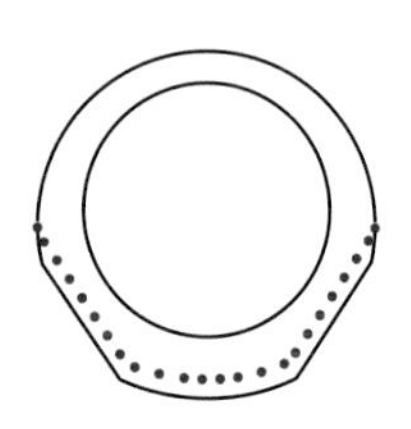

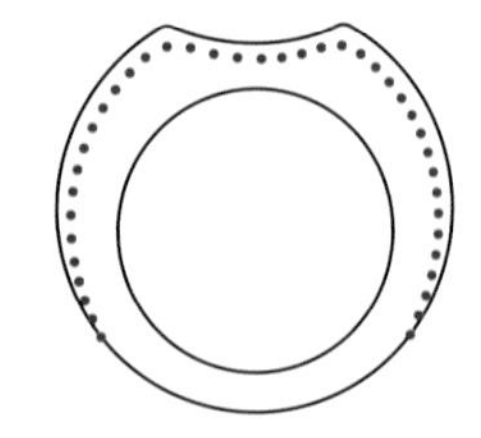

➜ Cutting Depths
Start Depth：0.0 mm；Cut Depth：1.5 mm

➜ Tool：4250B120 (mm) (註 1)

➜ Machine Vectors…
點選【Outside / Right】
Direction 點選【Conventional】

➜ 將刀具路徑命名為 - 造型銑面
➜ 點選【Calculate】(註 3)(註 4)

註 4

因選取線條皆為多條開放線，故軟體會出現提醒視窗告知，此時點選【OK】確認即可。

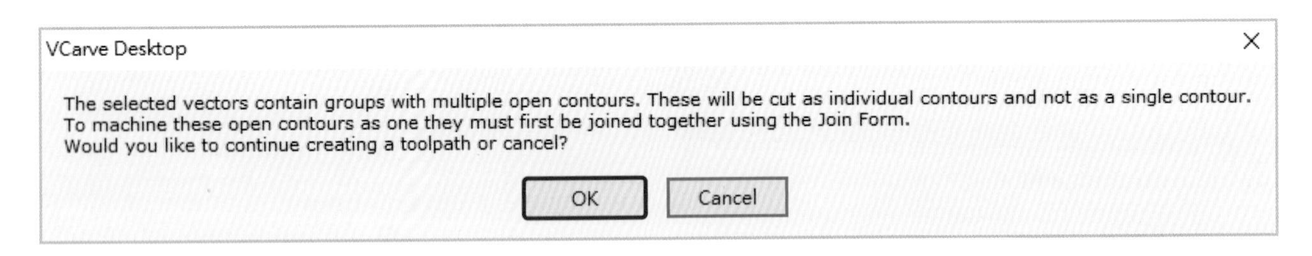

6-3 外型切邊線外加工

開啟 【2D Profile Toolpath】設定面板 ➜ 按住 Shift 鍵點選要加工的線條。

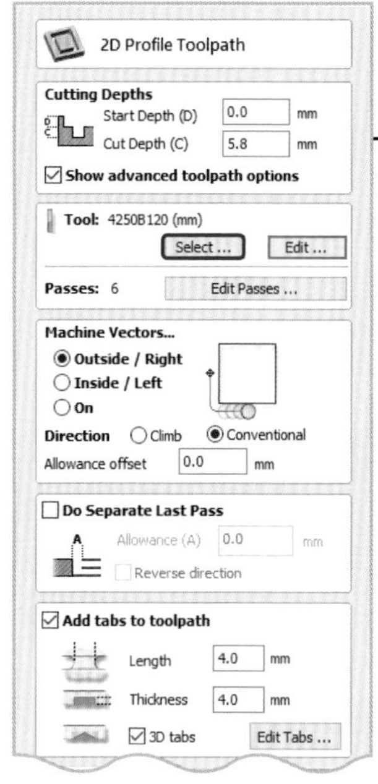

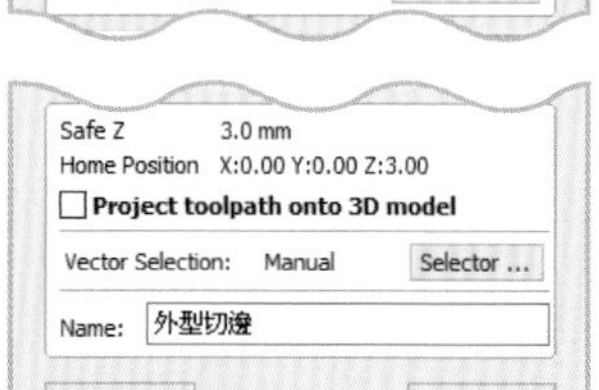

➜ Cutting Depths
Start Depth：0.0 mm； Cut Depth：5.8 mm
請勾選【Show advanced toolpath options】
，顯示進階刀具設定選項。

➜ Tool：4250B120 (mm)（註 1）

➜ Machine Vectors...
點選【Outside / Right】
Direction 點選【Conventional】

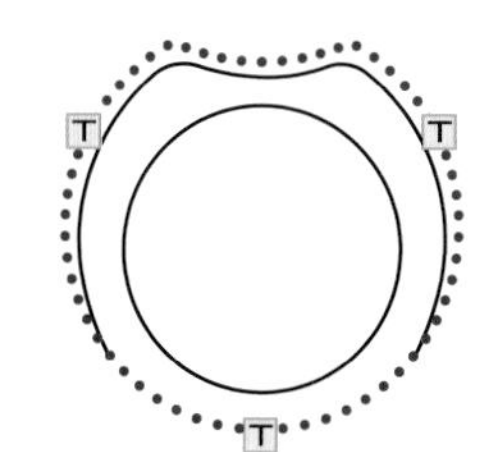

➜ 勾選【Add tabs to toolpath】增加肋柱
Length：4 mm ； Thickness：4 mm
勾選【3D tabs】
點選【Edit tabs...】請參考上圖標示編輯肋柱（註 5）

➜ 將刀具路徑命名為-外型切邊

➜ 點選【Calculate】（註 2)(註 3)

此處以手動方式設置肋柱。

使用滑鼠靠近線條，當出現 ，表示可以設置肋柱，點一下滑鼠左鍵會出現 T 圖示，請參考範例圖標示的位置將 6 個肋柱設置，完成後只要點選 Close 離開編輯介面即可。

肋柱的作用在於當刀路會完全切穿材料時，肋柱能夠將成品接合在材料上避免脫落。

1. 新增肋柱：將游標移動至已選定線條上，點擊滑鼠左鍵增加肋柱。
2. 刪除肋柱：在肋柱點上點擊滑鼠左鍵即可刪除。
3. 移動肋柱：在肋柱點上按住滑鼠左鍵不放並拖曳至新的位置後，放開左鍵即可。

STEP 07 使用刀具路徑預覽【Preview Toolpaths】模擬所有刀具路徑的雕刻結果。

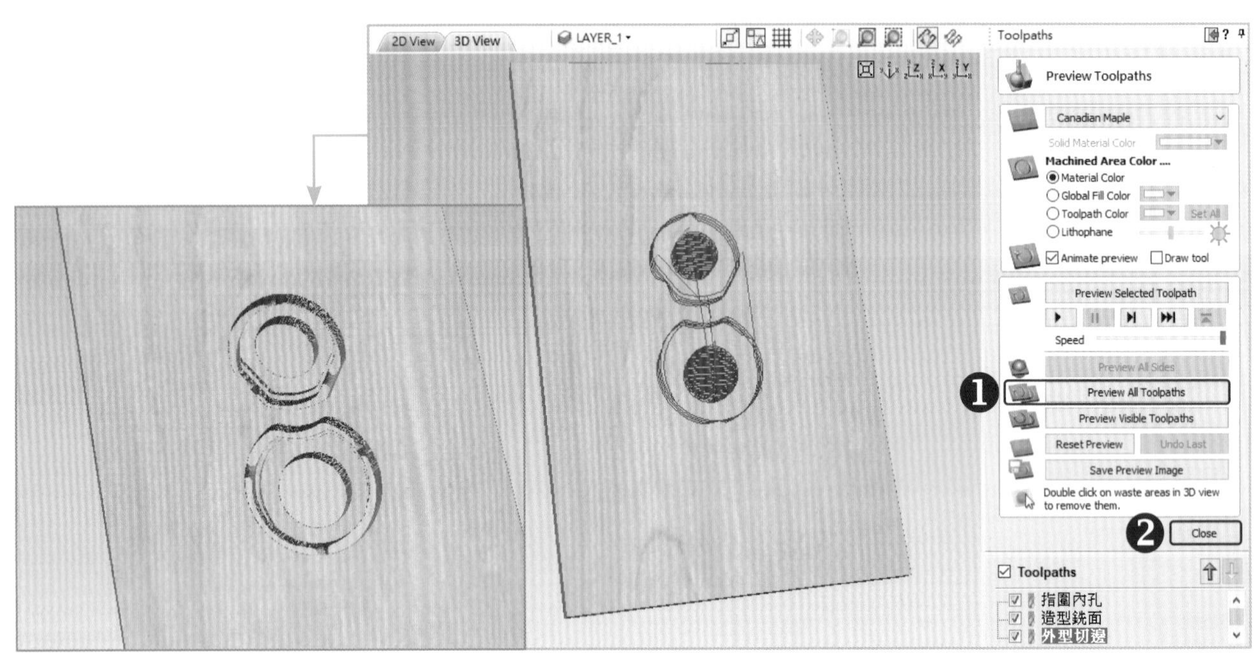

❶ 點選【Preview All Toolpaths】，即可模擬目前所有刀具路徑的預覽結果。

❷ 點選【Close】離開預覽功能。

STEP 08 使用儲存刀具路徑【Save Toolpaths】將 G 碼存出。

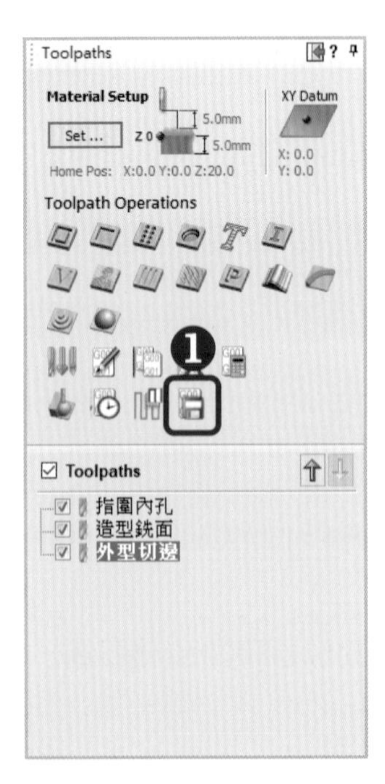

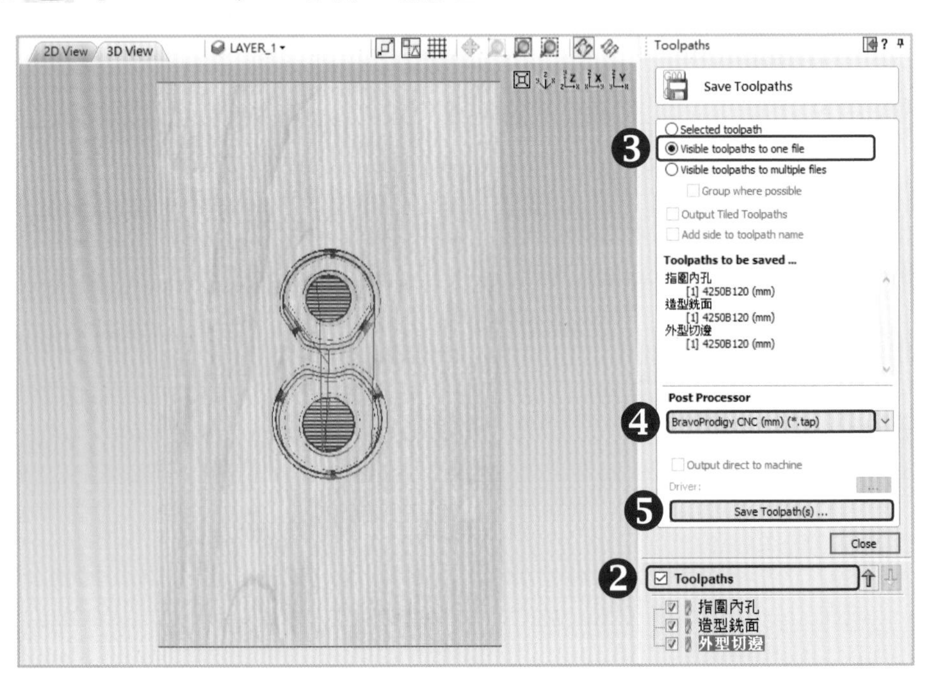

❶ 點選 開啟設定面板。

❷ 勾選【Toolpaths】選取所有刀具路徑。請注意刀具路徑的排列順序需與範例相同。

❸ 勾選【Visible toolpaths to one file】。

❹ Post Processor(後處理器) 選擇【BravoProdigy CNC (mm)(*.tap)】。
備註：若無上述說明之後處理器，也可另轉存【G Code (mm)(*.tap)】後處理器。

❺ 點選 Save Toolpath(s)... 存出 G 碼，命名為 - 指為你。

❻ 點選 【Save】儲存專案檔，命名為 - 指為你。

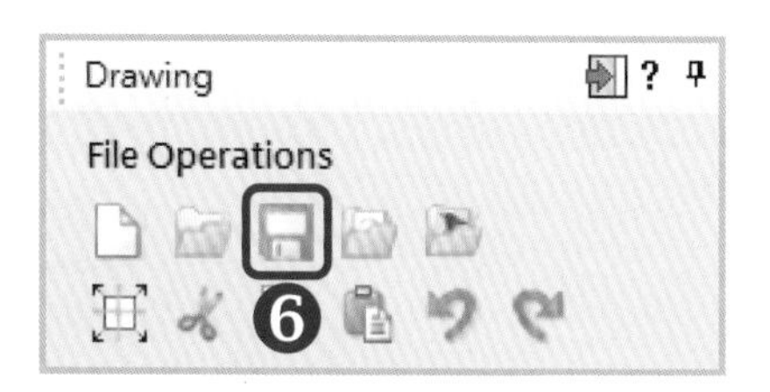

STEP 09 Bravoprodigy CNC 執行雕刻。
(CNC 操作請參考單元 6 實習 1 步驟 08 CNC 操作說明)

❶ 選擇【直接連線】方式進入 BravoProdigy CNC 軟體，載入【指為你】G 碼。

❷ 素材固定於工作台並在主軸上鎖上刀具【4250B120】。

素材夾持重點：
本範例的刀具路徑須將素材切穿，因此需要一片 MDF 板來作為墊板，在切穿時才不會雕刻到工作台表面。

5 mm 素材
9 mm 墊板

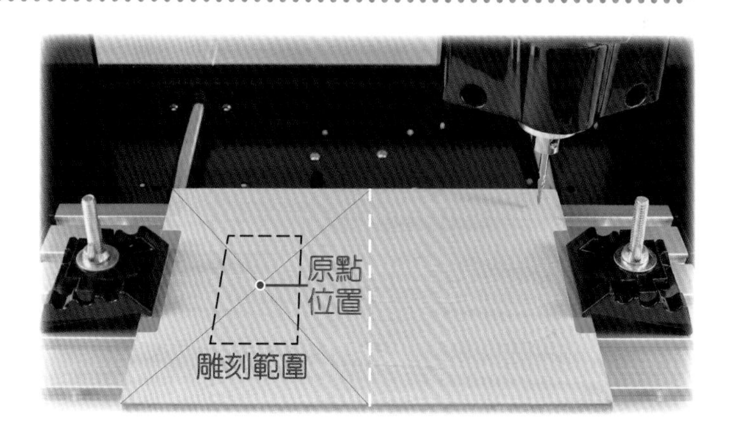

❸ 原點設定：
使用手持控制器將刀具移動至素材工件原點後，再將軟體上三軸的座標值歸零。

❹ 雕刻行程確認：
使用手持控制器移動刀具進行雕刻行程確認 (注意：操作時請注意移動速度與安全距離)，確認無誤後請點選【回到原點】，機器會自動回到先前設定之工件原點。

❺ 將【雕刻速率】調到 100%，接著 ❻ 按下【啟動】開始雕刻。
(若您使用的機器有安全外罩，請先將安全外罩蓋上)

❼ 雕刻完畢後，請先清除粉塵再取下作品。

實習6 心心相印戒指盒

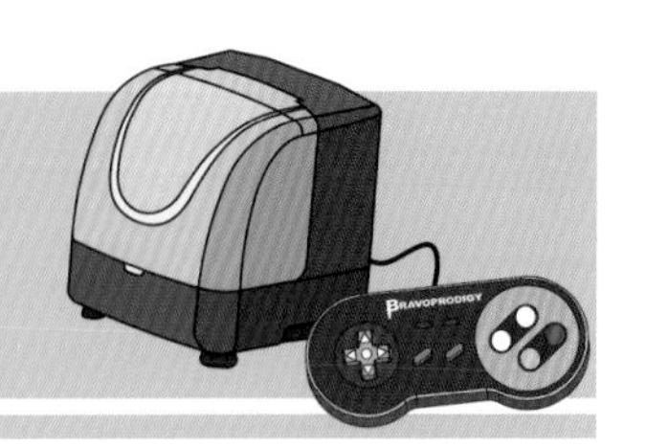

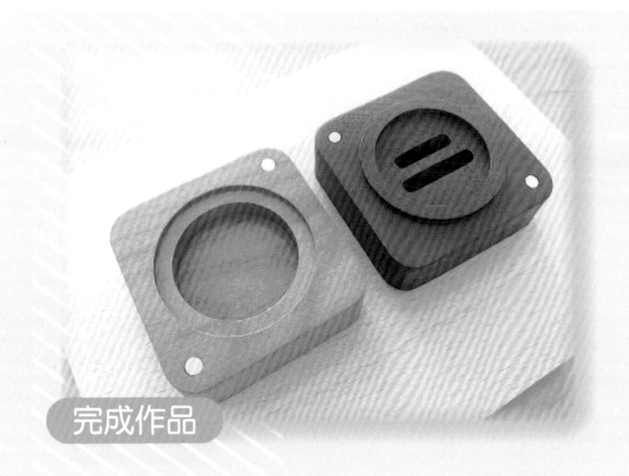

完成作品

延伸應用

學習重點

1. 使用 VCarve Desktop 軟體，學習創建矩型及圓角功能。
2. 設定工件並進行編排。
3. 學習 2D 刀具路徑編排，線內加工、範圍內銑削降面加工、外型切邊加工。
4. 肋柱設定。
5. 學習模擬切削及路徑轉出成 G 碼。
6. 素材架設及執行雕刻作業。

範例檔案資料夾

1. Dxf 圖檔，可供練習圖檔編輯及轉刀路。
2. 已完成的 Vcarve Desktop 專案檔，可供查看。
3. 提供完成 G 碼檔，可供直接雕刻製作。

動作說明

載入向量檔案，依據戒指尺寸編輯適當的戒指槽，合併多個不同的刀具路徑來加工戒指盒。

使用材料與配件

刀具編號：4400H150

雕刻材料：MDF 密集板 200 X 150 X 20 mm 1 片

使用工具：MDF 密集板（墊板）200 X 150 X 9 mm 1 片、齒型壓板組（小）2 個

雕刻時間：約 35 分鐘，雕刻速度 F1500mm/min

官網另有原木素材可挑選

實習步驟

開啟 VCarve Desktop 軟體，編輯工件設定。

❶ 點選【Create a new file】建立新檔案 ➔ ❷ 輸入工件的相關參數。

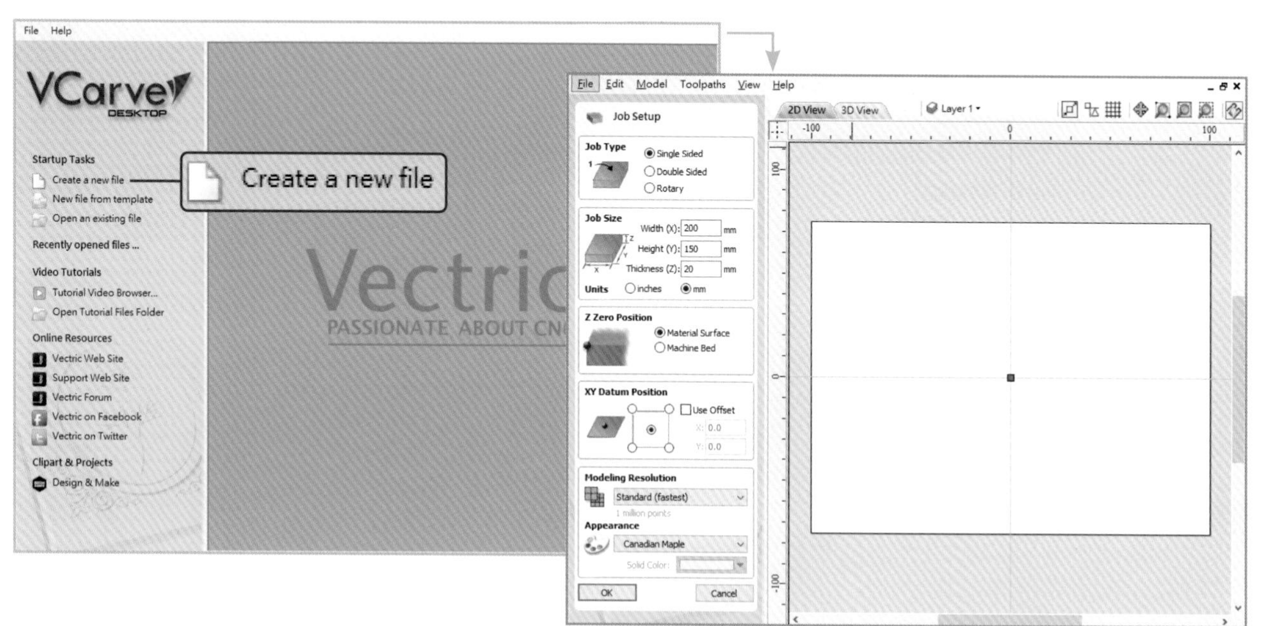

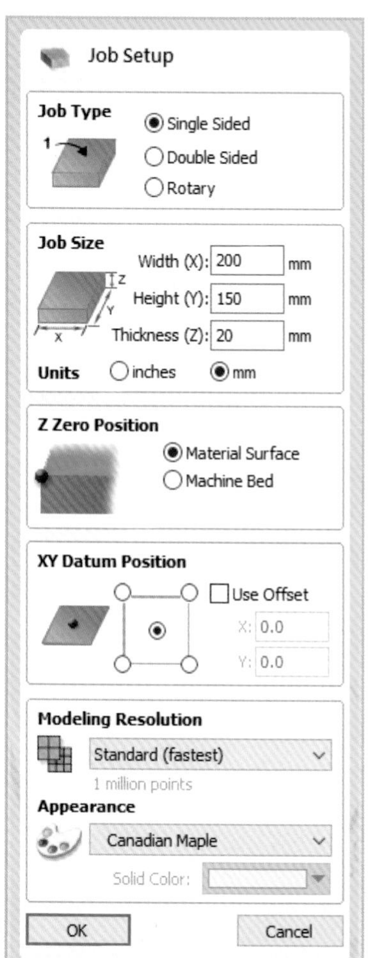

➔ 點選【Single Sided】單面加工

➔ 設定素材尺寸

Width (X)：200mm；Height (Y)：150mm；Thickness (Z)：20mm

Units：mm

➔ 點選【Material Surface】，將Z軸原點設在素材表面

➔ 選擇中心點為XY軸的基準點

➔ 點選【OK】完成設定

STEP 02 點選 【Import vectors from a file】載入本實習單元所使用的圖檔 - 實習 6_ 心心相印戒指盒。

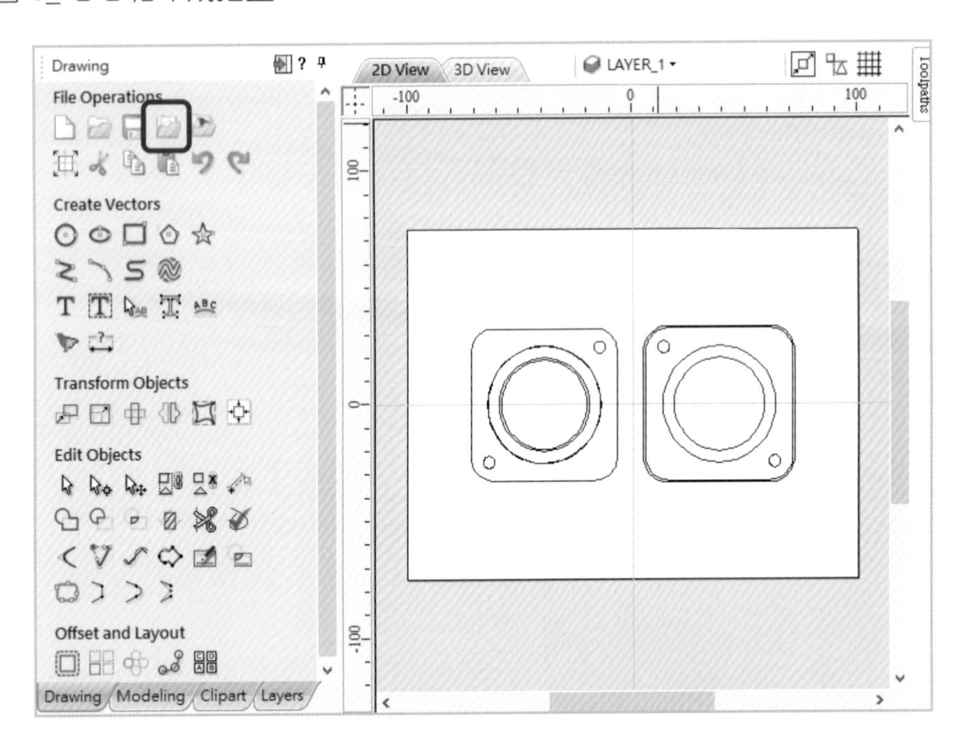

STEP 03 使用繪圖面板工具繪製戒指的凹槽。

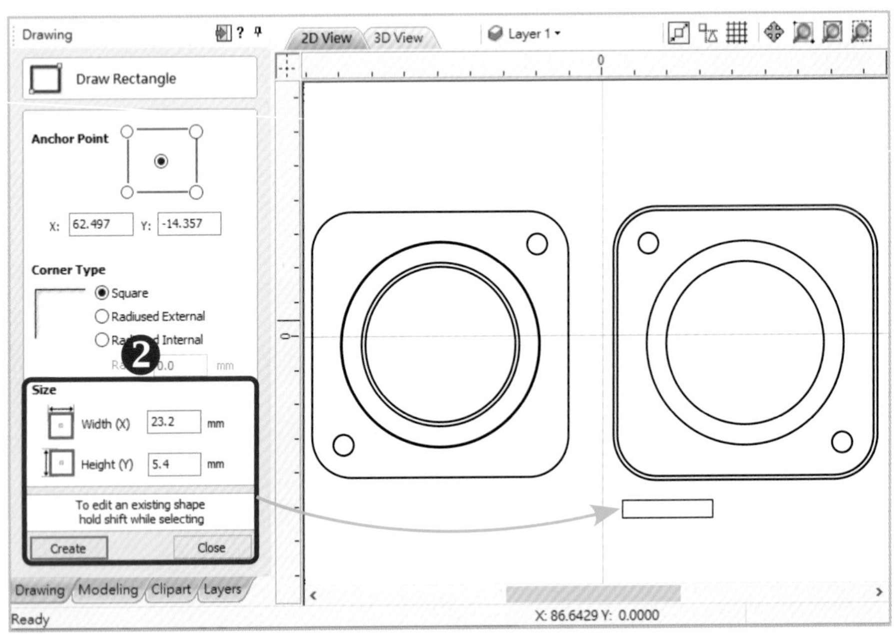

❶ 點選 開啟矩形繪製面板。

❷ 輸入要創建的矩形尺寸，按下 Create 此時視窗會出現您所創建的矩形。
搭配前一單元戒指的尺寸，女生戒指槽：23.2 x 5.4mm；男生戒指槽：29.2 X 5.4mm。
可視實際的戒指尺寸做調整，繪製完畢按下 Close 離開。

STEP 04

使用滑鼠或鍵盤方向鍵移動矩形至適當位置，如下圖紅框處。
兩個戒指槽間請保持至少 5 mm 距離，可以使用實習 5 介紹過的量測功能來輔助。

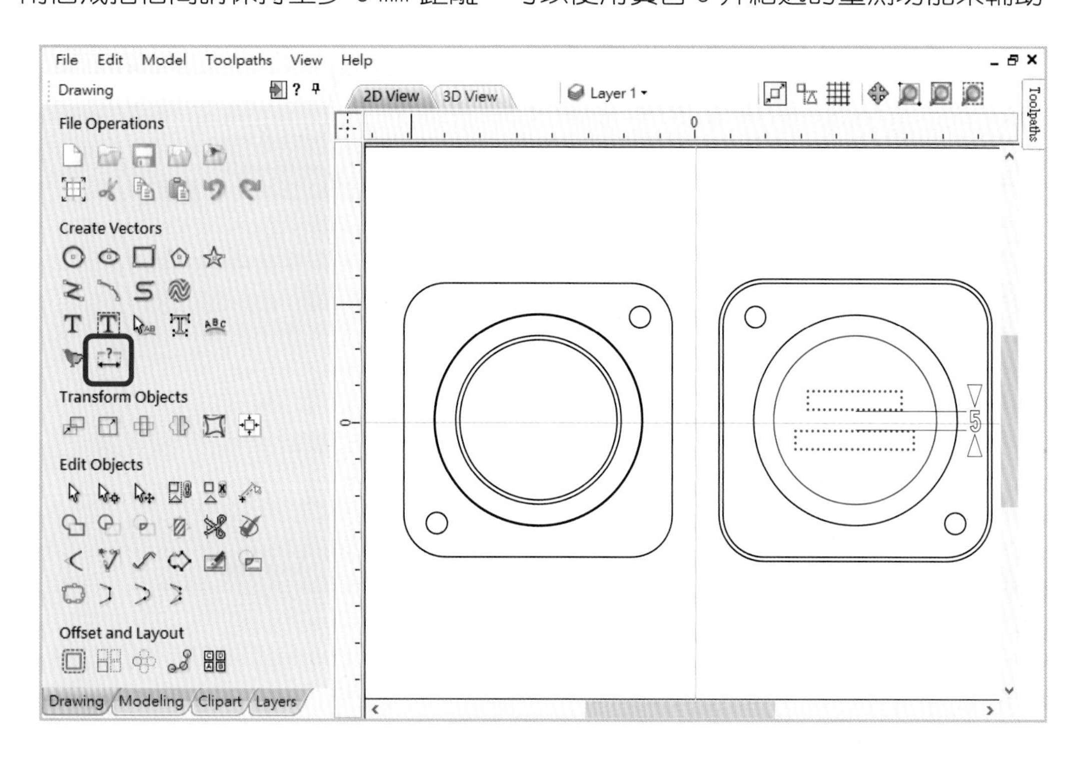

STEP 05

使用繪圖面板工具修飾戒指的凹槽。

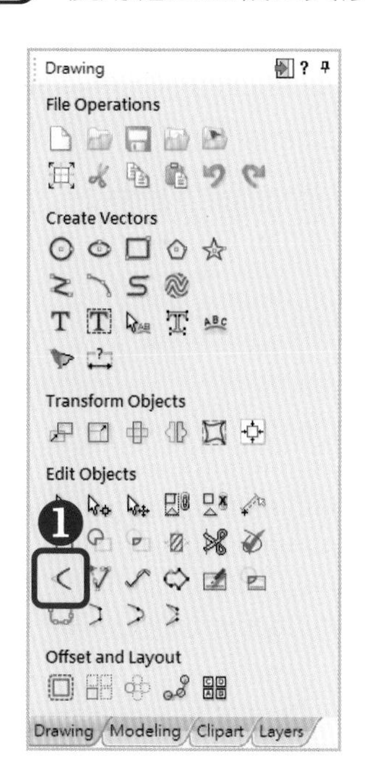

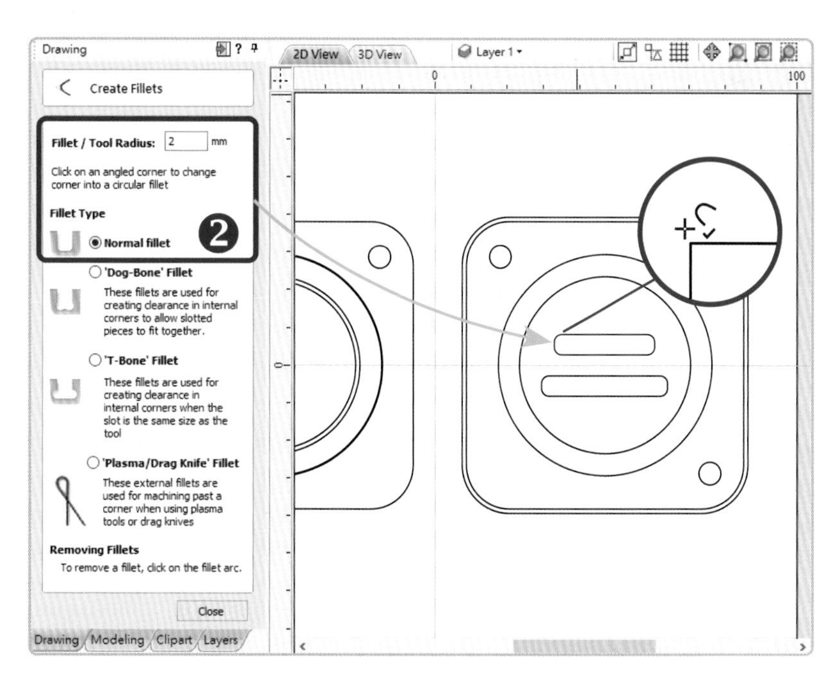

❶ 點選 ＜ 開啟圓角繪製面板。

❷ 輸入圓角尺寸 2 mm， 當滑鼠游標靠近矩形的四個角落時會出現圖示，點一下滑鼠左鍵即可創建圓角。請將兩個戒指凹槽的四邊角落都繪製為圓角。

STEP 06 ❶ 開啟【Toolpaths】刀具路徑面板 ➜ ❷ 點選 Set ... 設定素材。

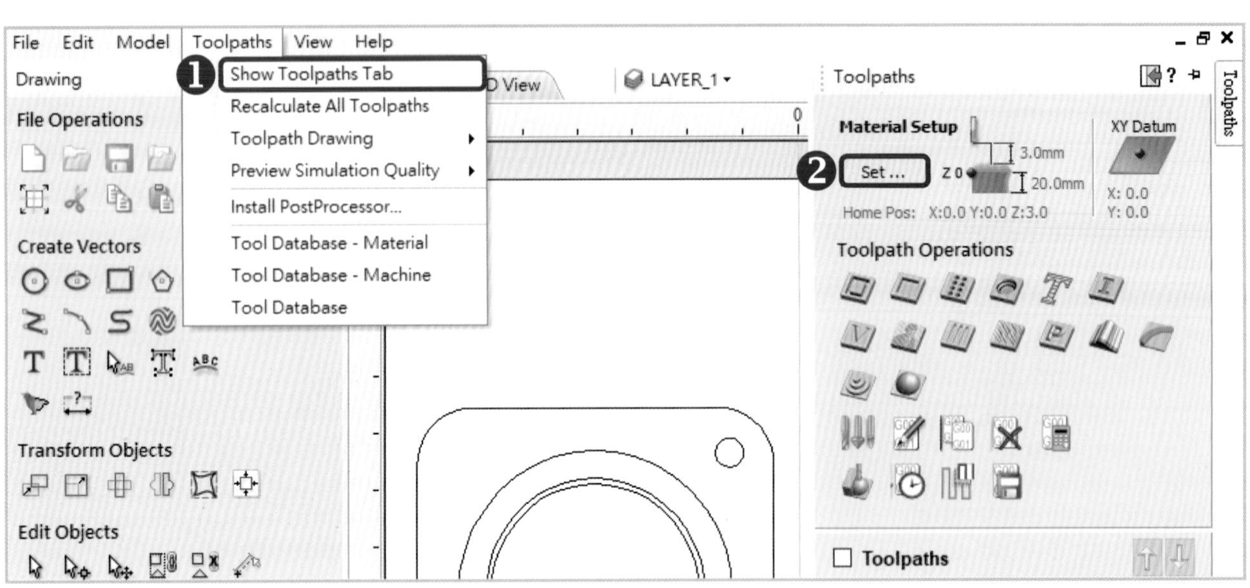

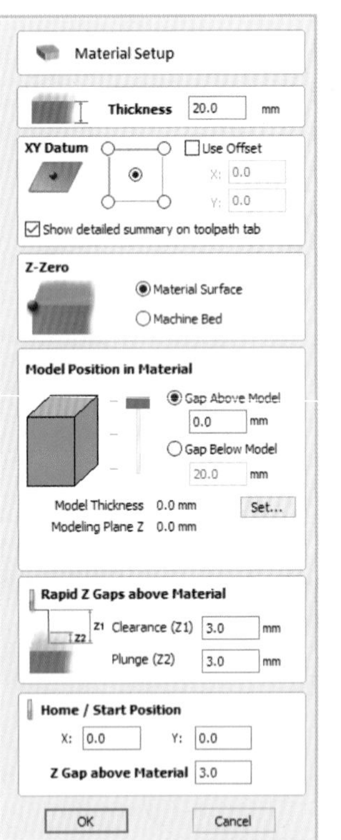

➜ Thickness：輸入素材厚度 20 mm

➜ XY Datum：點選中心點

➜ Z-Zero：原點設定在素材表面

➜ Model Position in Material：點選【Gap Above Model 0.0 mm】

➜ Clearance (Z1)：3 mm
Plunge (Z2)：3 mm

➜ Home / Start Position：X：0.0 ； Y：0.0
Z Gap above Material：3.0

➜ 點選 【OK】 即設定完成

使用刀具路徑【Toolpath Operations】提供的各種加工方式，對圖檔進行刀具路徑的安排。

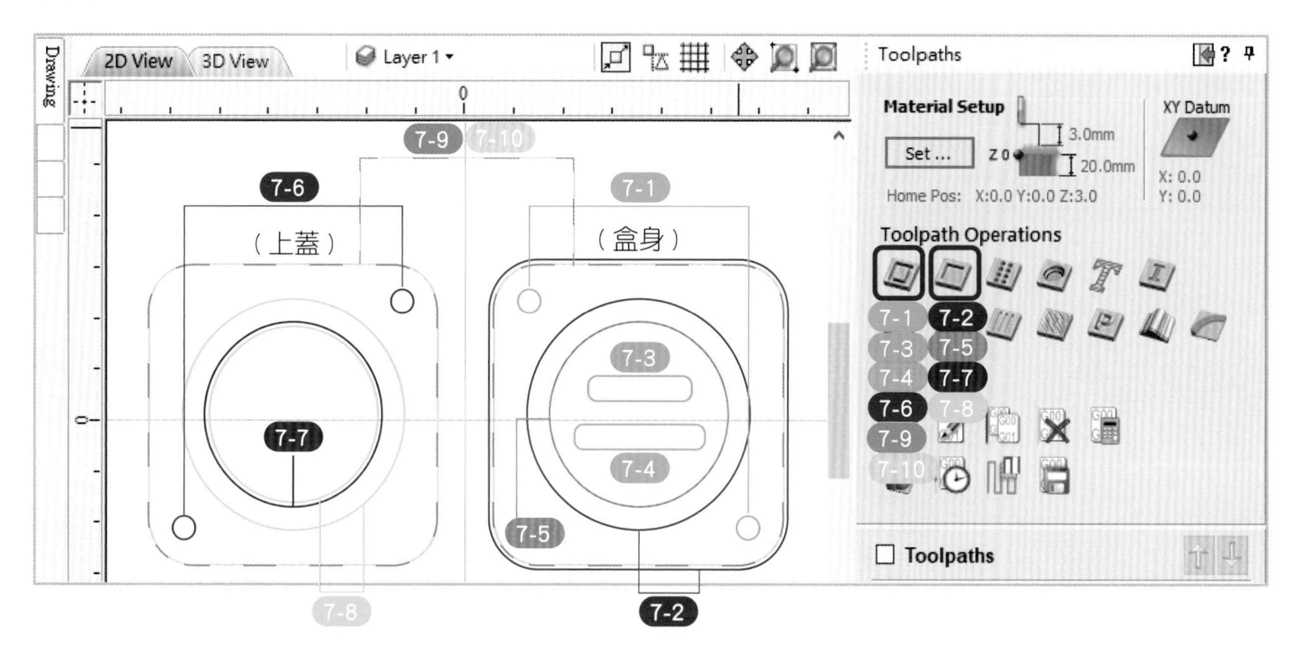

7-1 盒身磁鐵孔線內加工

選取 2D 外型刀具路徑 【2D Profile Toolpath】開啟設定面板。
按住 Shift 鍵點選要加工的線條，使其呈粉紅色虛線的被選取狀態，請參考下圖。
請依序由上而下參照範例進行參數設定。

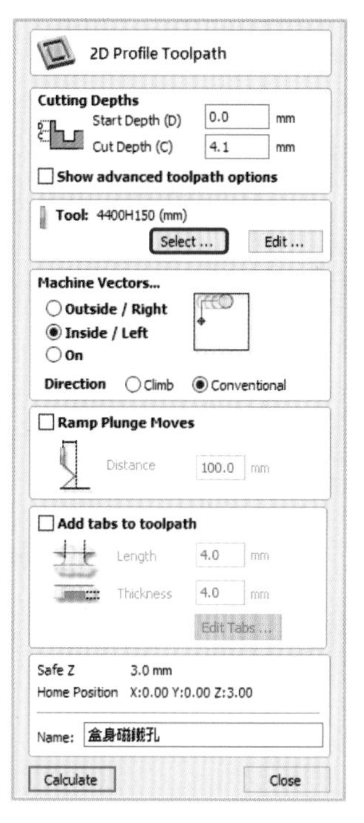

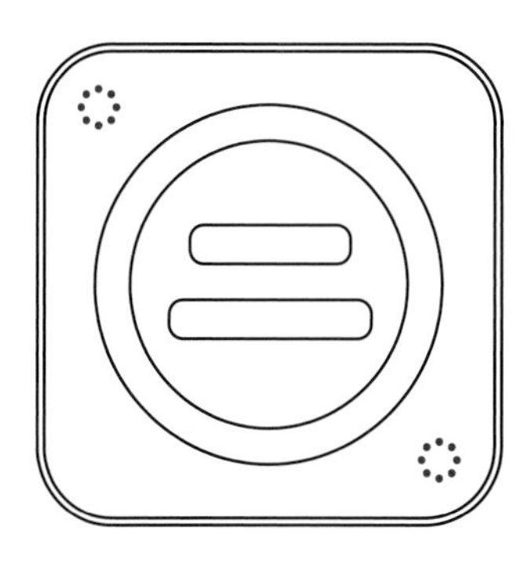

- Cutting Depths
  Start Depth：0.0 mm；Cut Depth：4.1 mm
- Tool：4400H150 (mm)（註 1）
- Machine Vectors…
  點選【Inside / Left】
  Direction 點選【Conventional】
- 將刀具路徑命名為 - 盒身磁鐵孔
- 點選【Calculate】（註 2）

註1

請參照紅框內各項數值設定。

4400H150 (mm)

Notes	4400H150 (mm)
Tool Type	End Mill
Geometry	
Units	mm
Diameter (D)	4 mm
No. Flutes	
Cutting Parameters	
Pass Depth	1.5 mm
Stepover	1.8 mm 45 %
Feeds and Speeds	
Spindle Speed	20000 r.p.m
Feed Units	mm/min Chip Load mm
Feed Rate	1500 mm/min
Plunge Rate	500 mm/min
Tool Number	1

Remove Apply

註2

每次刀具路徑計算完成時都會自動切換到 3D 視窗並開啟刀具路徑預覽面板。

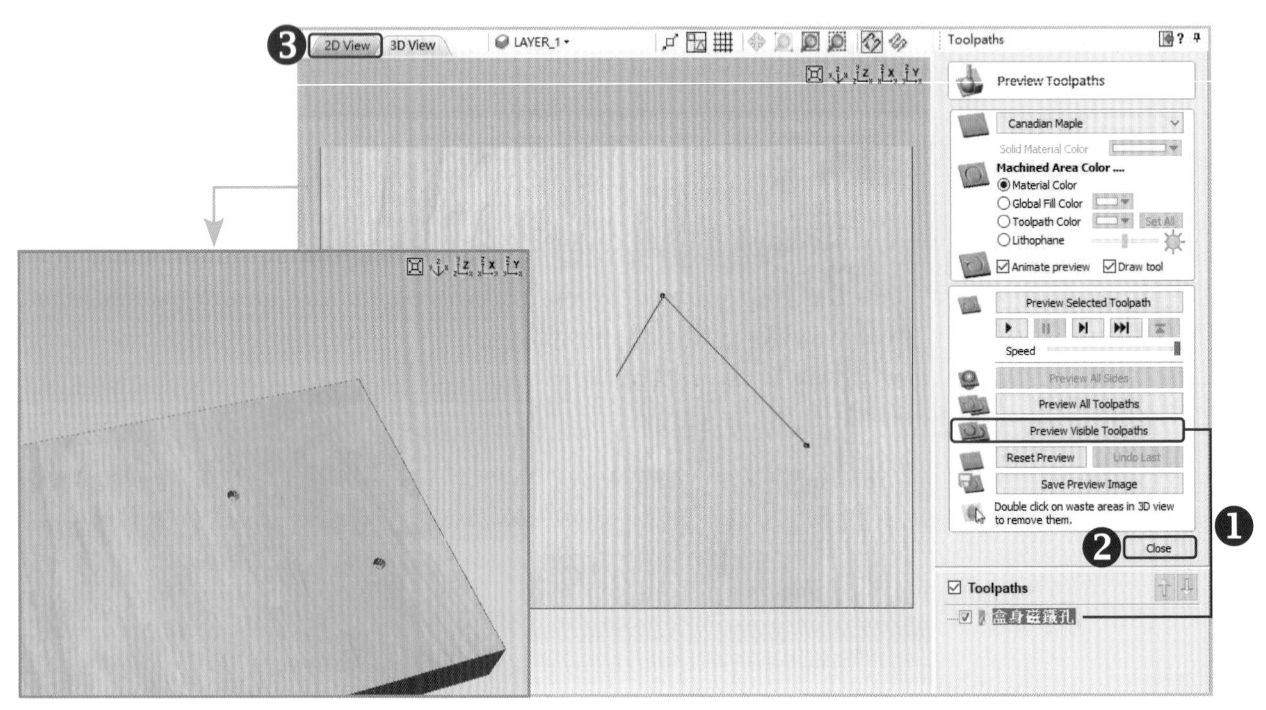

❶ 點選【Preview Visible Toolpaths】，即可出現所勾選刀具路徑預覽結果。

❷ 點選【Close】離開預覽功能。

❸ 點選【2D View】，回到 2D 工作視窗畫面。

7-2 盒身降面範圍內加工

開啟【 Pocket Toolpath】設定面板 ➜ 按住 Shift 鍵點選要加工的線條。

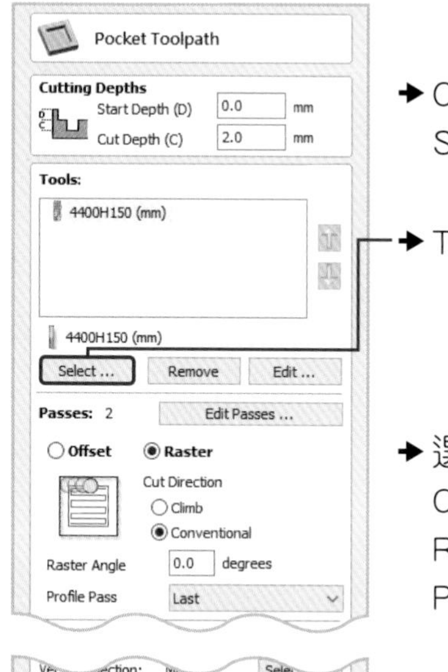

➜ Cutting Depths
Start Depth：0.0 mm ； Cut Depth：2.0 mm

➜ Tools：4400H150 (mm)（註 1）

➜ 選擇【Raster】
Cut Direction 選擇【Conventional】
Raster Angle 輸入【0.0】degrees
Profile Pass 選擇【Last】

➜ 將刀具路徑命名為 - 盒身降面
➜ 點選【Calculate】（註 2）

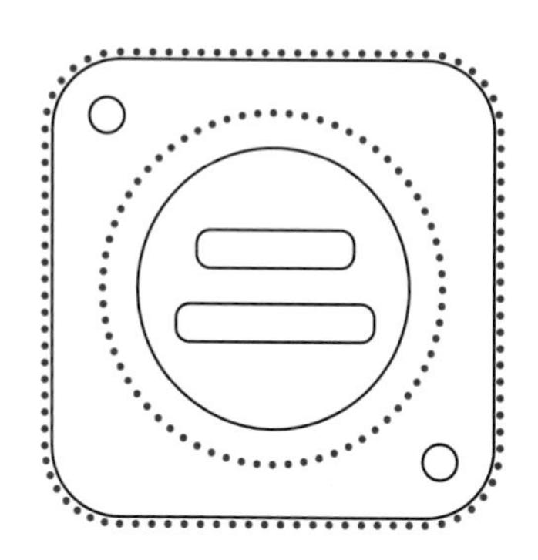

7-3 女生戒指槽線內加工

開啟【2D Profile Toolpath】設定面板 ➜ 點選要加工的線條。

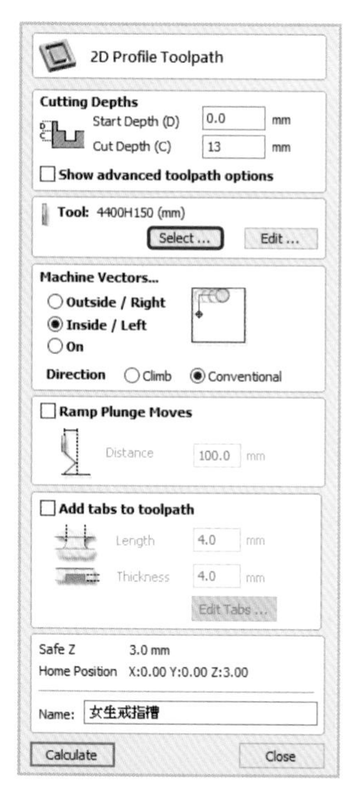

➜ Cutting Depths
Start Depth：0.0 mm ； Cut Depth：13 mm

➜ Tool：4400H150 (mm)（註 1）

➜ Machine Vectors⋯
點選【Inside / Left】
Direction 點選【Conventional】

➜ 將刀具路徑命名為 - 女生戒指槽
➜ 點選【Calculate】（註 2）

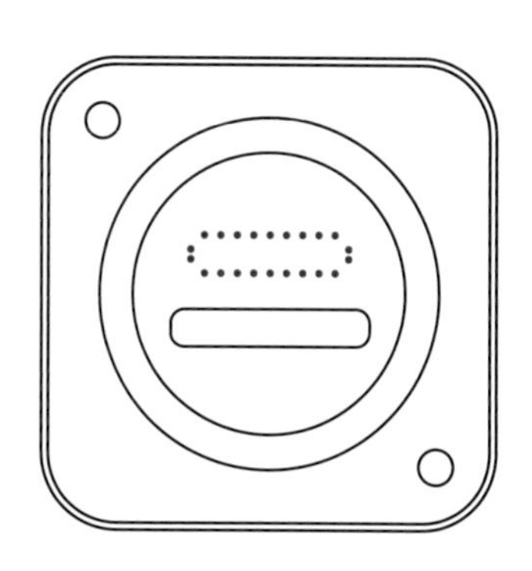

7-4 男生戒指槽線內加工

開啟【2D Profile Toolpath】設定面板 → 點選要加工的線條。

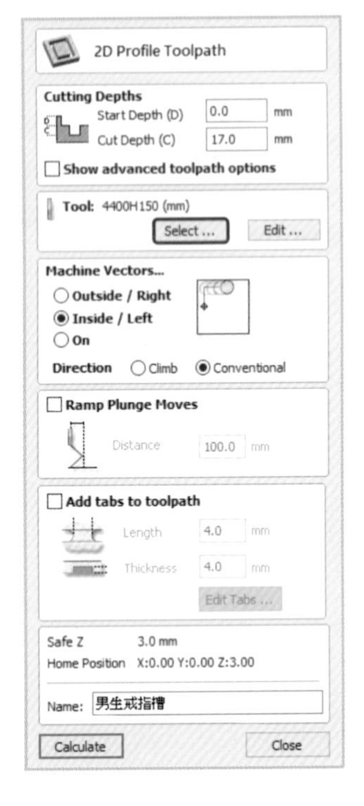

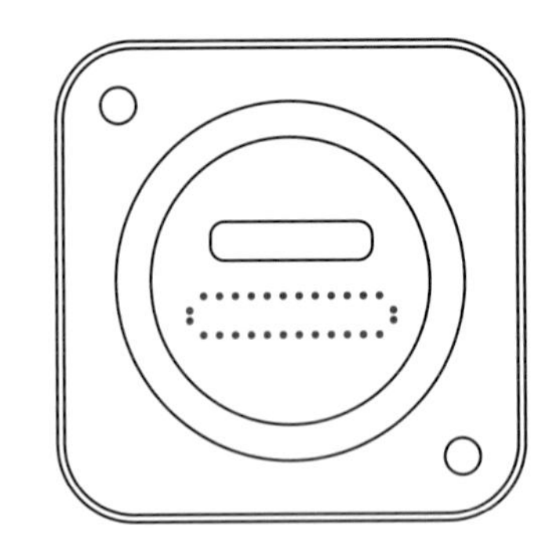

→ Cutting Depths
Start Depth：0.0 mm ； Cut Depth：17 mm

→ Tool：4400H150 (mm)（註 1）

→ Machine Vectors…
點選【Inside / Left】
Direction 點選【Conventional】

→ 將刀具路徑命名為 - 男生戒指槽
→ 點選【Calculate】（註 2）

7-5 盒身挖槽範圍內加工

開啟【 Pocket Toolpath】設定面板 → 點選要加工的線條。

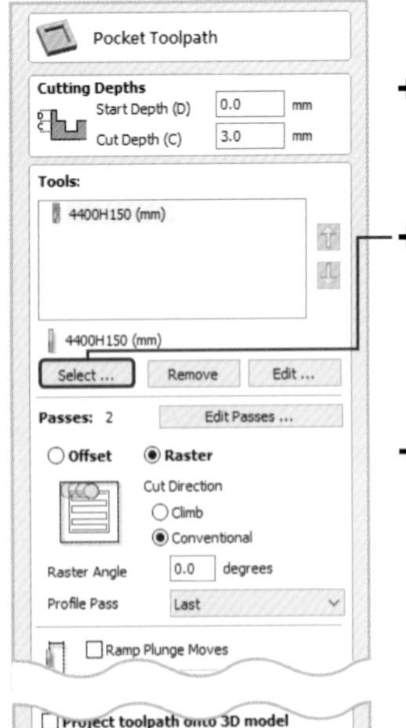

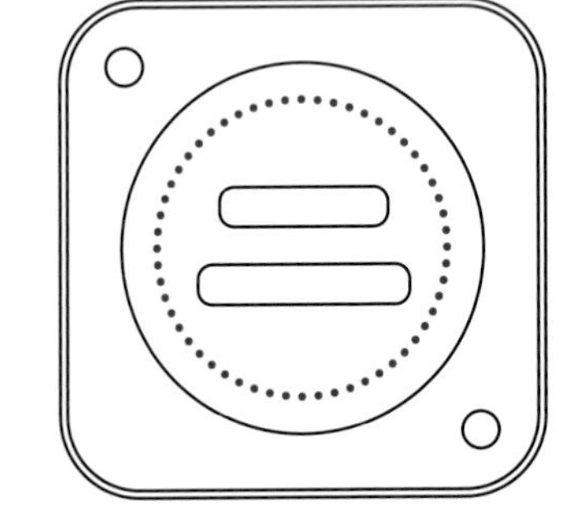

→ Cutting Depths
Start Depth：0.0 mm ； Cut Depth：3.0 mm

→ Tools：4400H150 (mm)（註 1）

→ 選擇【Raster】
Cut Direction 選擇【Conventional】
Raster Angle 輸入【0.0】degrees
Profile Pass 選擇【Last】

→ 將刀具路徑命名為 - 盒身挖槽
→ 點選【Calculate】（註 2）

7-6 上蓋磁鐵孔線內加工

開啟 【2D Profile Toolpath】設定面板 ➜ 按住 Shift 鍵點選要加工的線條。

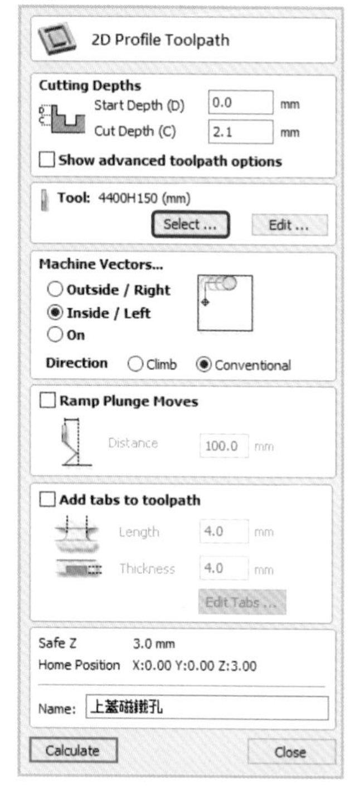

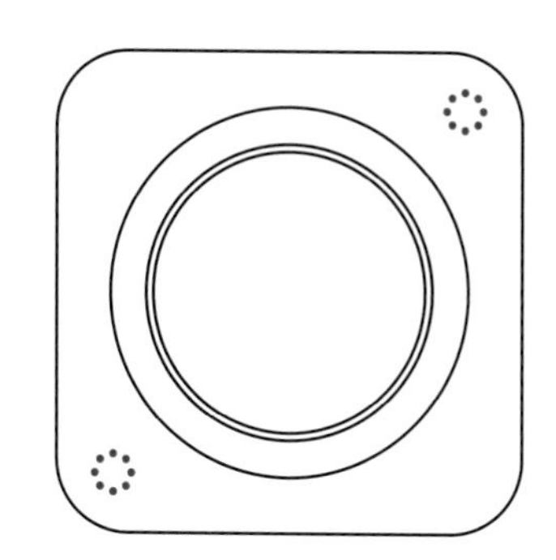

➜ Cutting Depths
Start Depth：0.0 mm ； Cut Depth：2.1 mm

➜ Tool：4400H150 (mm) (註 1)

➜ Machine Vectors…
點選【Inside / Left】
Direction 點選【Conventional】

➜ 將刀具路徑命名為 - 上蓋磁鐵孔
➜ 點選【Calculate】(註 2)

7-7 上蓋挖槽 1 範圍內加工

開啟 【 Pocket Toolpath】設定面板 ➜ 點選要加工的線條。

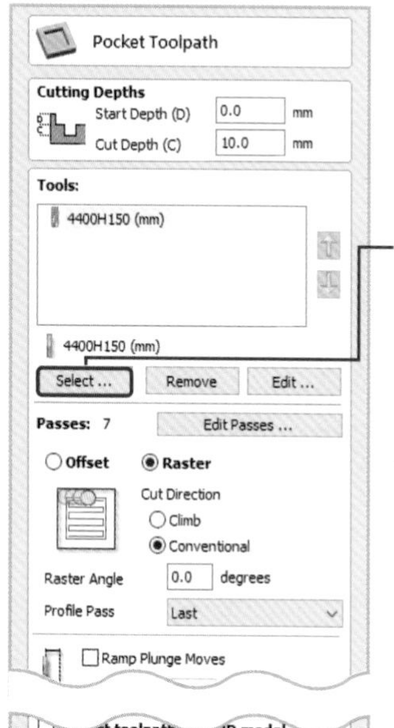

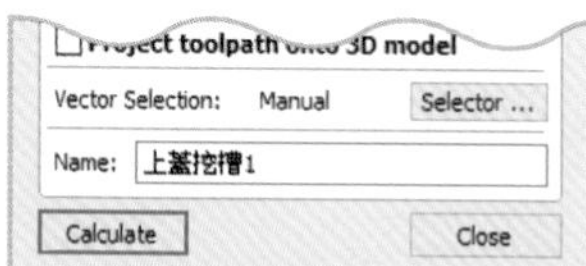

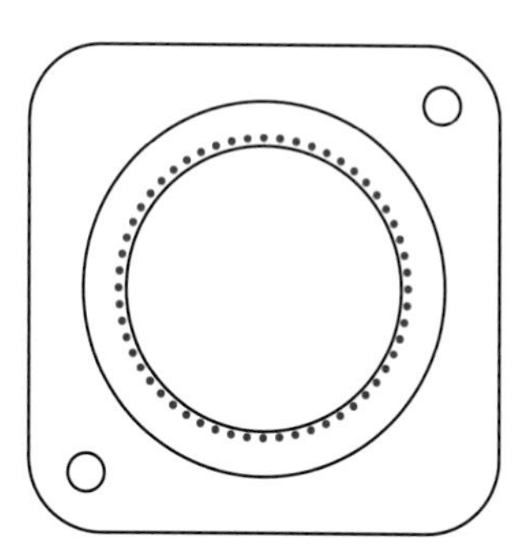

➜ Cutting Depths
Start Depth：0.0 mm ； Cut Depth：10 mm

➜ Tools：4400H150 (mm) (註 1)

➜ 選擇【Raster】
Cut Direction 選擇【Conventional】
Raster Angle 輸入【0.0】degrees
Profile Pass 選擇【Last】

➜ 將刀具路徑命名為 - 上蓋挖槽 1
➜ 點選【Calculate】(註 2)

7-8 上蓋挖槽 2 範圍內加工

開啟 【Pocket Toolpath】設定面板 → 按住 Shift 鍵點選要加工的線條。

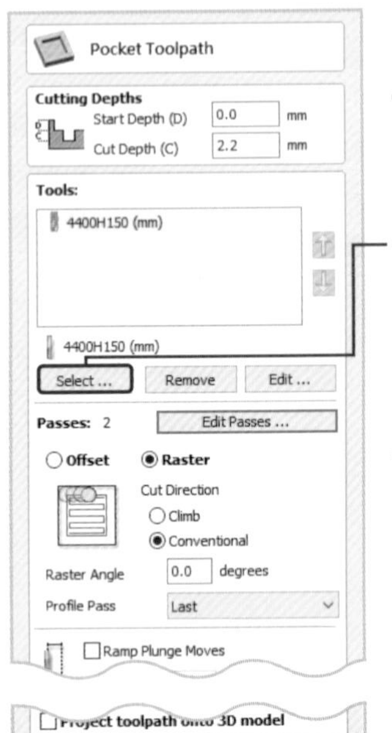

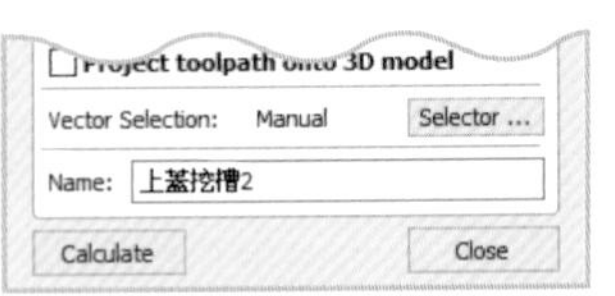

→ Cutting Depths
Start Depth：0.0 mm ； Cut Depth：2.2 mm

→ Tools：4400H150 (mm)（註 1）

→ 選擇【Raster】
Cut Direction 選擇【Conventional】
Raster Angle 輸入【0.0】degrees
Profile Pass 選擇【Last】

→ 將刀具路徑命名為 - 上蓋挖槽 2
→ 點選【Calculate】（註 2）

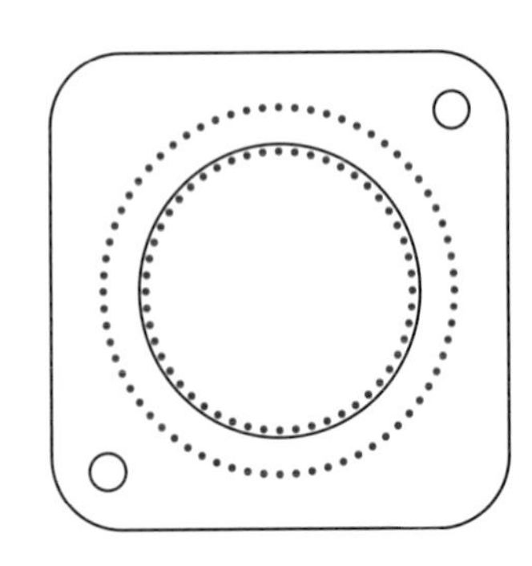

7-9 外框排屑線外加工

開啟 【2D Profile Toolpath】設定面板 → 按住 Shift 鍵點選要加工的線條。

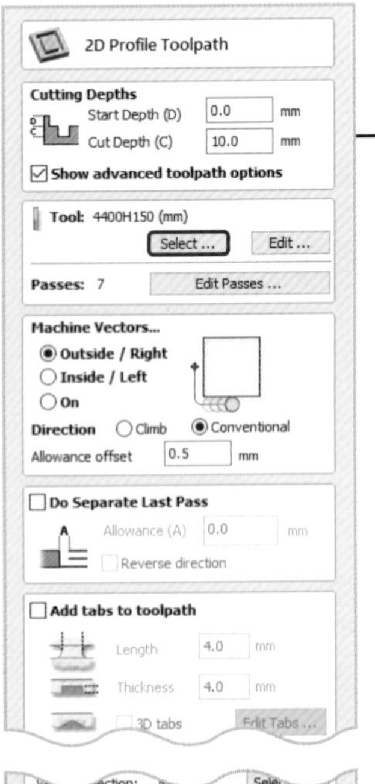

→ Cutting Depths
Start Depth：0.0 mm；Cut Depth：10 mm
請勾選【Show advanced toolpath options】，顯示進階刀具設定選項。

→ Tool：4400H150 (mm)（註 1）

→ Machine Vectors...
點選【Outside / Right】
Direction 點選【Conventional】
Allowance offset 輸入【0.5mm】
（此動作為將線框往外偏移 0.5mm 加工）

→ 將刀具路徑命名為-外框排屑
→ 點選【Calculate】（註 2）

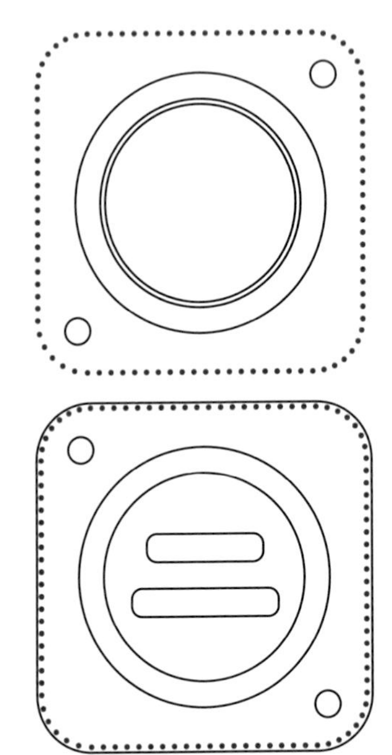

7-10 外框切邊線外加工

開啟  【2D Profile Toolpath】設定面板 ➜ 按住 Shift 鍵點選要加工的線條。

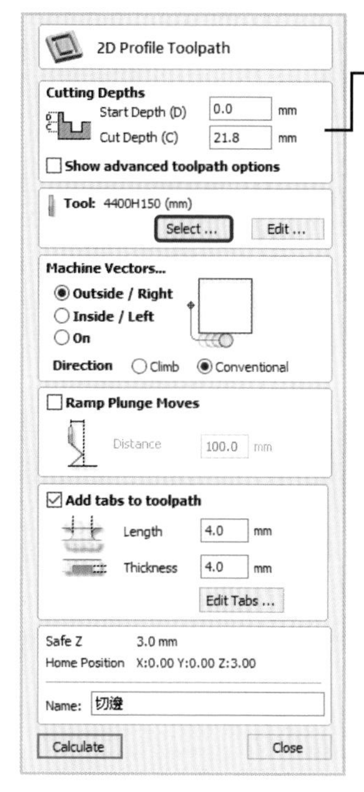

➜ Cutting Depths
Start Depth：0.0 mm ；
Cut Depth：21.8 mm

補充說明：設定【Cut Depth】切削深度時，請以材料實際的厚度再加上 0.8 mm 即可將素材切穿。

➜ Tool：4400H150 (mm)（註 1）

➜ Machine Vectors…
點選【Outside / Right】
Direction 點選【Conventional】

➜ 勾選【Add tabs to toolpath】增加肋柱
Length：4 mm ； Thickness：4 mm
點選【Edit tabs...】請參考下圖標示編輯肋柱（註 3）

➜ 將刀具路徑命名為 - 切邊
➜ 點選【Calculate】（註 2)(註 4)

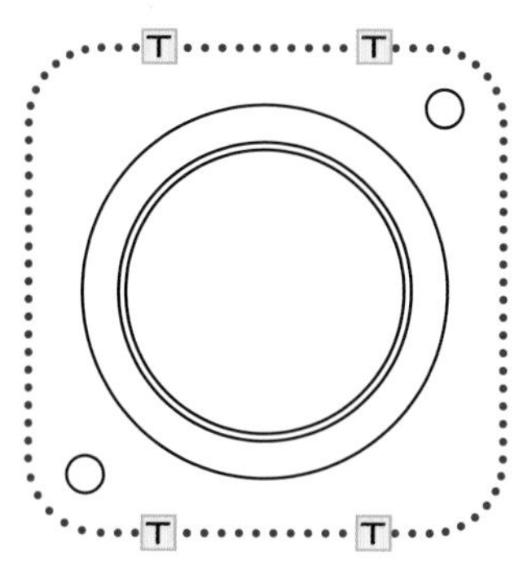

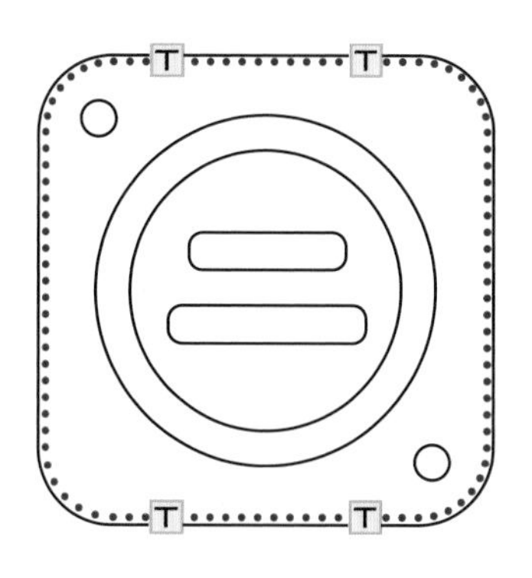

此處以手動方式設置肋柱。

使用滑鼠靠近線條，當出現 ⌘，表示可以設置肋柱，點一下滑鼠左鍵會出現 T 圖示，請參考範例圖標示的位置將 8 個肋柱設置，完成後只要點選 Close 離開編輯介面即可。

肋柱的作用在於當刀路會完全切穿材料時，肋柱能夠將成品接合在材料上避免脫落。

1. 新增肋柱：將游標移動至已選定線條上，點擊滑鼠左鍵增加肋柱。
2. 刪除肋柱：在肋柱點上點擊滑鼠左鍵即可刪除。
3. 移動肋柱：在肋柱點上按住滑鼠左鍵不放並拖曳至新的位置後，放開左鍵即可。

註 4

在設定切穿刀路時，為了能切穿素材而會將雕刻深度設定超過素材厚度，故軟體會出現提醒視窗告知，此時點選【OK】確認即可。

如：此範例為素材厚度為 20 mm，雕刻深度為 21.8 mm。

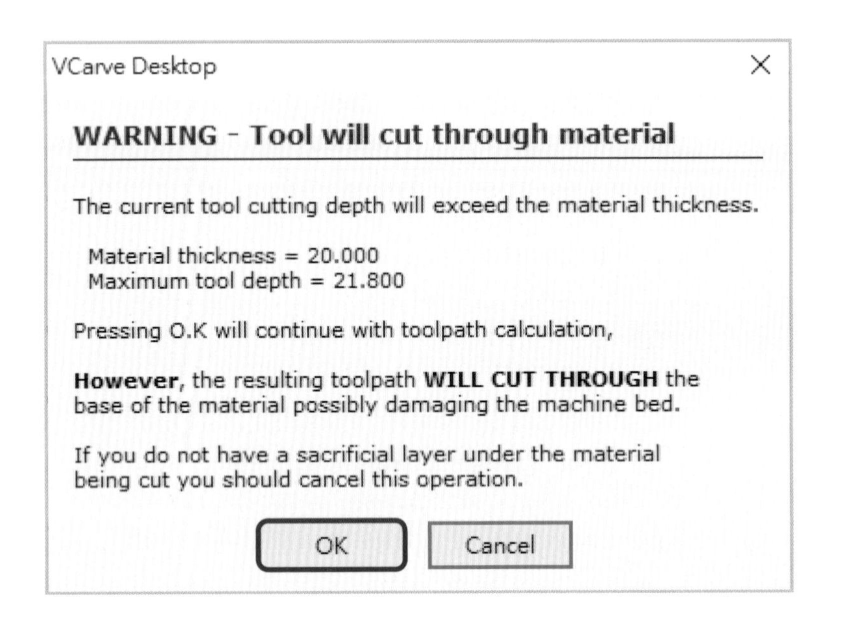

使用刀具路徑預覽 【Preview Toolpaths】模擬所有刀具路徑的雕刻結果。

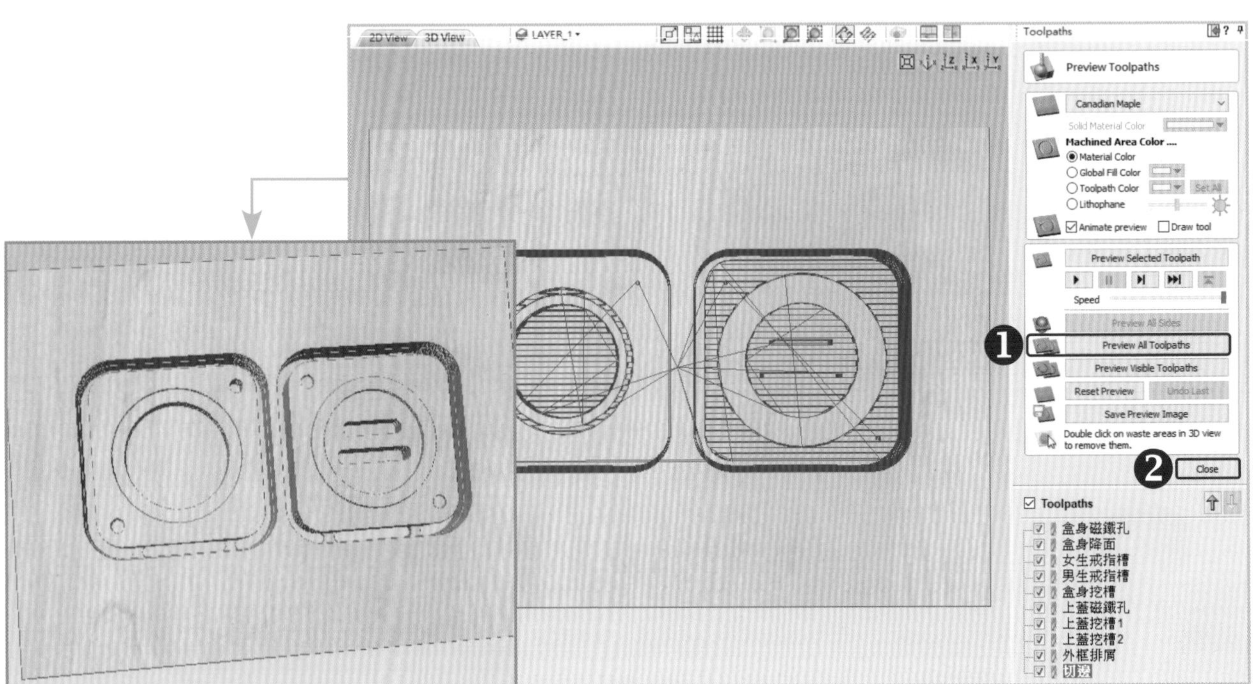

❶ 點選【Preview All Toolpaths】，即可模擬目前所有刀具路徑的預覽結果。

❷ 點選【Close】離開預覽功能。

STEP 09 使用儲存刀具路徑 【Save Toolpaths】將 G 碼存出。

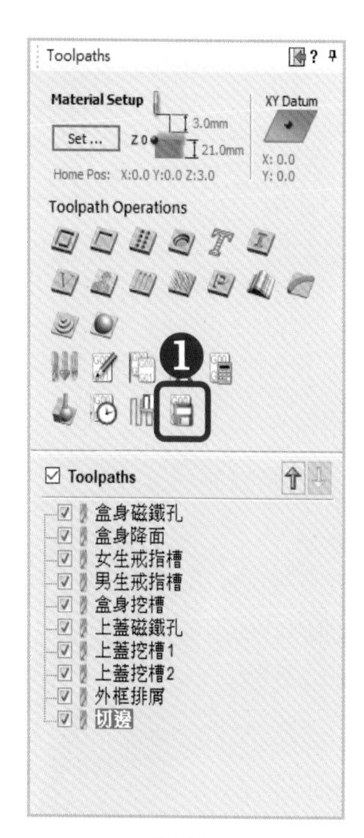

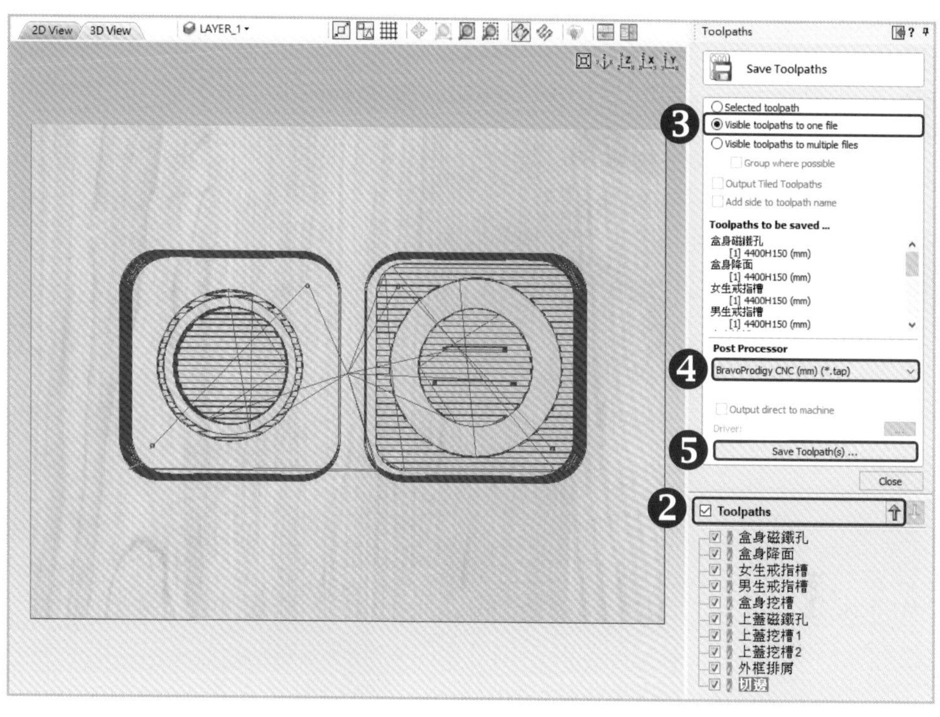

❶ 點選 開啟設定面板。

❷ 勾選【Toolpaths】選取所有刀具路徑。
請注意刀具路徑的排列順序需與範例相同。

❸ 勾選【Visible toolpaths to one file】。

❹ Post Processor(後處理器) 選擇【BravoProdigy CNC (mm)(*.tap)】。
備註：若無上述說明之後處理器，也可另轉存【G Code (mm)(*.tap)】後處理器。

❺ 點選【Save Toolpath(s)...】存出 G 碼，命名為 - 心心相印戒指盒。

❻ 點選 【Save】儲存專案檔 - 心心相印戒指盒。

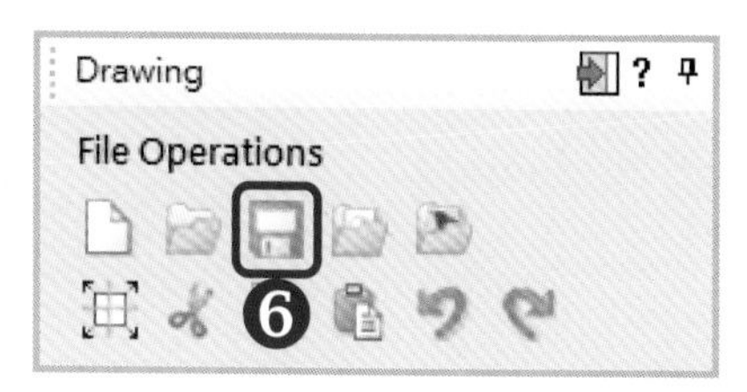

STEP 10 Bravoprodigy CNC 執行雕刻。
(CNC 操作請參考單元 6 實習 1 步驟 08 CNC 操作說明)

❶ 選擇【直接連線】方式進入 BravoProdigy CNC 軟體，載入【心心相印戒指盒】G 碼。

❷ 素材固定於工作台並在主軸上鎖上刀具【4400H150】。

素材夾持重點：
本範例的刀具路徑須將素材切穿，因此需要一片 MDF 板來作為墊板，在切穿時才不會雕刻到工作台表面。

20 ㎜ 素材
9 ㎜ 墊板

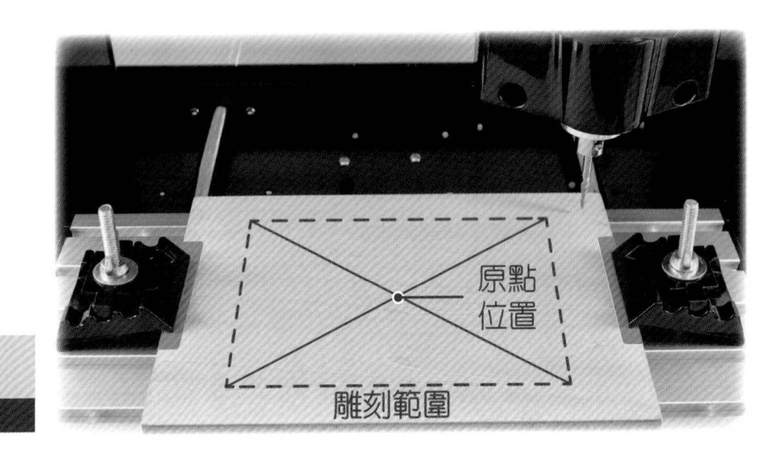

❸ 原點設定：
使用手持控制器將刀具移動至素材工件原點後，再將軟體上三軸的座標值歸零。

❹ 雕刻行程確認：
使用手持控制器移動刀具進行雕刻行程確認（注意：操作時請注意移動速度與安全距離），確認無誤後請點選【回到原點】，機器會自動回到先前設定之工件原點。

❺ 將【雕刻速率】調到 100%。

❻ 按下【啟動】開始雕刻。（若您使用的機器有安全外罩，請先將安全外罩蓋上）

❼ 雕刻完畢後，請先清除粉塵再取下作品。

組裝。

準備材料：雕刻成品（上蓋、盒身）、零件包（強力磁鐵 X4）、工具（圓棒、木槌或橡膠槌）。

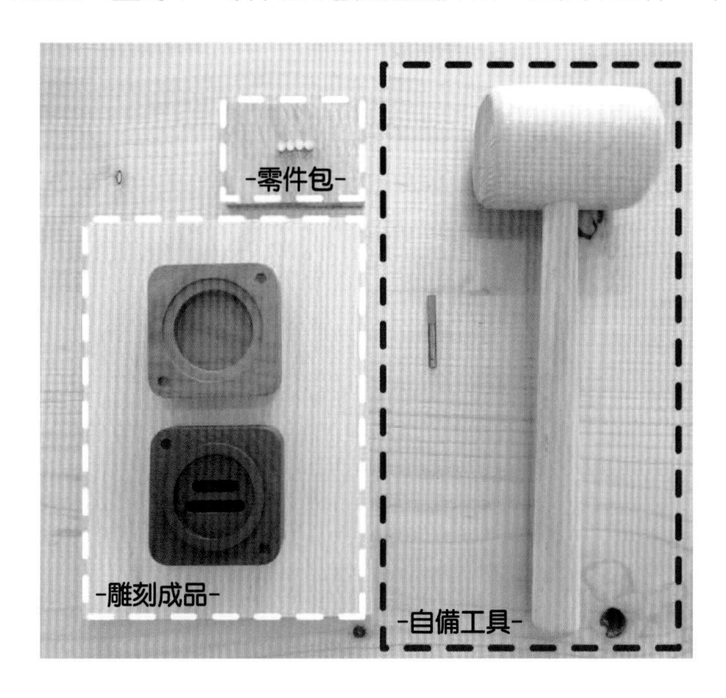

❶ 將磁鐵塞入孔洞。

組裝重點：
磁鐵組裝時需注意 S 極與 N 極的方向，確認上蓋與盒身的磁鐵可以互相吸引後再進行敲打組裝。

❷ 使用工具將磁鐵輕敲放入。

完成。

實習 7 質感生活 - 桌上收納盤

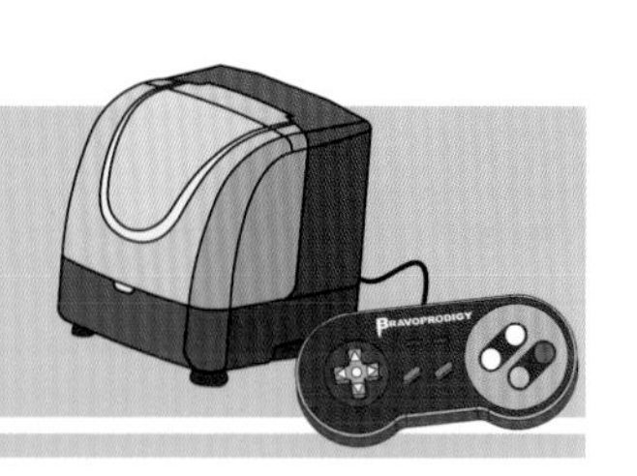

完成作品

延伸應用

學習重點

1. 使用 VCarve Desktop 軟體，學習使用陣列複製物件，調整物件尺寸。
2. 設定工件並進行編排。
3. 學習 2D 刀具路徑編排，線內加工、範圍內銑削降面加工、外型切邊加工。
4. 肋柱設定。
5. 學習模擬切削及路徑轉出成 G 碼。
6. 素材架設及執行雕刻作業。

範例檔案資料夾

1. Dxf 圖檔，可供練習圖檔編輯及轉刀路。
2. 已完成的 Vcarve Desktop 專案檔，可供查看。
3. 提供完成 G 碼檔，可供直接雕刻製作。

動作說明

載入向量檔案，使用陣列功能複製圖形並進行修改，合併多個不同的刀具路徑來加工桌上收納盤。

使用材料與配件

刀具編號：4400H150

雕刻材料：MDF 密集板 200 X 150 X 20 mm 1 片、MDF 密集板 200 X 150 X 9 mm 1 片

使用工具：MDF 密集板（墊板）200 X 150 X 9 mm 1 片、齒型壓板組（小）2 個

雕刻時間：約 2 小時 15 分鐘，雕刻速度 F1500mm/min

官網另有原木素材可挑選

實習步驟 - 質感生活 - 桌上收納盤 A

開啟 VCarve Desktop 軟體，編輯工件設定。

❶ 點選【Create a new file】建立新檔案 ➔ ❷ 輸入工件的相關參數。

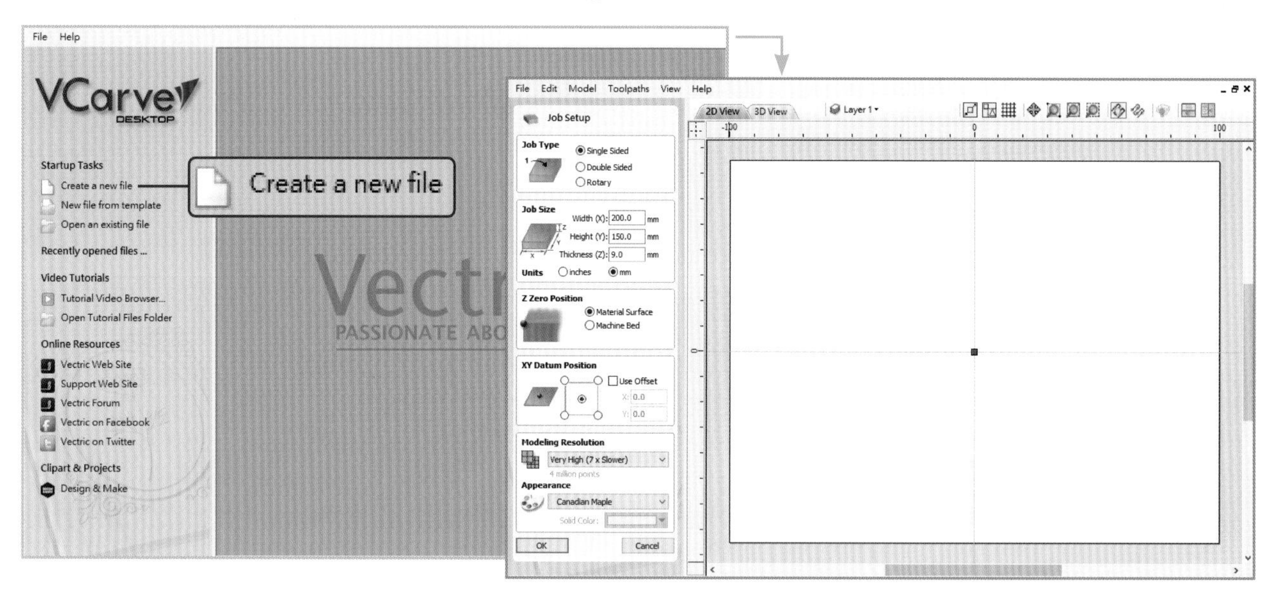

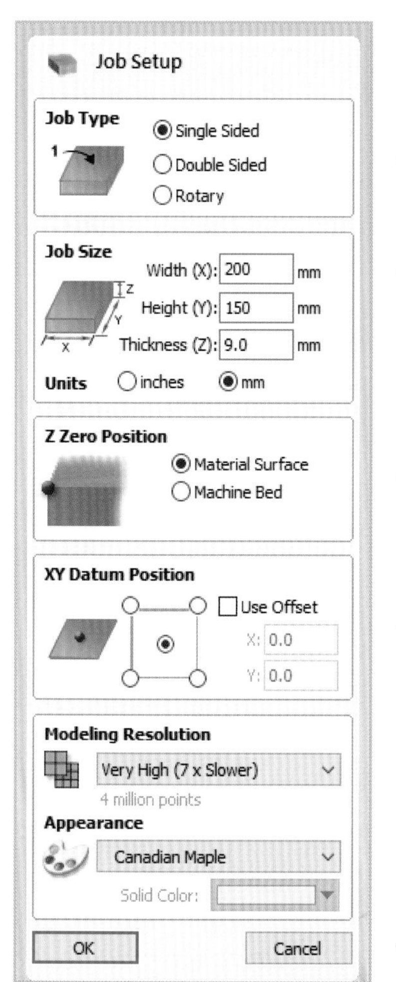

➔ 點選【Single Sided】單面加工

➔ 設定素材尺寸

Width (X)：200mm；Height (Y)：150mm；Thickness (Z)：9mm

Units：mm

➔ 點選【Material Surface】，將Z軸原點設在素材表面

➔ 選擇中心點為XY軸的基準點

➔ 點選【OK】完成設定

STEP 02 點選 【Import vectors from a file】載入本實習單元所使用的圖檔 - 實習 7_ 質感生活 - 桌上收納盤 A。

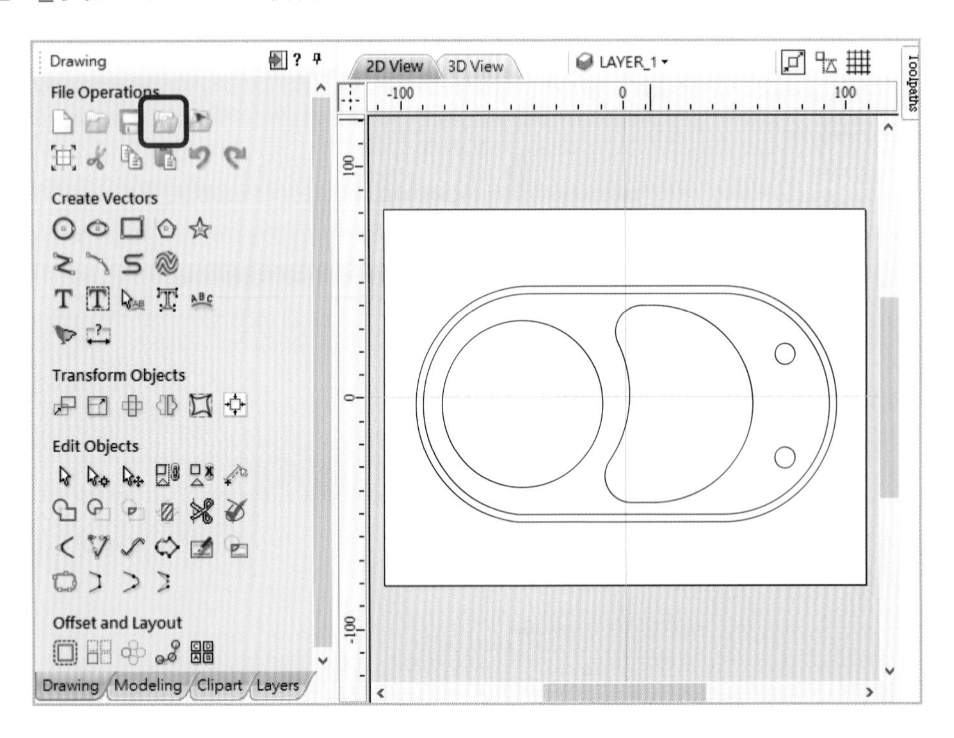

STEP 03 使用陣列複製物件。

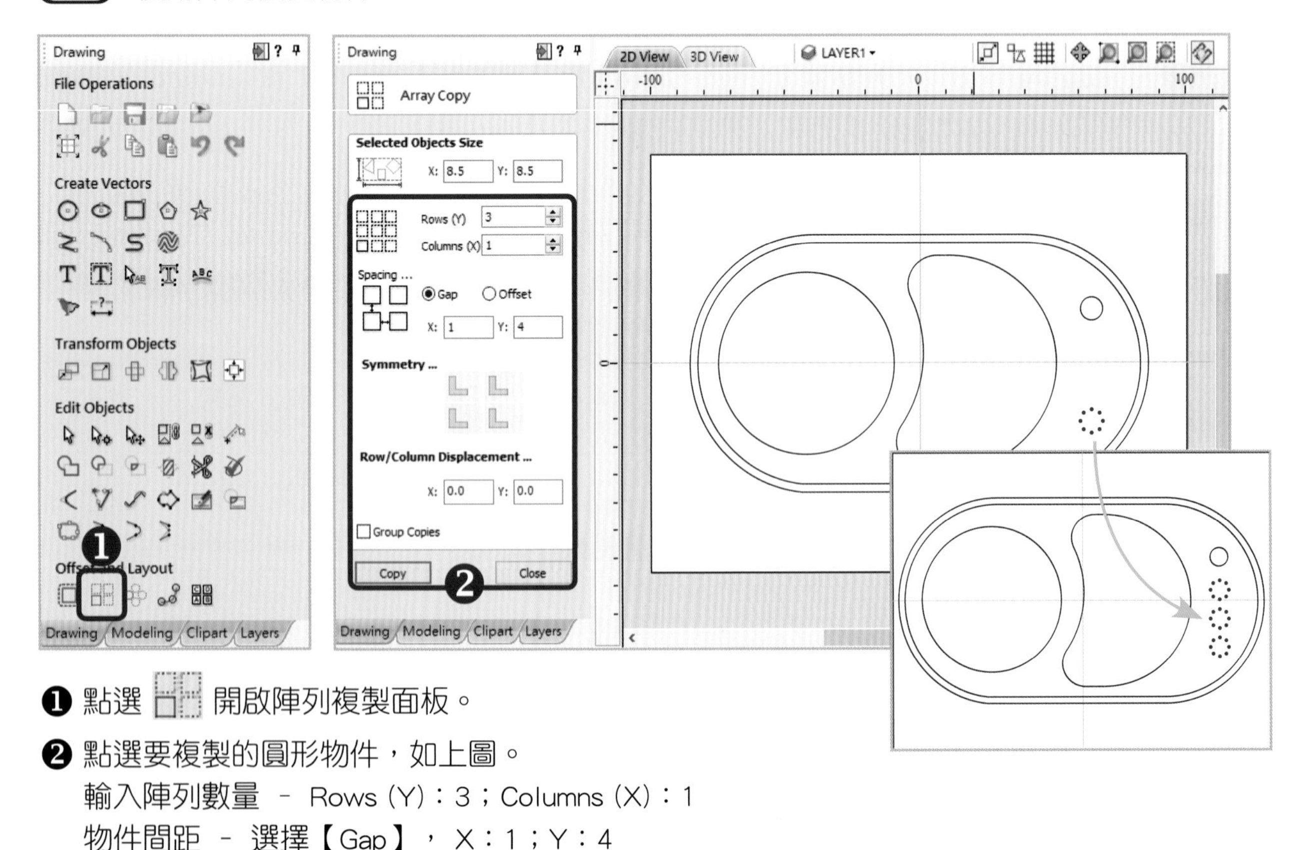

❶ 點選 開啟陣列複製面板。

❷ 點選要複製的圓形物件，如上圖。
輸入陣列數量 － Rows (Y)：3；Columns (X)：1
物件間距 － 選擇【Gap】， X：1；Y：4
按下 Copy 此時視窗會出現您所陣列的結果，繪製完畢按下 Close 離開。

STEP 04 使用縮放工具 【Set Selected Objects Size】修改圓形物件的尺寸。

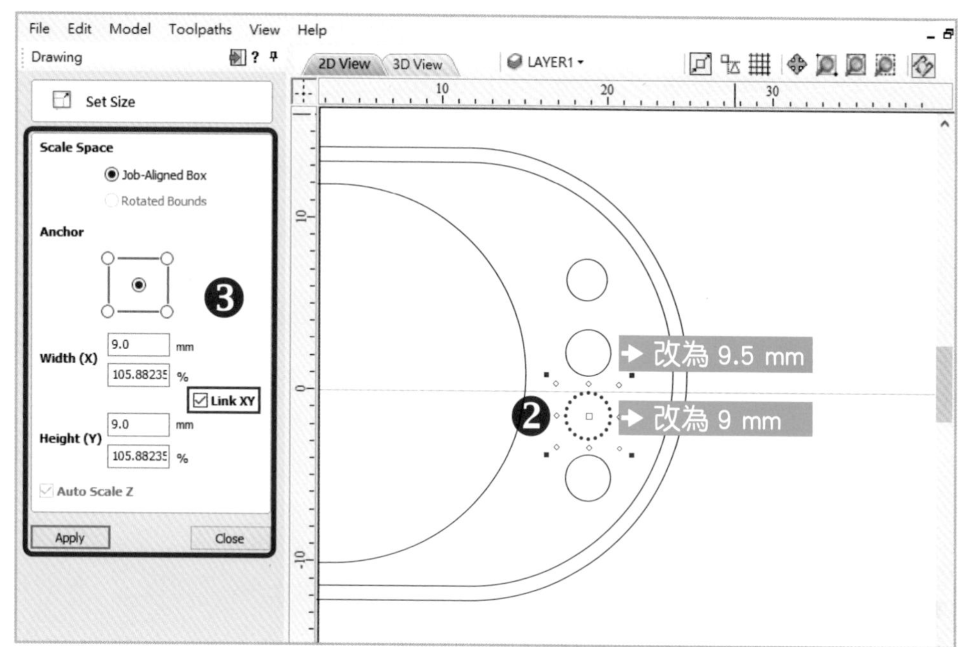

❶ 點選 開啟設定面板。

❷ 選取想要變更的物件，物件被選取時會呈粉紅色虛線的狀態。

❸ 設定以中心點為基準，並勾選【Link XY】讓物件在變形時保持長寬比，接著在尺寸欄位內輸入需要的數值，按下 Apply 完成修改。
請參考上圖分別將兩個圓形修改尺寸為 9 及 9.5 mm。

STEP 05 ❶ 開啟【Toolpaths】刀具路徑面板 → ❷ 點選 Set ... 設定素材。

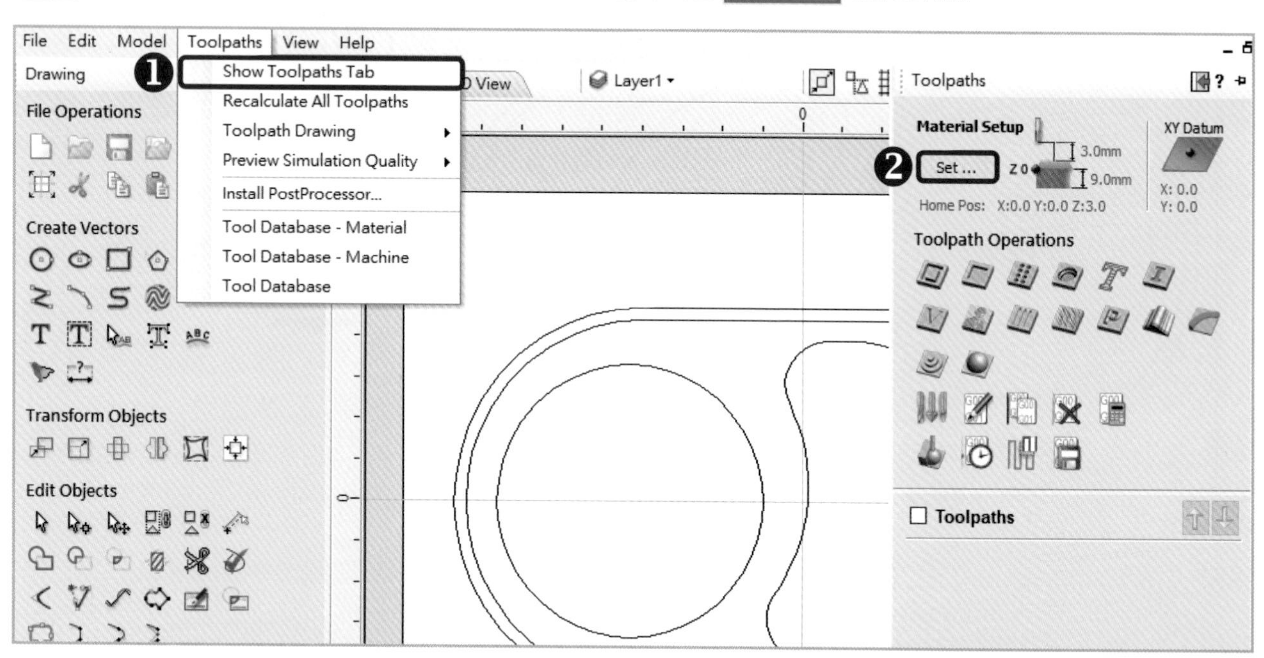

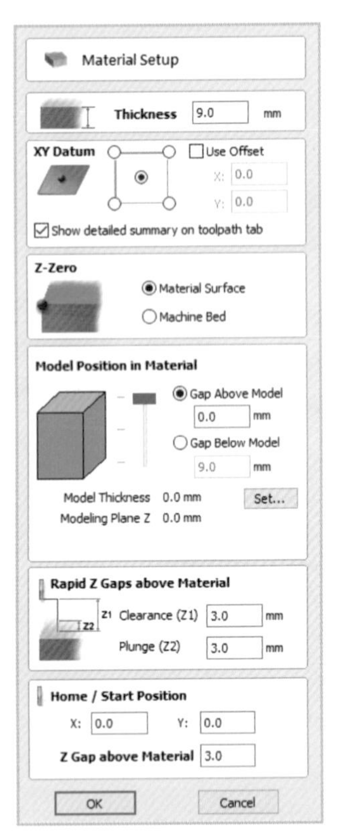

- Thickness：輸入素材厚度 9 mm
- XY Datum：點選中心點
- Z-Zero：原點設定在素材表面
- Model Position in Material：點選【Gap Above Model 0.0 mm】
- Clearance (Z1)：3 mm
  Plunge (Z2)：3 mm
- Home / Start Position：X：0.0 ； Y：0.0
  Z Gap above Material：3.0
- 點選 【OK】 即設定完成

STEP 06 使用刀具路徑【Toolpath Operations】提供的各種加工方式，對圖檔進行刀具路徑的安排。

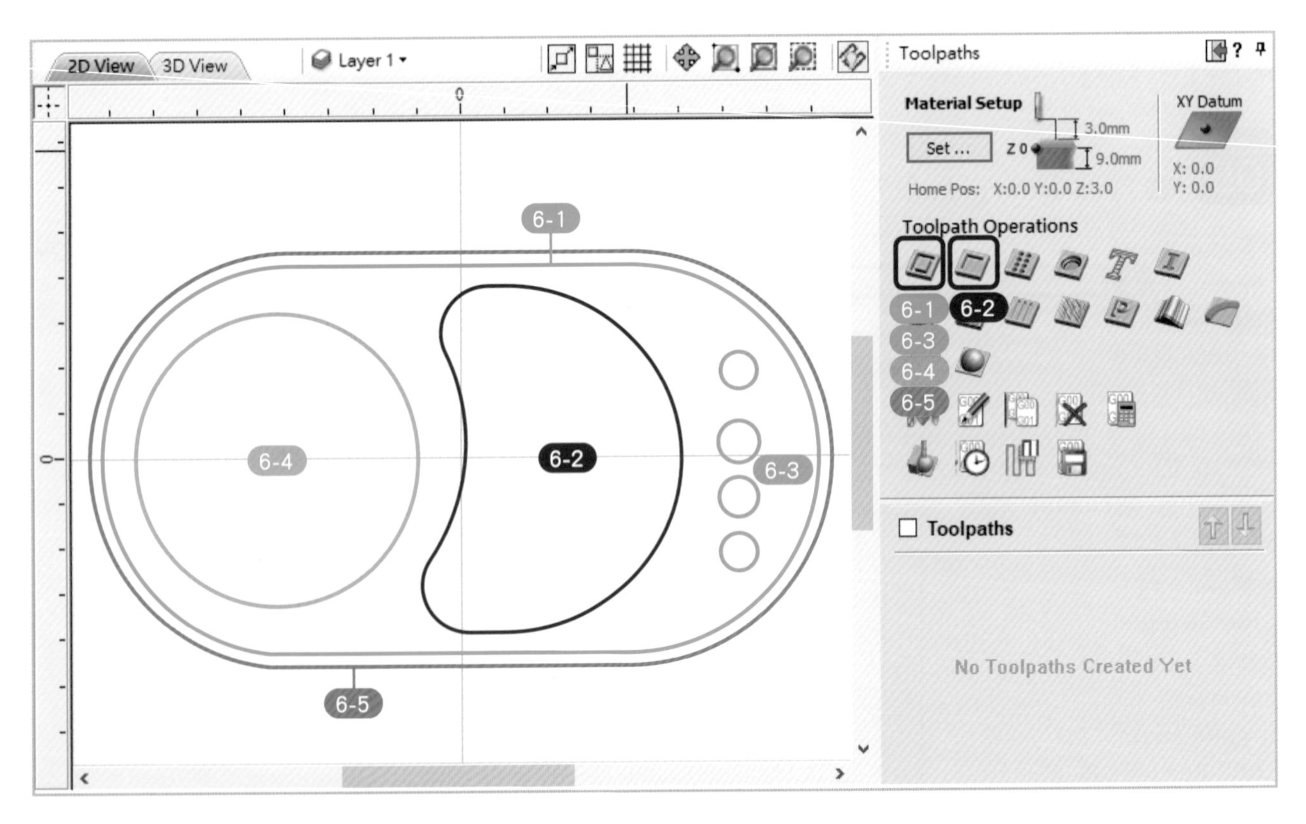

6-1 桌上收納盤 A- 外框降面線外加工

選取 2D 外型刀具路徑 【2D Profile Toolpath】開啟設定面板。
點選要加工的線條，使其呈粉紅色虛線的被選取狀態，請參考下圖。
請依序由上而下參照範例進行參數設定。

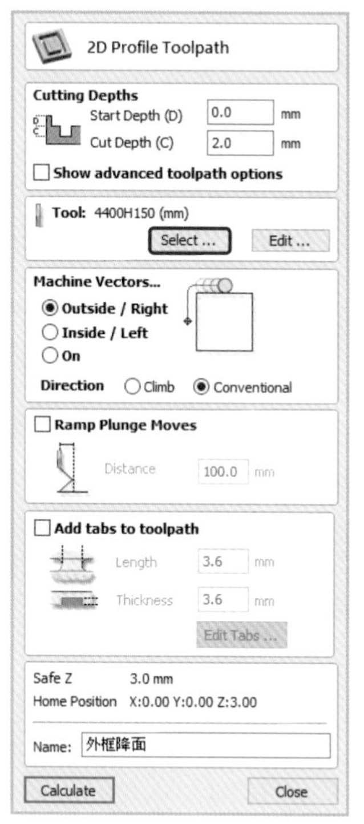

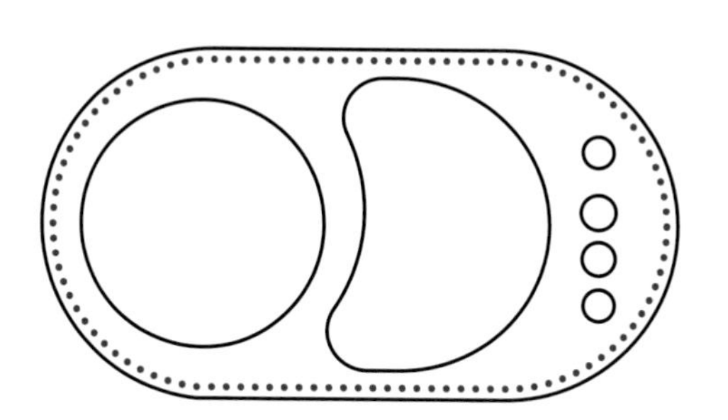

➜ Cutting Depths
Start Depth：0.0 mm
Cut Depth：2.0 mm

➜ Tool：4400H150 (mm)（註 1）

➜ Machine Vectors…
點選【Outside / Right】
Direction 點選【Conventional】

➜ 將刀具路徑命名為 - 外框降面

➜ 點選【Calculate】（註 2）

註 1

請參照紅框內各項數值設定。

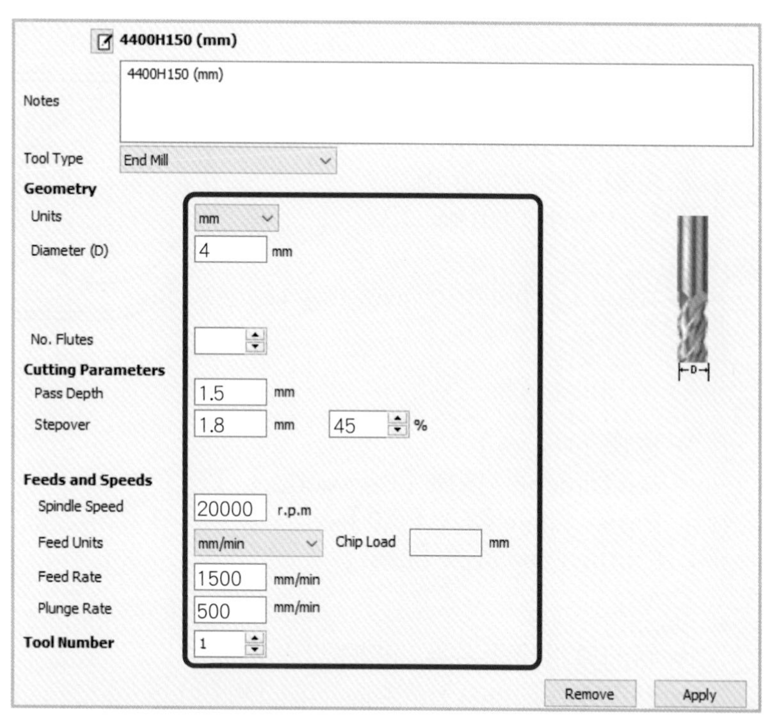

註 2

每次刀具路徑計算完成時都會自動切換到 3D 視窗並開啟刀具路徑預覽面板。

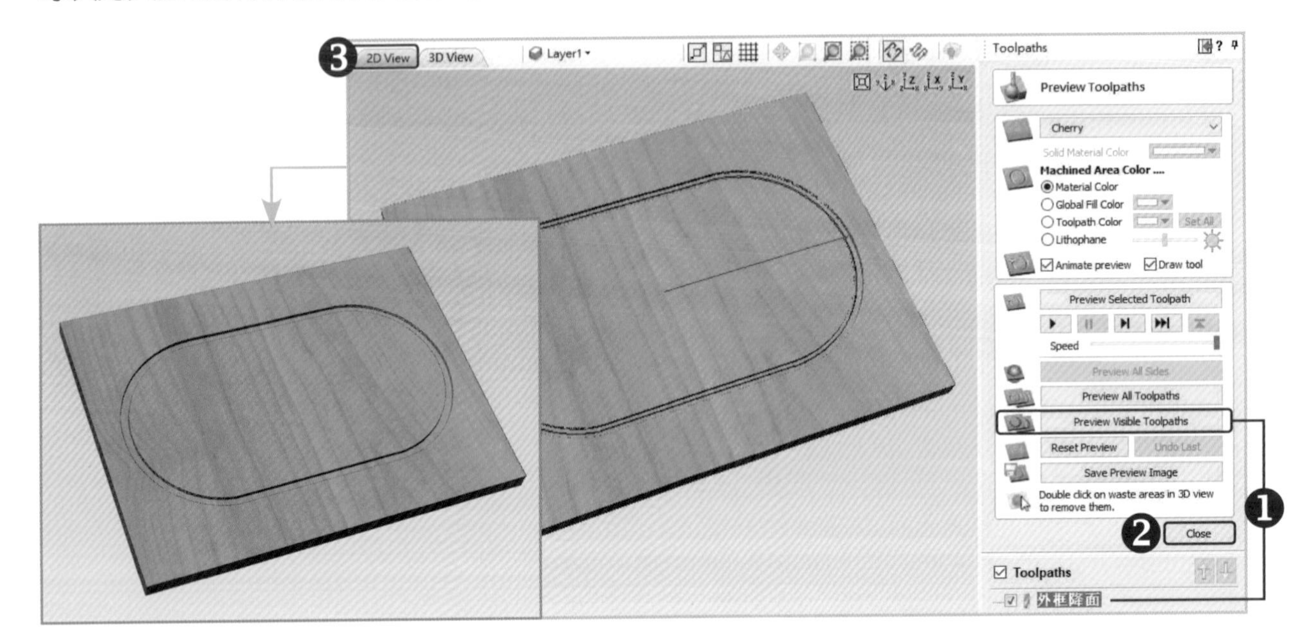

❶ 點選【Preview Visible Toolpaths】，即可出現所勾選刀具路徑預覽結果。

❷ 點選【Close】離開預覽功能。

❸ 點選【2D View】，回到 2D 工作視窗畫面。

6-2 桌上收納盤 A- 盒身降面範圍內加工

開啟 【Pocket Toolpath】設定面板 ➔ 點選要加工的線條。

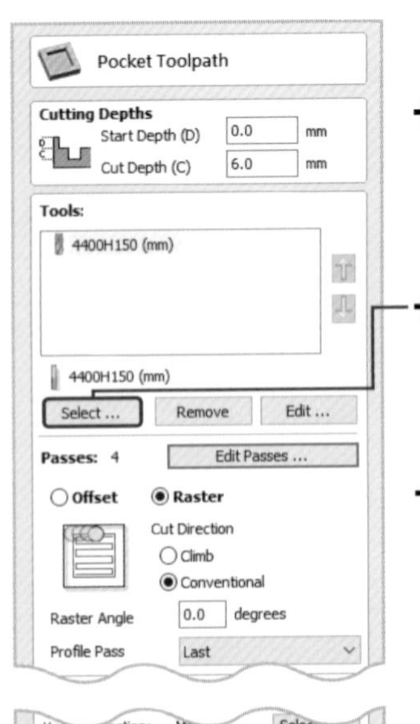

➔ Cutting Depths
Start Depth：0.0 mm
Cut Depth：6.0 mm

➔ Tools：4400H150 (mm)（註 1）

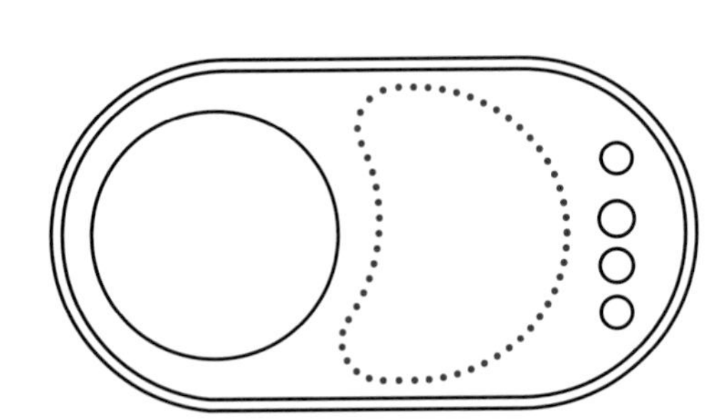

➔ 選擇【Raster】
Cut Direction 選擇【Conventional】
Raster Angle 輸入【0.0】degrees
Profile Pass 選擇【Last】

➔ 將刀具路徑命名為 - 凹槽
➔ 點選【Calculate】（註 2）

6-3 桌上收納盤 A- 木榫與筆插孔洞線內加工

開啟【2D Profile Toolpath】設定面板 ➜ 按住 Shift 鍵點選要加工的線條。

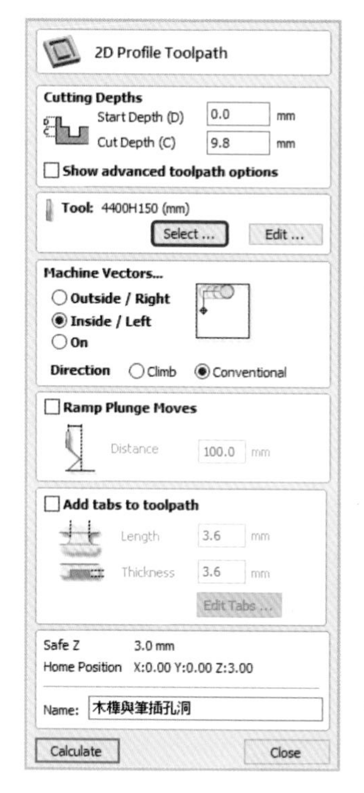

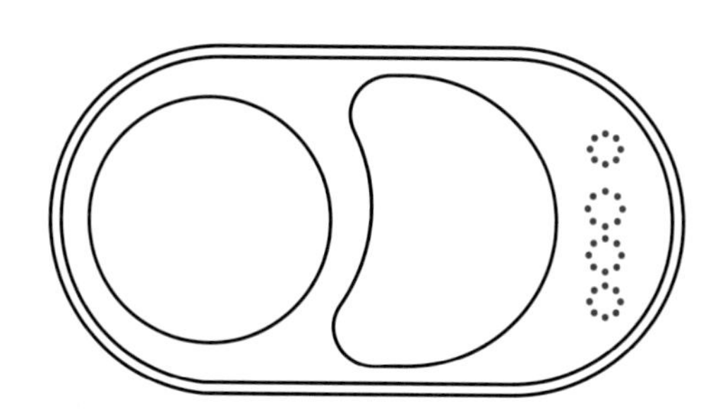

➜ Cutting Depths
Start Depth：0.0 mm
Cut Depth：9.8 mm

➜ Tool：4400H150 (mm)（註 1）

➜ Machine Vectors…
點選【Inside / Left】
Direction 點選【Conventional】

➜ 將刀具路徑命名為 - 木榫與筆插孔洞

➜ 點選【Calculate】（註 2)（註 3)

註 3

在設定切穿刀路時，為了能切穿素材而會將雕刻深度設定超過素材厚度，故軟體會出現提醒視窗告知，此時點選【OK】確認即可。

如：此範例為素材厚度為 9 mm，雕刻深度為 9.8 mm。

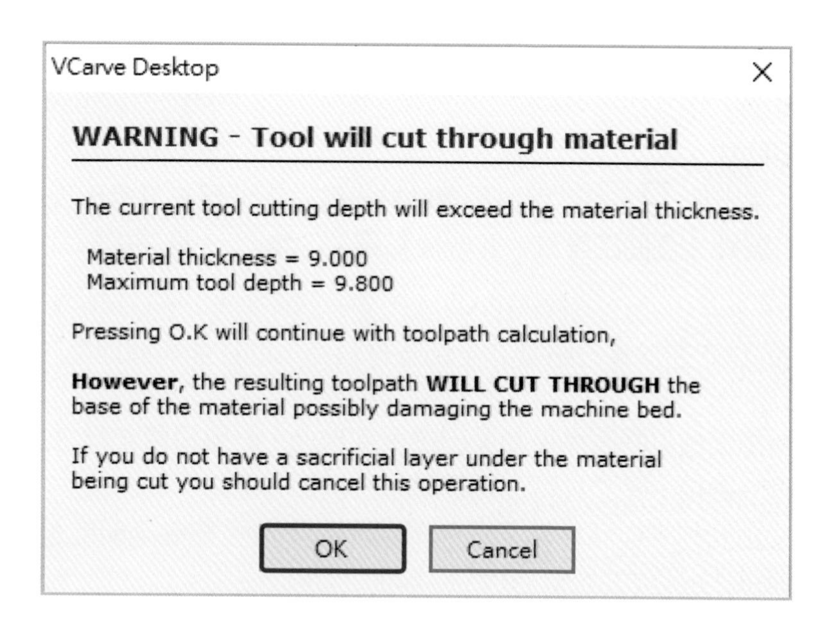

6-4 桌上收納盤 A- 內圓切邊加工

開啟 【2D Profile Toolpath】設定面板 ➜ 點選要加工的線條。

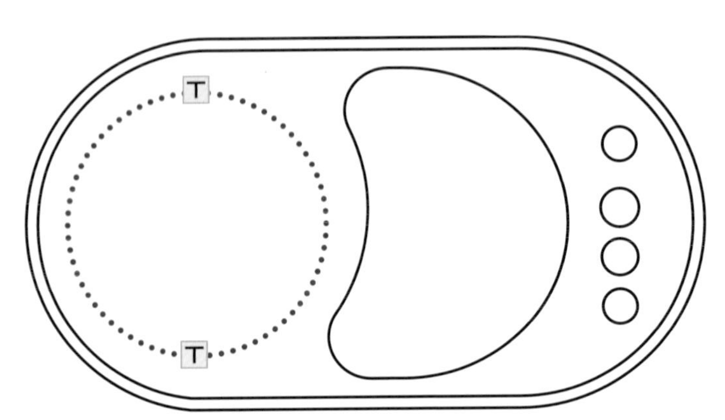

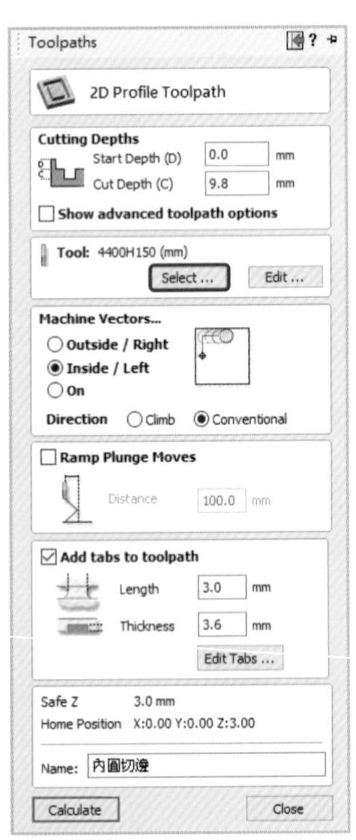

➜ Cutting Depths
Start Depth：0.0 mm ； Cut Depth：9.8 mm

➜ Tool：4400H150 (mm)（註 1）

➜ Machine Vectors…
點選【Inside / Left】
Direction 點選【Conventional】

➜ 勾選【Add tabs to toolpath】增加肋柱
Length：3mm； Thickness：3.6mm
點選【Edit tabs...】請參考上圖標示編輯肋柱（註 4）

➜ 將刀具路徑命名為 - 內圓切邊

➜ 點選【Calculate】（註 2)（註 3）

此處以手動方式設置肋柱。
使用滑鼠靠近線條，當出現 ，表示可以設置肋柱，點一下滑鼠左鍵會出現如上圖的 T 圖示，請參考上圖標示的位置將 2 個肋柱設置，完成後點選 Close 離開編輯介面即可。

肋柱的作用在於當刀路會完全切穿材料時，肋柱能夠將成品接合在材料上避免脫落。

1. 新增肋柱：將游標移動至已選定線條上，點擊滑鼠左鍵增加肋柱。
2. 刪除肋柱：在肋柱點上點擊滑鼠左鍵即可刪除。
3. 移動肋柱：在肋柱點上按住滑鼠左鍵不放並拖曳至新的位置後，放開左鍵即可。

6-5 桌上收納盤 A- 切邊加工

開啟  【2D Profile Toolpath】設定面板 ➔ 點選要加工的線條。

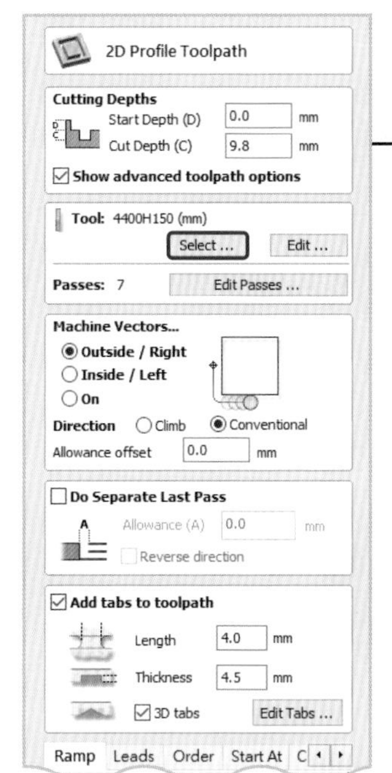

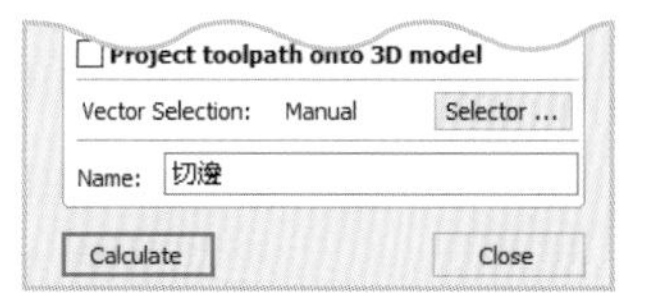

➔ Cutting Depths
Start Depth：0.0 mm；Cut Depth：9.8 mm
請勾選【Show advanced toolpath options】，顯示進階刀具設定選項。

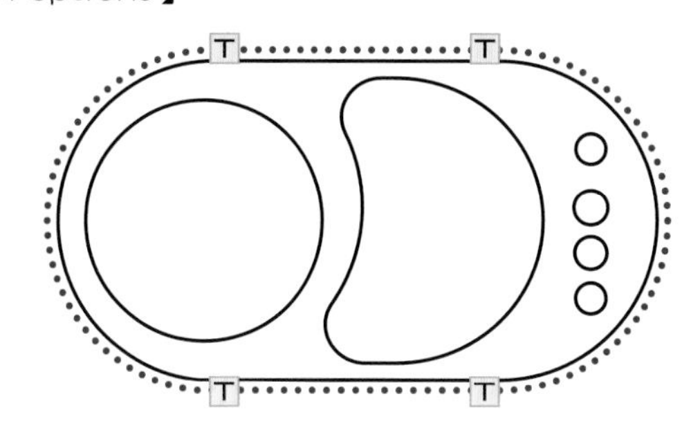

➔ Tool：4400H150 (mm)（註 1）

➔ Machine Vectors...
點選【Outside / Right】
Direction 點選【Conventional】

➔ 勾選【Add tabs to toolpath】增加肋柱
Length：4 mm；Thickness：4.5 mm
勾選【3D tabs】
點選【Edit tabs...】請參考上圖標示編輯肋柱（註 4）

➔ 將刀具路徑命名為-切邊

➔ 點選【Calculate】（註 2)（註 3)

STEP 07 使用刀具路徑預覽 【Preview Toolpaths】模擬所有刀具路徑的雕刻結果。

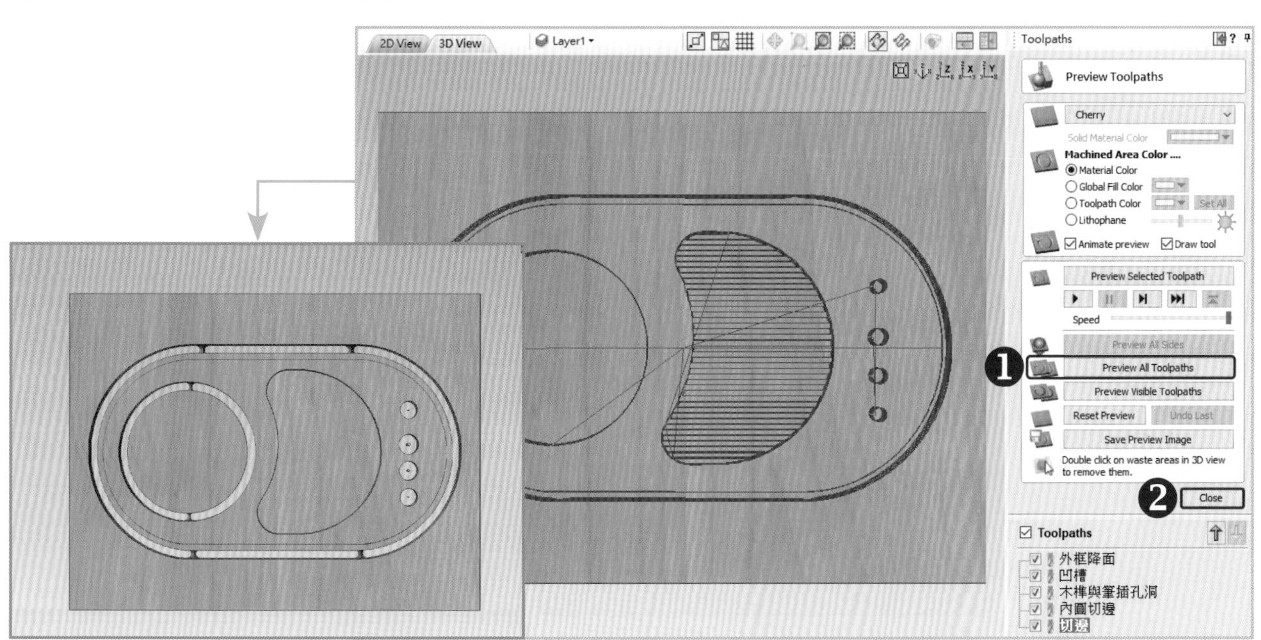

❶ 點選【Preview All Toolpaths】，即可模擬目前所有刀具路徑的預覽結果。

❷ 點選【Close】離開預覽功能。

STEP 08 使用儲存刀具路徑 【Save Toolpaths】將 G 碼存出。

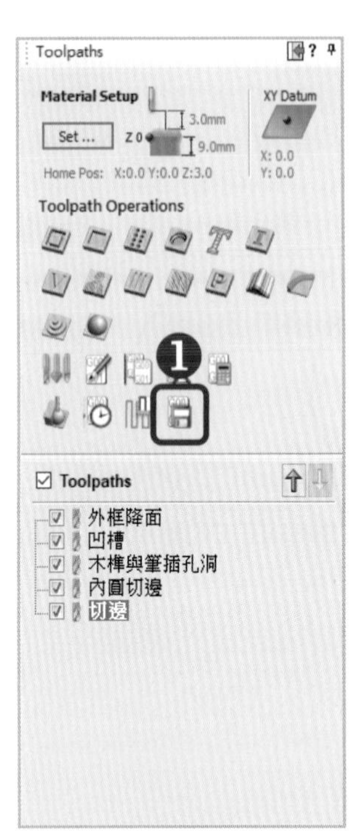

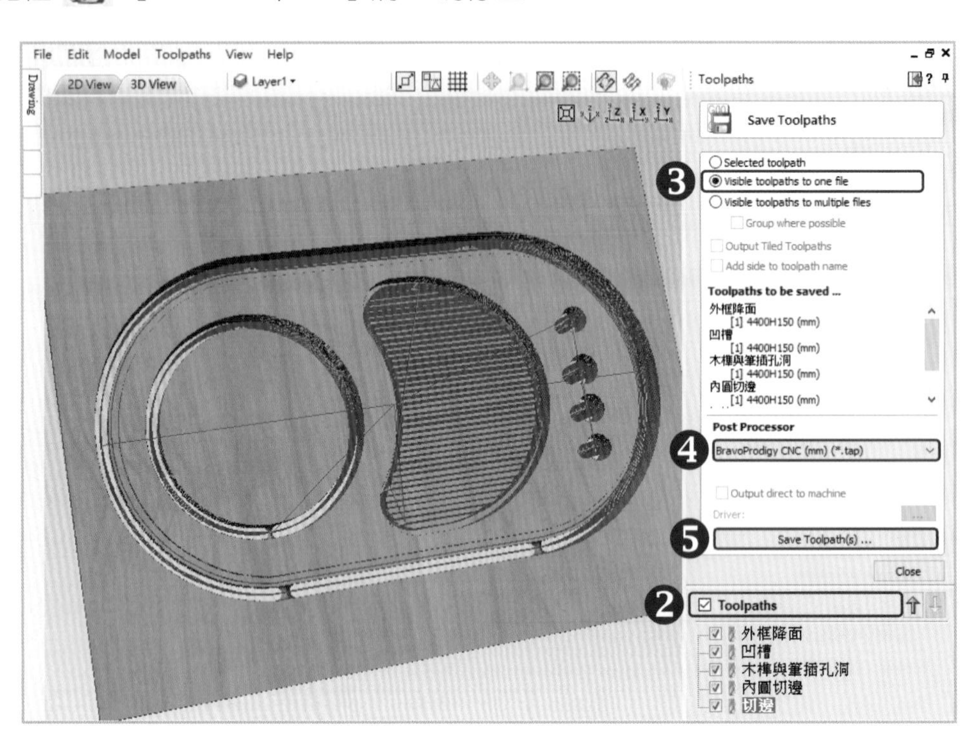

❶ 點選 開啟設定面板。

❷ 勾選【Toolpaths】選取所有刀具路徑。
請注意刀具路徑的排列順序需與範例相同。

❸ 勾選【Visible toolpaths to one file】。

❹ Post Processor(後處理器)選擇【BravoProdigy CNC (mm)(*.tap)】。
備註：若無上述說明之後處理器，也可另轉存【G Code (mm)(*.tap)】後處理器。

❺ 點選【Save Toolpath(s)...】存出 G 碼，命名為質感生活 - 桌上收納盤 A。

❻ 點選 【Save】儲存專案檔 - 質感生活 - 桌上收納盤 A。

Bravoprodigy CNC 執行雕刻。
(CNC 操作請參考單元 6 實習 1 步驟 08 CNC 操作說明)

❶ 選擇【直接連線】方式進入 BravoProdigy CNC 軟體，載入【質感生活 桌上收納盤 A】G 碼。

❷ 素材固定於工作台並在主軸上鎖上刀具【4400H150】。

> 素材夾持重點：
> 本範例的刀具路徑須將素材切穿，因此需要一片 MDF 板來作為墊板，在切穿時才不會雕刻到工作台表面。

9 mm 素材
9 mm 墊板

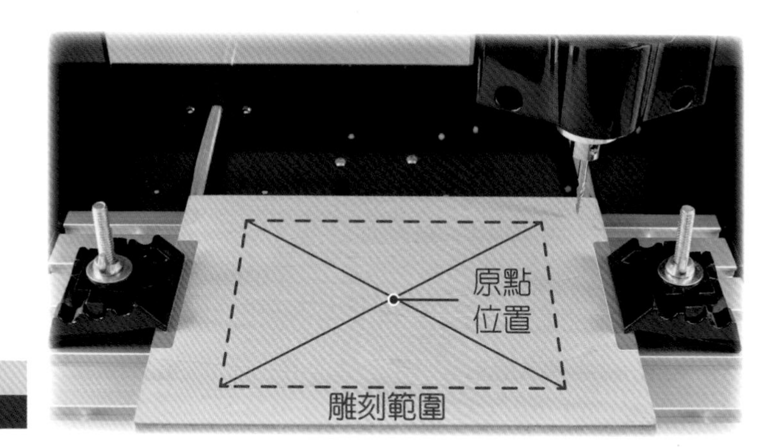

❸ 原點設定：
使用手持控制器將刀具移動至素材工件原點後，再將軟體上三軸的座標值歸零。

❹ 雕刻行程確認：
使用手持控制器移動刀具進行雕刻行程確認 (注意：操作時請注意移動速度與安全距離)，確認無誤後請點選【回到原點】，機器會自動回到先前設定之工件原點。

❺ 將【雕刻速率】調到 100%。

❻ 按下【啟動】開始雕刻。(若您使用的機器有安全外罩，請先將安全外罩蓋上)

❼ 雕刻完畢後，請先清除粉塵再取下作品。

實習步驟 - 質感生活 - 桌上收納盤 B

STEP 01 開啟 VCarve Desktop 軟體，編輯工件設定。

❶ 點選【Create a new file】建立新檔案 ➔ ❷ 輸入工件的相關參數。

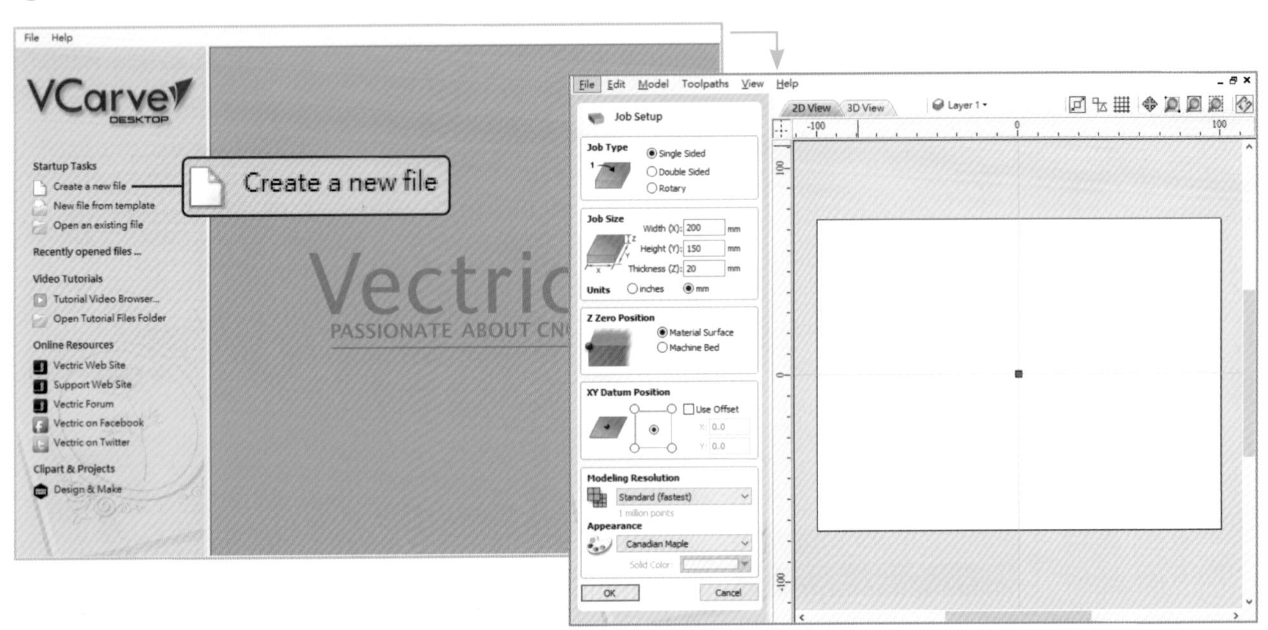

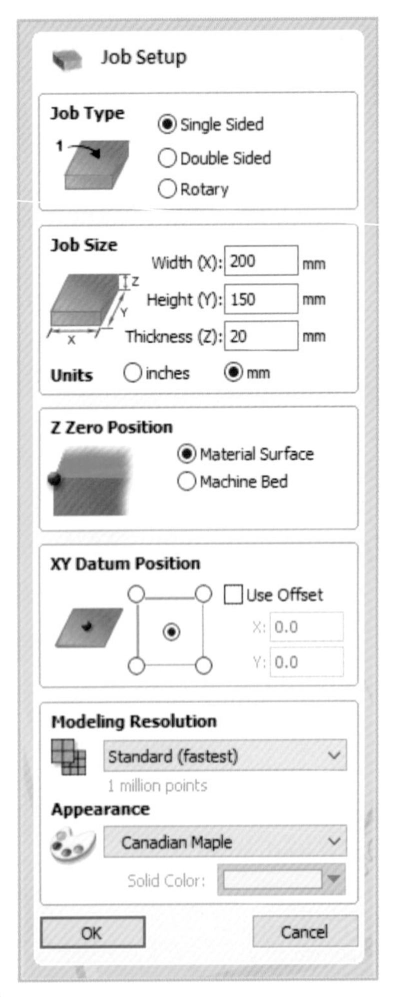

➔ 點選【Single Sided】單面加工

➔ 設定素材尺寸

Width (X)：200mm；Height (Y)：150mm；Thickness (Z)：20mm

Units：mm

➔ 點選【Material Surface】，將Z軸原點設在素材表面

➔ 選擇中心點為XY軸的基準點

➔ 點選【OK】完成設定

STEP 02 點選 【Import vectors from a file】載入本實習單元所使用的圖檔 - 實習 7_ 質感生活 - 桌上收納盤 B。

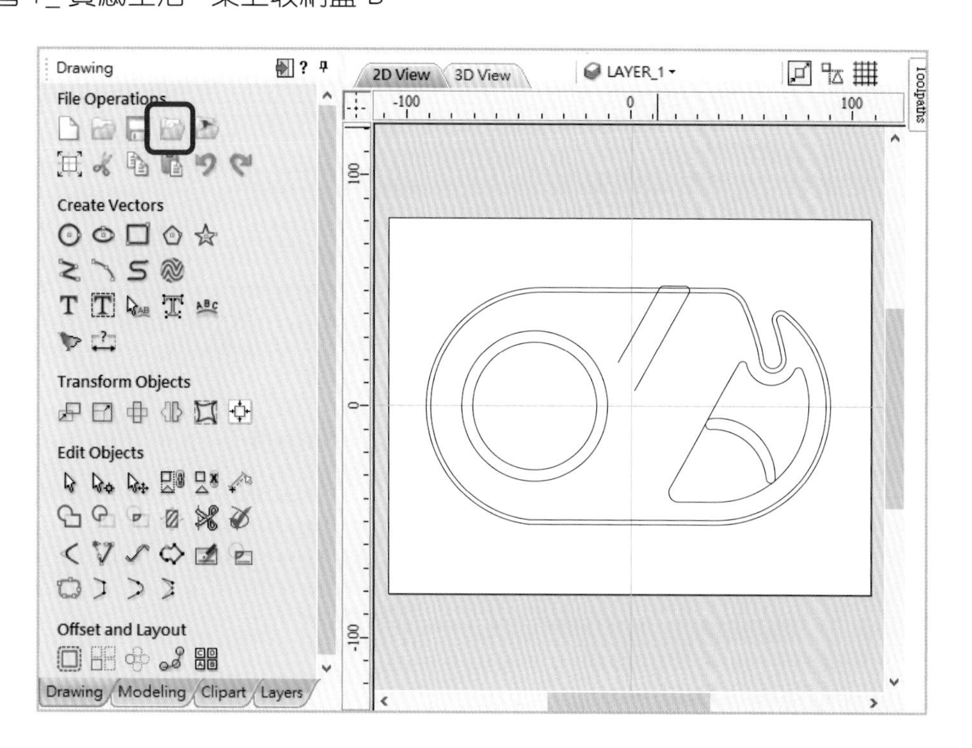

STEP 03 使用繪圖面板工具繪製溝槽。

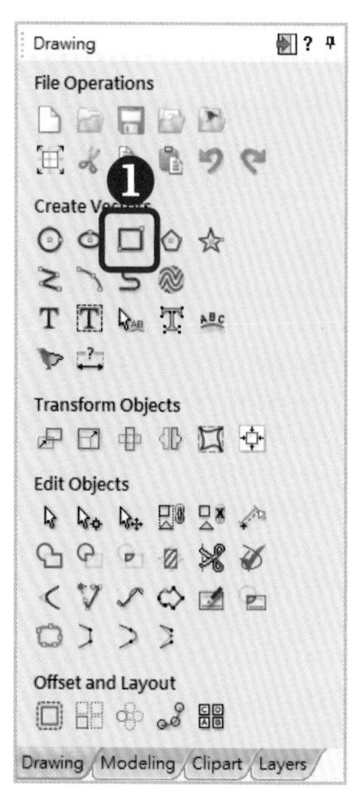

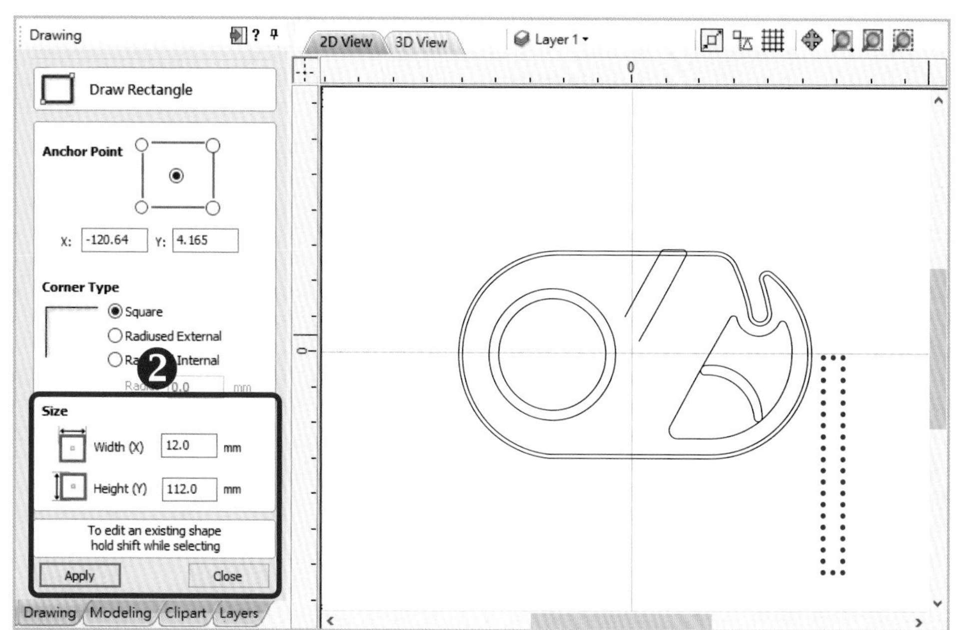

❶ 點選 開啟矩形繪製面板。

❷ 輸入要創建的矩形尺寸 Wight(X)：12mm ； Hight(Y)：112mm，按下 Apply 此時視窗會出現您所創建的矩形。

STEP 04 使用繪圖面板工具編輯溝槽。

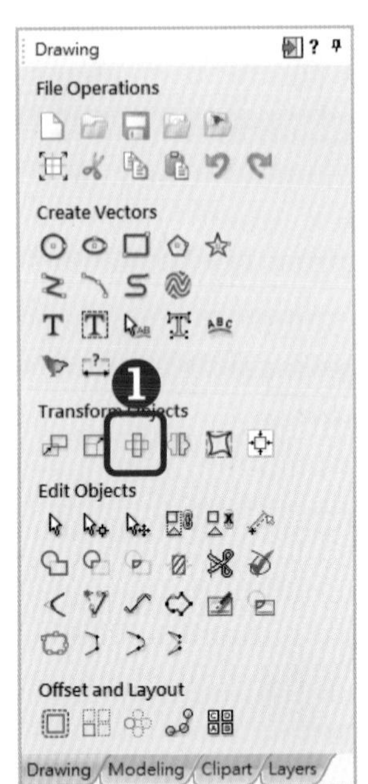
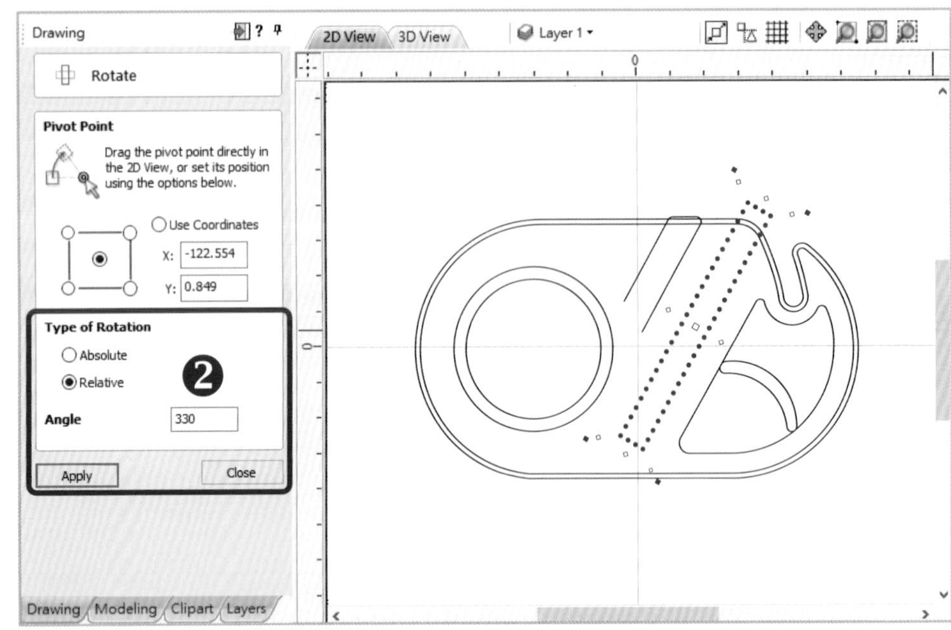

❶ 點選 開啟旋轉編輯面板。

❷ 選取要旋轉的物件，在欄位輸入 330 度，按下 Apply 完成旋轉。

❸ 將物件移至如上圖所示位置，完成後點選 Close 離開編輯介面。

STEP 05 使用繪圖面板工具為溝槽增加圓角。

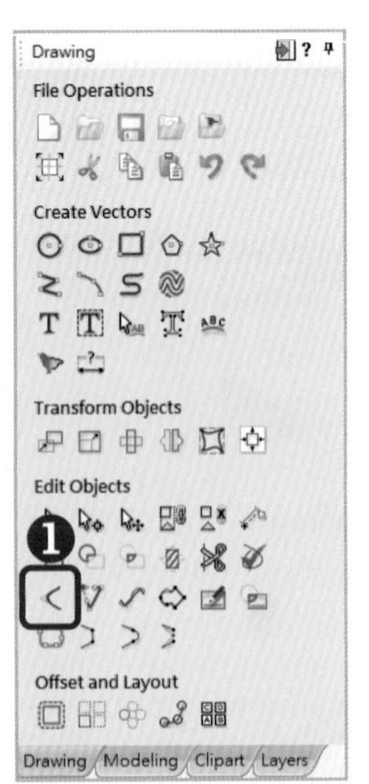
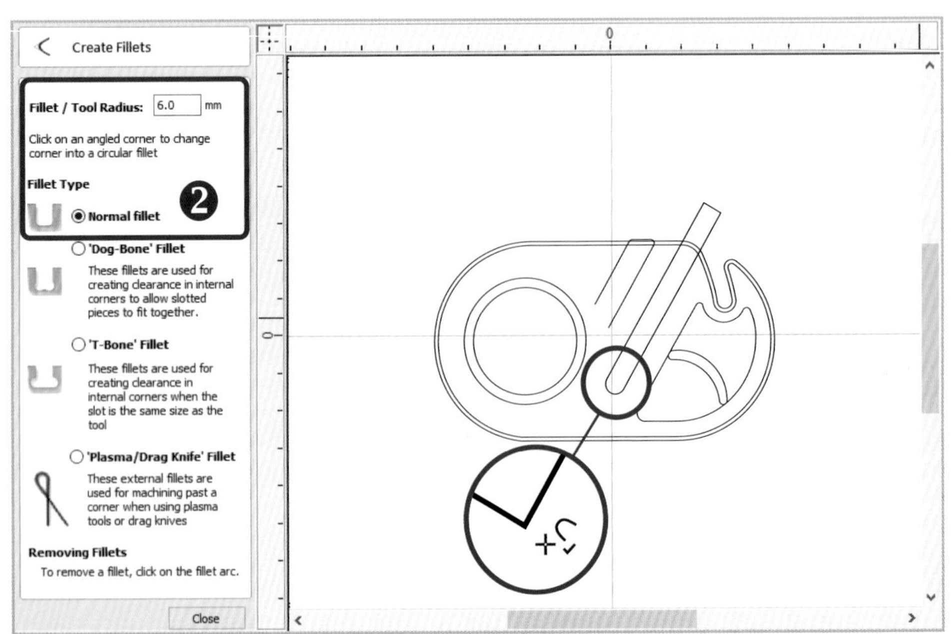

❶ 點選 開啟圓角繪製面板。

❷ 輸入圓角尺寸 6mm， 當滑鼠游標靠近矩形的角落時會出現 圖示，點一下滑鼠左鍵即可創建圓角。請將紅圈處兩個角落繪製成圓角，完成後點選 Close 離開編輯介面。

❶ 開啟【Toolpaths】刀具路徑面板 ➜ ❷ 點選 Set ... 設定素材。

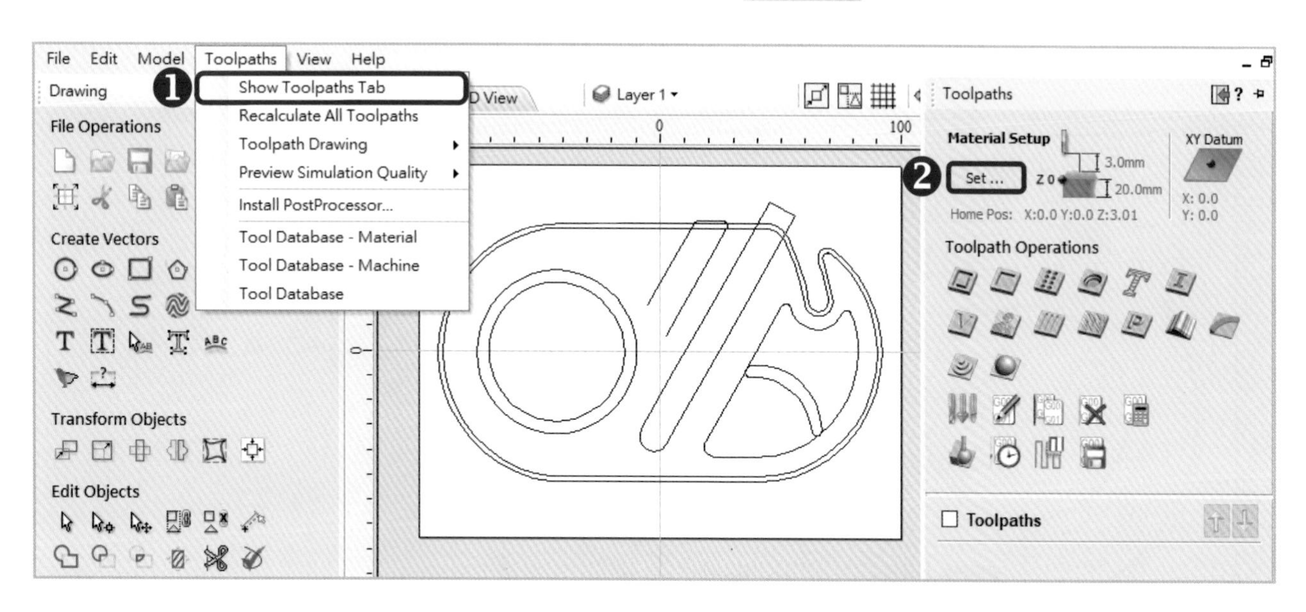

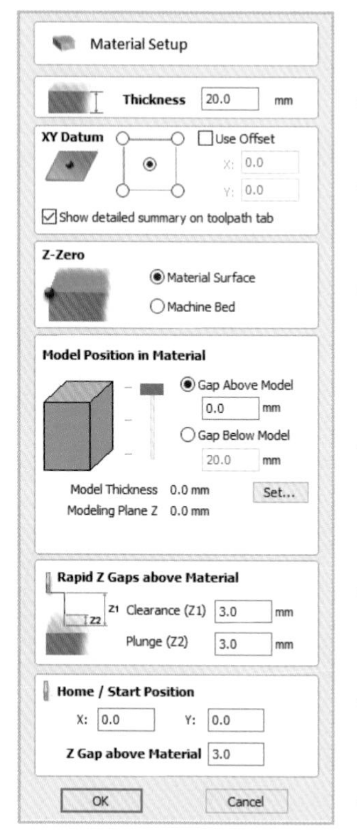

➜ Thickness：輸入素材厚度 20 mm

➜ XY Datum：點選中心點

➜ Z-Zero：原點設定在素材表面

➜ Model Position in Material：點選【Gap Above Model 0.0 mm】

➜ Clearance (Z1)：3 mm
Plunge (Z2)：3 mm

➜ Home / Start Position：X：0.0 ； Y：0.0
Z Gap above Material：3.0

➜ 點選 【OK】 即設定完成

STEP 07 使用刀具路徑【Toolpath Operations】提供的各種加工方式，對圖檔進行刀具路徑的安排。

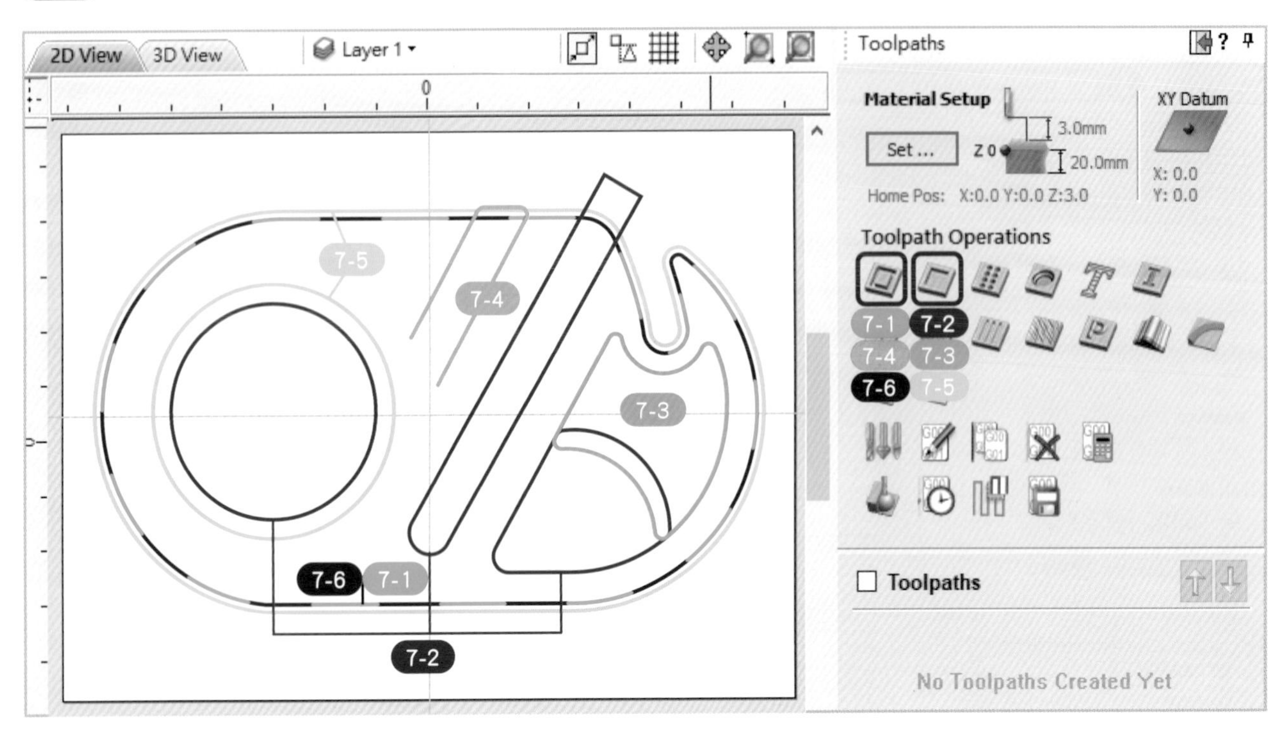

7-1 桌上收納盤 B- 外框排屑線外加工

選取 2D 外型刀具路徑 【2D Profile Toolpath】開啟設定面板。
點選要加工的線條，使其呈粉紅色虛線的被選取狀態，請參考下圖。
請依序由上而下參照範例進行參數設定。

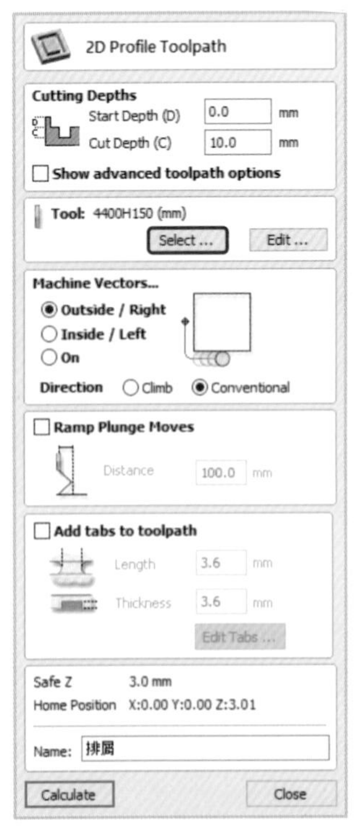

- Cutting Depths
  Start Depth：0.0 mm
  Cut Depth：10 mm
- Tool：4400H150 (mm)（註 1）
- Machine Vectors⋯
  點選【Outside / Right】
  Direction 點選【Conventional】

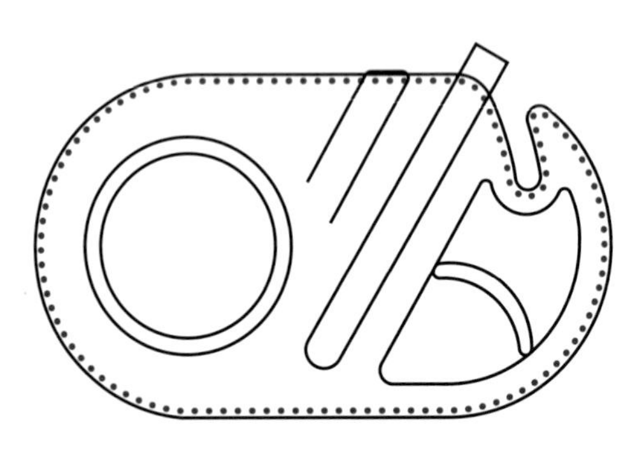

- 將刀具路徑命名為 - 排屑
- 點選【Calculate】（註 2）

7-2 桌上收納盤 B- 挖槽 1 範圍內加工

開啟 【Pocket Toolpath】設定面板 ➔ 按住 Shift 鍵點選要加工的線條。

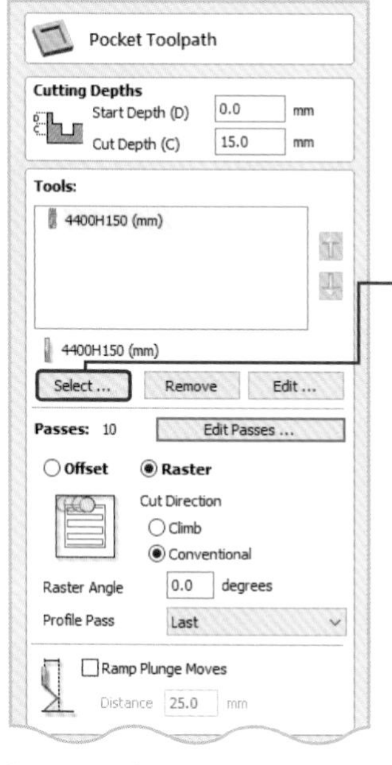

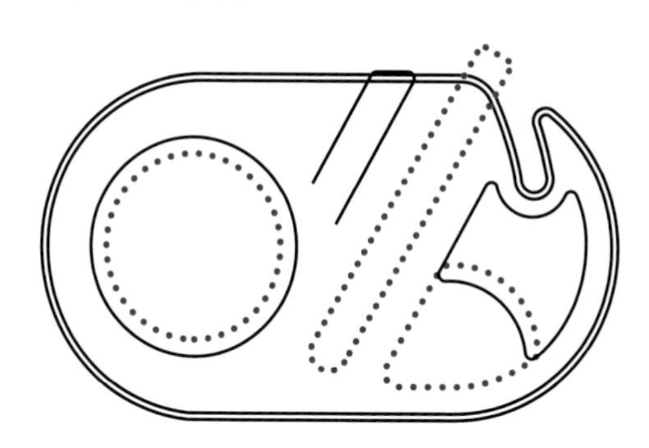

➔ Cutting Depths
Start Depth：0.0 mm
Cut Depth：15 mm

➔ Tools：4400H150 (mm)（註 1）

➔ 選擇【Raster】
Cut Direction 選擇【Conventional】
Raster Angle 輸入【0.0】degrees
Profile Pass 選擇【Last】

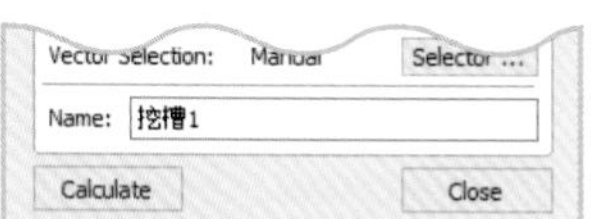

➔ 將刀具路徑命名為 - 挖槽 1
➔ 點選【Calculate】（註 2）

7-3 桌上收納盤 B- 挖槽 2 範圍內加工

開啟 【 Pocket Toolpath】設定面板 ➔ 點選要加工的線條。

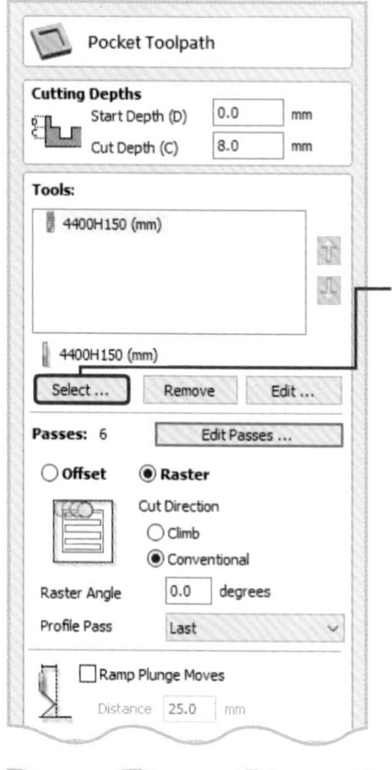

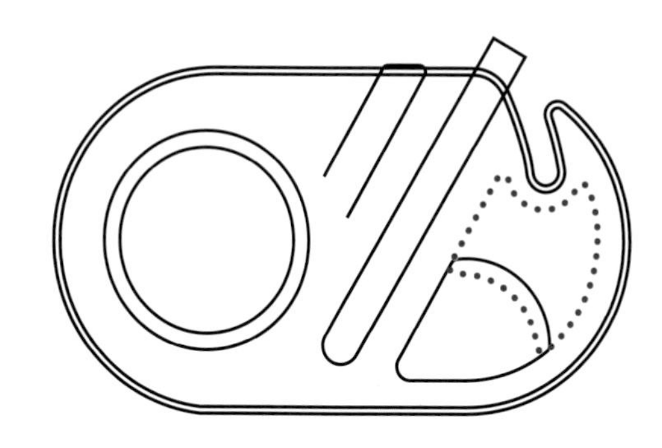

➔ Cutting Depths
Start Depth：0.0 mm
Cut Depth：8 mm

➔ Tools：4400H150 (mm)（註 1）

➔ 選擇【Raster】
Cut Direction 選擇【Conventional】
Raster Angle 輸入【0.0】degrees
Profile Pass 選擇【Last】

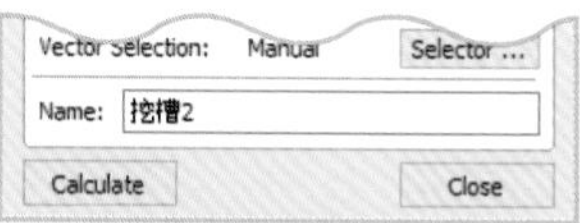

➔ 將刀具路徑命名為 - 挖槽 2
➔ 點選【Calculate】（註 2）

7-4 桌上收納盤 B- 挖槽 3 線上加工

開啟【2D Profile Toolpath】設定面板 ➔ 點選要加工的線條。

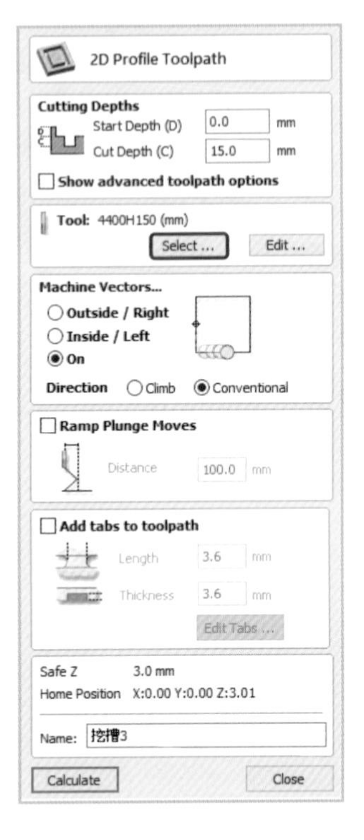

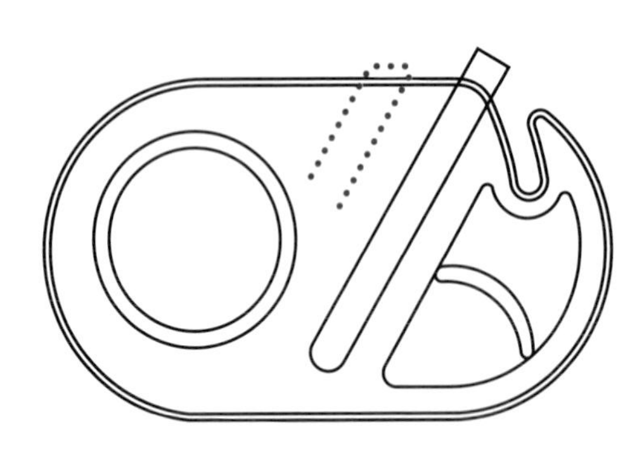

➔ Cutting Depths
Start Depth：0.0 mm
Cut Depth：15 mm

➔ Tool：4400H150 (mm)（註 1）

➔ Machine Vectors…
點選【On】
Direction 點選【Conventional】

➔ 將刀具路徑命名為 - 挖槽 3

➔ 點選【Calculate】（註 2）

7-5 桌上收納盤 B- 降面加工

開啟【Pocket Toolpath】設定面板 ➔ 按住 Shift 鍵點選要加工的線條。

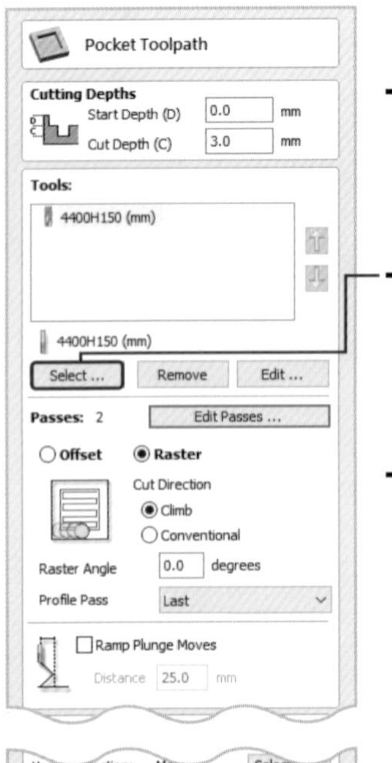

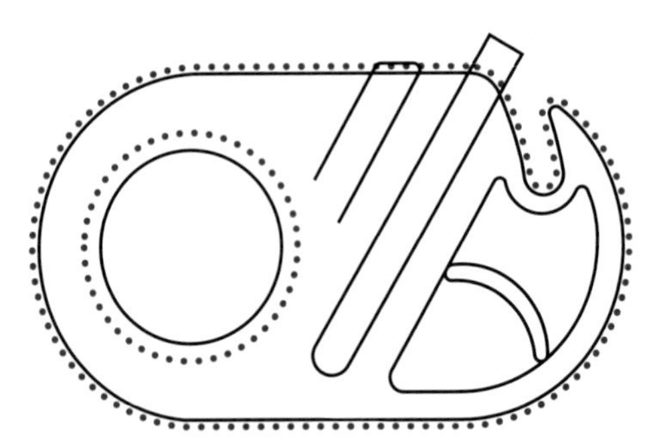

➔ Cutting Depths
Start Depth：0.0 mm
Cut Depth：3.0 mm

➔ Tools：4400H150 (mm)（註 1）

➔ 選擇【Raster】
Cut Direction 選擇【Climb】
Raster Angle 輸入【0.0】degrees
Profile Pass 選擇【Last】

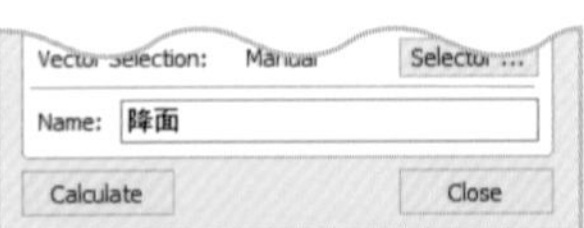

➔ 將刀具路徑命名為 - 降面

➔ 點選【Calculate】（註 2）

7-6 桌上收納盤 B- 外型切邊加工

開啟 【2D Profile Toolpath】設定面板 ✦ 點選要加工的線條。

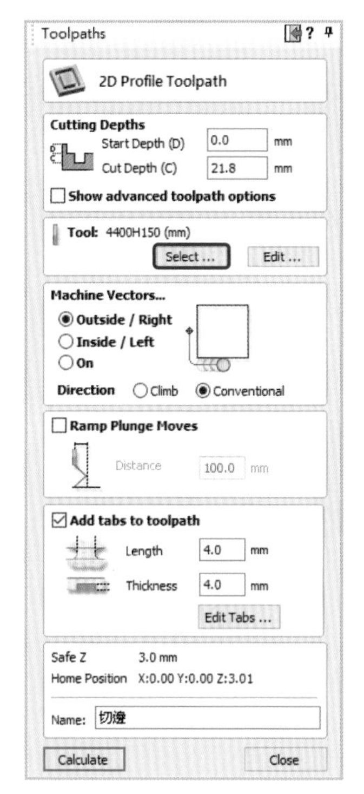

設定【Cut Depth】切削深度時，請以材料實際的厚度再加上 0.8 mm 即可將素材切穿。

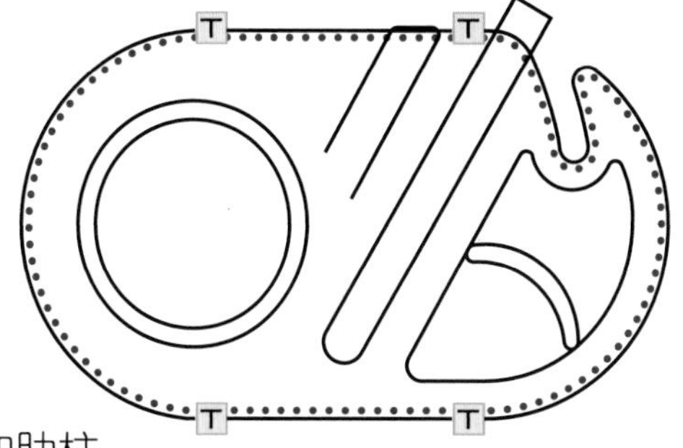

- Cutting Depths
  Start Depth：0.0 mm
  Cut Depth：21.8 mm
- Tool：4400H150 (mm)（註 1）
- Machine Vectors…
  點選【Outside / Right】
  Direction 點選【Conventional】
- 勾選【Add tabs to toolpath】增加肋柱
  Length：4.0 mm ； Thickness：4.0 mm
  點選【Edit tabs...】請參考上圖標示編輯肋柱（註 4）
- 將刀具路徑命名為 - 切邊
- 點選【Calculate】（註 2)(註 3）

STEP 08 使用刀具路徑預覽【Preview Toolpaths】模擬所有刀具路徑的雕刻結果。

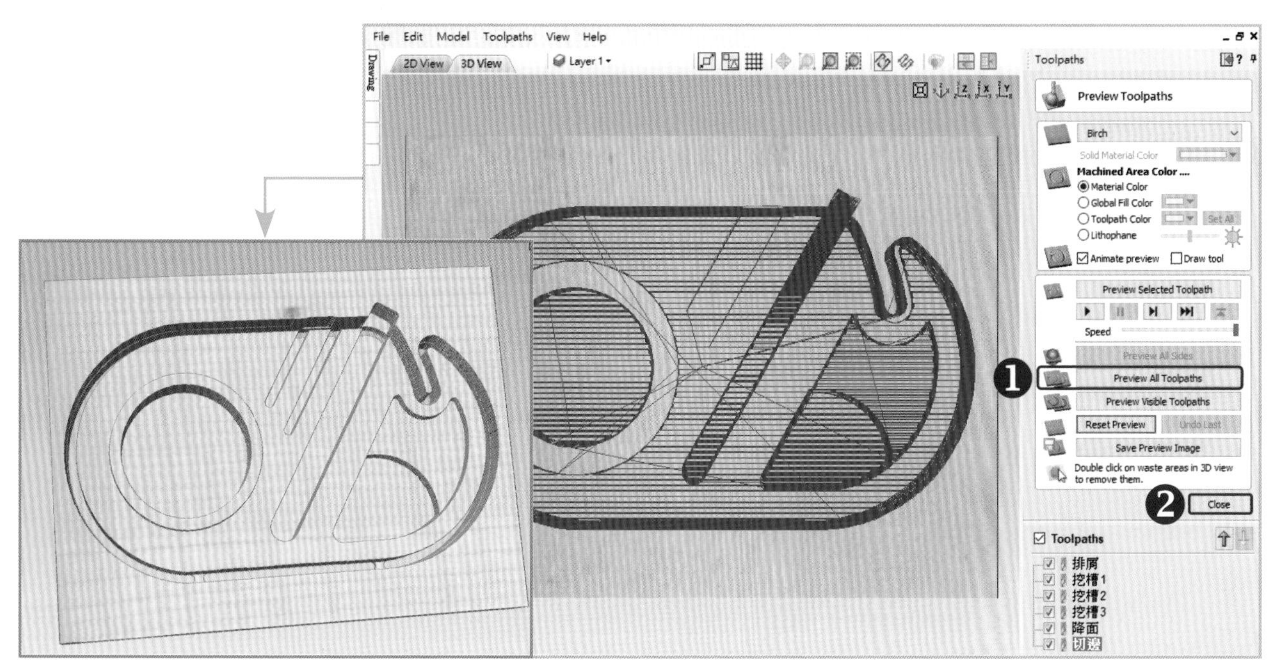

❶ 點選【Preview All Toolpaths】，即可模擬目前所有刀具路徑的預覽結果。

❷ 點選【Close】離開預覽功能。

STEP 09 使用儲存刀具路徑【Save Toolpaths】將 G 碼存出。

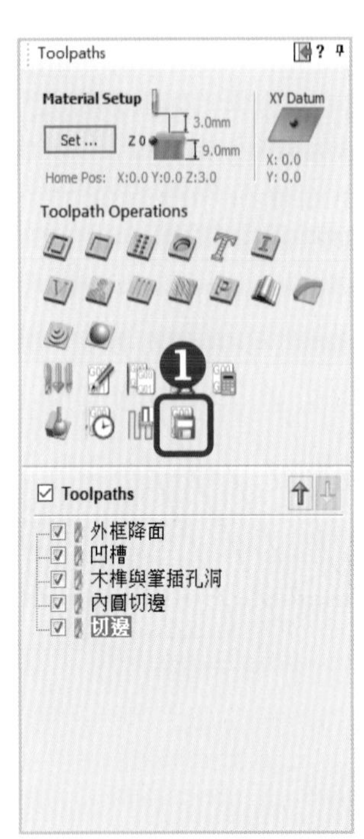

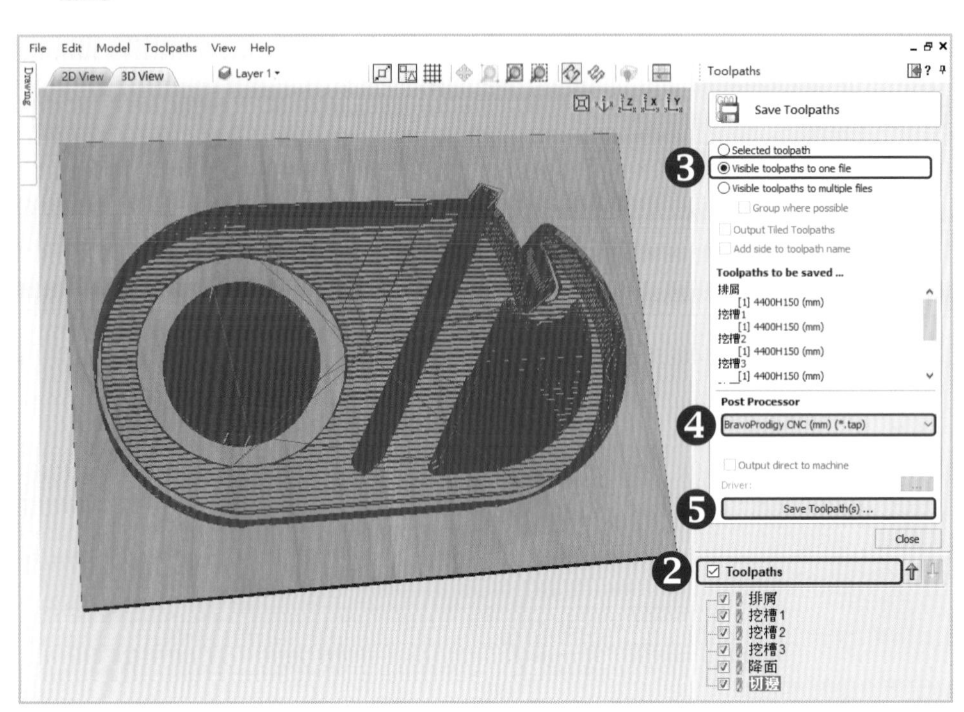

❶ 點選 開啟設定面板。

❷ 勾選【Toolpaths】選取所有刀具路徑。
請注意刀具路徑的排列順序需與範例相同。

❸ 勾選【Visible toolpaths to one file】。

❹ Post Processor(後處理器) 選擇【BravoProdigy CNC (mm)(*.tap)】。
備註：若無上述說明之後處理器，也可另轉存【G Code (mm)(*.tap)】後處理器。

❺ 點選【Save Toolpath(s)...】存出 G 碼，質感生活 - 桌上收納盤 B。

❻ 點選 【Save】儲存專案檔 - 質感生活 - 桌上收納盤 B。

Bravoprodigy CNC 執行雕刻。
(CNC 操作請參考單元 6 實習 1 步驟 08 CNC 操作說明)

❶ 選擇【直接連線】方式進入 BravoProdigy CNC 軟體，載入【質感生活 桌上收納盤 B】G 碼。

❷ 素材固定於工作台並在主軸上鎖上刀具【4400H150】。

素材夾持重點：
本範例的刀具路徑須將素材切穿，因此需要一片 MDF 板來作為墊板，在切穿時才不會雕刻到工作台表面。

20 mm 素材
9 mm 墊板

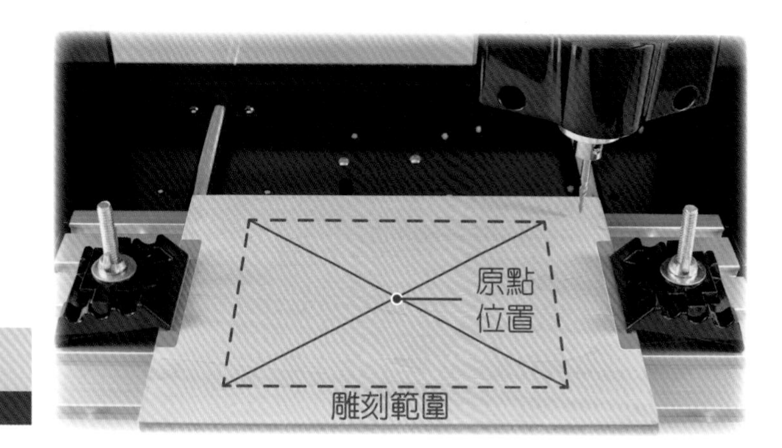

❸ 原點設定：
使用手持控制器將刀具移動至素材工件原點後，再將軟體上三軸的座標值歸零。

❹ 雕刻行程確認：
使用手持控制器移動刀具進行雕刻行程確認（注意：操作時請注意移動速度與安全距離），確認無誤後請點選【回到原點】，機器會自動回到先前設定之工件原點。

❺ 將【雕刻速率】調到 100%。

❻ 按下【啟動】開始雕刻。（若您使用的機器有安全外罩，請先將安全外罩蓋上）

❼ 雕刻完畢後，請先清除粉塵再取下作品。

組裝。

❶ 準備材料：雕刻成品（質感生活 - 桌上收納盤 A、桌上收納盤 B)、零件包（木榫）。

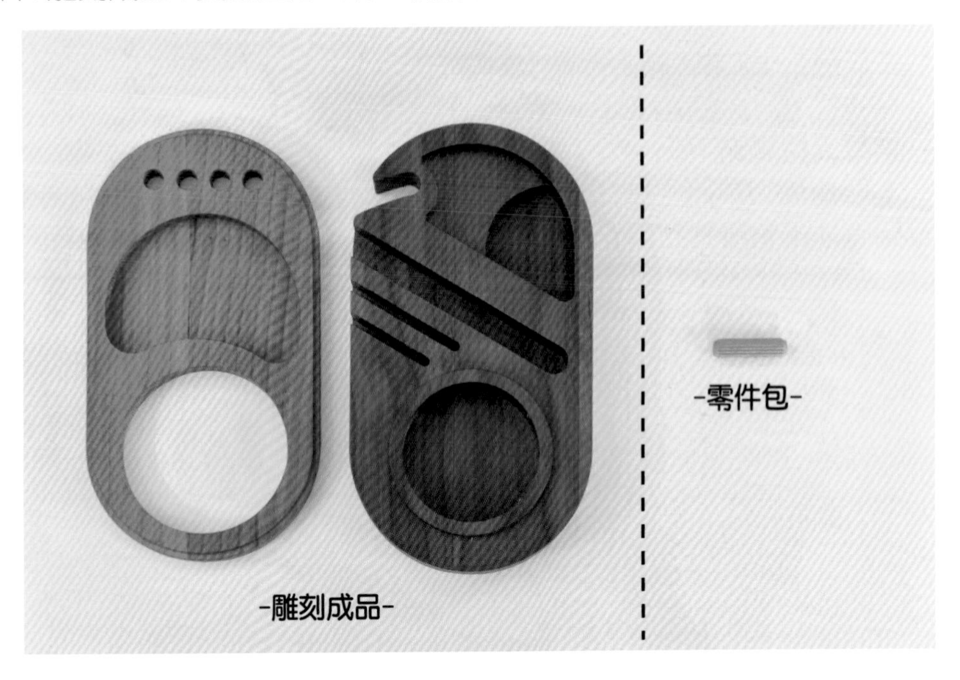

❷ 將零件包中的【木榫】置入圓洞中。

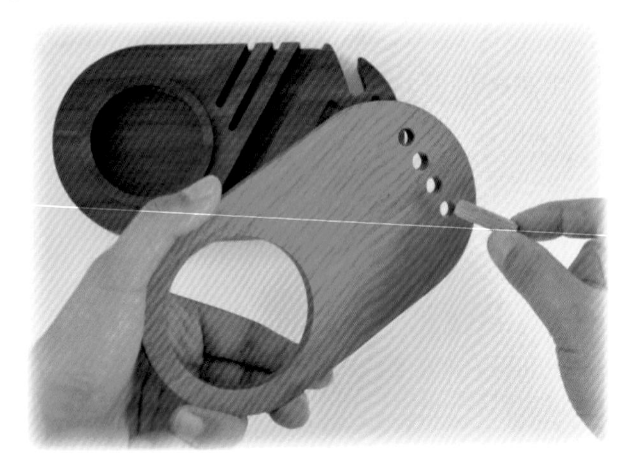

❸ 將收納盤 A 與 B 的圓圈重疊放置。

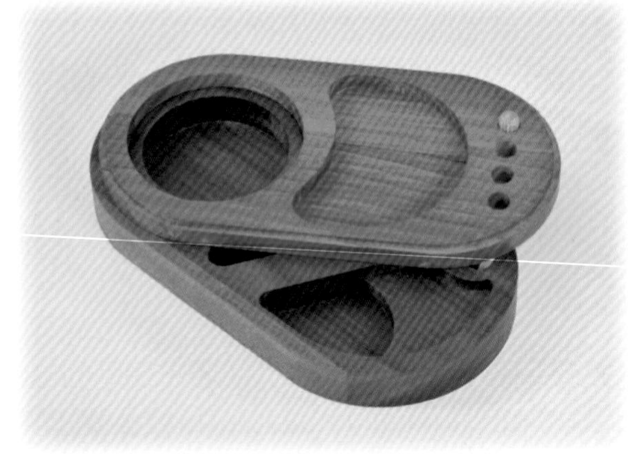

❹ 使將木榫推擠至適當高度。

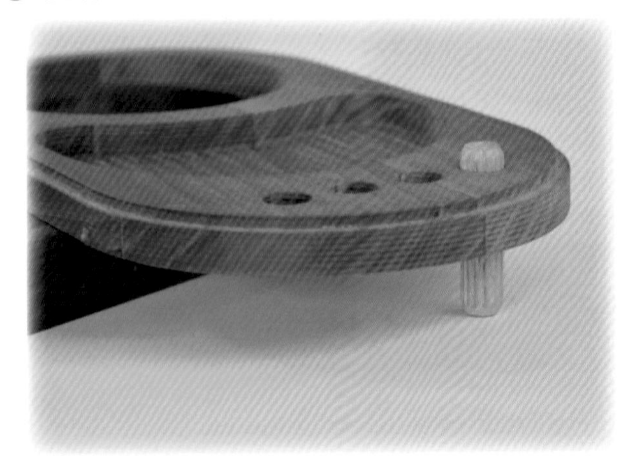

完成

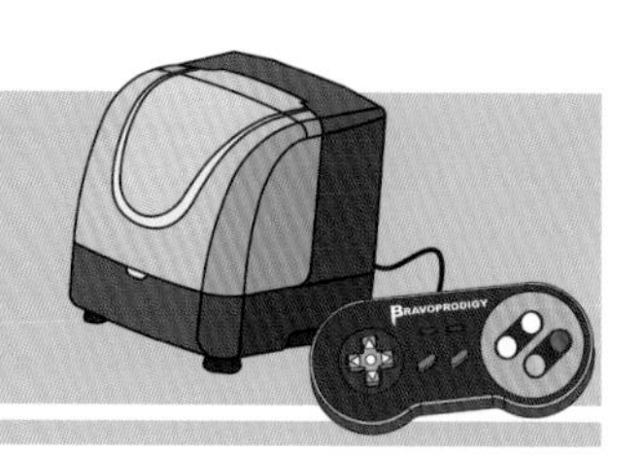

實習 8 珍藏時光珠寶盒

完成作品

延伸應用

學習重點

1. 使用 VCarve Desktop 軟體，學習使用偏移、修剪繪製物件，並複習其他功能。
2. 設定工件並進行編排
3. 學習 2D 刀具路徑編排，線內加工、範圍內銑削降面加工、外型切邊加工。
4. 肋柱設定。
5. 學習模擬切削及路徑轉出成 G 碼。
6. 素材架設及執行雕刻作業。

範例檔案資料夾

1. Dxf 圖檔，可供練習圖檔編輯及轉刀路。
2. 已完成的 Vcarve Desktop 專案檔，可供查看。
3. 提供完成 G 碼檔，可供直接雕刻製作。

動作說明

載入向量檔案，使用原本的外框線偏移繪製內部的置物槽，並使用修剪工具進行分割。合併多個不同的刀具路徑來加工，製作由數個零件搭接的珠寶盒。

使用材料與配件

刀具編號：4400H150

雕刻材料：MDF 密集板 200 X 150 X 20 mm 1 片、MDF 密集板 200 X 150 X 9 mm 1 片
MDF 密集板 200 X 150 X 5 mm 1 片

使用工具：MDF 密集板（墊板）200 X 150 X 9 mm 1 片、齒型壓板組（小）2 個

雕刻時間：約 1 小時 15 分鐘，雕刻速度 F1500mm/min

官網另有原木素材可挑選

實習步驟 - 珍藏時光珠寶盒 A

STEP 01 開啟 VCarve Desktop 軟體，編輯工件設定。

❶ 點選【Create a new file】建立新檔案 ➜ ❷ 輸入工件的相關參數。

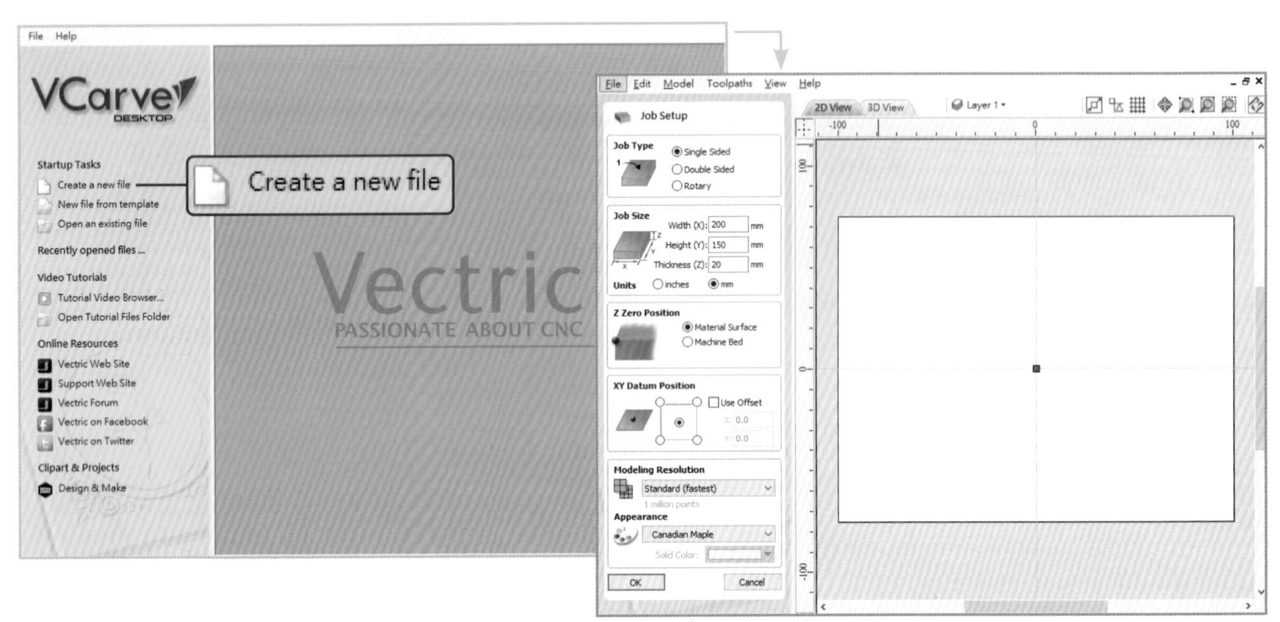

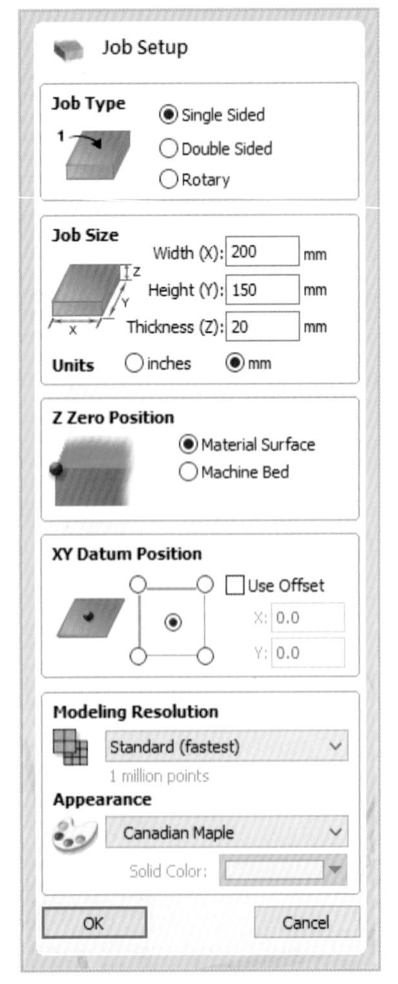

➜ 點選【Single Sided】單面加工

➜ 設定素材尺寸

Width (X)：200mm；Height (Y)：150mm；Thickness (Z)：20mm

Units：mm

➜ 點選【Material Surface】，將Z軸原點設在素材表面

➜ 選擇中心點為XY軸的基準點

➜ 點選【OK】完成設定

STEP 02 點選 【Import vectors from a file】載入本實習單元所使用的圖檔 - 實習 8_ 珍藏時光珠寶盒 A。

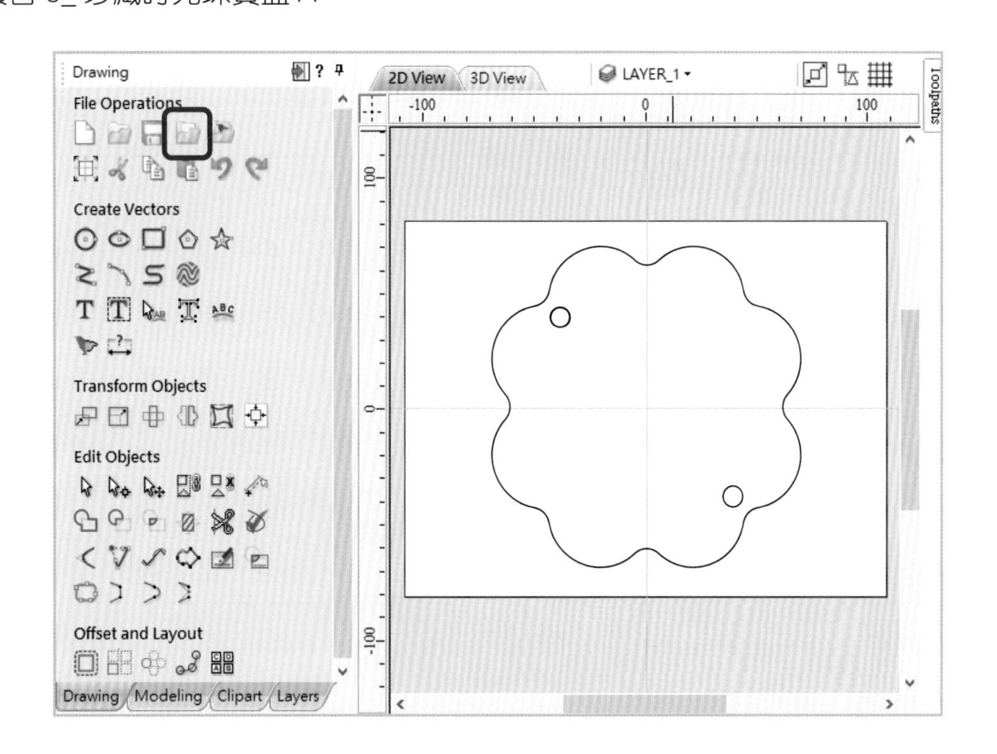

STEP 03 使用繪圖面板工具繪製凹槽。

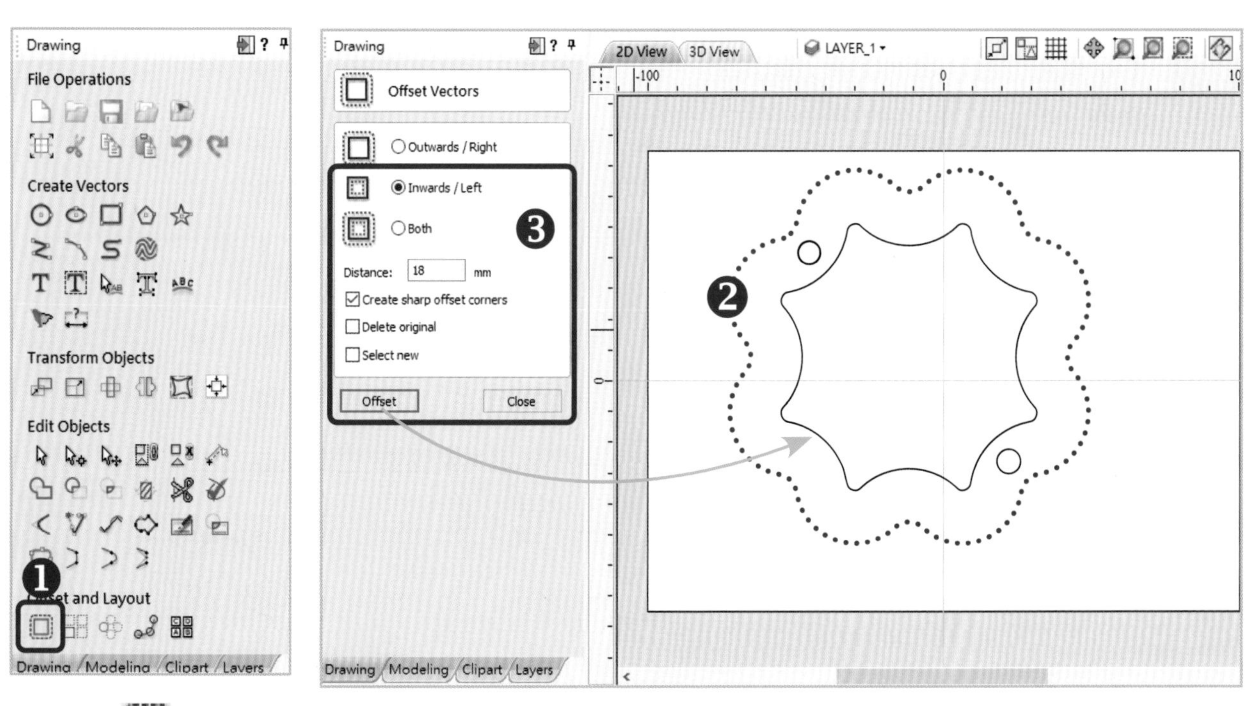

❶ 點選 開啟偏移複製面板。

❷ 選取想要偏移複製的物件，物件被選取時會呈粉紅色虛線的狀態。

❸ 勾選【Inwards / Left】設定線條往內偏移 18 mm → 勾選【Create sharp offset corners】→ 按下 Offset 此時視窗會出現您所偏移複製的物件，完成後點選 Close 離開編輯介面。

STEP 04 使用繪圖面板工具繪製分隔線。

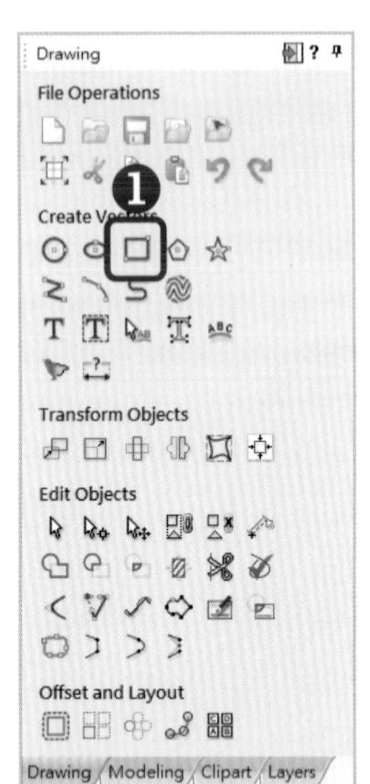

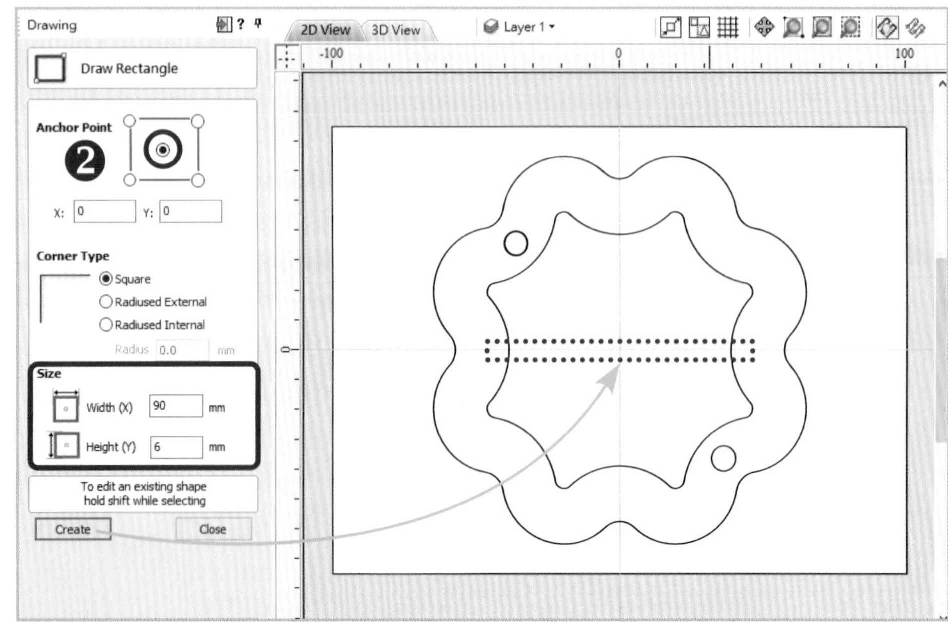

❶ 點選 [矩形圖示] 開啟矩形繪製面板。

❷ 選擇中心為基準點 ➔ 輸入要創建的矩形尺寸 Wight(X)：90mm ； Hight(Y)：6mm ➔ 按下 Create 此時視窗會出現您所創建的矩形，完成後點選 Close 離開編輯介面。

STEP 05 使用繪圖面板工具將凹槽分隔為二。

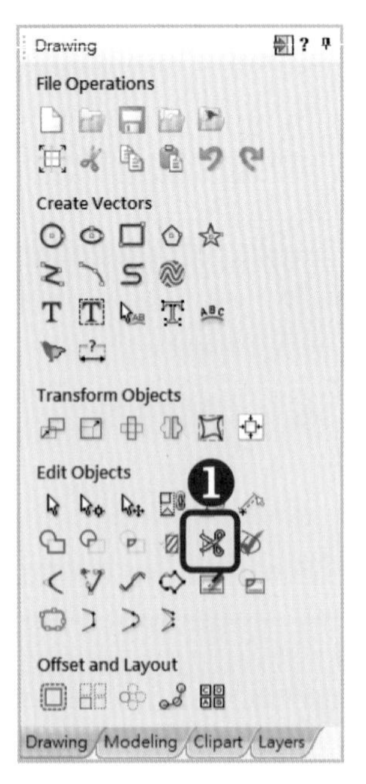

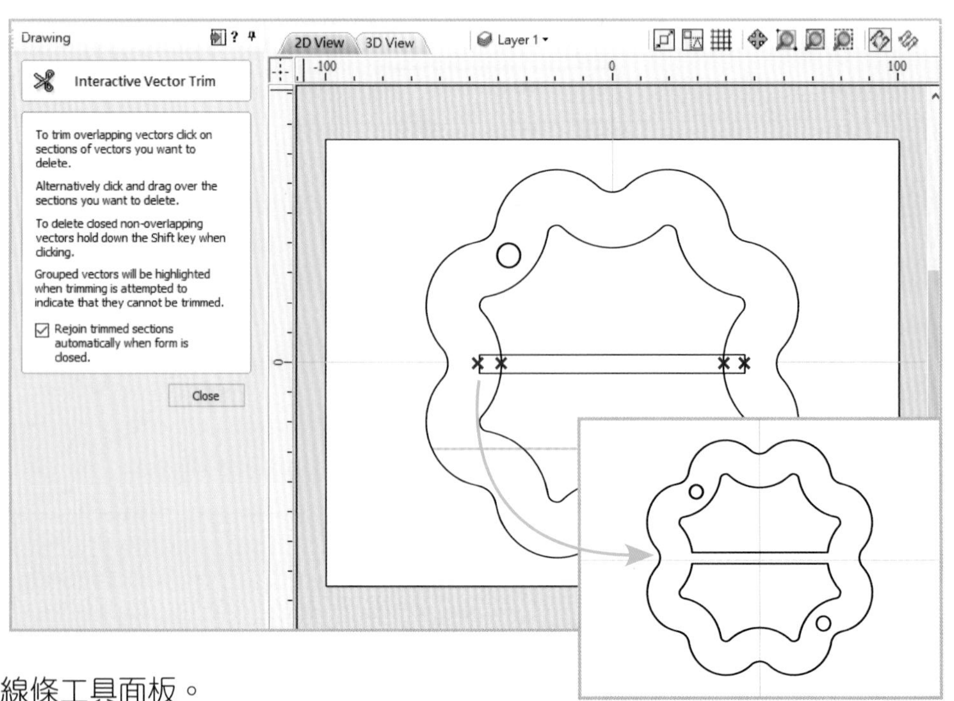

❶ 點選 [修剪圖示] 開啟修剪線條工具面板。

❷ 選當滑鼠游標靠近可修剪的線條時會出現 [剪刀圖示] 圖示，點一下滑鼠左鍵即可修剪。請將 4 個 ✕ 標示處修剪，完成後點選 Close 離開編輯介面。

STEP 06 ❶ 開啟【Toolpaths】刀具路徑面板 ➔ ❷ 點選 Set ... 設定素材。

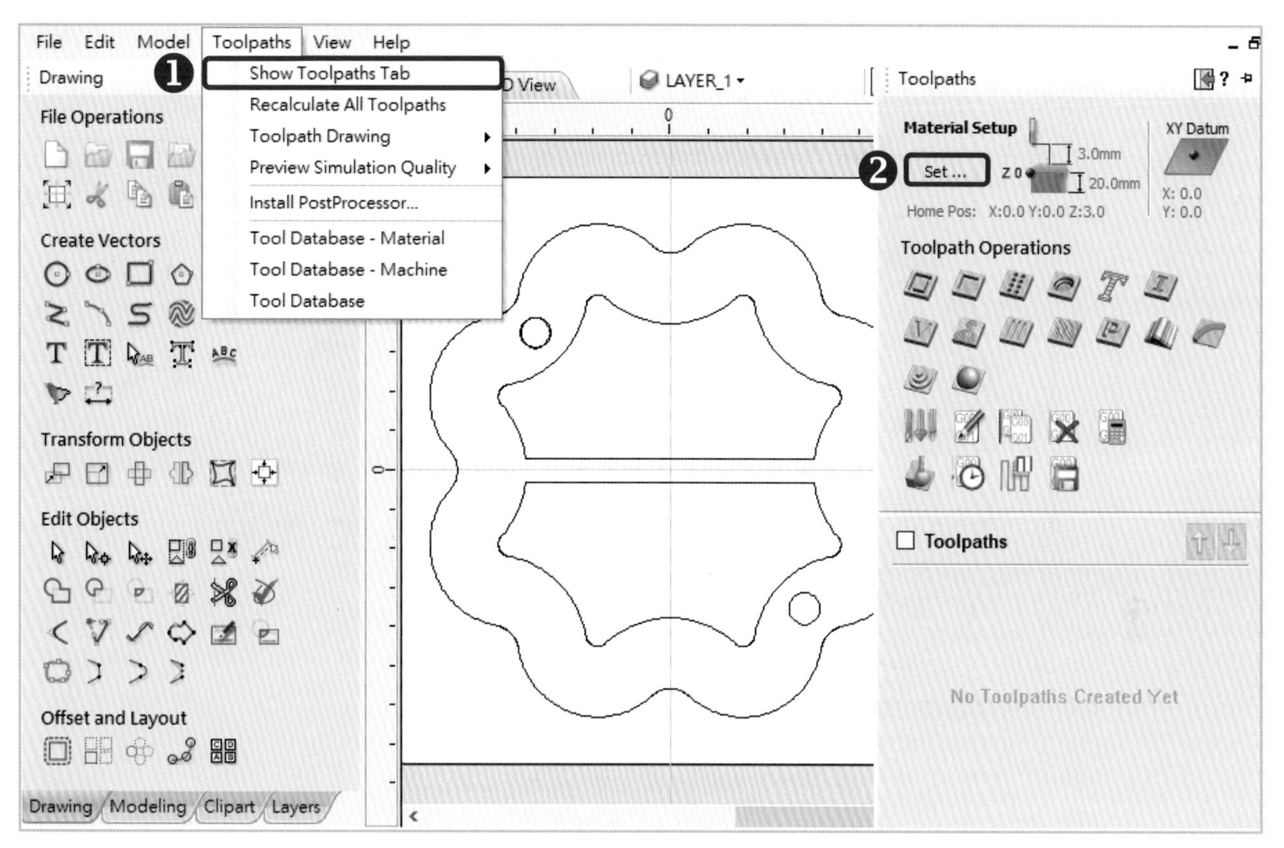

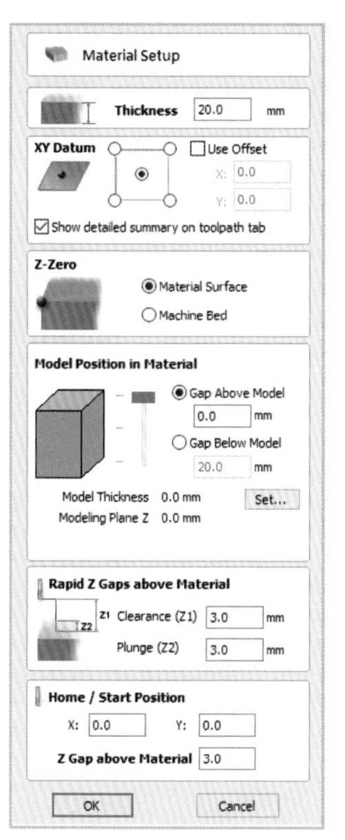

➔ Thickness：輸入素材厚度 20 mm

➔ XY Datum：點選中心點

➔ Z-Zero：原點設定在素材表面

➔ Model Position in Material：點選【Gap Above Model 0.0 mm】

➔ Clearance (Z1)：3 mm
Plunge (Z2)：3 mm

➔ Home / Start Position：X：0.0 ； Y：0.0
Z Gap above Material：3.0

➔ 點選【OK】即設定完成

STEP 07 使用刀具路徑【Toolpath Operations】提供的各種加工方式，對圖檔進行刀具路徑的安排。

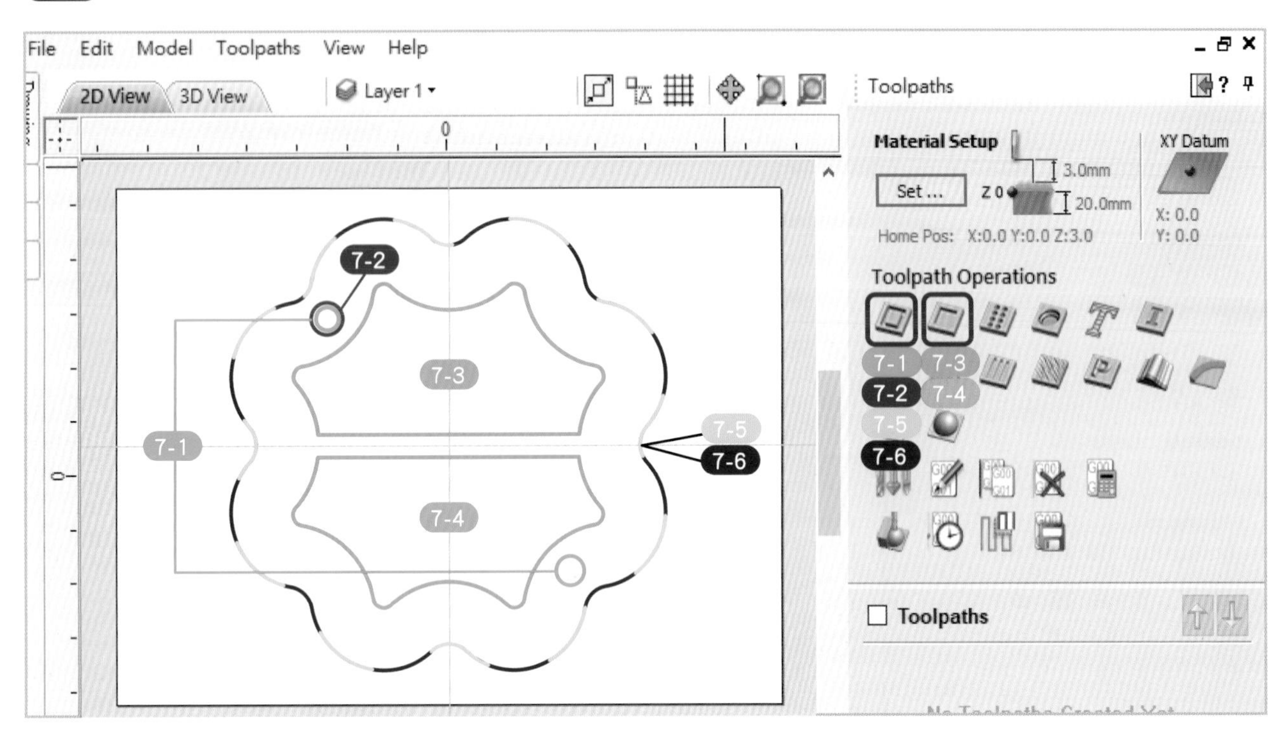

7-1 珍藏時光珠寶盒 A- 盒蓋固定孔洞和鎖孔 - 線內加工

選取 2D 外型刀具路徑 【2D Profile Toolpath】開啟設定面板。
按住 Shift 鍵點選要加工的線條，使其呈粉紅色虛線的被選取狀態，請參考下圖。
請依序由上而下參照範例進行參數設定。

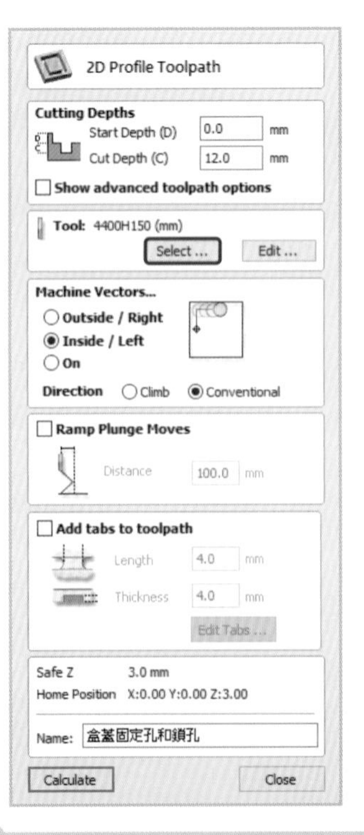

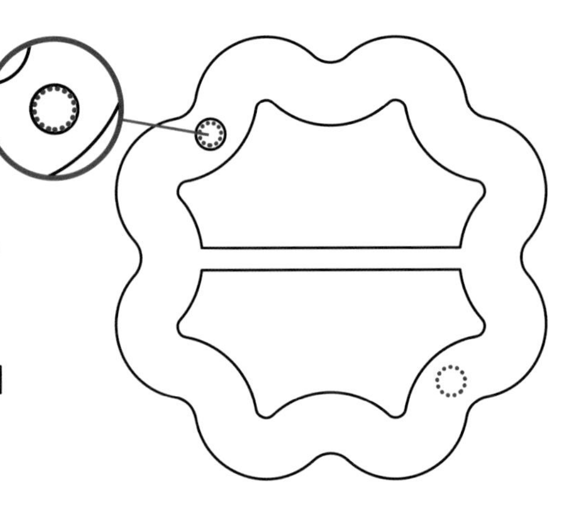

- Cutting Depths
  Start Depth：0.0 mm
  Cut Depth：12 mm
- Tool：4400H150 (mm)（註 1）
- Machine Vectors…
  點選【Inside / Left】
  Direction 點選【Conventional】
- 將刀具路徑命名為 - 盒蓋固定孔和鎖孔
- 點選【Calculate】（註 2）

註 1

請參照紅框內各項數值設定。

4400H150 (mm)

Notes	4400H150 (mm)
Tool Type	End Mill
Geometry	
Units	mm
Diameter (D)	4 mm
No. Flutes	
Cutting Parameters	
Pass Depth	1.5 mm
Stepover	1.8 mm 45 %
Feeds and Speeds	
Spindle Speed	20000 r.p.m
Feed Units	mm/min Chip Load mm
Feed Rate	1500 mm/min
Plunge Rate	500 mm/min
Tool Number	1

Remove Apply

註 2

每次刀具路徑計算完成時都會自動切換到 3D 視窗並開啟刀具路徑預覽面板。

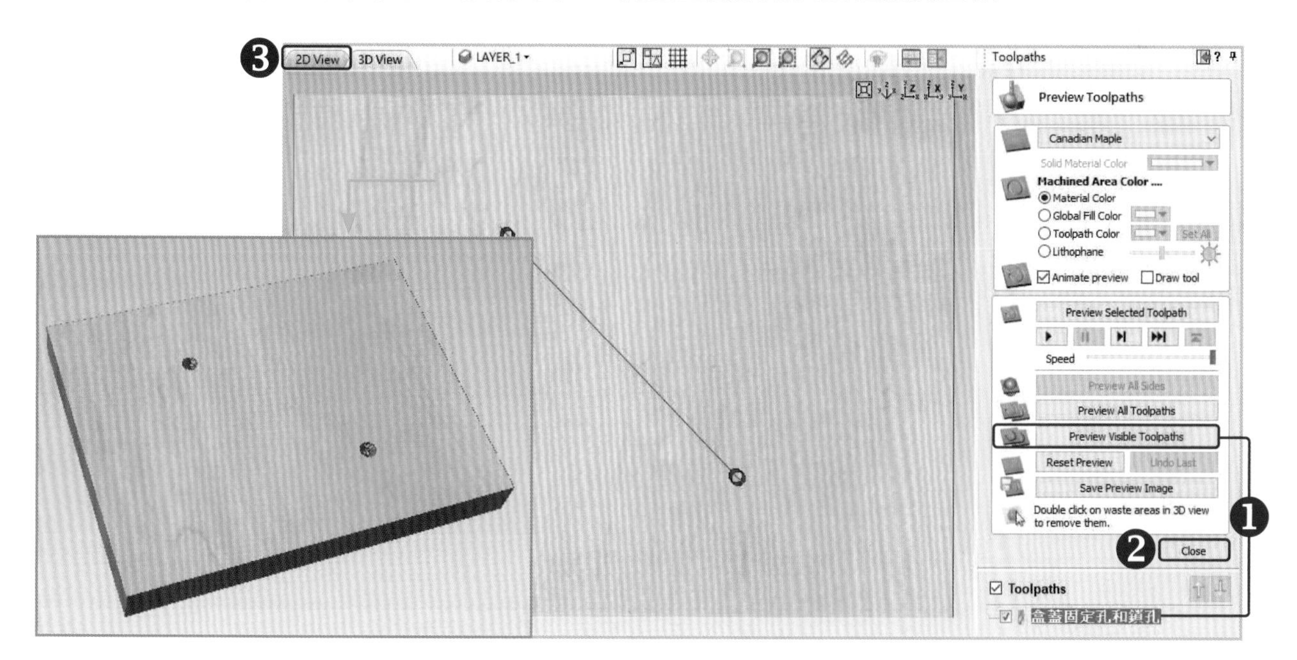

❶ 點選【Preview Visible Toolpaths】，即可出現所勾選刀具路徑預覽結果。

❷ 點選【Close】離開預覽功能。

❸ 點選【2D View】，回到 2D 工作視窗畫面。

7-2 珍藏時光珠寶盒 A- 盒蓋固定孔 - 線內加工

開啟 【2D Profile Toolpath】設定面板 → 點選要加工的線條。

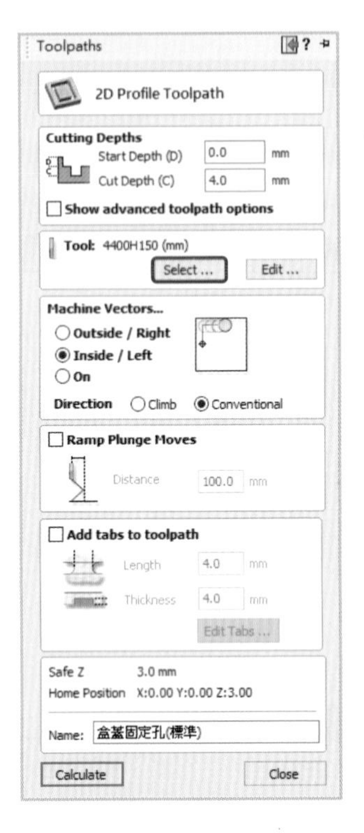

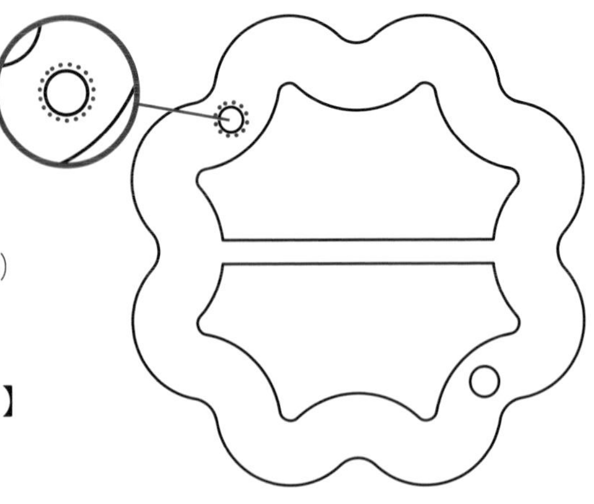

→ Cutting Depths
Start Depth：0.0 mm
Cut Depth：4 mm

→ Tool：4400H150 (mm)（註 1）

→ Machine Vectors…
點選【Inside / Left】
Direction 點選【Conventional】

→ 將刀具路徑命名為 - 盒蓋固定孔（標準）

→ 點選【Calculate】（註 2）

7-3 珍藏時光珠寶盒 A- 置物空間 1- 範圍內加工

開啟 【Pocket Toolpath】設定面板 → 點選要加工的線條。

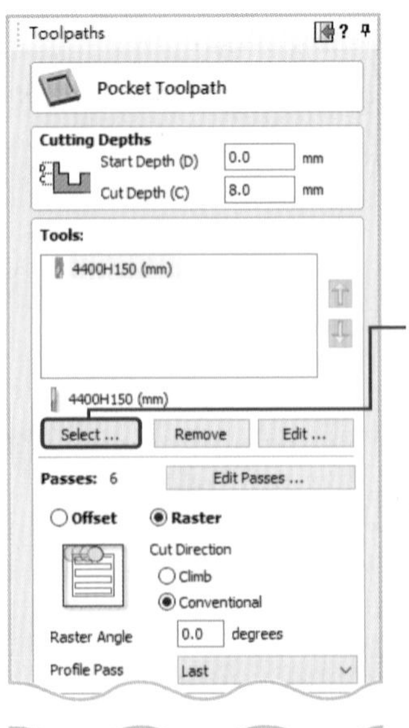

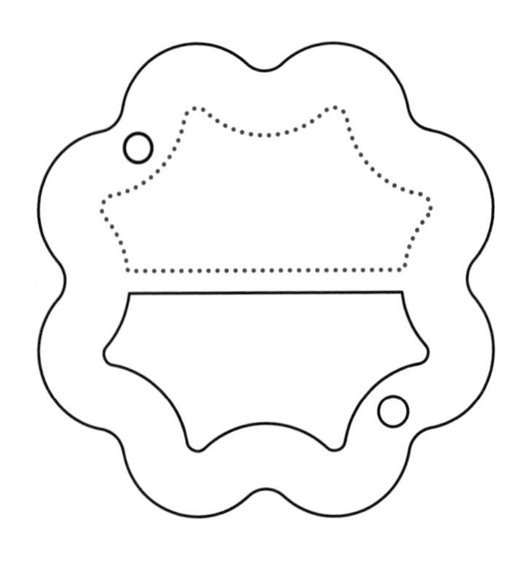

→ Cutting Depths
Start Depth：0.0 mm
Cut Depth：8.0 mm

→ Tools：4400H150 (mm)（註 1）

→ 選擇【Raster】
Cut Direction 選擇【Conventional】
Raster Angle 輸入【0.0】degrees
Profile Pass 選擇【Last】

→ 將刀具路徑命名為 - 置物空間 1

→ 點選【Calculate】（註 2）

7-4 珍藏時光珠寶盒 A- 置物空間 2- 範圍內加工

開啟 【Pocket Toolpath】設定面板 ➜ 點選要加工的線條。

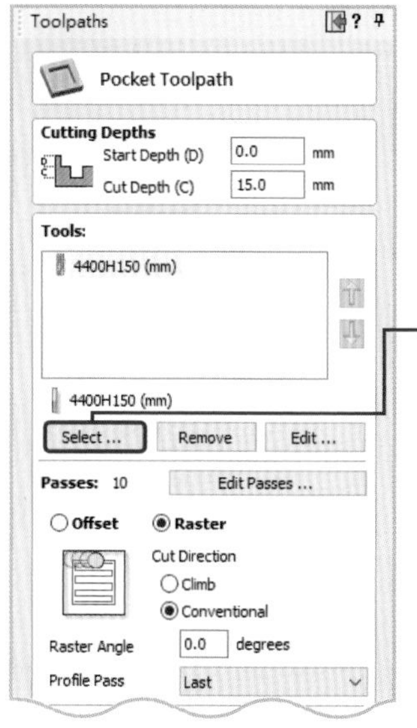

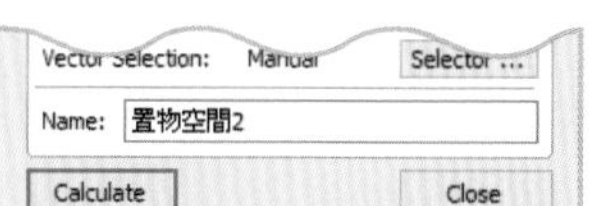

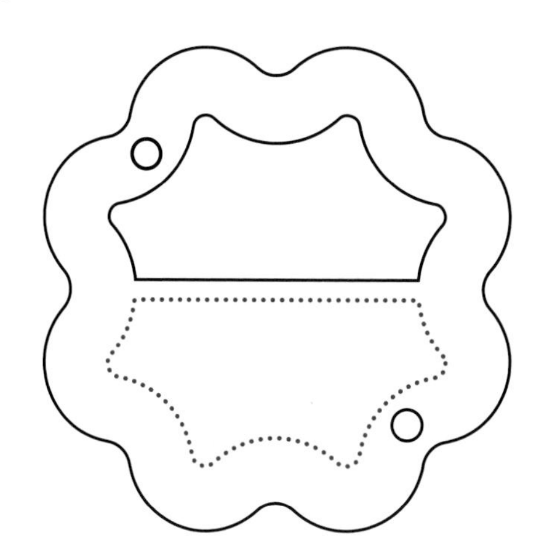

➜ Cutting Depths
Start Depth：0.0 mm
Cut Depth：15 mm

➜ Tools：4400H150 (mm)（註 1）

➜ 選擇【Raster】
Cut Direction 選擇【Conventional】
Raster Angle 輸入【0.0】degrees
Profile Pass 選擇【Last】

➜ 將刀具路徑命名為 - 置物空間 2
➜ 點選【Calculate】（註 2）

7-5 珍藏時光珠寶盒 A- 外框排屑 - 線外加工

開啟 【2D Profile Toolpath】設定面板 ➜ 點選要加工的線條。

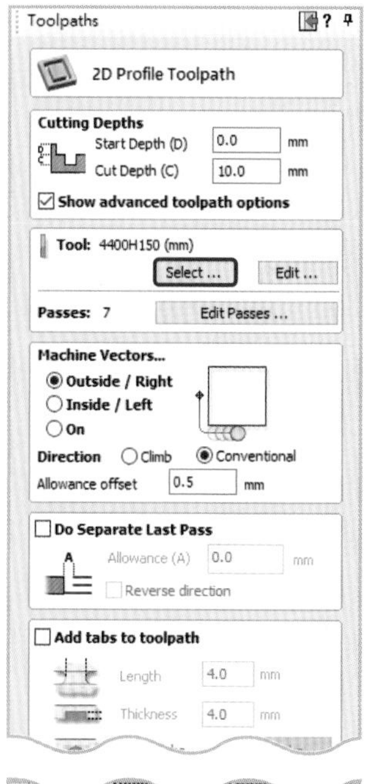

➜ Cutting Depths：
Start Depth：0.0 mm；Cut Depth：10 mm
勾選【Show advanced toolpath options】顯示進階刀具設定選項。

➜ Tool：4400H150 (mm)（註 1）

➜ Machine Vectors…
點選【Outside / Right】
Direction 點選【Conventional】
Allowance offset 【0.5】mm
（此動作為將框線向外偏移 0.5 mm）

➜ 將刀具路徑命名為 - 外框排屑
➜ 點選【Calculate】（註 2）

7-6 珍藏時光珠寶盒 A- 外框線切邊加工

開啟 【2D Profile Toolpath】設定面板 ➜ 點選要加工的線條。

> 設定【Cut Depth】切削深度時，請以材料實際的厚度再加上 0.8 mm 即可將素材切穿。
>
> 補充說明

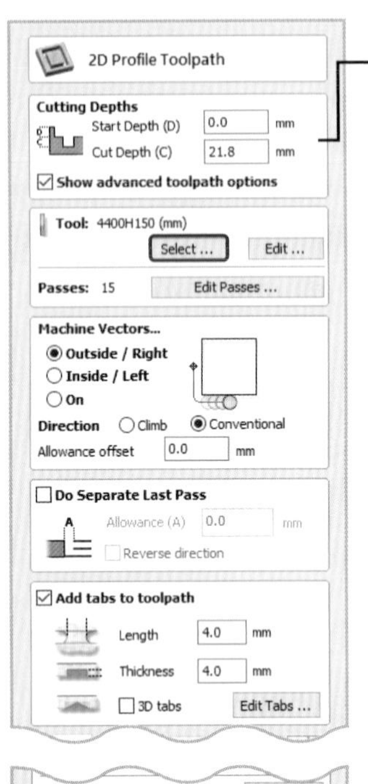

- ➜ Cutting Depths：
  Start Depth：0.0 ㎜；Cut Depth：21.8 ㎜
  勾選【Show advanced toolpath options】
  顯示進階刀具設定選項。
- ➜ Tool：4400H150 (mm)（註 1）
- ➜ Machine Vectors…
  點選【Outside / Right】
  Direction 點選【Conventional】

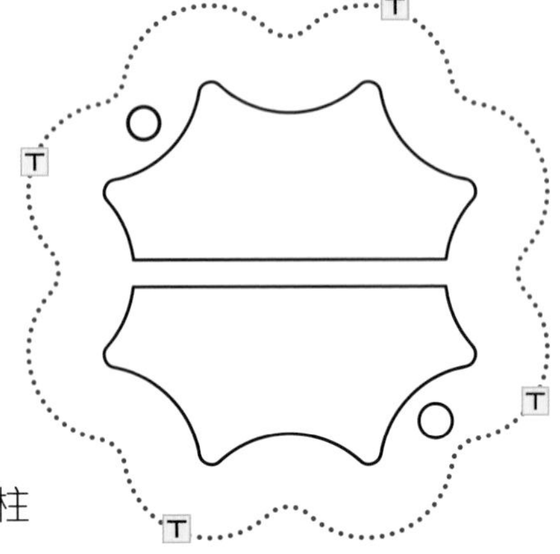

- ➜ 勾選【Add tabs to toolpath】增加肋柱
  Length：4 ㎜ ； Thickness：4 ㎜
  點選【Edit tabs...】請參考上圖標示編輯肋柱（註 3）
- ➜ 將刀具路徑命名為 - 外框切邊
- ➜ 點選【Calculate】（註 2)（註 4）

註 3

此處以手動方式設置肋柱。

使用滑鼠靠近線條，當出現 ，表示可以設置肋柱，點一下滑鼠左鍵會出現 T 圖示，請參考範例圖標示的位置將 4 個肋柱設置，完成後只要點選 Close 離開編輯介面即可。

> 肋柱的作用在於當刀路會完全切穿材料時，肋柱能夠將成品接合在材料上避免脫落。
>
> 1. 新增肋柱：將游標移動至已選定線條上，點擊滑鼠左鍵增加肋柱。
> 2. 刪除肋柱：在肋柱點上點擊滑鼠左鍵即可刪除。
> 3. 移動肋柱：在肋柱點上按住滑鼠左鍵不放並拖曳至新的位置後，放開左鍵即可。

註 4

在設定切穿刀路時，為了能切穿素材而會將雕刻深度設定超過素材厚度，故軟體會出現提醒視窗告知，此時點選【OK】確認即可。

如：此範例為素材厚度為 20 mm，雕刻深度為 21.8 mm。

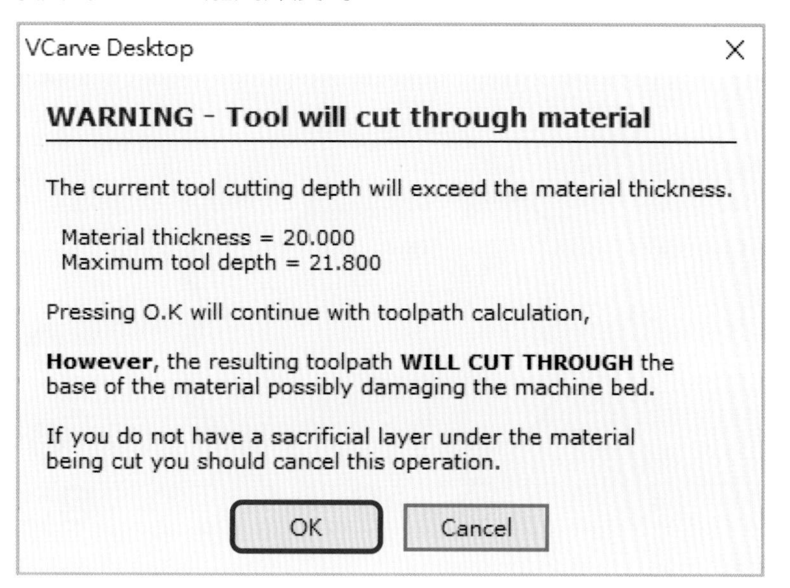

STEP 08 使用刀具路徑預覽【Preview Toolpaths】模擬所有刀具路徑的雕刻結果。

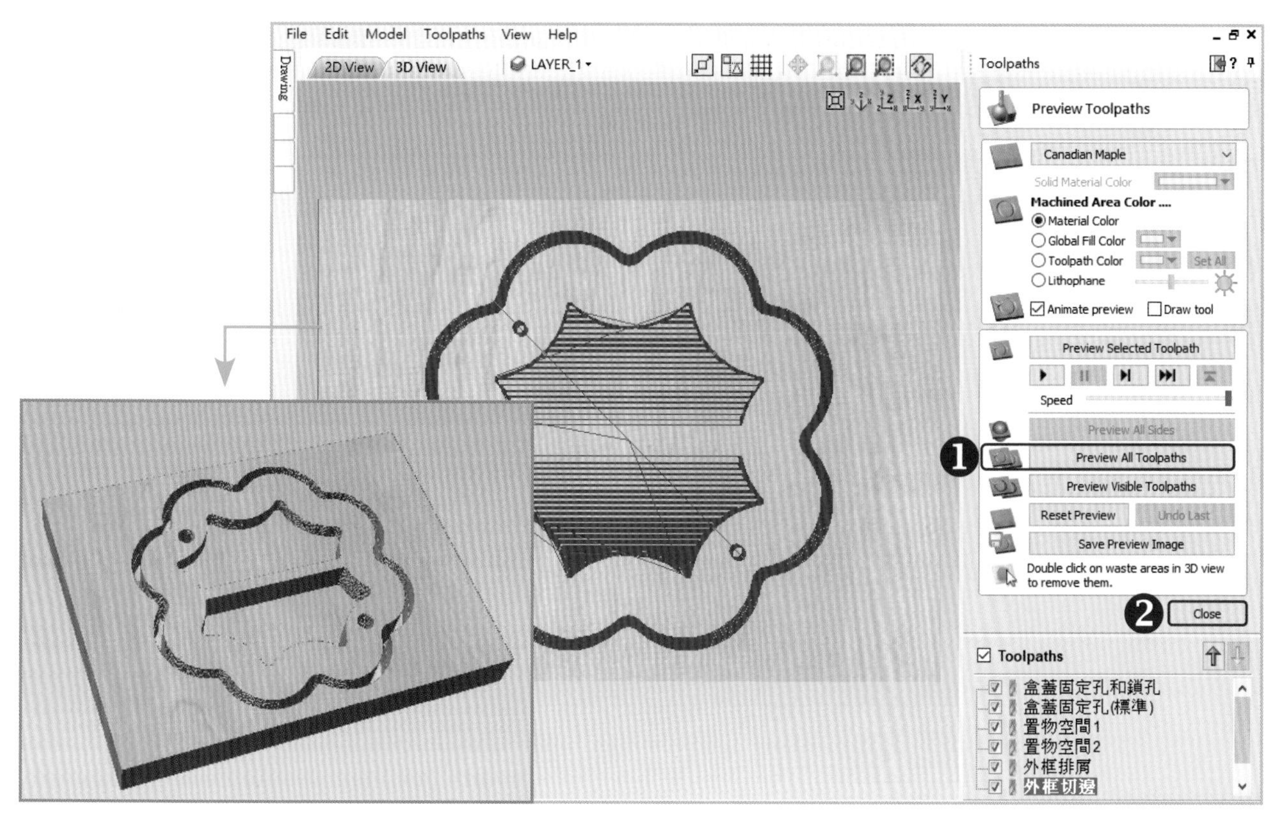

❶ 點選【Preview All Toolpaths】，即可模擬目前所有刀具路徑的預覽結果。

❷ 點選【Close】離開預覽功能。

STEP 09 使用儲存刀具路徑 【Save Toolpaths】將 G 碼存出。

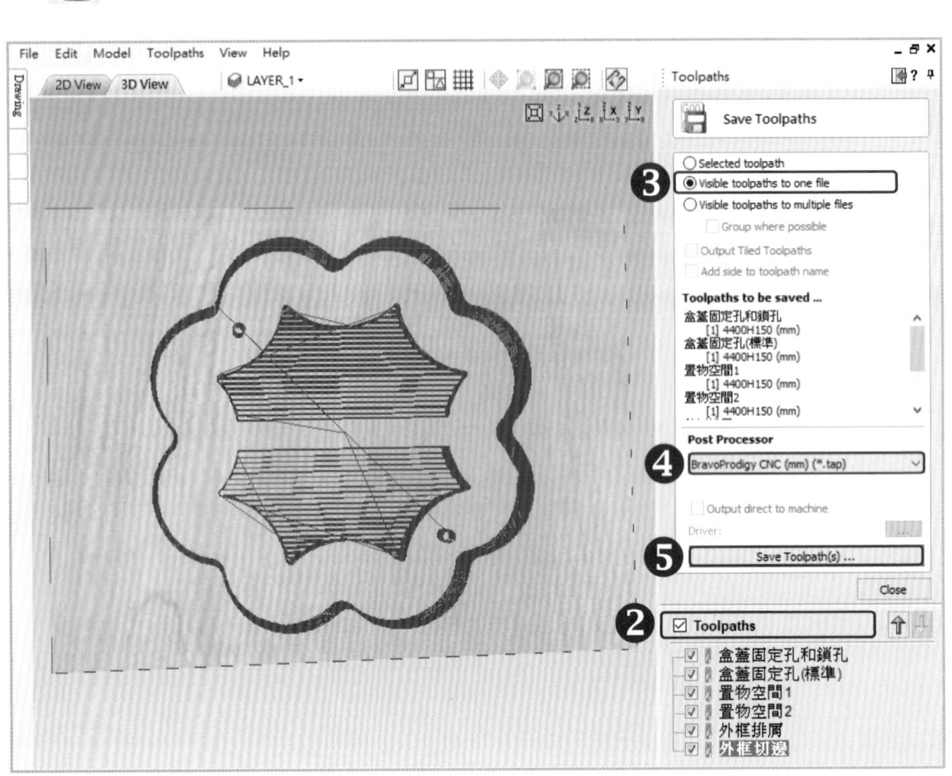

❶ 點選 開啟設定面板。

❷ 勾選【Toolpaths】選取所有刀具路徑。
請注意刀具路徑的排列順序需與範例相同。

❸ 勾選【Visible toolpaths to one file】。

❹ Post Processor(後處理器) 選擇【BravoProdigy CNC (mm)(*.tap)】。
備註：若無上述說明之後處理器，也可另轉存【G Code (mm)(*.tap)】後處理器。

❺ 點選【Save Toolpath(s)...】存出 G 碼，命名為 - 珍藏時光珠寶盒 A。

❻ 點選 【Save】儲存專案檔 - 珍藏時光珠寶盒 A。

Bravoprodigy CNC 執行雕刻。
(CNC 操作請參考單元 6 實習 1 步驟 08 CNC 操作說明)

❶ 選擇【直接連線】方式進入 BravoProdigy CNC 軟體，載入【珍藏時光珠寶盒 A】G 碼。

❷ 素材固定於工作台並在主軸上鎖上刀具【4400H150】。

素材夾持重點：
本範例的刀具路徑須將素材切穿，因此需要一片 MDF 板來作為墊板，在切穿時才不會雕刻到工作台表面。

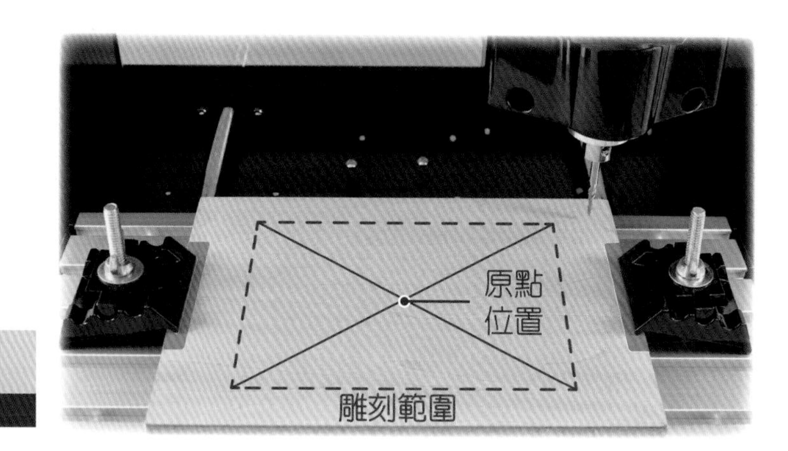

❸ 原點設定：
使用手持控制器將刀具移動至素材工件原點後，再將軟體上三軸的座標值歸零。

❹ 雕刻行程確認：
使用手持控制器移動刀具進行雕刻行程確認（注意：操作時請注意移動速度與安全距離），確認無誤後請點選【回到原點】，機器會自動回到先前設定之工件原點。

❺ 將【雕刻速率】調到 100%。

❻ 按下【啟動】開始雕刻。（若您使用的機器有安全外罩，請先將安全外罩蓋上）

❼ 雕刻完畢後，請先清除粉塵再取下作品。

實習步驟 - 珍藏時光珠寶盒 B

STEP 01 開啟 VCarve Desktop 軟體，編輯工件設定。

❶ 點選【Create a new file】建立新檔案 ➜ ❷ 輸入工件的相關參數。

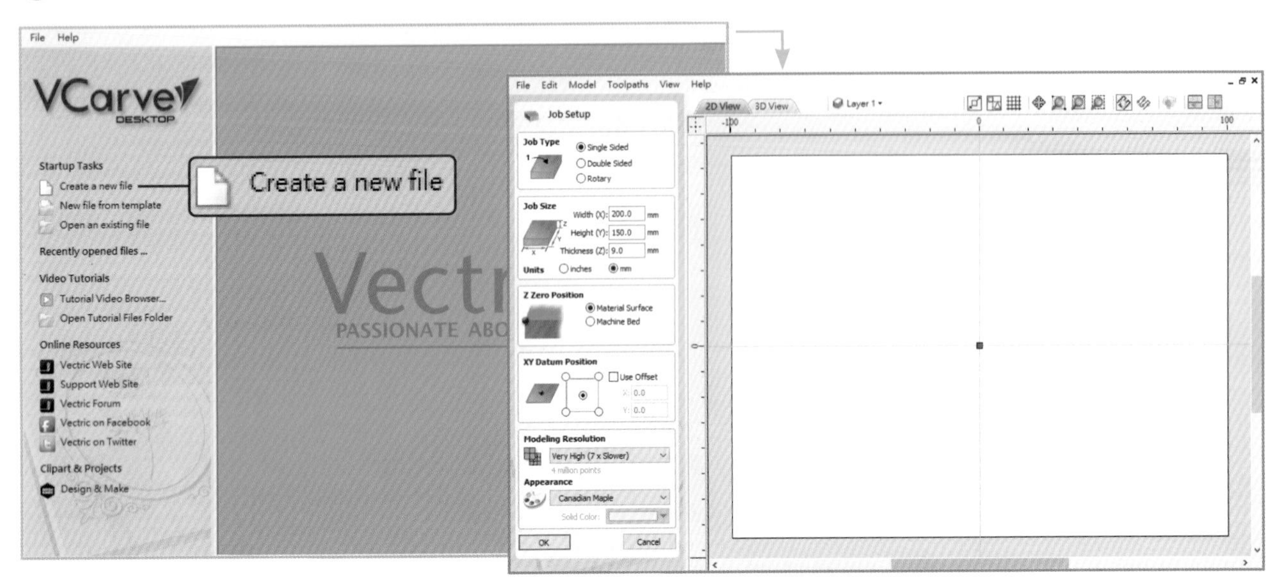

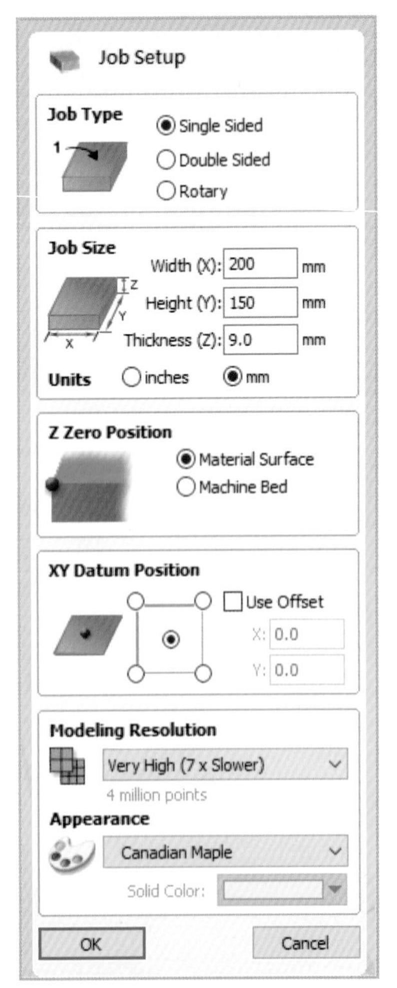

➜ 點選【Single Sided】單面加工

➜ 設定素材尺寸

Width (X)：200mm；Height (Y)：150mm；Thickness (Z)：9mm

Units：mm

➜ 點選【Material Surface】，將Z軸原點設在素材表面

➜ 選擇中心點為XY軸的基準點

➜ 點選【OK】完成設定

STEP 02 點選 【Import vectors from a file】載入本實習單元所使用的圖檔 - 實習 8_ 珍藏時光珠寶盒 B。

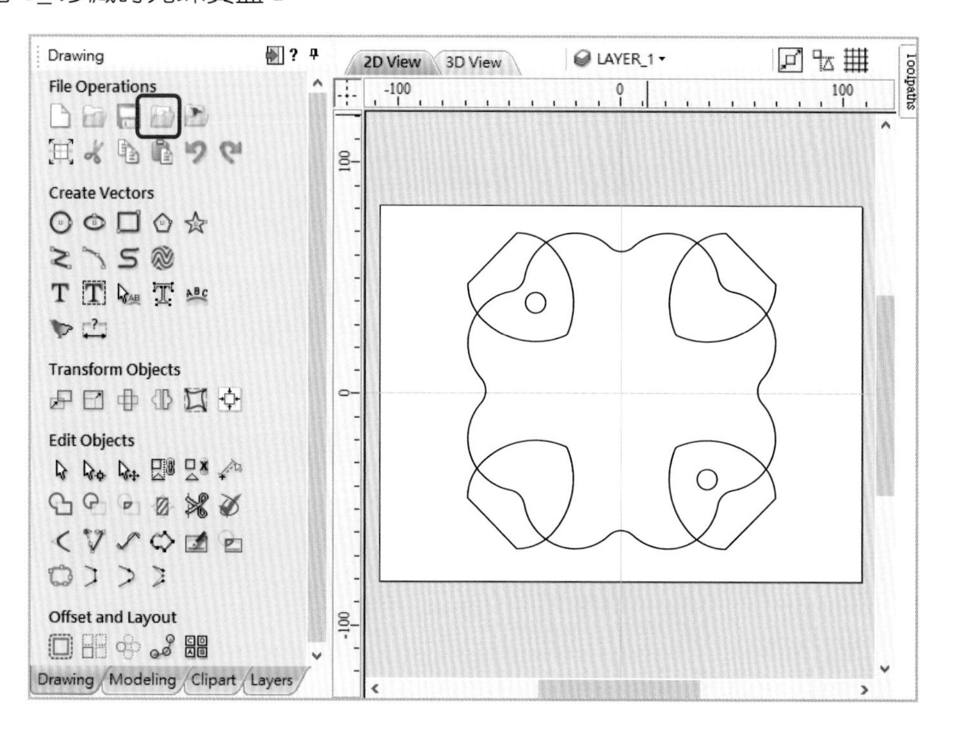

STEP 03 ❶ 開啟【Toolpaths】刀具路徑面板 ➔ ❷ 點選 Set ... 設定素材。

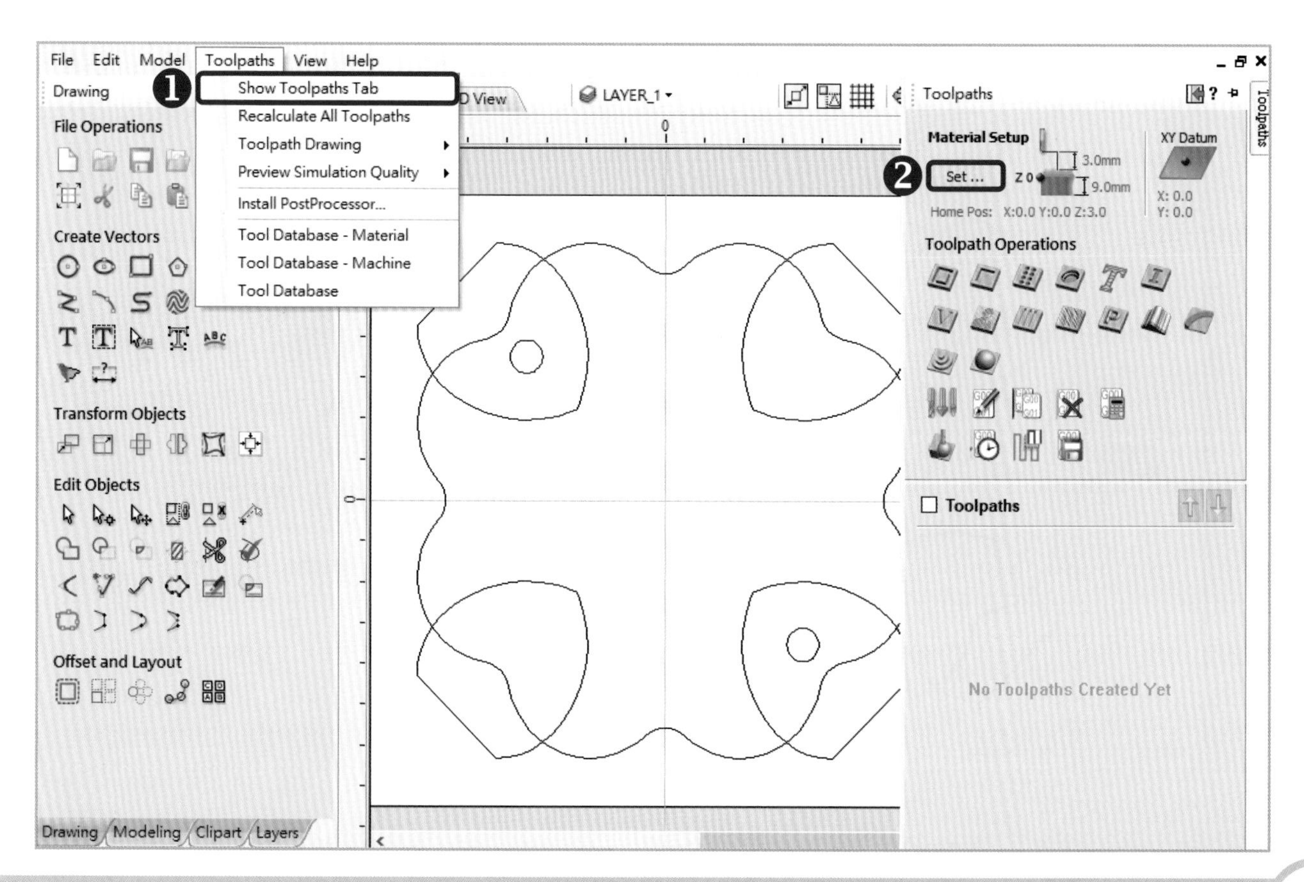

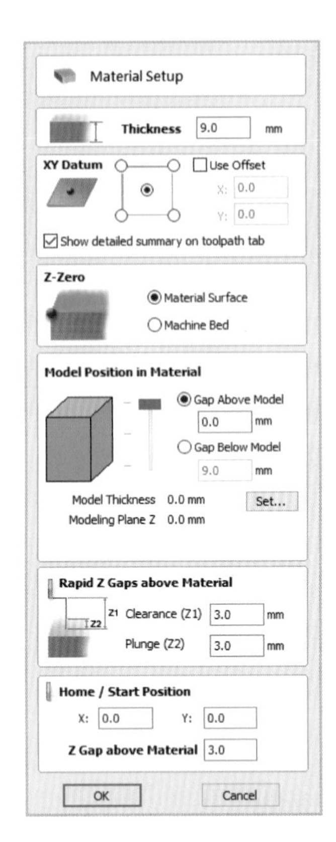

- Thickness：輸入素材厚度 9 mm
- XY Datum：點選中心點
- Z-Zero：原點設定在素材表面
- Model Position in Material：點選【Gap Above Model 0.0 mm】
- Clearance (Z1)：3 mm
  Plunge (Z2)：3 mm
- Home / Start Position：X：0.0 ； Y：0.0
  Z Gap above Material：3.0
- 點選 【OK】 即設定完成

STEP 04 使用刀具路徑【Toolpath Operations】提供的各種加工方式，對圖檔進行刀具路徑的安排。

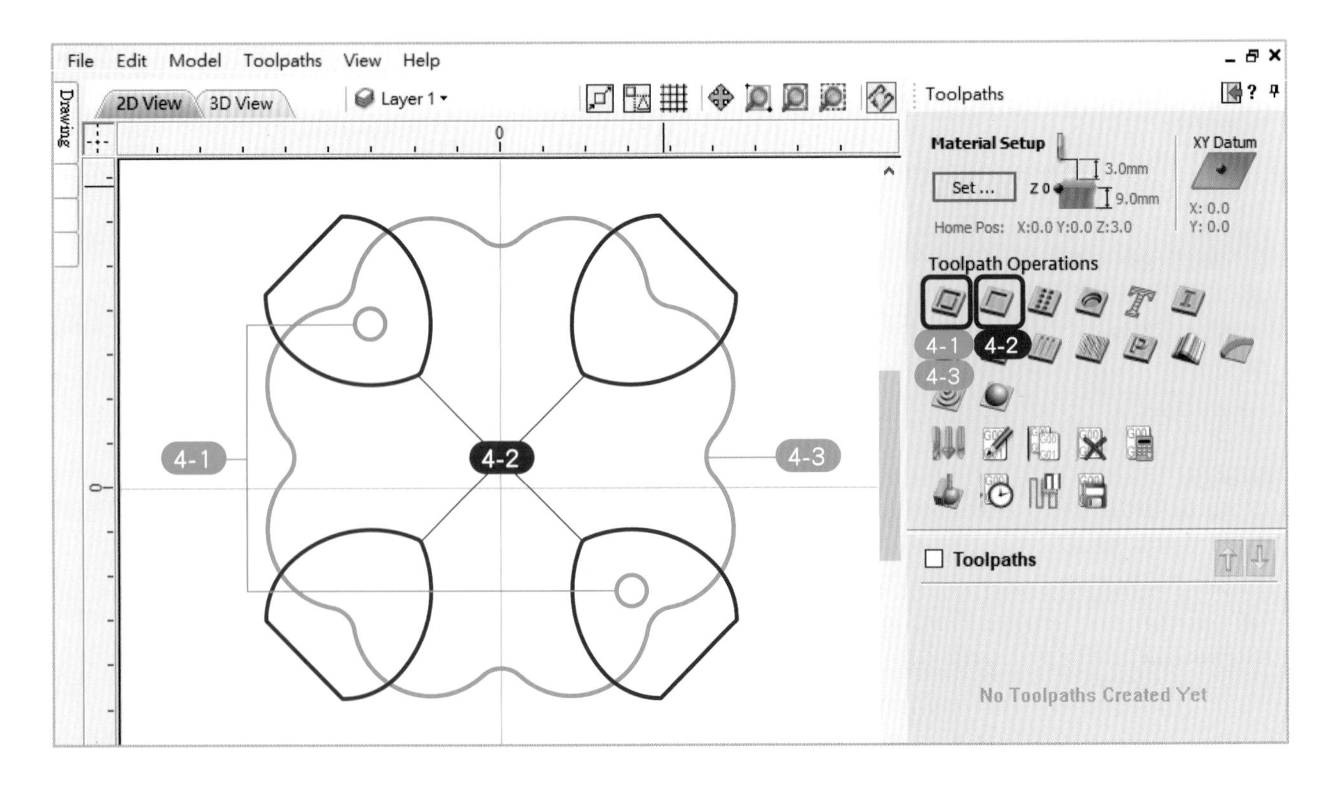

4-1 珍藏時光珠寶盒 B- 固定孔 - 線內加工

選取 2D 外型刀具路徑【2D Profile Toolpath】開啟設定面板。
按住 Shift 鍵點選要加工的線條，使其呈粉紅色虛線的被選取狀態，請參考下圖。
請依序由上而下參照範例進行參數設定。

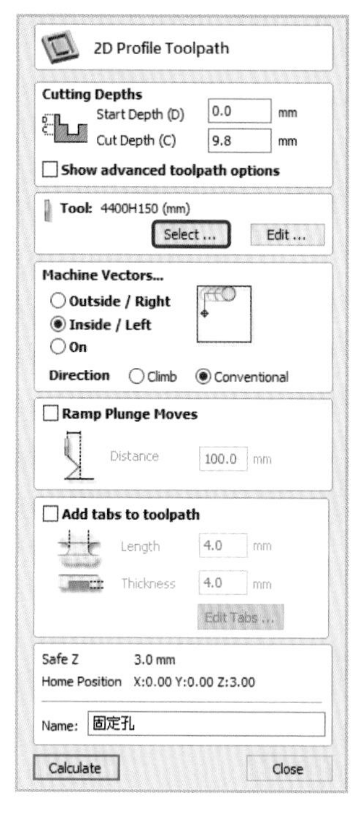

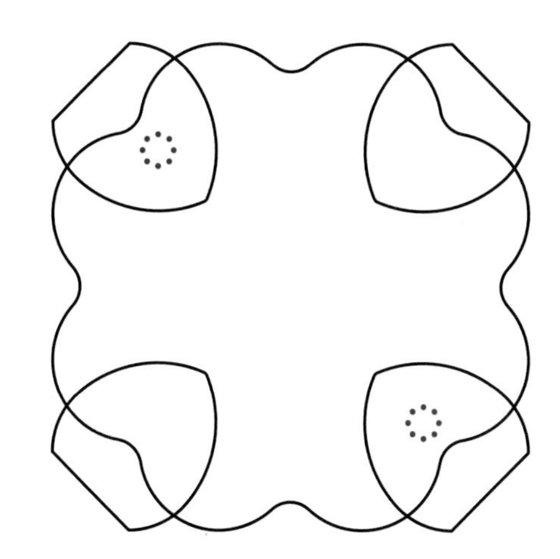

➜ Cutting Depths
Start Depth：0.0 mm
Cut Depth：9.8 mm

➜ Tool：4400H150 (mm)（註 1）

➜ Machine Vectors…
點選【Inside / Left】
Direction 點選【Conventional】

➜ 將刀具路徑命名為 - 固定孔
➜ 點選【Calculate】（註 2)(註 4，警告視窗僅為雕刻深度數值上的差異。）

4-2 珍藏時光珠寶盒 B- 凹槽銑面 - 範圍內加工

開啟【Pocket Toolpath】設定面板 ➜ 按住 Shift 鍵點選要加工的線條。

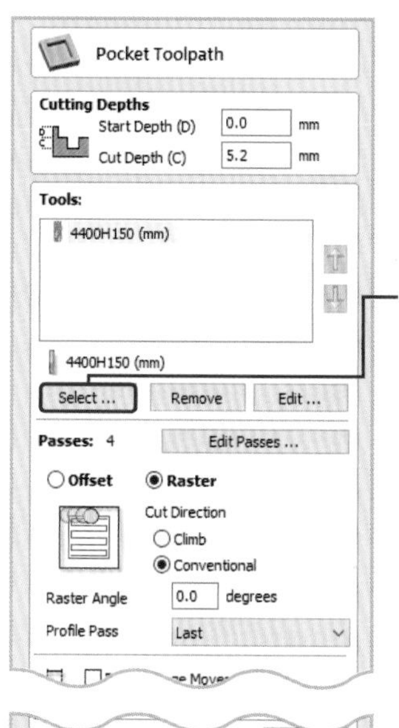

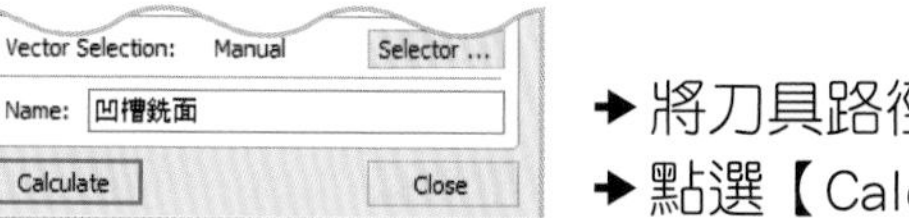

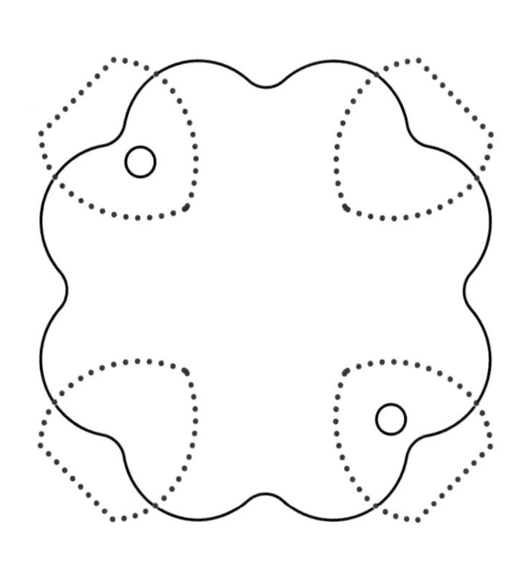

➜ Cutting Depths
Start Depth：0.0 mm
Cut Depth：5.2 mm

➜ Tools：4400H150 (mm)（註 1）

➜ 選擇【Raster】
Cut Direction 選擇【Conventional】
Raster Angle 輸入【0.0】degrees
Profile Pass 選擇【Last】

➜ 將刀具路徑命名為 - 凹槽銑面
➜ 點選【Calculate】（註 2）

4-3 珍藏時光珠寶盒 B- 外框 - 切邊加工

開啟 【2D Profile Toolpath】設定面板 ✦ 點選要加工的線條。

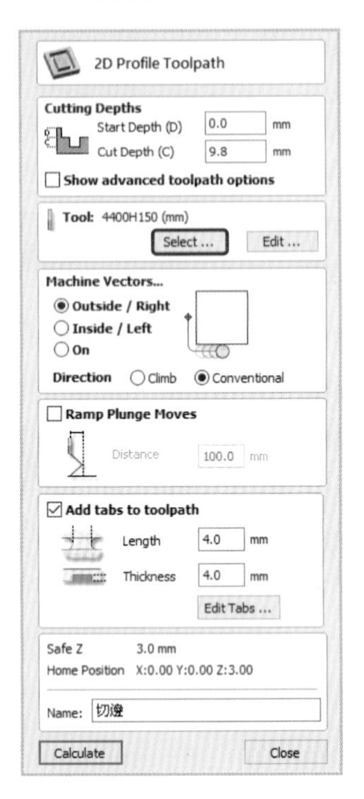

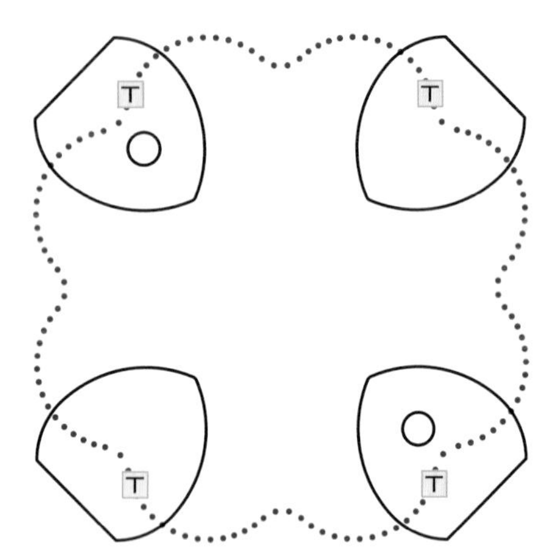

- Cutting Depths
  Start Depth：0.0 mm
  Cut Depth：9.8 mm
- Tool：4400H150 (mm)（註 1）
- Machine Vectors…
  點選【Outside / Right】
  Direction 點選【Conventional】
- 勾選【Add tabs to toolpath】增加肋柱
  Length：4.0 mm ； Thickness：4.0 mm
  點選【Edit tabs...】請參考上圖標示編輯肋柱（註 3）
- 將刀具路徑命名為 - 切邊
- 點選【Calculate】（註 2)(註 4，警告視窗僅為雕刻深度數值上的差異。）

STEP 05 使用刀具路徑預覽 【Preview Toolpaths】模擬所有刀具路徑的雕刻結果。

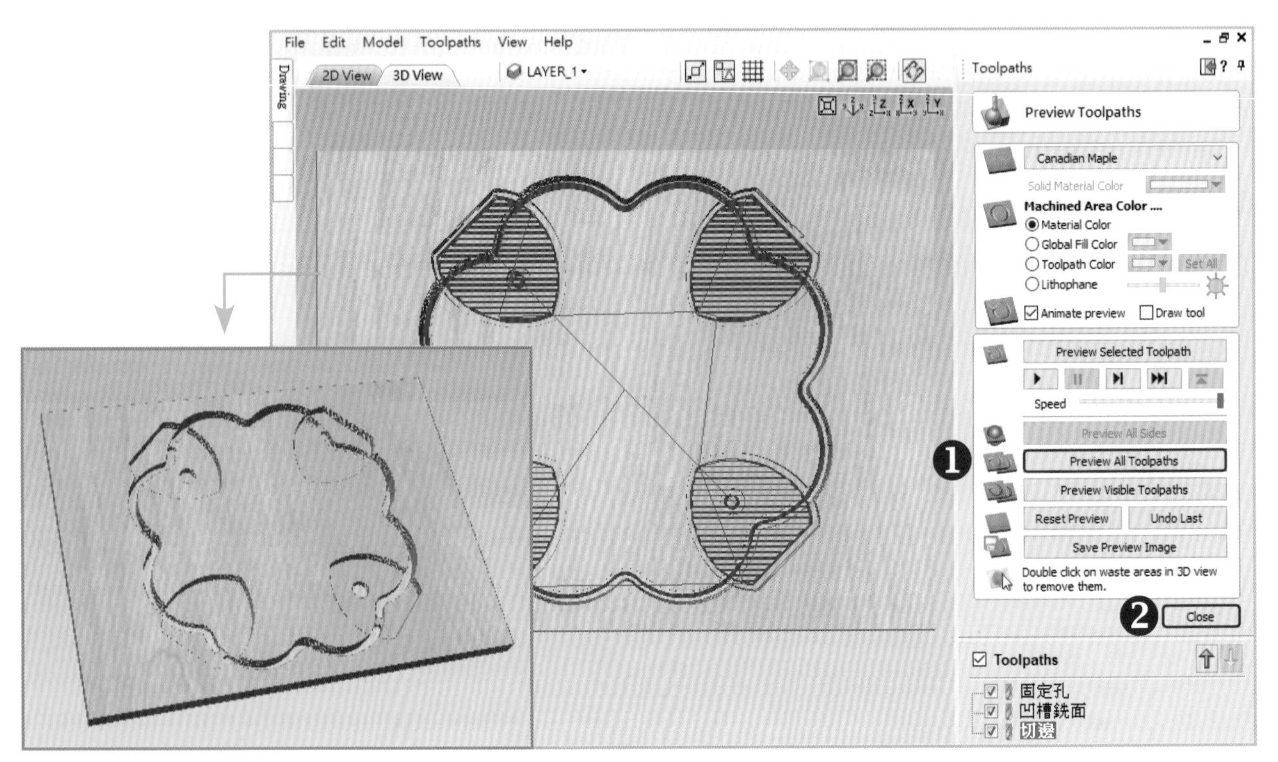

❶ 點選【Preview All Toolpaths】，即可模擬目前所有刀具路徑的預覽結果。

❷ 點選【Close】離開預覽功能。

STEP 06 使用儲存刀具路徑 【Save Toolpaths】將 G 碼存出。

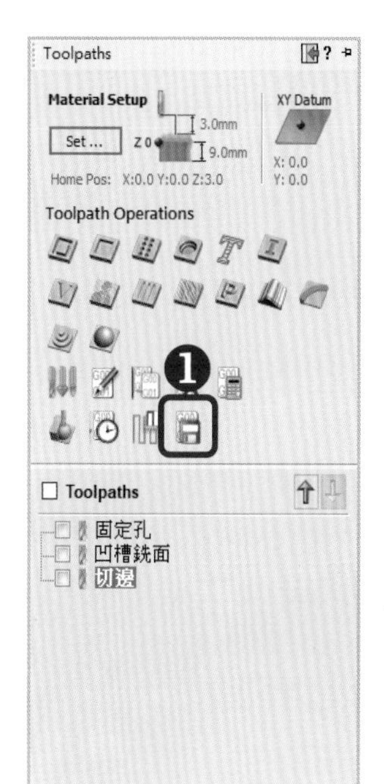

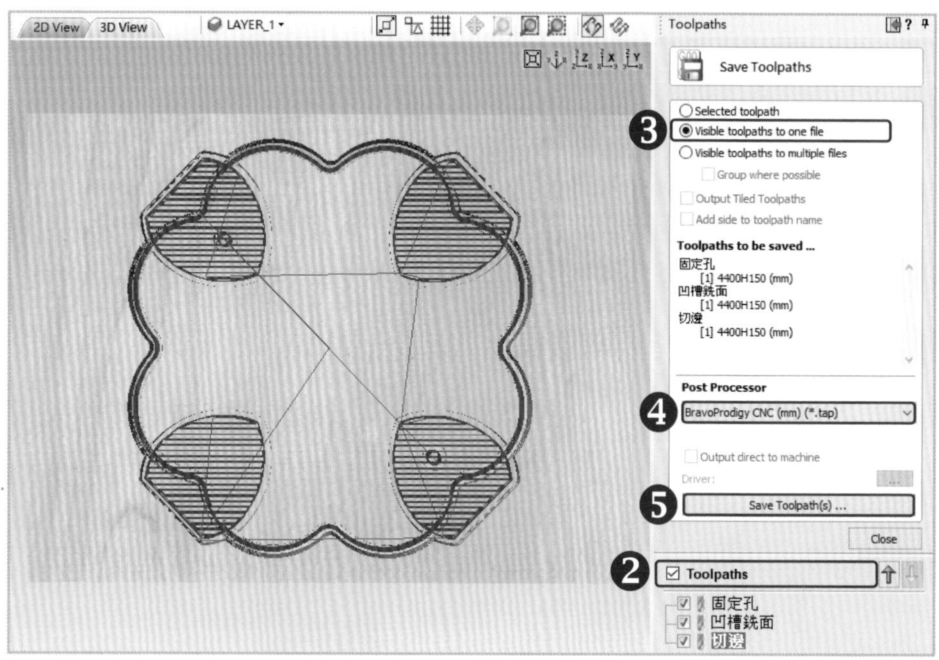

❶ 點選 開啟設定面板。

❷ 勾選【Toolpaths】選取所有刀具路徑。
請注意刀具路徑的排列順序需與範例相同。

❸ 勾選【Visible toolpaths to one file】。

❹ Post Processor(後處理器)選擇【BravoProdigy CNC (mm)(*.tap)】。
備註：若無上述說明之後處理器，也可另轉存【G Code (mm)(*.tap)】後處理器。

❺ 點選【Save Toolpath(s)...】存出 G 碼，命名為 - 珍藏時光珠寶盒 B。

❻ 點選 【Save】儲存專案檔 - 珍藏時光珠寶盒 B。

STEP 07 Bravoprodigy CNC 執行雕刻。
(CNC 操作請參考單元 6 實習 1 步驟 08 CNC 操作說明)

❶ 選擇【直接連線】方式進入 BravoProdigy CNC 軟體，載入【珍藏時光珠寶盒 B】G 碼。

❷ 素材固定於工作台並在主軸上鎖上刀具【4400H150】。

素材夾持重點：
本範例的刀具路徑須將素材切穿，因此需要一片 MDF 板來作為墊板，在切穿時才不會雕刻到工作台表面。

9 mm 素材
9 mm 墊板

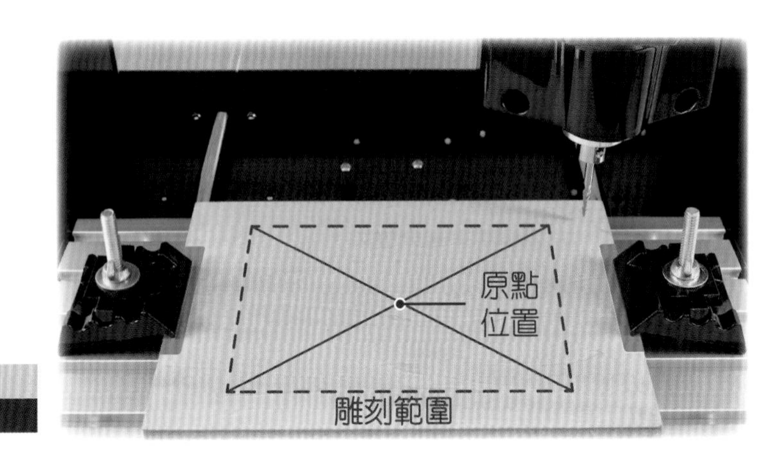

❸ 原點設定：
使用手持控制器將刀具移動至素材工件原點後，再將軟體上三軸的座標值歸零。

❹ 雕刻行程確認：
使用手持控制器移動刀具進行雕刻行程確認(注意：操作時請注意移動速度與安全距離)，確認無誤後請點選【回到原點】，機器會自動回到先前設定之工件原點。

❺ 將【雕刻速率】調到 100%。

❻ 按下【啟動】開始雕刻。(若您使用的機器有安全外罩，請先將安全外罩蓋上)

❼ 雕刻完畢後，請先清除粉塵再取下作品。

實習步驟 - 珍藏時光珠寶盒 C

開啟 VCarve Desktop 軟體，編輯工件設定。

❶ 點選【Create a new file】建立新檔案 ➔ ❷ 輸入工件的相關參數。

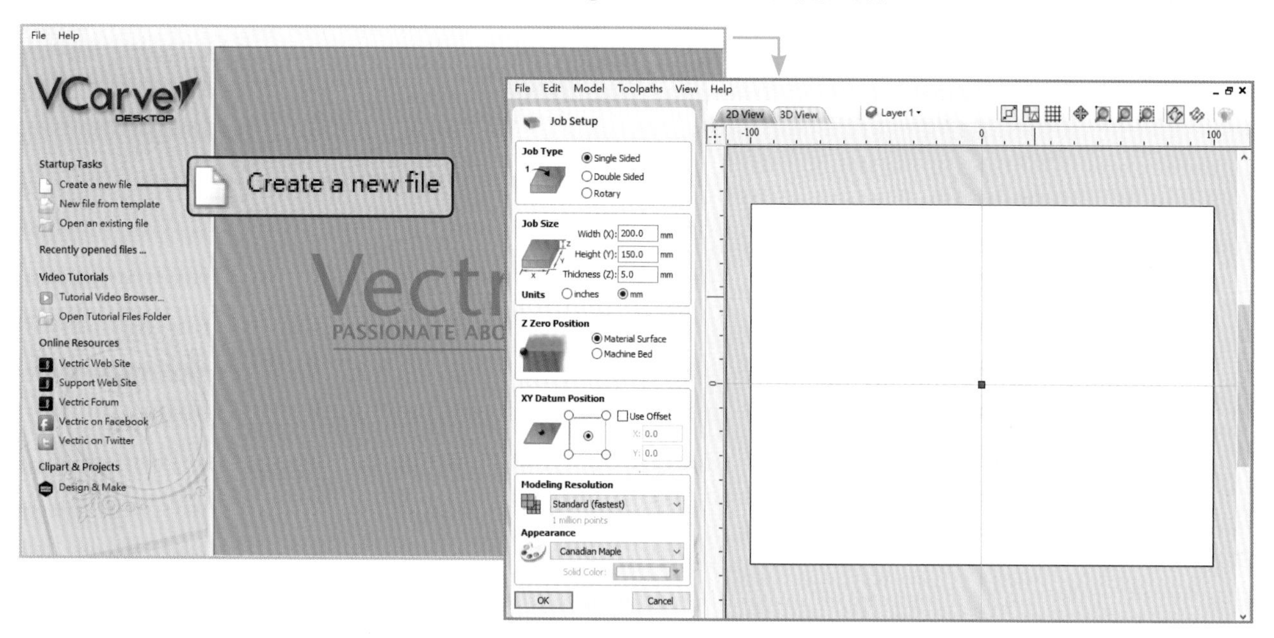

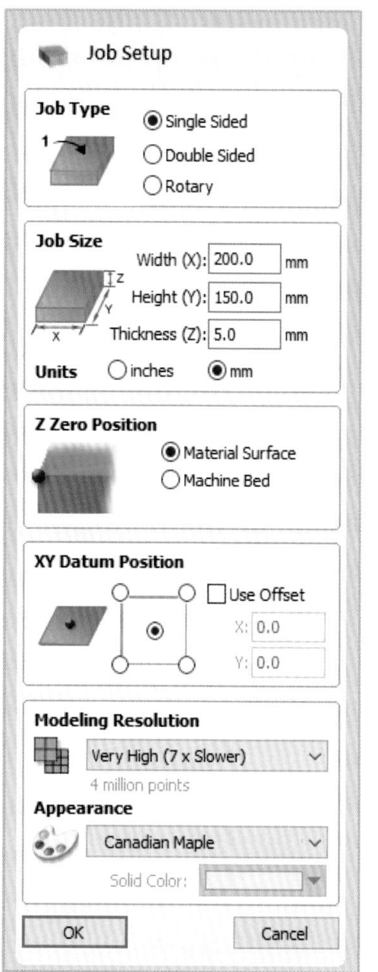

➔ 點選【Single Sided】單面加工

➔ 設定素材尺寸

Width (X)：200 mm；Height (Y)：150 mm；Thickness (Z)：5 mm

Units：mm

➔ 點選【Material Surface】，將Z軸原點設在素材表面

➔ 選擇中心點為XY軸的基準點

➔ 點選【OK】完成設定

STEP 02 點選 【Import vectors from a file】載入本實習單元所使用的圖檔 - 實習 8_ 珍藏時光珠寶盒 C。

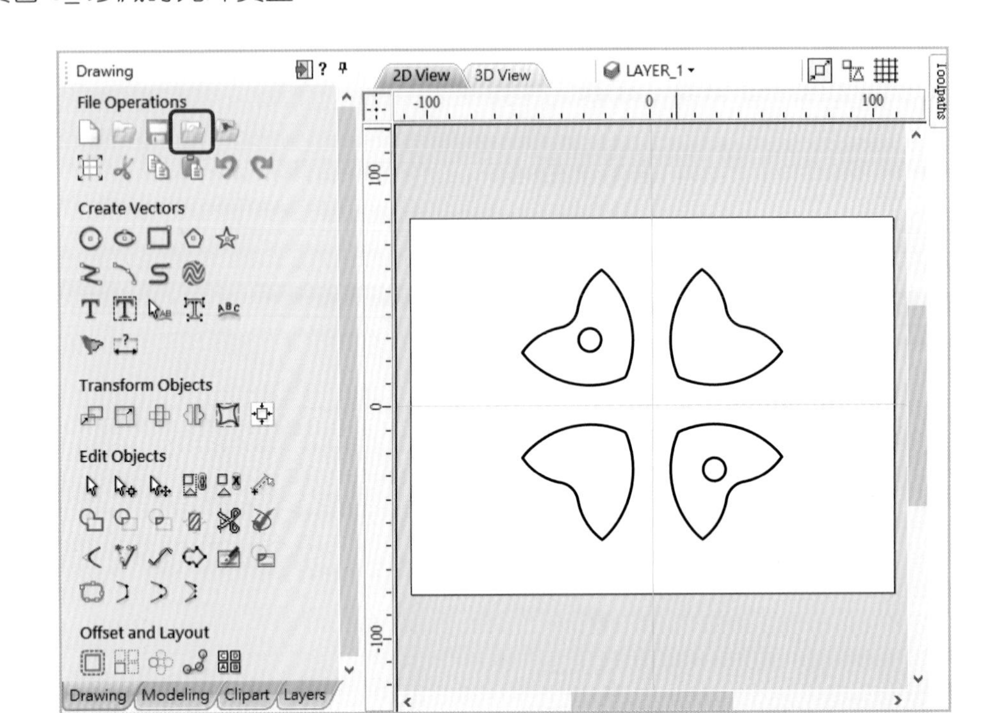

STEP 03 ❶ 開啟【Toolpaths】刀具路徑面板 ➜ ❷ 點選 Set ... 設定素材。

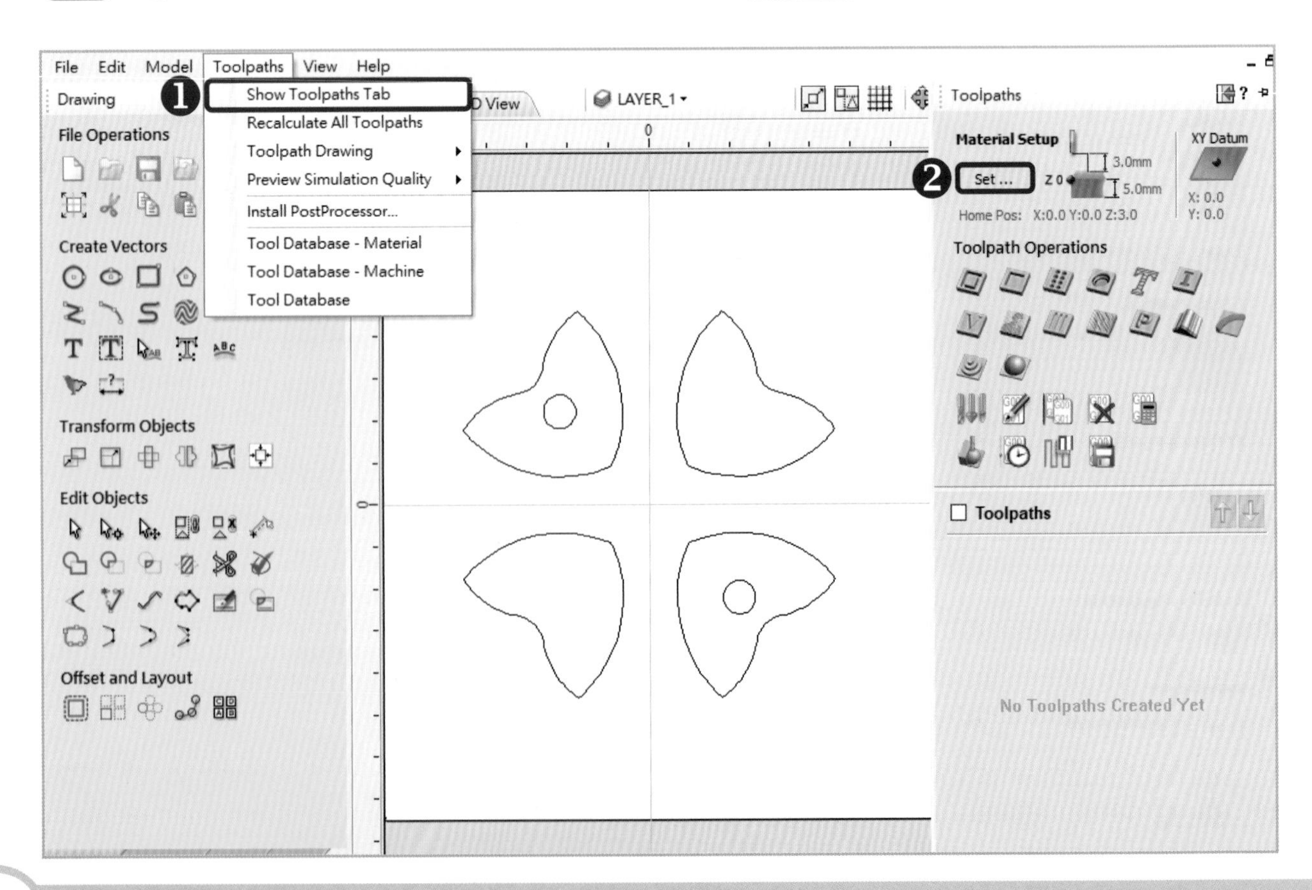

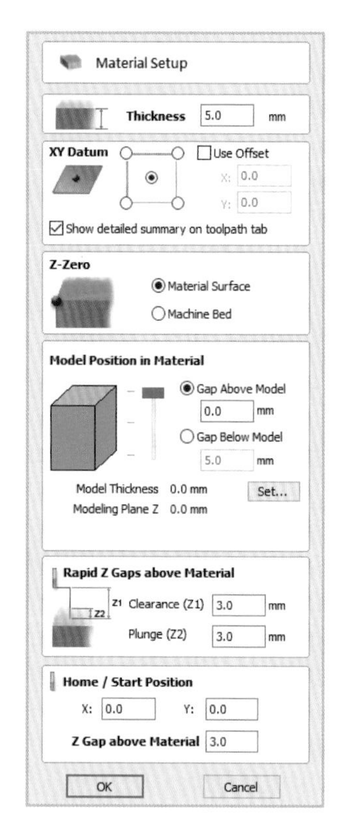

- Thickness：輸入素材厚度 5 mm
- XY Datum：點選中心點
- Z-Zero：原點設定在素材表面
- Model Position in Material：點選【Gap Above Model 0.0 mm】
- Clearance (Z1)：3 mm
  Plunge (Z2)：3 mm
- Home / Start Position：X：0.0 ；Y：0.0
  Z Gap above Material：3.0
- 點選 【OK】 即設定完成

使用刀具路徑【Toolpath Operations】提供的各種加工方式，對圖檔進行刀具路徑的安排。

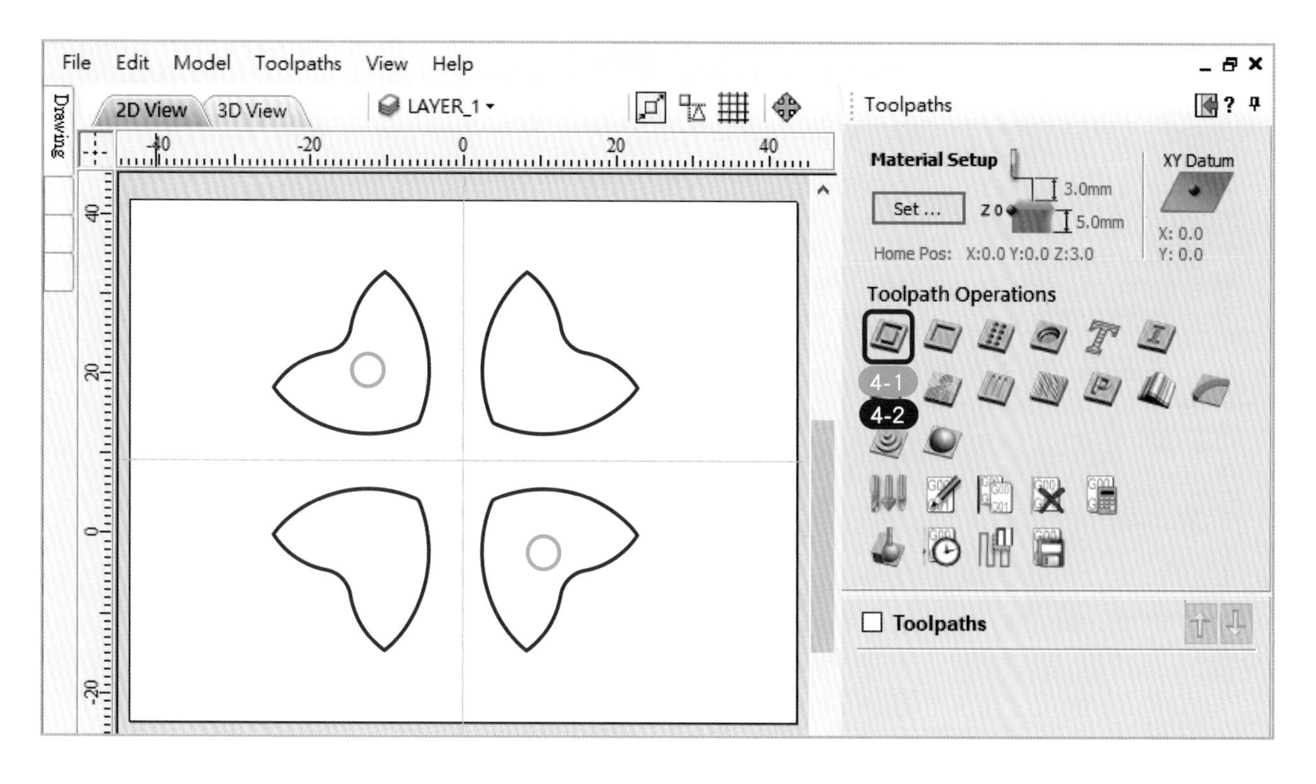

4–1 珍藏時光珠寶盒 C- 木榫孔 - 線內加工

選取 2D 外型刀具路徑 【2D Profile Toolpath】開啟設定面板。
按住 Shift 鍵點選要加工的線條，使其呈粉紅色虛線的被選取狀態，請參考下圖。
請依序由上而下參照範例進行參數設定。

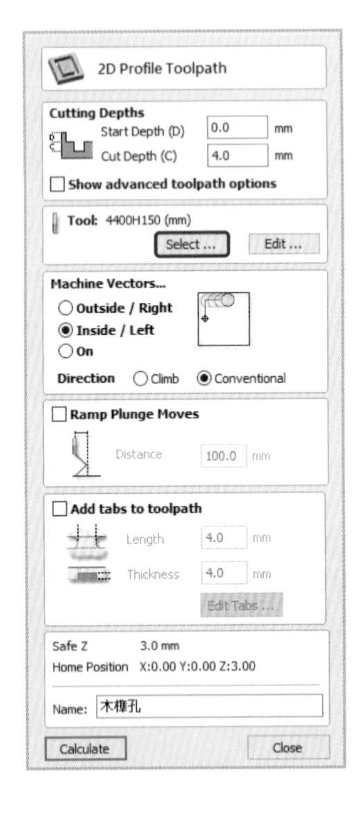

➜ Cutting Depths
Start Depth：0.0 mm
Cut Depth：4.0 mm

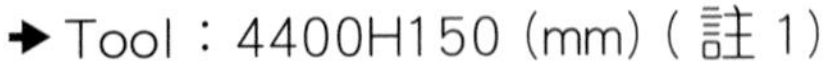
➜ Tool：4400H150 (mm)（註 1）

➜ Machine Vectors…
點選【Inside / Left】
Direction 點選【Conventional】

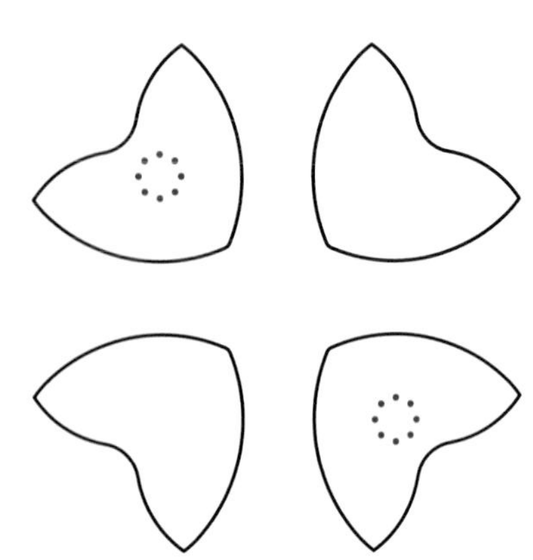

➜ 將刀具路徑命名為 - 木榫孔
➜ 點選【Calculate】（註 2）

4–2 珍藏時光珠寶盒 C- 外框切邊 - 線外加工

開啟 【2D Profile Toolpath】設定面板 ➜ 按住 Shift 鍵點選要加工的線條。

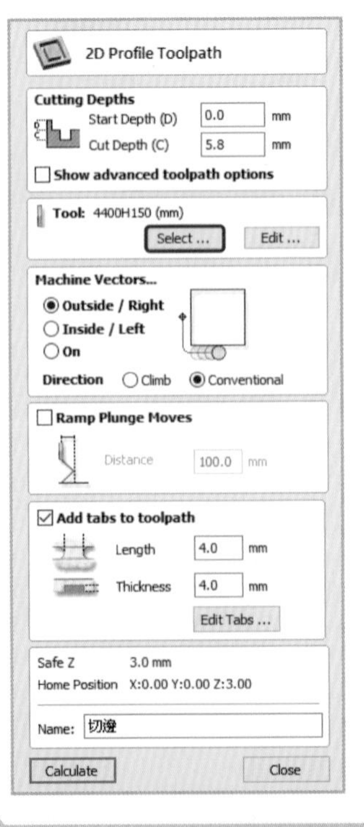

➜ Cutting Depths
Start Depth：0.0 mm
Cut Depth：5.8 mm

➜ Tool：4400H150 (mm)（註 1）

➜ Machine Vectors…
點選【Outside / Right】
Direction 點選【Conventional】

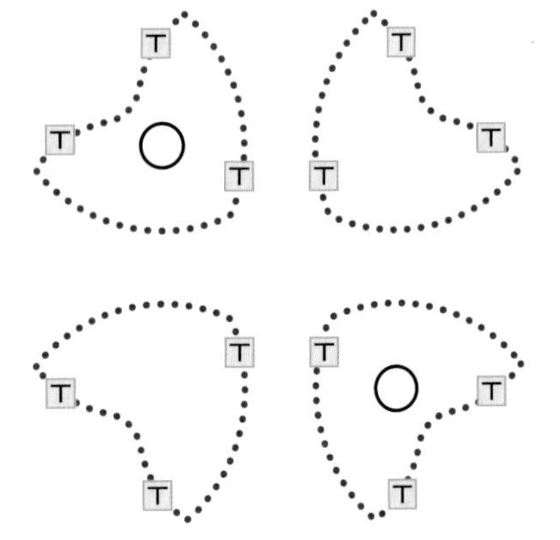

➜ 勾選【Add tabs to toolpath】增加肋柱
Length：4.0 mm；Thickness：4.0 mm
點選【Edit tabs...】請參考上圖標示編輯肋柱（註 3）

➜ 將刀具路徑命名為 - 切邊
➜ 點選【Calculate】（註 2)（註 4，警告視窗僅為雕刻深度數值上的差異。）

使用刀具路徑預覽【Preview Toolpaths】模擬所有刀具路徑的雕刻結果。

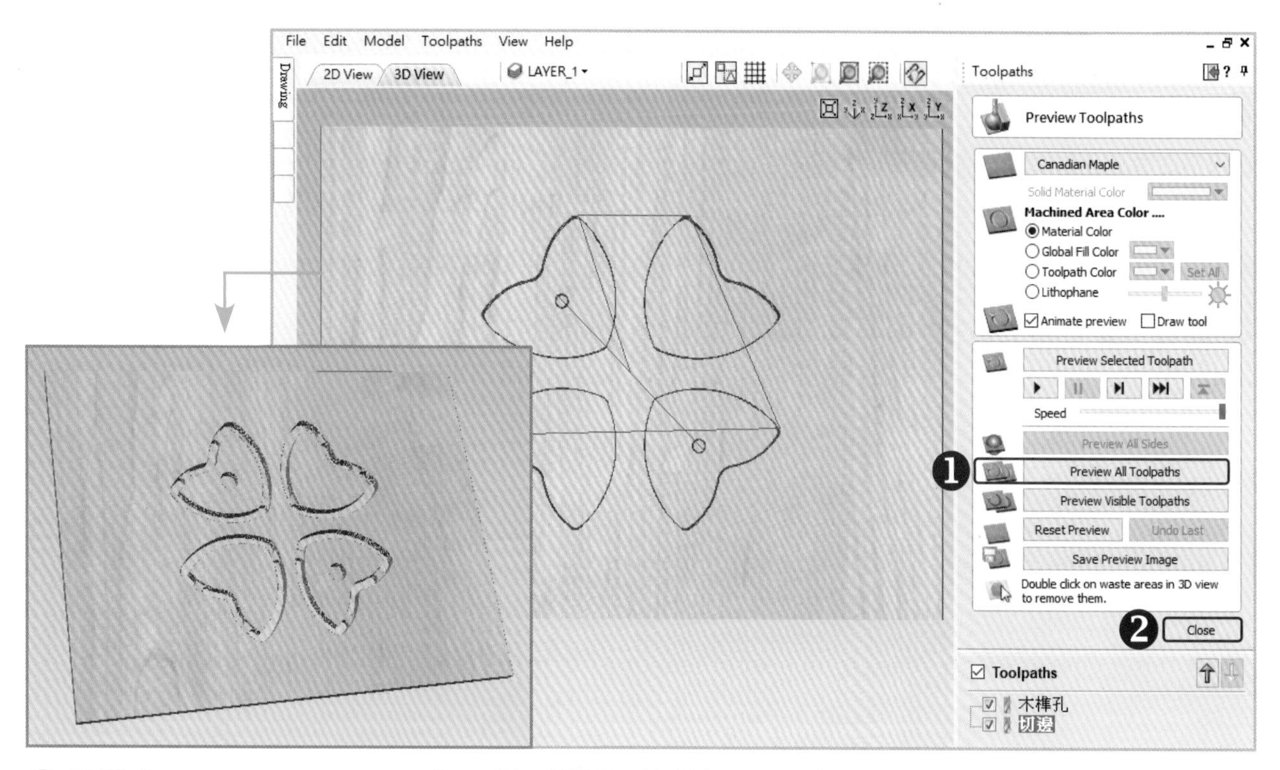

❶ 點選【Preview All Toolpaths】，即可模擬目前所有刀具路徑的預覽結果。

❷ 點選【Close】離開預覽功能。

使用儲存刀具路徑【Save Toolpaths】將 G 碼存出。

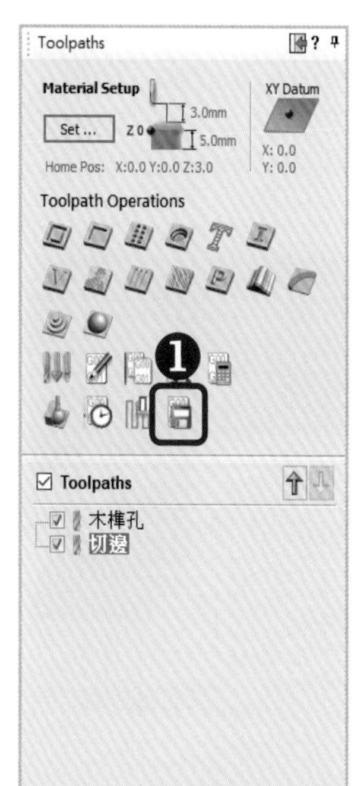

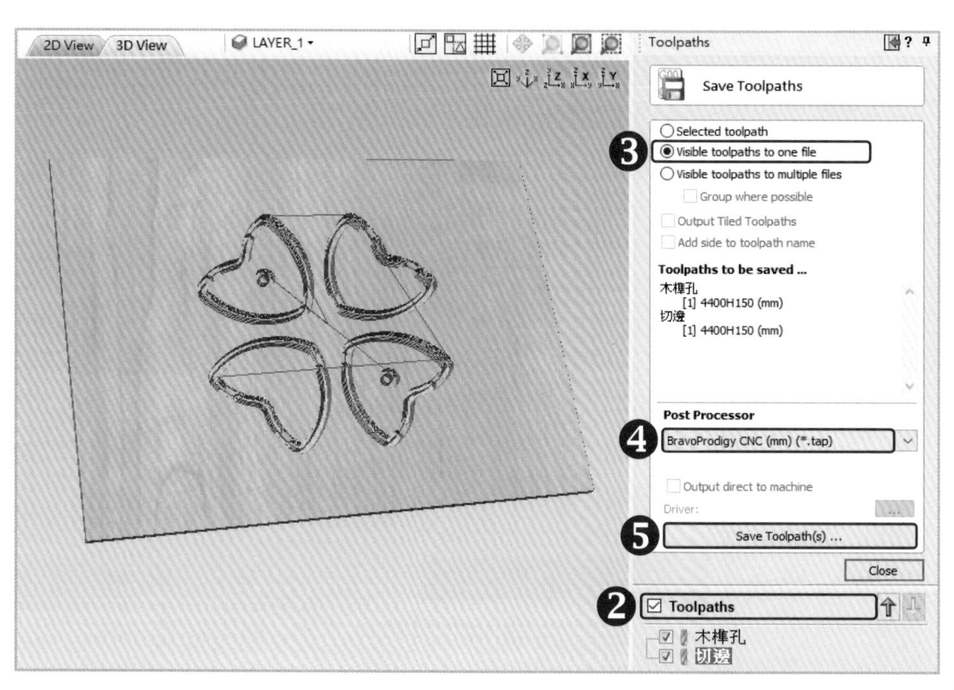

❶ 點選 開啟設定面板。

❷ 勾選【Toolpaths】選取所有刀具路徑。
請注意刀具路徑的排列順序需與範例相同。

❸ 勾選【Visible toolpaths to one file】。

❹ Post Processor(後處理器) 選擇【BravoProdigy CNC (mm)(*.tap)】。
備註：若無上述說明之後處理器，也可另轉存【G Code (mm)(*.tap)】後處理器。

❺ 點選【Save Toolpath(s)...】存出 G 碼，命名為 - 珍藏時光珠寶盒 C。

❻ 點選 【Save】儲存專案檔 - 珍藏時光珠寶盒 C。

Bravoprodigy CNC 執行雕刻。
(CNC 操作請參考單元 6 實習 1 步驟 08 CNC 操作說明)

❶ 選擇【直接連線】方式進入 BravoProdigy CNC 軟體，載入【珍藏時光珠寶盒 C】G 碼。

❷ 素材固定於工作台並在主軸上鎖上刀具【4400H150】。

素材夾持重點：
本範例的刀具路徑須將素材切穿，因此需要一片 MDF 板來作為墊板，在切穿時才不會雕刻到工作台表面。

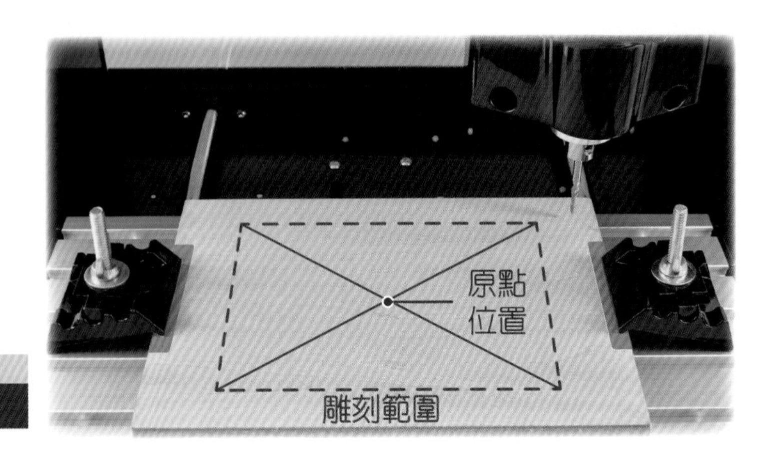

5 mm 素材
9 mm 墊板

❸ 原點設定：
使用手持控制器將刀具移動至素材工件原點後，再將軟體上三軸的座標值歸零。

❹ 雕刻行程確認：
使用手持控制器移動刀具進行雕刻行程確認（注意：操作時請注意移動速度與安全距離），確認無誤後請點選【回到原點】，機器會自動回到先前設定之工件原點。

❺ 將【雕刻速率】調到 100%。

❻ 按下【啟動】開始雕刻。（若您使用的機器有安全外罩，請先將安全外罩蓋上）

❼ 雕刻完畢後，請先清除粉塵再取下作品。

STEP 08 組裝。

❶ 準備材料：雕刻成品（珍藏時光珠寶盒 A、B、C）、零件包（木榫）、自備工具（砂紙、木槌或橡膠槌）。

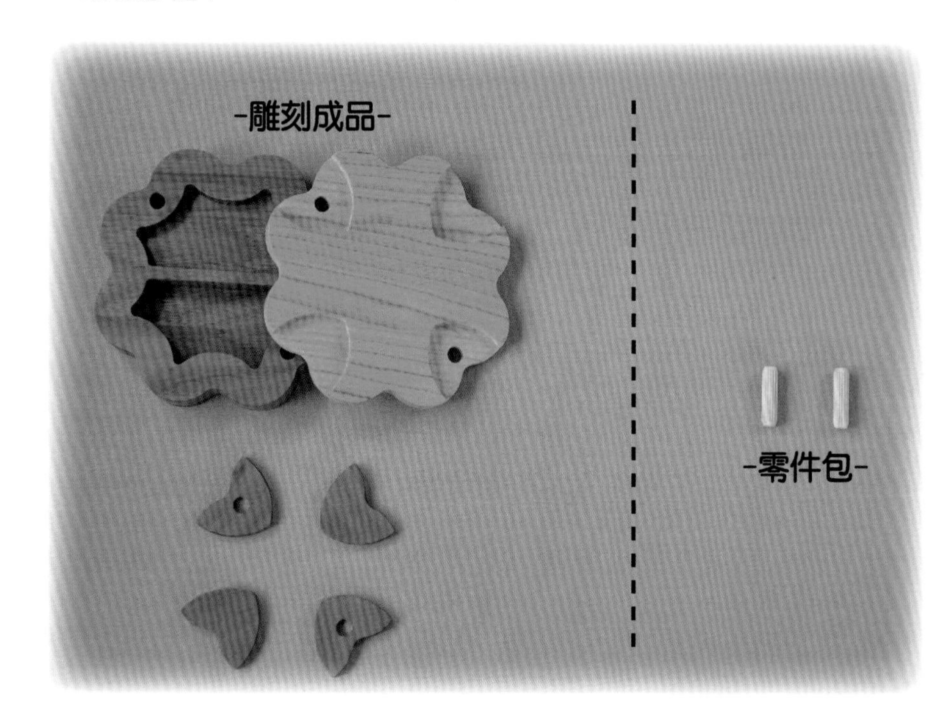

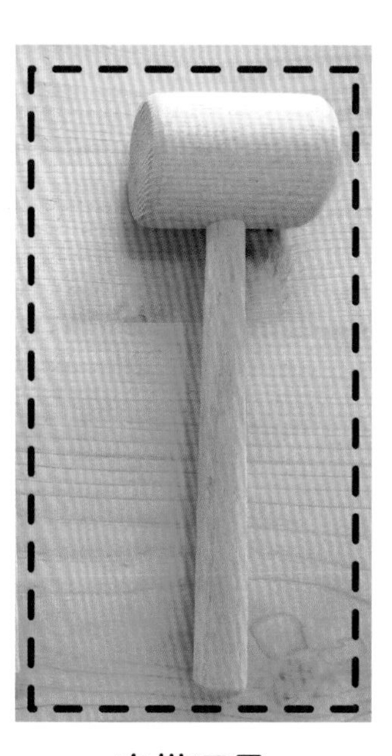

-自備工具-

因所附的木榫兩頭皆為倒角，需將其中一頭的倒角使用砂紙磨掉，約磨掉 2 mm，需要長度為 18 mm。

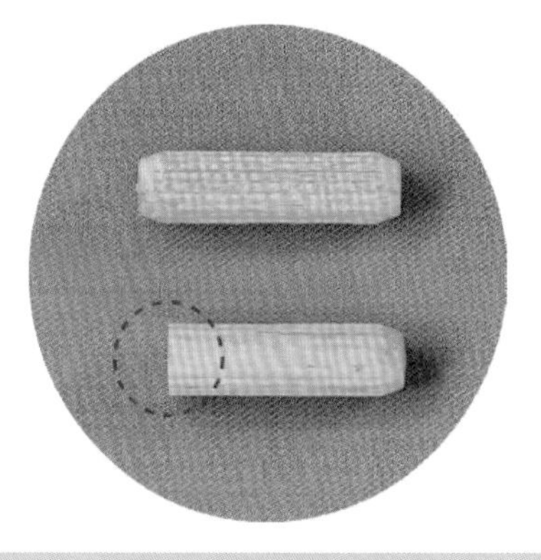

❷ 使用木槌工具將木榫敲入底座孔洞內。
（注意磨過木榫的頭需朝上）

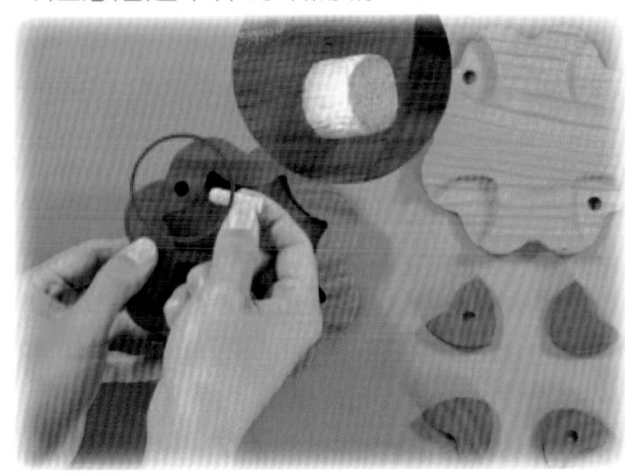

❸ 將上蓋置入於木榫內。

❹ 在上蓋凹槽內塗上木工膠，將三片愛心花瓣黏於上蓋。

❺ 木榫置入於愛心片孔洞，使用木工膠與愛心片黏合製做心鎖。
（注意磨過木榫的頭需朝向愛心片孔洞）

❻ 將心鎖置入。

完成

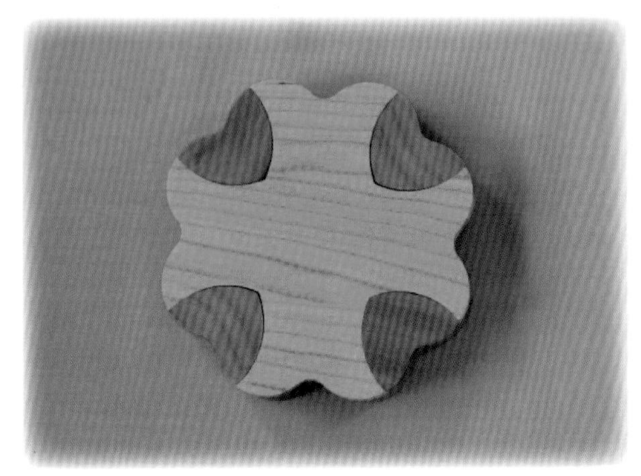

實習 9 聽見你的聲音 木質揚聲器

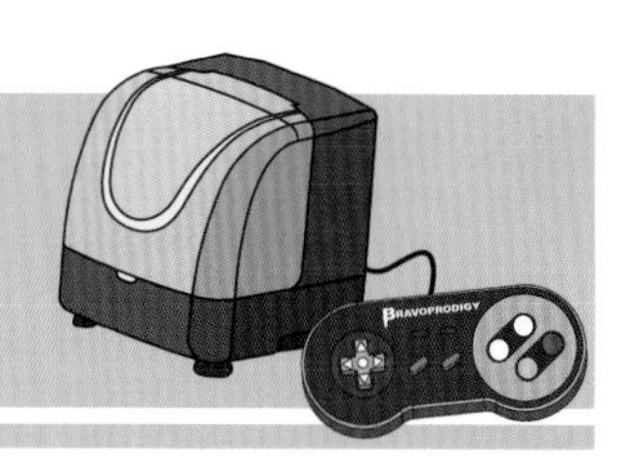

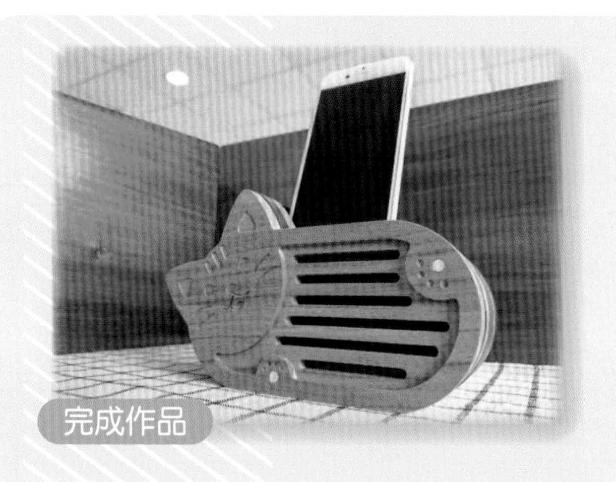

完成作品

延伸應用

學習重點

1. 使用 VCarve Desktop 軟體，學習多個零件雕刻搭接組合。
2. 設定工件並使用圓形、弧線等等工具進行編排。
3. 學習 2D 刀具路徑編排，線內加工、範圍內銑削降面加工、外型切邊加工。
4. 肋柱設定。
5. 學習模擬切削及路徑轉出成 G 碼。
6. 使用不同刀具雕刻同一個工件。
7. 素材架設及執行雕刻作業。

範例檔案資料夾

1. Dxf 圖檔，可供練習圖檔編輯及轉刀路。
2. 已完成的 Vcarve Desktop 專案檔，可供查看。
3. 提供完成 G 碼檔，可供直接雕刻製作。

動作說明

載入向量檔案，以原本圖案為基底加入自己的設計，使用多把刀具以及合併多個不同的刀具路徑來加工，製作數個零件搭接的木質揚聲器。

使用材料與配件

刀具編號：4050A020、4400H150

雕刻材料：MDF 密集板 200 X 150 X 9 mm 5 片
MDF 密集板 200 X 150 X 20 mm 1 片

使用工具：MDF 密集板（墊板）200 X 150 X 9 mm 1 片、齒型壓板組（小）2 個

雕刻時間：約 1 小時 30 分鐘，雕刻速度 F1500mm/min

官網另有原木素材可挑選

實習步驟 - 聽見你的聲音 木質揚聲器 A

STEP 01 開啟 VCarve Desktop 軟體，編輯工件設定。

❶ 點選【Create a new file】建立新檔案 ➜ ❷ 輸入工件的相關參數。

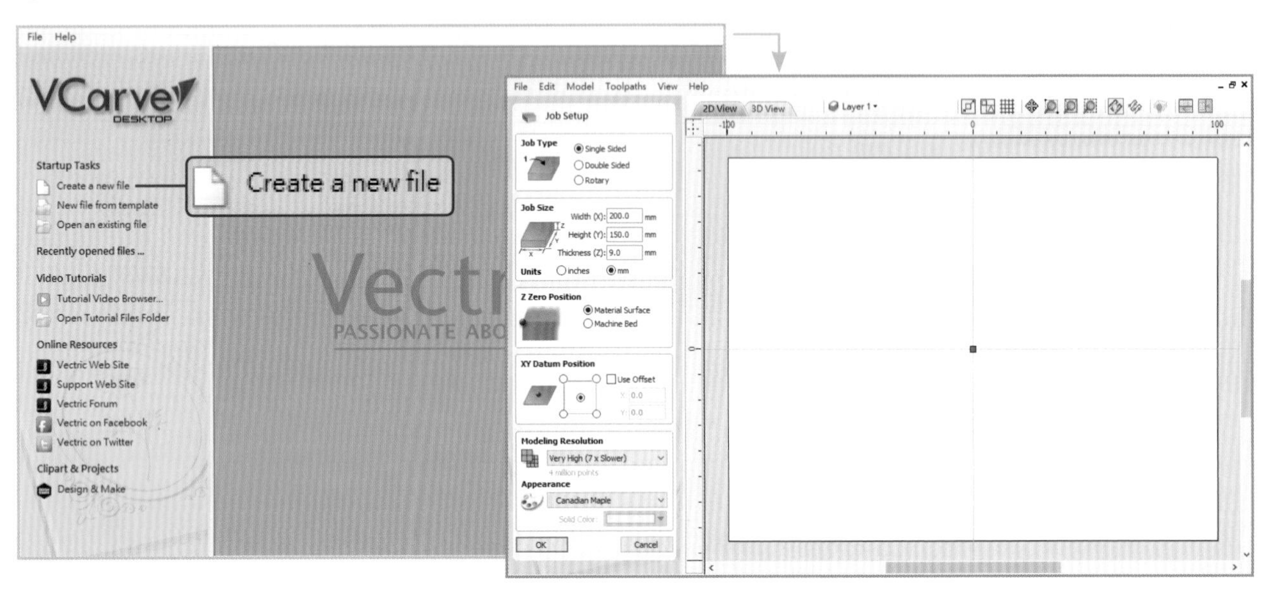

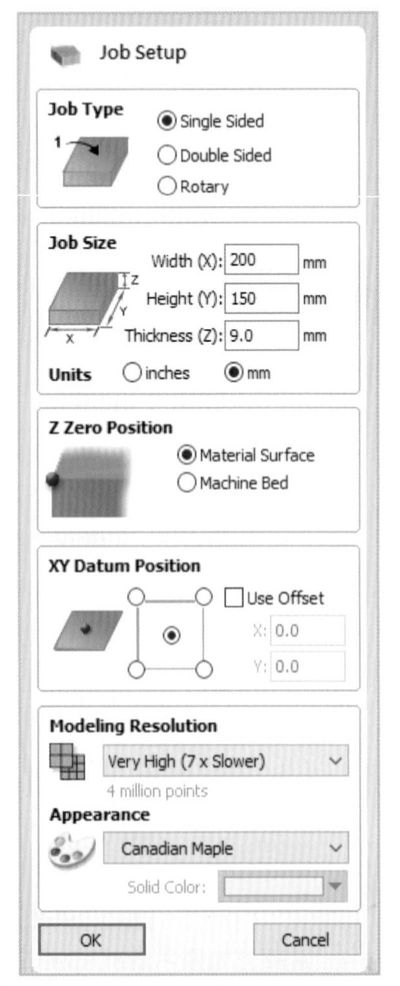

➜ 點選【Single Sided】單面加工

➜ 設定素材尺寸
Width (X)：200mm；Height (Y)：150mm；Thickness (Z)：9mm
Units：mm

➜ 點選【Material Surface】，將Z軸原點設在素材表面

➜ 選擇中心點為XY軸的基準點

➜ 點選【OK】完成設定

STEP 02 點選 【Import vectors from a file】載入本實習單元所使用的圖檔 - 實習 9_ 聽見你的聲音 木質揚聲器 A。

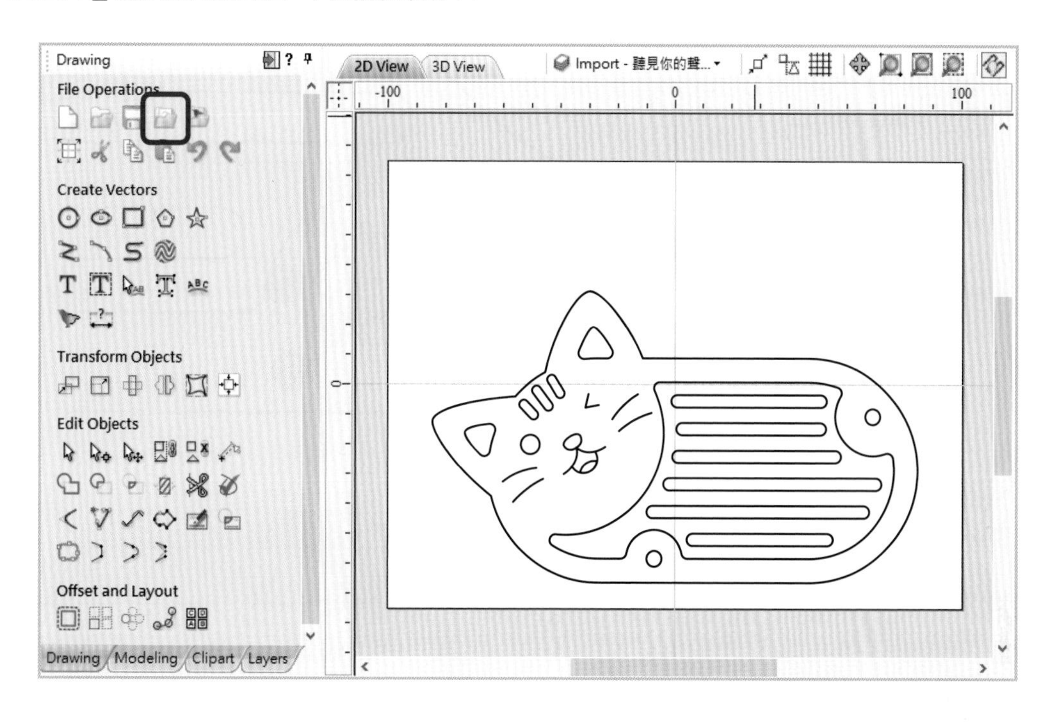

STEP 03 使用繪圖面板工具繪製貓爪 - 弧線。

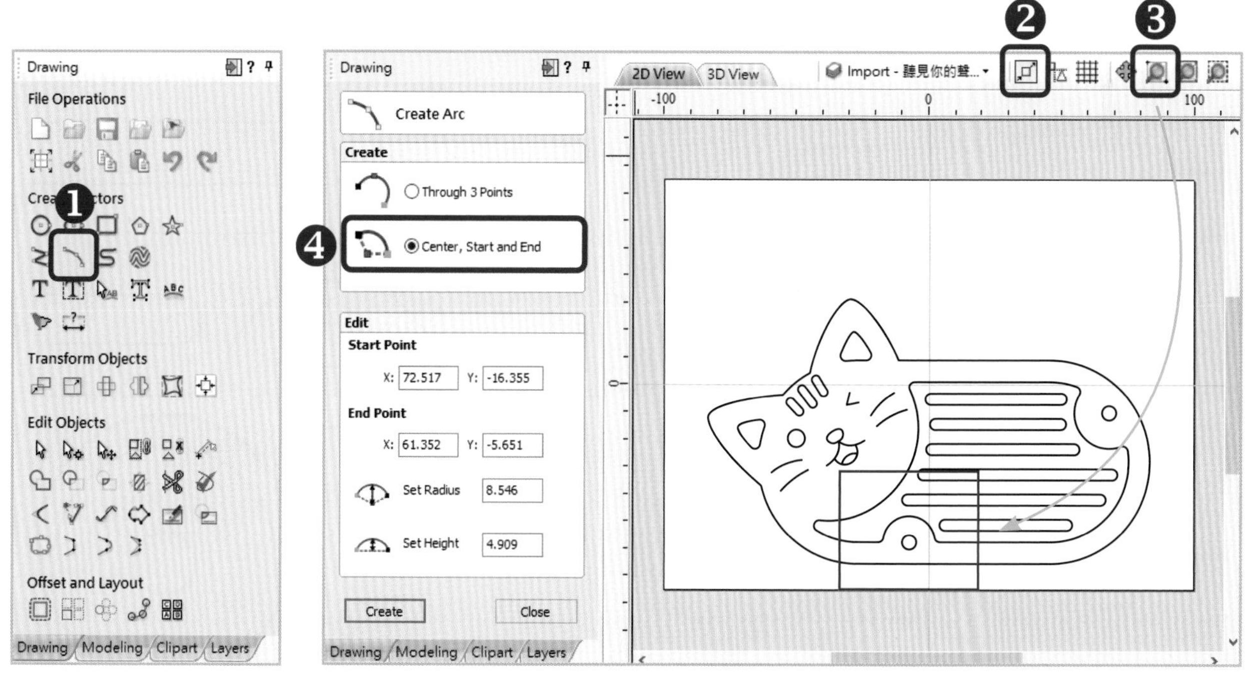

❶ 點選 開啟弧線繪製面板。

❷ 開啟視窗上方的自動靠齊工具，出現方框反藍即為開啟狀態。

❸ 點選視窗上方的局部放大工具，出現 圖示時使用滑鼠在要放大的區域拖曳框選。

❹ 選擇繪製方式為【Center, Start and End】。

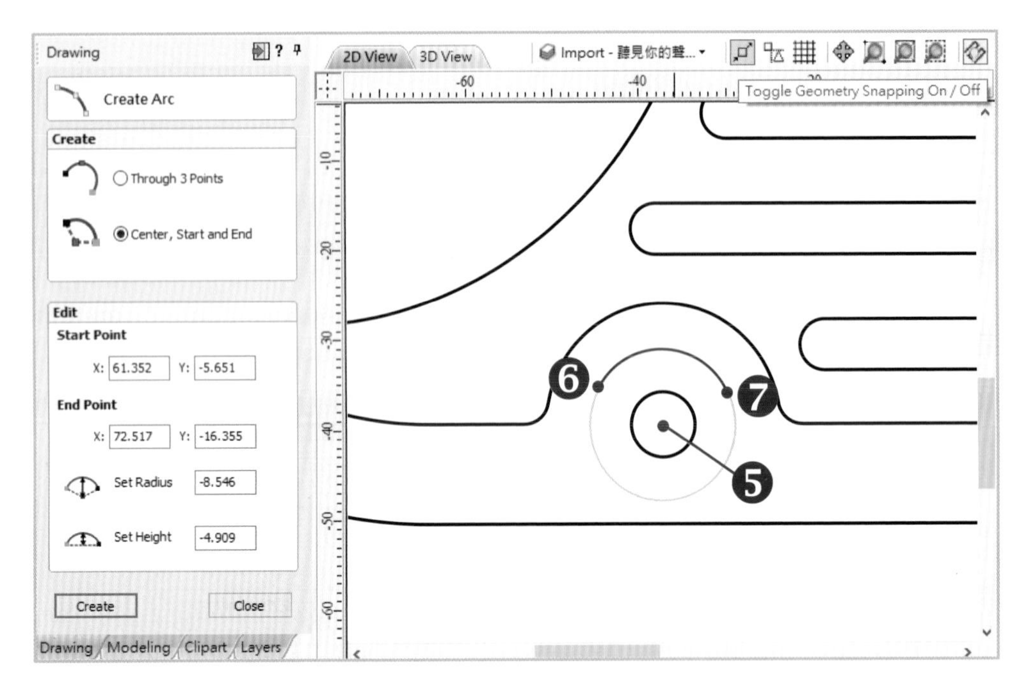

❺ 移動游標靠近圓心，使其自動靠齊圓心後按下滑鼠左鍵創建中心點。

❻ 移動滑鼠使圓形的參考線在兩弧線中間，於 10 點鐘方向的位置按下滑鼠左鍵創建起始點。

❼ 沿著圓形移動在 2 點鐘方向按下滑鼠左鍵創建終點，完成後點選 Close 離開編輯介面。

STEP 04 使用繪圖面板工具沿弧線複製圓形。

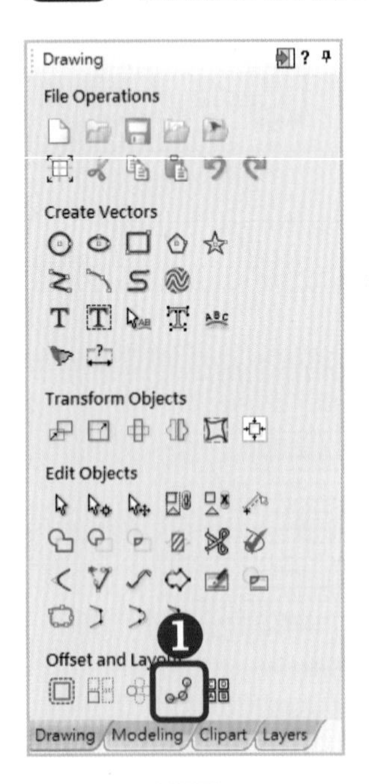

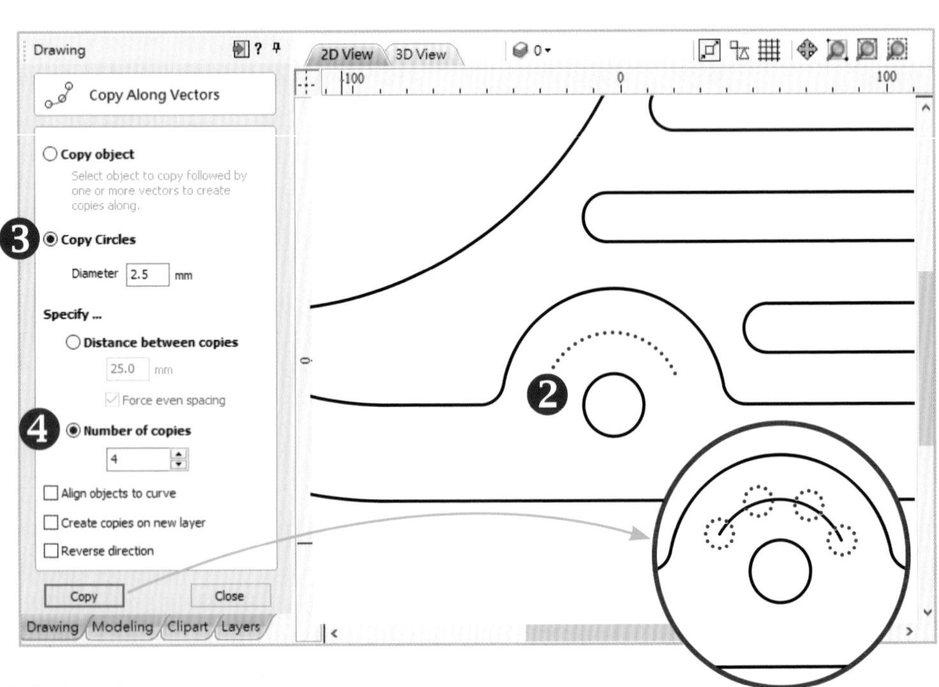

❶ 點選 開啟沿線條複製面板。

❷ 選取要做為基準的線條，物件被選取時會呈粉紅色虛線的狀態。

❸ 選擇【Copy Circles】，輸入直徑 2.5 mm。

❹ 選擇【Number of copies】，輸入複製數量 4，按下 Copy 即可，完成後點選 Close 離開編輯介面。

請參考 Step 3 ~ Step 4 的詳細步驟完成右上角的貓爪，最後將作為基準的弧線刪除，完成後如上圖範例。

STEP 05 ❶ 開啟【Toolpaths】刀具路徑面板 ➜ ❷ 點選 Set ... 設定素材。

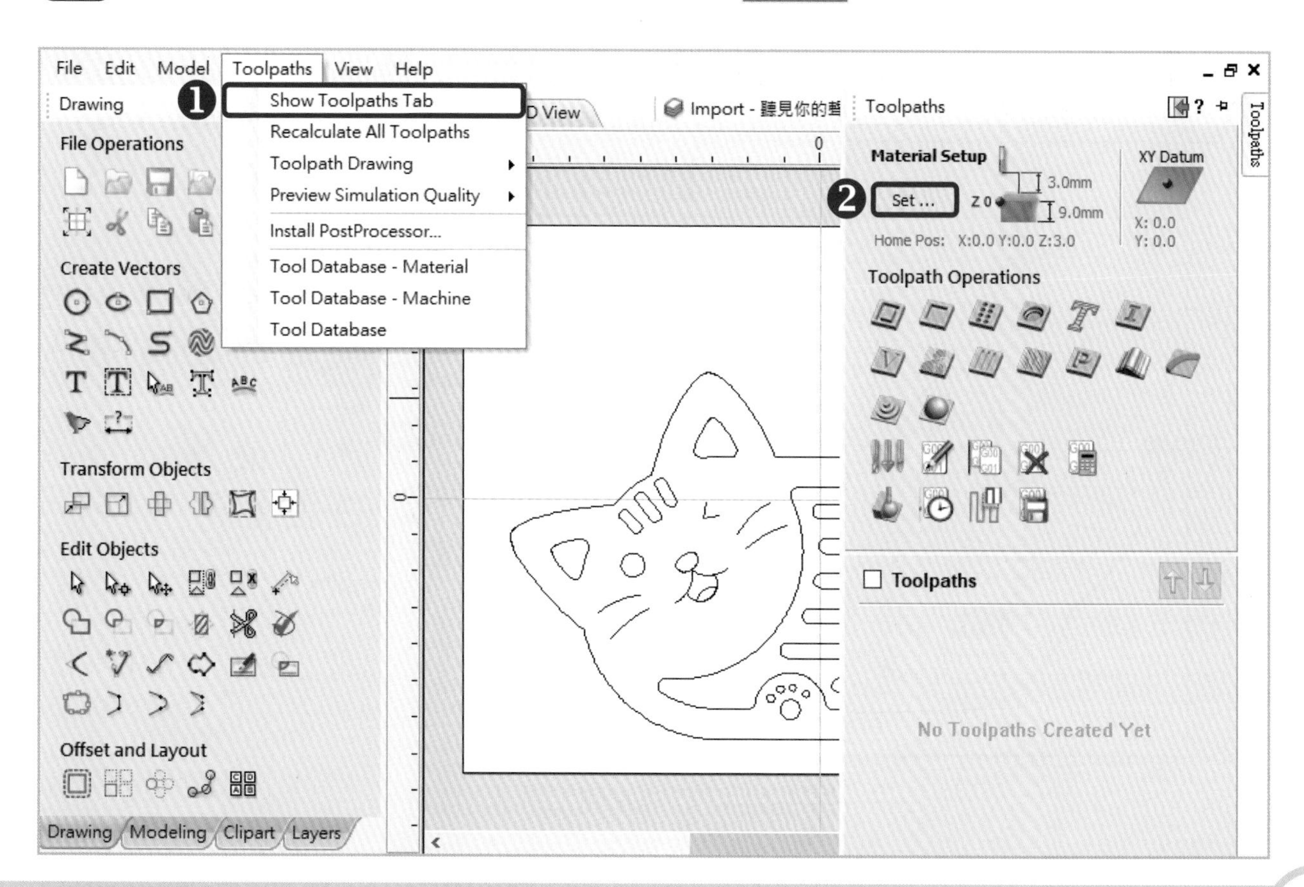

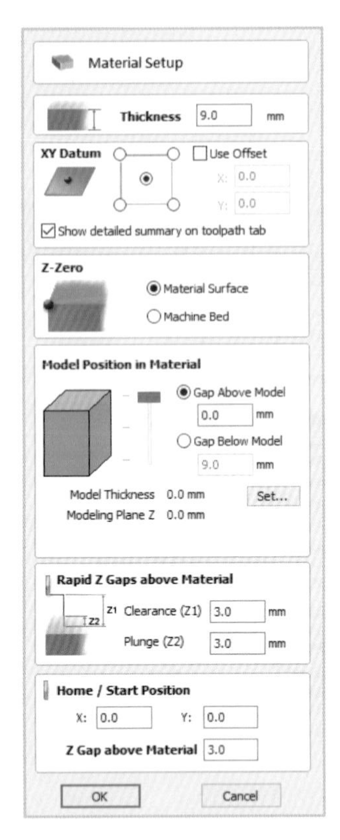

- Thickness：輸入素材厚度 9 mm
- XY Datum：點選中心點
- Z-Zero：原點設定在素材表面
- Model Position in Material：點選【Gap Above Model 0.0 mm】
- Clearance (Z1)：3 mm
  Plunge (Z2)：3 mm
- Home / Start Position：X：0.0 ； Y：0.0
  Z Gap above Material：3.0
- 點選 【OK】 即設定完成

STEP 06 使用刀具路徑【Toolpath Operations】提供的各種加工方式，對圖檔進行刀具路徑的安排。

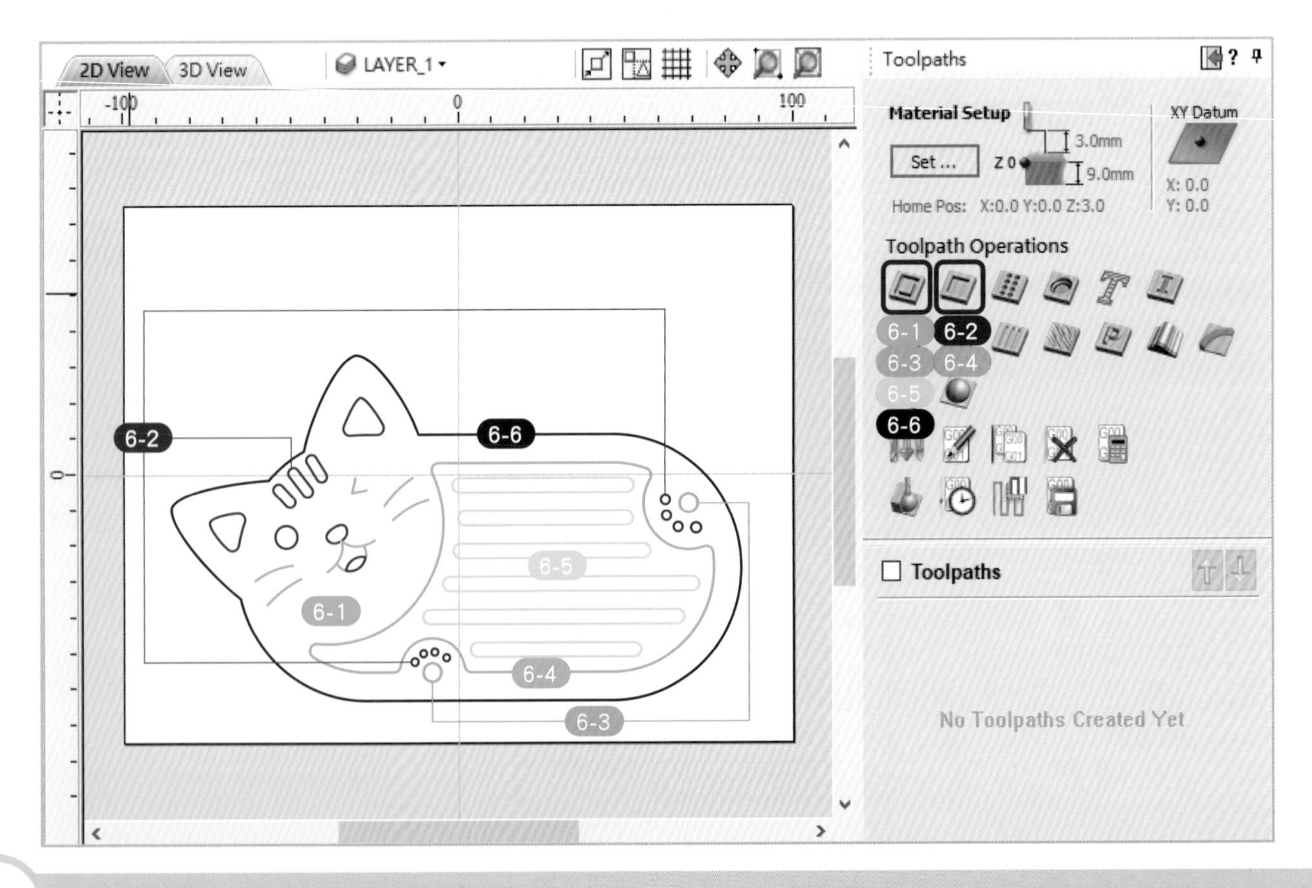

6-1 聽見你的聲音 木質揚聲器 A - 貓咪五官 1- 線上加工

選取 2D 外型刀具路徑 【2D Profile Toolpath】開啟設定面板。
按住 Shift 鍵點選要加工的線條，使其呈粉紅色虛線的被選取狀態，請參考下圖。
請依序由上而下參照範例進行參數設定。

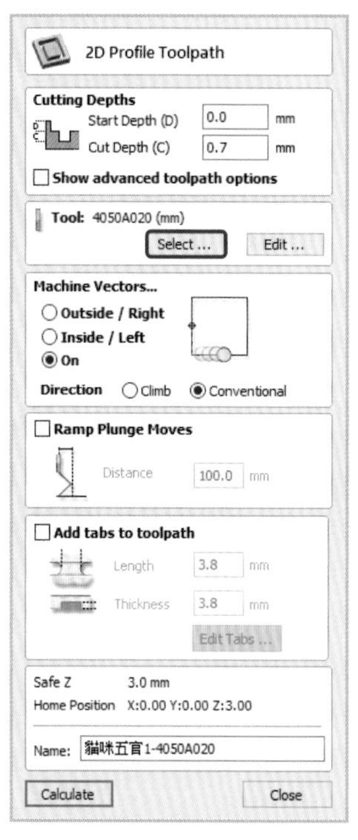

➔ Cutting Depths
Start Depth：0.0 mm
Cut Depth：0.7 mm

➔ Tool：4050A020 (mm)（註 1）

➔ Machine Vectors…
點選【On】
Direction 點選【Conventional】

➔ 將刀具路徑命名為 - 貓咪五官 1-4050A020

➔ 點選【Calculate】（註 2）

請參照紅框內各項數值設定。

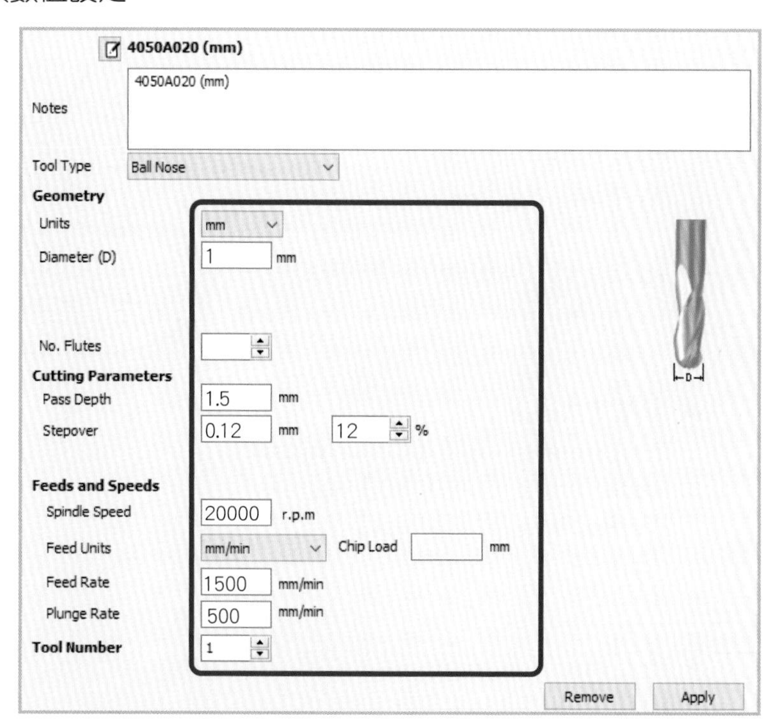

註2

每次刀具路徑計算完成時都會自動切換到 3D 視窗並開啟刀具路徑預覽面板。

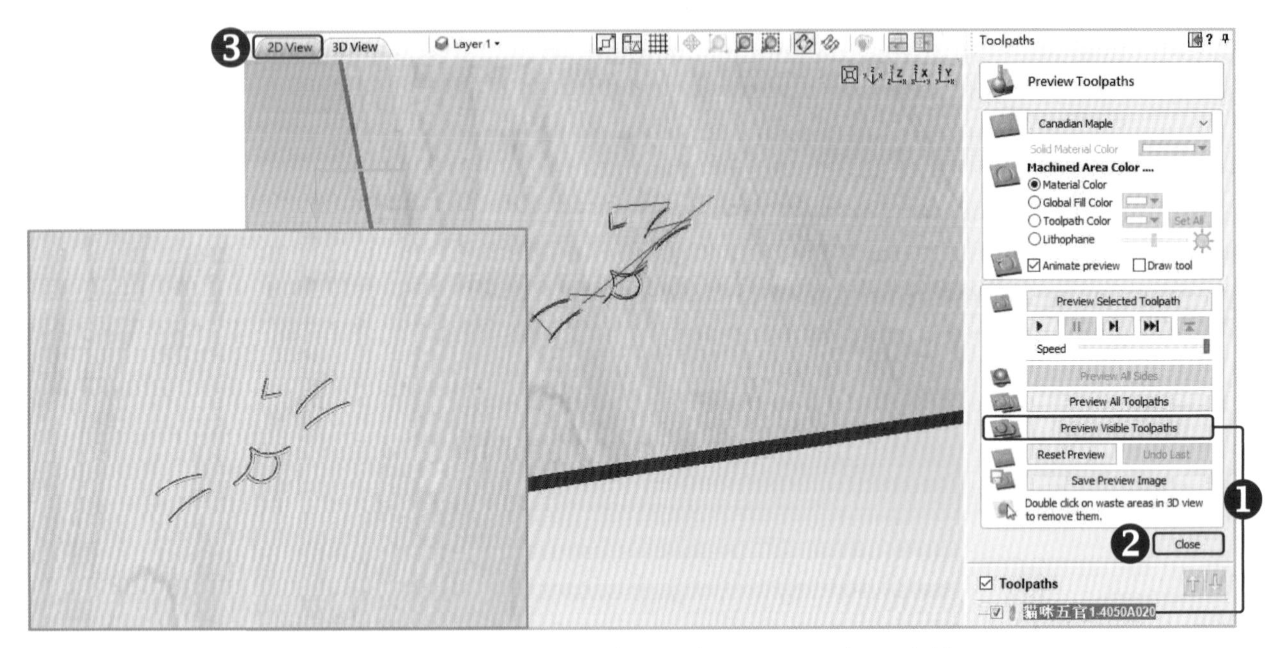

❶ 點選【Preview Visible Toolpaths】，即可出現所勾選刀具路徑預覽結果。

❷ 點選【Close】離開預覽功能。

❸ 點選【2D View】，回到 2D 工作視窗畫面。

6-2 聽見你的聲音 木質揚聲器 A - 貓咪五官 2- 範圍內加工

開啟【Pocket Toolpath】設定面板 ➔ 按住 Shift 鍵點選要加工的線條。

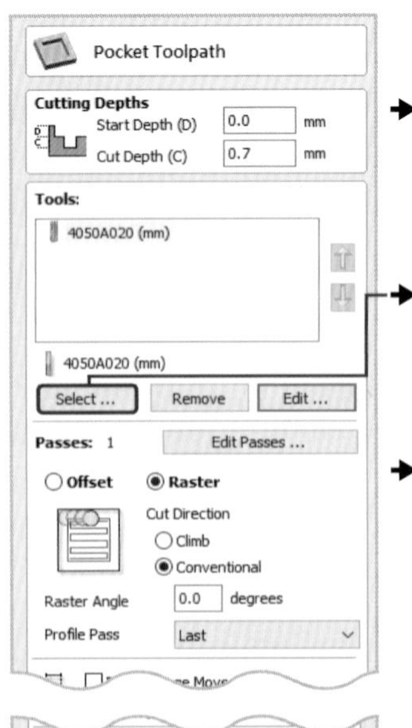

➔ Cutting Depths
Start Depth：0.0 mm
Cut Depth：0.7 mm

➔ Tools：4050A020 (mm)（註 1）

➔ 選擇【Raster】
Cut Direction 選擇【Conventional】
Raster Angle 輸入【0.0】degrees
Profile Pass 選擇【Last】

➔ 將刀具路徑命名為 - 貓咪五官 2-4050A020

➔ 點選【Calculate】（註 2）

6-3 聽見你的聲音 木質揚聲器 A - 木榫孔 - 線內加工

開啟 【2D Profile Toolpath】設定面板 ➜ 按住 Shift 鍵點選要加工的線條。

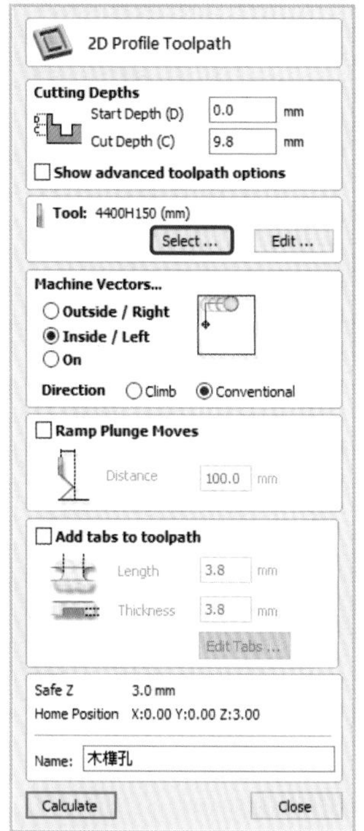

➜ Cutting Depths
Start Depth：0.0 mm
Cut Depth：9.8 mm

➜ Tool：4400H150 (mm)（註 3）

➜ Machine Vectors…
點選【Inside / Left】
Direction 點選【Conventional】

➜ 將刀具路徑命名為 - 木榫孔

➜ 點選【Calculate】（註 2)(註 4)

註 3

請參照紅框內各項數值設定。

4400H150 (mm)

Notes	4400H150 (mm)	
Tool Type	End Mill	
Geometry		
Units	mm	
Diameter (D)	4	mm
No. Flutes		
Cutting Parameters		
Pass Depth	1.5	mm
Stepover	1.8	mm 45 %
Feeds and Speeds		
Spindle Speed	20000	r.p.m
Feed Units	mm/min	Chip Load mm
Feed Rate	1500	mm/min
Plunge Rate	500	mm/min
Tool Number	1	

Remove　Apply

註 4

在設定切穿刀路時，為了能切穿素材而會將雕刻深度設定超過素材厚度，故軟體會出現提醒視窗告知，此時點選【OK】確認即可。

如：此範例為素材厚度為 9 mm，雕刻深度為 9.8 mm。

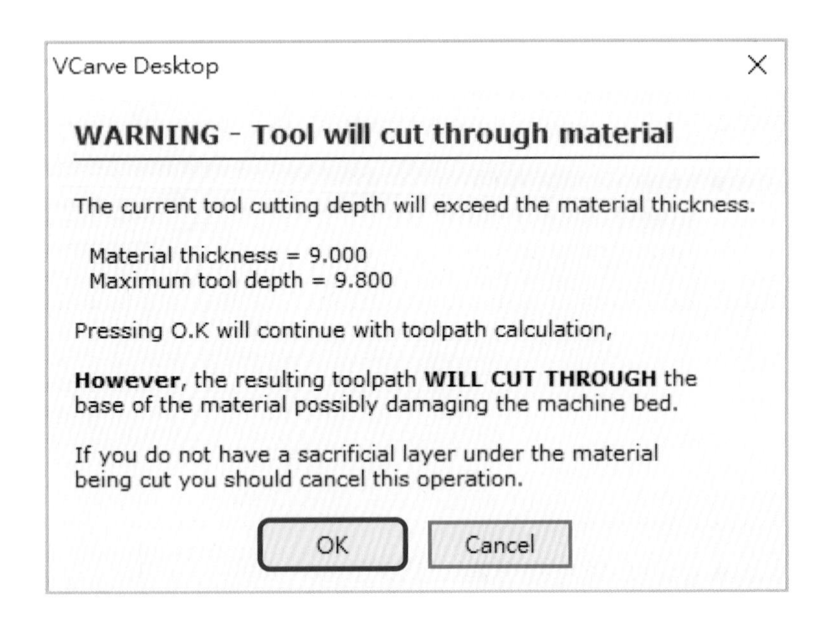

6-4 聽見你的聲音 木質揚聲器 A - 降面 - 範圍內加工

開啟【Pocket Toolpath】設定面板 → 點選要加工的線條。

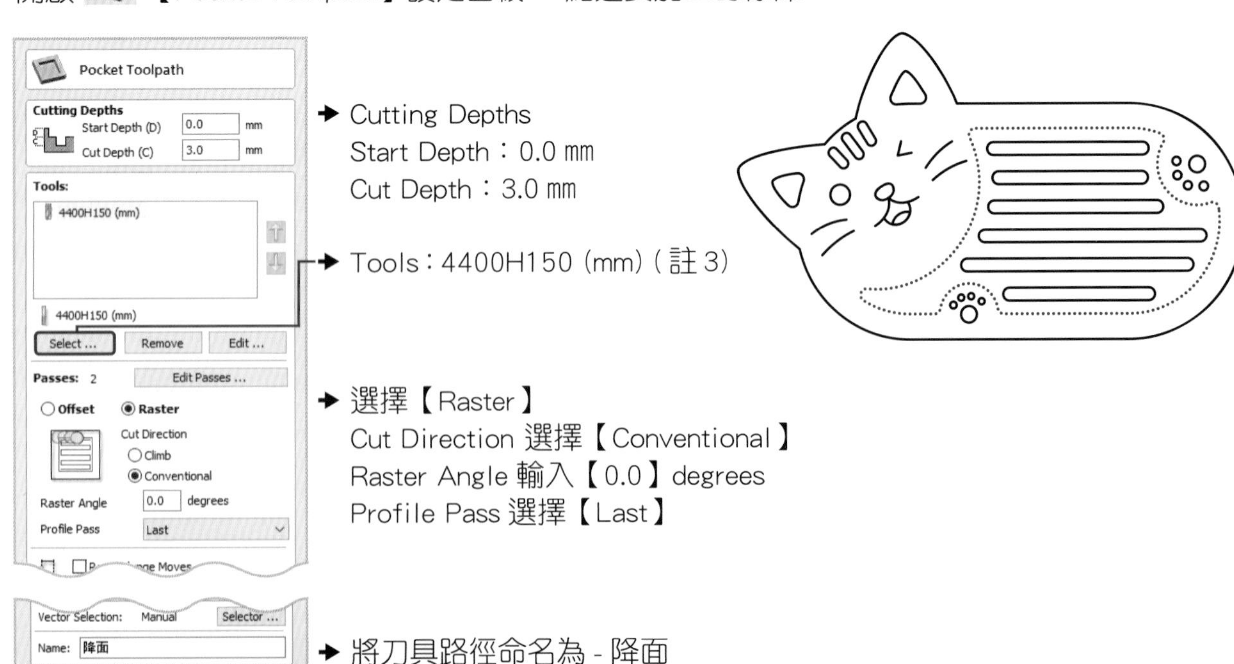

6-5 聽見你的聲音 木質揚聲器 A - 出聲孔 - 線內加工

開啟【2D Profile Toolpath】設定面板 ➜ 按住 Shift 鍵點選要加工的線條。

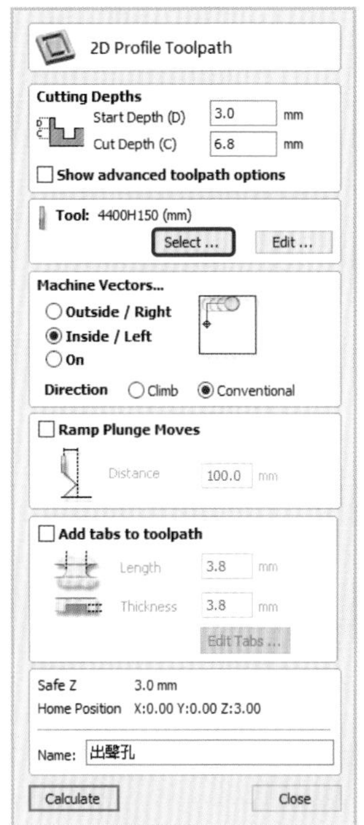

➜ Cutting Depths
Start Depth：3.0 mm
Cut Depth：6.8 mm

➜ Tool：4400H150 (mm)（註 3）

➜ Machine Vectors…
點選【Inside / Left】
Direction 點選【Conventional】

➜ 將刀具路徑命名為 - 出聲孔

➜ 點選【Calculate】（註 2)(註 4）

由於步驟 6-4 已經將包含出聲孔在內的整個範圍向下除料 3 mm，所以在此將【Start Depth】設定為 3 mm，由 Z 軸原點向下 3 mm的位置開始雕刻可以省略掉不必要的雕刻時間。

將素材切穿的雕刻總深度為 9.8 mm，扣除【Start Depth】的 3 mm，所以【Cut Depth】需設為 6.8 mm。

6-6 聽見你的聲音 木質揚聲器 A - 切邊 - 線外加工

開啟 【2D Profile Toolpath】設定面板 ➜ 點選要加工的線條。

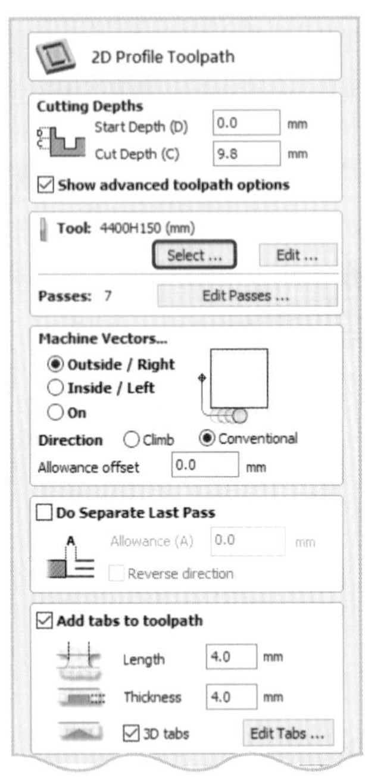

➜ Cutting Depths
Start Depth：0.0 mm ； Cut Depth：9.8 mm
請勾選【Show advanced toolpath options】，顯示進階刀具設定選項。

➜ Tool：4400H150 (mm) (註 3)

➜ Machine Vectors...
點選【Outside / Right】
Direction 點選【Conventional】

➜ 勾選【Add tabs to toolpath】增加肋柱
Length：4 mm ； Thickness：4 mm
勾選【3D tabs】
點選【Edit tabs...】參考下圖標示編輯肋柱 (註 5)

➜ 將刀具路徑命名為 - 切邊

➜ 點選【Calculate】(註 2)(註 4)

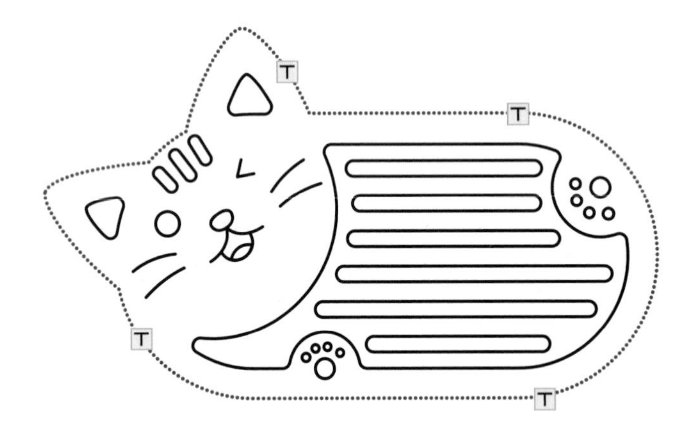

此處以手動方式設置肋柱。
使用滑鼠靠近線條，當出現 ，表示可以設置肋柱，點一下滑鼠左鍵會出現如上圖的 T 圖示，請參考上圖標示的位置將 4 個肋柱設置，完成後點選 Close 離開編輯介面即可。

肋柱的作用在於當刀路會完全切穿材料時，肋柱能夠將成品接合在材料上避免脫落。

1. 新增肋柱：將游標移動至已選定線條上，點擊滑鼠左鍵增加肋柱。
2. 刪除肋柱：在肋柱點上點擊滑鼠左鍵即可刪除。
3. 移動肋柱：在肋柱點上按住滑鼠左鍵不放並拖曳至新的位置後，放開左鍵即可。

使用刀具路徑預覽【Preview Toolpaths】模擬所有刀具路徑的雕刻結果。

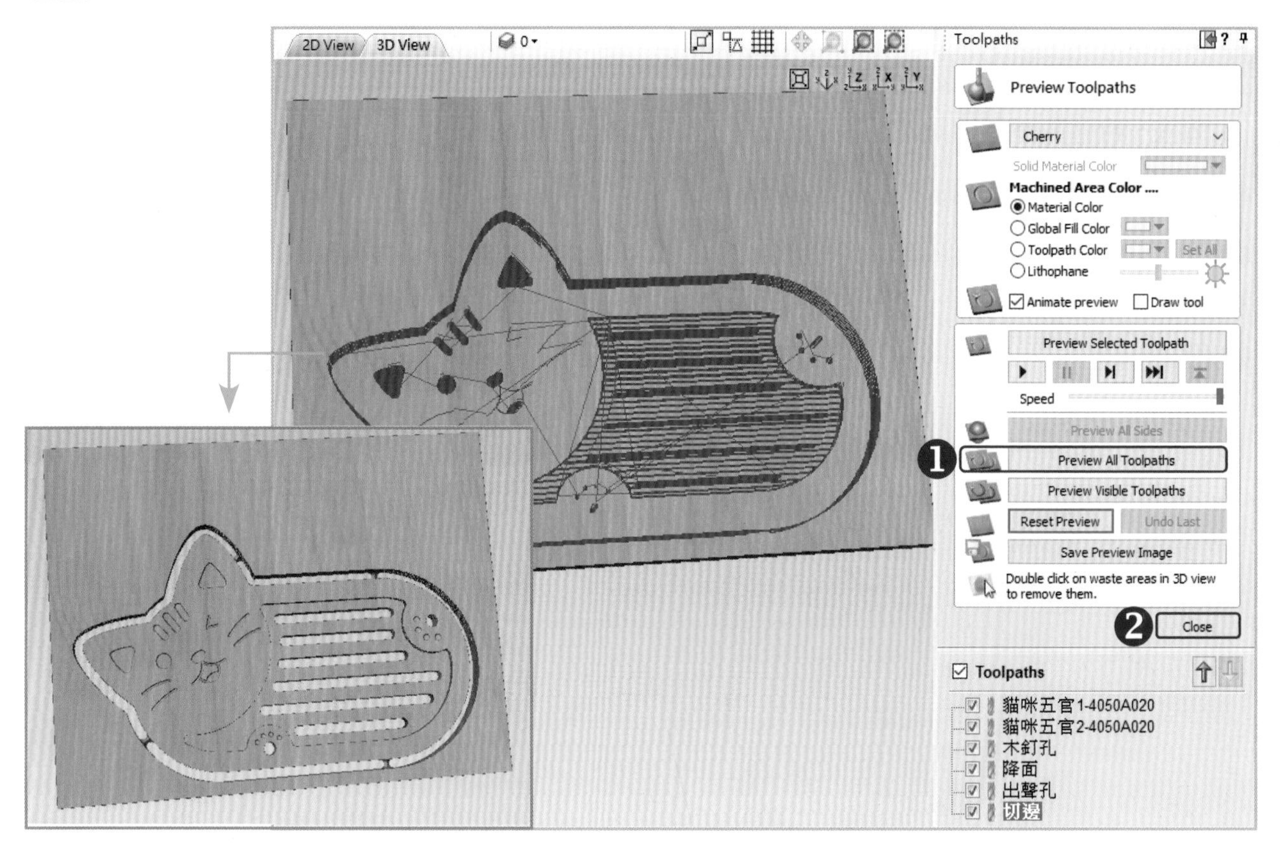

❶ 點選【Preview All Toolpaths】，即可模擬目前所有刀具路徑的預覽結果。

❷ 點選【Close】離開預覽功能。

使用儲存刀具路徑【Save Toolpaths】將 G 碼存出。

本單元使用了兩種不同刀具進行雕刻，因此刀具路徑必須分別存出。

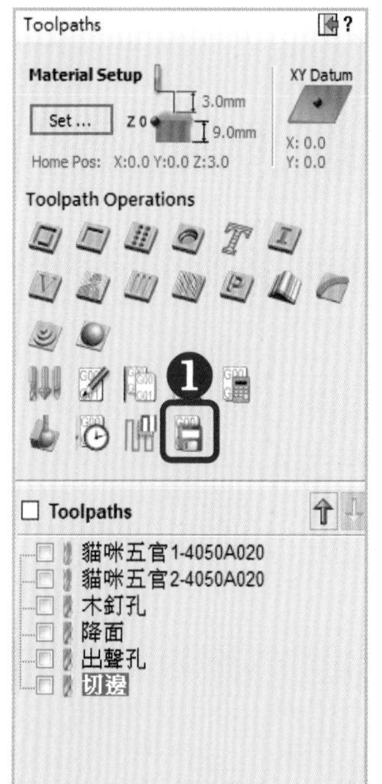

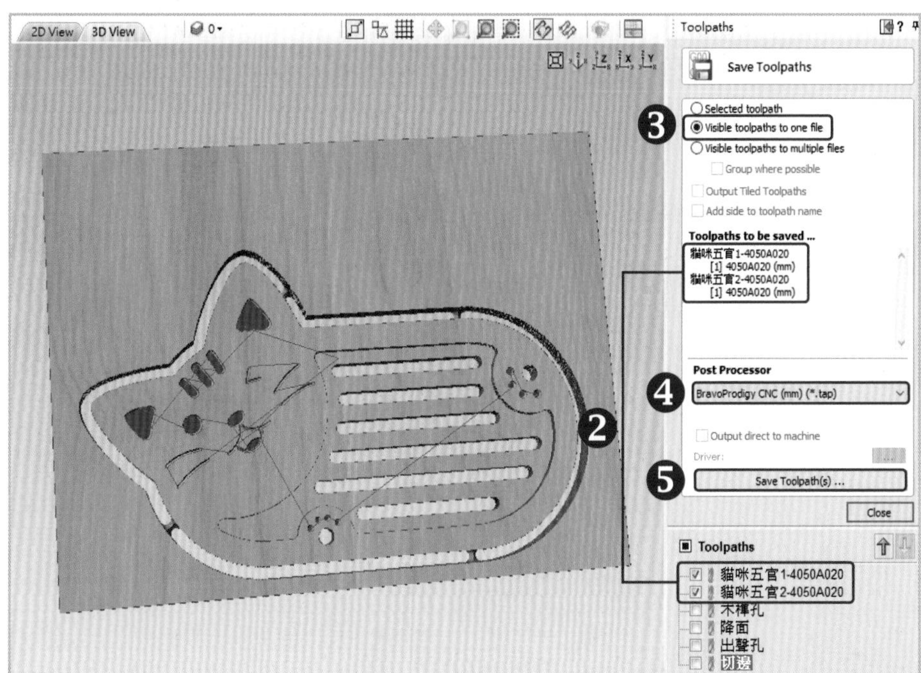

❶ 點選 開啟設定面板。

❷ 只勾選使用【4050A020 (mm)】的刀具路徑，選取內容可以在 Toolpaths to be saved ... 檢視。
請注意刀具路徑的排列順序需與範例相同。
備註：若選取不同刀具的路徑，視窗會出現錯誤訊息的提醒。

❸ 勾選【Visible toolpaths to one file】。

❹ Post Processor(後處理器) 選擇【BravoProdigy CNC (mm)(*.tap)】。
備註：若無上述說明之後處理器，也可另轉存【G Code (mm)(*.tap)】後處理器。

❺ 點選【Save Toolpath(s)...】存出 G 碼，命名為 - 聽見你的聲音 木質揚聲器 A-4050A020。

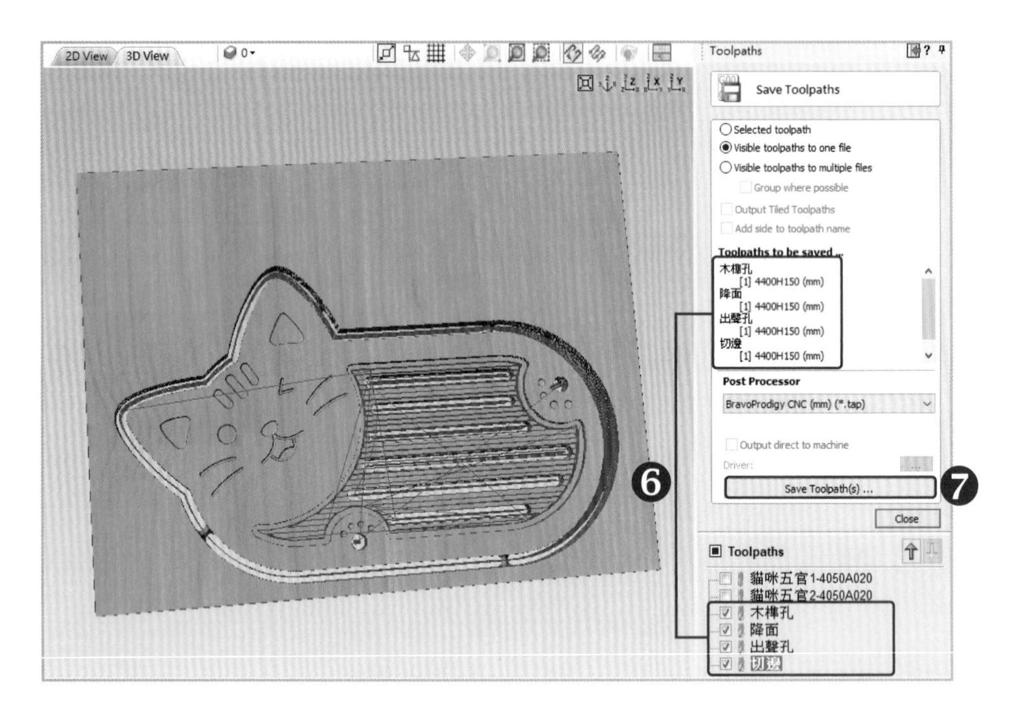

❻ 只勾選使用【4400H150 (mm)】的刀具路徑，選取內容可以在上方視窗檢視。
請注意刀具路徑的排列順序需與範例相同。
備註：若選取不同刀具的路徑，視窗會出現錯誤訊息的提醒。

❼ 點選【Save Toolpath(s)...】存出 G 碼，命名為 - 聽見你的聲音 木質揚聲器 A-4400H150。

❽ 點選 【Save】儲存專案檔 - 聽見你的聲音 木質揚聲器 A。

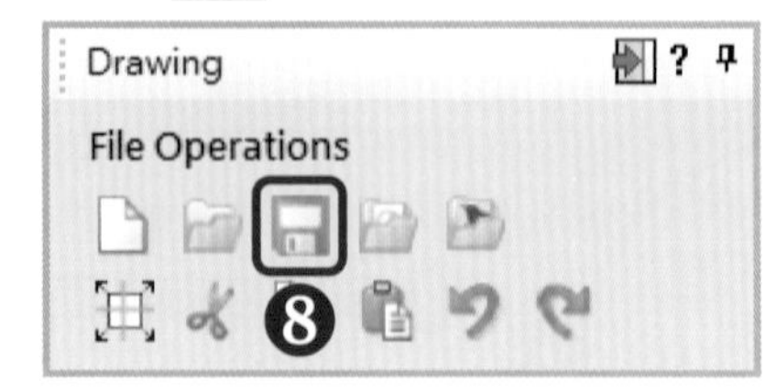

Bravoprodigy CNC 執行雕刻。
(CNC 操作請參考單元 6 實習 1 步驟 08 CNC 操作說明)

❶ 選擇【直接連線】方式進入 BravoProdigy CNC 軟體。
載入【聽見你的聲音 木質揚聲器 A-4050A020】G 碼。

❷ 素材固定於工作台並在主軸上鎖上刀具【4050A020】。

素材夾持重點：
本範例的刀具路徑須將素材切穿，因此需要一片 MDF 板來作為墊板，在切穿時才不會雕刻到工作台表面。

9 mm 素材
9 mm 墊板

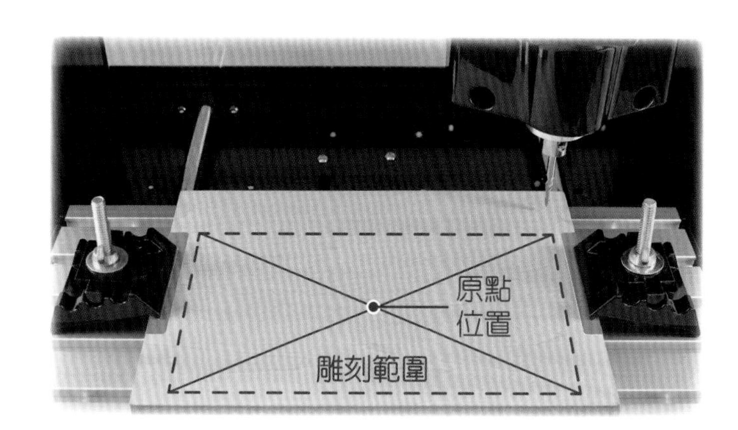

❸ 原點設定：
使用手持控制器將刀具移動至素材工件原點後，再將軟體上三軸的座標值歸零。

❹ 雕刻行程確認：
使用手持控制器移動刀具進行雕刻行程確認（注意：操作時請注意移動速度與安全距離），確認無誤後請點選【回到原點】，機器會自動回到先前設定之工件原點。

❺ 將【雕刻速率】調到 100%。

❻ 按下【啟動】開始雕刻。（若您使用的機器有安全外罩，請先將安全外罩蓋上）

❼ 雕刻完畢後，請先清除表面粉塵。

❽ 請將刀具更換為【4400H150】。
備註：更換刀具時請將刀具移動至素材及夾具以外的範圍。

❾ Z 軸原點設定：
使用手持控制器將刀具移動至素材表面重新尋找 Z 軸原點，找到後請將 Z 軸座標值歸零再點選【回到原點】。
備註：因更換刀具造成 Z 軸原點位置異動，此處只需重新校正 Z 軸，X 及 Y 軸則不需要。

❿ 點選【關閉 G 碼】並載入【聽見你的聲音 木質揚聲器 A-4400H150】G 碼。
後續依 ❺❻❼ 步驟完成，適當清潔後即可取下。

實習步驟 - 聽見你的聲音 木質揚聲器 B

STEP 01 開啟 VCarve Desktop 軟體，編輯工件設定。

❶ 點選【Create a new file】建立新檔案 ➜ ❷ 輸入工件的相關參數。

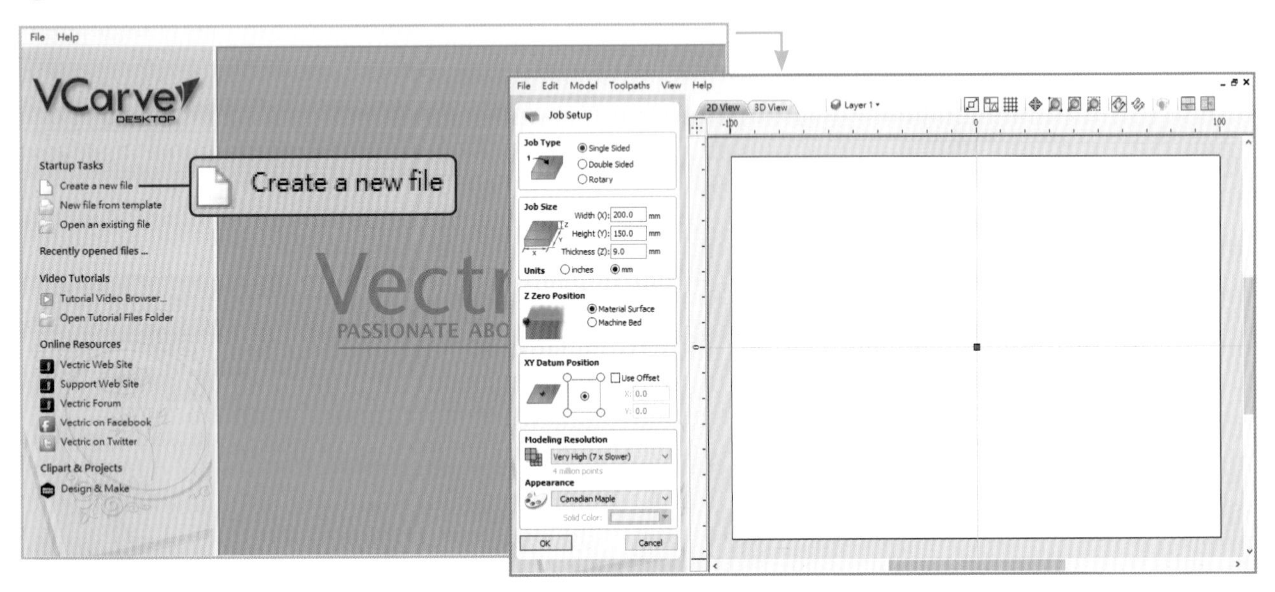

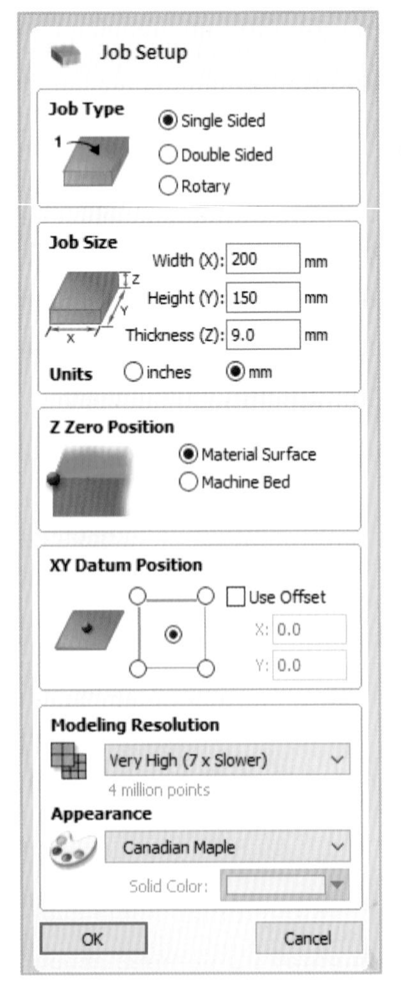

➜ 點選【Single Sided】單面加工

➜ 設定素材尺寸

Width (X)：200mm；Height (Y)：150mm；Thickness (Z)：9mm

Units：mm

➜ 點選【Material Surface】，將Z軸原點設在素材表面

➜ 選擇中心點為XY軸的基準點

➜ 點選【OK】完成設定

STEP 02 點選 【Import vectors from a file】載入本實習單元所使用的圖檔 - 實習 9_ 聽見你的聲音 木質揚聲器 B。

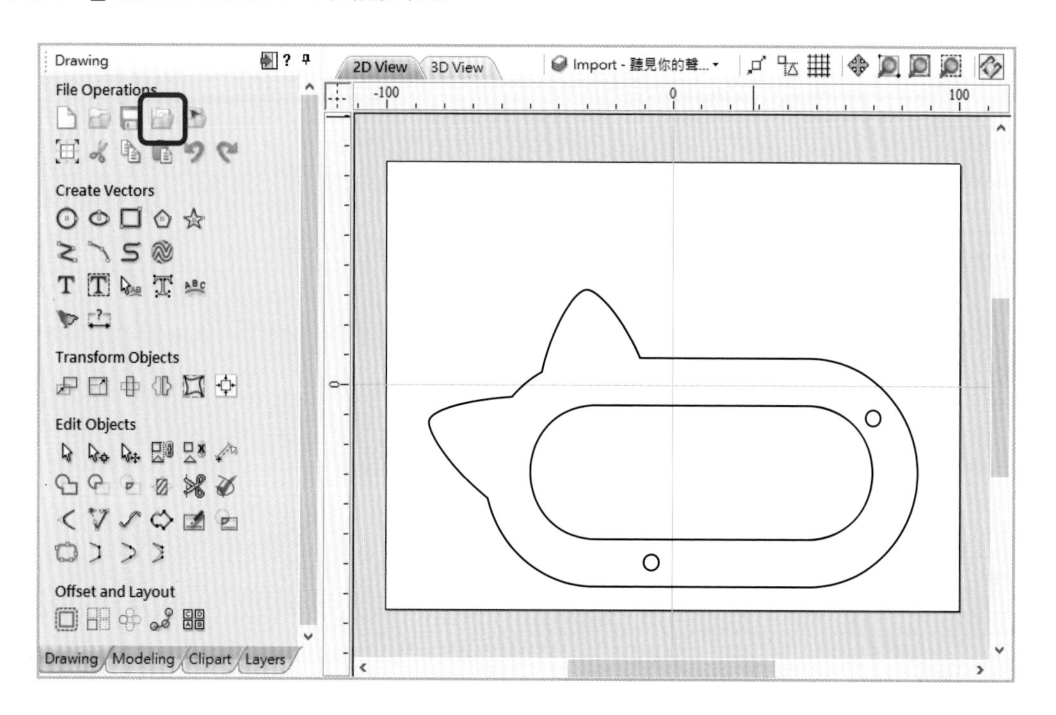

STEP 03 ❶ 開啟【Toolpaths】刀具路徑面板 → ❷ 點選 Set ... 設定素材。

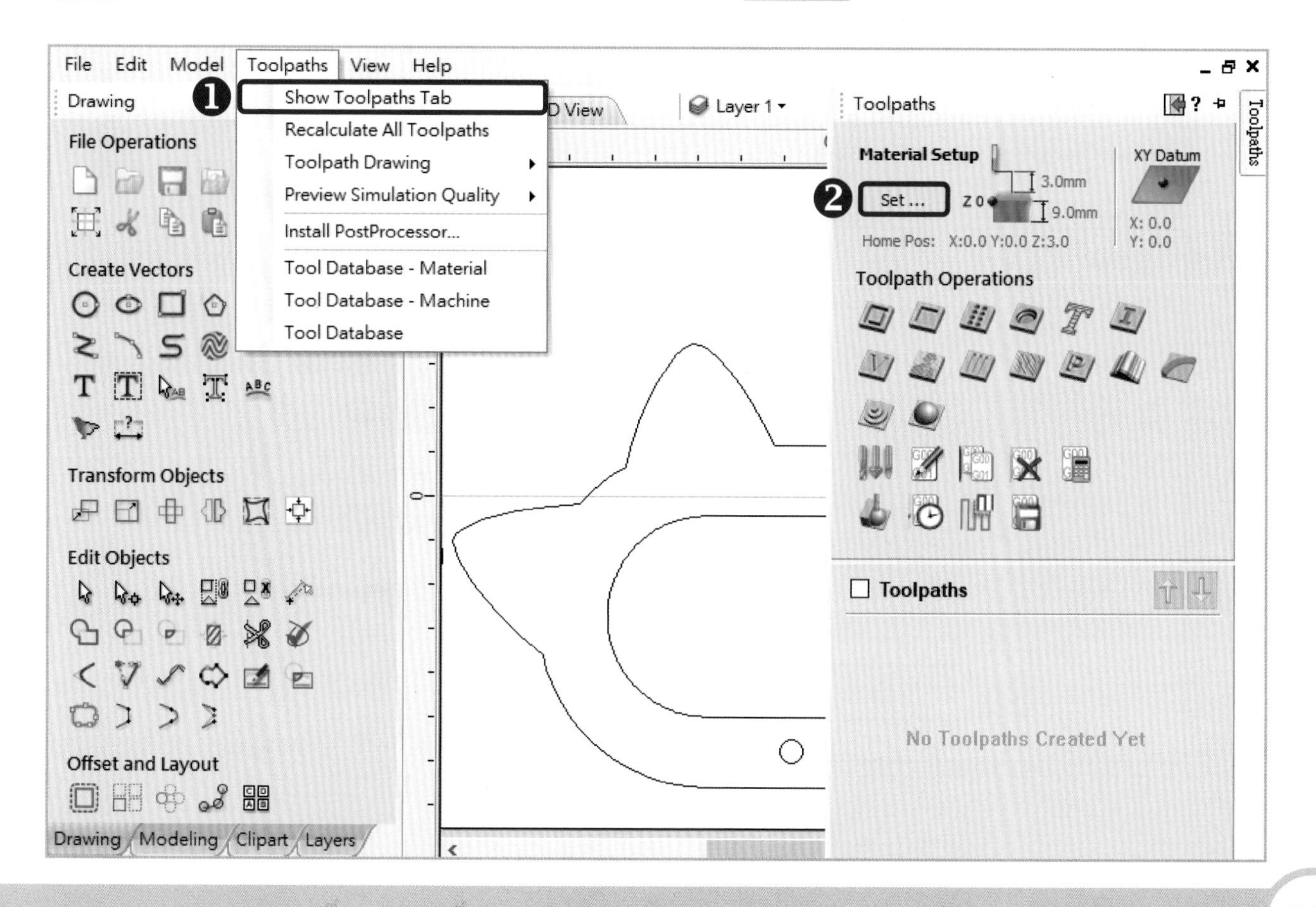

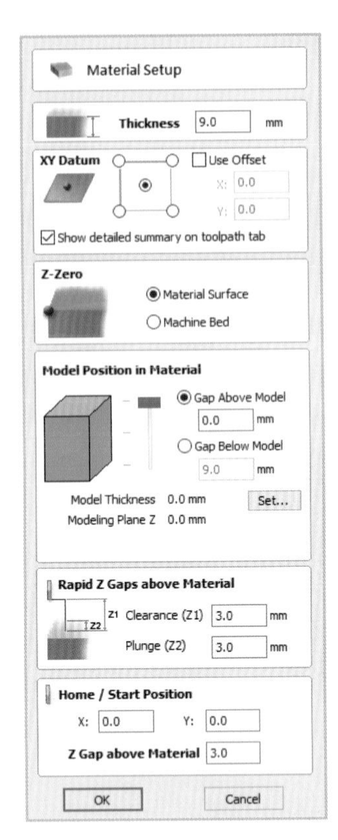

✦ Thickness：輸入素材厚度 9 mm

✦ XY Datum：點選中心點

✦ Z-Zero：原點設定在素材表面

✦ Model Position in Material：點選【Gap Above Model 0.0 mm】

✦ Clearance (Z1)：3 mm
Plunge (Z2)：3 mm

✦ Home / Start Position：X：0.0 ； Y：0.0
Z Gap above Material：3.0

✦ 點選 【OK】 即設定完成

STEP 04 使用刀具路徑【Toolpath Operations】提供的各種加工方式，對圖檔進行刀具路徑的安排。

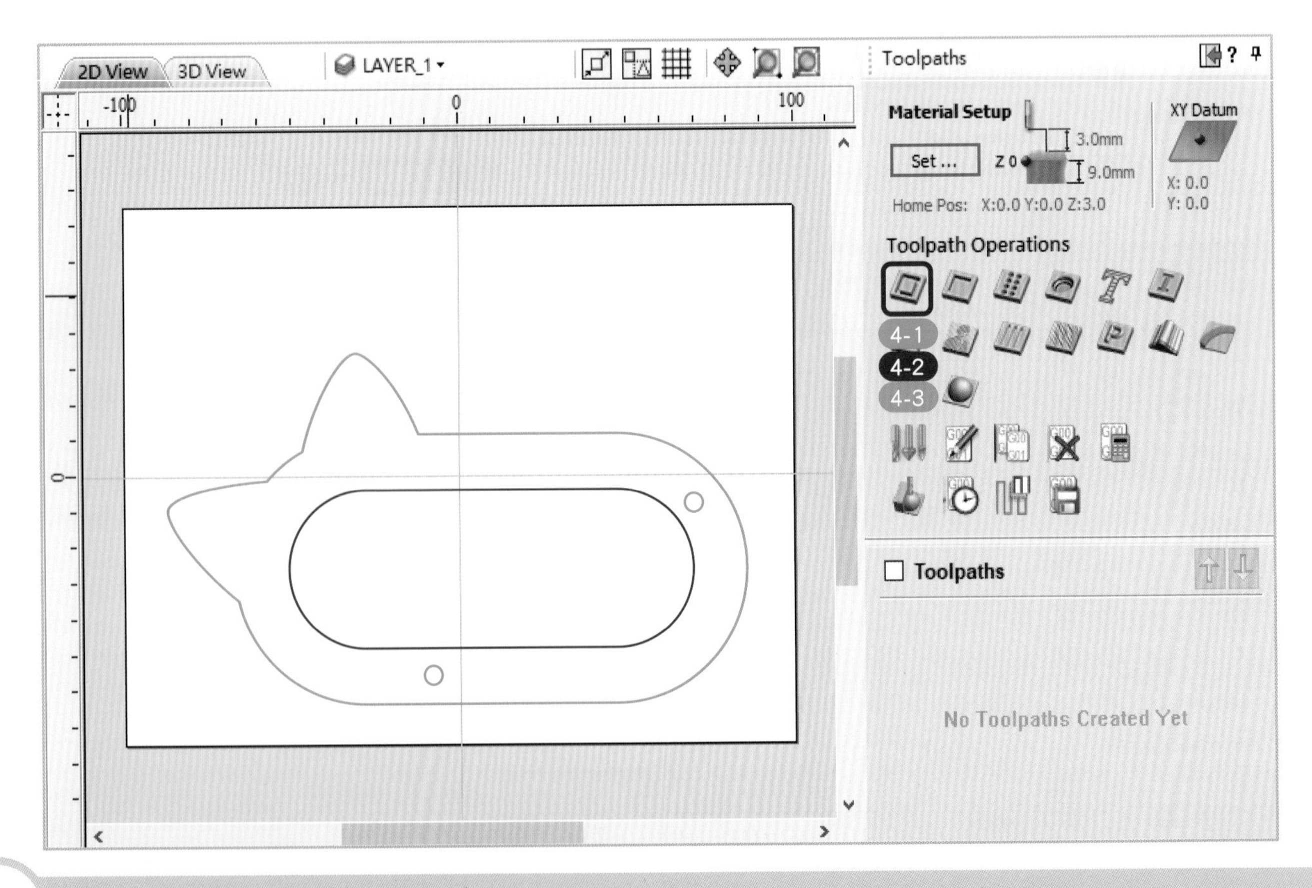

4-1 聽見你的聲音 木質揚聲器 B- 木榫孔 - 線內加工

選取 2D 外型刀具路徑 【2D Profile Toolpath】開啟設定面板。
按住 Shift 鍵點選要加工的線條，使其呈粉紅色虛線的被選取狀態，請參考下圖。
請依序由上而下參照範例進行參數設定。

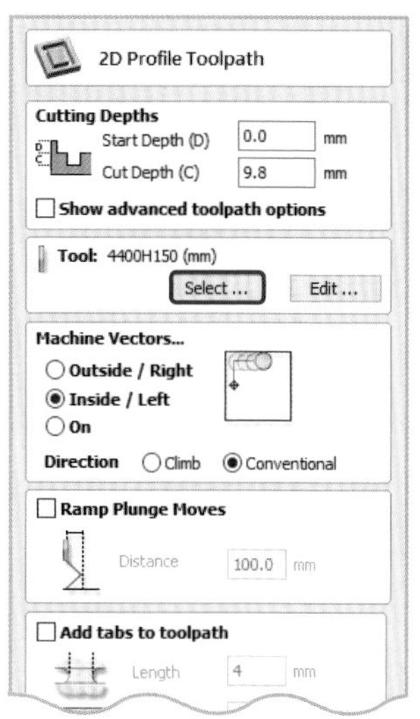

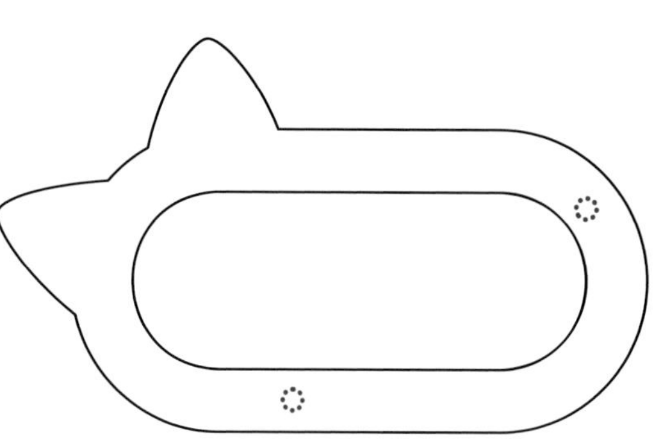

- Cutting Depths
  Start Depth：0.0 mm
  Cut Depth：9.8 mm
- Tool：4400H150 (mm)（註 3）
- Machine Vectors…
  點選【Inside / Left】
  Direction 點選【Conventional】

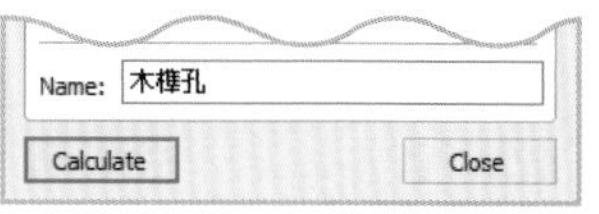

- 將刀具路徑命名為 - 木榫孔
- 點選【Calculate】（註 2)（註 4）

4-2 聽見你的聲音 木質揚聲器 B- 內框切邊 - 線內加工

開啟 【2D Profile Toolpath】設定面板 → 點選要加工的線條。

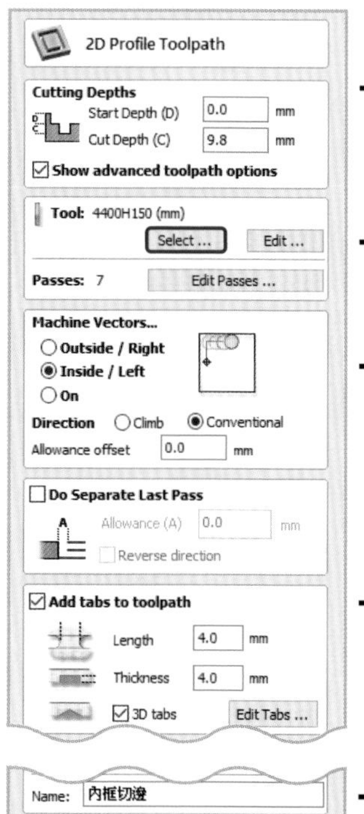

- Cutting Depths
  Start Depth：0.0 mm ； Cut Depth：9.8 mm
  請勾選【Show advanced toolpath options】，顯示進階刀具設定選項。
- Tool：4400H150 (mm)（註 3）
- Machine Vectors...
  點選【Inside / Left】
  Direction 點選【Conventional】

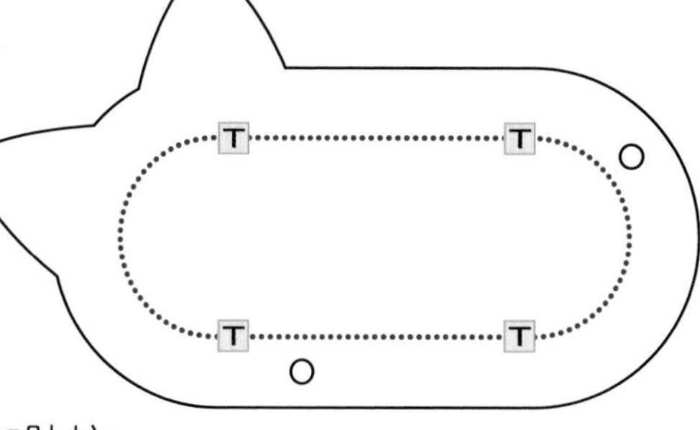

- 勾選【Add tabs to toolpath】增加肋柱
  Length：4 mm ； Thickness：4 mm
  勾選【3D tabs】
  點選【Edit tabs...】參考 T 標示處編輯肋柱（註 5）
- 將刀具路徑命名為 - 內框切邊
- 點選【Calculate】（註 2)（註 4）

4-3 聽見你的聲音 木質揚聲器 B - 外框切邊 - 線外加工

開啟【2D Profile Toolpath】設定面板 ➔ 點選要加工的線條。

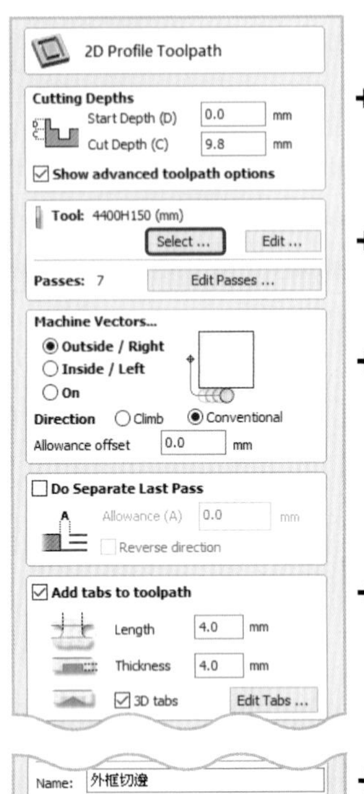

➔ Cutting Depths
Start Depth：0.0 mm ； Cut Depth：9.8 mm
請勾選【Show advanced toolpath options】，顯示進階刀具設定選項。

➔ Tool：4400H150 (mm)（註 3）

➔ Machine Vectors...
點選【Outside / Right】
Direction 點選【Conventional】

➔ 勾選【Add tabs to toolpath】增加肋柱
Length：4 mm ； Thickness：4 mm
勾選【3D tabs】
點選【Edit tabs...】參考 T 標示處編輯肋柱（註 5）

➔ 將刀具路徑命名為 - 外框切邊

➔ 點選【Calculate】（註 2)（註 4)

STEP 05 使用刀具路徑預覽【Preview Toolpaths】模擬所有刀具路徑的雕刻結果。

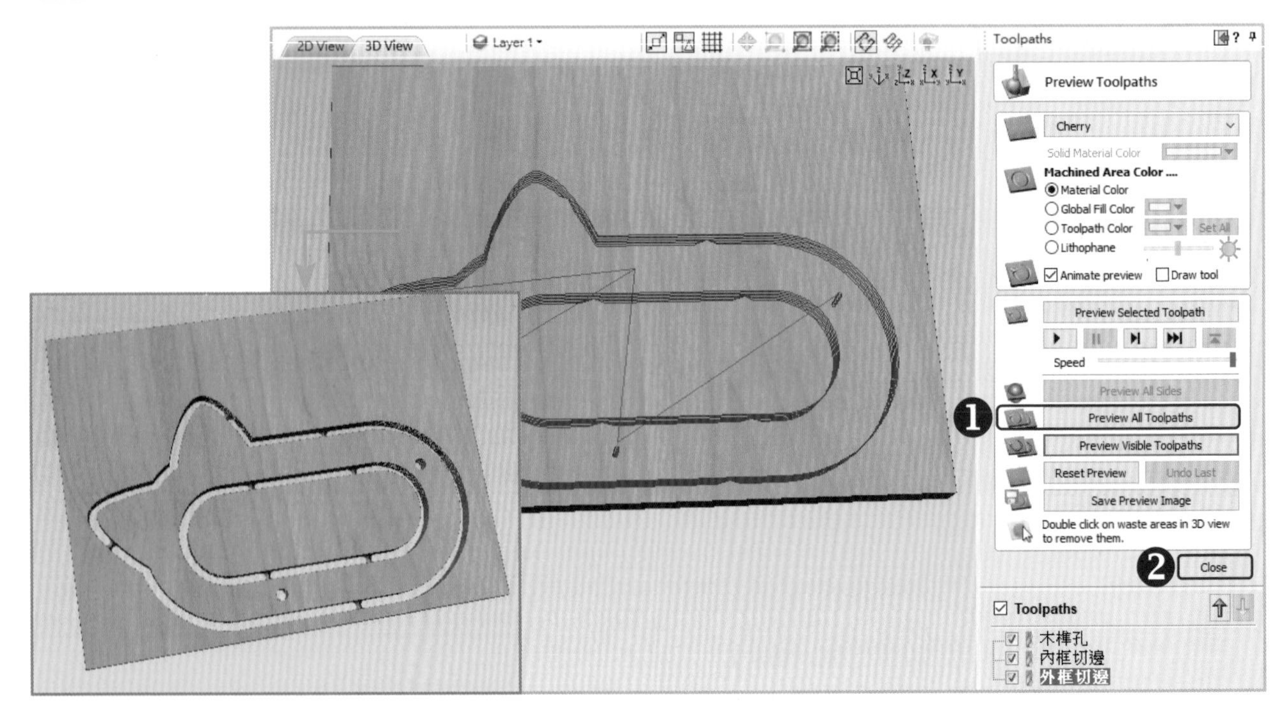

❶ 點選【Preview All Toolpaths】，即可模擬目前所有刀具路徑的預覽結果。

❷ 點選【Close】離開預覽功能。

STEP 06 使用儲存刀具路徑  【Save Toolpaths】將 G 碼存出。

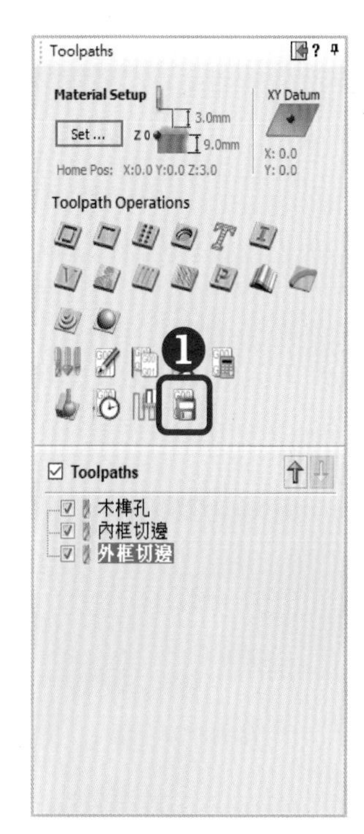

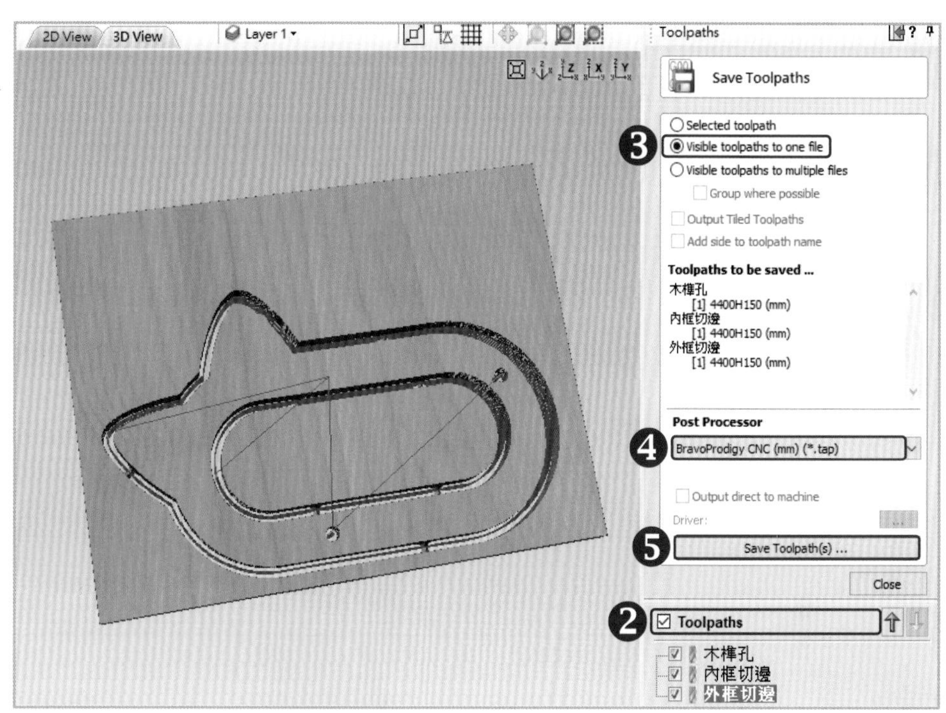

❶ 點選 開啟設定面板。

❷ 勾選【Toolpaths】選取所有刀具路徑。
請注意刀具路徑的排列順序需與範例相同。

❸ 勾選【Visible toolpaths to one file】。

❹ Post Processor(後處理器)選擇【BravoProdigy CNC (mm)(*.tap)】。
備註：若無上述說明之後處理器，也可另轉存【G Code (mm)(*.tap)】後處理器。

❺ 點選【Save Toolpath(s)...】存出 G 碼，命名為 - 聽見你的聲音 木質揚聲器 B。

❻ 點選 【Save】儲存專案檔 - 聽見你的聲音 木質揚聲器 B。

STEP 07 Bravoprodigy CNC 執行雕刻。
(CNC 操作請參考單元 6 實習 1 步驟 08 CNC 操作說明)

❶ 選擇【直接連線】方式進入 BravoProdigy CNC 軟體。
載入【聽見你的聲音 木質揚聲器 B】G 碼。

❷ 素材固定於工作台並在主軸上鎖上刀具【4400H150】。

素材夾持重點：
本範例的刀具路徑須將素材切穿，因此需要一片 MDF 板來作為墊板，在切穿時才不會雕刻到工作台表面。

9 mm 素材
9 mm 墊板

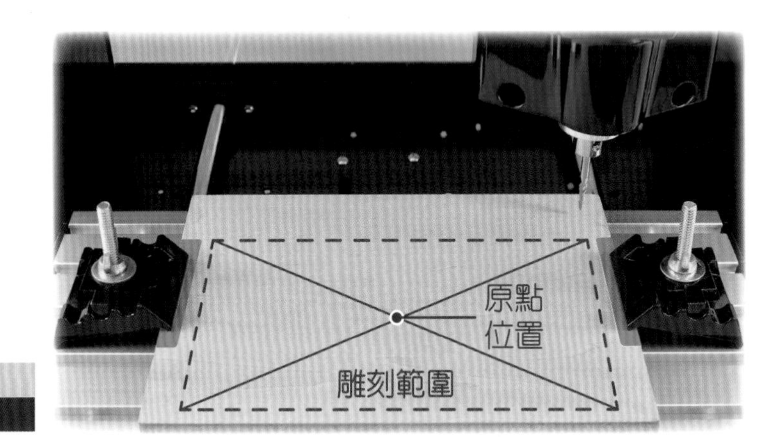

❸ 原點設定：
使用手持控制器將刀具移動至素材工件原點後，再將軟體上三軸的座標值歸零。

❹ 雕刻行程確認：
使用手持控制器移動刀具進行雕刻行程確認(注意：操作時請注意移動速度與安全距離)，確認無誤後請點選【回到原點】，機器會自動回到先前設定之工件原點。

❺ 將【雕刻速率】調到 100%。

❻ 按下【啟動】開始雕刻。(若您使用的機器有安全外罩，請先將安全外罩蓋上)

❼ 雕刻完畢後，請先清除粉塵再取下作品。

接著請重複以上順序再將第二片素材雕刻。

注意：此檔案共需雕刻 2 片。

實習步驟 - 聽見你的聲音 木質揚聲器 C

開啟 VCarve Desktop 軟體，編輯工件設定。

❶ 點選【Create a new file】建立新檔案 ➜ ❷ 輸入工件的相關參數。

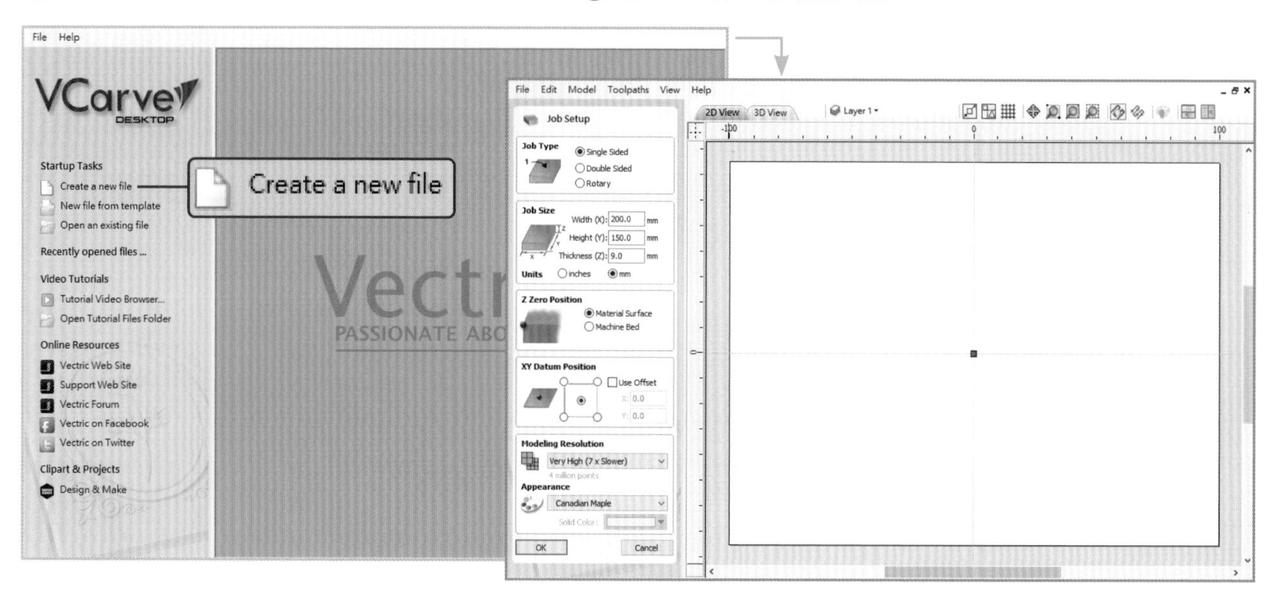

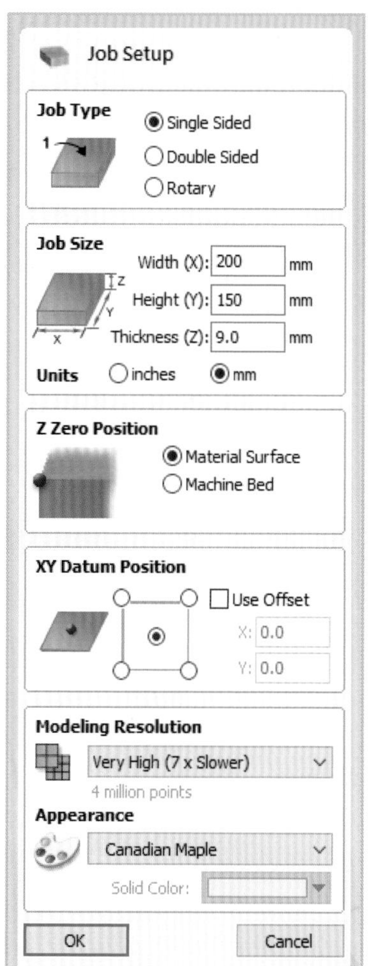

➜ 點選【Single Sided】單面加工

➜ 設定素材尺寸

Width (X)：200mm；Height (Y)：150mm；Thickness (Z)：9mm

Units：mm

➜ 點選【Material Surface】，將Z軸原點設在素材表面

➜ 選擇中心點為XY軸的基準點

➜ 點選【OK】完成設定

STEP 02 點選【Import vectors from a file】載入本實習單元所使用的圖檔 - 實習 9_ 聽見你的聲音 木質揚聲器 C。

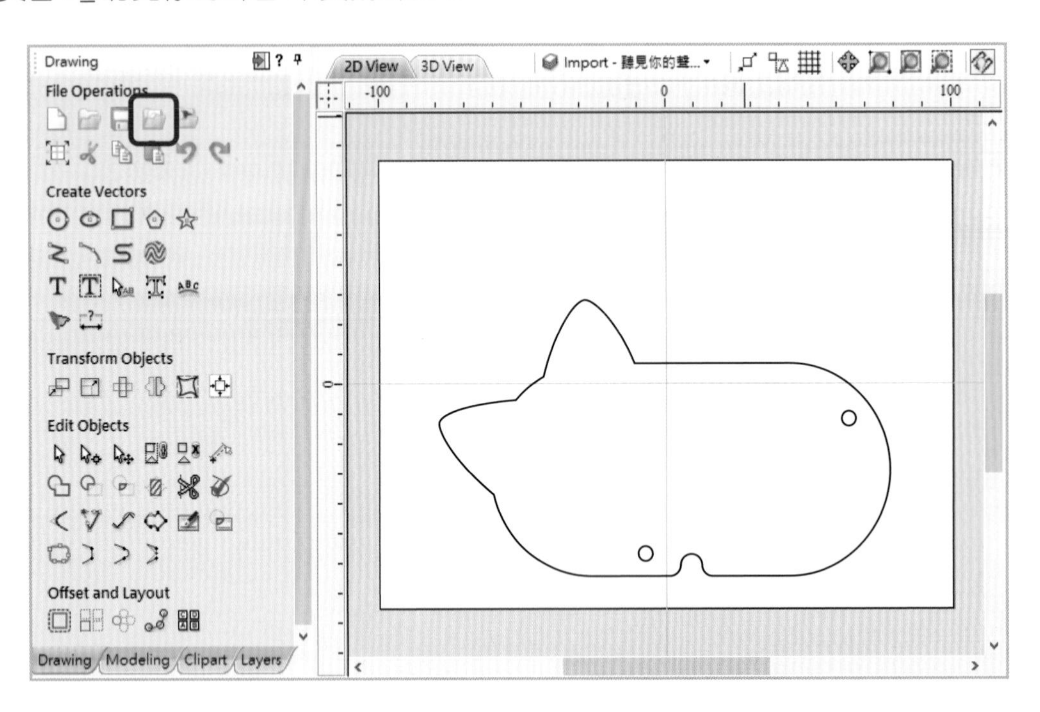

STEP 03 ❶ 開啟【Toolpaths】刀具路徑面板 → ❷ 點選 Set ... 設定素材。

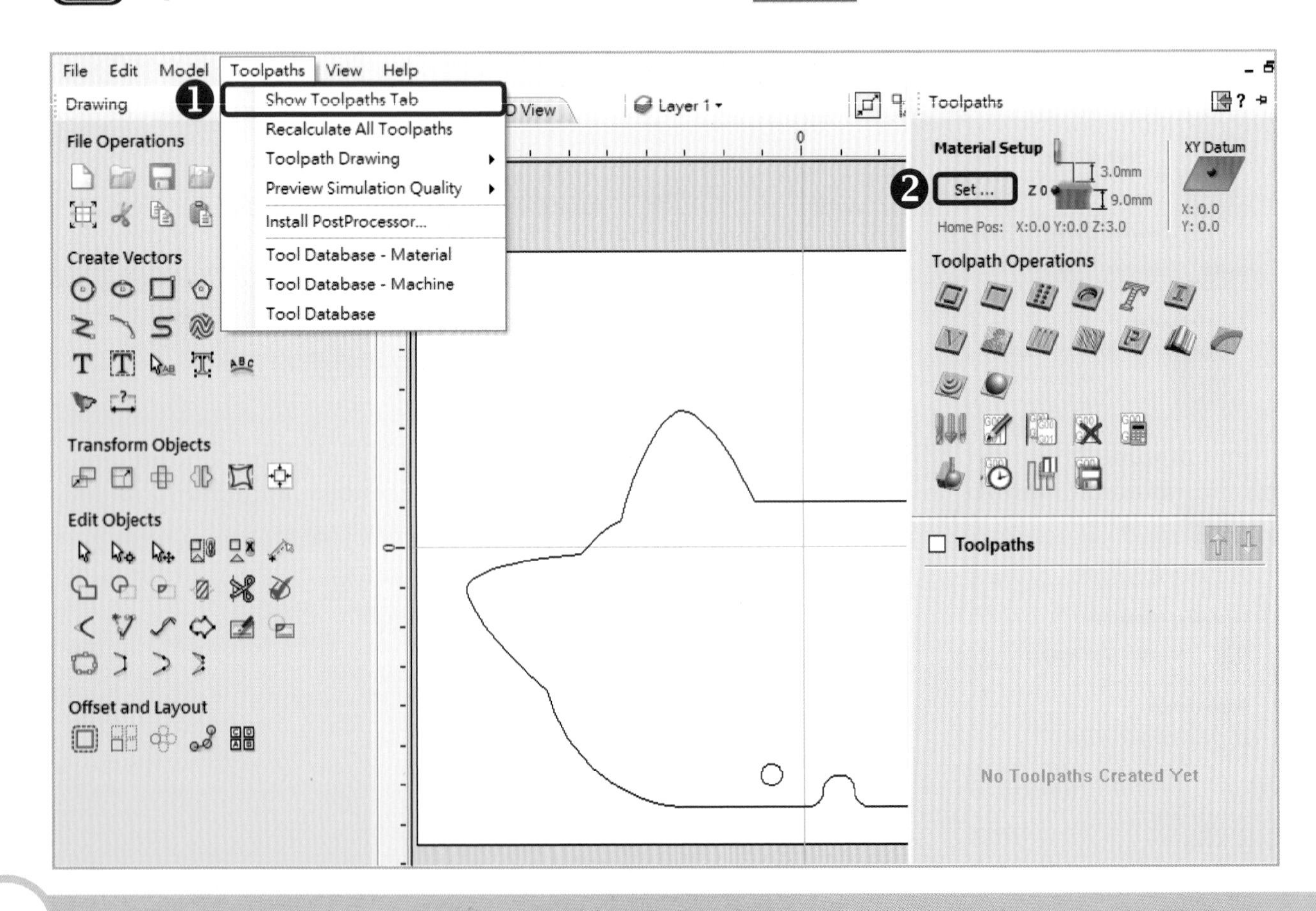

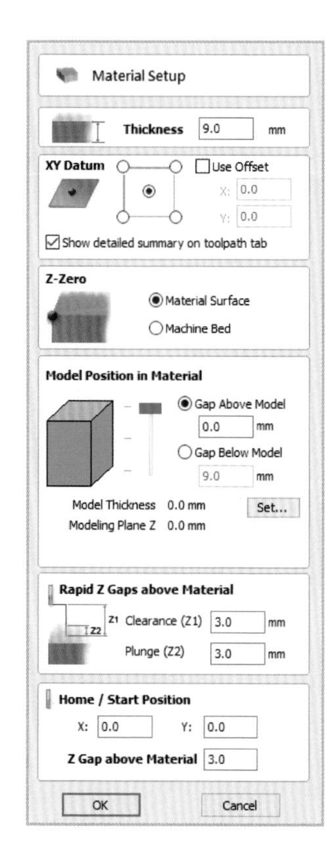

- Thickness：輸入素材厚度 9 mm
- XY Datum：點選中心點
- Z-Zero：原點設定在素材表面
- Model Position in Material：點選【Gap Above Model 0.0 mm】
- Clearance (Z1)：3 mm
  Plunge (Z2)：3 mm
- Home / Start Position：X：0.0 ； Y：0.0
  Z Gap above Material：3.0
- 點選 【OK】 即設定完成

使用刀具路徑【Toolpath Operations】提供的各種加工方式，對圖檔進行刀具路徑的安排。

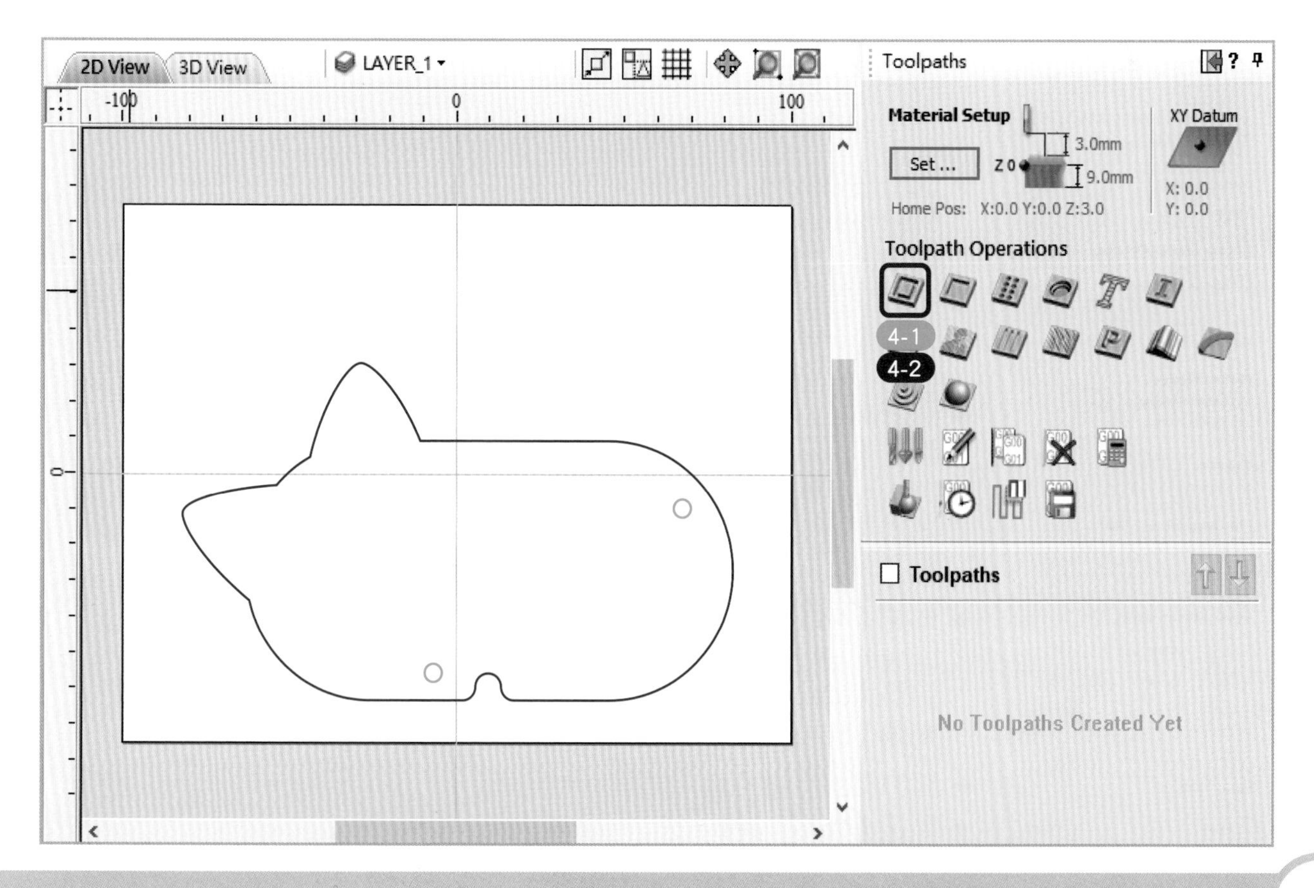

4-1 聽見你的聲音 木質揚聲器 C- 木榫孔 - 線內加工

選取 2D 外型刀具路徑 【2D Profile Toolpath】開啟設定面板。
按住 Shift 鍵點選要加工的線條，使其呈粉紅色虛線的被選取狀態，請參考下圖。
請依序由上而下參照範例進行參數設定。

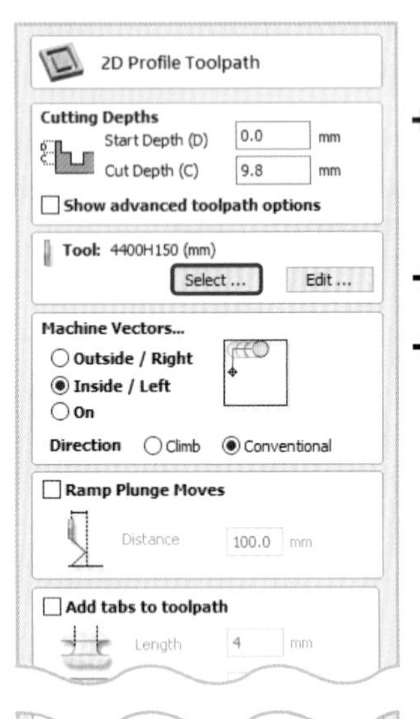

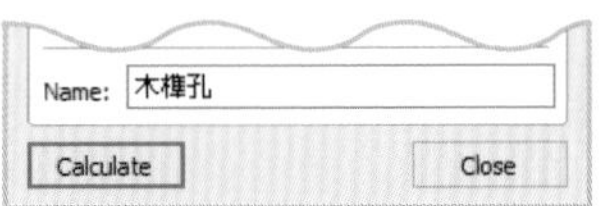

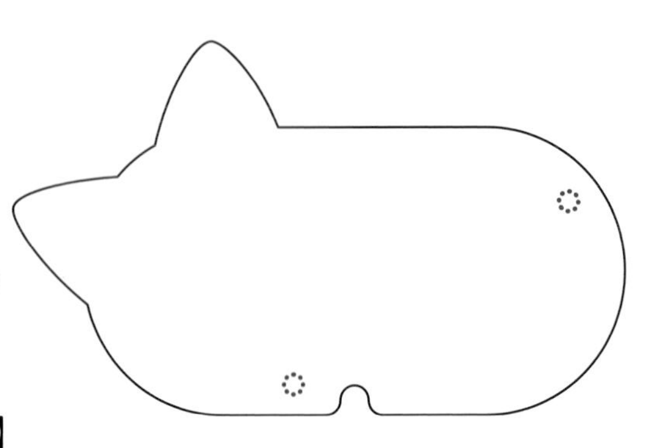

➜ Cutting Depths
Start Depth：0.0 mm
Cut Depth：9.8 mm

➜ Tool：4400H150 (mm) (註 3)

➜ Machine Vectors…
點選【Inside / Left】
Direction 點選【Conventional】

➜ 將刀具路徑命名為 - 木榫孔
➜ 點選【Calculate】(註 2)(註 4)

4-2 聽見你的聲音 木質揚聲器 C- 切邊 - 線外加工

開啟 【2D Profile Toolpath】設定面板 ➜ 點選要加工的線條。

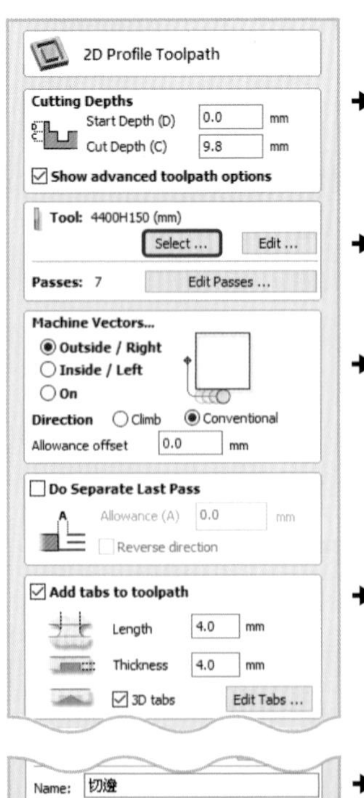

➜ Cutting Depths
Start Depth：0.0 mm ； Cut Depth：9.8 mm
請勾選【Show advanced toolpath options】，顯示進階刀具設定選項。

➜ Tool：4400H150 (mm) (註 3)

➜ Machine Vectors...
點選【Outside / Right】
Direction 點選【Conventional】

➜ 勾選【Add tabs to toolpath】增加肋柱
Length：4 mm ； Thickness：4 mm
勾選【3D tabs】
點選【Edit tabs...】參考 T 標示處編輯肋柱 (註 5)

➜ 將刀具路徑命名為 - 切邊
➜ 點選【Calculate】(註 2)(註 4)

STEP 05 使用刀具路徑預覽 【Preview Toolpaths】模擬所有刀具路徑的雕刻結果。

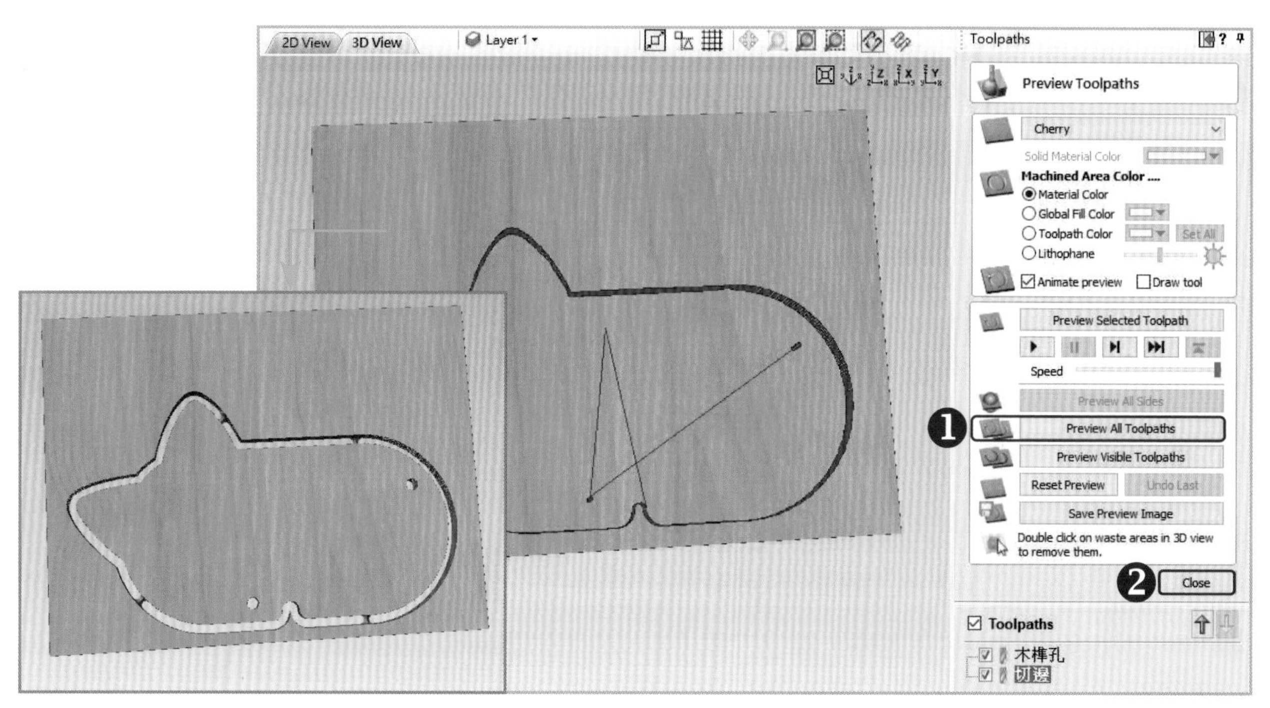

❶ 點選【Preview All Toolpaths】，即可模擬目前所有刀具路徑的預覽結果。

❷ 點選【Close】離開預覽功能。

STEP 06 使用儲存刀具路徑 【Save Toolpaths】將 G 碼存出。

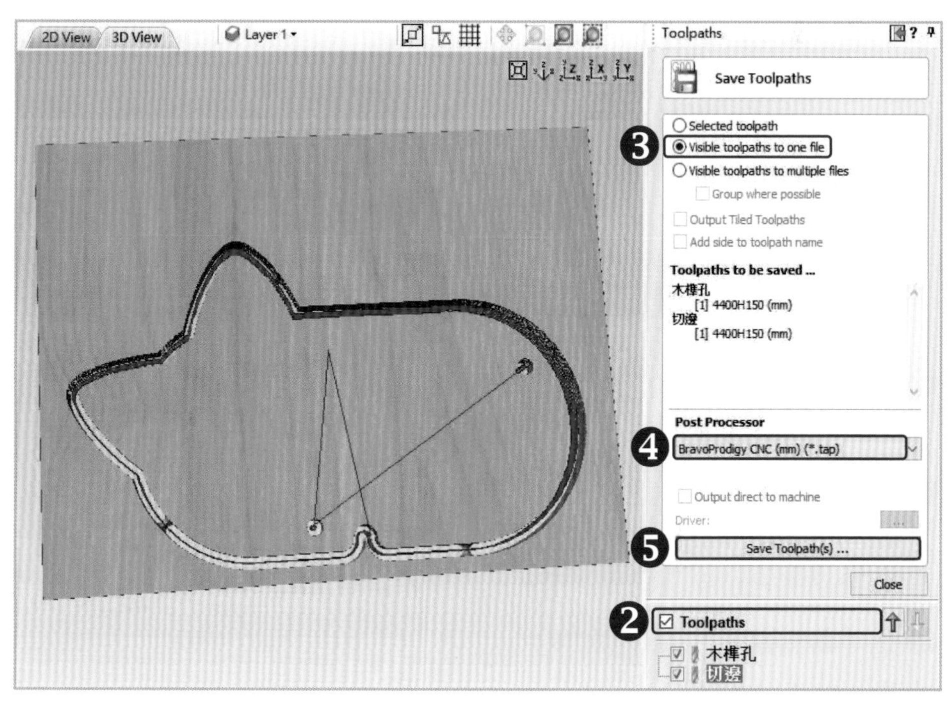

❶ 點選 開啟設定面板。

❷ 勾選【Toolpaths】選取所有刀具路徑。請注意刀具路徑的排列順序需與範例相同。

❸ 勾選【Visible toolpaths to one file】。

❹ Post Processor(後處理器) 選擇【BravoProdigy CNC (mm)(*.tap)】。
備註：若無上述說明之後處理器，也可另轉存【G Code (mm)(*.tap)】後處理器。

❺ 點選【Save Toolpath(s)...】存出 G 碼，命名為 - 聽見你的聲音 木質揚聲器 C。

❻ 點選 【Save】儲存專案檔 - 聽見你的聲音 木質揚聲器 C。

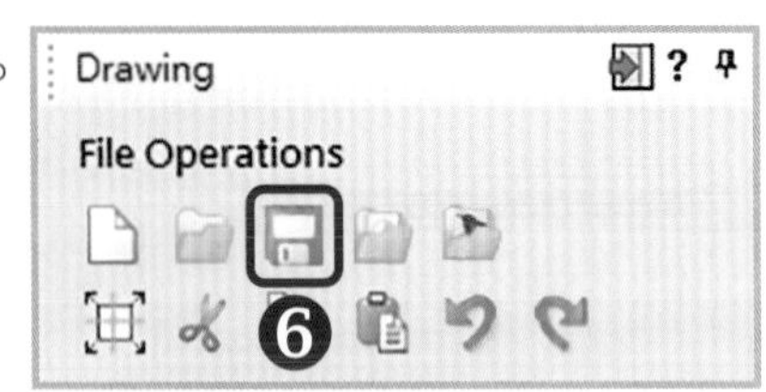

STEP 07 Bravoprodigy CNC 執行雕刻。
(CNC 操作請參考單元 6 實習 1 步驟 08 CNC 操作說明)

❶ 選擇【直接連線】方式進入 BravoProdigy CNC 軟體。
載入【聽見你的聲音 木質揚聲器 C】G 碼。

❷ 素材固定於工作台並在主軸上鎖上刀具【4400H150】。

素材夾持重點：
本範例的刀具路徑須將素材切穿，因此需要一片 MDF 板來作為墊板，在切穿時才不會雕刻到工作台表面。

9 mm 素材
9 mm 墊板

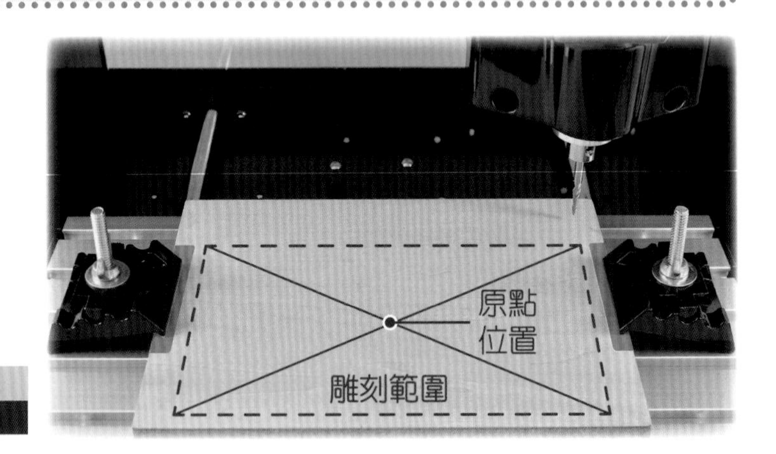

❸ 原點設定：
使用手持控制器將刀具移動至素材工件原點後，再將軟體上三軸的座標值歸零。

❹ 雕刻行程確認：
使用手持控制器移動刀具進行雕刻行程確認 (注意：操作時請注意移動速度與安全距離)，確認無誤後請點選【回到原點】，機器會自動回到先前設定之工件原點。

❺ 將【雕刻速率】調到 100%。

❻ 按下【啟動】開始雕刻。(若您使用的機器有安全外罩，請先將安全外罩蓋上)

❼ 雕刻完畢後，請先清除粉塵再取下作品。
接著請重複以上順序再將第二片素材雕刻。

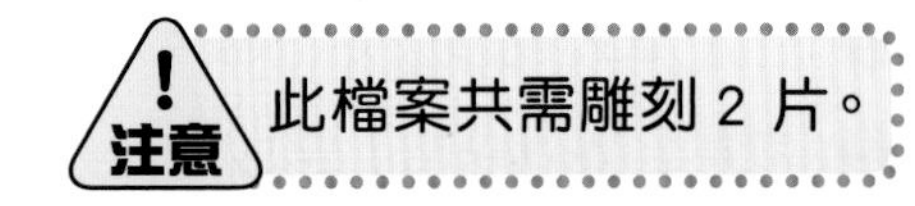

實習步驟 - 聽見你的聲音 木質揚聲器 D

開啟 VCarve Desktop 軟體，編輯工件設定。

❶ 點選【Create a new file】建立新檔案 ➜ ❷ 輸入工件的相關參數。

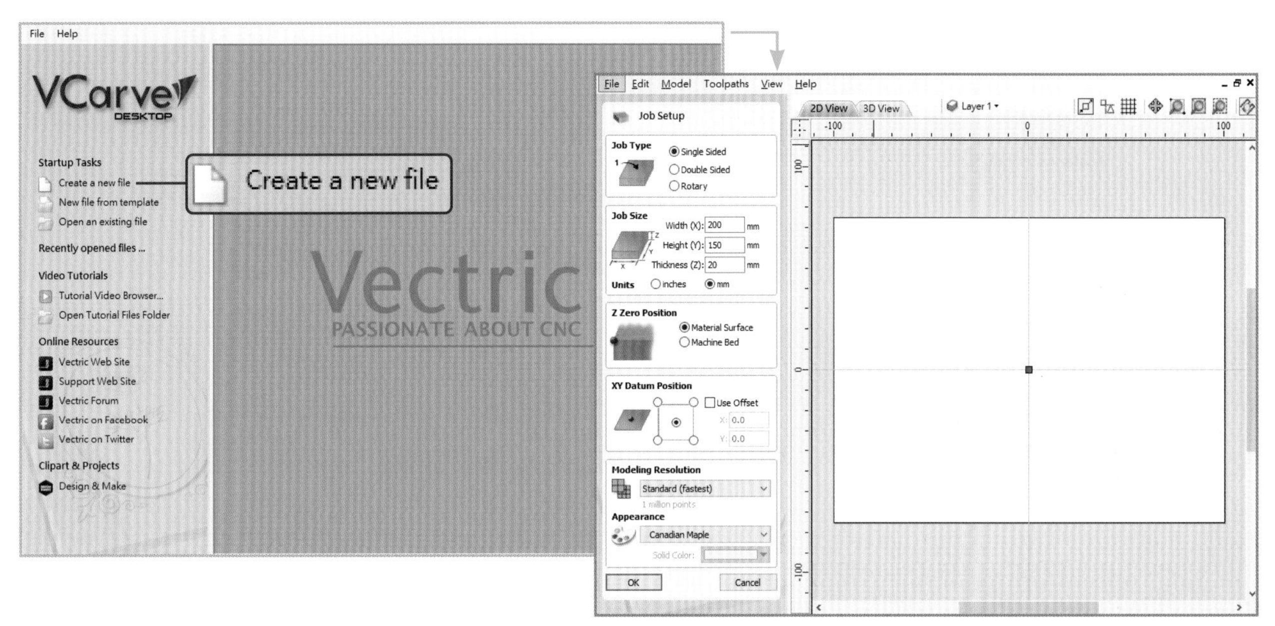

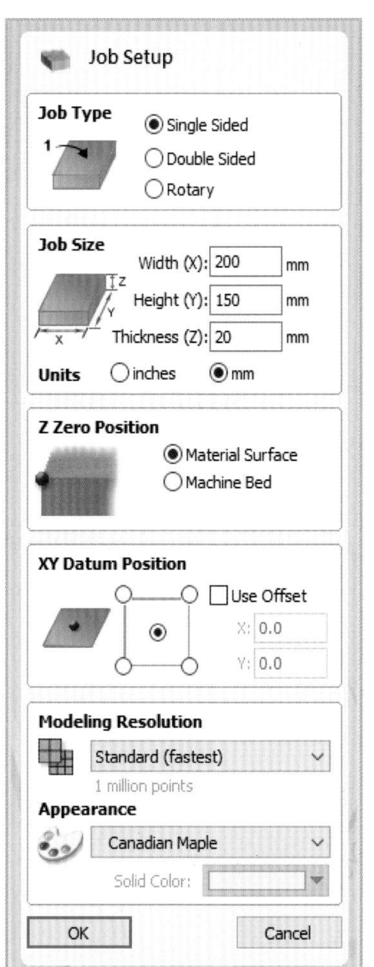

➜ 點選【Single Sided】單面加工

➜ 設定素材尺寸

Width (X)：200mm；Height (Y)：150mm；Thickness (Z)：20mm

Units：mm

➜ 點選【Material Surface】，將Z軸原點設在素材表面

➜ 選擇中心點為XY軸的基準點

➜ 點選【OK】完成設定

STEP 02 點選 【Import vectors from a file】載入本實習單元所使用的圖檔 - 實習 9_ 聽見你的聲音 木質揚聲器 D。

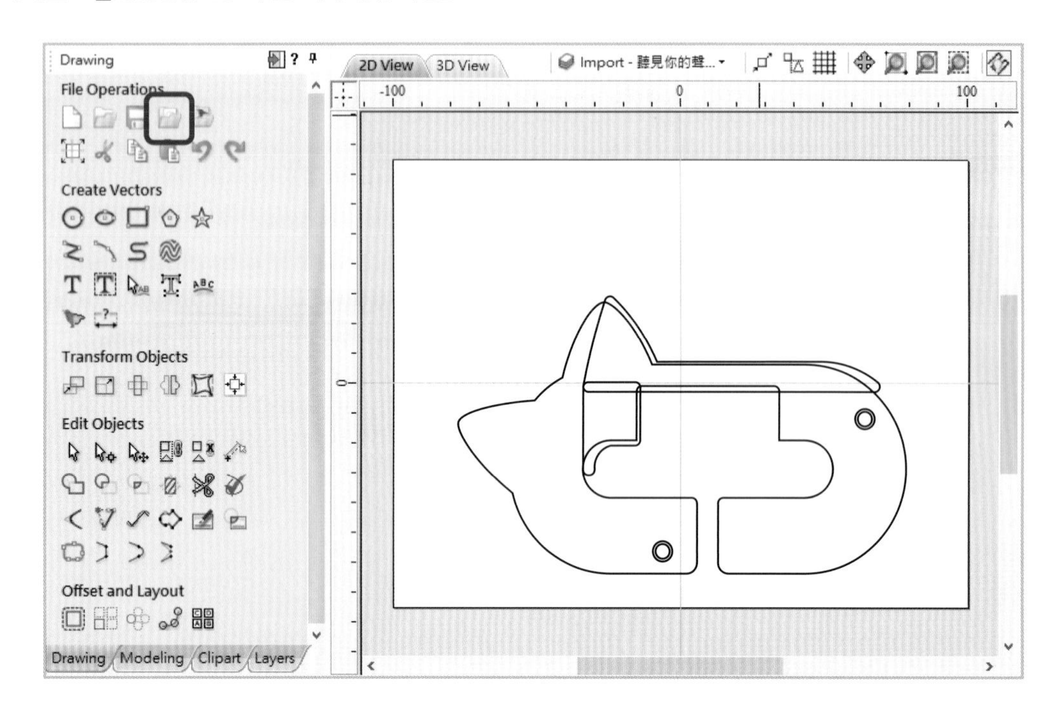

STEP 03 ❶ 開啟【Toolpaths】刀具路徑面板 ➔ ❷ 點選 Set... 設定素材。

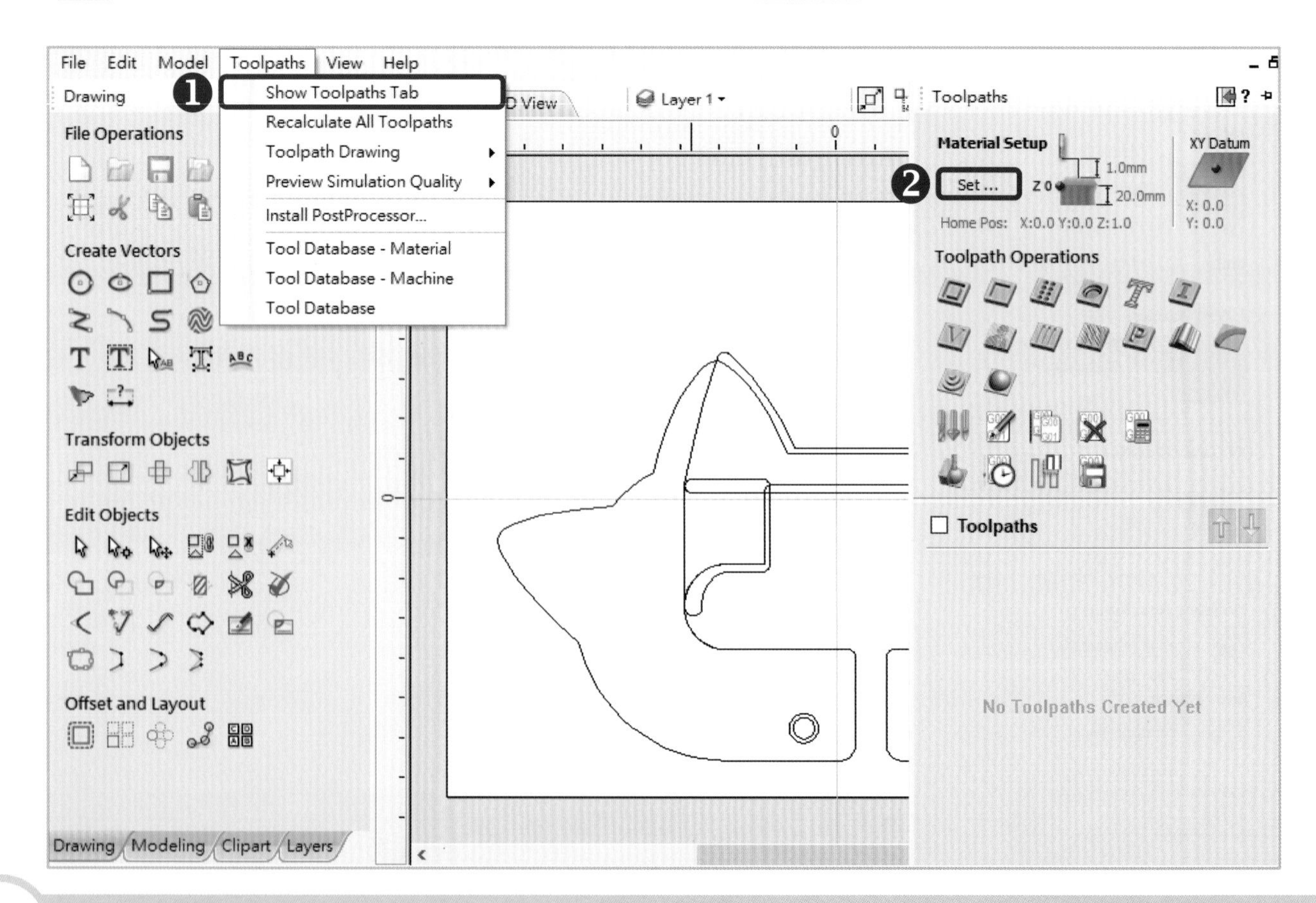

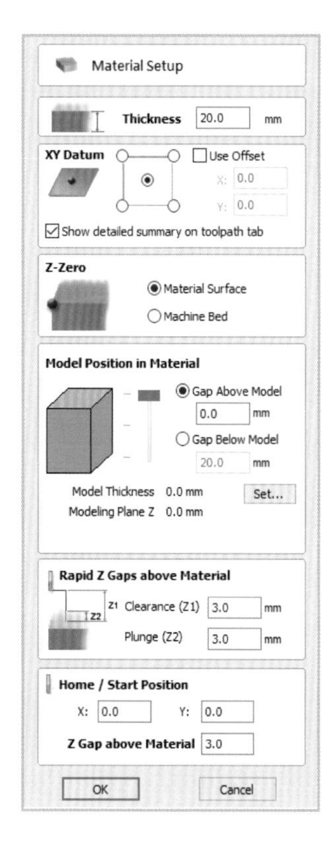

- Thickness：輸入素材厚度 20 mm
- XY Datum：點選中心點
- Z-Zero：原點設定在素材表面
- Model Position in Material：點選【Gap Above Model 0.0 mm】
- Clearance（Z1）：3 mm
  Plunge（Z2）：3 mm
- Home / Start Position：X：0.0 ； Y：0.0
  Z Gap above Material：3.0
- 點選 【OK】 即設定完成

使用刀具路徑【Toolpath Operations】提供的各種加工方式，對圖檔進行刀具路徑的安排。

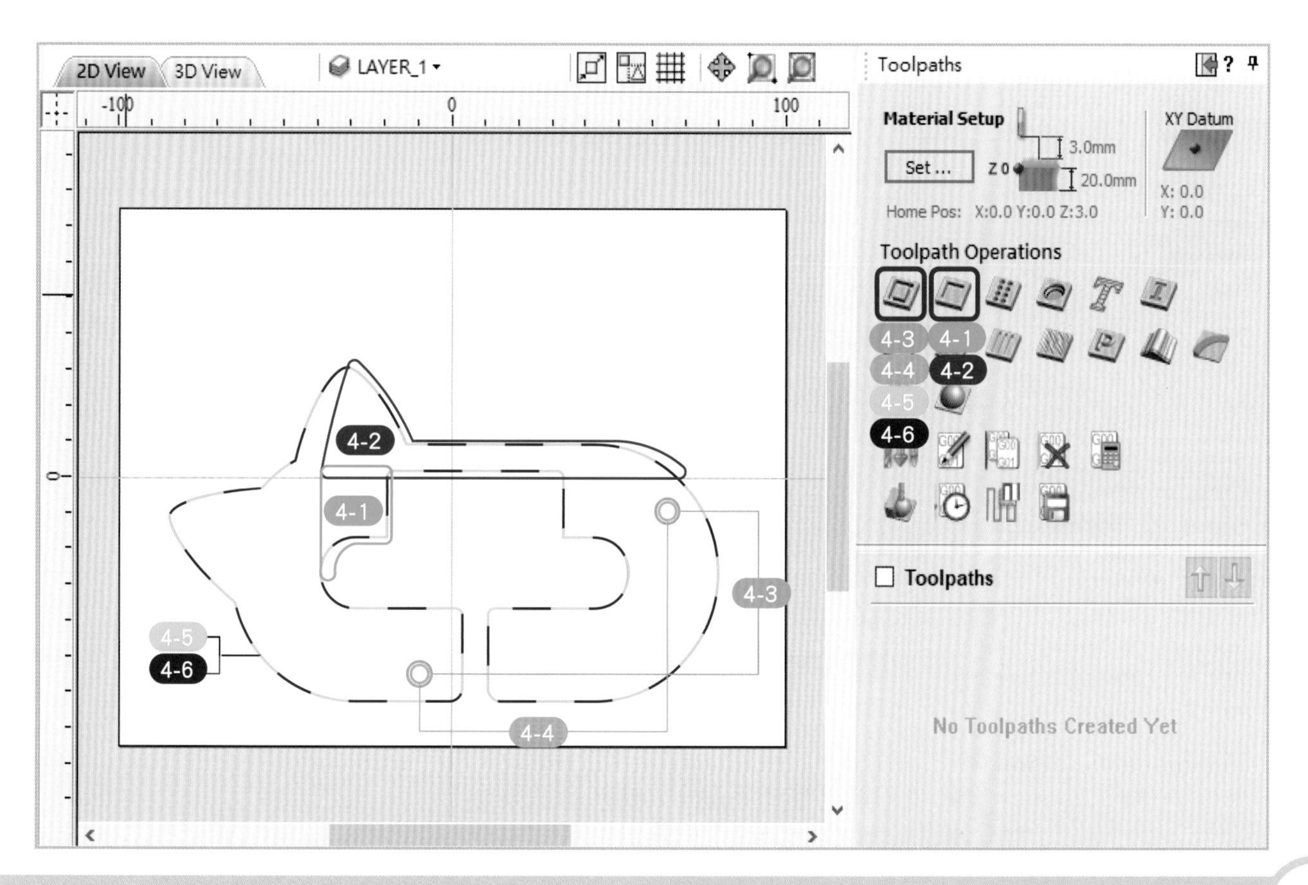

4-1 聽見你的聲音 木質揚聲器 D- 聲音通道 - 範圍內加工

選取袋型刀具路徑 【Pocket Toolpath】開啟設定面板。
點選要加工的線條，使其呈粉紅色虛線的被選取狀態，請參考下圖。
請依序由上而下參照範例進行參數設定。

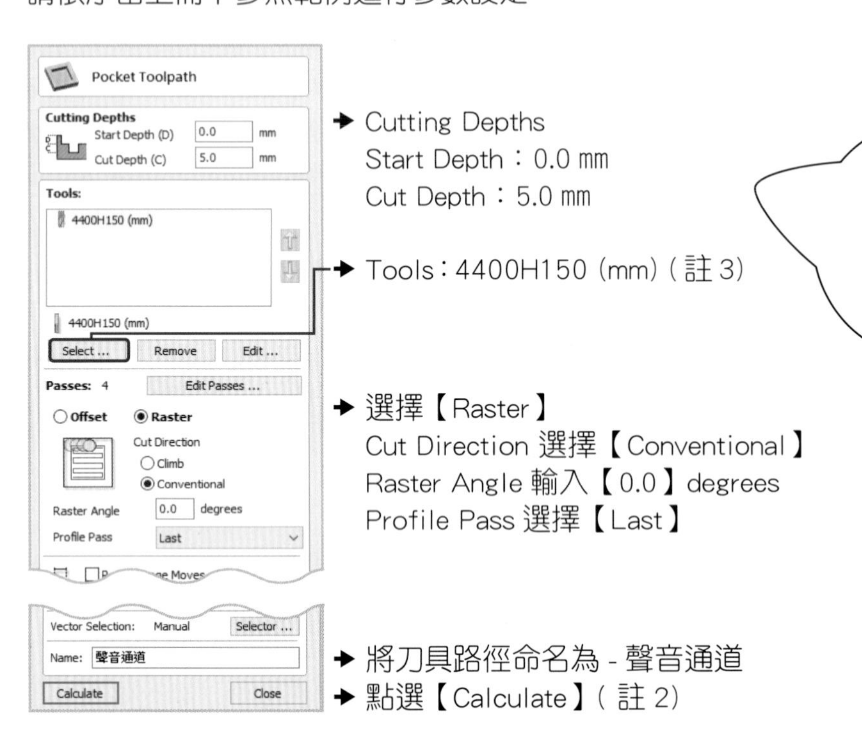

→ Cutting Depths
Start Depth：0.0 mm
Cut Depth：5.0 mm

→ Tools：4400H150 (mm)（註 3）

→ 選擇【Raster】
Cut Direction 選擇【Conventional】
Raster Angle 輸入【0.0】degrees
Profile Pass 選擇【Last】

→ 將刀具路徑命名為 - 聲音通道
→ 點選【Calculate】（ 註 2）

4-2 聽見你的聲音 木質揚聲器 D- 手機放置區降面 - 範圍內加工

開啟 【Pocket Toolpath】設定面板 → 點選要加工的線條。

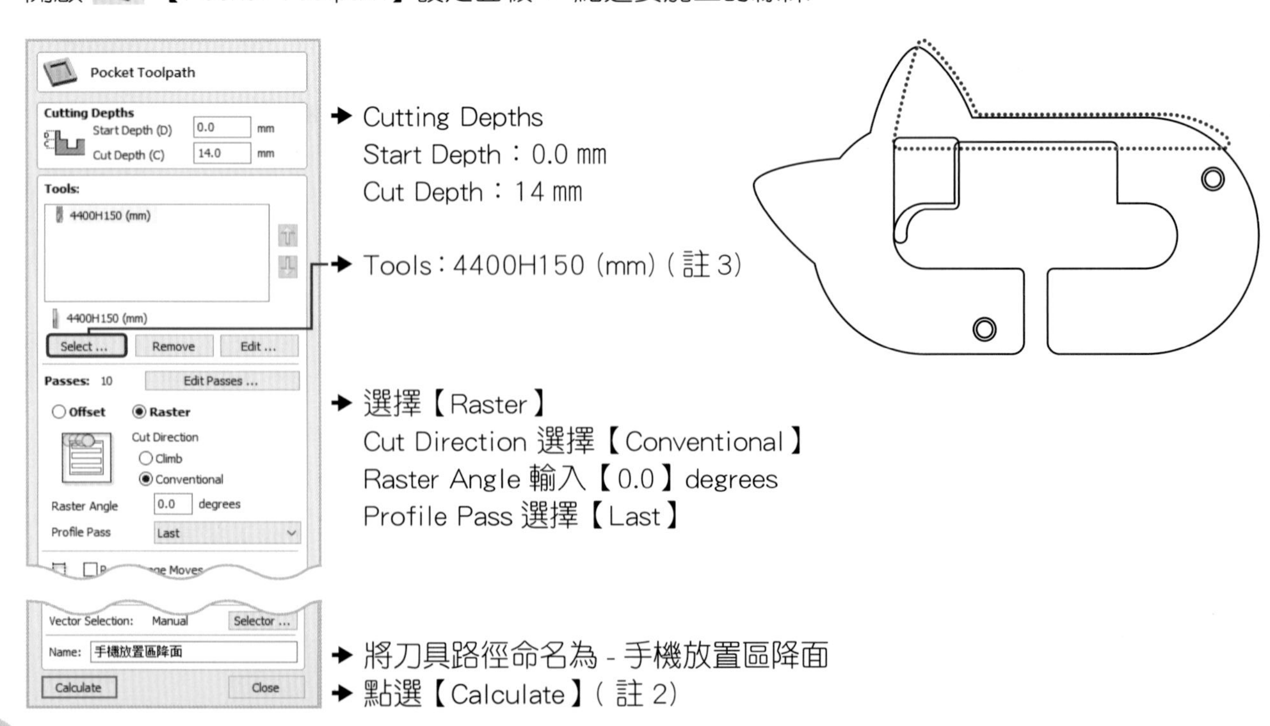

→ Cutting Depths
Start Depth：0.0 mm
Cut Depth：14 mm

→ Tools：4400H150 (mm)（註 3）

→ 選擇【Raster】
Cut Direction 選擇【Conventional】
Raster Angle 輸入【0.0】degrees
Profile Pass 選擇【Last】

→ 將刀具路徑命名為 - 手機放置區降面
→ 點選【Calculate】（ 註 2）

4-3 聽見你的聲音 木質揚聲器 D - 木榫孔位排屑 - 線內加工

開啟 【2D Profile Toolpath】設定面板 ➜ 按住 Shift 鍵點選要加工的線條。

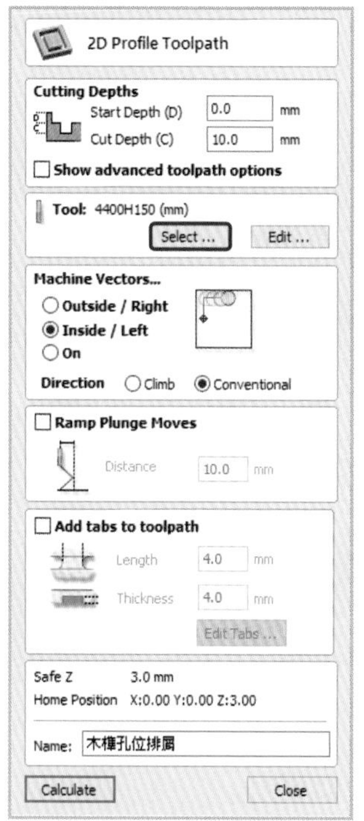

➜ Cutting Depths
Start Depth：0.0 mm
Cut Depth：10 mm

➜ Tool：4400H150 (mm) (註 3)

➜ Machine Vectors…
點選【Inside / Left】
Direction 點選【Conventional】

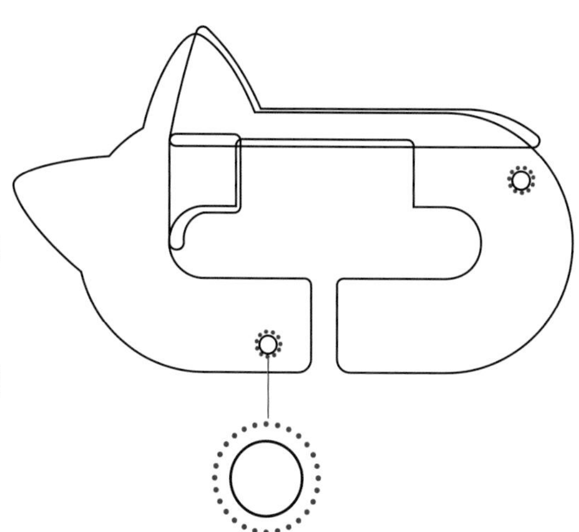

➜ 將刀具路徑命名為 - 木榫孔位排屑

➜ 點選【Calculate】(註 2)

4-4 聽見你的聲音 木質揚聲器 D- 木榫孔位 - 線內加工

開啟 【2D Profile Toolpath】設定面板 ➜ 按住 Shift 鍵點選要加工的線條。

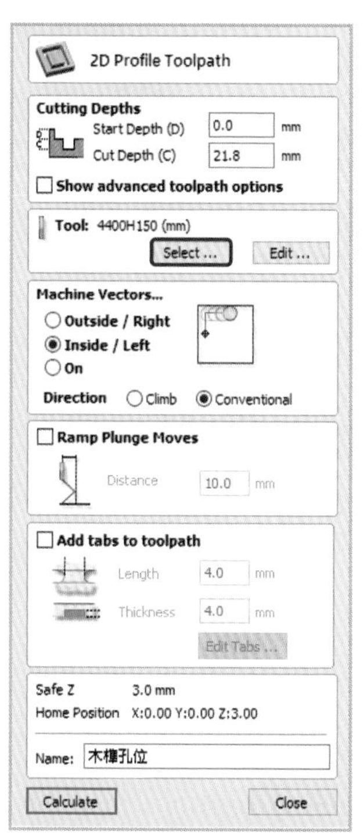

➜ Cutting Depths
Start Depth：0.0 mm
Cut Depth：21.8 mm

➜ Tool：4400H150 (mm) (註 3)

➜ Machine Vectors…
點選【Inside / Left】
Direction 點選【Conventional】

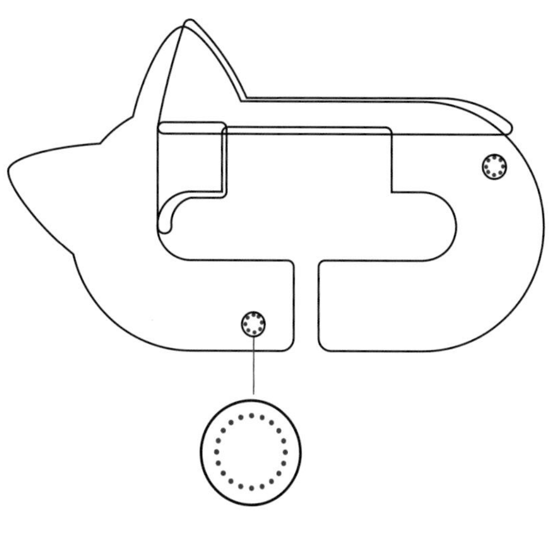

➜ 將刀具路徑命名為 - 木榫孔位

➜ 點選【Calculate】(註 2)(註 4，警告視窗僅為雕刻深度數值上的差異。)

4-5 聽見你的聲音 木質揚聲器 D- 排屑 - 線外加工

開啟 【2D Profile Toolpath】設定面板 ➜ 點選要加工的線條。

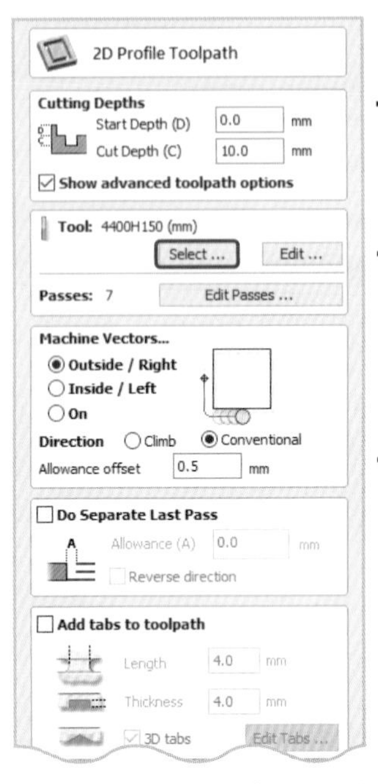

➜ Cutting Depths
Start Depth：0.0 mm ； Cut Depth：10 mm
請勾選【Show advanced toolpath options】，顯示進階刀具設定選項。

➜ Tool：4400H150 (mm)（註 3）

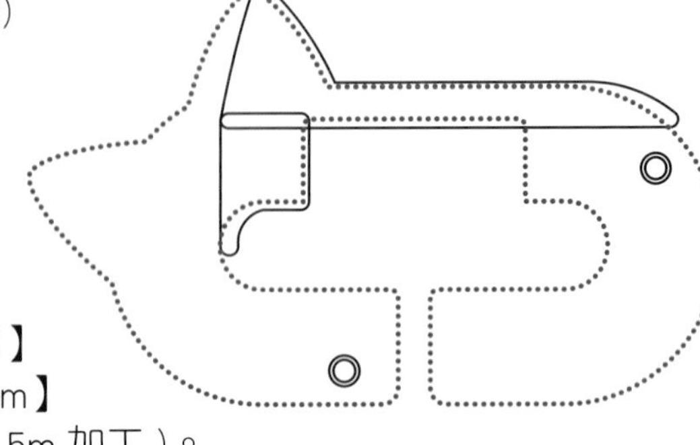

➜ Machine Vectors...
點選【Outside / Right】
Direction 點選【Conventional】
Allowance offset 輸入【0.5mm】
（此動作為將線框往外偏移 0.5m 加工）。

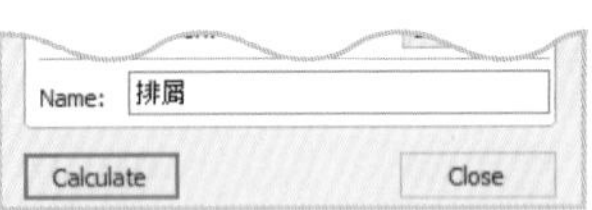

➜ 將刀具路徑命名為 - 排屑
➜ 點選【Calculate】（註 2）

4-6 聽見你的聲音 木質揚聲器 D- 切邊 - 線外加工

開啟 【2D Profile Toolpath】設定面板 ➜ 點選要加工的線條。

> 設定【Cut Depth】切削深度時，請以材料實際的厚度再加上 0.8 mm 即可將素材切穿。
>
> 補充說明

➜ Cutting Depths
Start Depth：0.0 mm ； Cut Depth：21.8 mm
請勾選【Show advanced toolpath options】，顯示進階刀具設定選項。

➜ Tool：4400H150 (mm)（註 3）

➜ Machine Vectors...
點選【Outside / Right】
Direction 點選【Conventional】

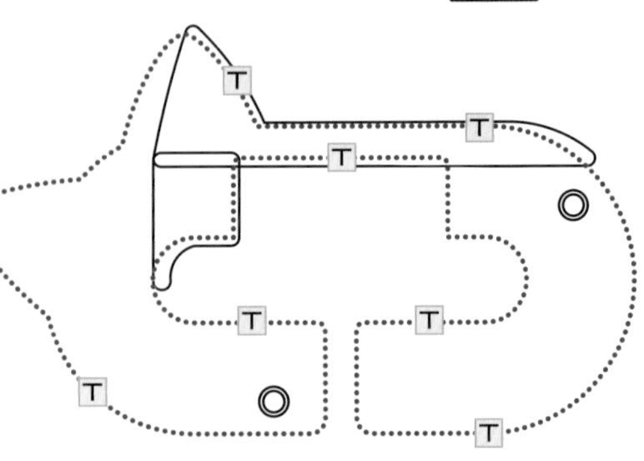

➜ 勾選【Add tabs to toolpath】增加肋柱
Length：4 mm ； Thickness：4 mm
點選【Edit tabs...】參考 T 標示處編輯肋柱（註 5）

➜ 將刀具路徑命名為 - 切邊
➜ 點選【Calculate】（註 2)(註 4，警告視窗僅為雕刻深度數值上的差異。）

STEP 05 使用刀具路徑預覽 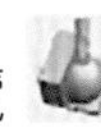【Preview Toolpaths】模擬所有刀具路徑的雕刻結果。

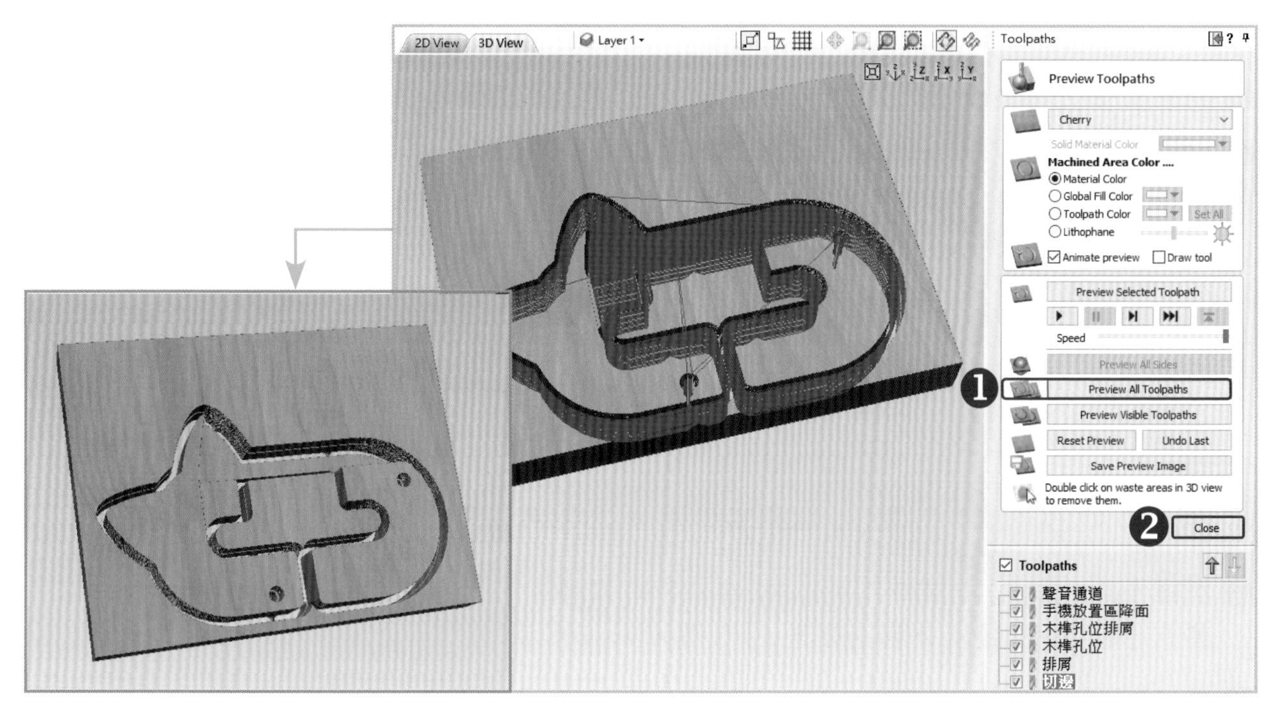

❶ 點選【Preview All Toolpaths】，即可模擬目前所有刀具路徑的預覽結果。

❷ 點選【Close】離開預覽功能。

 使用儲存刀具路徑【Save Toolpaths】將 G 碼存出。

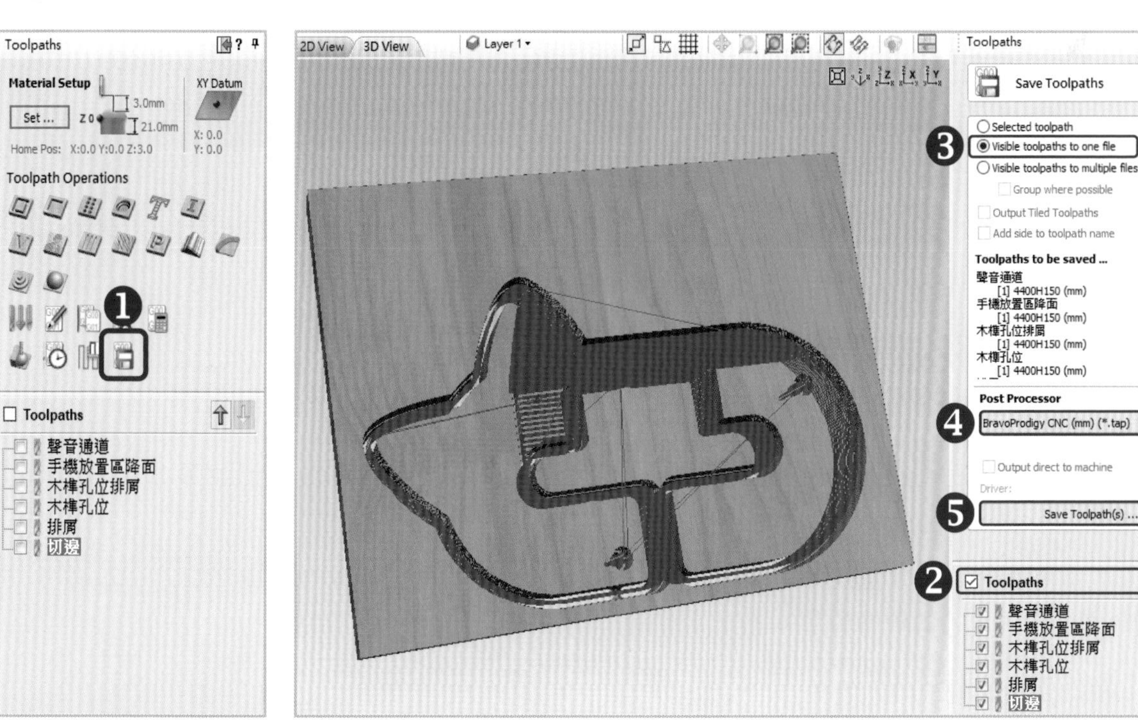

❶ 點選 開啟設定面板。

❷ 勾選【Toolpaths】選取所有刀具路徑。請注意刀具路徑的排列順序需與範例相同。

❸ 勾選【Visible toolpaths to one file】。

❹ Post Processor(後處理器)選擇【BravoProdigy CNC (mm)(*.tap)】。
備註：若無上述說明之後處理器，也可另轉存【G Code (mm)(*.tap)】後處理器。

❺ 點選【Save Toolpath(s)...】存出 G 碼，命名為 - 聽見你的聲音 木質揚聲器 D。

❻ 點選 【Save】儲存專案檔 - 聽見你的聲音 木質揚聲器 D。

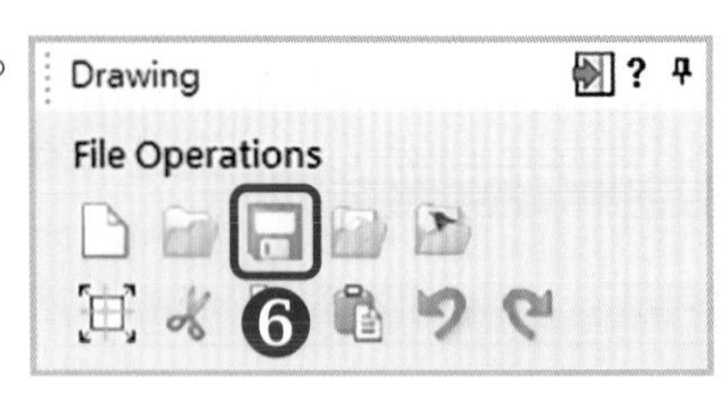

STEP 07 Bravoprodigy CNC 執行雕刻。
(CNC 操作請參考單元 6 實習 1 步驟 08 CNC 操作說明)

❶ 選擇【直接連線】方式進入 BravoProdigy CNC 軟體。
載入【聽見你的聲音 木質揚聲器 D】G 碼。

❷ 素材固定於工作台並在主軸上鎖上刀具【4400H150】。

素材夾持重點：
本範例的刀具路徑須將素材切穿，因此需要一片 MDF 板來作為墊板，在切穿時才不會雕刻到工作台表面。

20 mm 素材
9 mm 墊板

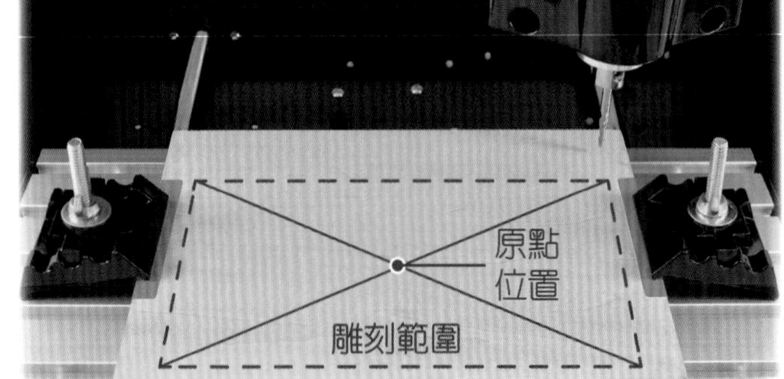

❸ 原點設定：
使用手持控制器將刀具移動至素材工件原點後，再將軟體上三軸的座標值歸零。

❹ 雕刻行程確認：
使用手持控制器移動刀具進行雕刻行程確認(注意：操作時請注意移動速度與安全距離)，確認無誤後請點選【回到原點】，機器會自動回到先前設定之工件原點。

❺ 將【雕刻速率】調到 100%。

❻ 按下【啟動】開始雕刻。(若您使用的機器有安全外罩，請先將安全外罩蓋上)

❼ 雕刻完畢後，請先清除粉塵再取下作品。

STEP 08 組裝。

下圖為所有零件的疊放順序及方向。(1 為最上層)

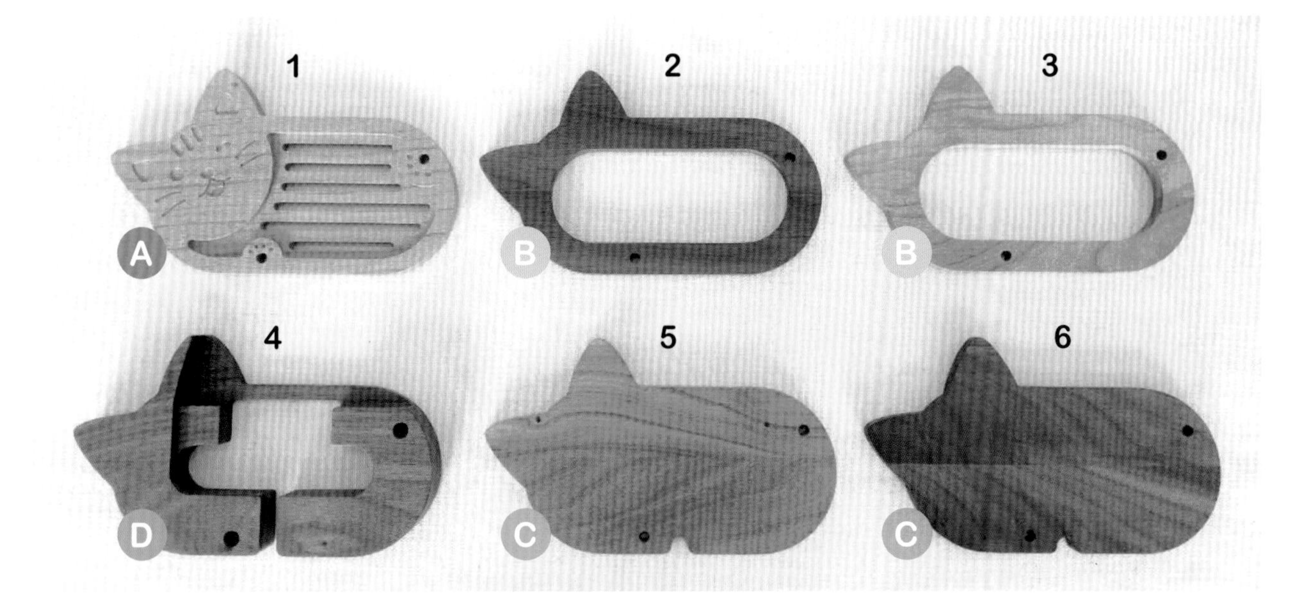

❶ 將【零件 C】的其中一片平放桌上，取出零件包中的 2 根【木榫】置入圓洞中。

❷ 將【零件 C】的第二片穿過木榫疊放。

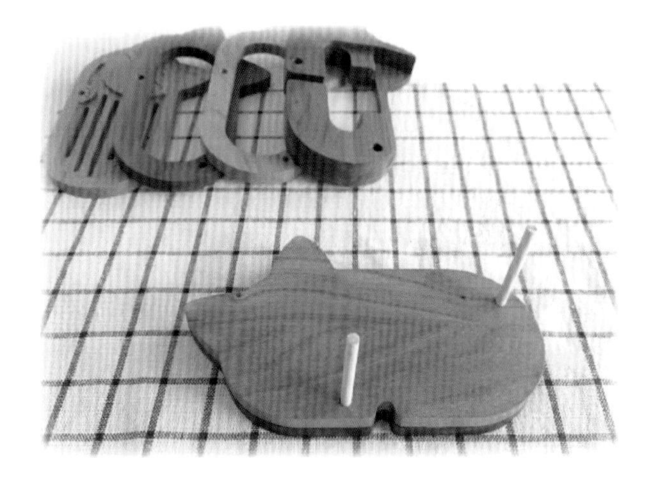

❸ 將【零件 D】穿過木榫疊放。

❹ 將【零件 B】的其中一片穿過木榫疊放。

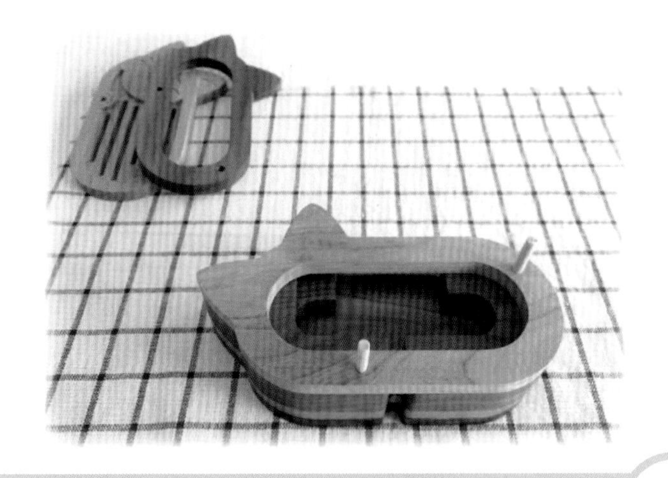

❺ 將【零件 B】的第二片穿過木榫疊放。

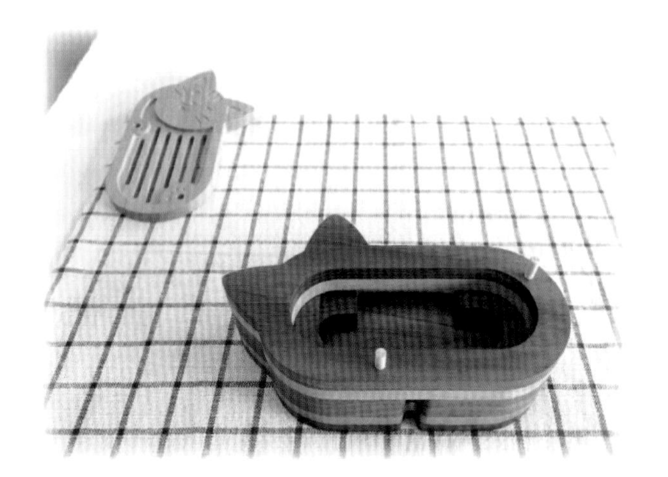

❻ 將【零件 A】穿過木榫疊放。

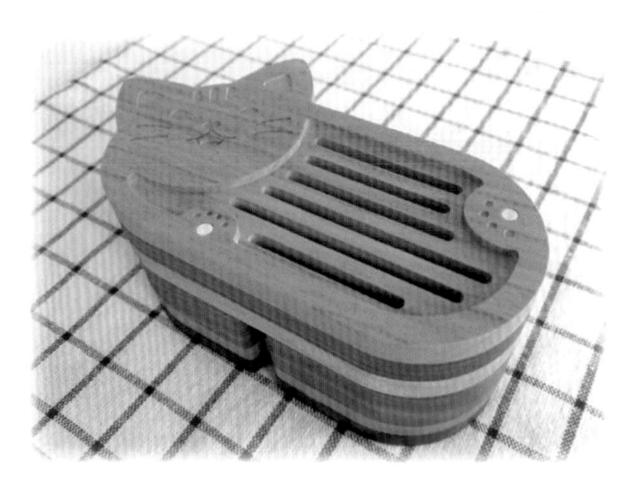

完成

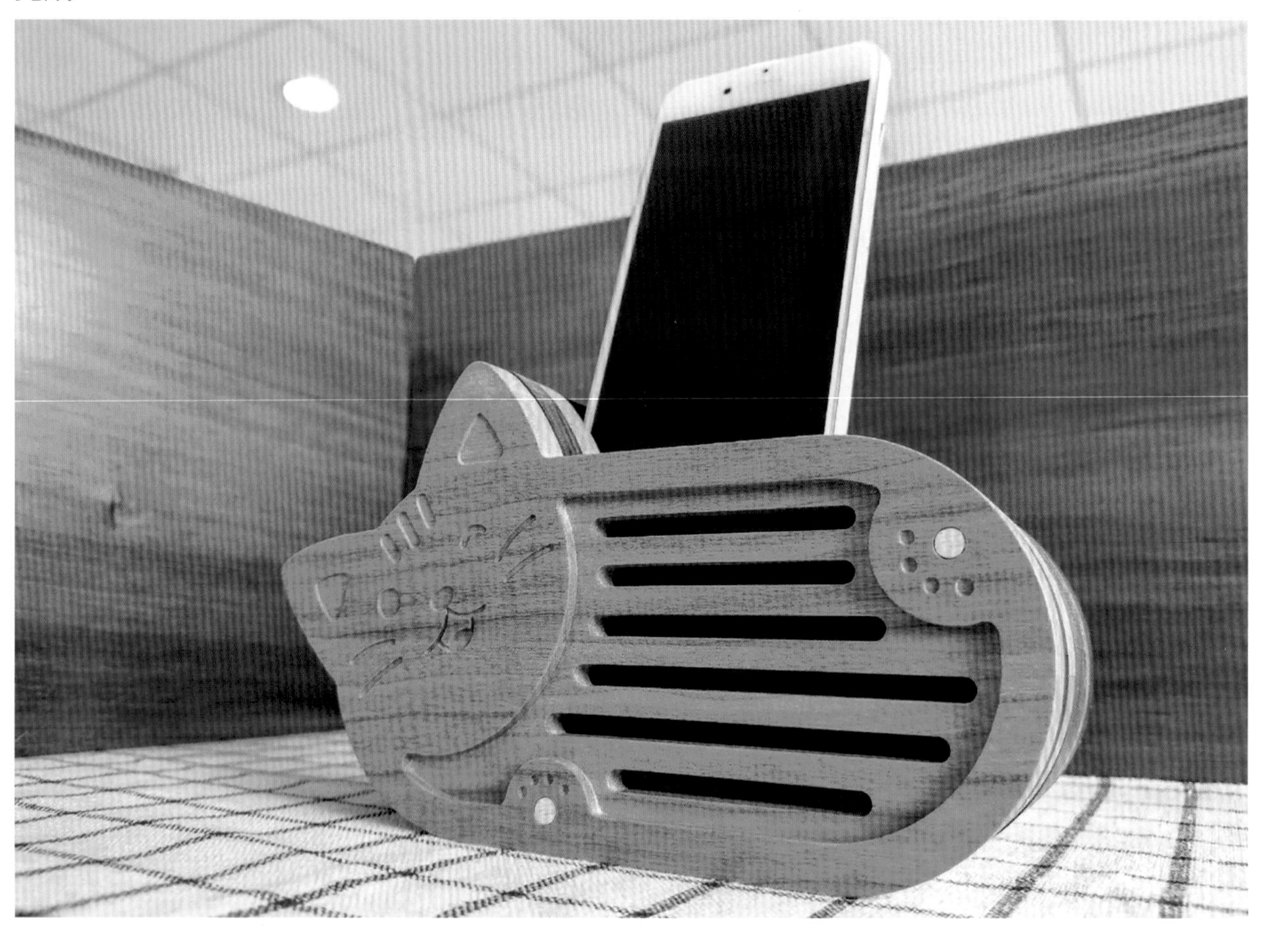

組裝重點：
若孔洞有比較鬆的情況，請在木榫孔與每一片的接觸面上膠膠合。

實習 10 LED 燈獎牌

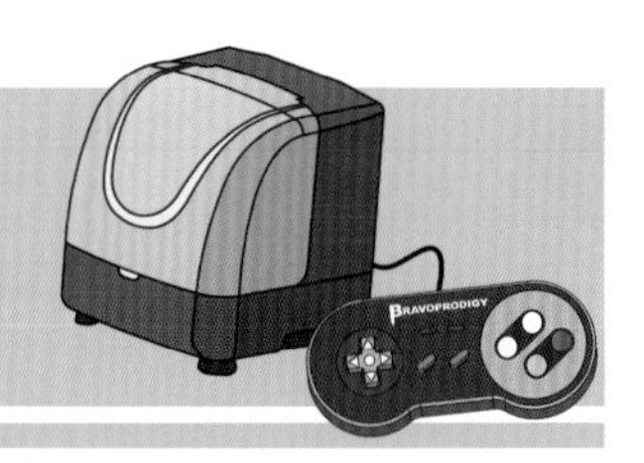

完成作品

延伸應用

學習重點

1. 使用 VCarve Desktop 軟體，學習雕刻壓克力材質。
2. 設定工件並進行文字、鏡射等等編排。
3. 學習 2D 刀具路徑編排，線上加工、範圍內袋型加工、外型切邊加工。
4. 肋柱設定。
5. 學習模擬切削及路徑轉出成 G 碼。
6. 使用不同刀具雕刻同一個工件。
7. 素材架設及執行雕刻作業。

範例檔案資料夾

1. Dxf 圖檔，可供練習圖檔編輯及轉刀路。
2. 已完成的 Vcarve Desktop 專案檔，可供查看。
3. 提供完成 G 碼檔，可供直接雕刻製作。

動作說明

載入向量檔案，使用新增文字功能編輯獎牌，並學習如何使用多把刀具加工同一件作品。

使用材料與配件

刀具編號：4025A020、4250B120

雕刻材料：透明壓克力 186 X 135 X 5 mm 1 片
備註：實習材料包內附 LED 燈底座組 ×1

使用工具：MDF 密集板（墊板）200 X 150 X 9 mm 1 片、齒型壓板組（小）2 個

雕刻時間：約 30 分鐘，雕刻速度 F1500mm/min

掃我進入購物車

實習步驟

STEP 01 開啟 VCarve Desktop 軟體，編輯工件設定。

❶ 點選【Create a new file】建立新檔案 ➜ ❷ 輸入工件的相關參數。

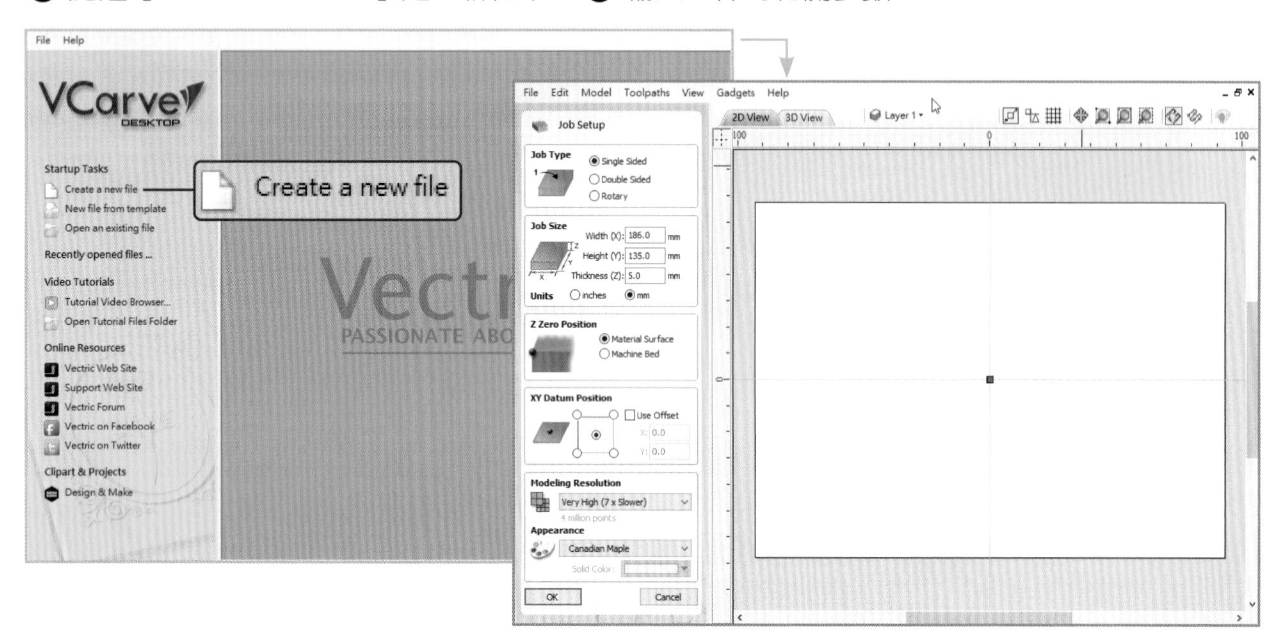

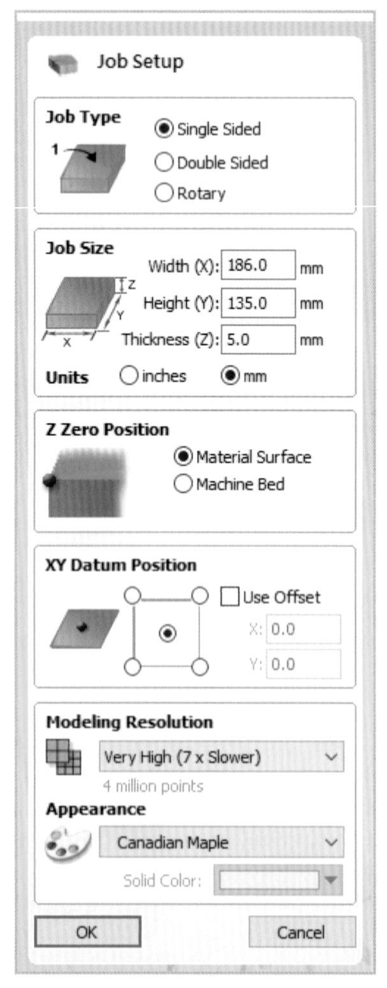

➜ 點選【Single Sided】單面加工

➜ 設定素材尺寸

Width (X)：186 mm；Height (Y)：135 mm；Thickness (Z)：5 mm

Units：mm

➜ 點選【Material Surface】，將Z軸原點設在素材表面

➜ 選擇中心點為XY軸的基準點

➜ 點選【OK】完成設定

STEP 02 點選 【Import vectors from a file】載入本實習單元所使用的圖檔 - 實習 10_LED 燈奬牌。

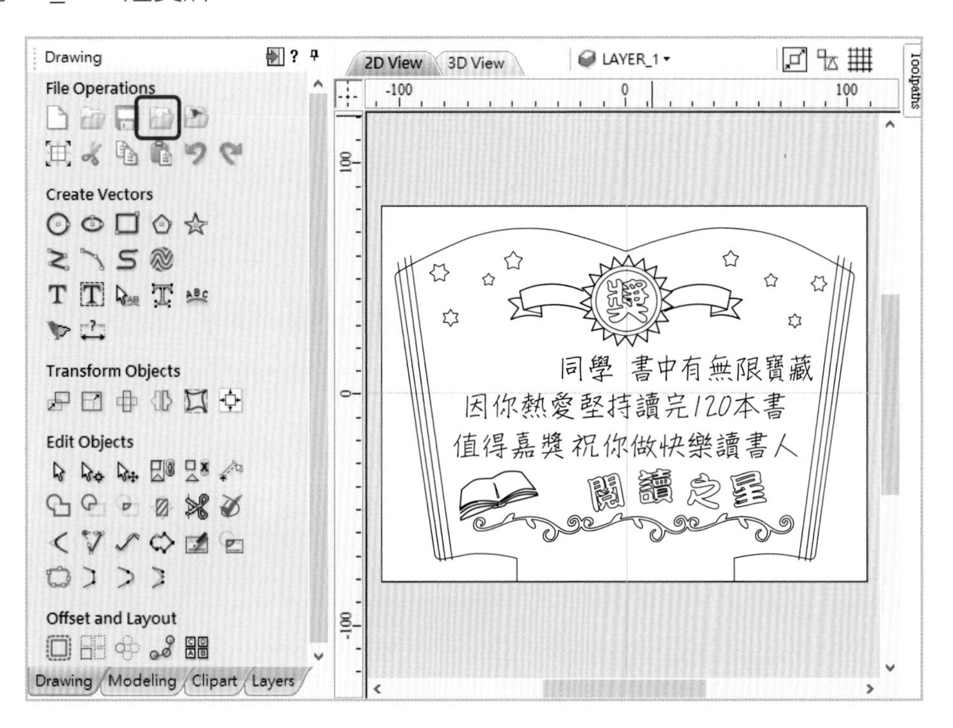

STEP 03 使用繪圖面板工具新增文字。

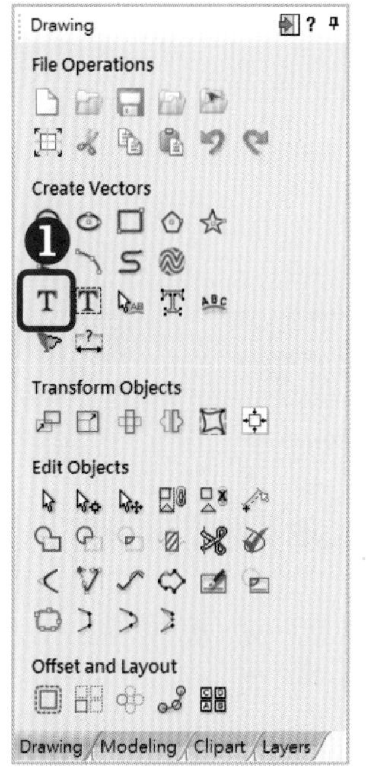

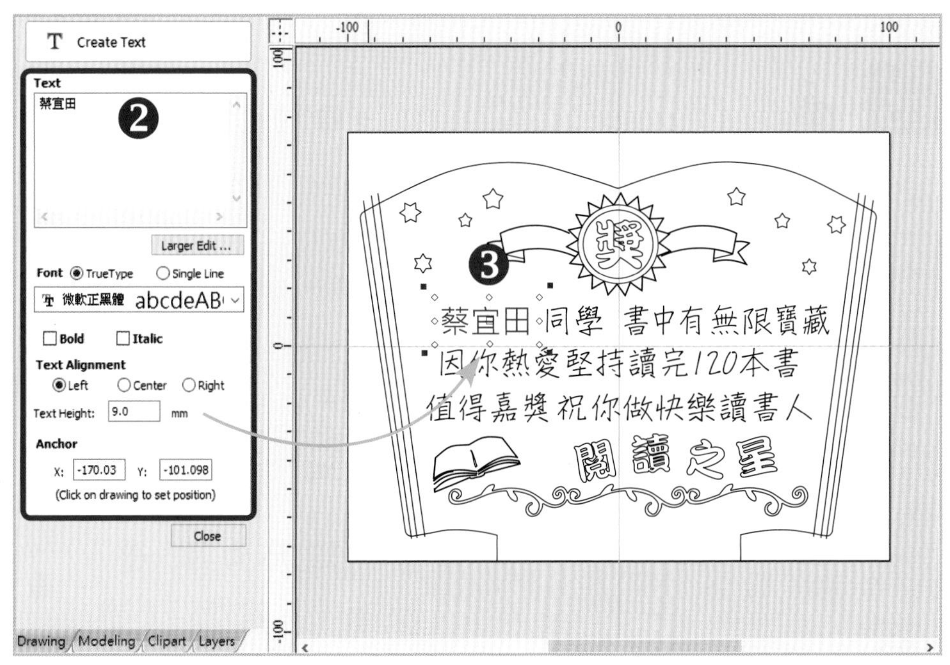

❶ 點選 T 開啟創建文字面板。

❷ 在 Text 欄位中輸入想要的文字。
範例：文字【蔡宜田】｜ Font 點選【TrueType】｜ 字型【微軟正黑體】｜ Text Alignment 點選【Left】｜ Text Height 字型大小為【9.0】mm。

❸ 將文字移動到適當位置，完成後點選 Close 離開設定畫面。

STEP 04 使用繪圖面板工具鏡射物件。

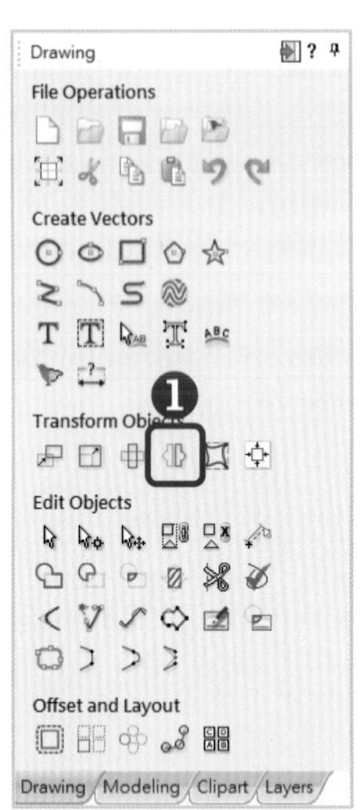
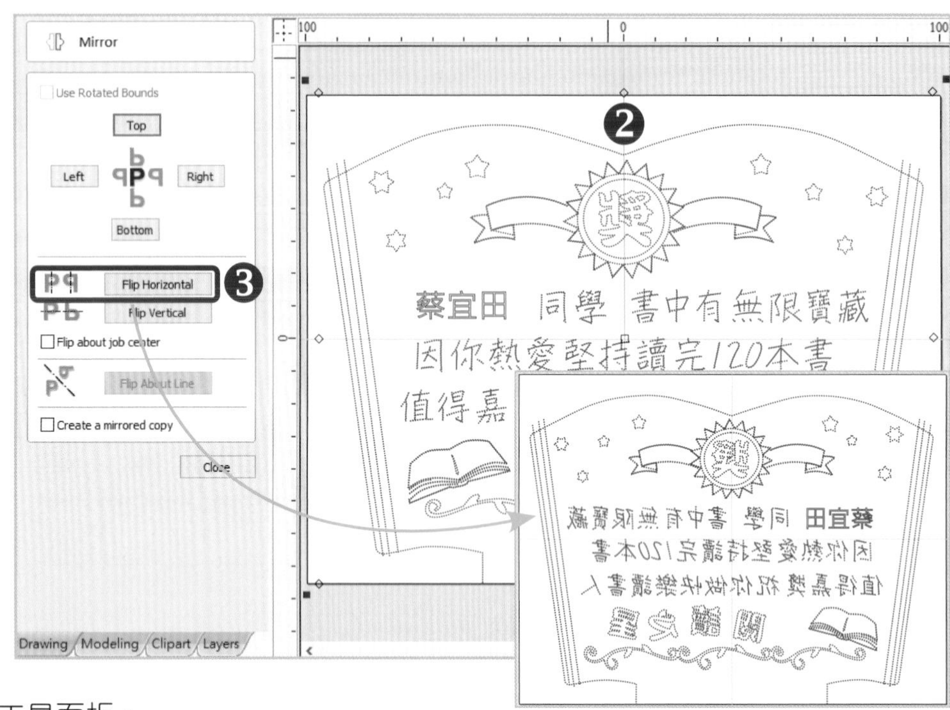

❶ 點選 開啟鏡射工具面板。

❷ 使用滑鼠框選全部物件，使所有物件呈現粉紅色虛線的被選取狀態。

❸ 點選【Flib Horizontal】將所有物件做水平翻轉，完成後點選 Close 離開設定畫面。

STEP 05 ❶ 開啟【Toolpaths】刀具路徑面板 ➜ ❷ 點選 Set ... 設定素材。

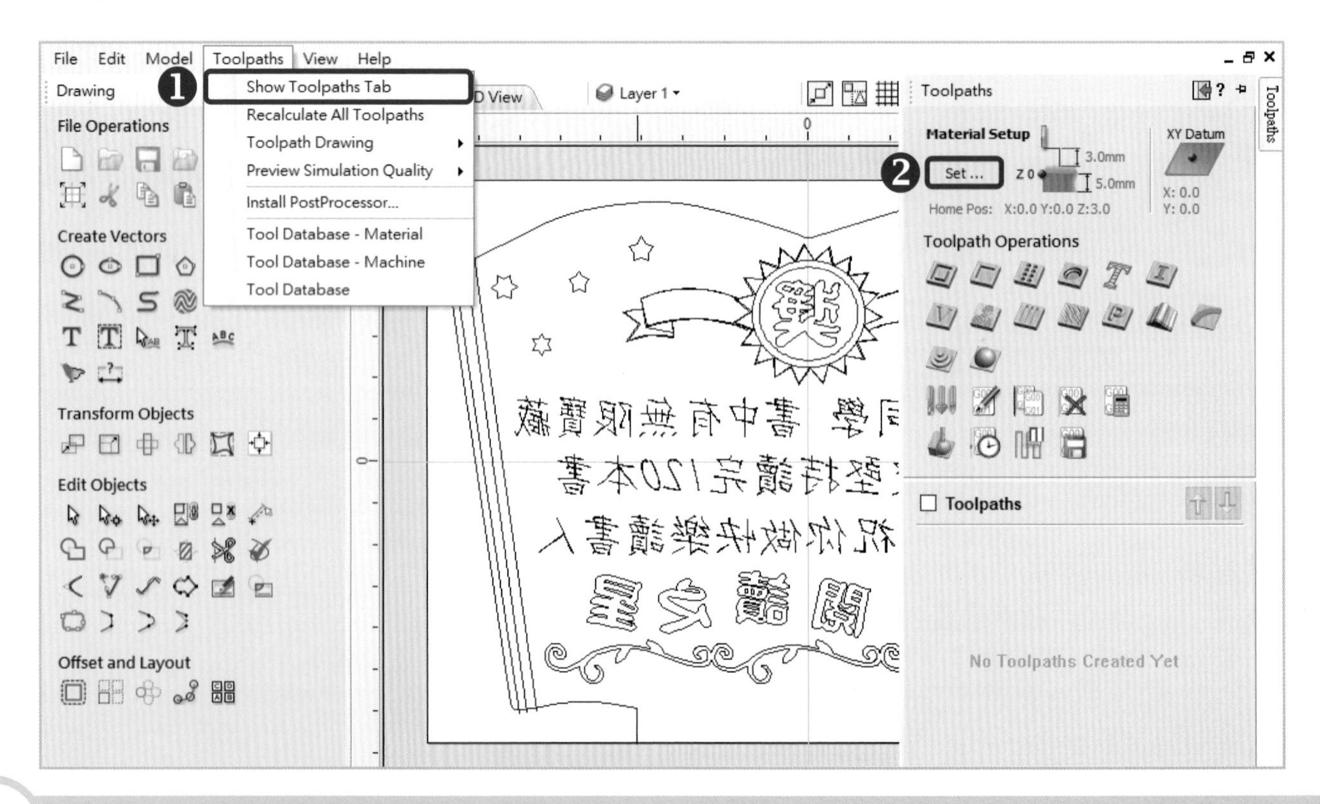

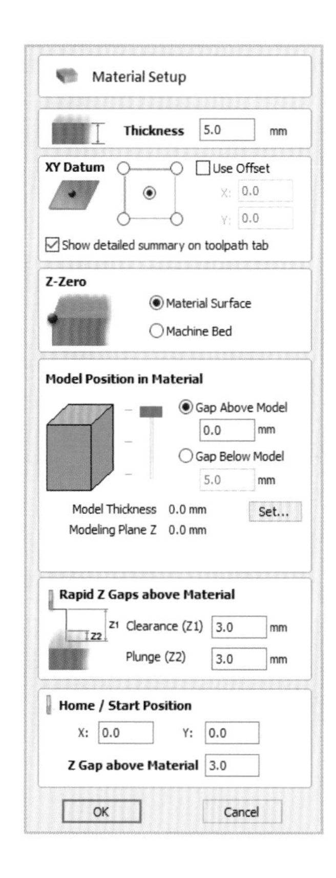

➜ Thickness：輸入素材厚度 5 mm

➜ XY Datum：點選中心點

➜ Z-Zero：原點設定在素材表面

➜ Model Position in Material：點選【Gap Above Model 0.0 mm】

➜ Clearance (Z1)：3 mm
Plunge (Z2)：3 mm

➜ Home / Start Position：X：0.0 ； Y：0.0
Z Gap above Material：3.0

➜ 點選 【OK】 即設定完成

使用刀具路徑【Toolpath Operations】提供的各種加工方式，對圖檔進行刀具路徑的安排。

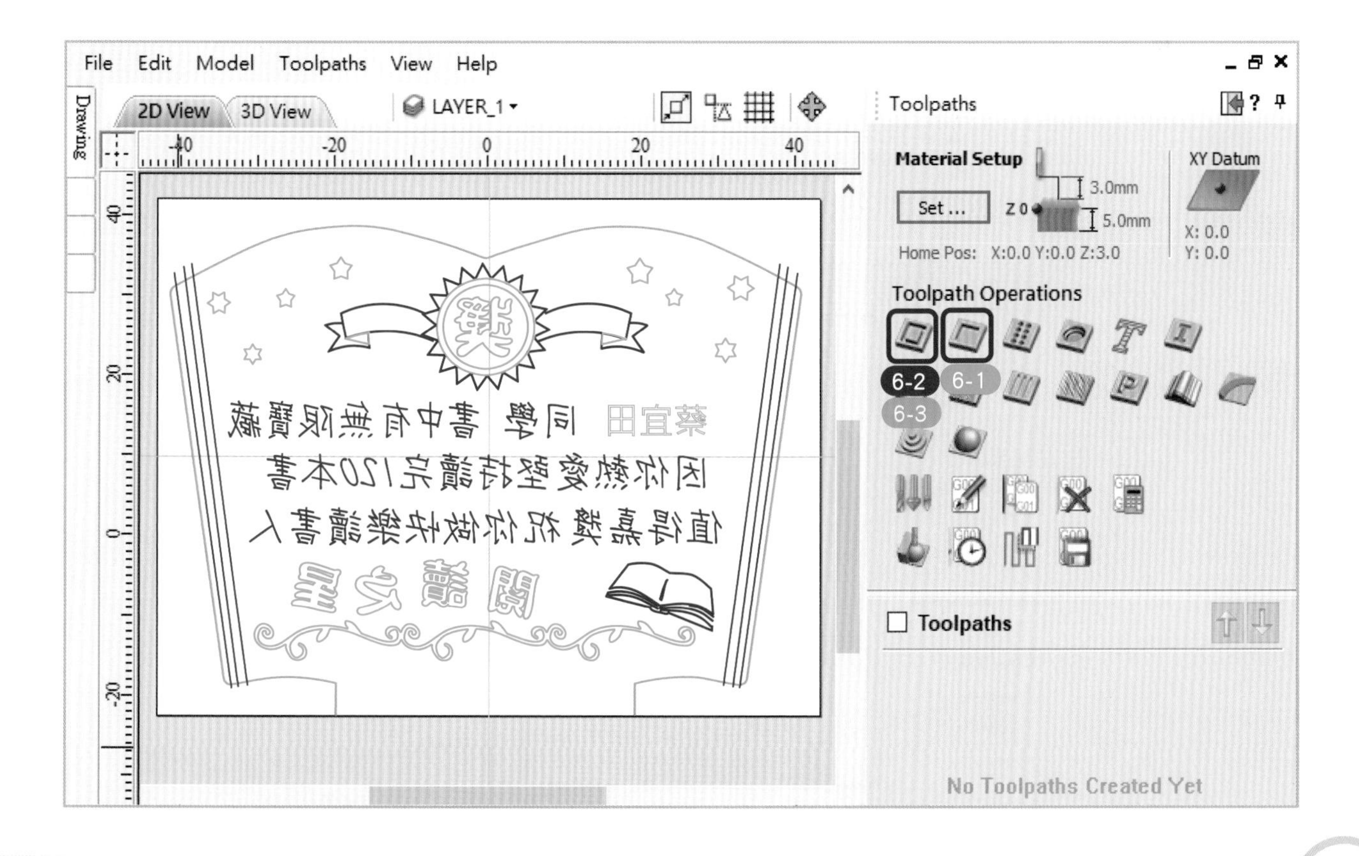

6-1 範圍內加工

選取袋型刀具路徑 【Pocket Toolpath】開啟設定面板。
按住 Shift 鍵點選要加工的線條，使其呈粉紅色虛線的被選取狀態，請參考下圖。
請依序由上而下參照範例進行參數設定。

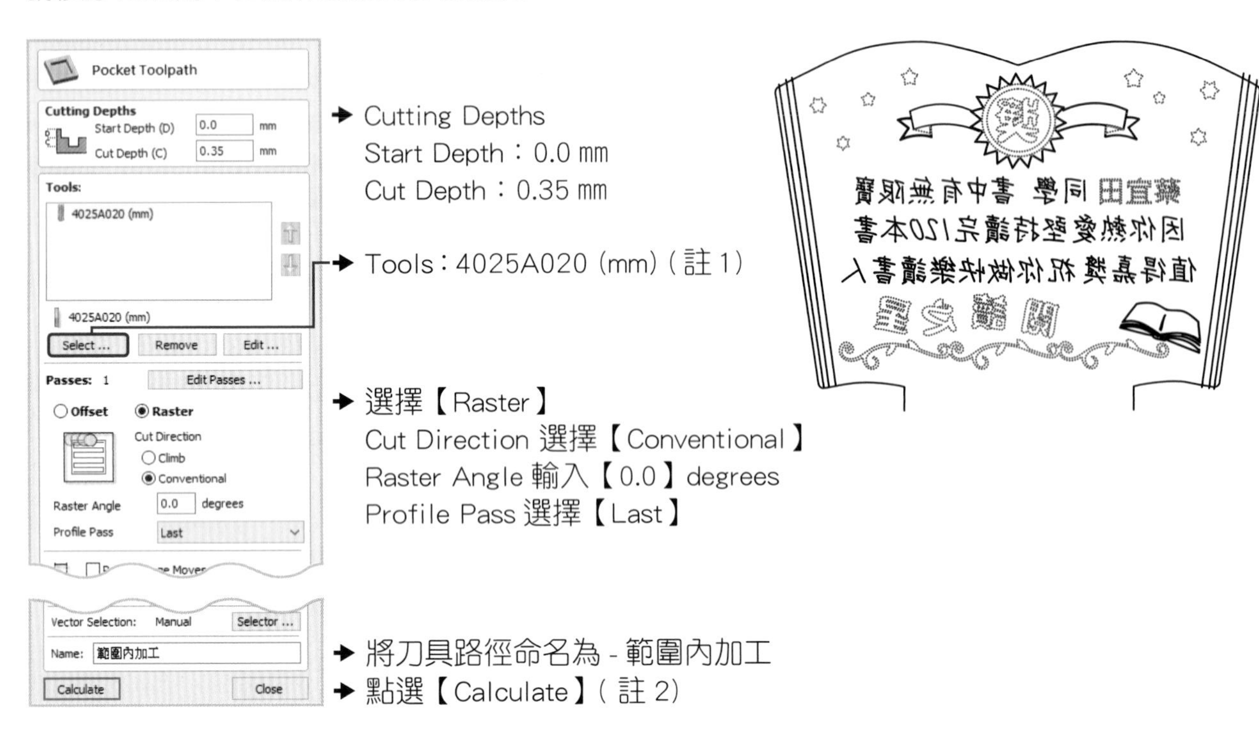

註 1

請參照紅框內各項數值設定。

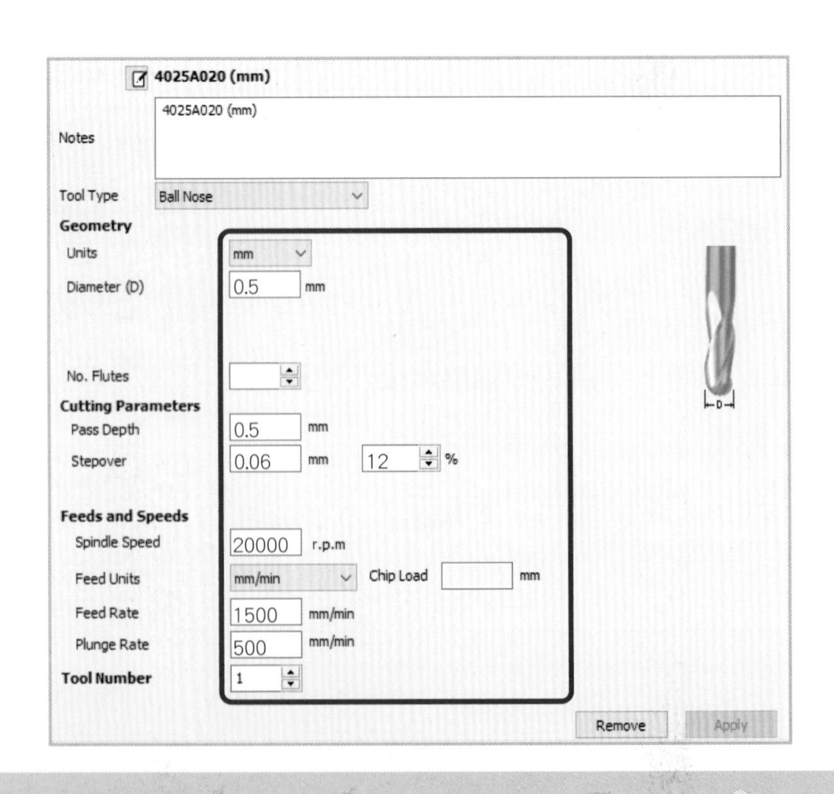

註 2

每次刀具路徑計算完成時都會自動切換到 3D 視窗並開啟刀具路徑預覽面板。

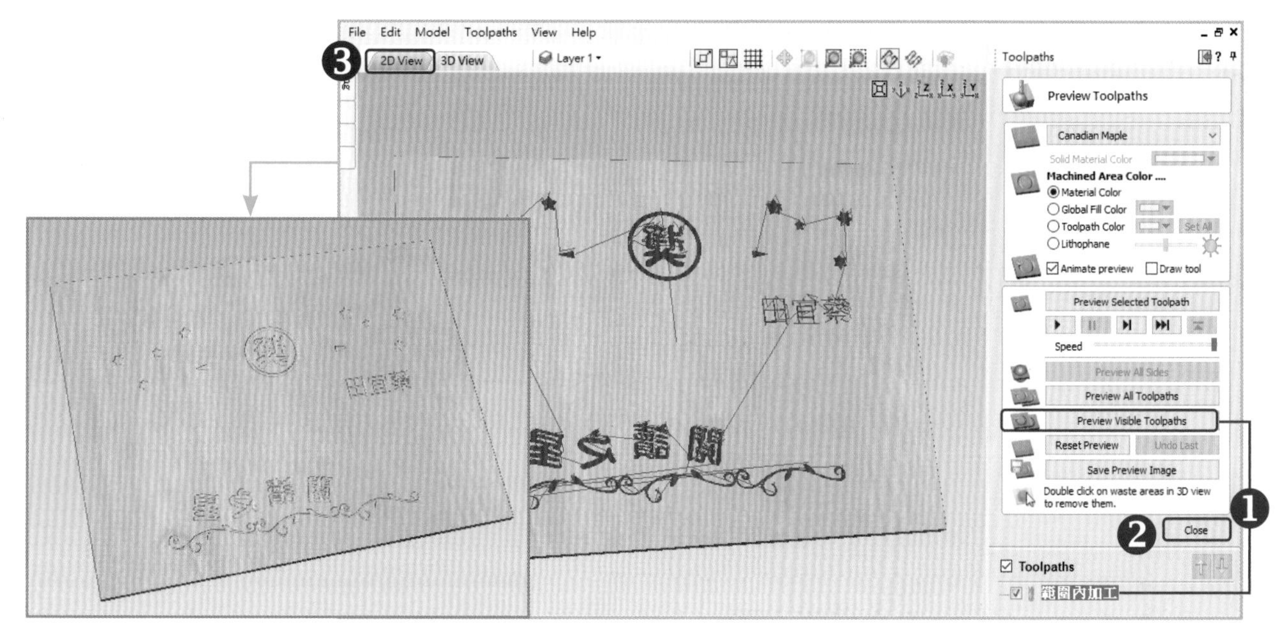

❶ 點選【Preview Visible Toolpaths】，即可出現所勾選刀具路徑預覽結果。

❷ 點選【Close】離開預覽功能。

❸ 點選【2D View】，回到 2D 工作視窗畫面。

6-2 線上加工

開啟 【2D Profile Toolpath】設定面板 ➜ 按住 Shift 鍵點選要加工的線條。

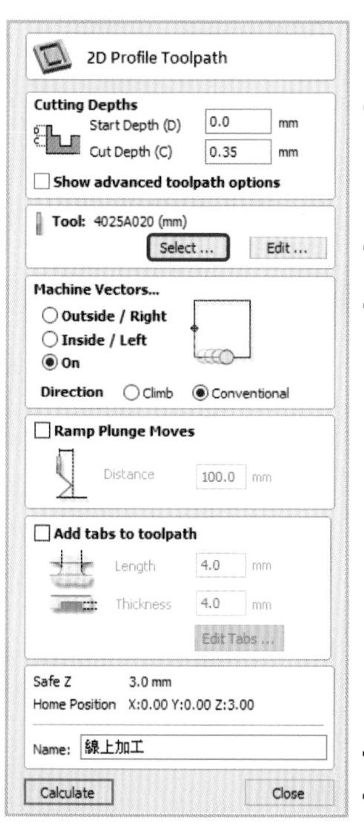

➜ Cutting Depths
Start Depth：0.0 mm
Cut Depth：0.35 mm

➜ Tool：4025A020 (mm)（註 1）

➜ Machine Vectors…
點選【On】
Direction 點選【Conventional】

➜ 將刀具路徑命名為 - 線上加工

➜ 點選【Calculate】（註 2）

6-3 切邊 - 線段起始點左側加工

開啟【2D Profile Toolpath】設定面板 ➜ 按住 Shift 鍵點選要加工的線條。

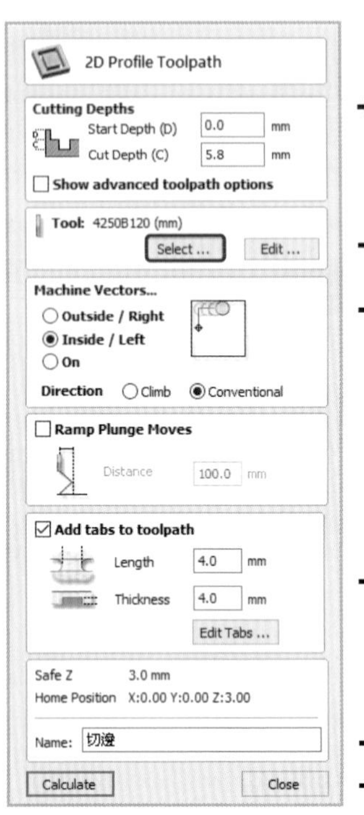

➜ Cutting Depths
Start Depth：0.0 mm
Cut Depth：5.8 mm

➜ Tool：4250B120 (mm)（註 3）

➜ Machine Vectors…
點選【Inside / Left】
Direction 點選【Conventional】

說明：使用非封閉線條時可指定刀具路徑計算為起始點的左側或右側。

➜ 勾選【Add tabs to toolpath】增加肋柱
Length：4 mm ； Thickness：4 mm
點選【Edit tabs...】參考 T 標示處編輯肋柱（註 4）

➜ 將刀具路徑命名為 - 切邊

➜ 點選【Calculate】（註 2)(註 5）

註 3

請參照紅框內各項數值設定。

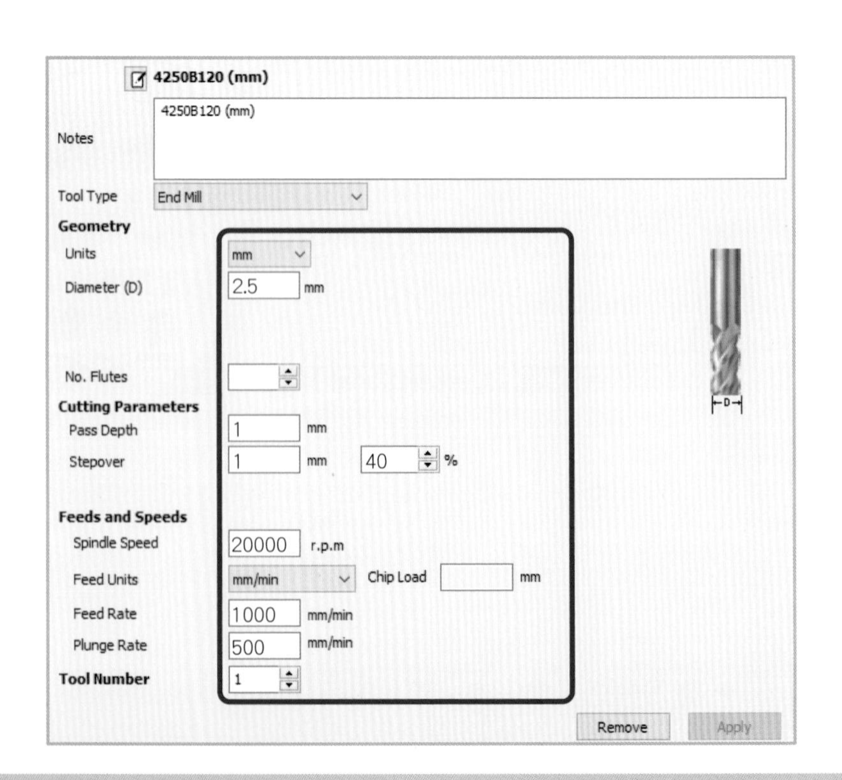

註 4

此處以手動方式設置肋柱。

使用滑鼠靠近線條，當出現 ，表示可以設置肋柱，點一下滑鼠左鍵會出現 T 圖示，請參考步驟 6-3 所標示的位置將 4 個肋柱設置，完成後點選 Close 離開編輯介面即可。

肋柱的作用在於當刀路會完全切穿材料時，肋柱能夠將成品接合在材料上避免脫落。

1. 新增肋柱：將游標移動至已選定線條上，點擊滑鼠左鍵增加肋柱。
2. 刪除肋柱：在肋柱點上點擊滑鼠左鍵即可刪除。
3. 移動肋柱：在肋柱點上按住滑鼠左鍵不放並拖曳至新的位置後，放開左鍵即可。

註 5

在設定切穿刀路時，為了能切穿素材而會將雕刻深度設定超過素材厚度，故軟體會出現提醒視窗告知，此時點選【OK】確認即可。

如：此範例為素材厚度為 5 mm，雕刻深度為 5.8 mm。

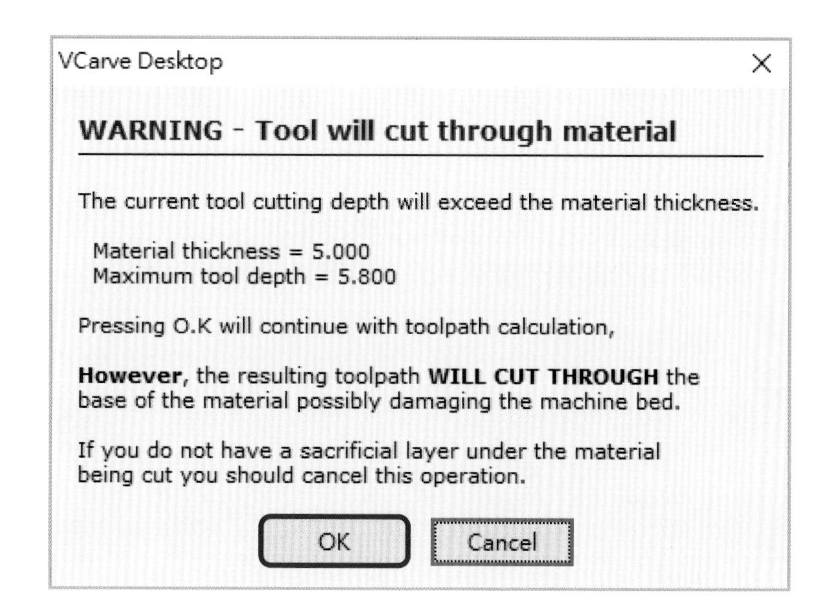

STEP 07 使用刀具路徑預覽【Preview Toolpaths】模擬所有刀具路徑的雕刻結果。

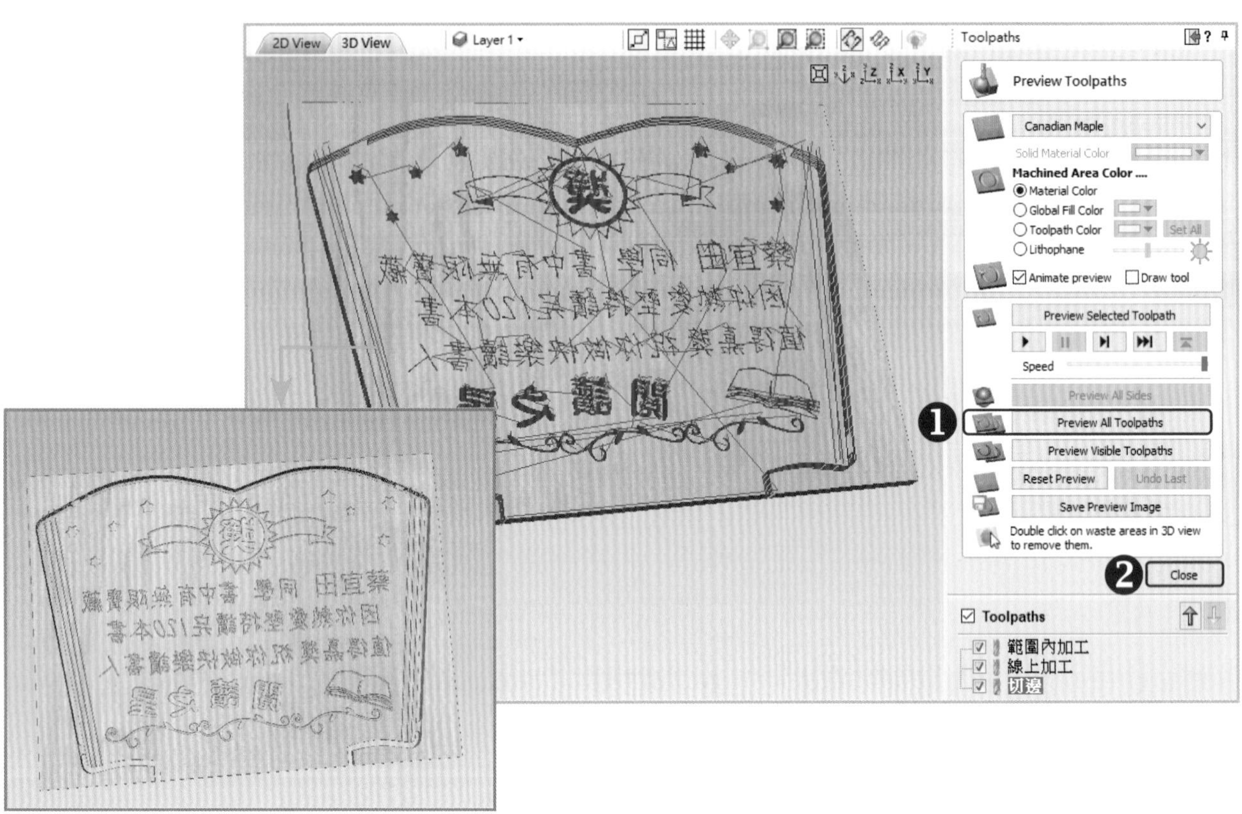

❶ 點選【Preview All Toolpaths】，即可模擬目前所有刀具路徑的預覽結果。

❷ 點選【Close】離開預覽功能。

STEP 08 使用儲存刀具路徑【Save Toolpaths】將 G 碼存出。

本單元使用了兩種不同刀具進行雕刻，因此刀具路徑必須分別存出。

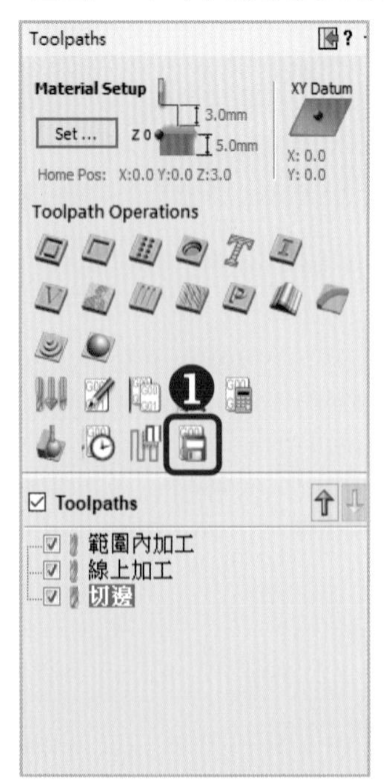

❶ 點選 開啟設定面板。

❷ 只勾選使用【4025A020 (mm)】的刀具路徑，選取內容可以在 Toolpaths to be saved ... 檢視。
請注意刀具路徑的排列順序需與範例相同。
備註：若選取不同刀具的路徑，視窗會出現錯誤訊息的提醒。

❸ 勾選【Visible toolpaths to one file】。

❹ Post Processor(後處理器) 選擇【BravoProdigy CNC (mm)(*.tap)】。
備註：若無上述說明之後處理器，也可另轉存【G Code (mm)(*.tap)】後處理器。

❺ 點選【Save Toolpath(s)...】存出 G 碼，命名為 - LED 燈獎牌 1_4025A020。

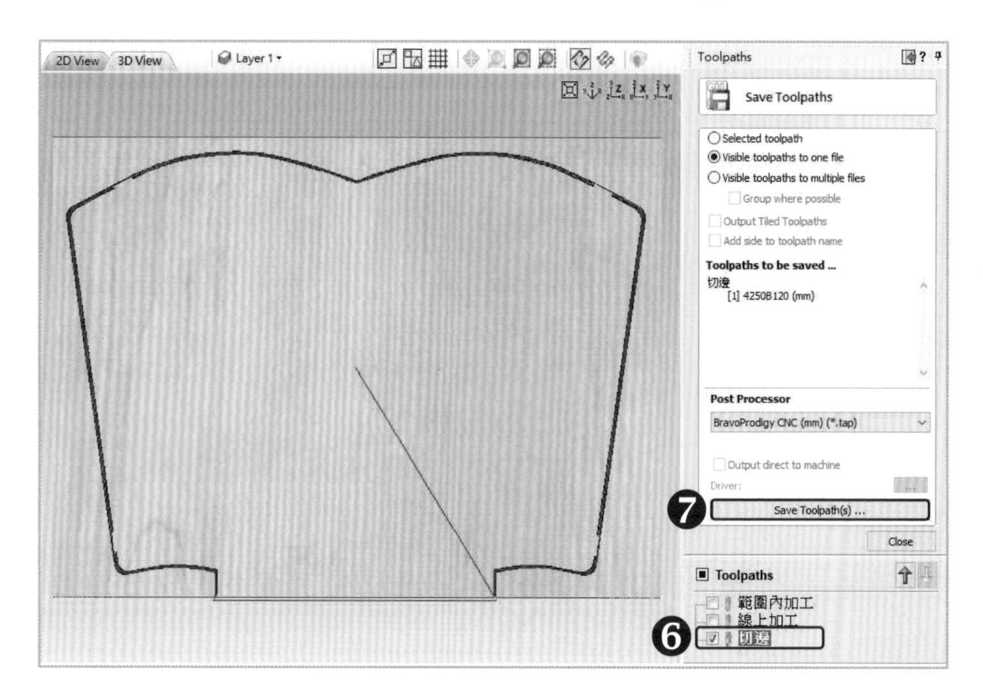

❻ 只勾選使用【4250B120 (mm)】的刀具路徑，選取內容可以在上方視窗檢視。
請注意刀具路徑的排列順序需與範例相同。
備註：若選取不同刀具的路徑，視窗會出現錯誤訊息的提醒。

❼ 點選【Save Toolpath(s)...】存出 G 碼，命名為 - LED 燈獎牌 2_4250B120。

❽ 點選 【Save】儲存專案檔 -LED 燈獎牌。

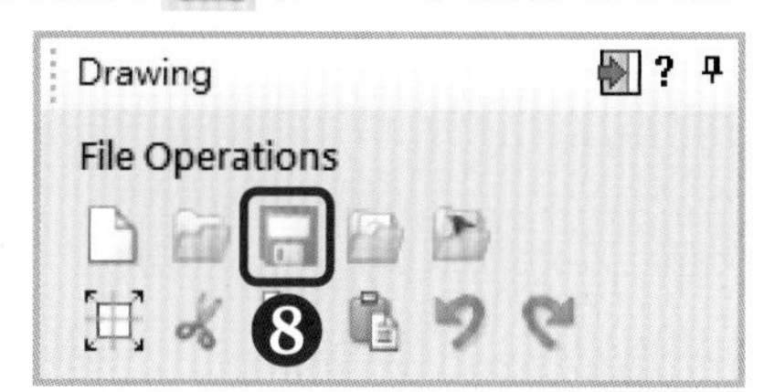

STEP 09 Bravoprodigy CNC 執行雕刻。
(CNC 操作請參考單元 6 實習 1 步驟 08 CNC 操作說明)

❶ 選擇【直接連線】方式進入 BravoProdigy CNC 軟體，載入【LED 燈獎牌 1_4025A020】G 碼。

❷ 素材固定於工作台並在主軸上鎖上刀具【4025A020】。

素材夾持重點：
本範例的刀具路徑須將素材切穿，因此需要一片 MDF 板來作為墊板，在切穿時才不會雕刻到工作台表面。
請注意下圖壓克力的擺放重點

說明：為了使光線傳導更好，壓克力與 LED 燈的接觸面為光滑面設計，請將光滑面那一側朝下擺放。

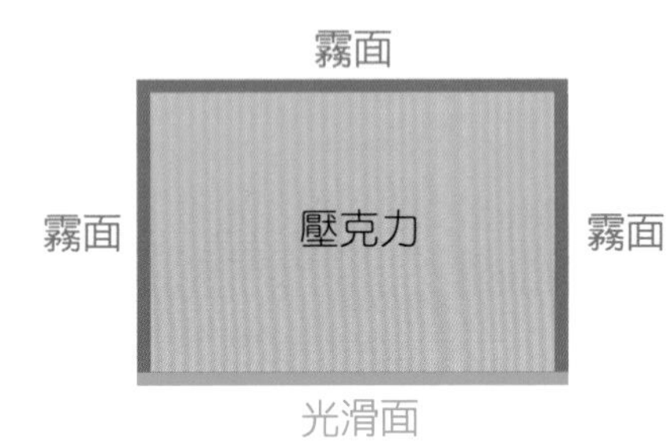

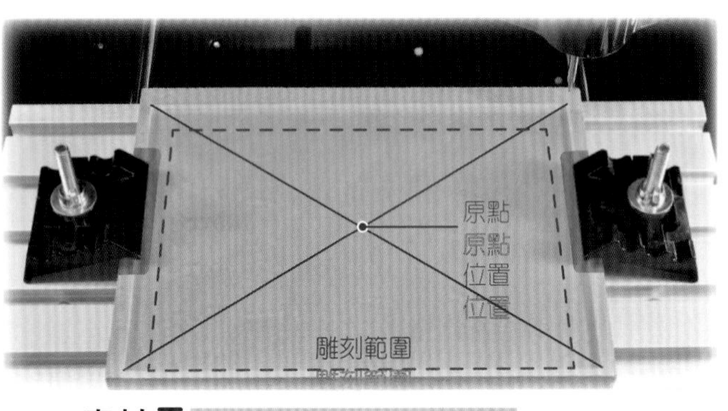

❸ 原點設定：
使用手持控制器將刀具移動至素材工件原點後，再將軟體上三軸的座標值歸零。

❹ 雕刻行程確認：
使用手持控制器移動刀具進行雕刻行程確認(注意：操作時請注意移動速度與安全距離)，確認無誤後請點選【回到原點】，機器會自動回到先前設定之工件原點。

❺ 將【雕刻速率】調到 100%。

❻ 按下【啟動】開始雕刻。(若您使用的機器有安全外罩，請先將安全外罩蓋上)

❼ 雕刻完畢後，請先清除表面粉塵。
備註：透明壓克力容易產生刮痕，清除粉塵時應選用軟質刷毛的工具。

❽ 請將刀具更換為【4250B120】。
備註：更換刀具時請將刀具移動至素材及夾具以外的範圍。

❾ Z 軸原點設定：
使用手持控制器將刀具移動至素材表面重新尋找 Z 軸原點，找到後請將 Z 軸座標值歸零再點選【回到原點】。
備註：因更換刀具造成 Z 軸原點位置異動，此處只需重新校正 Z 軸，X 及 Y 軸則不需要。

❿ 點選【關閉 G 碼】並載入【LED 燈獎牌 2_4250B120】G 碼。
後續依 ❺❻❼ 步驟完成，適當清潔後即可取下。

實習 11 浮雕文青杯墊

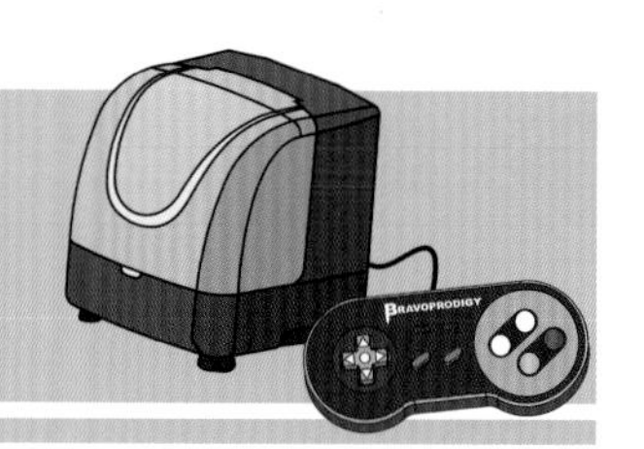

完成作品

延伸應用

學習重點

1. 使用 VCarve Desktop 軟體，學習套用內建浮雕圖檔。
2. 設定工件並進行圖形繪製、焊接、對齊等等編排。
3. 學習 2D 刀具路徑編排，範圍內精銑加工、範圍內袋型加工、外型切邊加工。
4. 肋柱設定。
5. 學習模擬切削及路徑轉出成 G 碼。
6. 使用不同刀具雕刻同一個工件。
7. 素材架設及執行雕刻作業。

範例檔案資料夾

1. 已完成的 Vcarve Desktop 專案檔，可供查看。
2. 提供完成 G 碼檔，可供直接雕刻製作。

動作說明

使用向量繪圖工具以及軟體內建的圖庫來繪製杯墊，並複習如何使用多把刀具來加工同一件作品。

使用材料與配件

刀具編號：4050C150、4400H150

雕刻材料：MDF 密集板 200 X 150 X 9 mm 1 片

使用工具：MDF 密集板（墊板）200 X 150 X 9 mm 1 片、齒型壓板組（小）2 個

雕刻時間：約 24 分鐘，雕刻速度 F1500mm/min

官網另有原木素材可挑選

實習步驟

STEP 01 開啟 VCarve Desktop 軟體，編輯工件設定。

❶ 點選【Create a new file】建立新檔案 ➜ ❷ 輸入工件的相關參數。

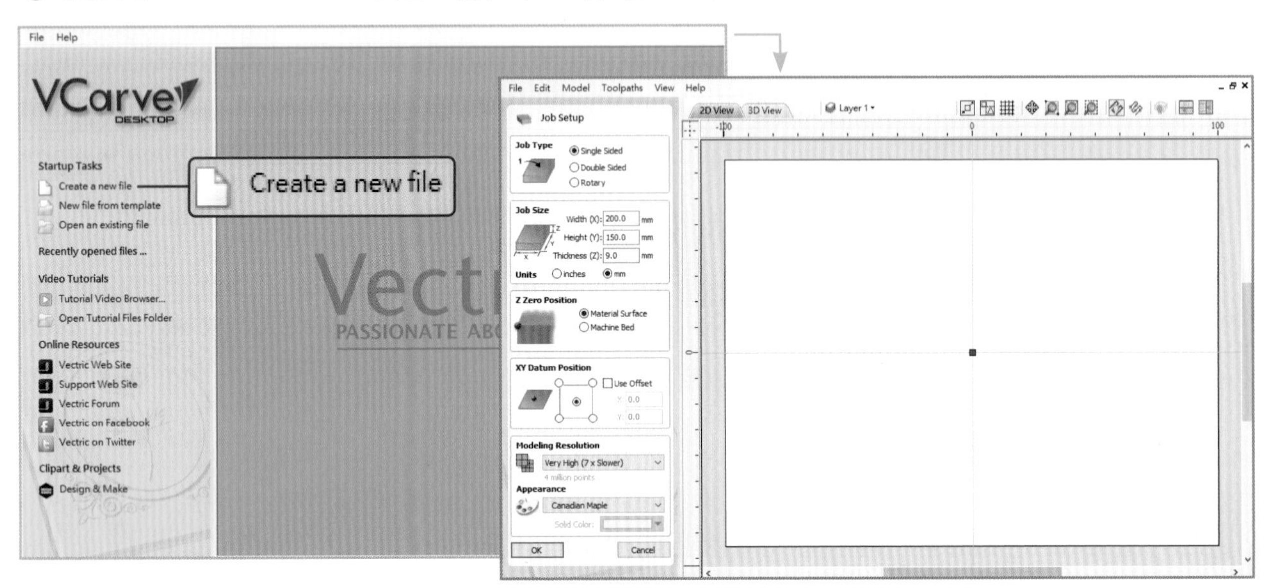

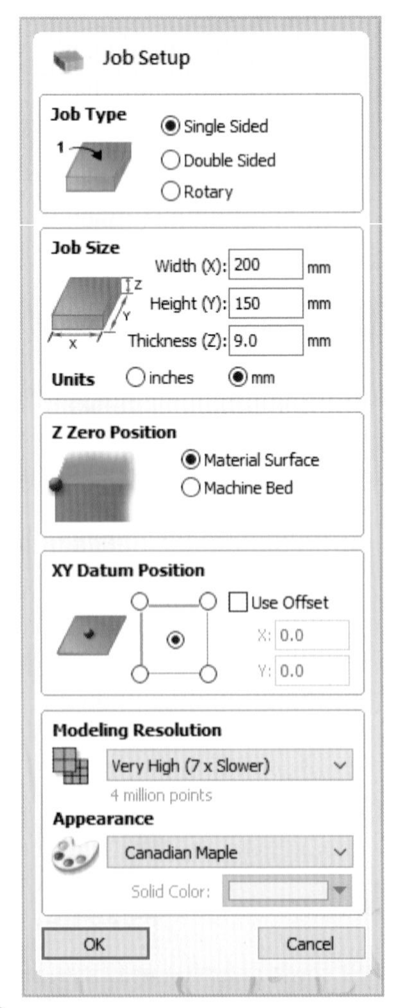

➜ 點選【Single Sided】單面加工

➜ 設定素材尺寸

Width (X)：200mm；Height (Y)：150mm；Thickness (Z)：9mm
Units：mm

➜ 點選【Material Surface】，將Z軸原點設在素材表面

➜ 選擇中心點為XY軸的基準點

➜ 點選【OK】完成設定

STEP 02 使用繪圖面板工具繪製圓形。

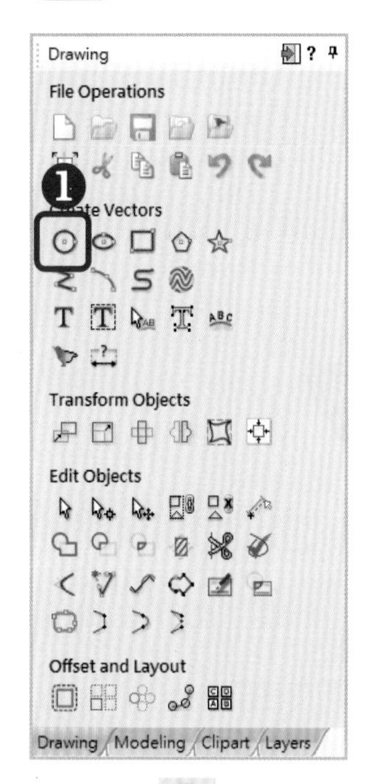

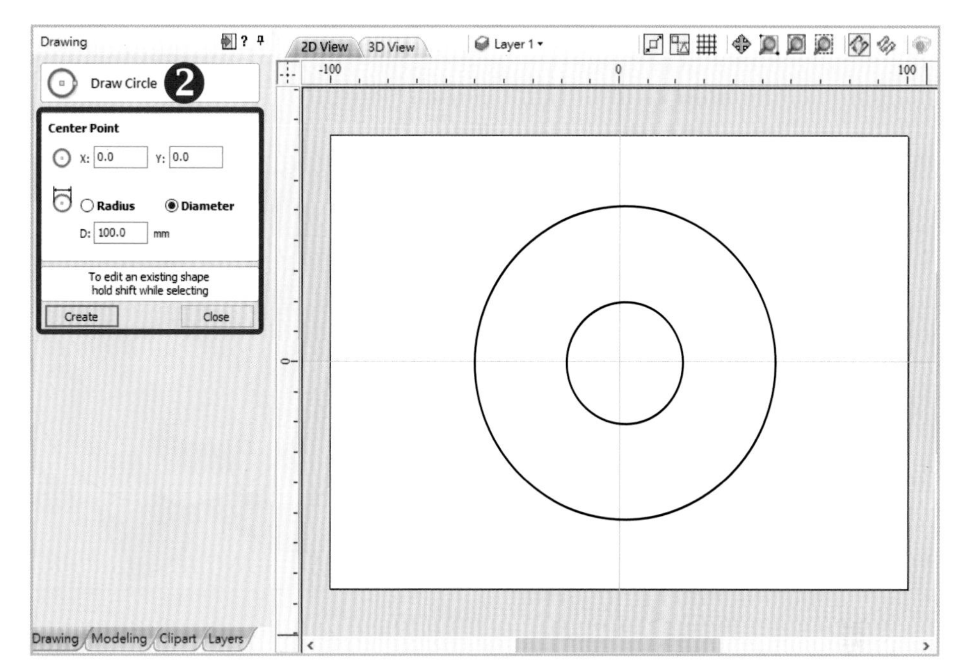

❶ 點選 開啟圓形繪製面板。

❷ 在 X、Y 座標欄位輸入 "0"，點選【Diameter】並輸入直徑 100，按下 Create 此時視窗會出現您所創建的圓形。

❸ 參考上述步驟再繪製一個直徑 40 的圓形。

STEP 03 使用繪圖面板工具移動物件。

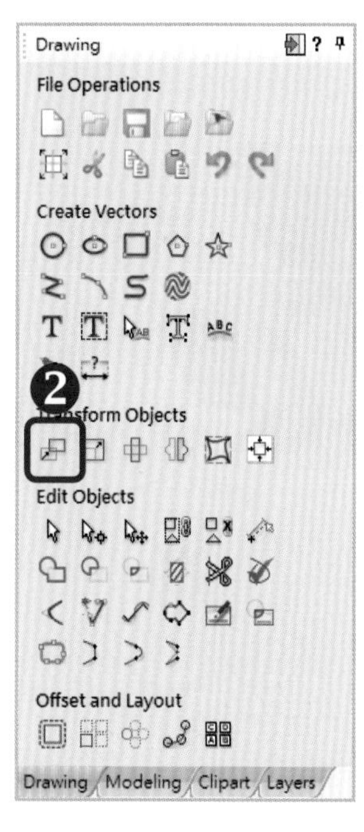

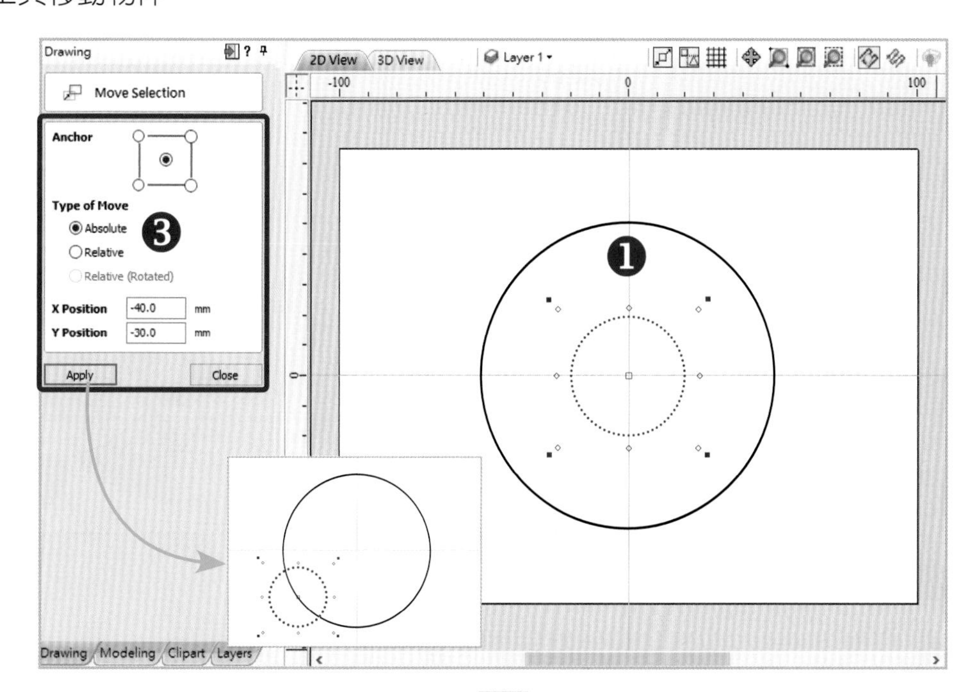

❶ 選取小圓使其呈現粉紅色虛線的被選取狀態 ➔ ❷ 點選 開啟移動面板。

❸ 選取中央為基準點，使用絕對座標模式，在 X 座標欄位輸入 "-40"，在 Y 座標欄位輸入 "-30"，按下 Apply 將小圓移動，完成後點選 Close 離開設定畫面。

STEP 04 使用圖庫面板置入圖檔。

❶ 點選 【Clipart】 開啟圖庫面板 ➔ ❷ 點選圖庫主題【Plants & Fruit】。

❸ 選擇如上圖的花朵圖案，使用滑鼠左鍵雙擊即可置入圖檔。

STEP 05 使用繪圖面板工具設定物件尺寸。

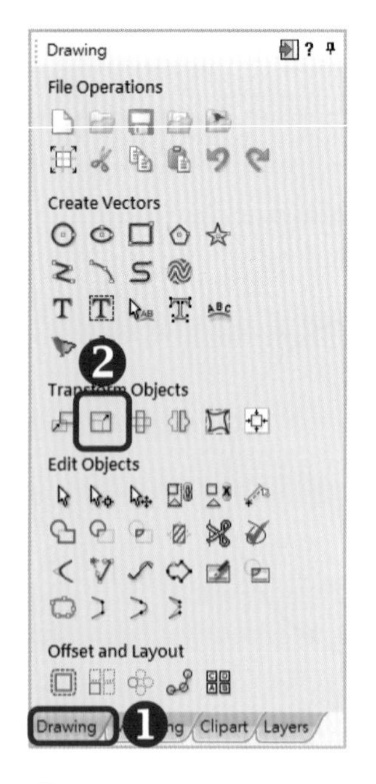

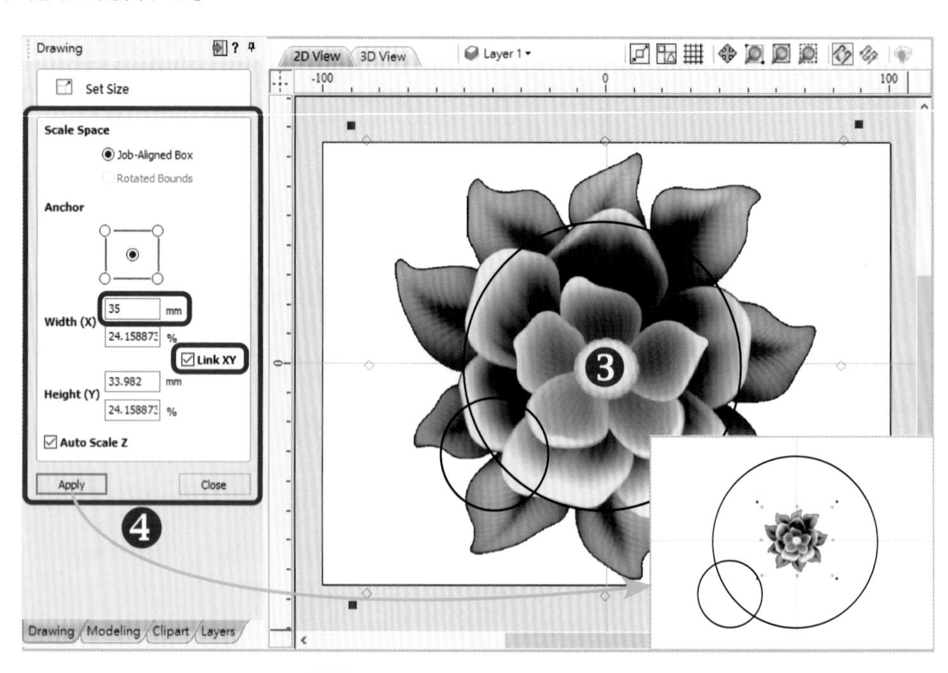

❶ 點選 【Drawing】 開啟繪圖面板 ➔ ❷ 點選 開啟設定尺寸面板。

❸ 選取花朵圖案使其呈現 9 個控制點的被選取狀態。

❹ 勾選【Link XY】在寬度 (X) 欄位輸入 "35"，高度根據寬度自適應即可，按下 Apply 將花朵尺寸修改，完成後點選 Close 離開設定畫面。

STEP 06 使用繪圖面板工具將物件對齊。

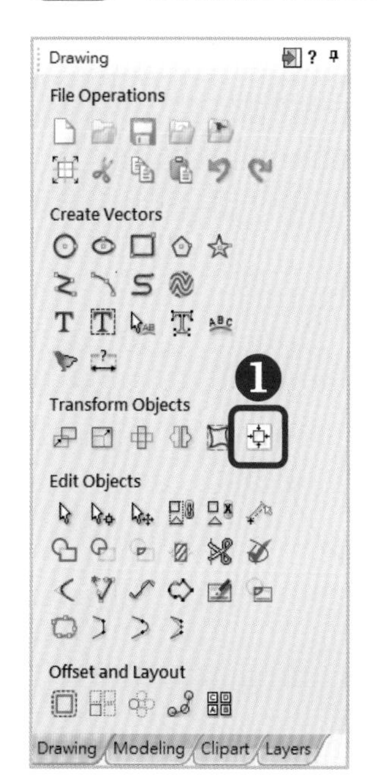

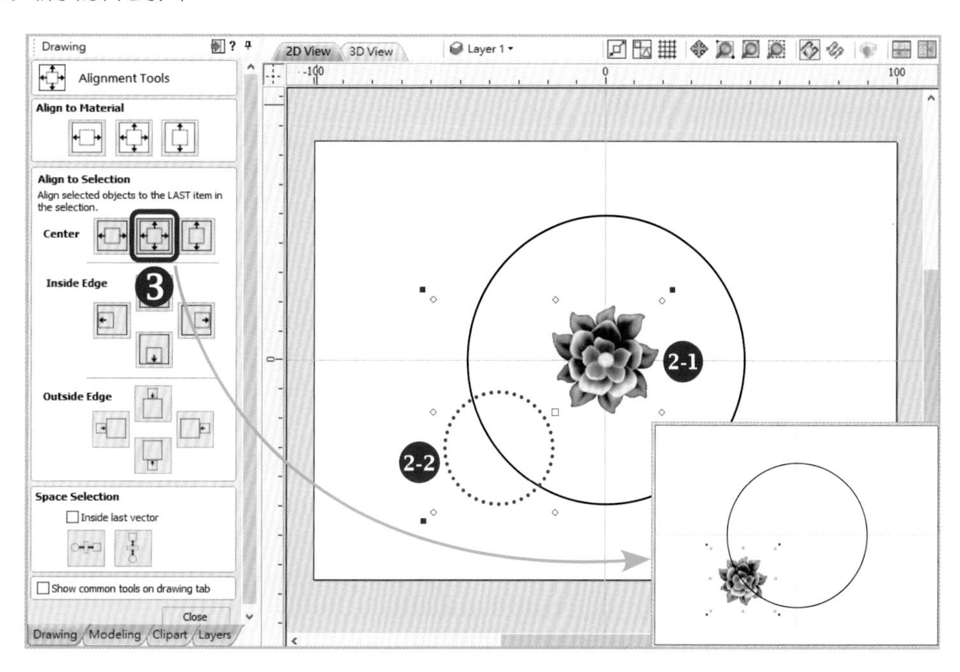

❶ 點選 開啟對齊工具面板。

❷ 按住 Shift 鍵點選 2-1 花朵圖案再點選 2-2 的小圓。（對齊的基準於最後選擇）

❸ 點選 使花朵置中對齊小圓，最後將小圓刪除並點選 Close 離開設定畫面。

STEP 07 使用模型編輯面板工具創建外輪廓線。

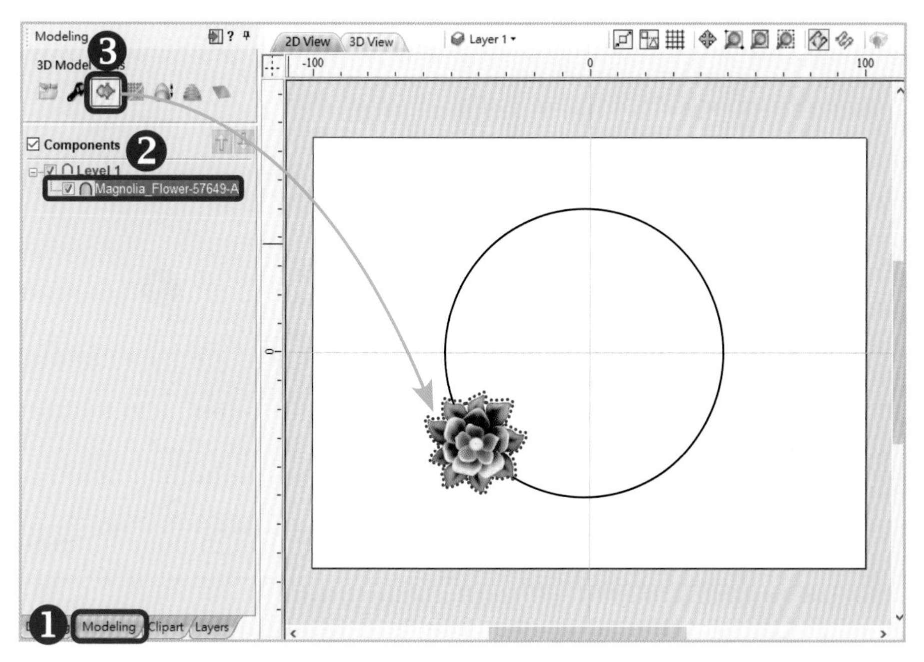

❶ 點選【Modeling】開啟模型編輯面板

❷ 點選花朵圖層使其呈藍底被選取狀態。

❸ 點選 創建模型的外輪廓線。

STEP 08 使用模型編輯面板工具變更模型高度(Z 軸)。

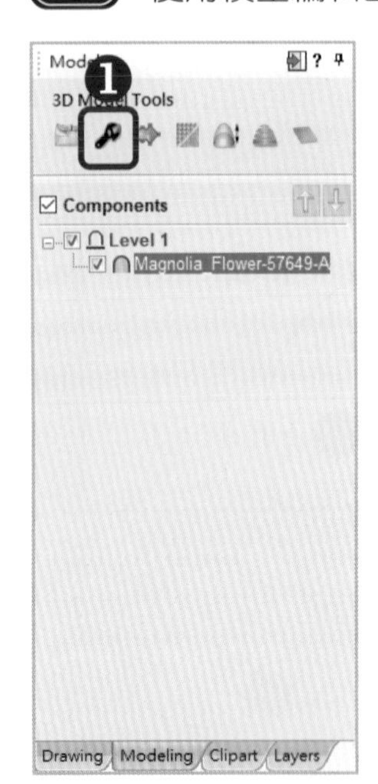

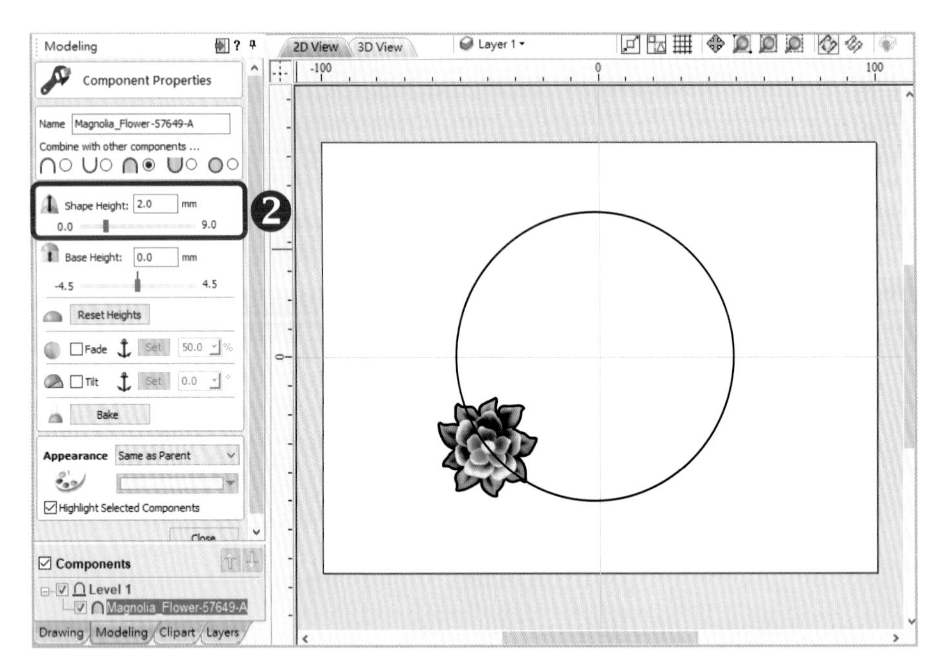

❶ 點選 開啟組件屬性編輯面板。

❷ 將【Shape Height】修改為 2 mm，完成後點選 Close 離開設定畫面。

STEP 09 使用繪圖面板偏移花朵外輪廓線。

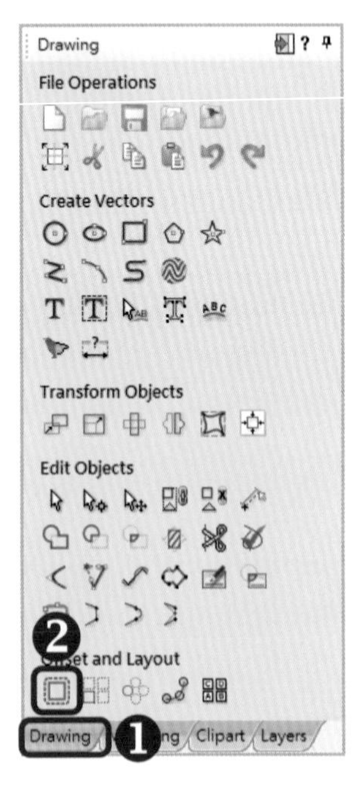

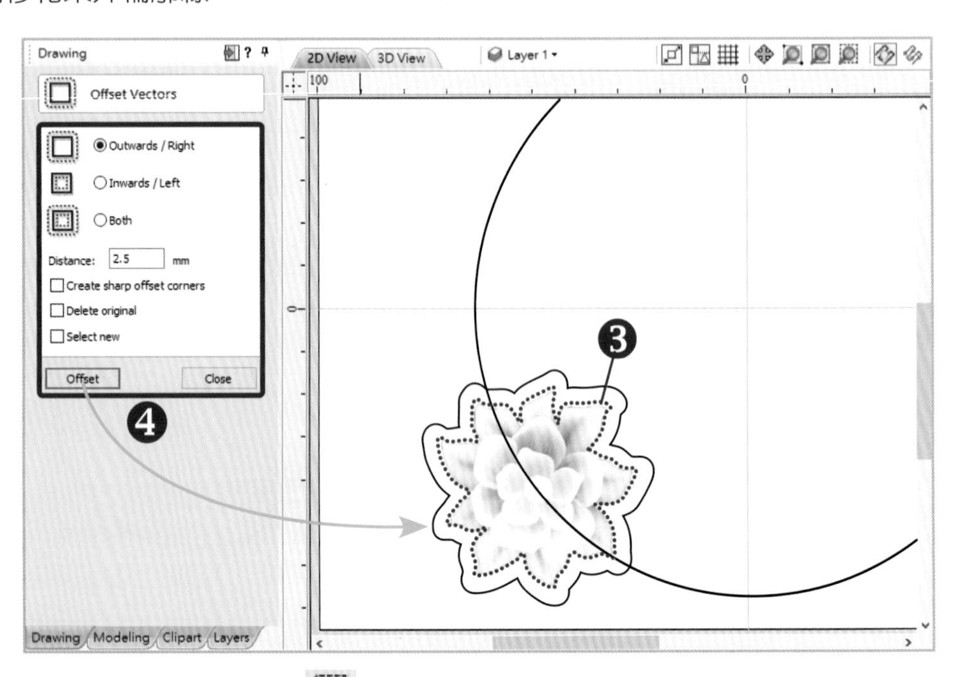

❶ 點選 【Drawing】 開啟繪圖面板 ➜ ❷ 點選 開啟偏移向量面板。

❸ 選取花朵的外輪廓線，使其呈粉紅色虛線的被選取狀態。

❹ 勾選【Outwards / Left】設定線條往外偏移 2.5 mm，按下 Offset 此時視窗會出現您所偏移複製的物件，完成後點選 Close 離開編輯介面。

STEP 10 使用繪圖面板工具焊接花朵與杯墊的外輪廓線。

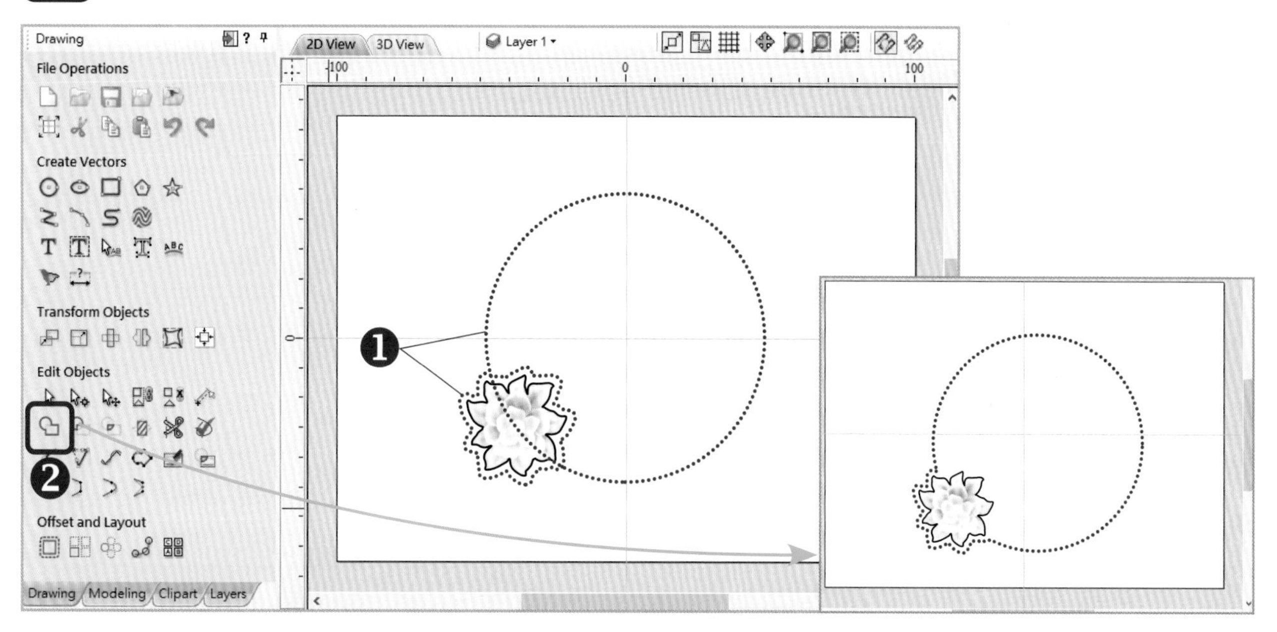

❶ 將偏移的花朵外輪廓線跟圓形同時選取。

❷ 點選 將兩個物件進行焊接，得到完整的杯墊輪廓線。

STEP 11 使用繪圖面板工具偏移花朵與杯墊的外輪廓線。

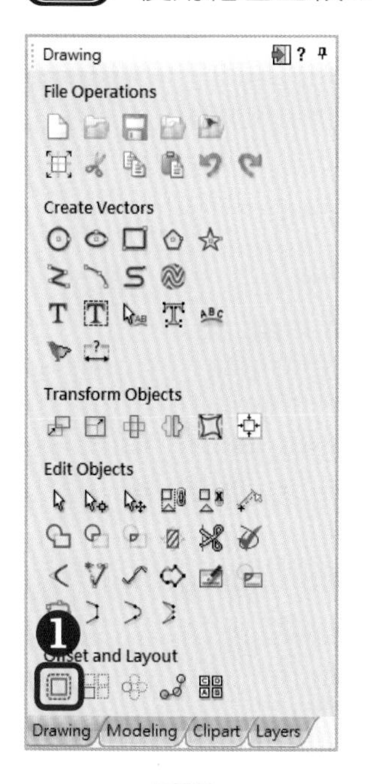

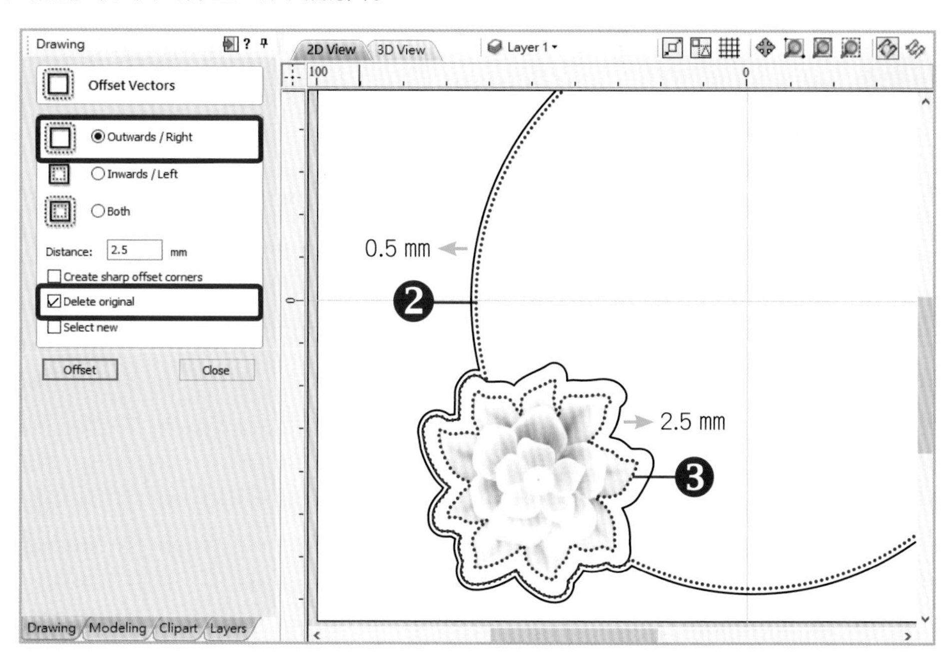

❶ 點選 開啟偏移向量面板。

❷ 選取杯墊的外輪廓線 → 勾選【Outwards / Right】設定線條往外偏移 0.5 mm → 勾選【Delet original】刪除原本向量 → 按下 Offset 此時視窗會出現您所偏移複製的物件。

❸ 維持上一步驟的勾選項目 → 選取花朵的外輪廓線 → 設定線條往外偏移 2.5 mm，按下 Offset 此時視窗會出現您所偏移複製的物件，完成後點選 Close 離開編輯介面。

STEP 12 使用繪圖面板將所有圖形與版面置中對齊。

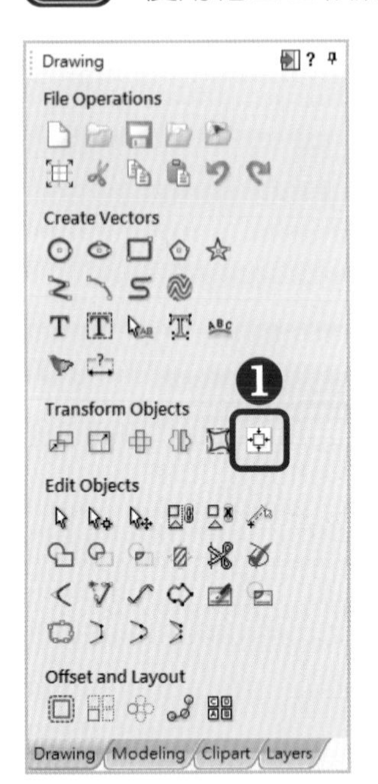

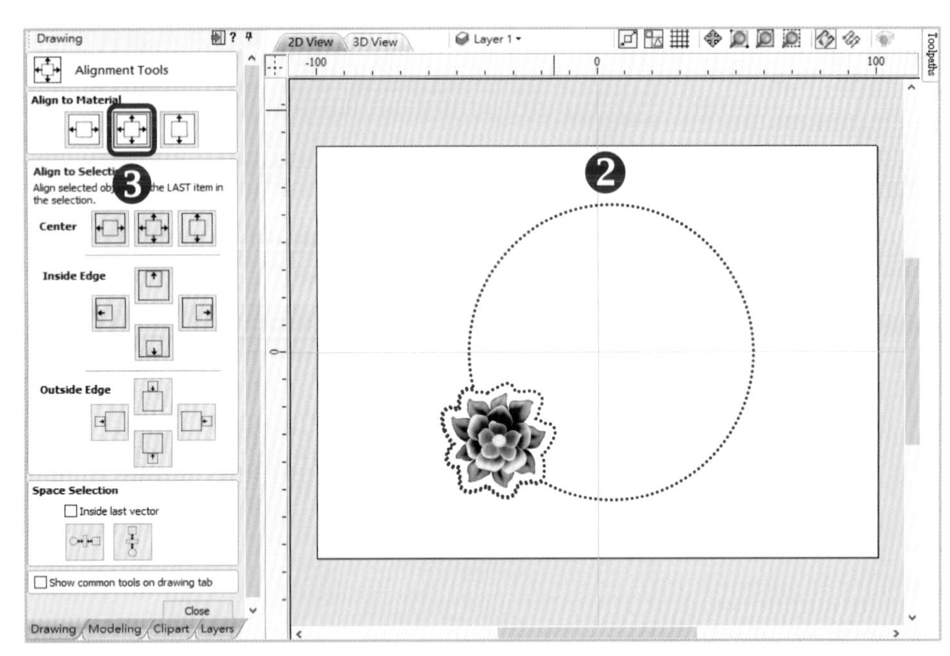

❶ 點選 [圖示] 開啟對齊工具面板

❷ 使用滑鼠框選版面內所有的物件。

❸ 點選 [圖示] 使所有物件置中對齊版面，完成後點選 Close 離開設定畫面。

STEP 13 ❶ 開啟【Toolpaths】刀具路徑面板 → ❷ 點選 Set ... 設定素材。

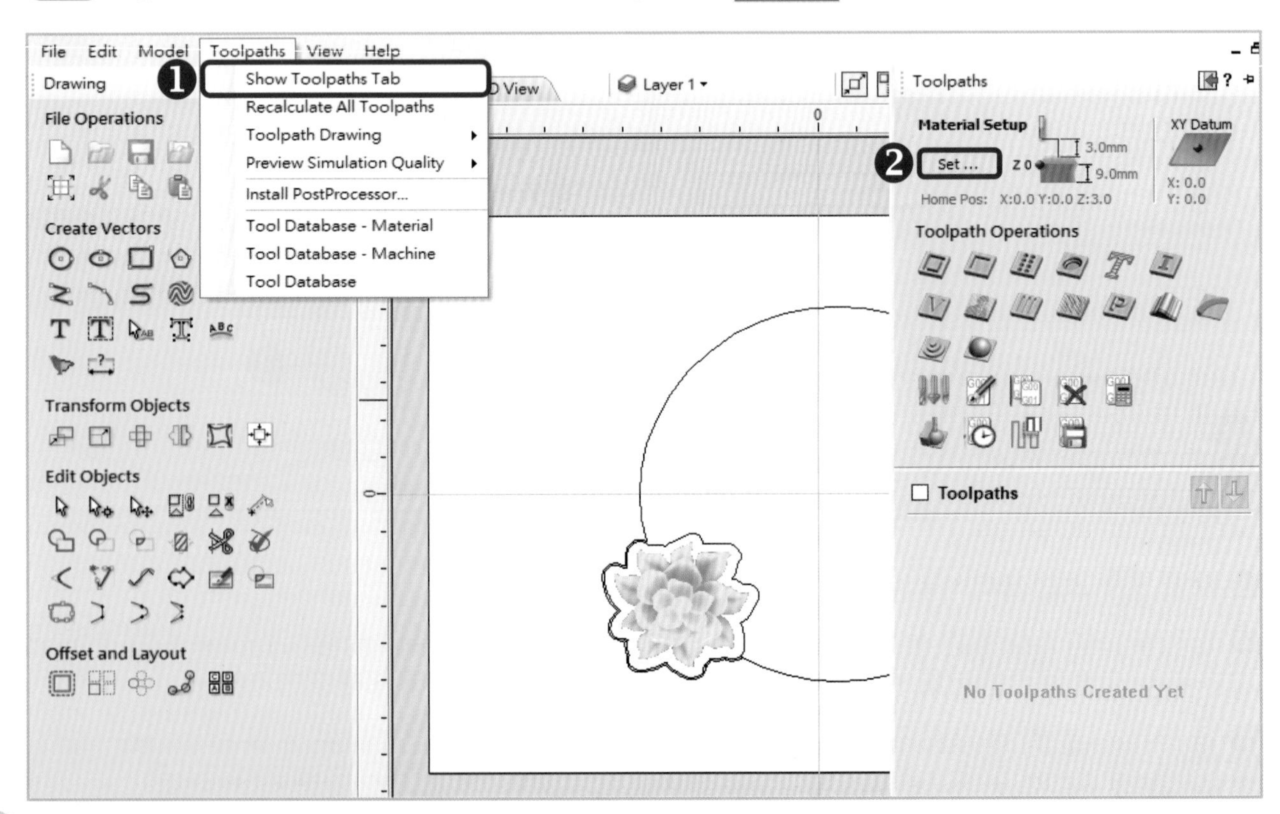

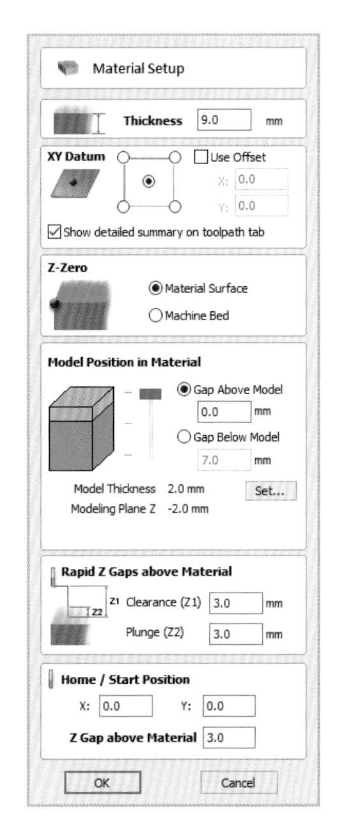

➜ Thickness：輸入素材厚度 9 mm

➜ XY Datum：點選中心點

➜ Z-Zero：原點設定在素材表面

➜ Model Position in Material：點選【Gap Above Model 0.0 mm】

➜ Clearance (Z1)：3 mm
Plunge (Z2)：3 mm

➜ Home / Start Position：X：0.0 ； Y：0.0
Z Gap above Material：3.0

➜ 點選 【OK】 即設定完成

使用刀具路徑【Toolpath Operations】提供的各種加工方式，對圖檔進行刀具路徑的安排。

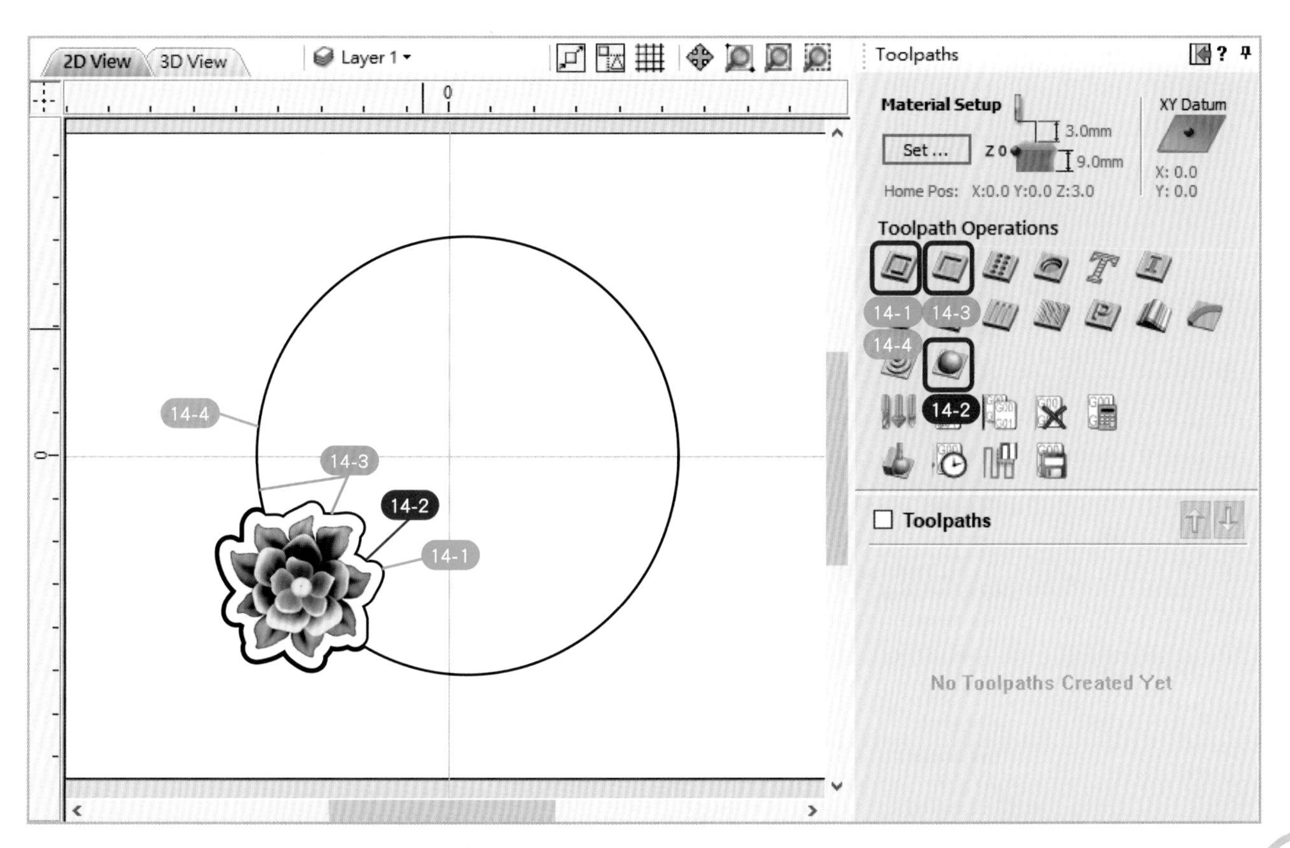

14-1 浮雕花排屑 - 線外加工

選取 2D 外型刀具路徑 【2D Profile Toolpath】開啟設定面板。
點選要加工的線條，使其呈粉紅色虛線的被選取狀態，請參考下圖。
請依序由上而下參照範例進行參數設定。

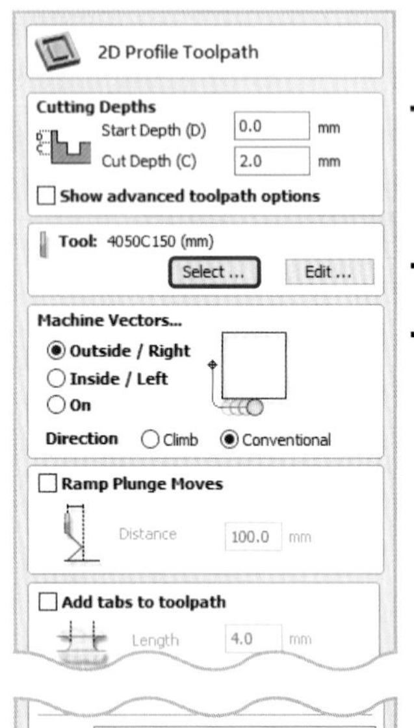

- Cutting Depths
  Start Depth：0.0 mm
  Cut Depth：2.0 mm
- Tool：4050C150 (mm) (註 1)
- Machine Vectors…
  點選【Outside / Right】
  Direction 點選【Conventional】

- 將刀具路徑命名為 - 浮雕花排屑
- 點選【Calculate】(註 2)

註 1

請參照紅框內各項數值設定。

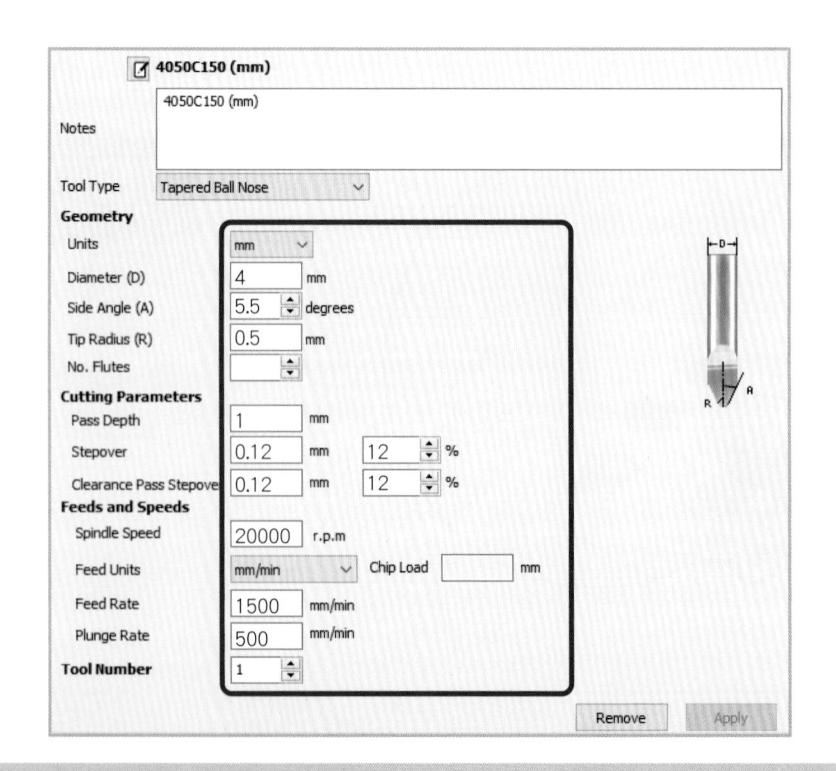

註 2

每次刀具路徑計算完成時都會自動切換到 3D 視窗並開啟刀具路徑預覽面板。

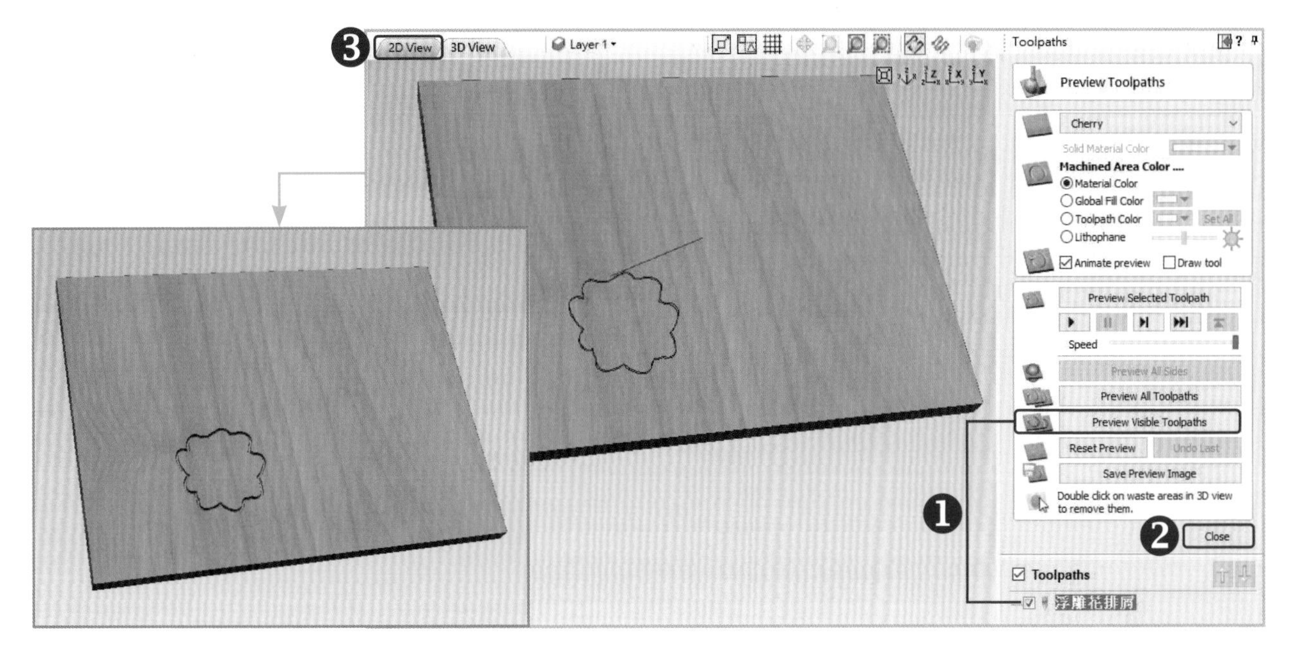

❶ 點選【Preview Visible Toolpaths】，即可出現所勾選刀具路徑預覽結果。

❷ 點選【Close】離開預覽功能。

❸ 點選【2D View】，回到 2D 工作視窗畫面。

14-2 浮雕花 - 範圍內精銑

開啟 【Finish Machining Toolpath】設定面板 ➔ 點選要加工的框線範圍。

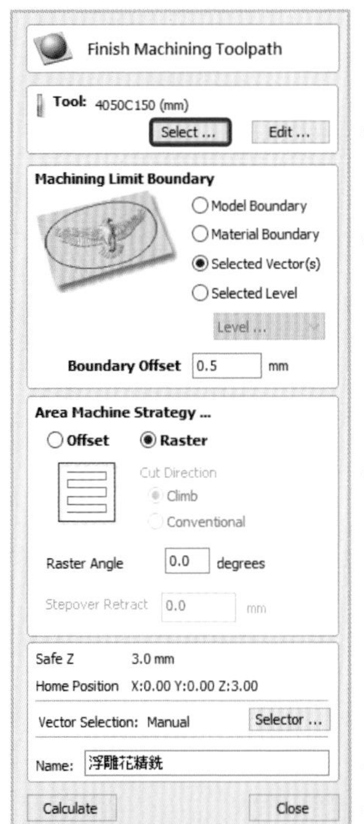

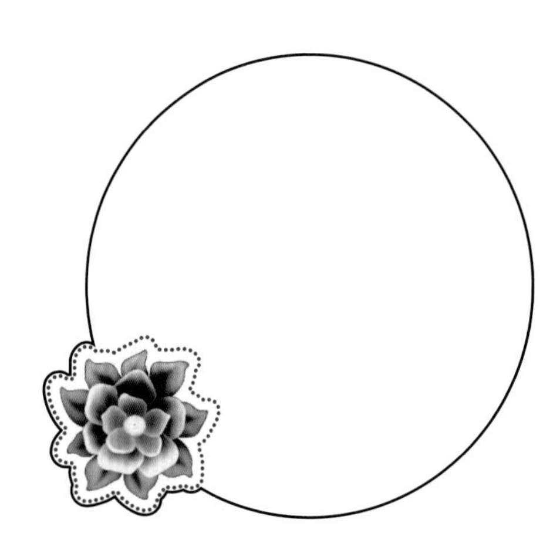

➔ Tool：4050C150 (mm)（註 1）

➔ Machining Limit Boundary
點選【Selected Vector(s)】
Boundary Offset 輸入【0.5】mm

➔ Area Machine Strategy...
點選【Raster】
Raster Angle 輸入【0.0】degrees

➔ 將刀具路徑命名為 - 浮雕花精銑

➔ 點選【Calculate】（註 2）

14-3 降面 - 範圍內加工

開啟【Pocket Toolpath】設定面板 ➜ 按住 Shift 鍵點選要加工的線條。

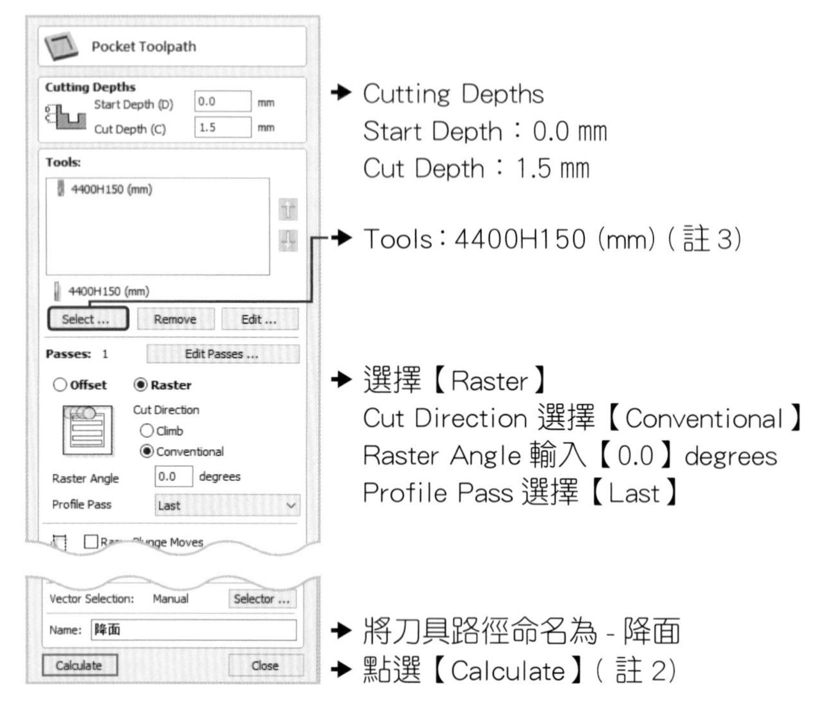

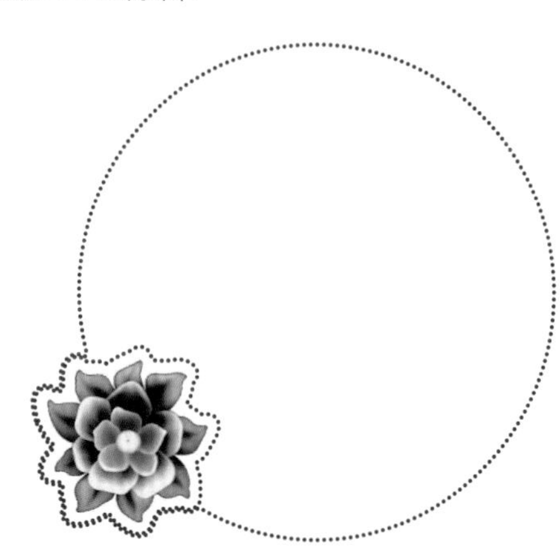

請參照紅框內各項數值設定。

4400H150 (mm)

Notes	4400H150 (mm)	
Tool Type	End Mill	
Geometry		
Units	mm	
Diameter (D)	4	mm
No. Flutes		
Cutting Parameters		
Pass Depth	1.5	mm
Stepover	1.8	mm 45 %
Feeds and Speeds		
Spindle Speed	20000	r.p.m
Feed Units	mm/min	Chip Load mm
Feed Rate	1500	mm/min
Plunge Rate	500	mm/min
Tool Number	1	

Remove Apply

14-4 切邊 - 線外加工

開啟【2D Profile Toolpath】設定面板 ➜ 點選要加工的線條。

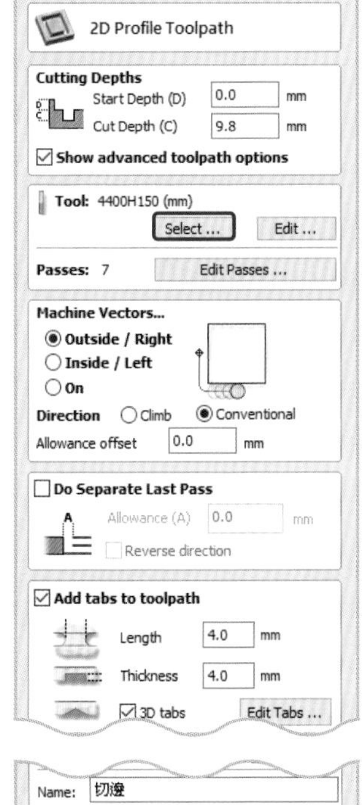

➜ Cutting Depths
Start Depth：0.0 mm ｜ Cut Depth：9.8 mm
請勾選【Show advanced toolpath options】，顯示進階刀具設定選項。

➜ Tool：4400H150 (mm)（註 3）

➜ Machine Vectors...
點選【Outside / Right】
Direction 點選【Conventional】

➜ 勾選【Add tabs to toolpath】增加肋柱
Length：4 mm ｜ Thickness：4 mm
勾選【3D tabs】
點選【Edit tabs...】參考 T 標示處編輯肋柱（註 4）

➜ 將刀具路徑命名為 - 切邊

➜ 點選【Calculate】（註 2)(註 5)

註 4

此處以手動方式設置肋柱。

使用滑鼠靠近線條，當出現 ，表示可以設置肋柱，點一下滑鼠左鍵會出現如上圖的 T 圖示，請參考上圖標示的位置將 4 個肋柱設置，完成後點選 Close 離開編輯介面即可。

肋柱的作用在於當刀路會完全切穿材料時，肋柱能夠將成品接合在材料上避免脫落。

1. 新增肋柱：將游標移動至已選定線條上，點擊滑鼠左鍵增加肋柱。
2. 刪除肋柱：在肋柱點上點擊滑鼠左鍵即可刪除。
3. 移動肋柱：在肋柱點上按住滑鼠左鍵不放並拖曳至新的位置後，放開左鍵即可。

註 5

在設定切穿刀路時，為了能切穿素材而會將雕刻深度設定超過素材厚度，故軟體會出現提醒視窗告知，此時點選【OK】確認即可。

如：此範例為素材厚度為 9 mm，雕刻深度為 9.8 mm。

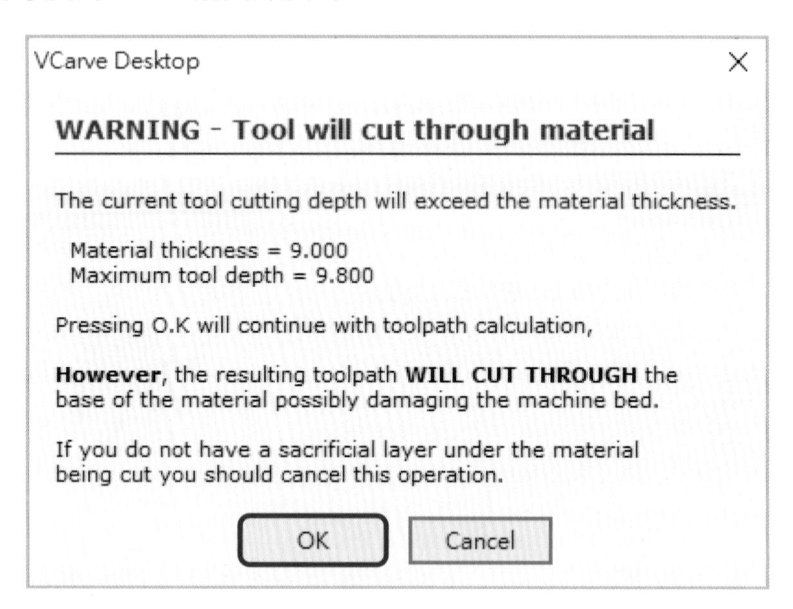

STEP 15 使用刀具路徑預覽 【Preview Toolpaths】模擬所有刀具路徑的雕刻結果。

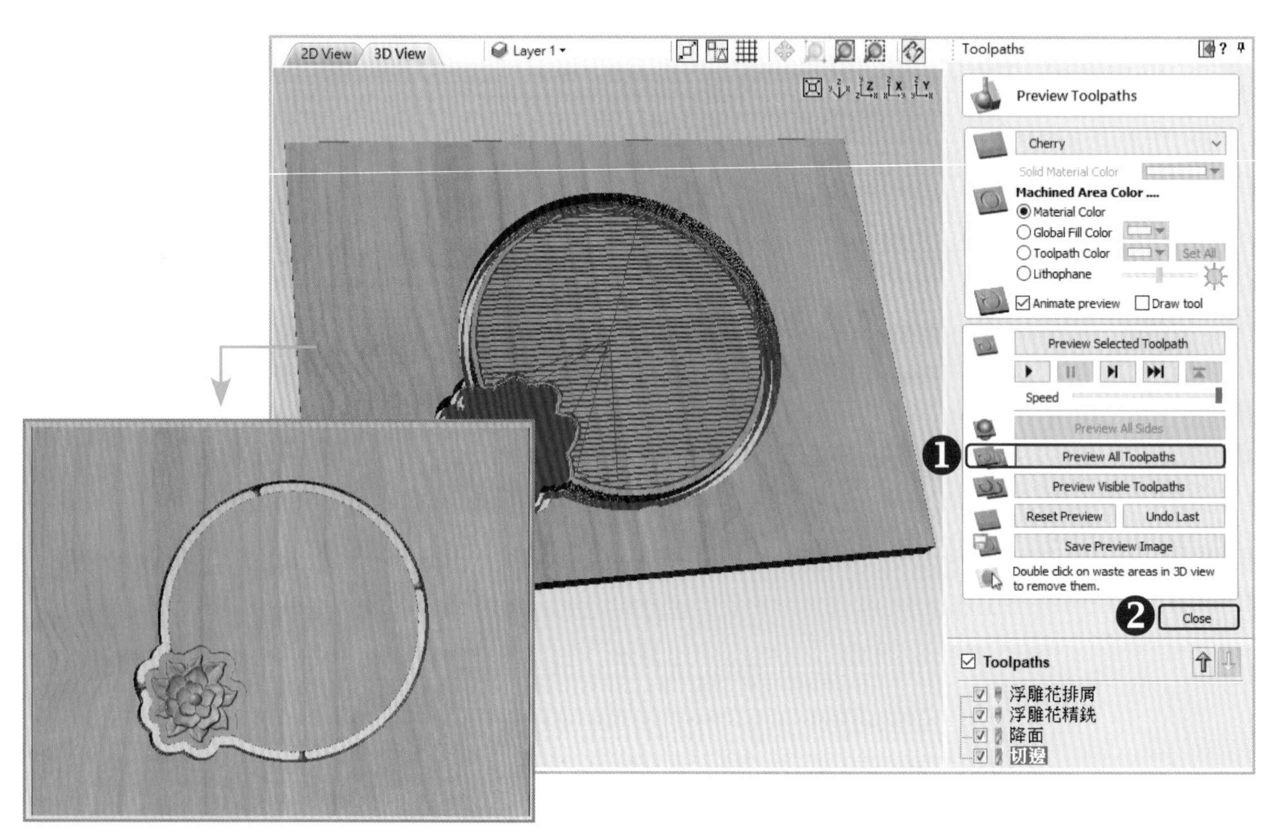

❶ 點選【Preview All Toolpaths】，即可模擬目前所有刀具路徑的預覽結果。

❷ 點選【Close】離開預覽功能。

STEP 16 使用儲存刀具路徑 【Save Toolpaths】將 G 碼存出。
本單元使用了兩種不同刀具進行雕刻，因此刀具路徑必須分別存出。

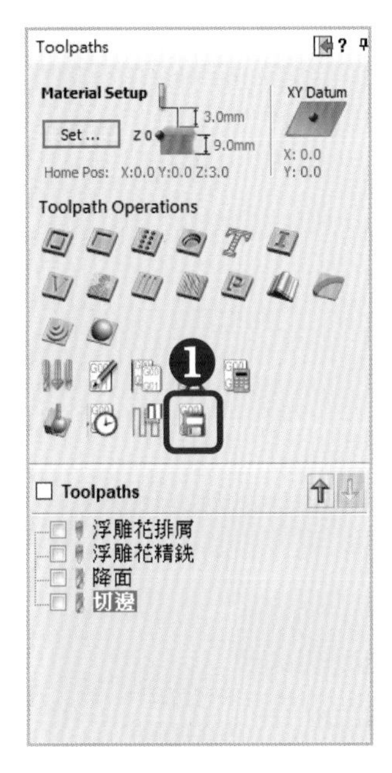

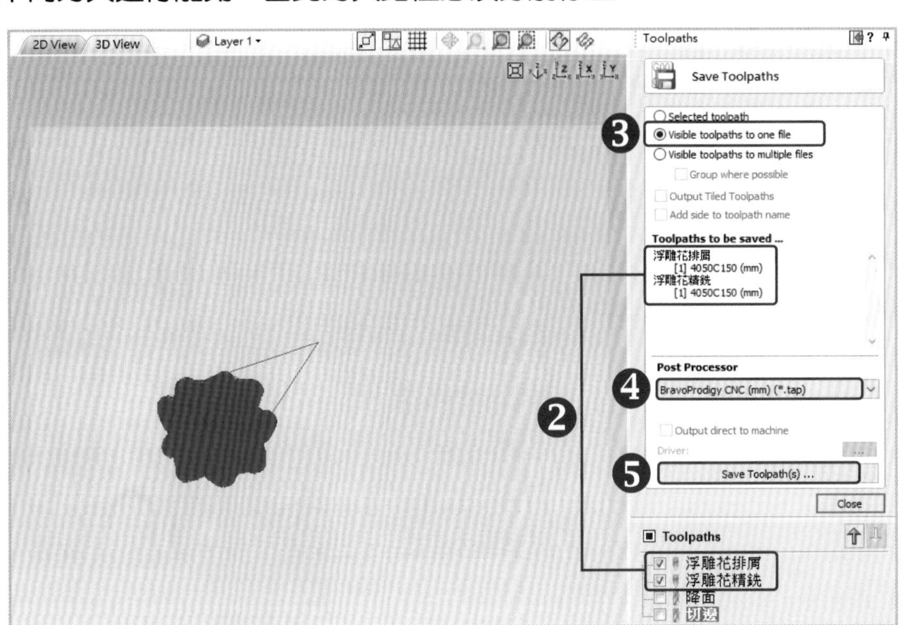

❶ 點選 開啟設定面板。

❷ 只勾選使用【**4050C150 (mm)**】的刀具路徑，選取內容可以在 Toolpaths to be saved ... 檢視。
請注意刀具路徑的排列順序需與範例相同。
備註：若選取不同刀具的路徑，視窗會出現錯誤訊息的提醒。

❸ 勾選【Visible toolpaths to one file】。

❹ Post Processor(後處理器) 選擇【BravoProdigy CNC (mm)(*.tap)】。
備註：若無上述說明之後處理器，也可另轉存【G Code (mm)(*.tap)】後處理器。

❺ 點選【Save Toolpath(s)...】存出 G 碼，命名為 - 浮雕文青杯墊 1_4050C150。

❻ 只勾選使用【**4400H150 (mm)**】的刀具路徑，選取內容可以在上方視窗檢視。
請注意刀具路徑的排列順序需與範例相同。
備註：若選取不同刀具的路徑，視窗會出現錯誤訊息的提醒。

❼ 點選【Save Toolpath(s)...】存出 G 碼，命名為 - 浮雕文青杯墊 2_4400H150。

❽ 點選 【Save】儲存專案檔 - 浮雕文青杯墊。

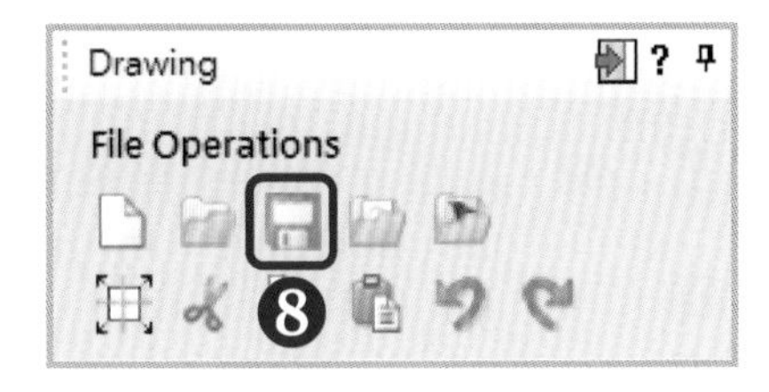

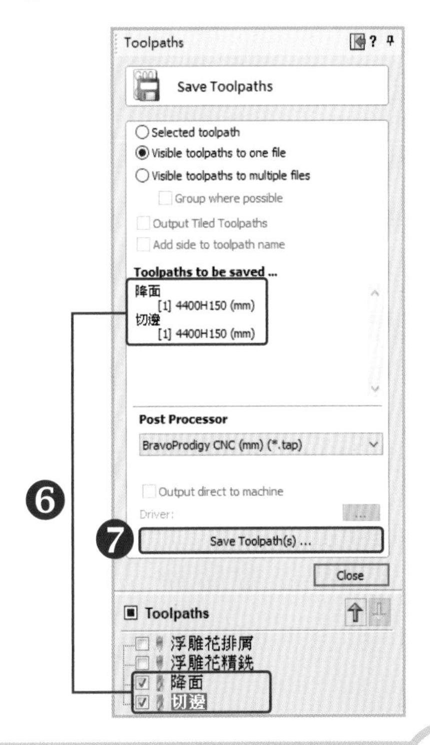

STEP 17 Bravoprodigy CNC 執行雕刻。
(CNC 操作請參考單元 6 實習 1 步驟 08 CNC 操作說明)

❶ 選擇【直接連線】方式進入 BravoProdigy CNC 軟體，載入【浮雕文青杯墊 1_4050C150】G 碼。

❷ 素材固定於工作台並在主軸上鎖上刀具【4050C150】。

素材夾持重點：
本範例的刀具路徑須將素材切穿，因此需要一片 MDF 板來作為墊板，在切穿時才不會雕刻到工作台表面。

9 mm 素材
9 mm 墊板

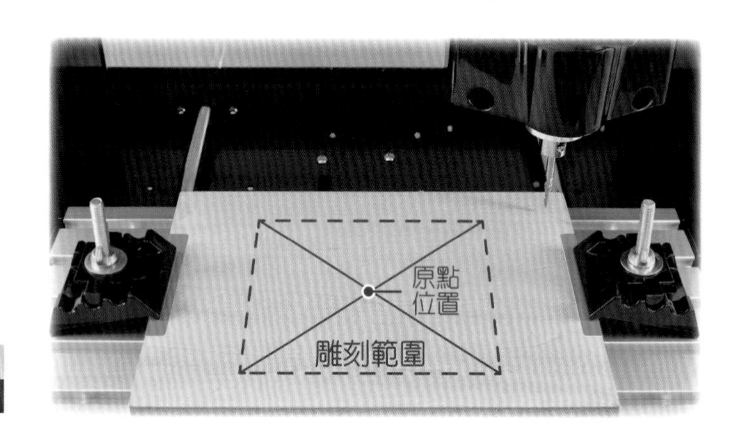

❸ 原點設定：
使用手持控制器將刀具移動至素材工件原點後，再將軟體上三軸的座標值歸零。

❹ 雕刻行程確認：
使用手持控制器移動刀具進行雕刻行程確認(注意：操作時請注意移動速度與安全距離)，確認無誤後請點選【回到原點】，機器會自動回到先前設定之工件原點。

❺ 將【雕刻速率】調到 100%。

❻ 按下【啟動】開始雕刻。(若您使用的機器有安全外罩，請先將安全外罩蓋上)

❼ 雕刻完畢後，請先清除表面粉塵。

❽ 請將刀具更換為【4400H150】。
備註：更換刀具時請將刀具移動至素材及夾具以外的範圍。

❾ Z 軸原點設定：
使用手持控制器將刀具移動至素材表面重新尋找 Z 軸原點，找到後請將 Z 軸座標值歸零再點選【回到原點】。
備註：因更換刀具造成 Z 軸原點位置異動，此處只需重新校正 Z 軸，X 及 Y 軸則不需要。

❿ 點選【關閉 G 碼】並載入【浮雕文青杯墊 2_4400H150】G 碼。
後續依 ❺❻❼ 步驟完成，適當清潔後即可取下。

實習 12 河馬玩具車

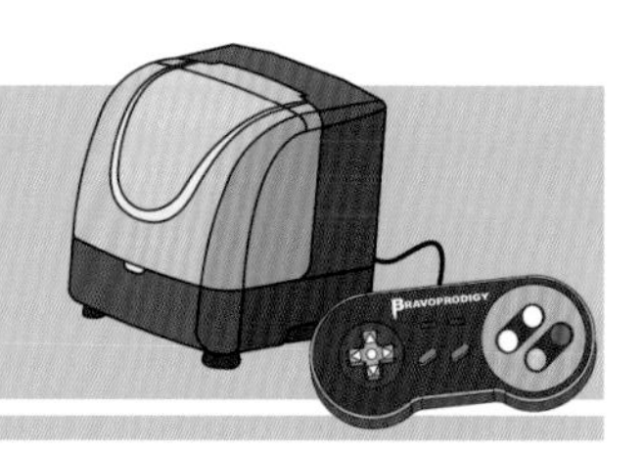

完成作品

延伸應用

學習重點

1. 使用 VCarve Desktop 軟體，學習多個組件的雕刻。
2. 設定工件並使用各種繪圖功能進行創作。
3. 學習 2D 刀具路徑編排，線上加工、線內加工、範圍內袋型加工、外型切邊加工。
4. 肋柱設定。
5. 學習模擬切削及路徑轉出成 G 碼。
6. 使用不同刀具雕刻同一個工件。
7. 素材架設及執行雕刻作業。

範例檔案資料夾

1. Dxf 圖檔，可供練習圖檔編輯及轉刀路。
2. 已完成的 Vcarve Desktop 專案檔，可供查看。
3. 提供完成 G 碼檔，可供直接雕刻製作。

動作說明

載入向量檔案，以原本的零件為基底加入自己設計的圖案或文字，使用多把刀具以及合併多個不同的刀具路徑來加工，製作由數個零件搭接的動態河馬玩具車。

使用材料與配件

刀具編號：4100G040、4400H150

雕刻材料：MDF 密集板 200 X 150 X 9 mm 2 片
MDF 密集板 200 X 150 X 5 mm 1 片

使用工具：MDF 密集板（墊板）200 X 150 X 9 mm 1 片、齒型壓板組（小）2 個

雕刻時間：約 45 分鐘，雕刻速度 F1500mm/min

官網另有原木素材可挑選

實習步驟 - 河馬玩具車 A

STEP 01 開啟 VCarve Desktop 軟體，編輯工件設定。

❶ 點選【Create a new file】建立新檔案 ➔ ❷ 輸入工件的相關參數。

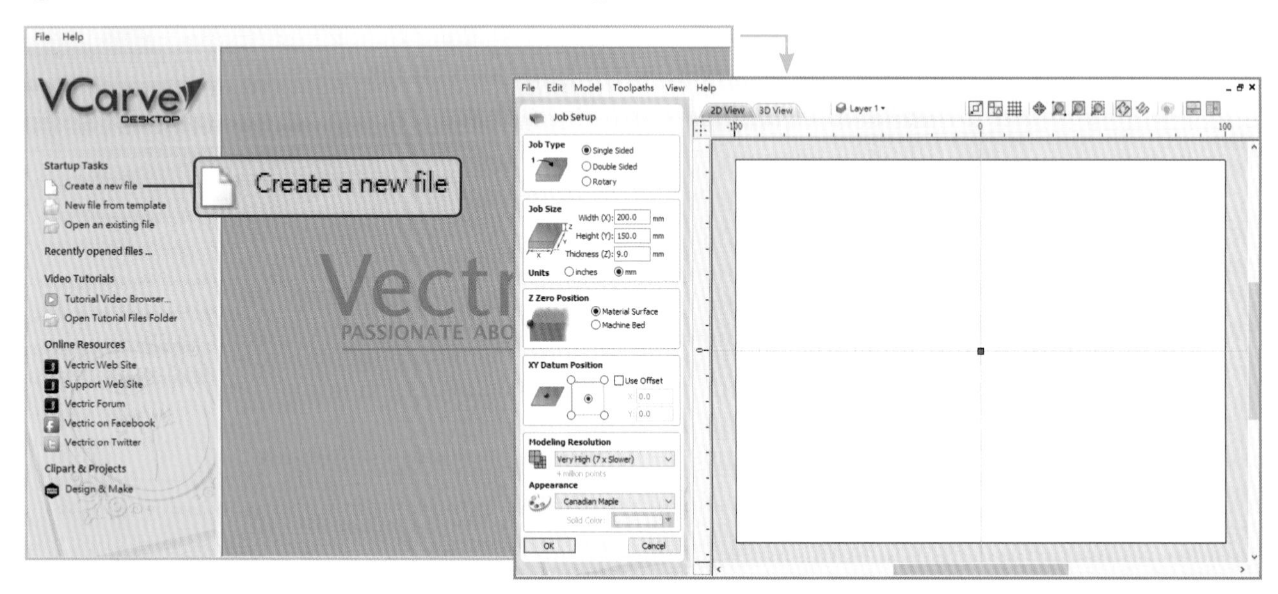

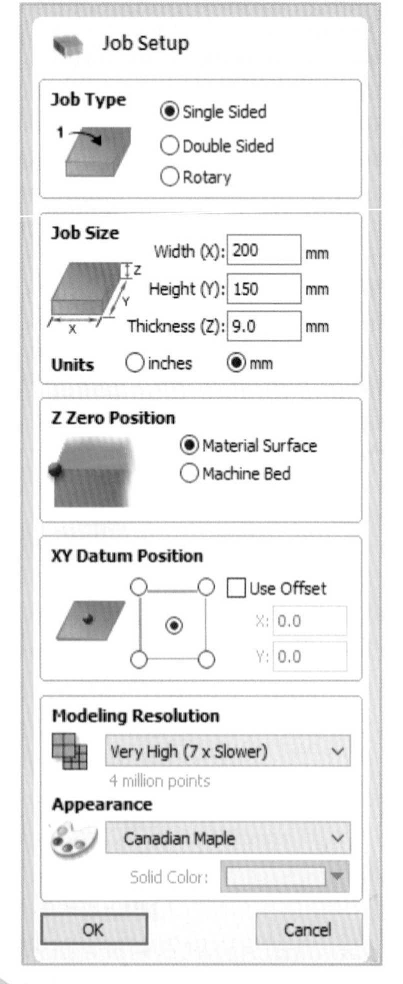

➔ 點選【Single Sided】單面加工

➔ 設定素材尺寸

Width (X)：200mm；Height (Y)：150mm；Thickness (Z)：9mm

Units：mm

➔ 點選【Material Surface】，將Z軸原點設在素材表面

➔ 選擇中心點為XY軸的基準點

➔ 點選【OK】完成設定

STEP 02 點選 【Import vectors from a file】載入本實習單元所使用的圖檔 - 實習 12_ 河馬玩具車 A。

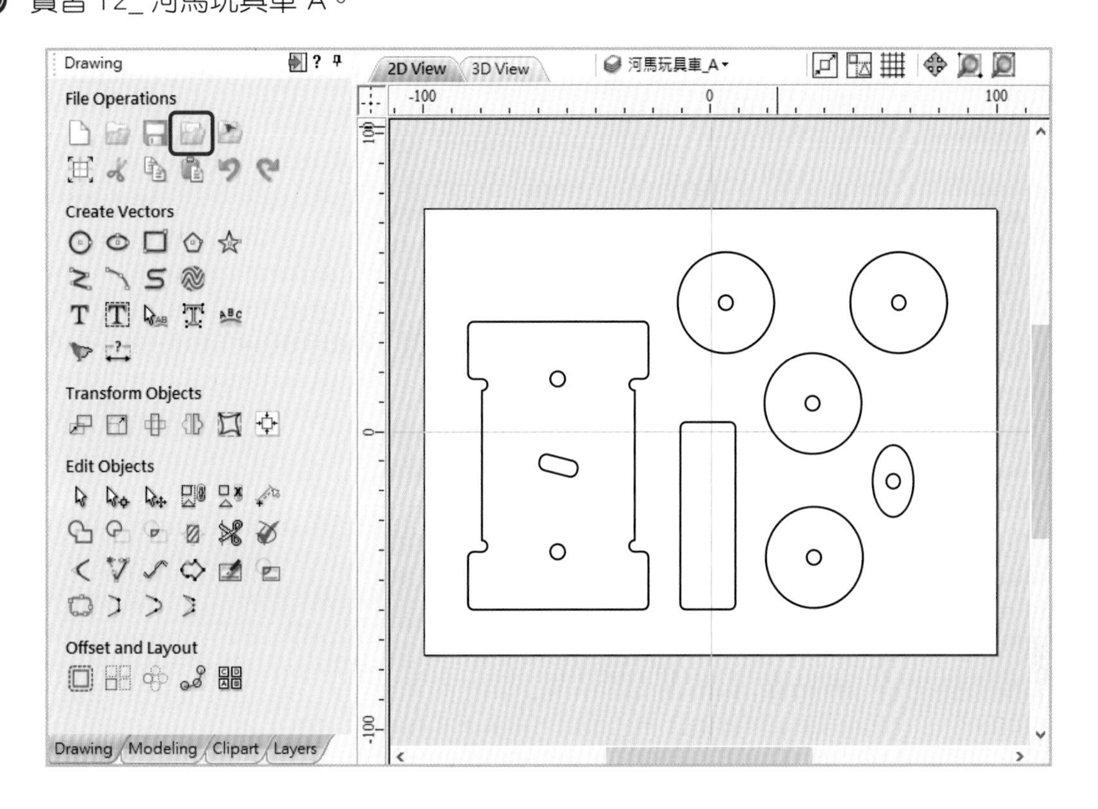

STEP 03 ❶ 開啟【Toolpaths】刀具路徑面板 ➜ ❷ 點選 Set ... 設定素材。

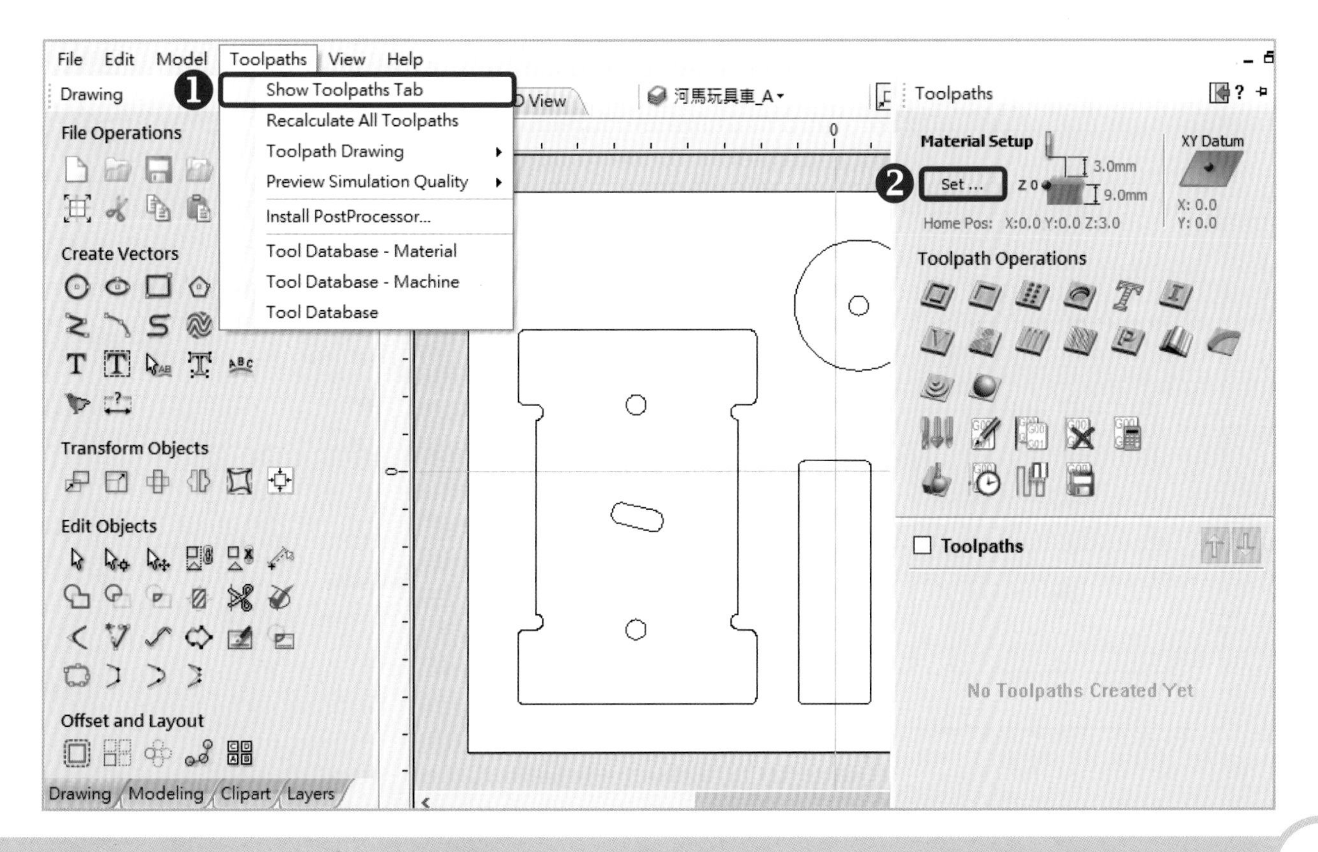

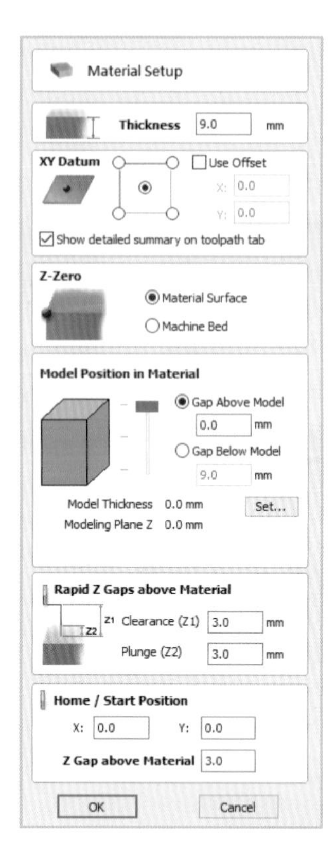

- Thickness：輸入素材厚度 9 mm
- XY Datum：點選中心點
- Z-Zero：原點設定在素材表面
- Model Position in Material：點選【Gap Above Model 0.0 mm】
- Clearance (Z1)：3 mm
  Plunge (Z2)：3 mm
- Home / Start Position：X：0.0 ； Y：0.0
  Z Gap above Material：3.0
- 點選 【OK】 即設定完成

STEP 04 使用刀具路徑【Toolpath Operations】提供的各種加工方式，對圖檔進行刀具路徑的安排。

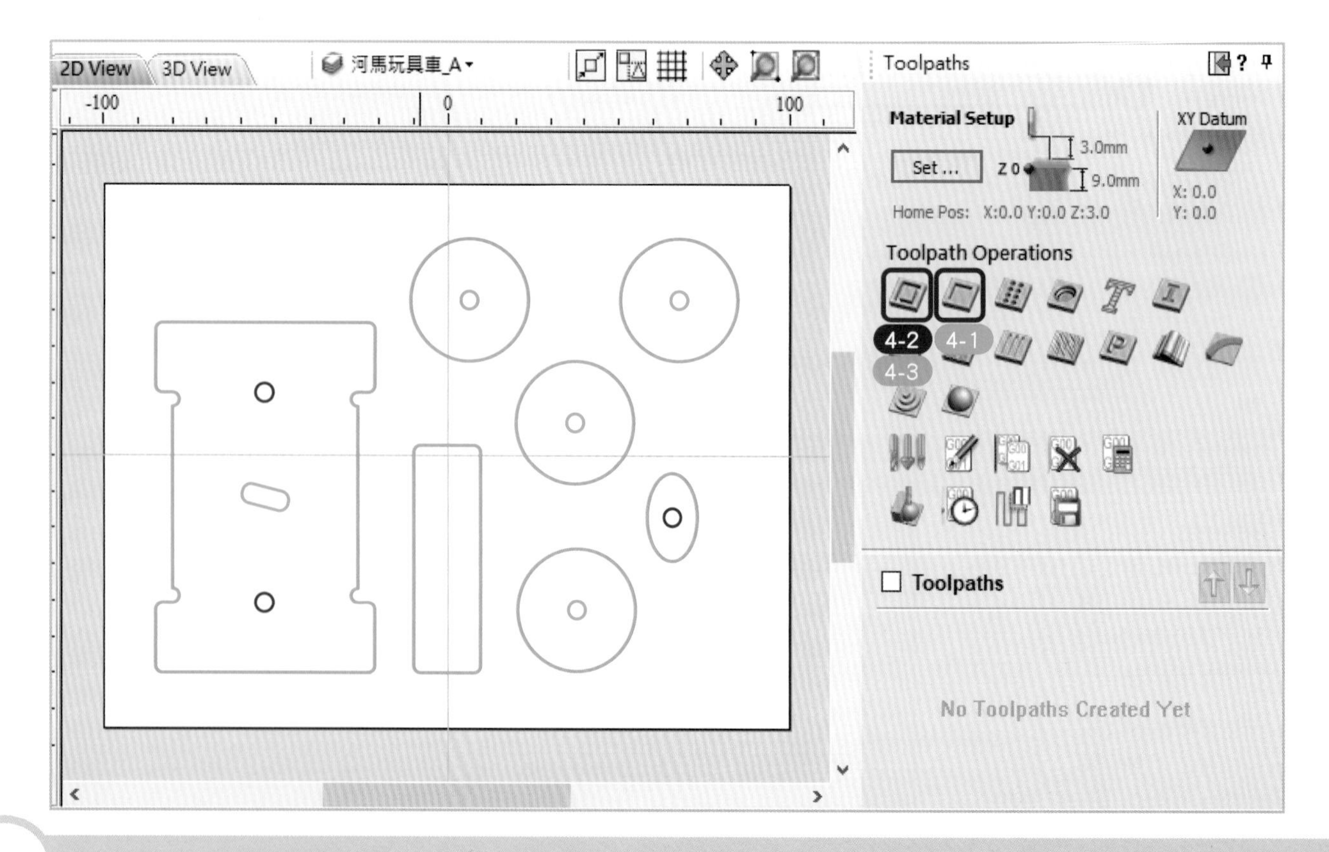

4-1 河馬玩具車 A - 範圍內加工

選取袋型刀具路徑 【Pocket Toolpath】開啟設定面板。
按住 Shift 鍵點選要加工的線條，使其呈粉紅色虛線的被選取狀態，請參考下圖。
請依序由上而下參照範例進行參數設定。

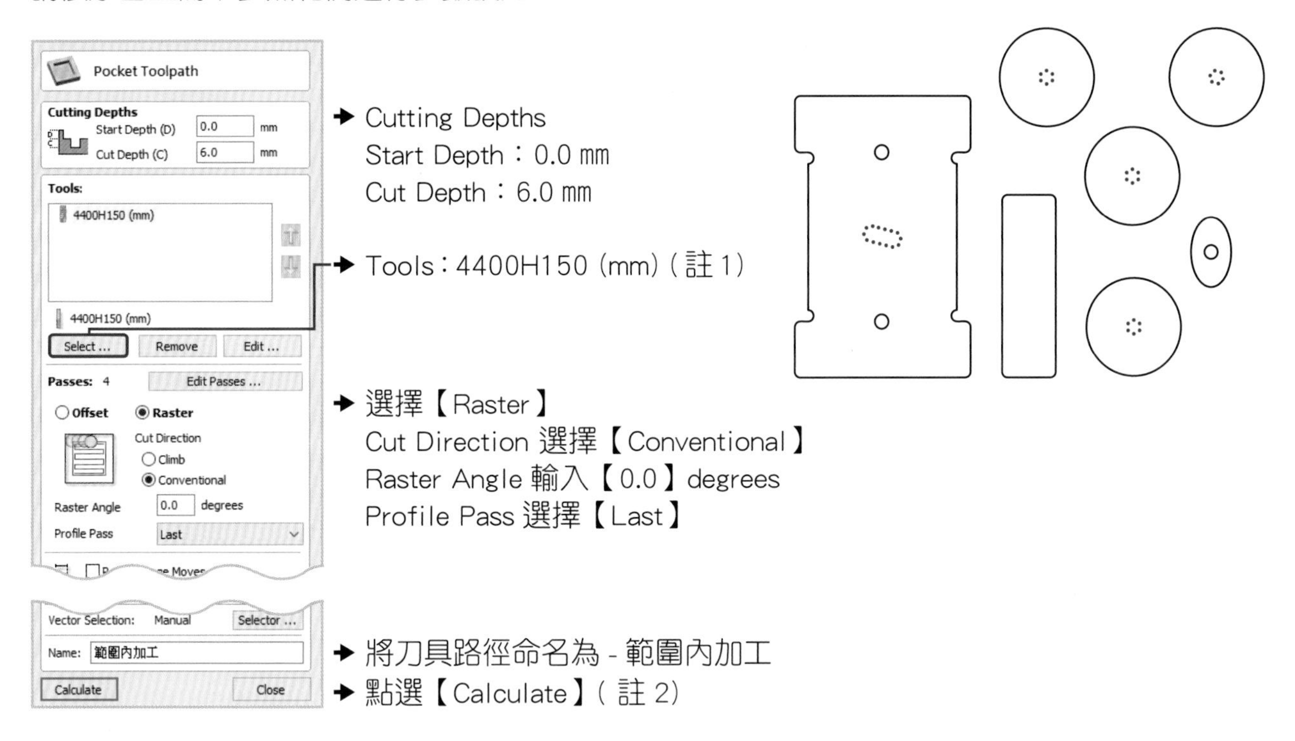

註 1

請參照紅框內各項數值設定。

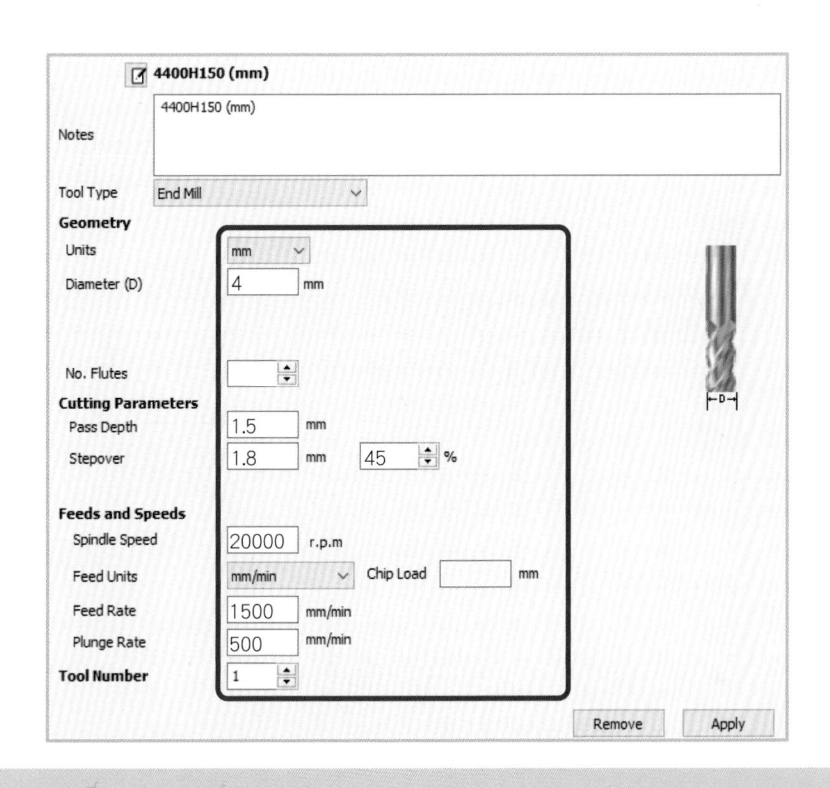

註 2

每次刀具路徑計算完成時都會自動切換到 3D 視窗並開啟刀具路徑預覽面板。

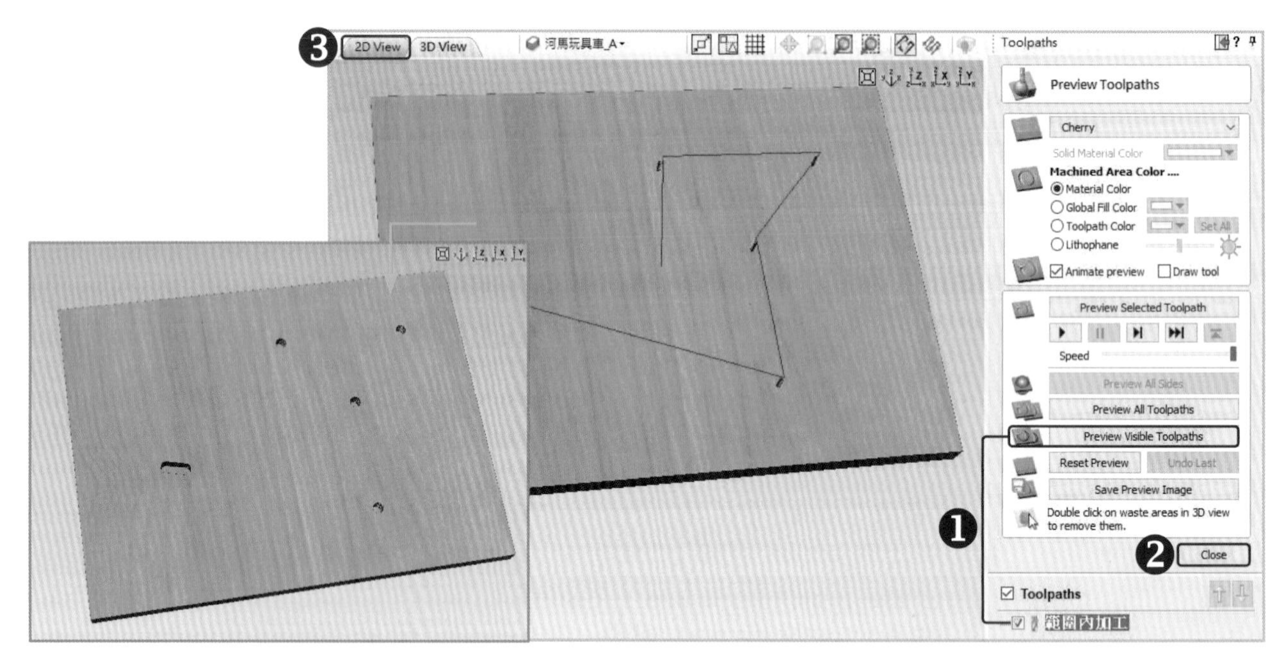

❶ 點選【Preview Visible Toolpaths】，即可出現所勾選刀具路徑預覽結果。

❷ 點選【Close】離開預覽功能。

❸ 點選【2D View】，回到 2D 工作視窗畫面。

4-2 河馬玩具車 A - 線內挖孔

開啟 【2D Profile Toolpath】設定面板 ➜ 按住 Shift 鍵點選要加工的線條。

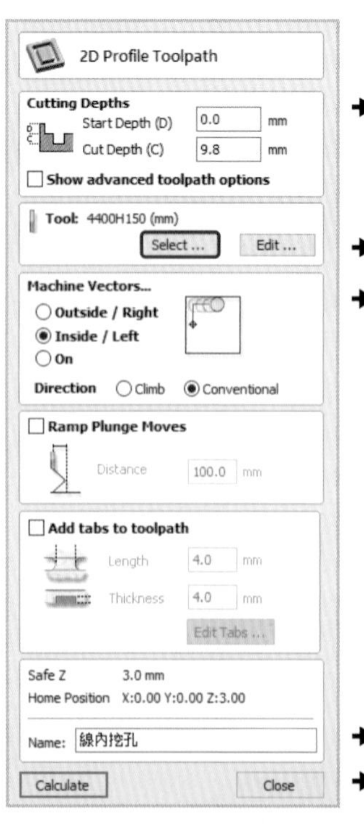

➜ Cutting Depths
Start Depth：0.0 mm
Cut Depth：9.8 mm

➜ Tool：4400H150 (mm)（註 1）

➜ Machine Vectors…
點選【Inside / Left】
Direction 點選【Conventional】

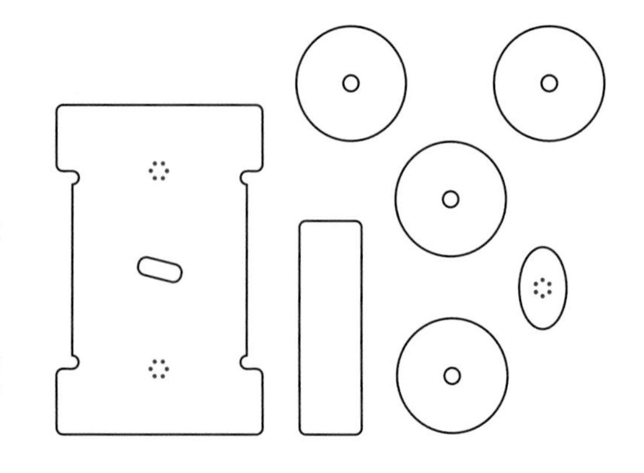

➜ 將刀具路徑命名為 - 線內挖孔

➜ 點選【Calculate】(註 2)(註 3)

註 3

在設定切穿刀路時，為了能切穿素材而會將雕刻深度設定超過素材厚度，故軟體會出現提醒視窗告知，此時點選【OK】確認即可。

如：此範例為素材厚度為 9 mm，雕刻深度為 9.8 mm。

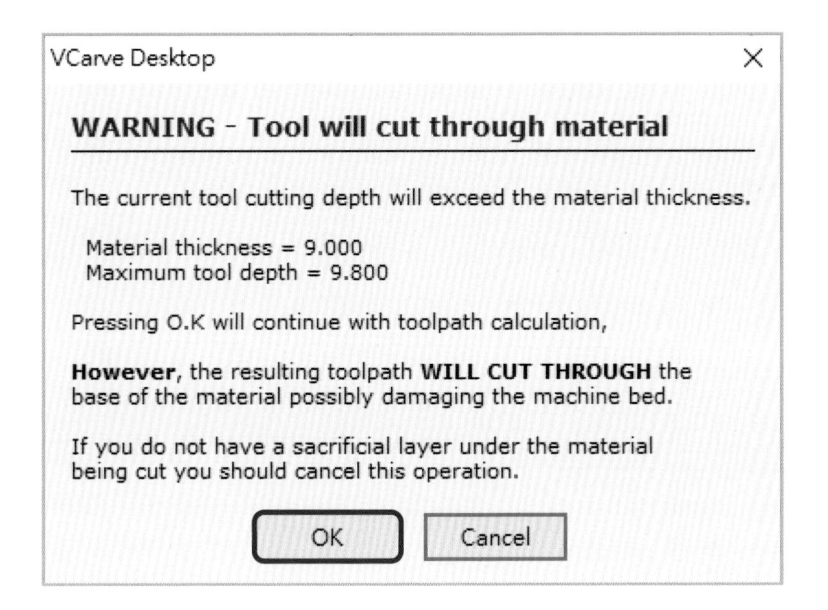

4-3 河馬玩具車 A - 切邊

開啟【2D Profile Toolpath】設定面板 ➔ 按住 Shift 鍵點選要加工的線條。

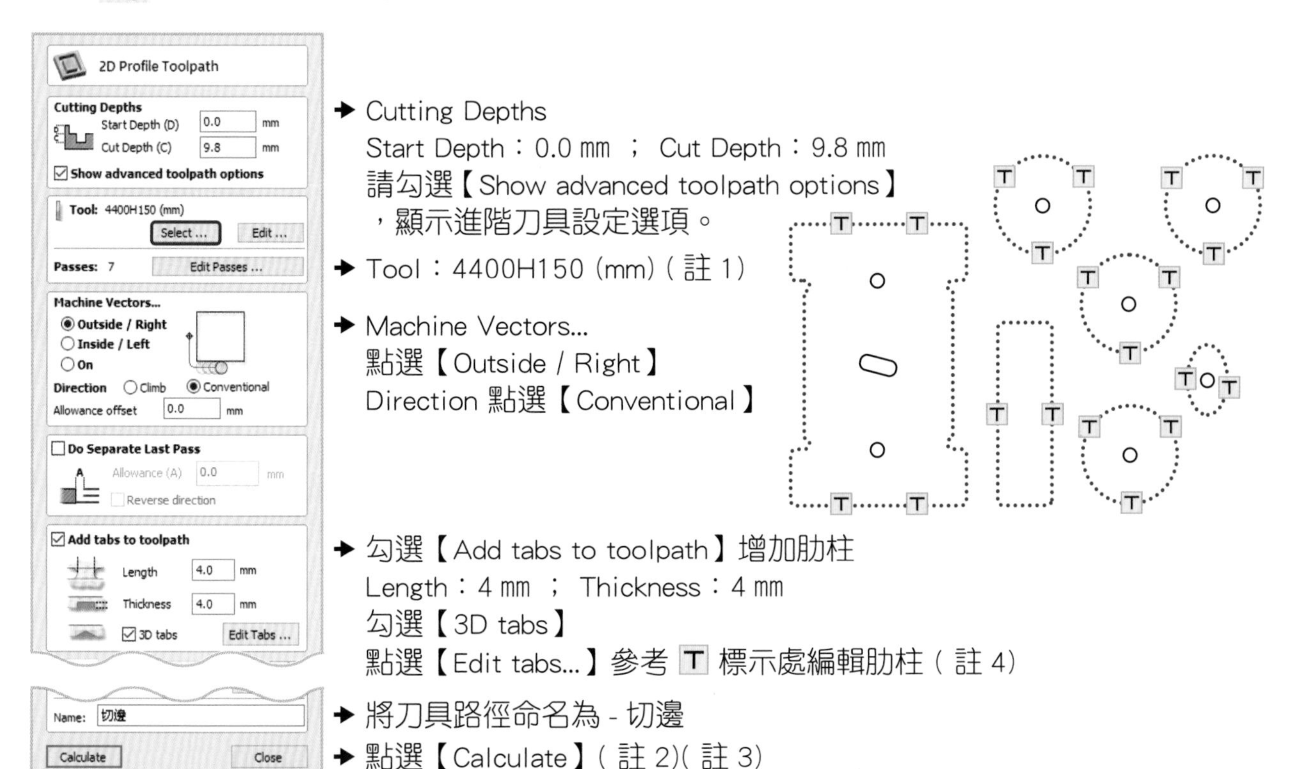

➔ Cutting Depths
Start Depth：0.0 mm ； Cut Depth：9.8 mm
請勾選【Show advanced toolpath options】，顯示進階刀具設定選項。

➔ Tool：4400H150 (mm)（註 1）

➔ Machine Vectors...
點選【Outside / Right】
Direction 點選【Conventional】

➔ 勾選【Add tabs to toolpath】增加肋柱
Length：4 mm ； Thickness：4 mm
勾選【3D tabs】
點選【Edit tabs...】參考 T 標示處編輯肋柱（註 4）

➔ 將刀具路徑命名為 - 切邊

➔ 點選【Calculate】（註 2)（註 3）

註4

此處以手動方式設置肋柱。

使用滑鼠靠近線條，當出現 ，表示可以設置肋柱，點一下滑鼠左鍵會出現 T 圖示，請參考 T 標示的位置及數量將肋柱設置，完成後點選 Close 離開編輯介面即可。

補充說明

肋柱的作用在於當刀路會完全切穿材料時，肋柱能夠將成品接合在材料上避免脫落。

1. 新增肋柱：將游標移動至已選定線條上，點擊滑鼠左鍵增加肋柱。
2. 刪除肋柱：在肋柱點上點擊滑鼠左鍵即可刪除。
3. 移動肋柱：在肋柱點上按住滑鼠左鍵不放並拖曳至新的位置後，放開左鍵即可。

STEP 05 使用刀具路徑預覽 【Preview Toolpaths】模擬所有刀具路徑的雕刻結果。

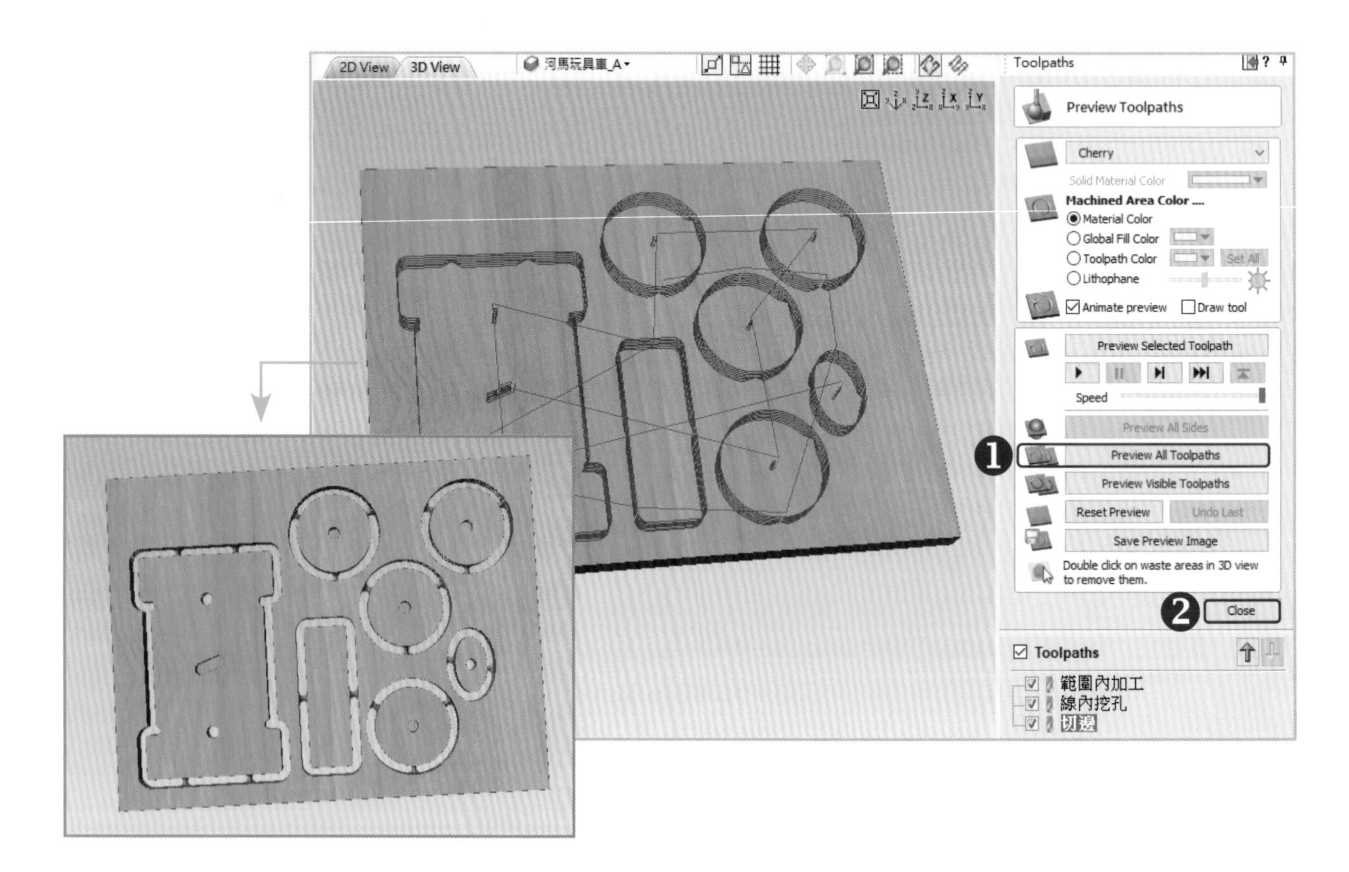

❶ 點選【Preview All Toolpaths】，即可模擬目前所有刀具路徑的預覽結果。

❷ 點選【Close】離開預覽功能。

使用儲存刀具路徑 【Save Toolpaths】將 G 碼存出。

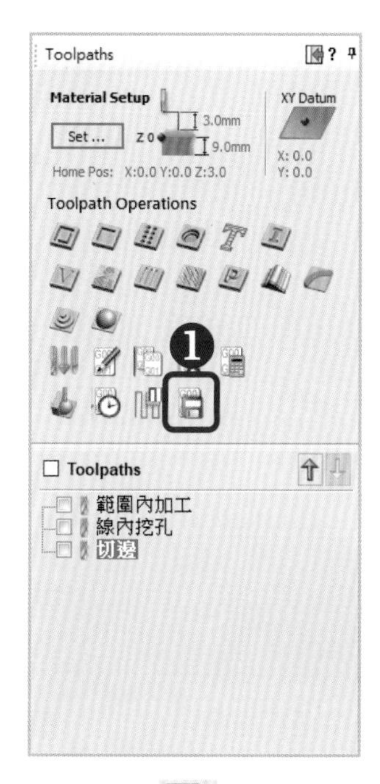

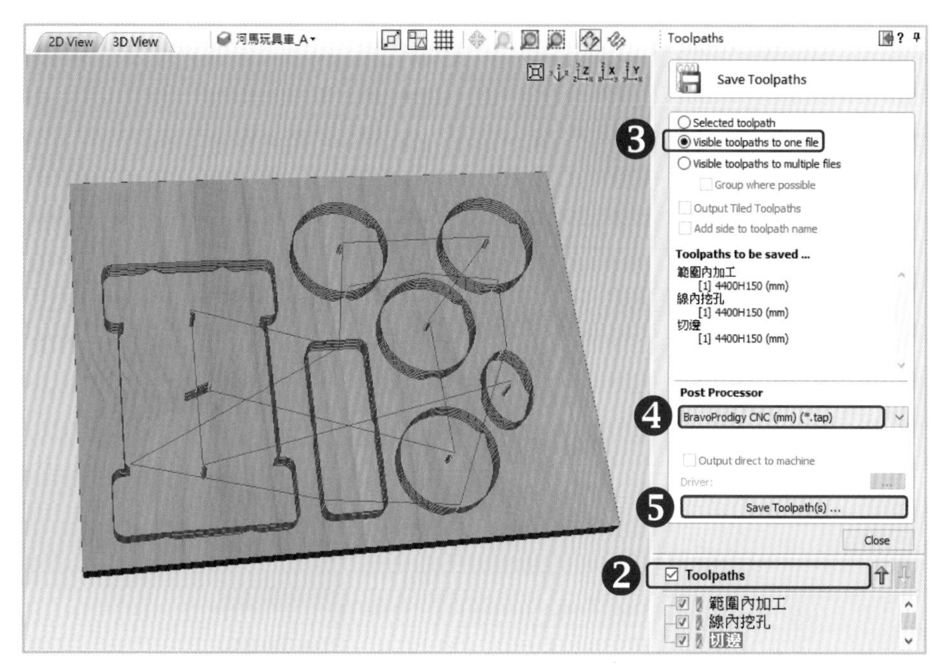

❶ 點選 開啟設定面板。

❷ 勾選【Toolpaths】選取所有刀具路徑。
請注意刀具路徑的排列順序需與範例相同。

❸ 勾選【Visible toolpaths to one file】。

❹ Post Processor(後處理器)選擇【BravoProdigy CNC (mm)(*.tap)】。
備註：若無上述說明之後處理器，也可另轉存【G Code (mm)(*.tap)】後處理器。

❺ 點選【Save Toolpath(s)...】存出 G 碼，命名為 - 河馬玩具車 A。

❻ 點選 【Save】儲存專案檔 - 河馬玩具車 A。

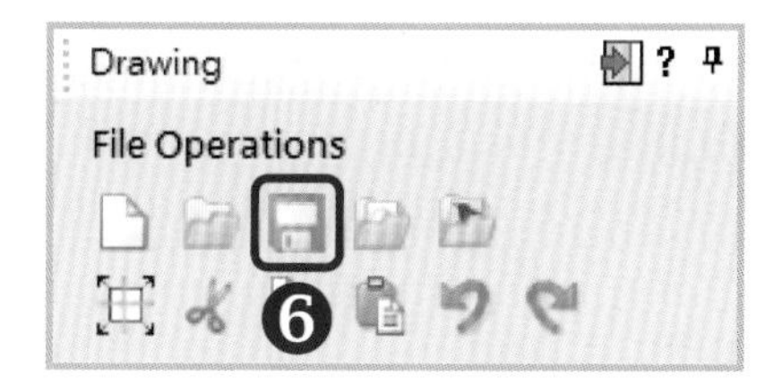

STEP 07 Bravoprodigy CNC 執行雕刻。
(CNC 操作請參考單元 6 實習 1 步驟 08 CNC 操作說明)

❶ 選擇【直接連線】方式進入 BravoProdigy CNC 軟體。
載入【河馬玩具車 A】G 碼。

❷ 素材固定於工作台並在主軸上鎖上刀具【4400H150】。

素材夾持重點：
本範例的刀具路徑須將素材切穿，因此需要一片 MDF 板來作為墊板，在切穿時才不會雕刻到工作台表面。

9 mm 素材
9 mm 墊板

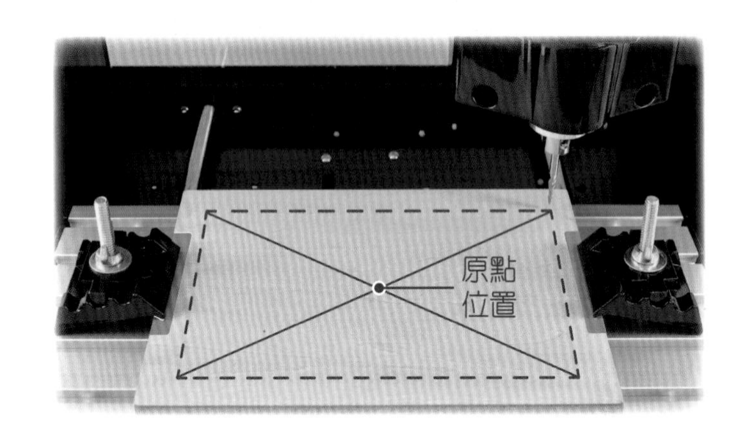

❸ 原點設定：
使用手持控制器將刀具移動至素材工件原點後，再將軟體上三軸的座標值歸零。

❹ 雕刻行程確認：
使用手持控制器移動刀具進行雕刻行程確認(注意：操作時請注意移動速度與安全距離)，確認無誤後請點選【回到原點】，機器會自動回到先前設定之工件原點。

❺ 將【雕刻速率】調到 100%。

❻ 按下【啟動】開始雕刻。(若您使用的機器有安全外罩，請先將安全外罩蓋上)

❼ 雕刻完畢後，請先清除粉塵再取下作品。

實習步驟 - 河馬玩具車 B

開啟 VCarve Desktop 軟體，編輯工件設定。

❶ 點選【Create a new file】建立新檔案 → ❷ 輸入工件的相關參數。

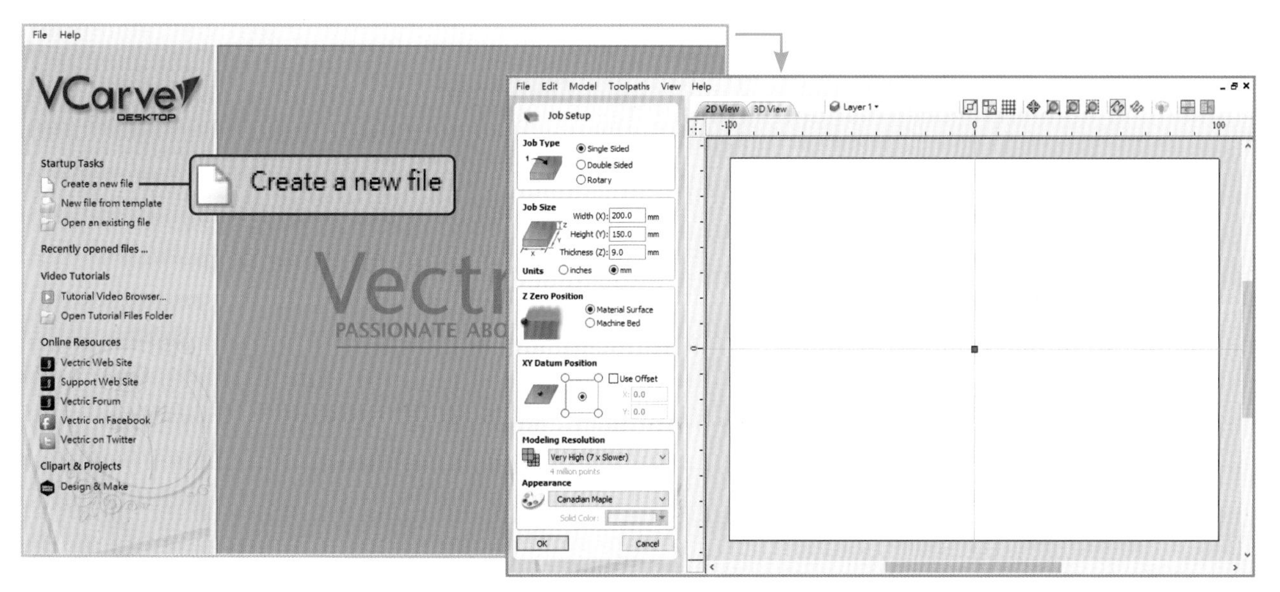

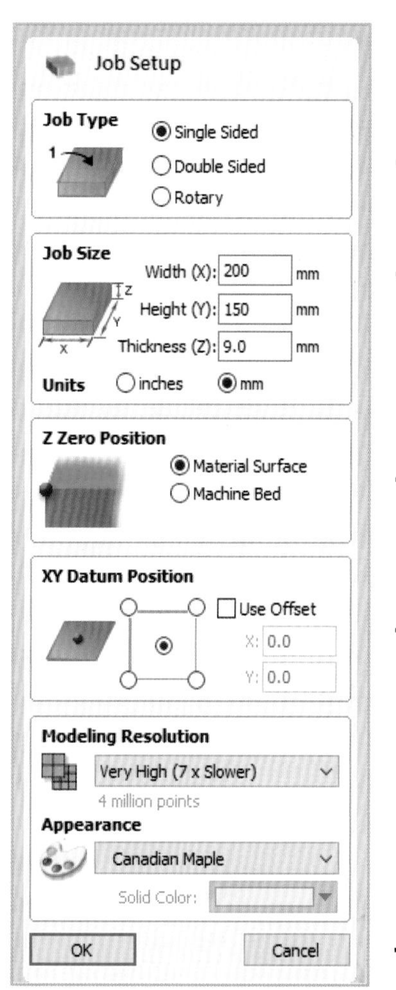

→ 點選【Single Sided】單面加工

→ 設定素材尺寸

Width (X)：200mm；Height (Y)：150mm；Thickness (Z)：9mm

Units：mm

→ 點選【Material Surface】，將Z軸原點設在素材表面

→ 選擇中心點為XY軸的基準點

→ 點選【OK】完成設定

STEP 02 點選【Import vectors from a file】載入本實習單元所使用的圖檔 - 實習 12_ 河馬玩具車 B。

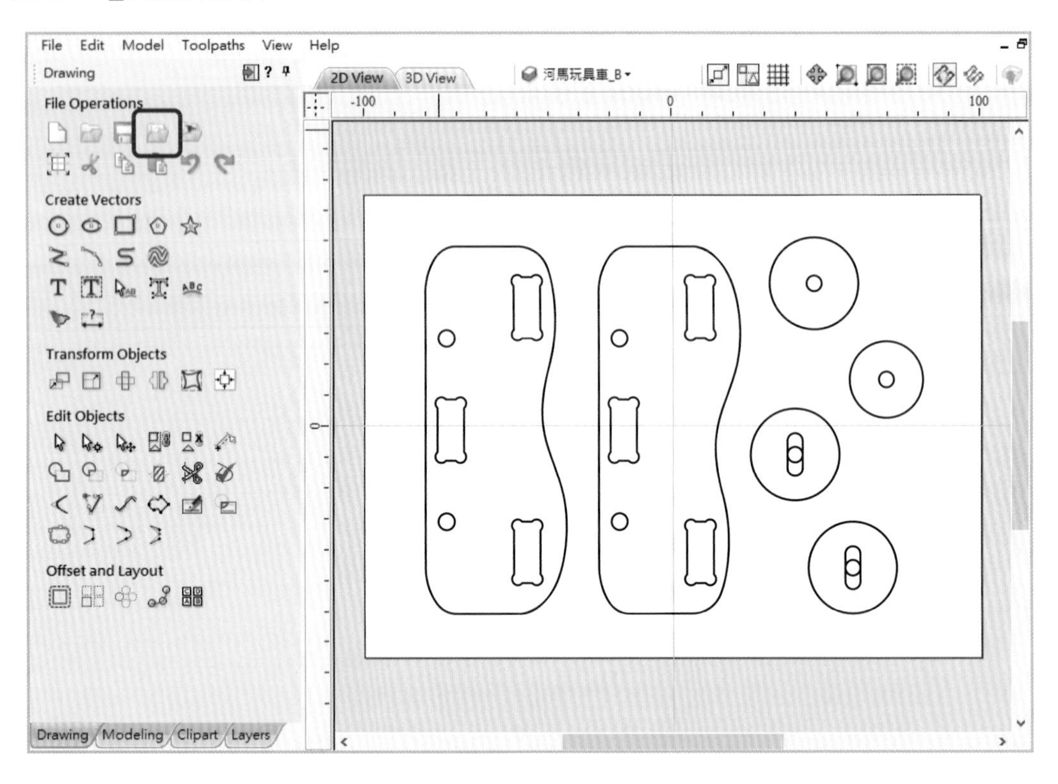

STEP 03 ❶ 開啟【Toolpaths】刀具路徑面板 → ❷ 點選 Set ... 設定素材。

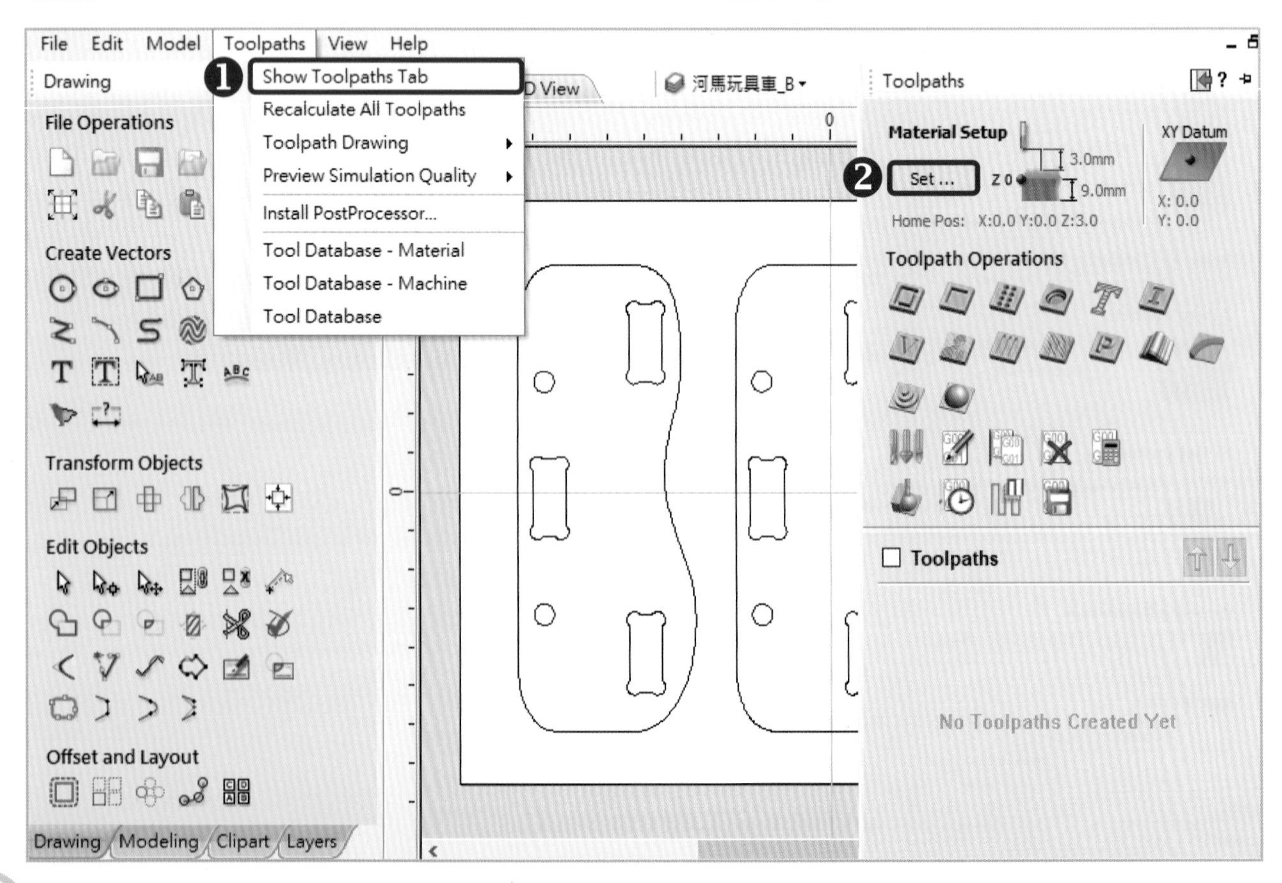

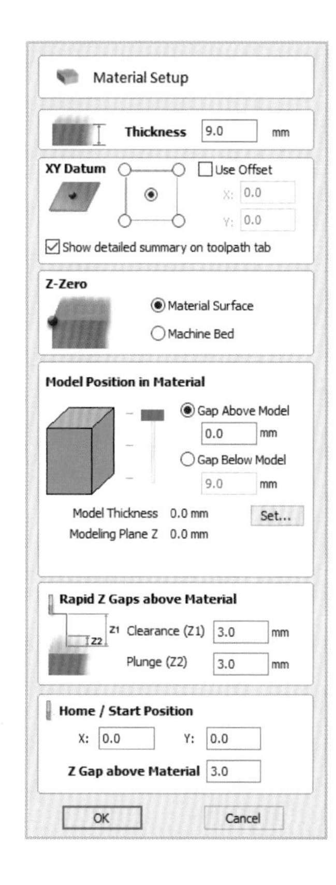

➜ Thickness：輸入素材厚度 9 mm

➜ XY Datum：點選中心點

➜ Z-Zero：原點設定在素材表面

➜ Model Position in Material：點選【Gap Above Model 0.0 mm】

➜ Clearance（Z1）：3 mm
Plunge（Z2）：3 mm

➜ Home / Start Position：X：0.0 ； Y：0.0
Z Gap above Material：3.0

➜ 點選 【OK】 即設定完成

使用刀具路徑【Toolpath Operations】提供的各種加工方式，對圖檔進行刀具路徑的安排。

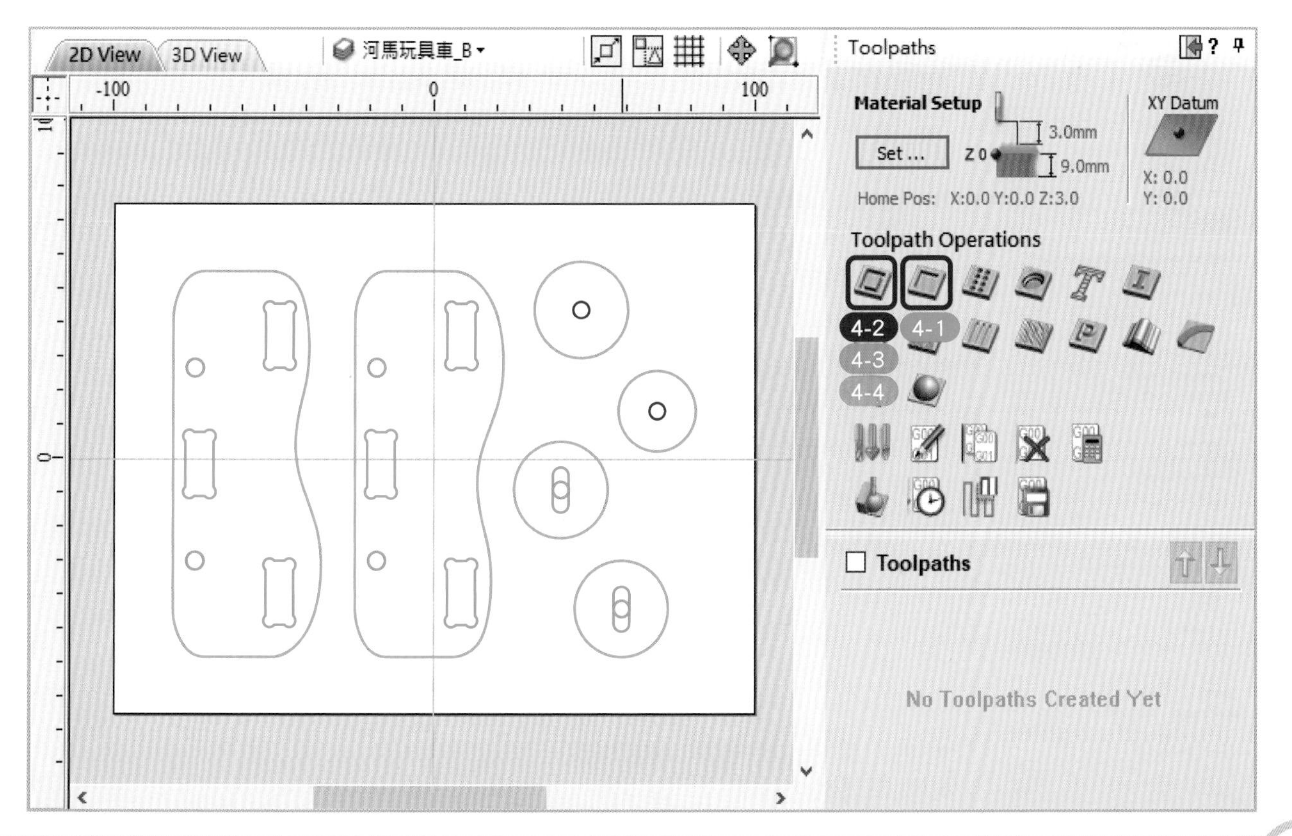

4-1 河馬玩具車 B - 範圍內加工

選取袋型刀具路徑 【Pocket Toolpath】開啟設定面板。
按住 Shift 鍵點選要加工的線條，使其呈粉紅色虛線的被選取狀態，請參考下圖。
請依序由上而下參照範例進行參數設定。

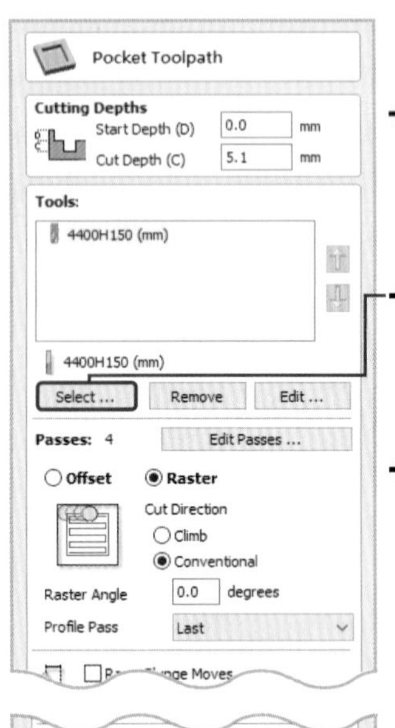

- Cutting Depths
  Start Depth：0.0 mm
  Cut Depth：5.1 mm
- Tools：4400H150 (mm)（註 1）
- 選擇【Raster】
  Cut Direction 選擇【Conventional】
  Raster Angle 輸入【0.0】degrees
  Profile Pass 選擇【Last】

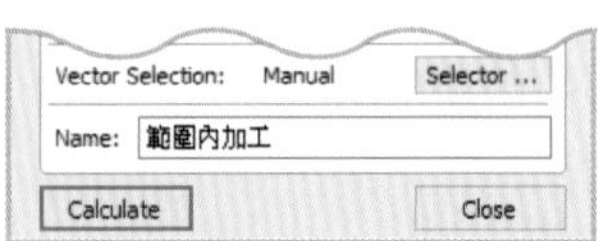

- 將刀具路徑命名為 - 範圍內加工
- 點選【Calculate】（註 2）

4-2 河馬玩具車 B - 線內加工 1

開啟 【2D Profile Toolpath】設定面板 ➔ 按住 Shift 鍵點選要加工的線條。

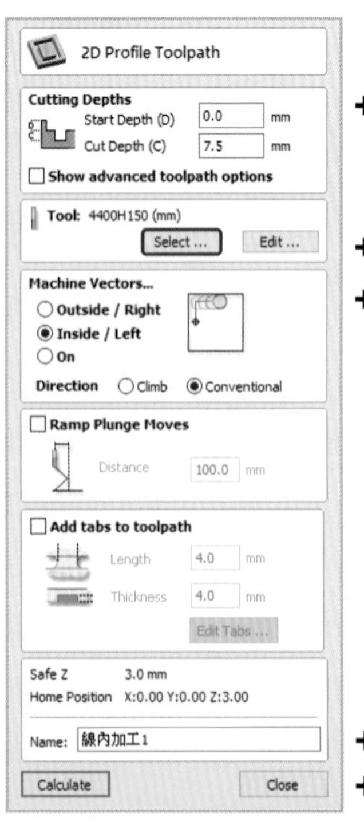

- Cutting Depths
  Start Depth：0.0 mm
  Cut Depth：7.5 mm
- Tool：4400H150 (mm)（註 1）
- Machine Vectors…
  點選【Inside / Left】
  Direction 點選【Conventional】

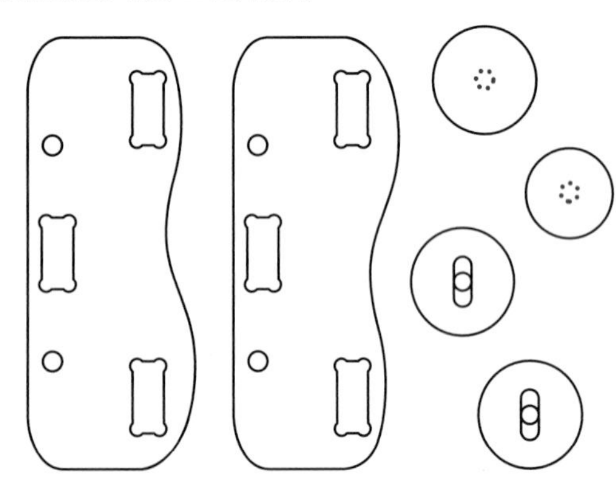

- 將刀具路徑命名為 - 線內加工 1
- 點選【Calculate】（註 2）

4-3 河馬玩具車 B - 線內加工 2

開啟【2D Profile Toolpath】設定面板 ➜ 按住 Shift 鍵點選要加工的線條。

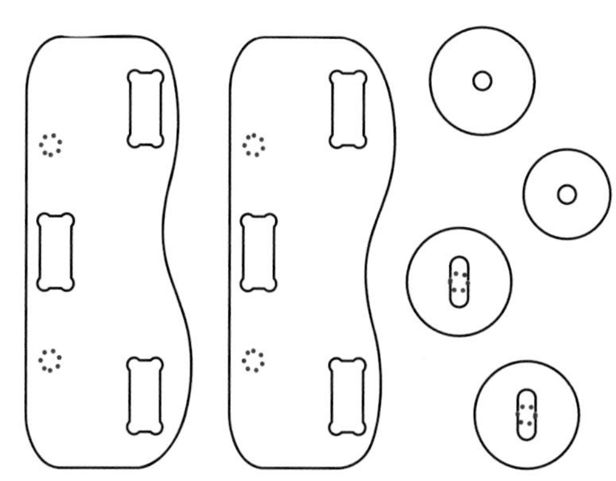

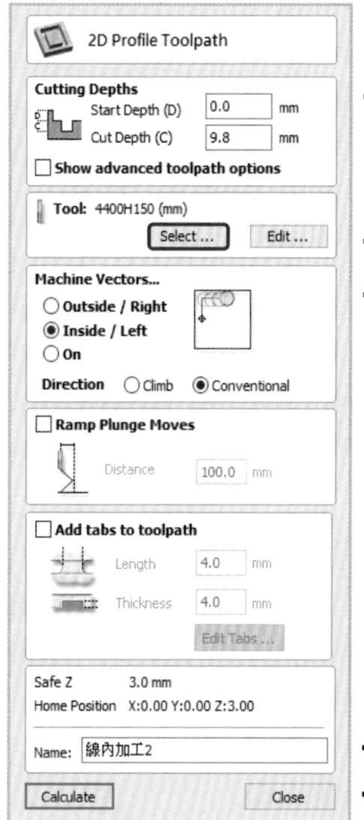

➜ Cutting Depths
Start Depth：0.0 mm
Cut Depth：9.8 mm

➜ Tool：4400H150 (mm)（註 1）

➜ Machine Vectors⋯
點選【Inside / Left】
Direction 點選【Conventional】

➜ 將刀具路徑命名為 - 線內加工 2

➜ 點選【Calculate】（註 2)（註 3)

4-4 河馬玩具車 B - 切邊

開啟【2D Profile Toolpath】設定面板 ➜ 按住 Shift 鍵點選要加工的線條。

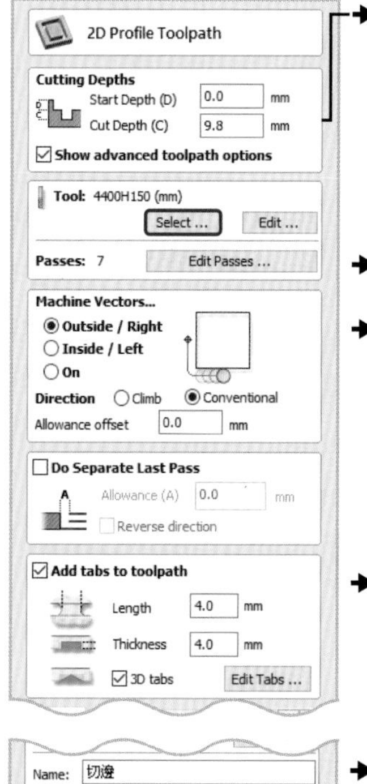

➜ Cutting Depths
Start Depth：0.0 mm ； Cut Depth：9.8 mm
請勾選【Show advanced toolpath options】，顯示進階刀具設定選項。

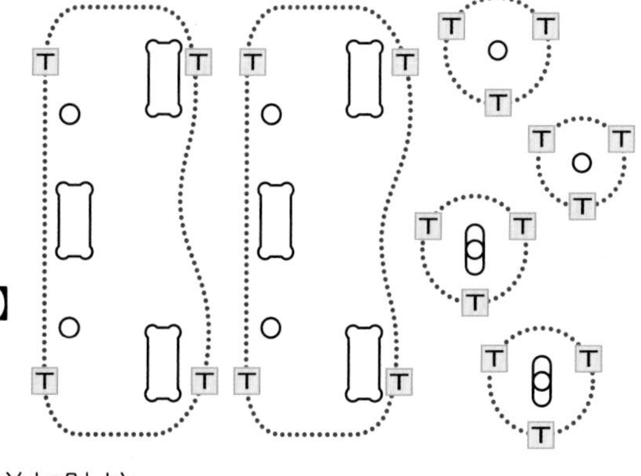

➜ Tool：4400H150 (mm)（註 1）

➜ Machine Vectors...
點選【Outside / Right】
Direction 點選【Conventional】

➜ 勾選【Add tabs to toolpath】增加肋柱
Length：4 mm ； Thickness：4 mm
勾選【3D tabs】
點選【Edit tabs...】參考 T 標示處編輯肋柱（註 4)

➜ 將刀具路徑命名為 - 切邊

➜ 點選【Calculate】（註 2)（註 3)

STEP 05 使用刀具路徑預覽【Preview Toolpaths】模擬所有刀具路徑的雕刻結果。

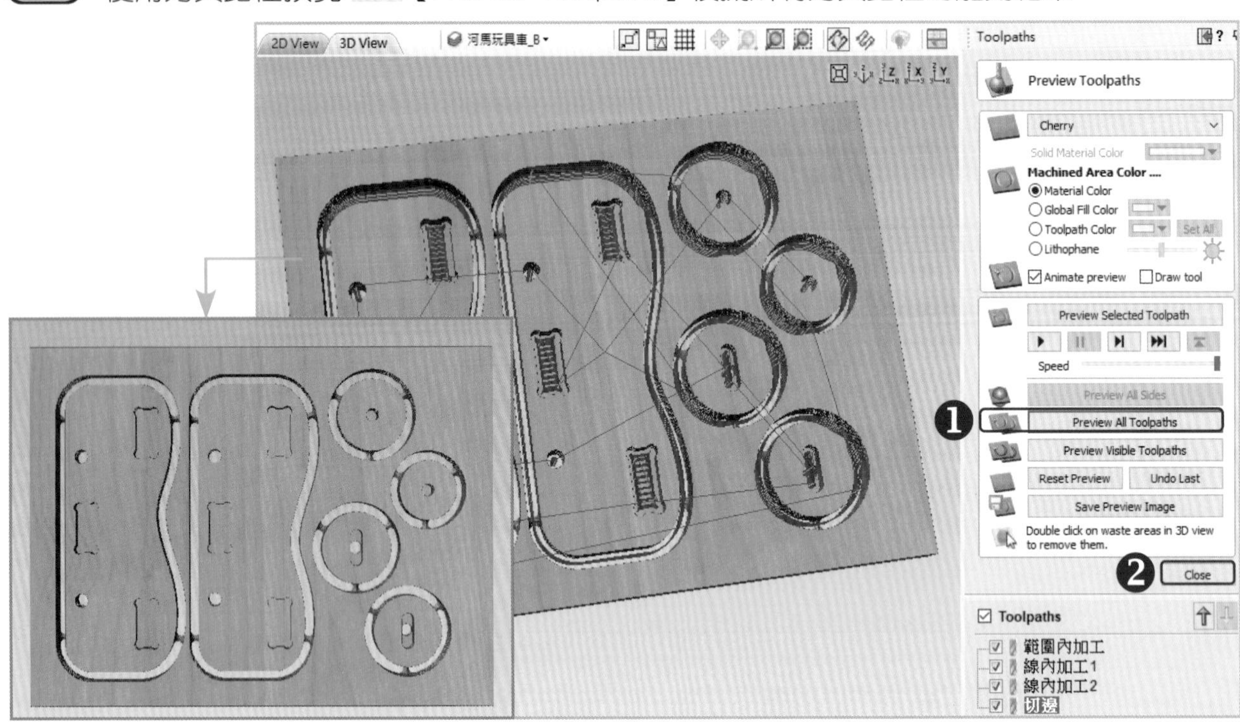

❶ 點選【Preview All Toolpaths】，即可模擬目前所有刀具路徑的預覽結果。

❷ 點選【Close】離開預覽功能。

STEP 06 使用儲存刀具路徑 【Save Toolpaths】將 G 碼存出。

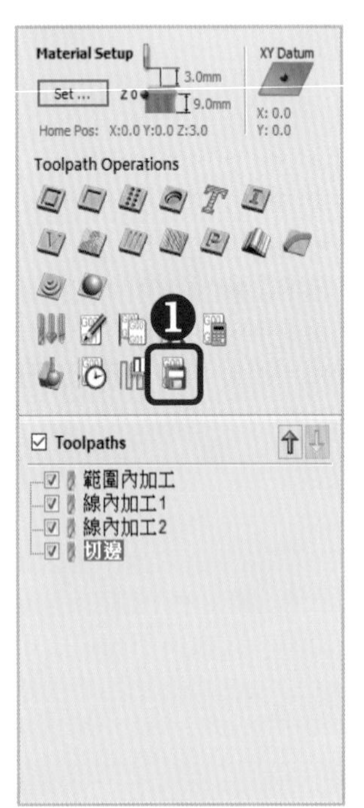

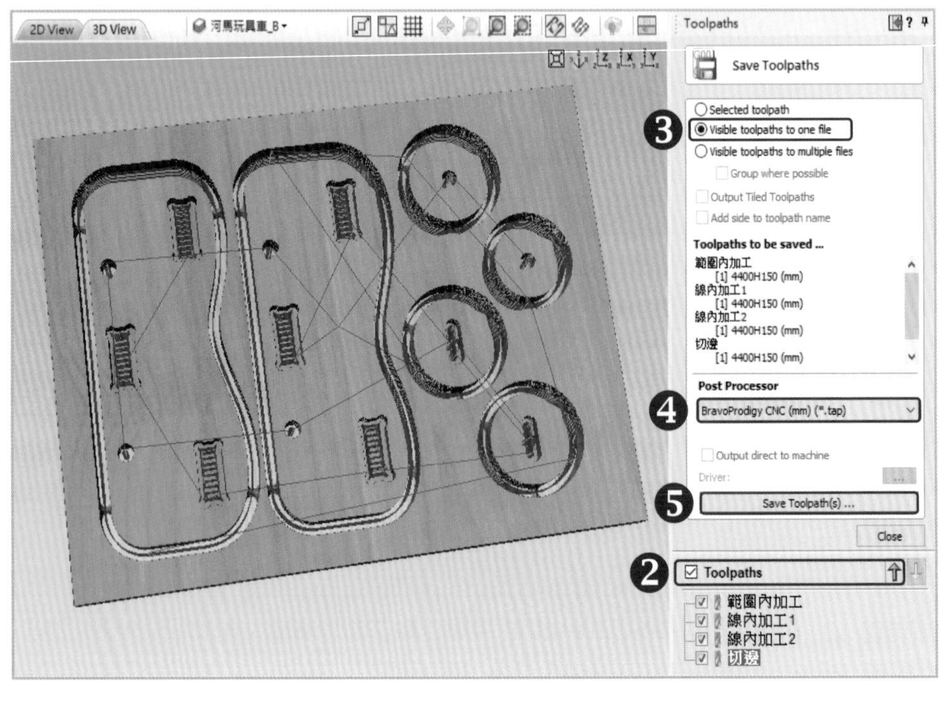

❶ 點選 開啟設定面板。

❷ 勾選【Toolpaths】選取所有刀具路徑。請注意刀具路徑的排列順序需與範例相同。

❸ 勾選【Visible toolpaths to one file】。

❹ Post Processor(後處理器) 選擇【BravoProdigy CNC (mm)(*.tap)】。
備註：若無上述說明之後處理器，也可另轉存【G Code (mm)(*.tap)】後處理器。

❺ 點選【Save Toolpath(s)...】存出 G 碼，命名為 - 河馬玩具車 B。

❻ 點選 【Save】儲存專案檔 - 河馬玩具車 B。

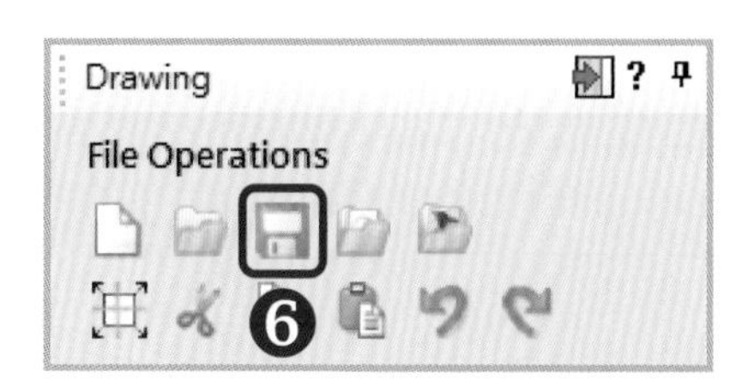

STEP 07 Bravoprodigy CNC 執行雕刻。
(CNC 操作請參考單元 6 實習 1 步驟 08 CNC 操作說明)

❶ 選擇【直接連線】方式進入 BravoProdigy CNC 軟體。
載入【河馬玩具車 B】G 碼。

❷ 素材固定於工作台並在主軸上鎖上刀具【4400H150】。

素材夾持重點：
本範例的刀具路徑須將素材切穿，因此需要一片 MDF 板來作為墊板，在切穿時才不會雕刻到工作台表面。

9 mm 素材
9 mm 墊板

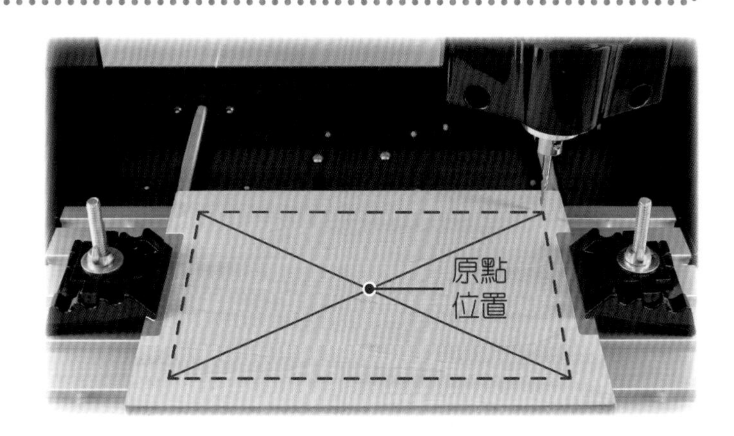

❸ 原點設定：
使用手持控制器將刀具移動至素材工件原點後，再將軟體上三軸的座標值歸零。

❹ 雕刻行程確認：
使用手持控制器移動刀具進行雕刻行程確認 (注意：操作時請注意移動速度與安全距離)，確認無誤後請點選【回到原點】，機器會自動回到先前設定之工件原點。

❺ 將【雕刻速率】調到 100%。

❻ 按下【啟動】開始雕刻。(若您使用的機器有安全外罩，請先將安全外罩蓋上)

❼ 雕刻完畢後，請先清除粉塵再取下作品。

實習步驟 - 河馬玩具車 C

STEP 01 開啟 VCarve Desktop 軟體，編輯工件設定。

❶ 點選【Create a new file】建立新檔案 ➜ ❷ 輸入工件的相關參數。

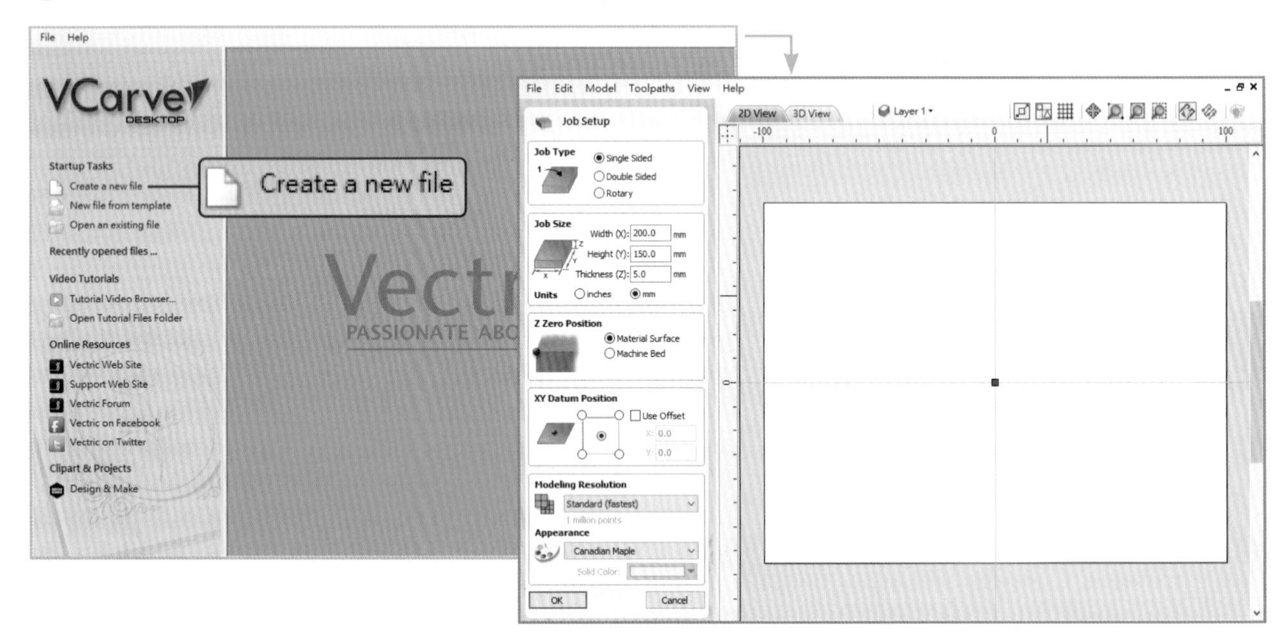

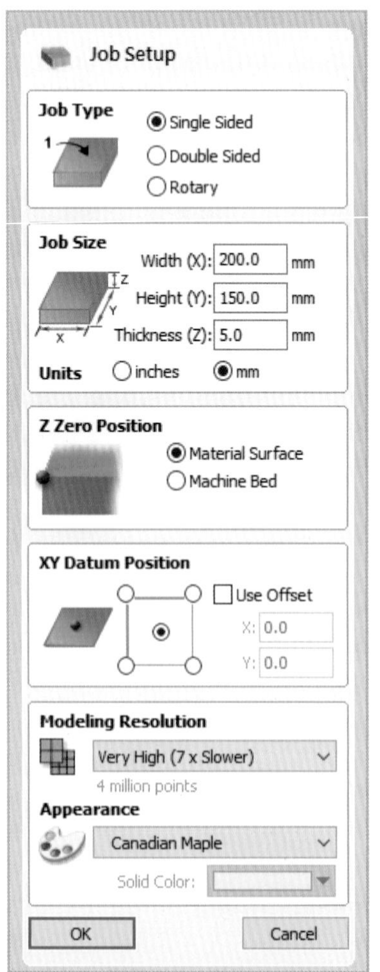

➜ 點選【Single Sided】單面加工

➜ 設定素材尺寸
Width (X)：200mm；Height (Y)：150mm；Thickness (Z)：5mm
Units：mm

➜ 點選【Material Surface】，將Z軸原點設在素材表面

➜ 選擇中心點為XY軸的基準點

➜ 點選【OK】完成設定

STEP 02 點選 【Import vectors from a file】載入本實習單元所使用的圖檔 - 實習 12_ 河馬玩具車 C。

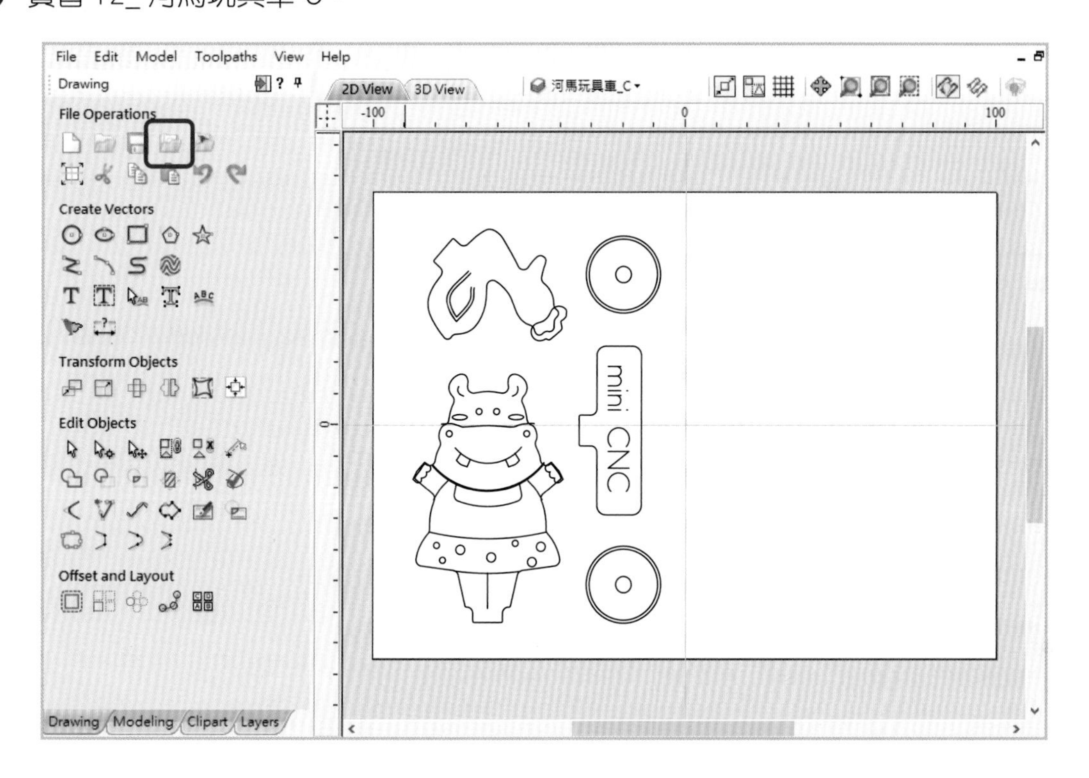

STEP 03 ❶ 開啟【Toolpaths】刀具路徑面板 ➜ ❷ 點選 Set ... 設定素材。

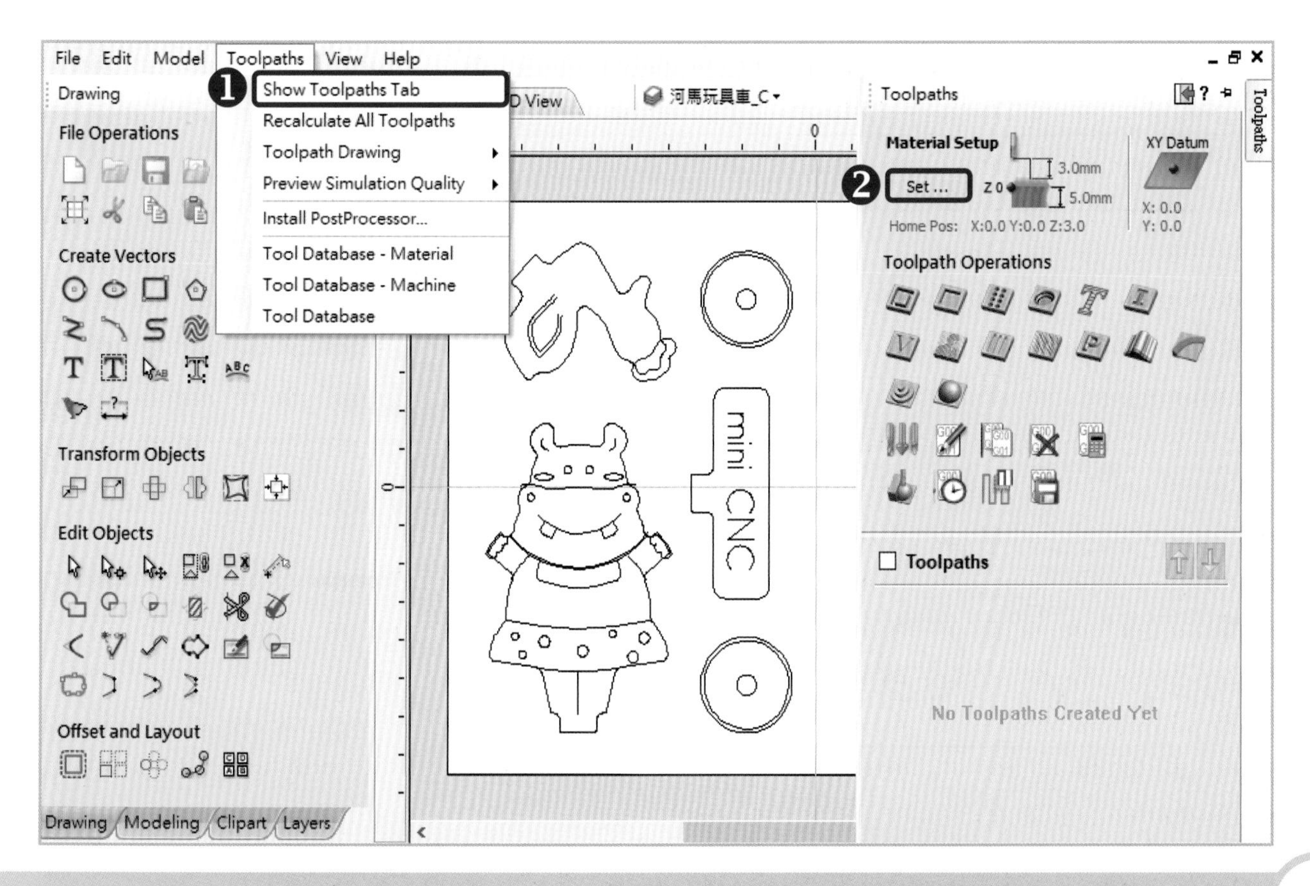

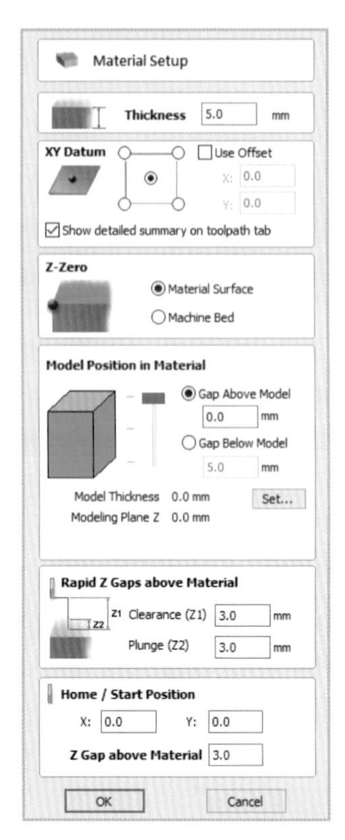

- Thickness：輸入素材厚度 5 mm
- XY Datum：點選中心點
- Z-Zero：原點設定在素材表面
- Model Position in Material：點選【Gap Above Model 0.0 mm】
- Clearance (Z1)：3 mm
  Plunge (Z2)：3 mm
- Home / Start Position：X：0.0 ； Y：0.0
  Z Gap above Material：3.0
- 點選 【OK】 即設定完成

STEP 04 使用刀具路徑【Toolpath Operations】提供的各種加工方式，對圖檔進行刀具路徑的安排。

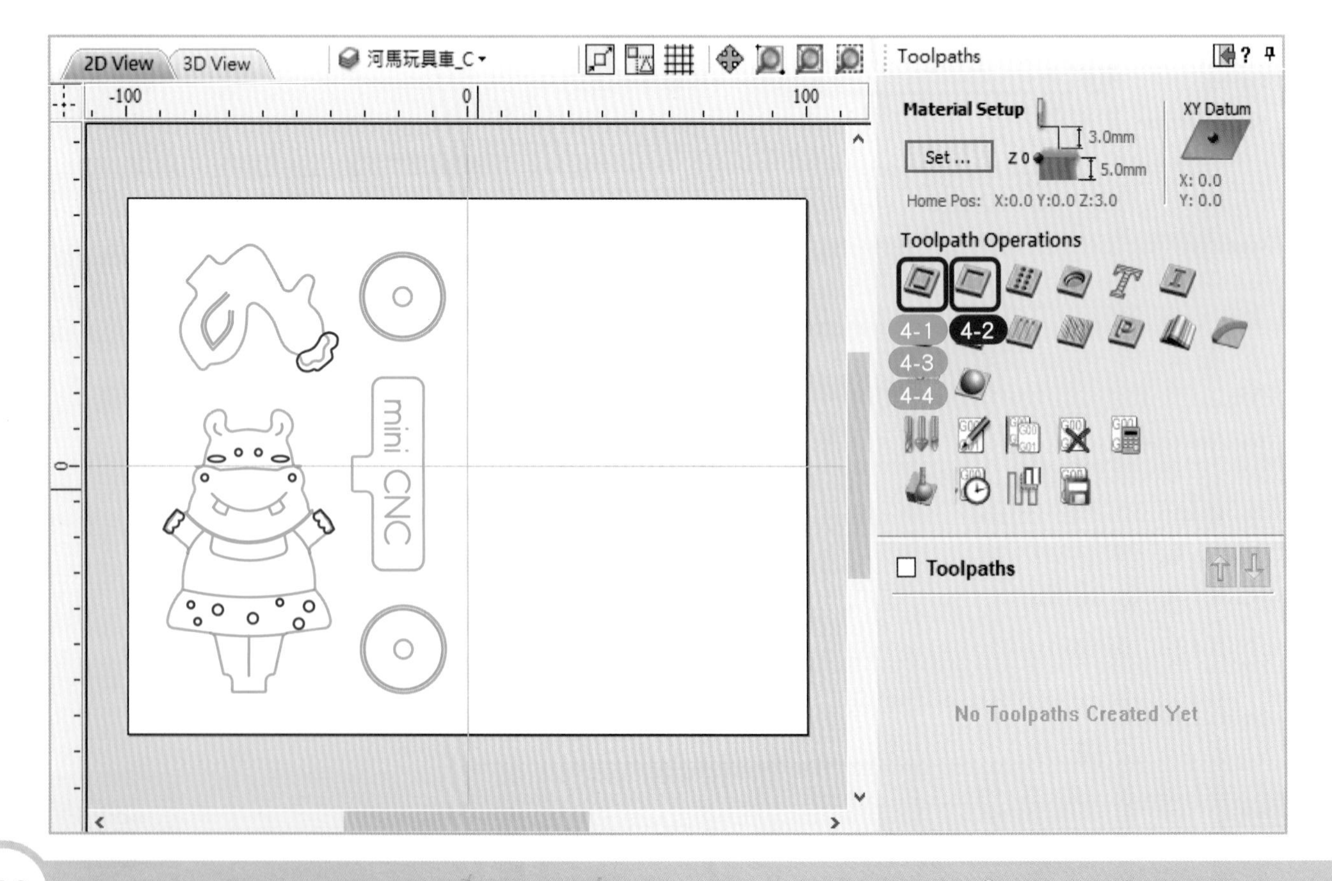

4-1 河馬玩具車 C - 圖案 - 線上加工

選取 2D 外型刀具路徑 【2D Profile Toolpath】開啟設定面板。
按住 Shift 鍵點選要加工的線條，使其呈粉紅色虛線的被選取狀態，請參考下圖。
請依序由上而下參照範例進行參數設定。

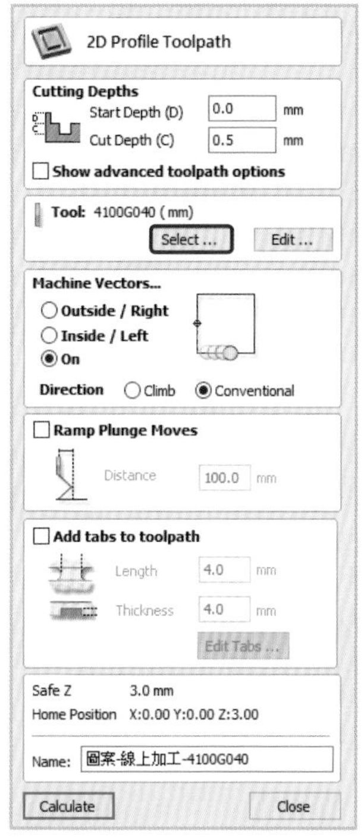

→ Cutting Depths
Start Depth：0.0 mm ； Cut Depth：0.5 mm

→ Tool：4100G040 (mm)（註 5）

→ Machine Vectors…
點選【On】
Direction 點選【Conventional】

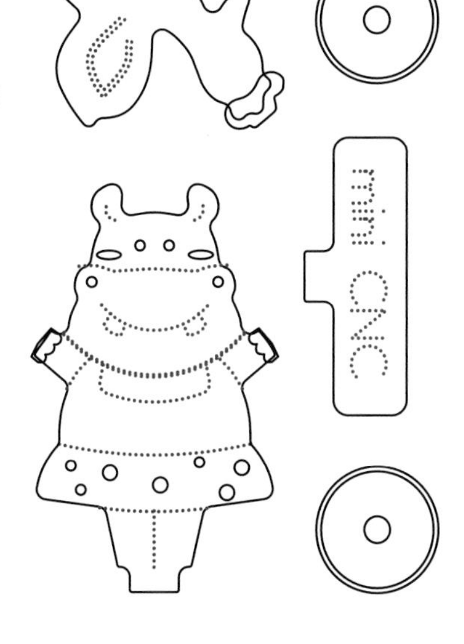

→ 將刀具路徑命名為 - 圖案 - 線上加工 -4100G040
→ 點選【Calculate】（註 2）

註 5

請參照紅框內各項數值設定。

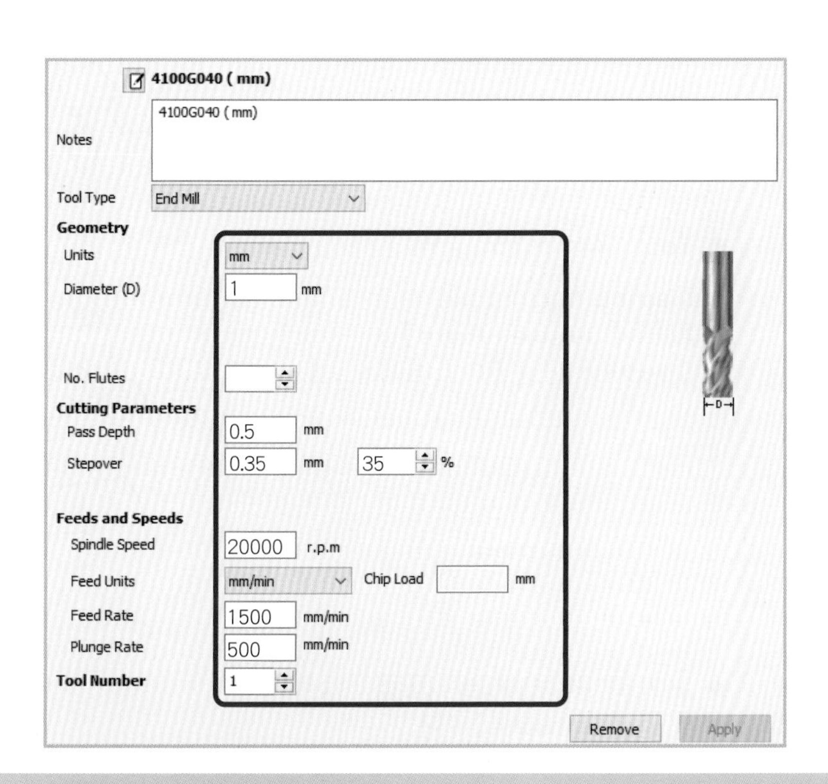

4-2 河馬玩具車 C - 圖案 - 範圍內加工

開啟【Pocket Toolpath】設定面板 ➔ 按住 Shift 鍵點選要加工的線條。

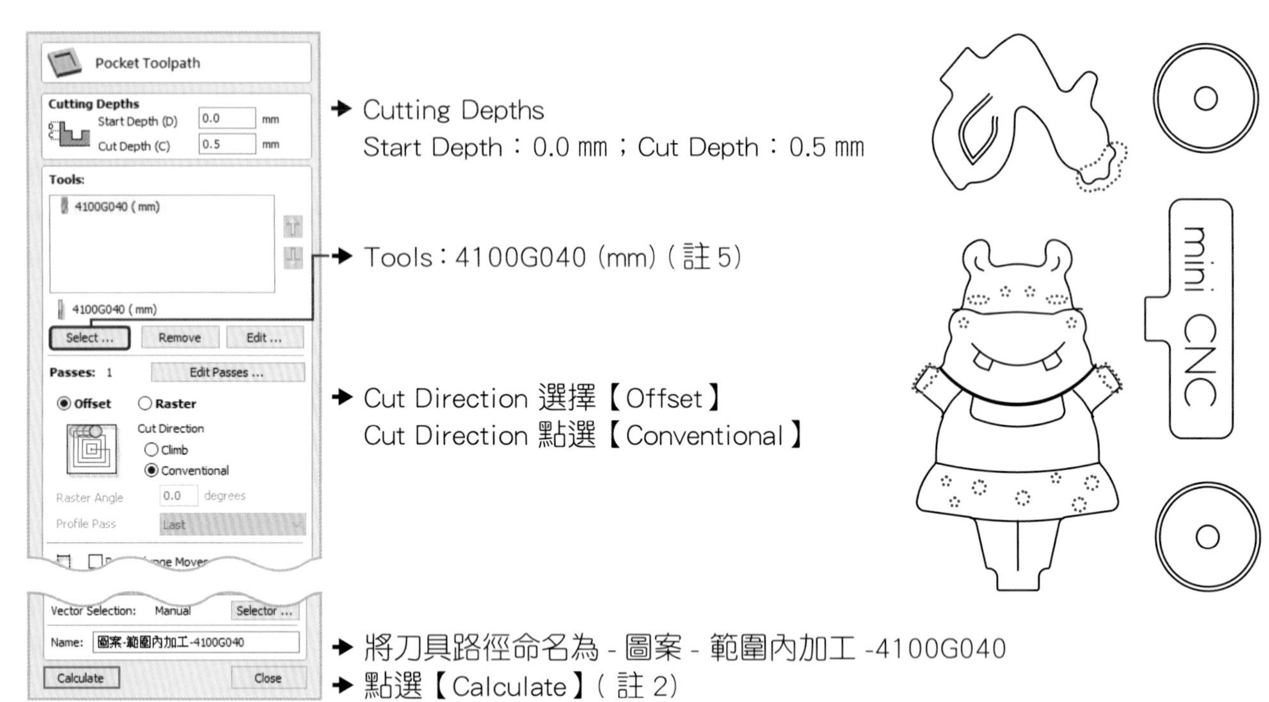

4-3 河馬玩具車 C - 降面 - 線外加工

開啟【2D Profile Toolpath】設定面板 ➔ 按住 Shift 鍵點選要加工的線條。

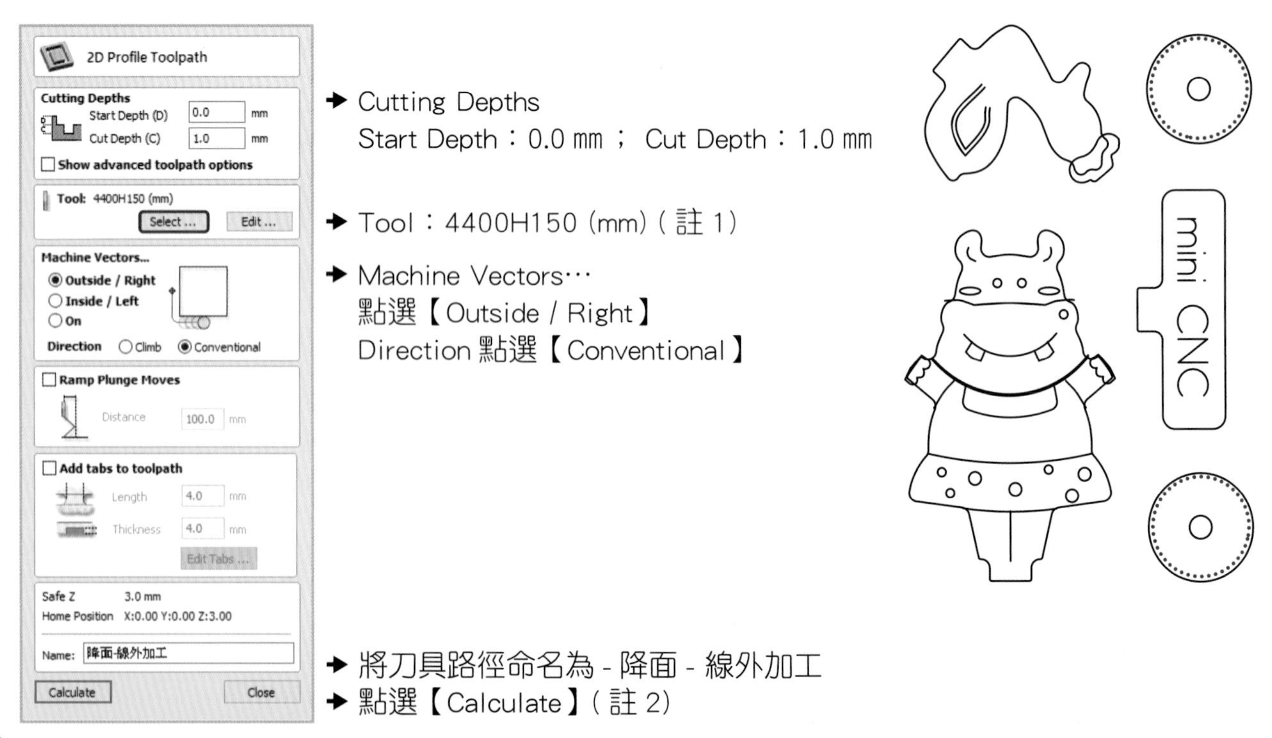

4-4 河馬玩具車 C - 切邊

開啟 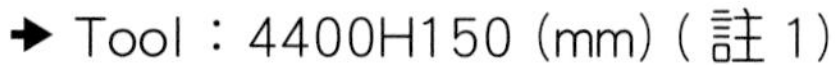 【2D Profile Toolpath】設定面板 ➜ 按住 Shift 鍵點選要加工的線條。

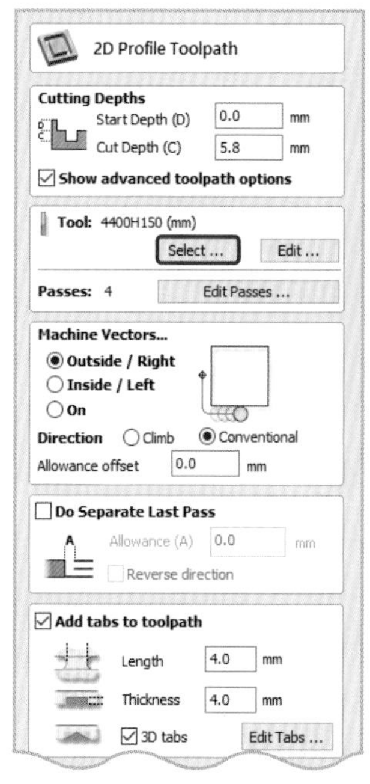

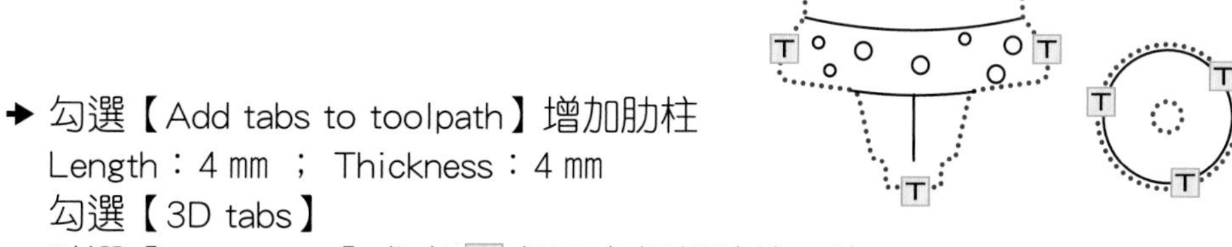

➜ Cutting Depths
Start Depth：0.0 mm ； Cut Depth：5.8 mm
請勾選【Show advanced toolpath options】，顯示進階刀具設定選項。

➜ Tool：4400H150 (mm) (註 1)

➜ Machine Vectors...
點選【Outside / Right】
Direction 點選【Conventional】

➜ 勾選【Add tabs to toolpath】增加肋柱
Length：4 mm ； Thickness：4 mm
勾選【3D tabs】
點選【Edit tabs...】參考 T 標示處編輯肋柱 (註 4)

➜ 將刀具路徑命名為 - 切邊

➜ 點選【Calculate】(註 2)(註 3，警告視窗僅為雕刻深度數值上的差異。)

STEP 05 使用刀具路徑預覽【Preview Toolpaths】模擬所有刀具路徑的雕刻結果。

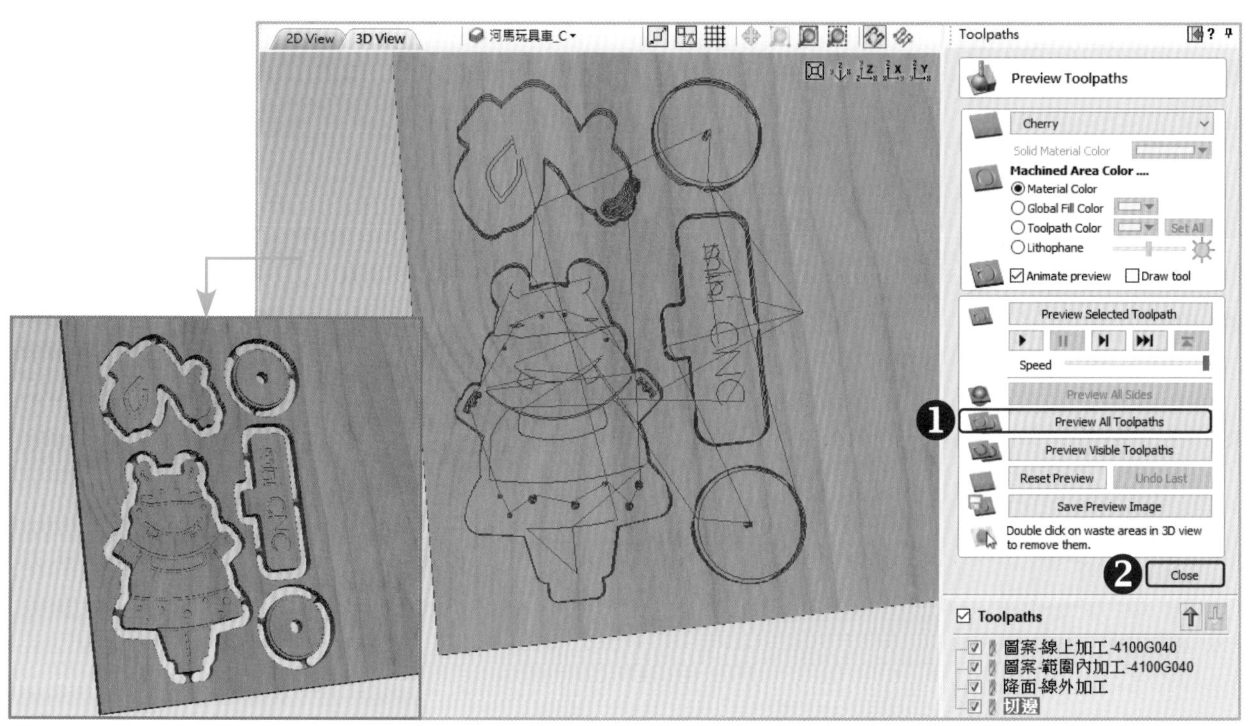

❶ 點選【Preview All Toolpaths】，即可模擬目前所有刀具路徑的預覽結果。

❷ 點選【Close】離開預覽功能。

STEP 06 使用儲存刀具路徑 【Save Toolpaths】將 G 碼存出。
本單元使用了兩種不同刀具進行雕刻，因此刀具路徑必須分別存出。

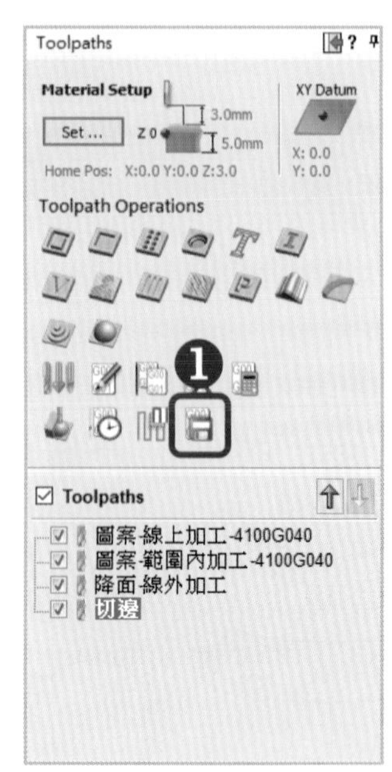

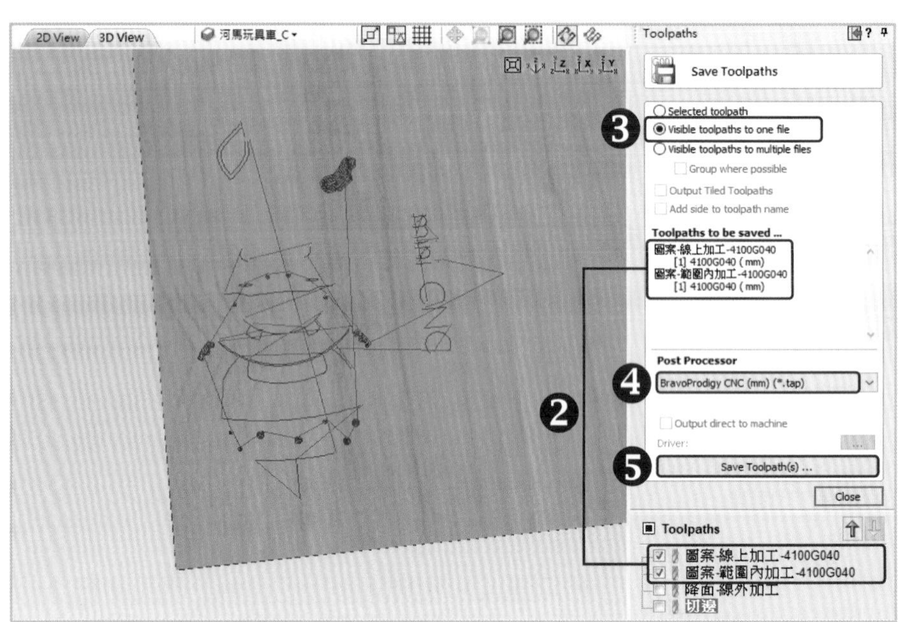

❶ 點選 開啟設定面板。

❷ 只勾選使用【4100G040 (mm) 】的刀具路徑，選取內容可以在 Toolpaths to be saved ... 檢視。
請注意刀具路徑的排列順序需與範例相同。
備註：若選取不同刀具的路徑，視窗會出現錯誤訊息的提醒。

❸ 勾選【Visible toolpaths to one file】。

❹ Post Processor(後處理器) 選擇【BravoProdigy CNC (mm)(*.tap)】。
備註：若無上述說明之後處理器，也可另轉存【G Code (mm)(*.tap)】後處理器。

❺ 點選【Save Toolpath(s)...】存出 G 碼，命名為 - 河馬玩具車 C_4100G040。

❻ 只勾選使用【4400H150 (mm) 】的刀具路徑，選取內容可以在 Toolpaths to be saved ... 檢視。
請注意刀具路徑的排列順序需與範例相同。
備註：若選取不同刀具的路徑，視窗會出現錯誤訊息的提醒。

❼ 點選【Save Toolpath(s)...】存出 G 碼，命名為 - 河馬玩具車 C_4400H150。

❽ 點選 【Save】儲存專案檔 - 河馬玩具車 C。

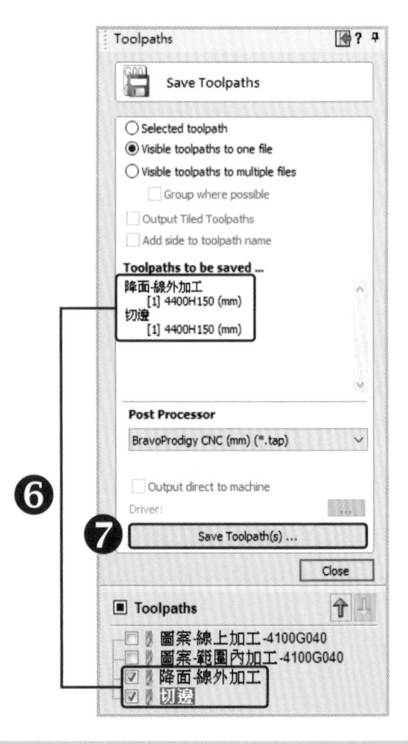

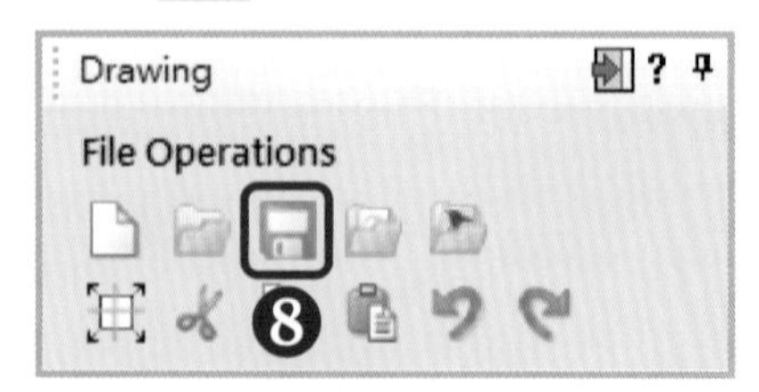

Bravoprodigy CNC 執行雕刻。
(CNC 操作請參考單元 6 實習 1 步驟 08 CNC 操作說明)

❶ 選擇【直接連線】方式進入 BravoProdigy CNC 軟體，載入【河馬玩具車 C_4100G040】G 碼。

❷ 素材固定於工作台並在主軸上鎖上刀具【4100G040】。

素材夾持重點：
本範例的刀具路徑須將素材切穿，因此需要一片 MDF 板來作為墊板，在切穿時才不會雕刻到工作台表面。

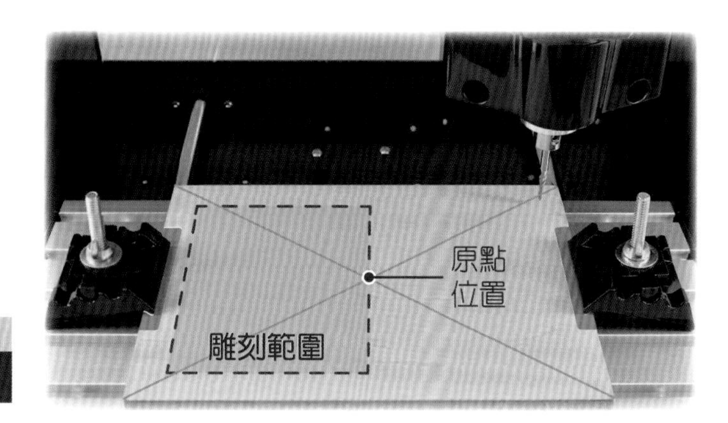

❸ 原點設定：
使用手持控制器將刀具移動至素材工件原點後，再將軟體上三軸的座標值歸零。

❹ 雕刻行程確認：
使用手持控制器移動刀具進行雕刻行程確認(注意：操作時請注意移動速度與安全距離)，確認無誤後請點選【回到原點】，機器會自動回到先前設定之工件原點。

❺ 將【雕刻速率】調到 100%。

❻ 按下【啟動】開始雕刻。(若您使用的機器有安全外罩，請先將安全外罩蓋上)

❼ 雕刻完畢後，請先清除表面粉塵。

❽ 請將刀具更換為【4400H150】。
備註：更換刀具時請將刀具移動至素材及夾具以外的範圍。

❾ Z 軸原點設定：
使用手持控制器將刀具移動至素材表面重新尋找 Z 軸原點，找到後請將 Z 軸座標值歸零再點選【回到原點】。
備註：因更換刀具造成 Z 軸原點位置異動，此處只需重新校正 Z 軸，X 及 Y 軸則不需要。

❿ 點選【關閉 G 碼】並載入【河馬玩具車 C_4400H150】G 碼。
後續依 ❺❻❼ 步驟完成，適當清潔後即可取下。

實習步驟 - 車身裝飾 A

說明

1. 車身裝飾 A 與 B 互為對稱的零件，故以下說明皆以車身裝飾 A 為主，車身裝飾 B 除了齒型壓板的夾持位置不同，其餘操作參數皆可直接參考車身裝飾 A 的步驟。
2. 車身裝飾是將已刻好一面的零件再做另一邊的加工，若讀者未曾接觸過這樣的操作，建議將河馬玩具車 B 完整雕刻後再進行此單元，有了實際的零件，在後續的美化設計以及雕刻上更能掌握。

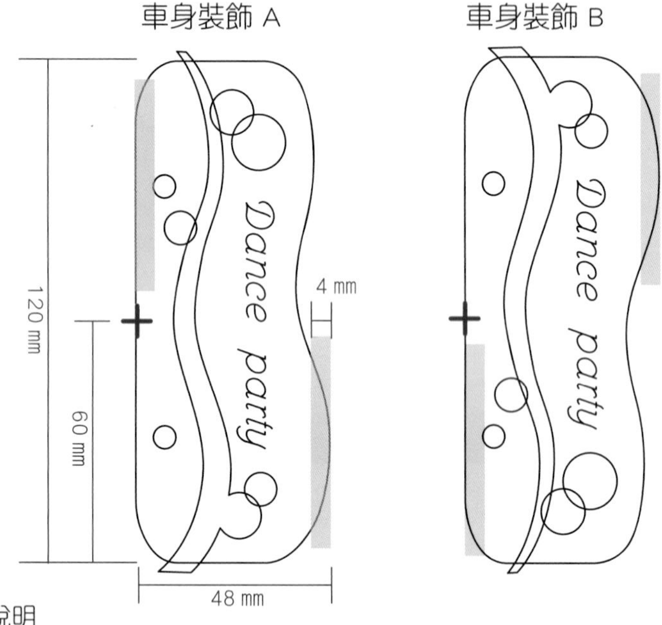

＋ 原點位置

齒型壓板夾持範圍
此範例建議夾持深度 4 mm
◆ 步驟 10 的 CNC 雕刻有實拍圖片說明

STEP 01 開啟 VCarve Desktop 軟體，編輯工件設定。

❶ 點選【Create a new file】建立新檔案 ➔ ❷ 工件的相關參數，也就是車身裝飾 A 的尺寸。

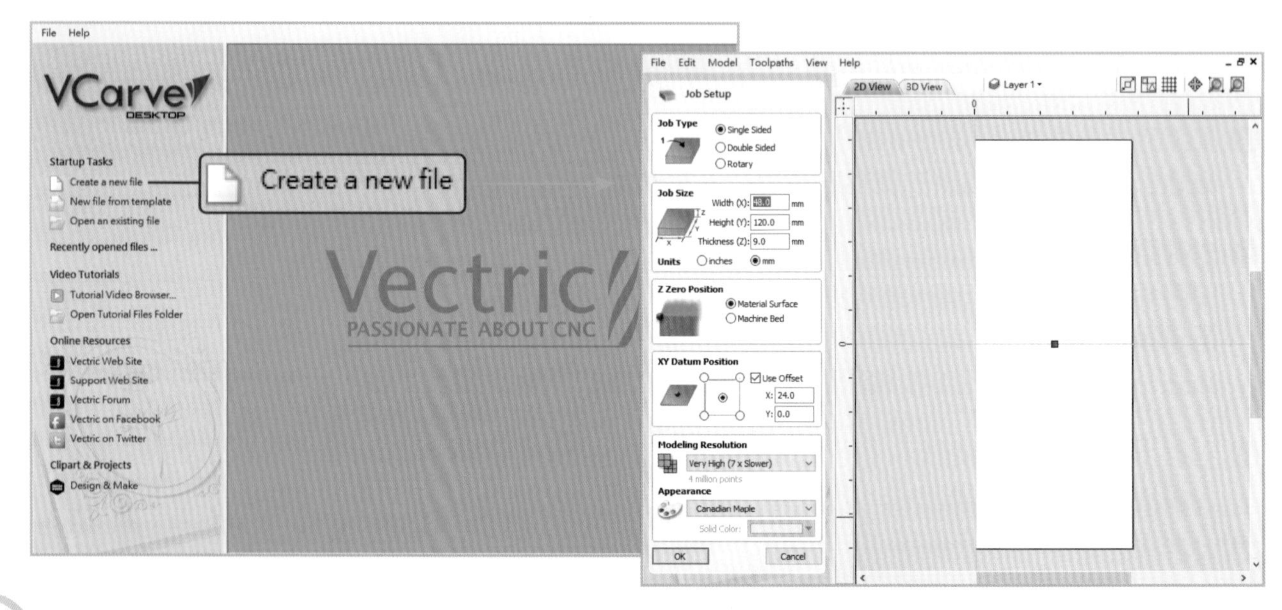

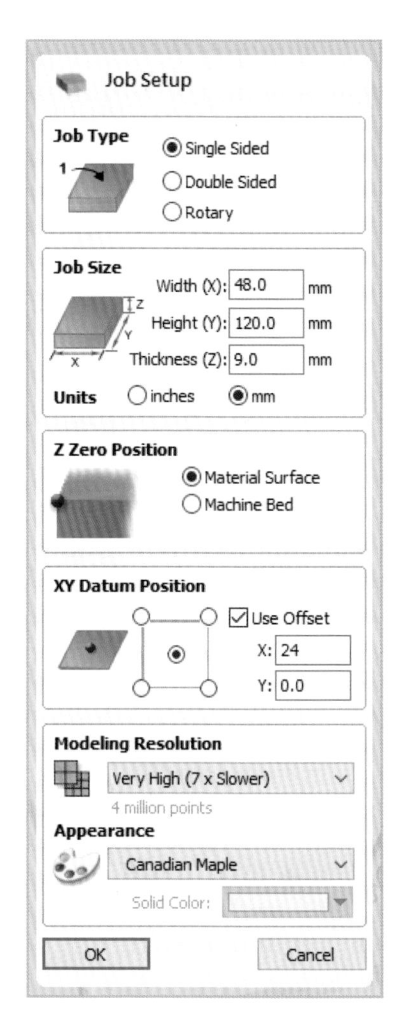

➜ 點選【Single Sided】單面加工

➜ 設定素材尺寸

Width (X)：48mm；Height (Y)：120mm；Thickness (Z)：9mm

Units：mm

➜ 點選【Material Surface】，將Z軸原點設在素材表面

➜ 選擇中心點為XY軸的基準點。

勾選【Use Offset】，在X欄位輸入"24"，Y欄位入"0"。

說明: 此動作為偏移原點位置。

非矩形物件加工時需要設定一個具有準確性並好對位置的原點，故本範例的原點位置選擇在靠左邊的直線上。

➜ 點選【OK】完成設定

STEP 02 點選 【Import vectors from a file】載入本實習單元所使用的圖檔 - 實習 12_河馬玩具車 車身裝飾 A。

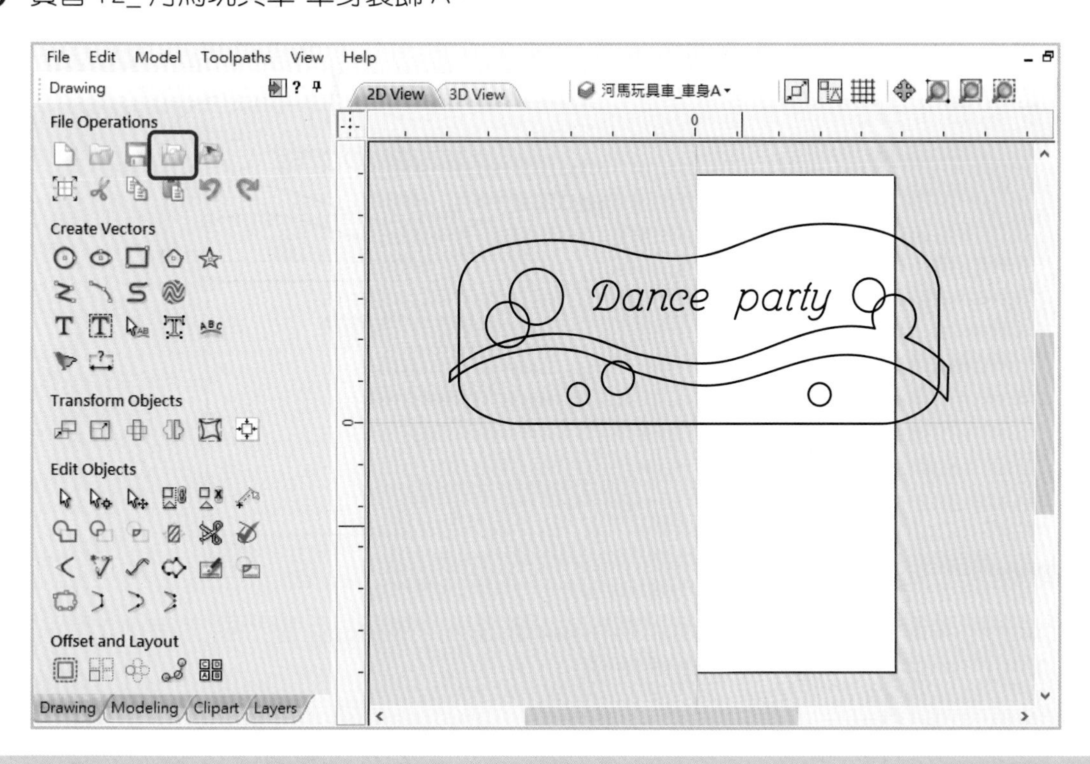

STEP 03 使用繪圖面板工具偏移外輪廓線，界定出可編輯的範圍（預留齒型壓板夾持的空間）。

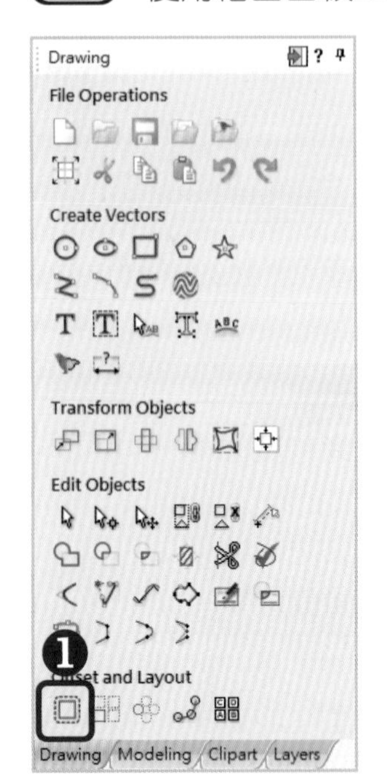

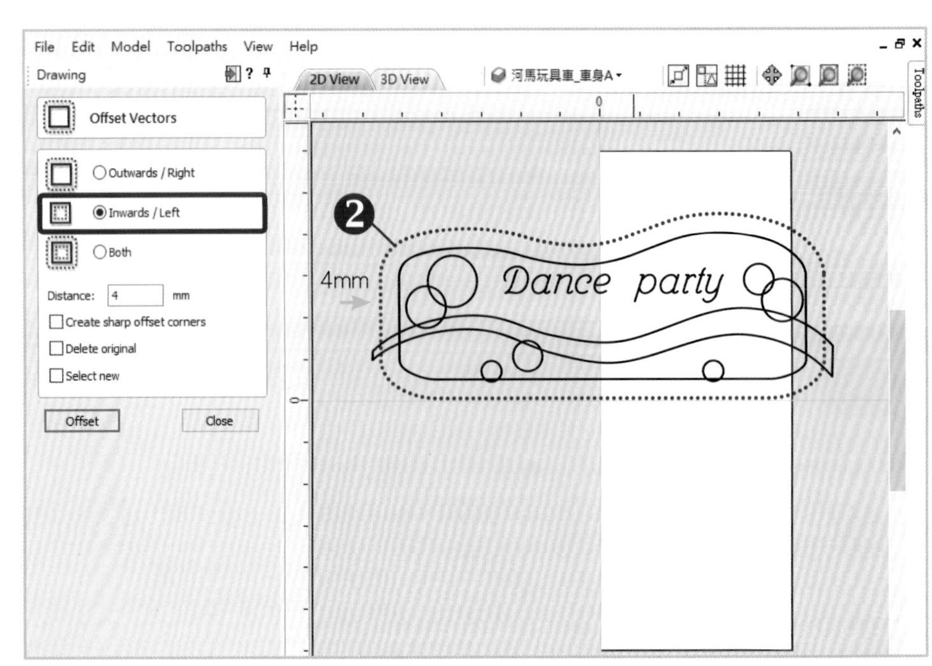

❶ 點選 [icon] 開啟偏移向量面板。

❷ 選取車體的外輪廓線 ➔ 勾選【Inwards / Left】設定線條往內偏移 4 mm ➔ 按下 Offset 此時視窗會出現您所偏移複製的物件。

STEP 04 在可編輯範圍內使用繪圖面板的工具編輯想要的文字及圖案。

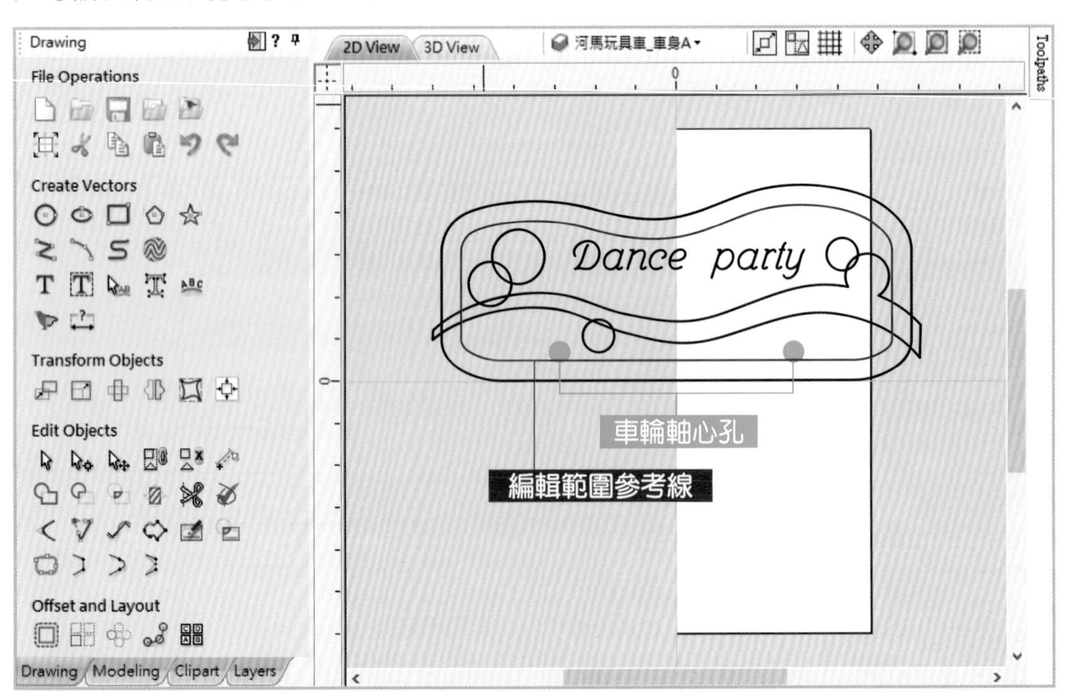

利用之前單元所學習的繪圖工具，您可以在可編輯範圍內（避開齒型壓板要夾持的位置）創作喜歡的圖案以及文字，或是使用範例圖檔直接雕刻。

編輯完成後請將剛才建立的參考線刪除。

STEP 05 旋轉所有物件，使車身外框與工件範圍置中對齊。

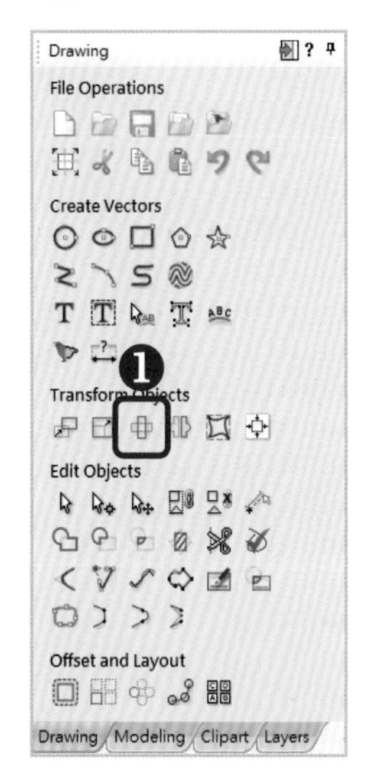

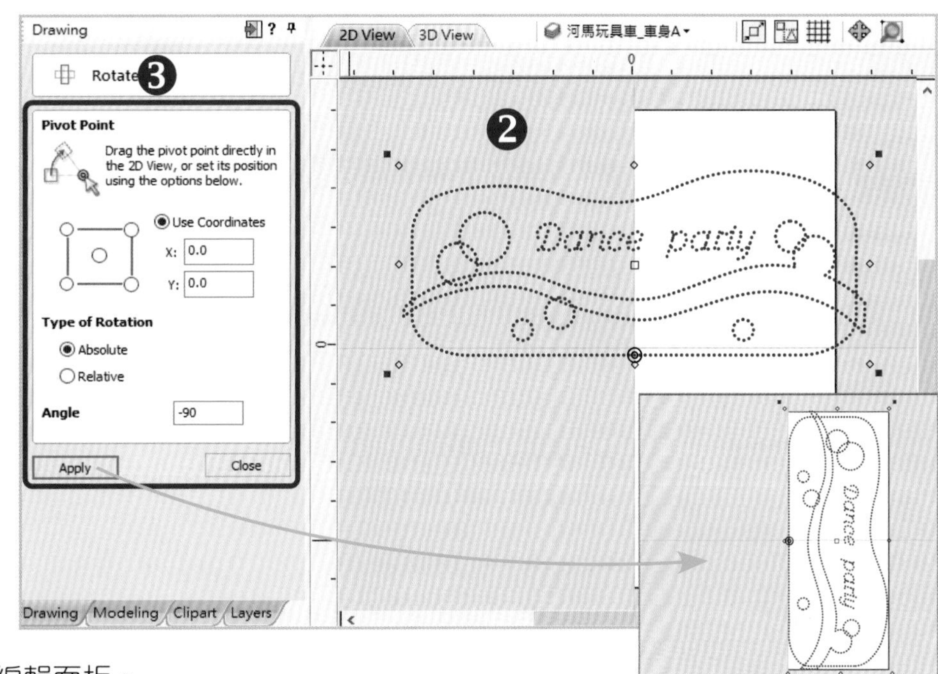

❶ 點選  開啟旋轉編輯面板。

❷ 選取所有的物件使其呈現粉紅色虛線的被選取狀態，並出現 9 個控制點。

❸ 點選【Use Coordinates】→ 在 X 欄位輸入 "0"；Y 欄位輸入 "0" → 點選【Absolute】使用絕對座標 → 輸入旋轉角度為 "-90" 度 → 按下 Apply 完成旋轉。

STEP 06 ❶ 開啟【Toolpaths】刀具路徑面板 →❷ 點選 Set ... 設定素材。

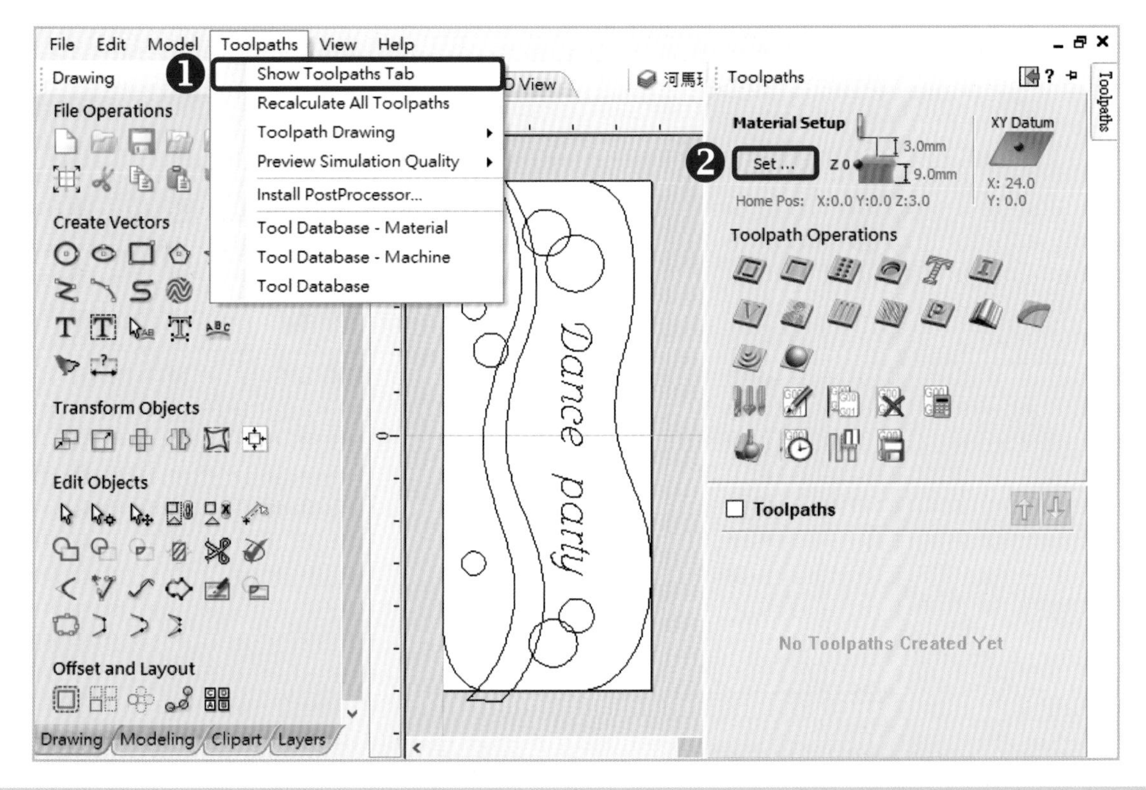

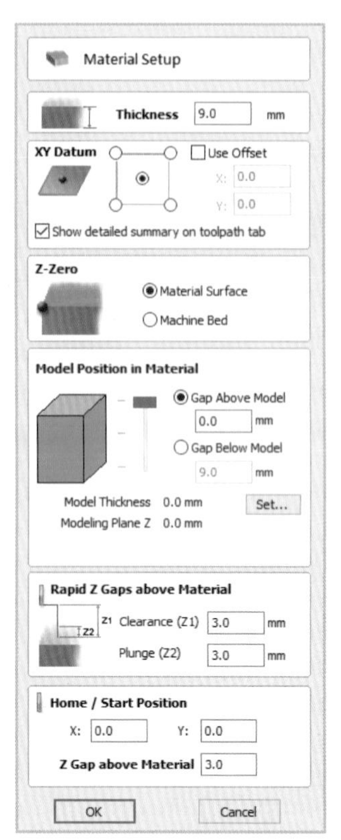

➔ Thickness：輸入素材厚度 9 mm

➔ XY Datum：點選中心點

➔ Z-Zero：原點設定在素材表面

➔ Model Position in Material：點選【Gap Above Model 0.0 mm】

➔ Clearance (Z1)：3 mm
Plunge (Z2)：3 mm

➔ Home / Start Position：X：0.0 ； Y：0.0
Z Gap above Material：3.0

➔ 點選 【OK】 即設定完成

STEP 07 使用刀具路徑【Toolpath Operations】提供的各種加工方式，對圖檔進行刀具路徑的安排。

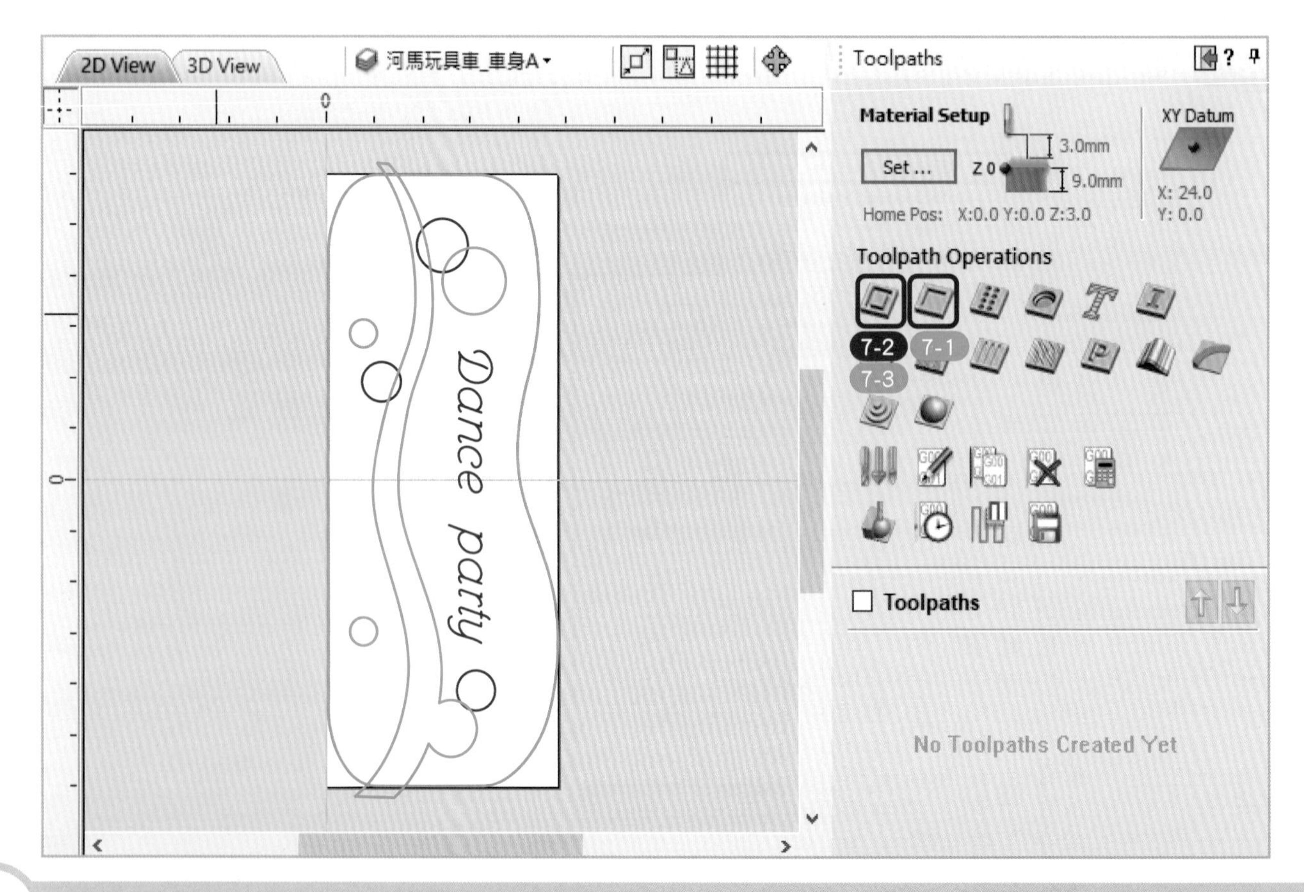

7-1 河馬玩具車 - 車身裝飾 A - 範圍內加工

選取袋型刀具路徑 【Pocket Toolpath】開啟設定面板。
按住 Shift 鍵點選要加工的線條，使其呈粉紅色虛線的被選取狀態，請參考下圖。
請依序由上而下參照範例進行參數設定。

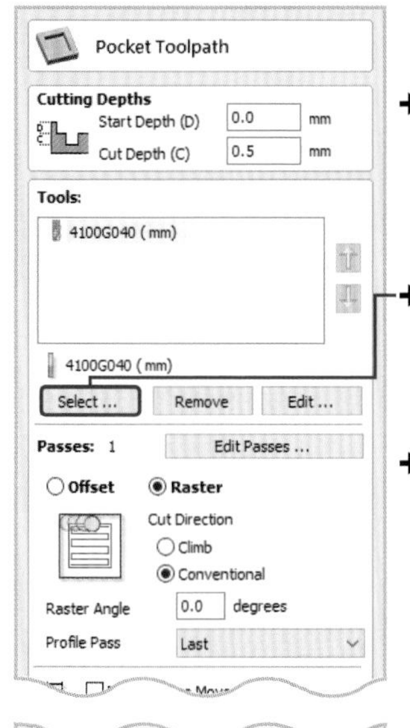

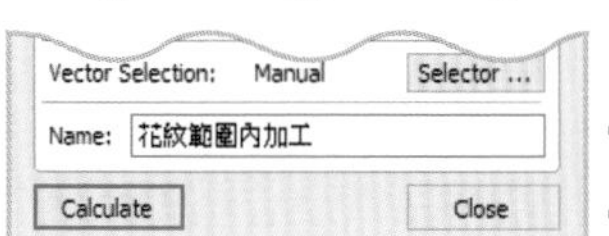

➔ Cutting Depths
Start Depth：0.0 mm ； Cut Depth：0.5 mm

➔ Tools：4100G040 (mm)（註 5）

➔ 選擇【Raster】
Cut Direction 選擇【Conventional】
Raster Angle 輸入【0.0】degrees
Profile Pass 選擇【Last】

➔ 將刀具路徑命名為 - 花紋範圍內加工
➔ 點選【Calculate】（ 註 2）

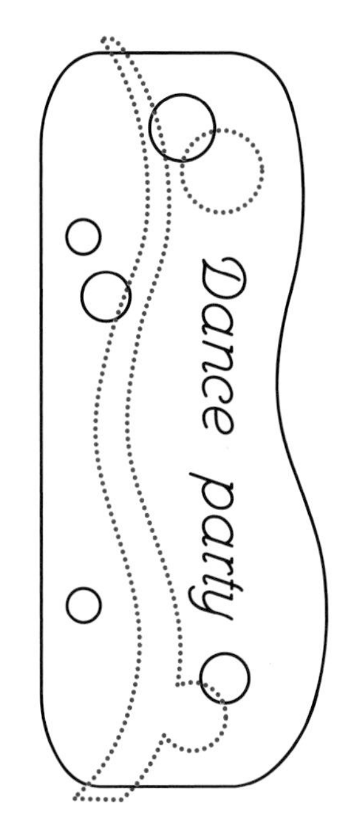

7-2 河馬玩具車 - 車身裝飾 A - 線上加工

開啟 【2D Profile Toolpath】設定面板 ➔ 按住 Shift 鍵點選要加工的線條。

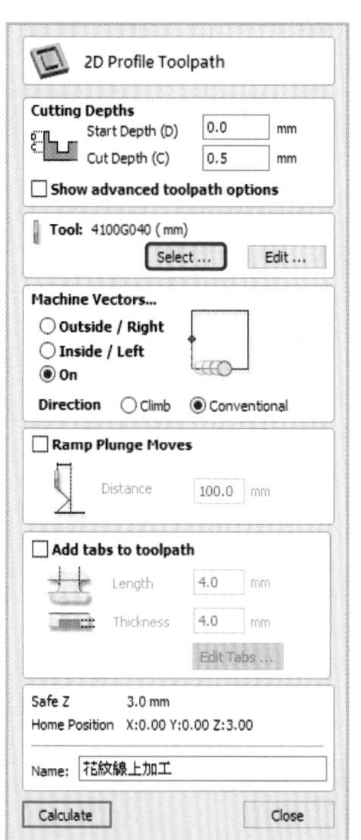

➔ Cutting Depths
Start Depth：0.0 mm ； Cut Depth：0.5 mm

➔ Tool：4100G040 (mm)（註 5）

➔ Machine Vectors…
點選【On】
Direction 點選【Conventional】

➔ 將刀具路徑命名為 - 花紋線上加工
➔ 點選【Calculate】（ 註 2）

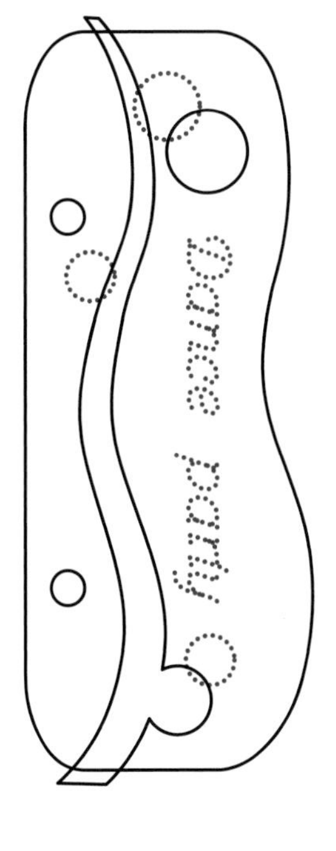

7-3 河馬玩具車 - 車身裝飾 A - 模擬切邊

開啟 【2D Profile Toolpath】設定面板 ➜ 點選要加工的線條。

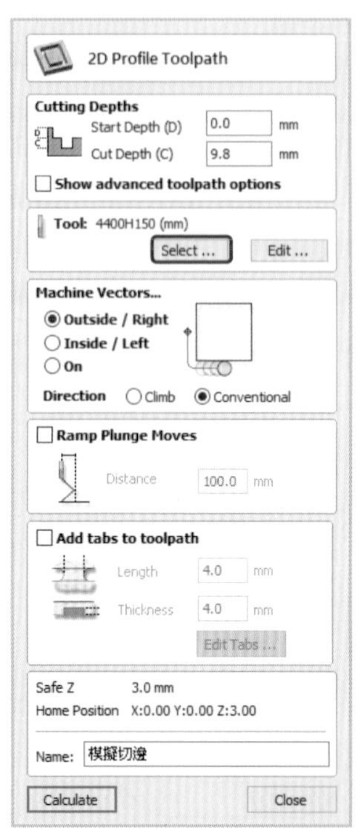

➜ Cutting Depths
Start Depth：0.0 mm ；Cut Depth：9.8 mm

➜ Tool：4400H150 (mm) (註 1)

➜ Machine Vectors...
點選【Outside / Right】
Direction 點選【Conventional】

➜ 將刀具路徑命名為 - 模擬切邊
➜ 點選【Calculate】(註 2)(註 4)

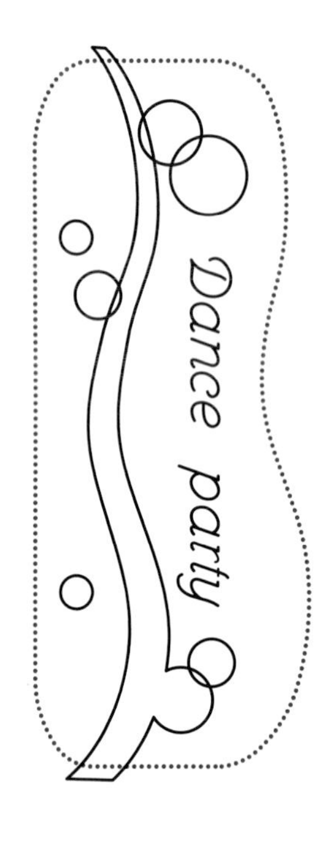

STEP 08 使用刀具路徑預覽 【Preview Toolpaths】模擬所有刀具路徑的雕刻結果。

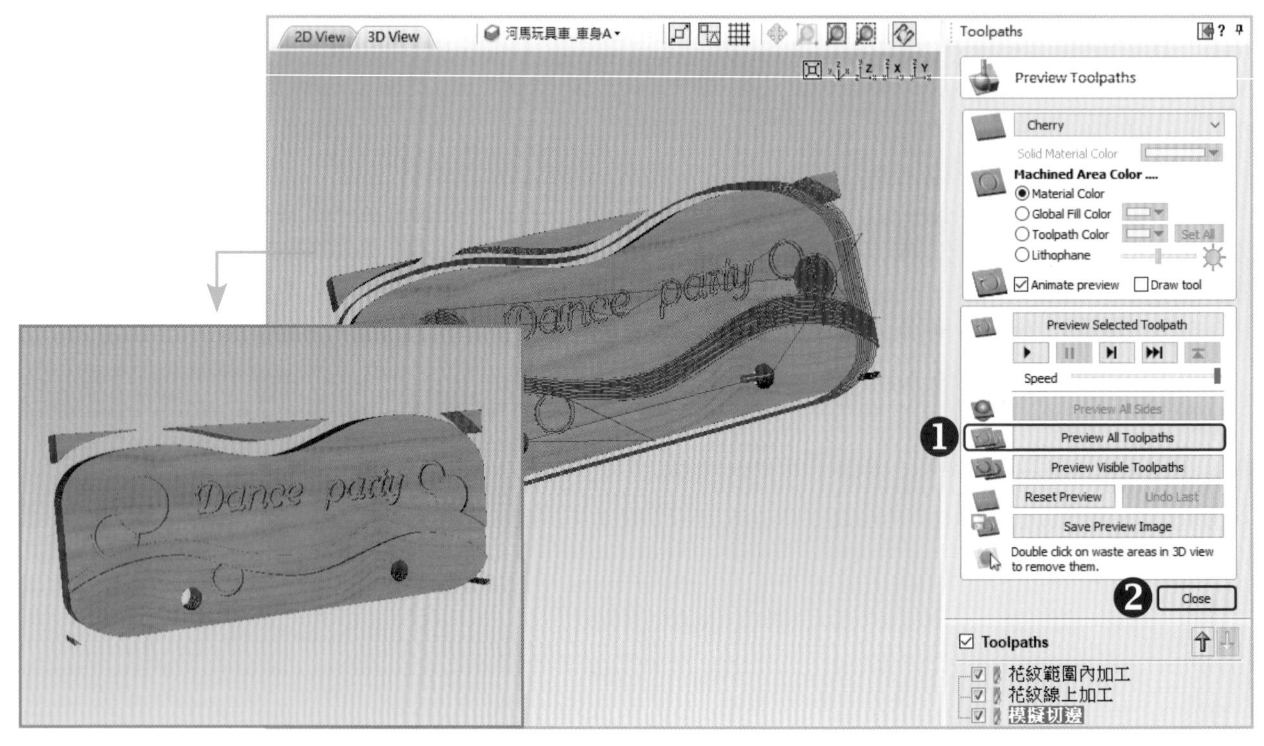

❶ 點選【Preview All Toolpaths】，即可模擬目前所有刀具路徑的預覽結果。
❷ 點選【Close】離開預覽功能。

使用儲存刀具路徑  【Save Toolpaths】將 G 碼存出。

【模擬切邊】的刀具路徑是為了確認雕刻後的結果，在此只是輔助的作用，不需要將此刀具路徑存出。

當在做需要重複加工的設計時，可以將以雕刻過的刀具路徑再安排進來做模擬，這樣可以得到更完整正確的結果，方便在設計的過程中進行調整。

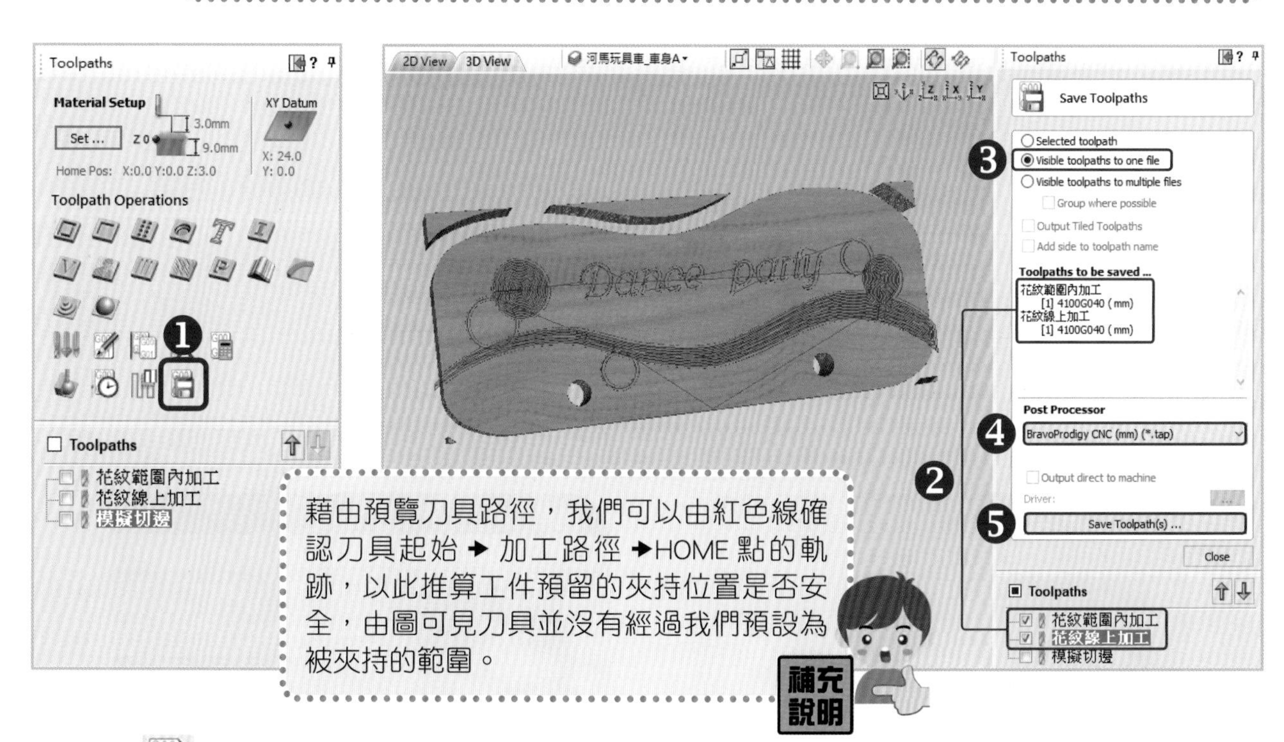

❶ 點選 開啟設定面板。

❷ 只勾選使用【4100G040 (mm)】的刀具路徑，選取內容可以在上方視窗檢視。
請注意刀具路徑的排列順序需與範例相同。
備註：若選取不同刀具的路徑，視窗會出現錯誤訊息的提醒。

❸ 勾選【Visible toolpaths to one file】。

❹ Post Processor(後處理器) 選擇【BravoProdigy CNC (mm)(*.tap)】。
備註：若無上述說明之後處理器，也可另轉存【G Code (mm)(*.tap)】後處理器。

❺ 點選【Save Toolpath(s)...】存出 G 碼，命名為 - 河馬玩具車 - 車身裝飾 A。

❻ 點選 【Save】儲存專案檔 - 河馬玩具車 - 車身裝飾 A。

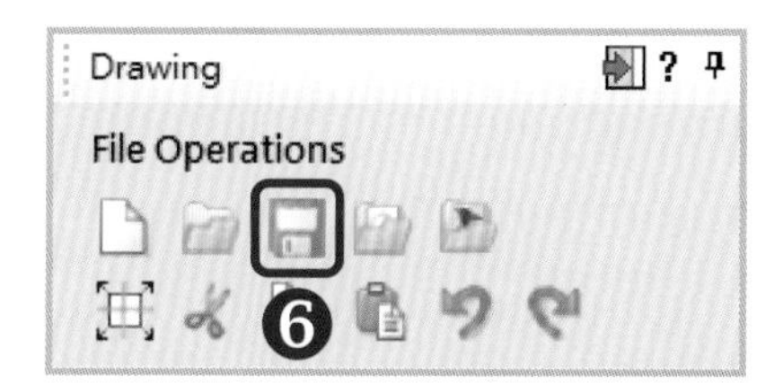

河馬玩具車 - 車身裝飾 B 的操作步驟請參考以上流程。

STEP 10 Bravoprodigy CNC 執行雕刻。
(CNC 操作請參考單元 6 實習 1 步驟 08 CNC 操作說明)

❶ 選擇【直接連線】方式進入 BravoProdigy CNC 軟體，載入【河馬玩具車 - 車身裝飾 A】G 碼。

❷ 素材固定於工作台並在主軸上鎖上刀具【4100G040】。

素材夾持重點：
1. 請參考下圖的示範使用齒型壓板將車身零件固定在工作台上。
2. 請注意車身零件與工作台間的垂直、水平。
3. 請注意夾持的空間約為 4 mm。
4. 請注意雕刻原點的位置。

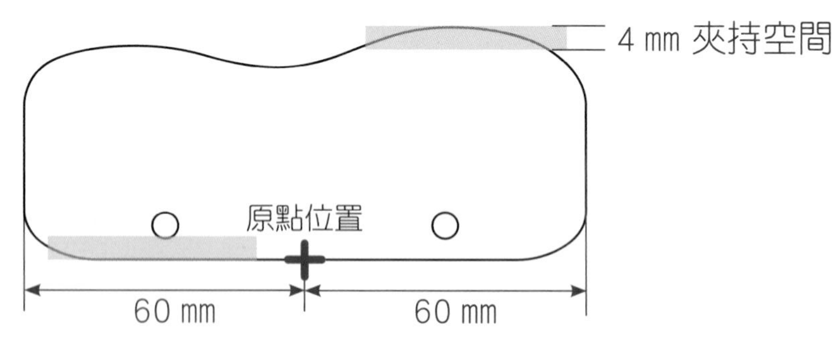

工作台溝槽為直向

工作台溝槽為橫向

❸ 原點設定：
使用手持控制器將刀具移動至素材工件原點後，再將軟體上三軸的座標值歸零。

❹ 雕刻行程確認：
使用手持控制器移動刀具進行雕刻行程確認(注意：操作時請注意移動速度與安全距離)，確認無誤後請點選【回到原點】，機器會自動回到先前設定之工件原點。

❺ 將【雕刻速率】調到 100%。

❻ 按下【啟動】開始雕刻。(若您使用的機器有安全外罩，請先將安全外罩蓋上)

❼ 雕刻完畢後，請先清除粉塵再取下作品。

河馬玩具車 - 車身裝飾 B 請參考上述雕刻流程。

組裝

下圖為所有零件的總覽。

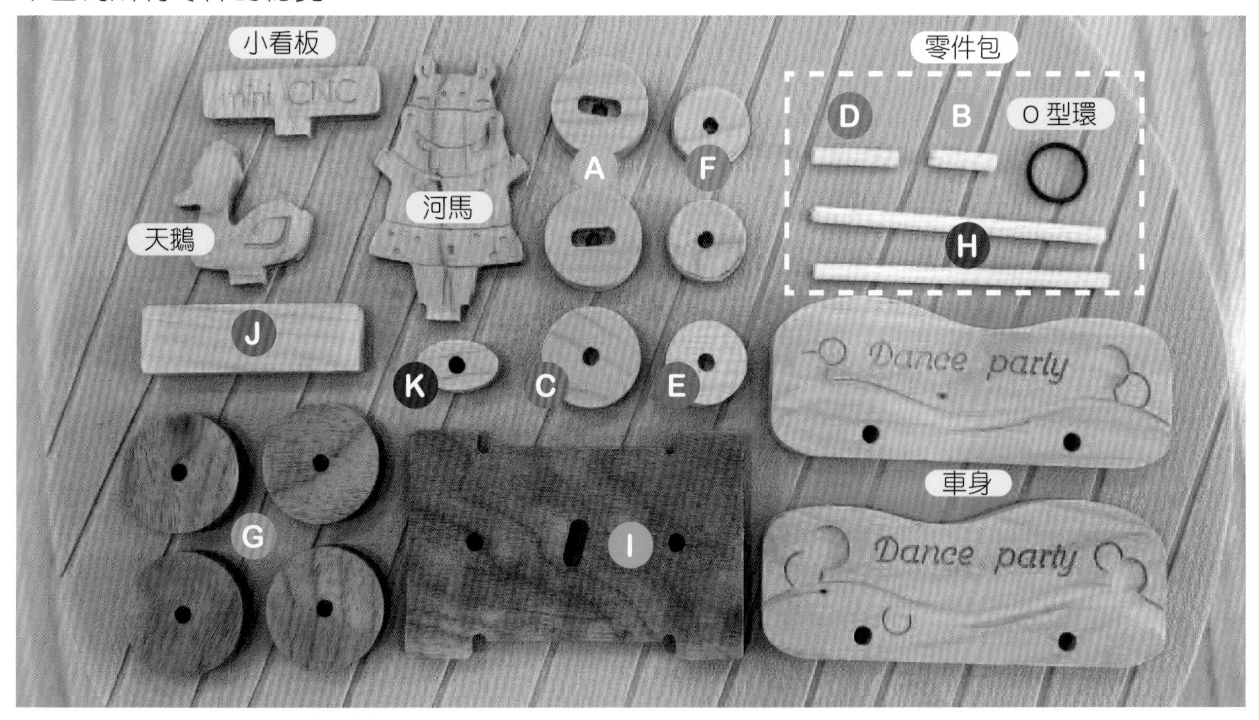

❶ 將【天鵝】與【河馬】分別與 2 個 Ⓐ【動物底座】組裝膠合。

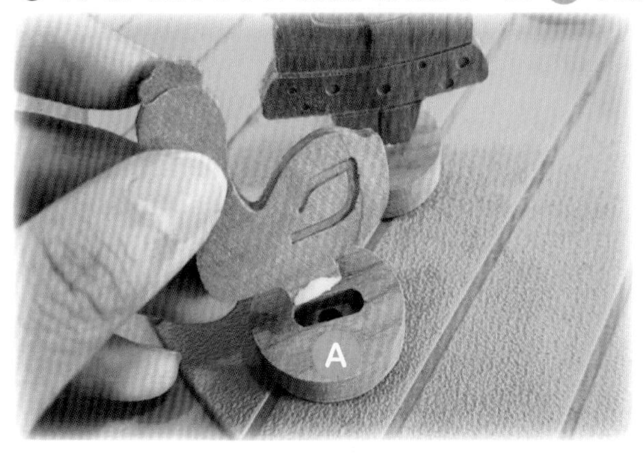

❷ 將 Ⓑ【圓木棒 25 ㎜】(短) 與 Ⓒ【帶動輪大】組裝膠合。

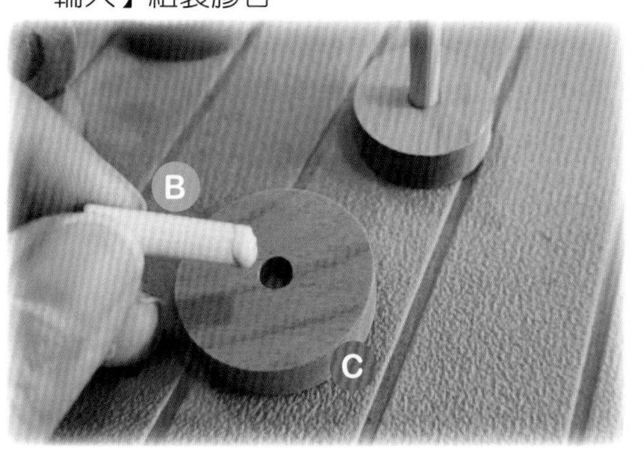

❸ 將 Ⓓ【圓木棒 30 ㎜】(長) 與 Ⓔ【帶動輪小】組裝膠合。

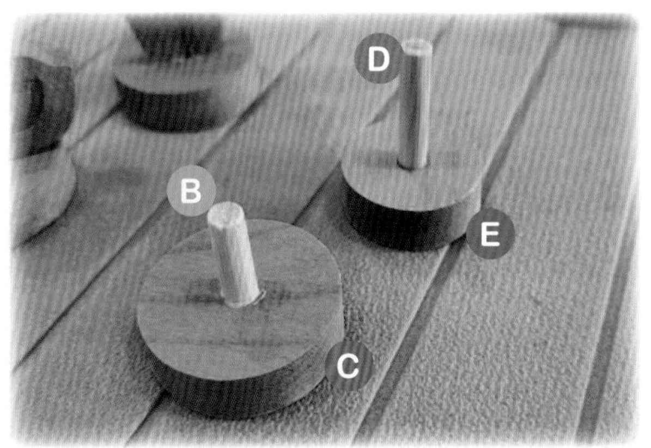

❹ 將 2 個 F【河馬帶動輪】對齊膠合，使中間形成一道溝槽。

❺ 待膠合處完全乾燥後再套上 O 型環。

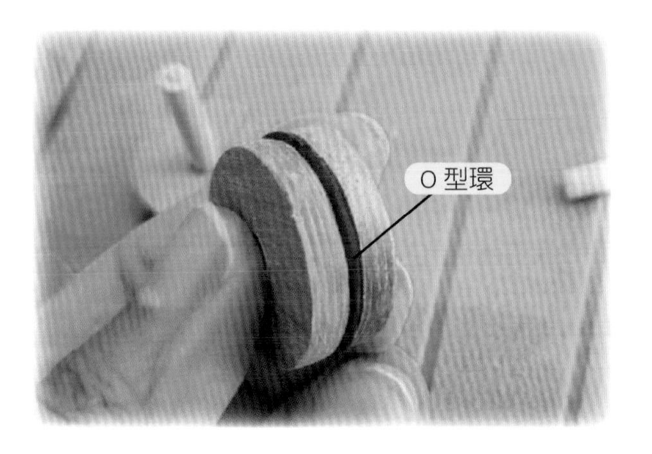

❻ 將 G【車輪】其中 2 個分別與 H【原木棒 85 ㎜】2 根組裝膠合。

❼ 將其中一片【車身】與 I【車體上板】、J【車體下板】依照下圖組裝。

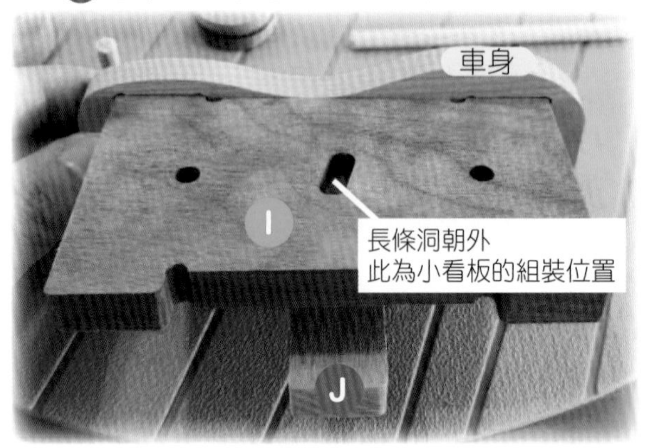

❽ 請先將車子上下翻面並參考下圖將零件組合。
將步驟 ❷❸ 膠合完畢的零件放到【車體上板】的圓洞內，【帶動輪組小】的動作是旋轉跟跳動，【帶動輪組大】的是旋轉。
最後將步驟 ❻ 膠合完畢的車輪由外側穿入車身的孔洞內。

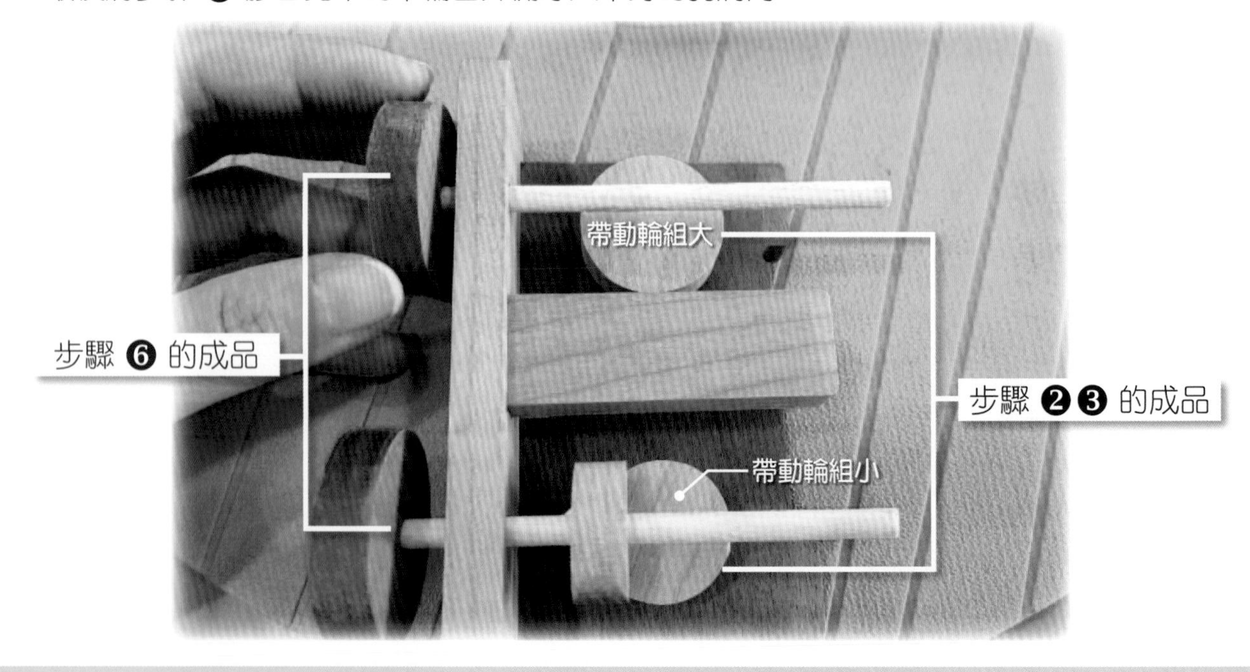

❾ 分別將步驟 ❺ 的成品與 Ⓚ【凸輪】穿入輪軸，並將位置調整到如右圖所標示的距離。

注意：除非孔洞過大導致帶動輪與輪軸之間鬆動，否則此處的黏合動作可以最後進行。

帶動輪組大 + 步驟 ❺ 的成品
帶動輪組小 + Ⓚ【凸輪】

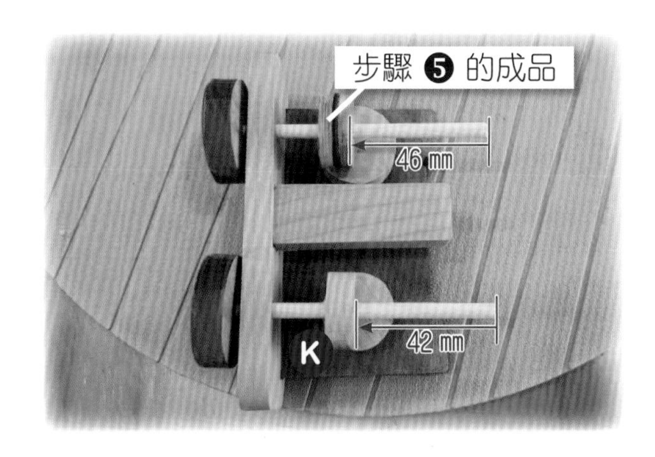

❿ 將另一片【車身】穿過輪軸並與 Ⓘ【車體上板】、Ⓙ【車體下板】組裝膠合。

⓫ 將剩下的 2 個 Ⓖ【車輪】與輪軸組裝膠合。

⓬ 請將車子翻回正面，將【小看板】與車體膠合，再將河馬與天鵝的底座膠合到帶動輪組上。
注意：【帶動輪組小】搭配凸輪的動作是旋轉跟跳動，【帶動輪大組】搭配 O 型環的是旋轉。
您可以自由搭配動物們的動作，之後也可以將範例改編設計成自己喜歡的動物外型。

現在可以試著移動玩具車觀察帶動輪之間的狀況，如果能順利的讓動物在車上跳舞、旋轉，那麼就可以將輪軸上的帶動輪與凸輪用膠固定，靜待黏膠乾燥即完成河馬玩具車。

爲自造教育而生的 MINI CNC

Bravoprodigy mini CNC 以親民、安全、簡單易操作為設計宗旨。從軟體、控制系統與驅動系統 開發、到結構與模組設計皆由皆由 Bravoprodigy 團隊開發設計、製造及服務。

輕巧防塵的外型與簡易的操作，適合各級學校、自造中心、職能研習課程、CNC 禮品手作及體驗，Bravoprodigy 團隊支援垂直整合學習並致力於推廣數控 CNC 與生活應用。Bravoprodigy mini CNC 更是直接與職場接軌的最佳工具應用。

導入實例

新北市林口高中

台中科技大學設計系工坊

台中市四維國小

生活科技教育 & 數位自造工坊

嘉義縣東石高中

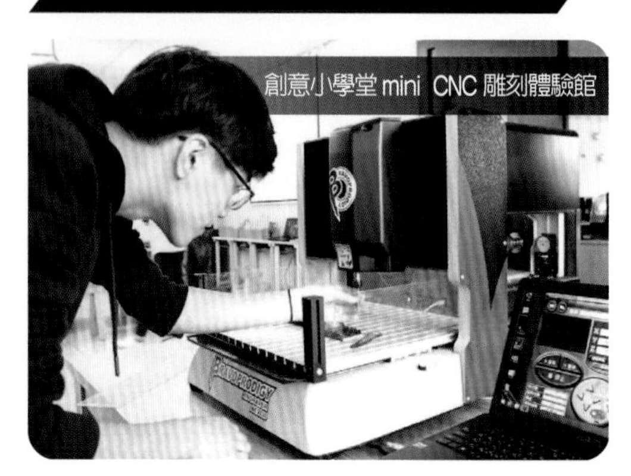

創意小學堂 mini CNC 雕刻體驗館

雕刻實例

桌上型圓軸雕刻機雕刻實例

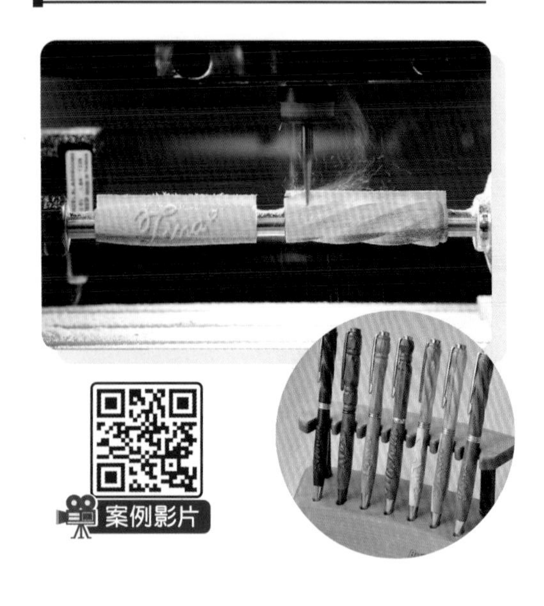

案例影片

案例影片

桌上型雕銑機雕刻實例

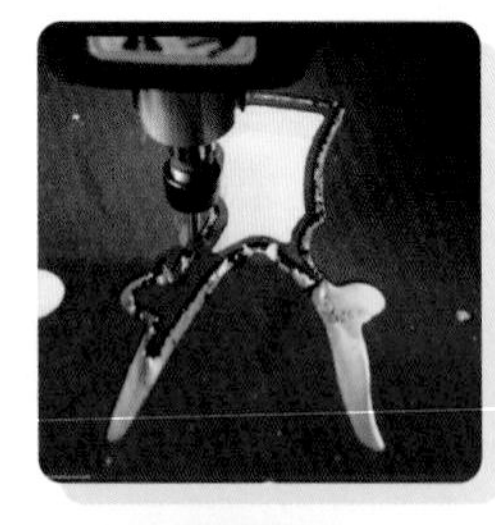

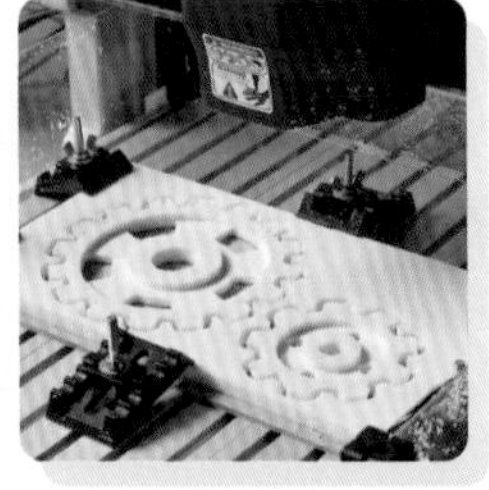

全機種可雕刻素材：
塑膠材質、木頭材質、發泡棉、模型臘、保麗龍、代木、ABS、MDF 板、PVC、POM、人造大理石、鋁塑板、雙色板、軟性金屬等等。

＊ 可依照素材種類搭配不同類型的刀具與參數設定，有更多元的雕刻應用。

案例影片

CNC 實習材料包

掃我進入購物車

※ 以下均為成品參考圖，銷售產品為材料包。

實習 1
永藏記憶浮雕立體照片

實習 2
愛心照片底座

實習 3
愛心照片底座雷射

實習 4
金屬銘牌

實習 5
指為你

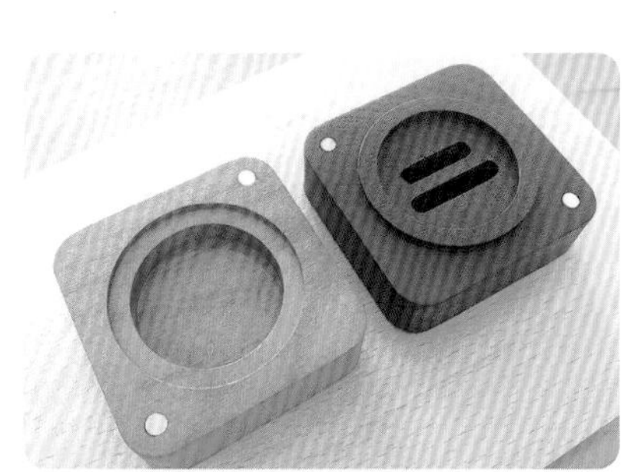

實習 6
心心相印戒指盒

實習 7
質感生活 桌上收納盤

實習 8
珍藏時光珠寶盒

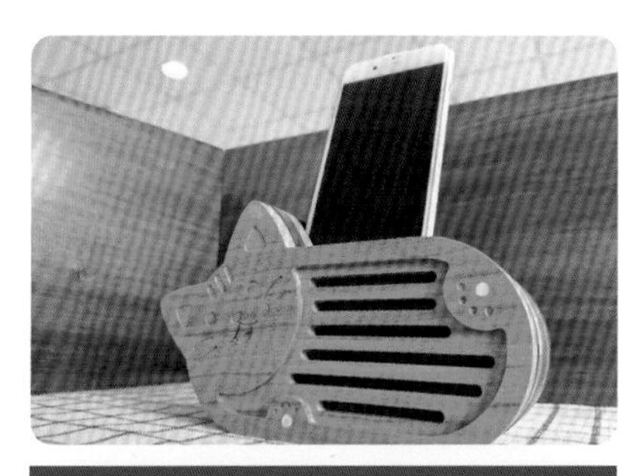

實習 9
聽見你的聲音 木質揚聲器

實習 10
LED 燈獎牌

實習 11
浮雕文青杯墊

實習 12
河馬玩具車

Bravoprodigy 會員註冊

※ 登錄會員即可查看 CNC 教學影片及享有圖庫、書本實習專案檔等資源。

步驟 1.

手機掃描 QR 碼直接進入申請頁面，或上網輸入 www.bravoprodigy.com/cht/ 進入【迷你 CNC 數控雕刻機】網站，由選單列選擇【會員登入】→ 登入或註冊。

步驟 2.

已有機器並已註冊過會員：登入後可至【會員資料】進行登錄書籍序號，登錄完成即享有本書實習單元專案檔。

未購入機器但擁有書籍的購買者：申請時請勾選【只註冊書序號】，選擇書籍類別、填寫書籍序號及基本資料後提交申請。

加入會員

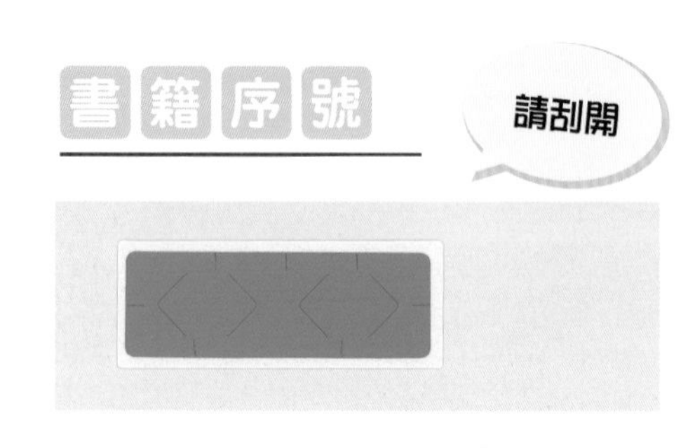

步驟 3.

提交註冊資料後，請至註冊時登錄的信箱查收驗證信，點擊信件內連結完成驗證後登入會員即可，注意，未完成驗證步驟無法成為會員；若未收到信件，可至垃圾桶查看或 mail 至 sales@bravoprodigy.com，我們將盡快與您聯繫。

步驟 4.

登入後，點擊會員→會員專區→檔案分享→本書實習單元專案檔（包含 DXF 圖檔、VCarve Desktop 專案檔、雕刻 G 碼。）